煤炭高等教育“十四五”规划教材

洁净煤技术

（第三版）

主　编　周安宁　马志军　张传祥
副主编　邓小伟　舒新前　贺新福
　　　　　张亚婷　刘向荣　杨志远

中国矿业大学出版社
·徐州·

内 容 提 要

本书系统阐述了洁净煤技术领域的概念、知识和方法。内容包括：洁净煤技术及其分类、“双碳”约束下洁净煤技术发展、煤炭清洁利用评价、煤的结构与性质、褐煤干燥与分级利用技术、配煤与型煤技术、煤炭分选及超纯煤制备技术、水煤浆技术、煤炭热解技术、煤炭气化技术、碳一化工技术、煤炭直接液化技术、煤制氢技术、煤炭清洁燃烧与发电技术、燃煤污染控制与资源化技术、煤基材料及化学品制备技术、煤系固体废弃物资源利用技术、煤层气及 CO_2 富集利用技术、煤炭变革性利用新技术、煤炭运输和储存污染及其预防等。

本书既可以作为高等学校化工、矿物加工、环境等相关专业师生教学用书，又可以作为洁净煤技术领域工程技术人员的参考用书。

图书在版编目(CIP)数据

洁净煤技术 / 周安宁，马志军，张传祥主编. —3版. —徐州：中国矿业大学出版社，2023.5

ISBN 978-7-5646-5744-4

Ⅰ. ①洁… Ⅱ. ①周… ②马… ③张… Ⅲ. ①清洁煤—技术 Ⅳ. ①TD942

中国国家版本馆 CIP 数据核字(2023)第 037375 号

书　　名　洁净煤技术
主　　编　周安宁　马志军　张传祥
责任编辑　褚建萍
出版发行　中国矿业大学出版社有限责任公司
（江苏省徐州市解放南路　邮编 221008）
营销热线　(0516)83884103　83885105
出版服务　(0516)83995789　83884920
网　　址　http://www.cumtp.com　**E-mail**:cumtpvip@cumtp.com
印　　刷　江苏淮阴新华印务有限公司
开　　本　787 mm×1092 mm　1/16　**印张** 23.25　**字数** 595 千字
版次印次　2023 年 5 月第 3 版　2023 年 5 月第 1 次印刷
定　　价　48.00 元

第三版前言

本书自2010年出版以来，受到了广大读者的欢迎和支持。当前，围绕“双碳”目标，煤炭清洁低碳高效利用受到了前所未有的重视。与此同时，国际社会高度关注洁净煤技术及理论的发展，取得了许多新的进展。为了能及时反映洁净煤技术的最新进展，满足相关专业的教学需要，我们结合近几年教学工作的体会和科研成果，对本书第二版部分内容进行了修订、补充，以较系统反映洁净煤技术领域最新进展，以满足人才培养的最新要求。

第三版的编写在第二版基础上，结合国家重大战略需求，增加了煤炭清洁利用评价、褐煤高附加值利用、动力及炼焦配煤技术、智能分选技术、富油煤分布及生油潜力评价、碳一化工技术、煤制氢技术、煤系固体废弃物资源利用技术、煤炭变革性利用新技术等内容；同时，对其他章节内容也作了适当修订。全书由原来的15章增加到17章。

本书由西安科技大学周安宁，辽宁工程技术大学马志军，河南理工大学张传祥担任主编；河南理工大学邓小伟，中国矿业大学（北京）舒新前，西安科技大学贺新福、张亚婷、刘向荣和杨志远担任副主编。

各章节修订按第三版章节顺序进行。各章节增补和修订分工如下：

第一章的增补和修订由西安科技大学周安宁完成；第二章的编写由辽宁工程技术大学马志军完成；第三章的增补和修订由西安科技大学周安宁、辽宁工程技术大学赵利安完成；第四章的增补和修订由西安科技大学贺新福完成；第五章的修订由国能榆林能源有限责任公司柳建华和杨小权完成；第六章的修订由河南理工大学邓小伟完成；第七章的增补由自然资源部煤炭勘查与综合利用重点实验室杨甫完成，修订由中国矿业大学（北京）舒新前完成；第八章的增补和修订由西安科技大学张亚刚完成；第九章的编写和第十章的修订由河南理工大学黄山秀完成；第十一章的编写由西安科技大学赵伟完成；第十二章的增补和修订由河南理工大学郭卫杰、黑龙江科技大学周国江完成；第十三章的增补和修订由河南理工大学郭卫杰完成；第十四章的修订由西安科技大学张亚婷完成；第十五章的编写由河南理工大学张传祥完成；第十六章的增补和修订由西安科技大学杨志远完成；第十七章的增补和修订由西安科技大学刘向荣和刘国阳完成。

本次修订出版得到了西安科技大学、河南理工大学、辽宁工程技术大学、中国矿业大学出版社等单位的大力支持和帮助，在此表示诚挚的感谢。

本书在修订过程中，引用或参考了国内外许多专家学者的文献及研究成果，在此对相关专家学者表示崇高的敬意和衷心的感谢。

本次修订过程中，尽管做了许多努力，但由于学识、水平有限，不妥之处在所难免，恳请广大读者批评指正。

编　者

2023年1月

第二版前言

本书自 2010 年出版以来，受到了广大读者的欢迎和支持。近几年来，随着我国全社会对清洁能源及环境保护的关注和重视，洁净煤技术有了长足的发展。为了能及时反映洁净煤技术的最新进展，满足相关专业的教学需要，我们结合近几年教学工作的体会和科研成果，对本书部分内容进行修订再版。

第二版的编写仍延续原版的内容体系，在第一版基础上，增加了褐煤干燥技术、煤岩分离富集技术等内容，其他章节内容也作了适当修订，特别是对思考题进行了更新。全书由原来的 14 章增加为 15 章。

本书仍由西安科技大学周安宁和河南理工大学黄定国担任主编。

各章节修订按第二版章节顺序进行。各章节修订及增补分工如下：

第一章修订、第三章褐煤干燥技术增补和第十三章修订由西安科技大学周安宁完成；第五章修订及煤岩分离富集技术增补、第十四章修订由西安科技大学赵世永完成。

本次修订出版得到了西安科技大学、河南理工大学、中国矿业大学出版社等单位的大力支持和帮助，在此表示诚挚的感谢。

本书在修订过程中，引用或参考了国内外许多专家学者的文献及研究成果，在此对相关专家学者表示崇高的敬意和衷心的感谢。

本次修订过程中，尽管做了许多努力，但由于学识、水平有限，不妥之处在所难免，恳请广大读者批评指正。

编　者

2018 年 1 月

第一版前言

环境问题、资源问题和能源问题三者相互交织已成为制约世界经济和社会发展的关键因素，其解决得好坏对人类社会发展有着根本性的影响。随着低碳经济的发展，洁净煤技术在解决上述问题中发挥着越来越重要的作用，世界各国已将其列为影响国家安全及可持续发展的战略技术领域。

为适应洁净煤技术的迅速发展，煤炭高校“十一五”教材编写委员会决定编写一本既能系统包含洁净技术领域基本知识、概念和方法，同时又能反映该领域最新发展前沿的教材，以适应洁净煤技术高级人才培养的新要求。本教材就是在这一指导思想下，结合编者多年来的科研及教学成果编写而成的。全书共分十四章，分别论述了洁净煤技术的分类、基本理论与方法；煤的结构与性质；型煤技术；煤炭分选技术及超纯煤；水煤浆技术；煤炭热解技术；煤炭清洁燃烧技术；燃煤烟气净化技术；煤的气化技术；燃料电池与发电新技术；煤的液化技术；煤的非燃料化利用技术；煤共伴生资源综合利用技术；煤层气及 CO_2 富集利用技术等。对于已工业化或近期可实现工业化的技术，结合生产实际进行了重点论述。各章附有习题，以帮助学生进一步理解和掌握基本知识。同时，附有主要参考文献，以帮助学生进一步了解本领域发展前沿。

全书由周安宁、黄定国担任主编。各章编写分工如下：第一章由西安科技大学周安宁编写；第二章由辽宁工程技术大学马志军编写；第三章和第六章由中国矿业大学(北京)舒新前编写；第四章由河南理工大学焦红光编写；第五章和第十四章由河南理工大学黄定国编写；第七章和第八章由黑龙江科技学院周国江编写；第九章由西安科技大学李建伟编写；第十章由西安科技大学杨来侠和张宏利编写；第十一章由河南理工大学马名杰编写；第十二章由西安科技大学周安宁和华北科技大学石常省编写；第十三章由西安科技大学赵世永编写。

本书的顺利出版得到了西安科技大学、河南理工大学、中国矿业大学出版社等单位的大力支持和帮助，在此表示诚挚的感谢。

本书在编写过程中还引用或参考了国内外许多专家学者的文献和研究成果，在此对相关专家学者表示崇高的敬意和衷心的感谢。

由于编者学识、水平有限，不妥之处在所难免，恳请广大读者批评指正。

编　者
2010 年 6 月

目　　录

第一章　绪论 ………………………………………………………………………… 1
第一节　洁净煤技术及其分类 ………………………………………………………… 1
第二节　"双碳"约束下洁净煤技术发展 ……………………………………………… 3
第三节　煤炭清洁利用评价 …………………………………………………………… 6
思考题 …………………………………………………………………………………… 10

第二章　煤的结构与性质 ……………………………………………………………… 11
第一节　煤的形成 ……………………………………………………………………… 11
第二节　煤岩组成 ……………………………………………………………………… 12
第三节　煤的化学和物理结构 ………………………………………………………… 14
第四节　煤的性质 ……………………………………………………………………… 17
思考题 …………………………………………………………………………………… 21

第三章　褐煤干燥与分级利用技术 …………………………………………………… 22
第一节　褐煤的组成结构及水的赋存形态 …………………………………………… 22
第二节　褐煤干燥动力学模型 ………………………………………………………… 27
第三节　褐煤干燥技术 ………………………………………………………………… 29
第四节　干燥对褐煤结构和性质的影响 ……………………………………………… 40
第五节　褐煤蜡提取与利用技术 ……………………………………………………… 41
第六节　褐煤腐殖酸提取与利用技术 ………………………………………………… 46
思考题 …………………………………………………………………………………… 49

第四章　配煤与型煤生产技术 ………………………………………………………… 50
第一节　动力配煤技术 ………………………………………………………………… 50
第二节　炼焦配煤技术 ………………………………………………………………… 58
第三节　型煤生产技术 ………………………………………………………………… 66
思考题 …………………………………………………………………………………… 73

第五章　煤炭分选及超纯煤制备技术 ………………………………………………… 75
第一节　概述 …………………………………………………………………………… 75
第二节　湿法选煤 ……………………………………………………………………… 78

第三节　干法选煤 …………………………………………………………… 91
第四节　智能分选技术 ……………………………………………………… 97
第五节　煤炭脱硫技术……………………………………………………… 100
第六节　煤岩分选及超纯煤制备技术……………………………………… 106
思考题……………………………………………………………………… 110

第六章　水煤浆技术……………………………………………………… 111
第一节　水煤浆的特点及分类……………………………………………… 111
第二节　水煤浆使用性能和评价方法……………………………………… 113
第三节　水煤浆制备关键技术……………………………………………… 115
第四节　水煤浆制浆工艺及设备…………………………………………… 123
思考题……………………………………………………………………… 129

第七章　煤炭热解技术…………………………………………………… 130
第一节　煤热解方法的分类及原理………………………………………… 130
第二节　几种常见的热解工艺……………………………………………… 134
第三节　富油煤分布及生油潜力评价……………………………………… 141
思考题……………………………………………………………………… 144

第八章　煤炭气化技术…………………………………………………… 146
第一节　煤炭气化的基本原理……………………………………………… 146
第二节　煤炭气化方法……………………………………………………… 153
第三节　煤气的净化和加工………………………………………………… 165
第四节　合成气制甲烷技术………………………………………………… 168
思考题……………………………………………………………………… 172

第九章　碳一化工技术…………………………………………………… 173
第一节　概述………………………………………………………………… 173
第二节　煤的间接液化技术………………………………………………… 177
第三节　醇、醚合成技术 …………………………………………………… 181
第四节　芳烃合成技术……………………………………………………… 187
第五节　二氧化碳转化技术………………………………………………… 190
思考题……………………………………………………………………… 194

第十章　煤炭直接液化技术……………………………………………… 195
第一节　煤炭直接液化原理………………………………………………… 195
第二节　煤炭直接液化技术………………………………………………… 199

第三节 煤溶剂萃取技术…… 204
思考题…… 209

第十一章 煤制氢技术…… 210
第一节 概述…… 210
第二节 煤气化制氢技术…… 212
第三节 焦炉煤气制氢技术…… 217
第四节 煤浆电解制氢技术…… 220
思考题…… 224

第十二章 煤炭清洁燃烧与发电技术…… 225
第一节 煤粉燃烧理论…… 225
第二节 煤粉燃烧技术…… 229
第三节 流化床燃烧技术…… 230
第四节 煤炭混燃技术…… 235
第五节 洁净煤发电新技术…… 236
思考题…… 241

第十三章 燃煤污染控制与资源化技术…… 242
第一节 燃煤烟气中主要物质及危害…… 242
第二节 烟尘颗粒物脱除技术…… 243
第三节 烟气脱硫技术…… 247
第四节 烟气脱硝技术…… 255
第五节 燃煤重金属及其他污染元素排放控制技术…… 259
思考题…… 263

第十四章 煤基材料及化学品制备技术…… 264
第一节 煤基功能超细粉体材料…… 264
第二节 煤基聚合物复合材料…… 266
第三节 煤制活性炭技术…… 271
第四节 煤基炭素制品…… 277
思考题…… 282

第十五章 煤系固体废弃物资源利用技术…… 283
第一节 煤系共伴生矿产综合利用…… 283
第二节 煤矸石综合利用…… 291
第三节 粉煤灰综合利用…… 301

思考题…………………………………………………………………………… 306

第十六章　煤层气及 CO_2 富集利用技术 ………………………………………… 307
第一节　煤层气的生成与赋存…………………………………………………… 307
第二节　煤层气的利用…………………………………………………………… 315
第三节　二氧化碳的分离与富集………………………………………………… 317
第四节　二氧化碳的储存处理与利用…………………………………………… 325
思考题…………………………………………………………………………… 331

第十七章　煤炭变革性利用新技术………………………………………………… 332
第一节　煤炭生物加工…………………………………………………………… 332
第二节　燃料电池………………………………………………………………… 343
第三节　燃煤磁流体发电技术…………………………………………………… 351
思考题…………………………………………………………………………… 355

参考文献……………………………………………………………………………… 356

第一章 绪 论

煤炭是地球上蕴藏最丰富的化石燃料，长期以来一直占据着世界一次能源生产和消费领域的重要位置。但煤炭在开采、开发和利用过程中，会对环境造成严重的污染及影响。因此，从社会发展的客观需要出发，迫切要求实现煤的高效、清洁加工和综合利用。

第一节 洁净煤技术及其分类

一、洁净煤技术的概念

洁净煤技术(clean coal technology，CCT)是煤炭高效和洁净开发、加工、燃烧、转化及污染控制技术的总称。洁净煤(clean coal)一词是20世纪80年代初期为解决美国和加拿大两国边境酸雨问题由谈判的特使Drewlewis(美国)和William Davis(加拿大)提出的。美国基于经济发展与环境保护的需要，于1985年率先提出洁净煤技术，并于1986年制定了“洁净煤技术示范计划”。继美国之后，日本、德国、澳大利亚、苏联及中国也成立了国家洁净煤技术研究机构，制订了相应计划。

洁净煤技术是以煤炭分选为源头，以煤炭气化为先导，以煤炭高效、洁净燃烧和洁净煤发电为核心的技术体系，其根本目标就是要减少环境污染和提高煤炭利用效率。主要包括煤炭分选、加工(型煤、水煤浆)、转化(煤炭气化、液化、热解)、先进发电技术(常压循环流化床、加压流化床、整体煤气化联合循环)、烟气净化(除尘、脱硫、脱氮)、矿区环境治理与综合利用等技术领域。

洁净煤技术是发展中的新技术，世界各国依据其经济社会及技术发展的实际情况，分别制定了各具特色的洁净煤技术发展目标。进入21世纪，美国又推出了“前景21(Vision 21)计划”，其目标是促进煤炭的高效洁净综合利用技术的发展，最终构建含碳能源，尤其是煤炭近零排放利用系统。日本也进一步推出了“21世纪煤炭技术战略”，计划在2030年前实现煤作为燃料的完全洁净化。我国从20世纪90年代初提出发展洁净煤技术以来，陆续出台了一系列促进洁净煤技术发展的法规和政策，已有不少技术得到产业化应用。结合中国实际情况，发展洁净煤技术的主要目标有：一是全过程减排污染物，重点是减排SO_2、总悬浮颗粒物(TSP)及NO_x；二是提高煤炭利用效率，节约煤炭，减排CO_2；三是强化煤炭转化，改善能源终端消费结构，实现煤炭低碳化利用，促进能源安全问题的解决。洁净煤技术也是目前发展低碳经济及低碳能源的关键技术。

二、洁净煤技术的分类及内容

表1-1为广泛认同的洁净煤技术分类。洁净煤技术包括了在煤炭开发使用过程中各个环节的净化和防治技术，是当前世界各国解决环境问题的主导技术之一，也是国际竞争的一个重要高技术领域。

表 1-1　洁净煤技术的分类

洁净煤技术分类	技术项目
煤炭加工与净化技术	选煤、型煤、水煤浆、配煤技术
煤炭高效洁净燃烧技术	循环流化床燃烧、加压流化床燃烧、粉煤燃烧、超临界发电、超超临界发电、整体煤气化联合循环(IGCC)、整体煤气化燃料电池联合循环(IGFC)、富氧燃烧
煤炭转化与合成技术	气化、液化、氢燃料电池、煤化工、煤制烯烃、分质分级转化技术
污染物控制技术	工业锅炉和窑炉、烟气净化、脱硫、脱硝、除尘、颗粒物控制、汞排放
废弃物处理技术	粉煤灰、气化灰渣等化工废渣、煤矸石、煤层气、矿井水、煤泥等利用技术
碳减排技术	碳捕获和埋存(CCS)技术,碳捕获、利用和埋存(CCUS)技术
综合利用技术	多联产技术

选煤技术是运用物理、化学或微生物学等方法把原煤脱灰、降硫并加工成质量均匀、用途不同的各种商品煤的煤炭加工技术,其目标产品主要为洁净动力商品煤、化肥工业用商品煤、其他工业或民用商品煤等。

型煤技术是将粉煤或低品位煤加工制成具有一定强度和形状的型煤制品的煤炭加工技术。型煤与常规商品煤相比,其利用性质得到了有效改善,燃烧效率得到提高,污染物排放量降低,是一种清洁、高效的工业原料或燃料用商品煤。

水煤浆技术是将煤磨成 250～300 μm 的微细煤粉,然后与水按一定比例配制成的一种新型浆态燃料的煤炭加工技术。水煤浆可像油一样运输、贮存和燃烧。由于水煤浆的火焰中心温度比原煤和油低,故 NO_x 生成量少,而且 SO_2 和烟尘量远比原煤低。

动力配煤技术是将不同类别和性质的煤经过筛选、破碎和按比例配合等过程,改变动力煤的化学组成、物理特性和燃烧特性,使之达到煤质互补、优化产品结构、满足用户燃烧设备对煤质的要求、提高燃煤效率和减少污染物排放目的的煤炭加工技术。这一技术易于大批量加工、大区域推广,是适合煤炭产、运、供、用现状的洁净煤技术。

煤炭气化技术是煤中有机质在气化炉内先发生热解,热解半焦再与水蒸气、CO_2、H_2 等气化剂反应被转化成由 H_2、CO、CO_2、CH_4 及少量含氮、含硫有害气体所组成的气体混合物的煤炭加工技术。在煤炭气化过程中,煤中矿物质经热解、氧化作用转变为灰渣。混合煤气在使用前可经过后处理技术脱除其中的有害气体。煤炭气化工艺一般可脱除 99%的硫分。煤炭经过气化可获得清洁的燃料气、合成气($CO+H_2$)、氢气等产品。

煤炭液化技术包括煤的间接液化和直接液化技术。煤的间接液化技术是指在一定反应条件下(如催化剂、温度、压力等)以煤炭气化得到的合成气为原料合成液体燃料或化学产品的技术。通过改变反应条件,不仅可制得液体燃料,而且可获得许多重要化工产品,如乙烯、乙醇、甲醇、甲醛、醋酸等。煤的直接液化技术,也称为煤加氢液化技术,是一种将煤在较高温度和压力下与氢反应使其降解和加氢,从而转化为清洁液体油类的先进煤转化技术。这一过程由煤的热解、脱除杂原子、加氢、结焦等一系列复杂的反应过程组成,其产物极为复杂,进一步经过加氢提质可以得到各种清洁液体燃料或化学品。

整体煤气化联合循环(integrated gasification combined cycle,IGCC)发电技术是首先将煤气化生产的燃料用于驱动燃气轮机发电,再用余气加热锅炉生产蒸汽以驱动汽轮机发电的新技术。由于先把煤气化再使煤气除尘、脱硫净化,送去燃气轮机燃烧室燃烧,因此,该技术不仅具有较高的能源转化率，而且具有十分显著的环境效益。

烟道气净化技术是对煤炭燃烧后产生的 SO_2、NO_x 和微颗粒物进行控制的技术。先进的烟道气净化工艺可同时脱除 90%以上的 SO_2 和 NO_x。烟气脱硫方法主要有湿法烟气脱硫和干法烟气脱硫。

中国煤层气资源总量为 $2.5\times10^4\sim5\times10^4$ Gm^3，是一种宝贵的洁净能源。煤层气中甲烷（在煤矿生产中俗称瓦斯）约占 90%甚至更多，经常与矿井灾害相联系。因此，煤层气的加工利用对于提高能源利用率、保护环境、减少矿井火灾有着极为重要的意义。

第二节 “双碳”约束下洁净煤技术发展

温室气体排放导致了全球气候变暖，严重威胁着人类的生存与可持续发展，是当今全球面临的最大挑战之一。温室气体包括二氧化碳（CO_2）、甲烷（CH_4）、氧化氮（N_2O）、全氟烃（PFCs）、六氟化硫（SF_6）以及氢氟碳化物（HFCs）6 种气体，对温度上升的贡献率以 CO_2 最高，贡献率约为 55%。“双碳”是“碳达峰”与“碳中和”的简称，其中，碳达峰是指在某一个时点，二氧化碳的排放不再增长达到峰值，之后逐步回落；碳中和就是人为排放的二氧化碳（化石燃料利用和土地利用），被人为努力（木材蓄积量、土壤有机碳、工程封存等）和自然过程（海洋吸收、侵蚀-沉积过程的碳埋藏等）所吸收中和的过程。我国要在多重压力因素交织下协调经济发展与碳减排的矛盾，与世界上大多数国家相比，碳减排任务更为艰巨，突破洁净煤关键技术瓶颈对于碳减排和碳中和尤为关键。

一、基于煤特殊物理化学结构发展现代洁净煤技术

表 1-2 为不同变质程度煤的单元结构模型。煤的特殊物理化学结构是煤炭加工、转化和利用技术发展的理论基础。煤炭传统利用技术更多是从煤是一种含碳能源出发，而较少从分子水平上基于煤所具有的特殊组成、官能团结构、缩合芳环结构和杂环结构等特征出发，这与低碳经济和低碳能源技术的发展需要不相适应。因此，未来洁净煤技术的发展应更多地从煤的大分子结构和组成出发，对煤进行梯级加工、低碳化利用，实现煤在精细化学品、高端燃料、新材料（碳纳米管、石墨烯、超级活性炭、功能高分子材料等）等方面的梯级多联产转化和利用，延长煤炭利用的生命周期，实现煤炭资源的清洁、高效、可持续发展。

二、洁净煤技术发展的关键技术领域

煤炭开采、加工和转化利用中存在的关键问题主要包括两个方面：一是煤炭在开采中甲烷（又称煤层瓦斯或煤层气）气体的大量排放。甲烷是仅次于二氧化碳占第二位的重要温室气体，但其效能是二氧化碳的数十倍。二是煤炭燃烧及洁净煤转化技术过程中产生大量的二氧化碳，二氧化碳在大气中滞留的时间超过两百年，对环境的影响在几百年内逐渐显现。因此，煤炭开采过程中低浓度甲烷气体的高效转化与利用、煤炭清洁高效利用、突破二氧化碳的捕集利用关键技术、实现零排放是目前洁净煤技术开发研究的关键。

2002 年，美国在“洁净煤技术示范计划”基础上提出“洁净煤发电计划”，其目的是促进低成本、高效、先进的洁净煤技术在美国现有和新建电厂中的商业应用，为未来近零排放能源系统提供技术支持。2003 年，美国能源部又进一步提出“未来电厂计划”，由政府部门与私营机构及国际组织共同投资 10 亿美元，在 5 年内完成设计并建造一座零排放的

表 1-2　不同变质程度煤的结构单元模型

煤种	成分特征 /%			结构单元
	指标	干燥基(d)	干燥无灰基(daf)	
褐煤	C H *V*	64.5 4.3 40.8	76.2 4.9 45.9	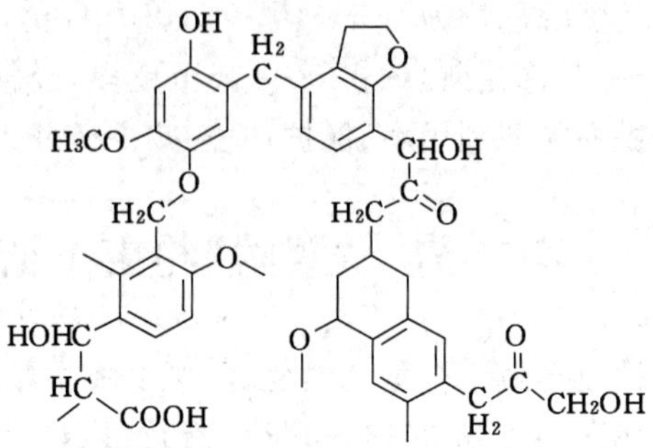
次烟煤	C H *V*	72.9 5.3 41.5	76.7 5.6 43.6	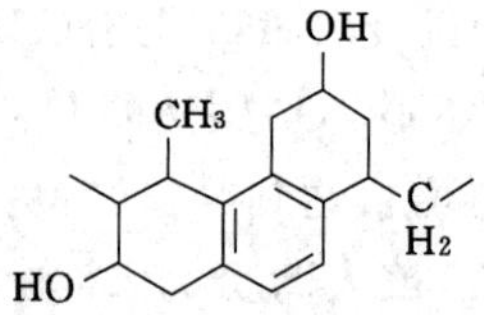
高挥发分烟煤	C H *V*	77.1 5.1 36.5	84.2 5.6 39.9	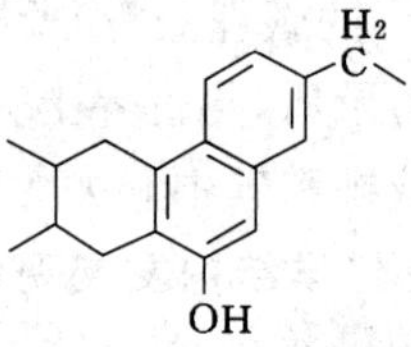
低挥发分烟煤	C H *V*	83.8 4.2 17.5	— — —	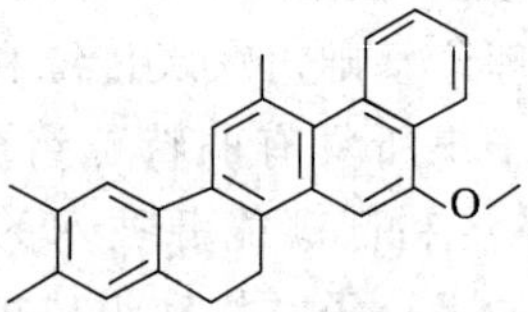
无烟煤				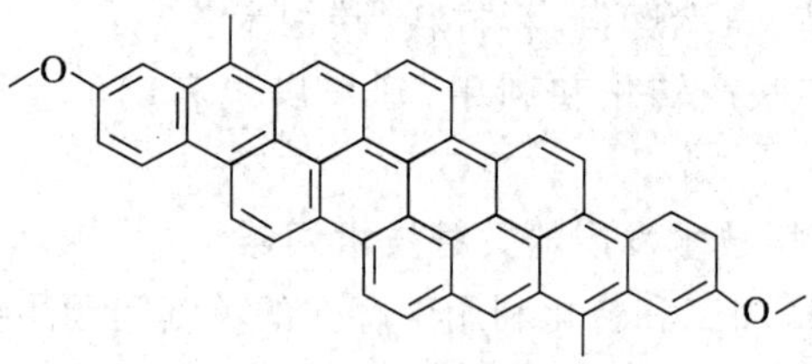

煤基发电厂，该电厂技术可以使燃煤电厂效率提高到 60％或更高，差不多是传统燃煤电厂效率的 2 倍。

英国的《能源白皮书》明确提出，要把电厂的洁净煤技术作为研究开发的重点。德国在选煤、型煤加工、煤炭气化和循环流化床燃烧技术、煤气化联合循环发电、烟气脱硫技术等方面取得了很大进步。在欧盟的支持下，荷兰和西班牙分别于 1994 年和 1997 年建成了两座 IGCC 电站，示范电站所采用的技术也全部来自欧盟国家。2004 年，欧盟在“第六框架计划”中，启动了名为 HYPOGEN 的计划，其目标是开发以煤气化为基础的发电、制氢、二氧化碳分离和处理的煤基发电系统，实现煤炭发电的近零排放。

日本的洁净煤技术开发从内容上分为两个方面：一方面是提高热效率和降低废气排放，包括流化床燃烧技术、煤气化联合循环发电技术及煤气化燃料电池联合发电技术等。另一方面是对煤炭燃烧前后进行净化处理，包括燃前处理、燃烧过程中及燃后烟道气的脱硫脱氮、煤炭的有效利用等。日本在2002年的“21世纪煤炭计划”中，提出到2030年分三个阶段研究开发先进的煤电技术，包括高效燃烧、脱硫脱氮和降低烟尘、煤气燃料电池、煤制二甲醚和甲醇、水煤浆、煤炭液化和煤炭气化等。2004年日本又在“煤炭清洁能源循环体系”中，提出了以煤炭气化为核心，同时生产电力、氢和液体燃料等多种产品，并对二氧化碳进行分离和封存的煤基能源系统，并在“面向2030年的新日本煤炭政策”中明确将此技术作为未来煤基近零排放的战略技术和实现循环型社会和氢能经济的产业化技术。

在综合国外洁净煤技术发展的基础上，结合中国国情，我国提出了新一代洁净煤技术发展的优先领域(表1-3)。按照国家发展和改革委员会与国家能源局联合发布的《能源技术革命创新行动计划(2016—2030年)》要求，煤炭清洁高效利用已被列入我国科技创新2030重大工程和项目。根据“面向2035的洁净煤工程技术发展战略研究”的项目研究成果，确定了10项面向2035年的洁净煤前沿技术，即700 ℃超超临界燃煤发电技术、先进IGCC/IGFC技术、CCUS技术、燃煤发电污染物深度控制技术、高灵活性智能燃煤发电技术、煤制清洁燃料和化学品技术、先进循环流化床发电技术、煤炭分级转化技术、煤转化废水处置与回用技术、共伴生稀缺资源回收利用技术。综合研判排名前三的700 ℃超超临界燃煤发电技术、先进IGCC/IGFC技术和CCUS技术为我国面向2035年最主要的洁净煤前沿技术。

表1-3 中国新一代洁净煤技术发展的优先领域

技术领域	过程特点	技术类别	关键技术与优先领域
煤炭深度加工与净化	煤炭利用前	选煤 型煤 配煤 水煤浆	干法选煤技术、浮选柱、惰质组分离富集方法等；气化型煤、焦化型煤等；劣质煤提质改性、水煤浆技术
煤炭清洁燃烧及先进发电	煤炭燃烧中	循环流化床 超临界气化发电 IGCC	大型化；推广应用；新型高效气化技术
煤炭转化	煤炭利用中	焦化 气化 液化 制氢 煤基材料	弱黏结煤大规模焦化试验；低灰熔融性煤的气化技术；提高液体转化率、优化油品组成；提高煤的转化率和氢气产率
煤利用过程中的污染物控制与减排	加工转化中燃烧后控制	废渣、废水和废气治理；烟气后处理；二氧化碳减排	先进的治理与回收技术；节水型高效脱硫、脱硝、脱VOC技术；高效除尘装置开发和应用；CCS、CCUS技术等
固体废弃物资源化利用	开采和加工过程及使用后	共伴生矿产综合利用；煤矸石综合利用；灰、渣综合利用	包括煤层气的抽气和综合利用；提取有益矿产、材料化利用；材料回收与加工利用

三、发展洁净煤技术的意义及作用

采用煤炭加工技术，可有效减少原料煤的含灰和含硫量，实现燃烧前脱硫降灰。如采用先进选煤技术可降低原煤灰分50%～80%，脱除黄铁矿硫60%～85%，可大量减少煤炭无效运输；电厂和工业锅炉燃用分选煤，可提高热效率3%～8%；用户燃用固硫型煤，不仅可减少30%～40%的SO_2排放，减少70%～90%的烟尘，还可节煤15%～27%。采用先进的煤炭燃烧技术，可有效提高燃烧效率，实现燃烧中脱硫。采用先进的工业锅炉技术，可提高锅炉热效率20%以上。采用循环流化床燃烧劣质煤，效率可达95%以上，炉内脱硫率可达85%以上。采用煤炭气化和液化等转化技术，可将煤炭转化为清洁的低碳气体和液化燃料，保障国家优质能源的安全使用。采用烟气净化技术可实现燃烧后脱硫，脱硫率达90%以上。采用矿区生态环境技术，可有效减少煤炭开采带来的矸石和水、气等污染，有效改善矿区环境，实现资源综合利用。

我国资源条件和现有经济条件还不足以支撑大规模利用油和气作为一次能源。发展洁净煤技术，在充分利用我国丰富煤炭资源的前提下，不仅可解决环境污染问题，也可将煤炭转化为清洁的油、气等清洁燃料和化学品，这在相当程度上可以缓解我国石油、天然气供应不足的问题，保障国家的能源安全。发展洁净煤技术对于改善终端能源结构，形成循环经济的产业链，实现能源、经济、环境的协调发展将起到积极的促进作用。西北地区是我国的重要产煤区，发展洁净煤技术也将有利于西部大开发战略的实施；东南沿海发达地区采用先进的洁净煤技术，可保证清洁能源的安全供应，使经济和环境得到良性发展。中国洁净煤技术立足于本国能源资源特点，贯穿于煤炭开发、加工、转化、终端利用的全过程。发展洁净煤技术，不仅可获得良好的环境效益和社会效益，还可获得显著的宏观经济效益。所以，大力发展循环经济型的洁净煤技术，对保障高效、清洁的能源供应将起到相当重要的作用，是现有经济条件下实现可持续发展的必然选择。

第三节　煤炭清洁利用评价

煤炭是我国的主体能源和重要工业原料，我国能源资源禀赋特点决定了必须长期坚持煤炭清洁高效利用道路。洁净煤是绿色能源已成为共识，由于我国煤炭资源分布广，成煤时代和条件各异，品质差异较大，我国洁净煤技术涵盖从煤炭加工、先进发电技术、煤炭转化技术到污染物处理及资源化再利用等20余种技术，每种技术又有不同工艺，各种技术、每种工艺各有特点，其经济性和环境效果各不相同。因此，煤炭清洁利用评价方法对发展洁净煤技术以及企业、社会和国家的相关决策至关重要。在煤炭提质与减排评价方面，相关专家提出了“用煤洁配度指标”进行评价，在洁净煤技术评价方面，国家高技术研究发展计划(863计划)项目“洁净煤技术的评价方法及技术研究”建立了中国洁净煤技术评价体系与模型。

一、煤炭整体提质评价

1. 用煤洁配度的定义及表征

用煤洁配度是衡量煤炭利用煤质洁净程度和适用程度的综合指标，主要包括：① 反映用煤质量指标值相对于煤炭资源最低品质级别的煤炭质量指标值的提高程度，即煤质洁净化度(JJ_i)；② 反映用煤质量满足用煤设备要求的程度，即煤质与设备适配度(β)；③ 反映煤炭处理方式的影响，即洁配度（JPD）。

（1）煤质洁净化度（JJ_i）

煤质洁净化度是指实际用煤煤质指标相对于基准指标值（煤炭资源最低品质级别）的煤炭质量指标值的提高程度，即

$$JJ_i=\frac{X_i^0-X_i}{X_i^0}\times 100\% \tag{1-1}$$

式中，JJ_i为i项指标的煤质洁净化度，%；X_i^0为该指标的基准值，%；X_i为该指标的实际值，%。可以针对不同用煤设备对煤质的要求，选取不同的煤质指标。JJ_i越高，煤质越洁净，反之则煤质越差。通常选择灰分、硫分、水分作为主要指标，也可以选择氮元素含量、其他有毒或有害元素含量作为指标。

（2）适配度（β）

适配度是反映用煤质量满足用煤设备要求程度的指标，即煤质与设备的适配程度，包括灰分、硫分、水分、发热量、挥发分、粒度、煤种等指标与设备要求的匹配程度及煤炭利用洁净化系数，即

$$\beta=\alpha D \tag{1-2}$$

式中，β为适配度；α为煤炭利用洁净化系数；D为煤质指标与设备的匹配度，%。

（3）洁配度（JPD）

$$JPD=\beta\sum\omega_i JJ_i \tag{1-3}$$

式中，JPD为洁配度，%；β为煤质与设备的适配度，%；ω_i为各指标洁净化度的权重，%；JJ_i为i项指标的煤质洁净化度，%。

2. 用煤洁配度表征参数的选取

煤质洁净化度基准值可依据选取的指标，参考相关的标准要求进行基准值的选取。例如，以灰分作为评价指标时，可根据《煤炭质量分级 第1部分：灰分》（GB/T 15224.1—2018）中，煤炭资源评价灰分分级将灰分在40.01%～50%的称为高灰煤，因此，灰分基准值取40%。又如，以硫分作为评价指标时，可根据《煤炭质量分级 第2部分：硫分》（GB/T 15224.2—2021）中，煤炭资源评价硫分分级将硫分大于3%的称为高硫煤，因此，硫分基准值取3%。再如，以水分作为评价指标时，可根据《煤的全水分分级》（MT/T 850—2000）中，将全水分大于40%的煤定义为特高全水分煤，因此，水分基准值取40%。

单项指标洁净化度的权重选取，可参考煤炭灰分、硫分、水分对煤炭洁净化利用的影响，以及热量关系、煤炭计价方法、煤炭提质加工指标对煤炭洁净化利用的重要程度，通过专家研讨确定。文献报道燃料用煤的灰分、硫分、水分在洁净化度指标中的权重分别取45%、25%、30%；化工原料用煤的灰分、水分在洁净化度指标中的权重分别取65%和35%。

3. 煤质指标与设备的匹配度

煤质指标与设备的匹配度可根据用煤设备类型的不同以及专家意见和经验，结合用煤企业的调研和分析结果进行确定。原料用煤质量较为严格，按设备用煤要求，取匹配度值为95%；燃料用煤因企业或设备差异较大，总体要求匹配度为48%；发电等大型企业一般要求较高，要求达到50%；中小企业要求达到45%。

4. 煤炭利用洁净化系数

依据我国煤炭利用中长期发展战略要求，我国电力、原料用煤等较大型企业的煤炭利用

洁净化系数 2020 年为 0.9,2030 年为 0.95;燃料用煤等中小企业的煤炭利用洁净化系数 2020 年为 0.6,2030 年为 0.7。

5. 用煤洁配度的作用和计算举例

(1) 用煤洁配度的作用和意义

在宏观层面,可以促进煤炭消费结构优化,引导煤炭利用企业选择更为清洁的途径,促进节能减排;评价我国煤炭质量水平,有助于煤炭的分级利用,提高用煤企业优先使用高洁配度商品煤;促进低品质煤炭资源的开发与提质加工。在微观层面,有利于实现商品煤的质量控制,从源头上保证煤炭的清洁高效利用;推动煤炭产品整体提质及技术进步和产业升级。

(2) 用煤洁配度计算举例

我国煤炭消费可分原料用煤和燃料用煤,原料用煤主要用于炼焦、高炉喷吹、化工等领域,约占我国煤炭消费总量的 1/4,这一比例将随着煤炭清洁高值化利用技术水平的提高而有较大提升。燃料用煤主要用于发电、工业锅炉和窑炉等,约占我国煤炭消费总量的 3/4。发电用煤是我国煤炭利用主要方向。以化工原料用煤和发电用煤为例,采用上述相关计算公式,灰分基准值取 40%,实际值为 15%,水分基准值取 40%,实际值为 12%,硫分基准值取 3%,实际值为 1.15%,由此计算得到化工原料用煤和发电用煤的用煤洁配度,结果如表 1-4 和表 1-5 所示。

表 1-4 我国化工原料用煤的用煤洁配度

项目		灰分	水分
煤质洁净化度(JJ_i)	i 指标煤质洁净化度/%	63	70
	权重/%	65	35
	煤质综合洁净化度/%	65	
适配度(β)	匹配度/%	95	
	煤炭利用洁净化系数	0.8	
	适配度/%	76	
洁配度(JPD)/%		50	

表 1-5 我国发电用煤的用煤洁配度

项目		硫分	灰分	水分
煤质洁净化度(JJ_i)	i 指标煤质洁净化度/%	62	30	70
	权重/%	30	45	25
	煤质综合洁净化度/%	50		
适配度(β)	匹配度/%	50		
	煤炭利用洁净化系数	0.8		
	适配度/%	40		
洁配度(JPD)/%		20		

化工用煤中，煤中的硫元素可以参与煤转化反应，例如，液化过程中，硫转化为硫化氢对液化反应有利，同时，无机硫化物对液化反应有助催化作用。因此，一般化工用原料煤对硫分没有特别要求，主要要求指标有灰分和水分。发电用煤对硫分有较高的要求，由表 1-5 可知，我国发电用燃料煤的洁配度只有 20%。这是由于我国发电用燃料煤以原煤或配煤为主，而原煤的煤质一般较差。另外，电厂实际用煤的煤质达不到设计煤质的要求，煤质波动大，与设备的适配度较低。选煤可以脱除 30%～40%的硫、50%～80%的灰，因此，原煤入选后，获得优质精煤，作为发电用燃料煤，就可以显著提高发电用煤的洁配度。

二、洁净煤技术评价

在"双碳"目标约束条件下，我国经济社会高质量发展对优质能源和资源的需求不断增加。煤炭洁净高效利用已成为国家重大战略，发展洁净煤技术是实现这一战略目标的重要途径。因此，对各种洁净煤技术进行客观评价，建立科学、合理的评价指标体系十分重要。洁净煤技术评价体系主要包括：评价指标体系、评价方法与模型等。下面简要介绍中国洁净煤技术评价体系，该体系是国家高技术研究发展计划项目"洁净煤技术的评价方法及技术研究"的主要成果。

评价指标体系由若干个单项评价指标组成。

(1) 政策性指标：包括国家的方针、政策、法令以及发展规划、计划等，这对关系国计民生方面的重大项目或大型系统尤为重要。

(2) 技术性指标：包括产品的性能、寿命、可靠性、安全性等，工程项目的地质条件、设备、设施、建筑物、运输等。

(3) 经济性指标：包括方案成本（有条件时应考虑生命周期成本，即包括制造成本、使用成本和维修成本等）、利润和税金、投资额、流动资金占用量、投资回收期、建设周期以及地方性的间接收益等。

(4) 社会性指标：包括社会福利、社会节约、综合发展、就业机会、污染防治、生态环境保护等。

(5) 资源性指标：如工程项目中的物资、人力、能源、水资源、土地资源的消耗和占用等。

(6) 时间性指标：如工程进度、时间节约、研制周期等。

依据上述指标确定的原则，结合环境、技术、经济和社会等主要制约因素，建立了表 1-6 所示的指标体系。在具体条件下，可以有所增减或不予考虑，以形成不同特色的指标体系。

表 1-6 中大多为定量指标，可通过建立模型计算得到，少数为定性指标，由专家打分，按德尔菲方法计算，经无量纲化和归一化处理得到数值。再通过各级指标计算，得到该单元技术的综合评价结果 P，即

$$P=K_1P_1+K_2P_2+K_3P_3+K_4P_4 \tag{1-4}$$

$$P_i=\sum_{i=1}^{n}S_ik_i+\sum_{j=1}^{m}F_jk_j \tag{1-5}$$

式中，P_1～P_4为第 1～4 项一级指标总分值；n，m 分别为定量或定性化评价的二级指标总数；S_i，F_j分别为第 i 项定量或第 j 定性评价二级指标的得分值；K_1～K_4为第 1～4 项一级指标的权重分值；k_i，k_j分别为第 i 项定量或第 j 项定性评价二级指标的权重分值，由专家打分，按德尔菲方法得到。各指标的计算方法和模型建立方法可参见相关文献研究结果。

表 1-6　洁净煤技术评价指标体系

综合指标	一级指标	二级指标	三级指标
综合指标	技术性指标	效率	总效能/转化率
		资源消耗	水耗
			电耗
		技术成熟度	发展阶段
			市场占有情况
		技术适应性	经济承受能力
			煤质适应度
	经济性指标	企业收益	企业内部收益率
		社会收益	国民经济内部收益率
	环境性指标	主要气体污染物排放	输出单位热量 CO_2 排放量，排放浓度
			输出单位热量 SO_2 排放量，排放浓度
			输出单位热量 NO_x 排放量，排放浓度
			输出单位热量 TSP 排放量，排放浓度
		固体污染物排放影响	输出单位热量固体废弃物排放
		液体污染物排放影响	输出单位能量废水排放
	社会性指标	对能源安全贡献	替代油气
			减少资源消耗
		就业	本行业就业人数
			其他行业带动系数

思　考　题

1. 试从环境、社会、循环经济和能源安全等观点出发，分析发展洁净煤技术的必要性和重要性。

2. 试比较世界各国洁净煤技术发展的特色和方向，指出我国洁净煤技术发展的优势和特色方向。

3. 从煤分子结构的观点出发，探讨煤炭低碳高值化利用的技术路径。

4. 分析世界能源消费结构及煤炭开采、加工和利用过程中所产生的主要环境污染物的特征。

5. 查找相关数据，试计算分析我国煤气化用煤以及工业锅炉用煤的洁配度。

6. 以煤直接液化为例，讨论洁净煤技术评价方法和模型建立的方法。

第二章　煤的结构与性质

第一节　煤的形成

一、成煤原始植物

煤是由植物而且主要是由高等植物转变而来的观点已成为人们的共识。在生物史上，植物经历了由低级向高级逐步发展，并且多次飞跃演化的漫长过程。按种类划分，其发展依次可分为菌藻植物时代、裸蕨植物时代、蕨类植物时代、裸子植物时代和被子植物时代。其中菌藻植物属于低等植物，其他植物属于高等植物。

从化学的观点看，植物的有机族组成可以分为四类，即糖类及其衍生物、木质素、蛋白质和脂类化合物。糖类及其衍生物主要包括纤维素、半纤维素和果胶质等。不同种类的植物，同种植物的不同部分，有机族组分的百分含量均不同。

各种有机族组分的结构与化学性质决定了它们抵抗微生物分解的能力。主要的有机族组分按分解难易程度由易到难排序依次为：① 原生质；② 叶绿素；③ 脂肪；④ 淀粉、半纤维素、纤维素；⑤ 木质素；⑥ 木栓质；⑦ 角质；⑧ 孢子与花粉；⑨ 蜡质；⑩ 鞣质；⑪ 树脂。

从理论上讲，各种植物、植物的各个部分与其分解产物及参与分解的微生物都参加了成煤。但是，由于成煤植物及植物的不同部分在有机族组成上的差异，也由于不同有机族组分在性质上的差异，不同植物和植物残骸的不同部分的分解、保存和转化存在相当大的差别。因此，对煤的种类、显微组成、化学性质及用途会产生重大影响。例如，如果成煤植物残骸以植物的茎、根等木质纤维组织为主，煤的氢含量就较低；如果成煤植物残骸中角质、木栓质、树脂、孢粉等脂类化合物较多，煤的氢含量就较高。

二、植物遗体的堆积

植物遗体是成煤的物质来源，但并不是在任何条件下植物遗体都能顺利地堆积并转变为泥炭，而是需要一定的条件。它首先需要大量植物持续繁殖，其次需要保存植物遗体的环境，使植物遗体能够原地堆积并且不至于完全被氧化分解。同时具备这两个条件的场所就是沼泽。

沼泽地势平坦低洼，排水不畅，植物繁茂。未被完全分解的植物残骸在其中逐年积累并开始泥炭化，天长日久便形成泡软的泥炭。

从地史上形成的煤层来看，绝大多数都属于植物遗体原地堆积成煤。植物遗体因水流搬运异地堆积后如能在沼泽中保存下来，也可以成煤，但较难形成有工业开采价值的煤层。

三、腐殖煤的形成过程

腐殖煤的形成过程通常称为成煤过程。它是指高等植物在泥炭沼泽中持续地生长和死亡，其残骸不断堆积，经过长期而复杂的生物化学、地球化学、物理化学作用和地质化学作用，逐渐演化成泥炭、褐煤、烟煤和无烟煤的过程。煤的这一转化的全过程也称为成煤作用。

成煤过程大致可分为泥炭化阶段和煤化阶段。

泥炭化阶段是指高等植物残骸在泥炭沼泽中,经过生物化学和地球化学作用演变成泥炭的过程。在这个过程中,植物所有的有机组分和泥炭沼泽中的微生物都参与了成煤作用。在泥炭化阶段主要发生凝胶化和丝炭化两种作用。凝胶化作用是指植物的主要组分在泥炭化阶段,在弱氧化以至还原条件下经过生物化学变化和物理化学变化,形成以腐殖酸和沥青质为主体的胶体物质(凝胶和溶胶)的过程。这一过程在成岩阶段的延续又称为镜煤化作用。丝炭化作用是植物的木质纤维组织在泥炭沼泽的强氧化环境中,受到需氧细菌的氧化作用,产生贫氢富碳的腐殖物质,或遭受"森林火灾"而炭化成木炭的过程。丝炭化作用的产物统称为丝炭,依成因可分为氧化丝质体与火焚丝质体。两者在形态、反射率和工艺性质等方面有一定的差异。

煤化阶段以泥炭被无机沉积物覆盖为标志,是指在泥炭化阶段结束后,泥炭在物理化学和化学作用下,开始向褐煤、烟煤和无烟煤转变的过程。由于作用因素和结果的不同,煤化阶段可以划分为成岩阶段和变质阶段。它们与成煤过程的相互关系如图 2-1 所示。

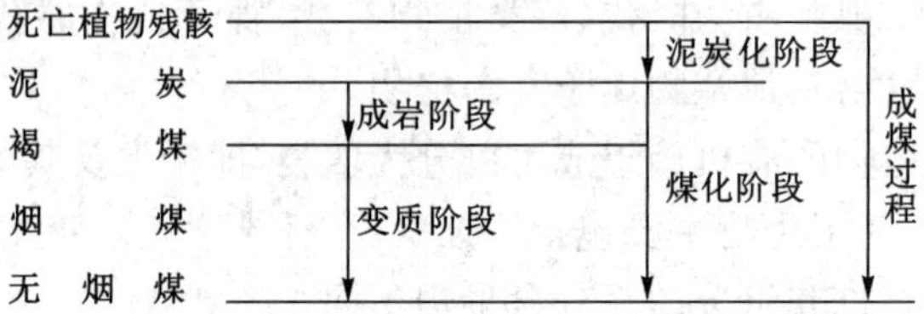

图 2-1　成煤过程示意图

成岩阶段是指无定形的泥炭,因受上覆无机沉积物的巨大压力逐渐发生压紧、失水、胶体老化硬结等物理和物理化学变化,同时在一定程度上进行了分解和缩聚反应,最终转变为具有生物岩石特征的褐煤的过程。泥炭上面的覆盖层厚度为 200～400 m,温度不高,估计不到 60 ℃。因此,压力及作用时间对泥炭的成岩起主导作用。

变质阶段是指褐煤沉降到地壳较深处时,在长时间地热和高压作用下发生化学反应,其组成、结构和性质发生变化,转变为烟煤、无烟煤的过程。引起变质作用的主要因素有温度、时间和压力。例如,泥炭转变为不同煤化阶段煤所需的温度大致为:褐煤 40～50 ℃,长焰煤<100 ℃,典型烟煤一般<200 ℃,无烟煤一般不超过 350 ℃。

第二节　煤岩组成

一、煤岩学的概念

煤岩学是把煤作为一种有机岩石,用岩石学方法研究煤的物质组成、性质和工艺用途,进而确定其成因及合理用途的科学。煤岩学主要研究各种煤的有机组分和无机组分的来源、转变条件、种类和数量;煤中各组分的分布特征、结构和构造;煤的有机组分的性质、形态、分类及工艺用途;煤中有机组分的变质程度和氧化程度;等等。

传统煤岩学的研究方法主要有宏观研究法和微观研究法。宏观研究法是用肉眼或放大镜来观察煤,根据煤的颜色、条痕、光泽、硬度、密度、断口等物理性质,确定宏观煤岩成分和宏观煤岩类型,判断煤化程度,初步评定煤的性质和用途。这种方法是煤岩学研究的基础,具有简便易行等优点，缺点是比较粗略。微观研究法是利用显微镜来观察煤片，识别并研究煤的显微组分的方法。常用的方法有两种：一种是在透射光下观察煤的薄片（0.02 mm），根据颜色、形态、结构、轮廓等特征鉴别煤的显微组分；另一种是在反射光下观察煤的光片（1.5～2 cm），根据颜色、形态、结构、轮廓、凸起等特征鉴别煤的显微组分。反射光又分普通反射光和油浸反射光，油浸反射光能削弱光线折射影响，使显微组分的特征更清晰可辨。

二、煤的宏观组成

1. 宏观煤岩成分

根据颜色、光泽、断口、裂隙、硬度等物理性质的不同，用肉眼或放大镜可将煤层中的煤分为镜煤、亮煤、暗煤和丝炭四种宏观煤岩成分。

2. 宏观煤岩类型

按平均光泽的强弱依次分为：光亮煤、半亮煤、半暗煤及暗淡煤四种基本宏观煤岩类型。光亮煤主要由镜煤和亮煤组成，光泽很强。光亮型煤具有贝壳状断口，内生裂隙发育，脆度较大，易破碎。半亮煤常以亮煤为主，有时由镜煤、亮煤和暗煤组成，也可能夹有丝炭，平均光泽强度较光亮煤稍弱。半亮煤的特点是条带状结构明显，内生裂隙较发育，常具有棱角状或阶梯状断口。半亮煤是最常见的煤岩类型。半暗煤由暗煤及亮煤组成，常以暗煤为主，有时也夹有镜煤和丝炭的细条带和透镜体。半暗煤的特点是光泽比较暗淡，硬度和韧性较大，密度较大。暗淡煤主要由暗煤组成，有时有少量镜煤、丝炭或夹矸透镜体，光泽暗淡，通常呈块状构造，致密，层理不明显。煤质坚硬，韧性大，密度大，内生裂隙不发育。

三、煤的显微煤岩组成

1. 煤的有机显微组分

(1) 凝胶化组分。凝胶化组分是煤中最主要的显微组分，其基本成分来源于植物的茎、叶等木质纤维组织。在泥炭化阶段，这些植物组分经凝胶化作用后，形成了各种凝胶体，因此称为凝胶化组分。

在煤炭分类中称镜质组。按其凝胶化作用程度不同，镜下可分为结构镜质体、均质镜质体、胶质镜质体、基质镜质体、团块镜质体、碎屑镜质体等显微亚组分。

(2) 丝炭化组分。丝炭化组分是由植物的木质纤维组织转化而来的，是煤中常见的一种显微组分，在泥炭化阶段，植物残体经过丝炭化作用后便形成了此种显微组分。

在煤岩分类中称丝质组或惰质组。根据细胞结构保存的完好程度和形态特征，可分为丝质体、菌类体、粗粒体、微粒体等几种亚组分。

(3) 稳定组分。稳定组分来源于植物的皮壳组织和分泌物，以及与这些物质相关的次生物质，即孢子、角质、树皮、树脂及渗出沥青等。

在煤岩分类中称壳质组或稳定组。在煤中按其组分来源及形态特征可分为孢粉体、角质体、树皮体、树脂体、沥青质体等亚组分。

(4) 过渡组分。过渡组分是介于凝胶化组分与丝炭化组分之间的组分，它们均来源于植物体的木质纤维组织，只是在泥炭化作用过程中，经历了凝胶化和丝炭化两种作用过程，而丝炭化作用程度比丝质组浅。

在煤岩分类中称半镜质组、半丝质组等。只受到轻度丝炭化作用的组分称半镜质组，其镜下特征与性质接近于镜质组；受到丝炭化作用程度较深的组分称半丝质组，其镜下特征与性质更接近丝质组。

2. 煤的无机显微组分

煤中常见的矿物主要有黏土类矿物、硫化物类矿物、氧化物类矿物、碳酸盐类矿物等四类。

第三节　煤的化学和物理结构

一、煤化学结构的一般概念

目前，对于煤的分子结构有以下八个方面共性认识。

1. 煤的主体是三维空间的大分子物质

煤的大分子不是由均一的“单体”聚合而成，而是由许多结构相似但又不完全相同的结构单元通过桥键连接而成的。这些“相似化合物”被称作基本结构单元。基本结构单元包括规则部分和不规则部分。规则部分为结构单元的核心部分，由几个或十几个苯环、脂环、氢化芳香环及杂环（含氮、氧、硫）组成。随着煤化程度的增大，苯环逐渐增多。

由于不能准确表示煤的基本结构单元，为了描述煤的基本结构情况，常采用四个“结构参数”，如芳碳率、芳氢率、芳环率、环缩合度指数等加以说明。

(1) 芳碳率

芳碳率（f_{ar}^{C}）是指煤的基本结构单元中，属于芳香族结构的碳原子数 $N_{ar}(C)$ 与总的碳原子数 $N_{total}(C)$ 之比，即

$$f_{ar}^{C}=\frac{N_{ar}(C)}{N_{total}(C)} \tag{2-1}$$

式中，N 表示原子个数，下同。

(2) 芳氢率

芳氢率（f_{ar}^{H}）是指煤的基本结构单元中，属于芳香族结构的氢原子数 $N_{ar}(H)$ 与总的氢原子数 $N_{total}(H)$ 之比，即

$$f_{ar}^{H}=\frac{N_{ar}(H)}{N_{total}(H)} \tag{2-2}$$

(3) 芳环率

芳环率（f_{ar}^{R}）是指煤的基本结构单元中，芳香环数 $N_{ar}(R)$ 与总环数 $N_{total}(R)$ 之比，即

$$f_{ar}^{R}=\frac{N_{ar}(R)}{N_{total}(R)} \tag{2-3}$$

(4) 环缩合度指数

环缩合度指数与芳碳率 f_{ar}^{C} 之间有如下的关系：

$$2\left(\frac{N(R)-1}{N(C)}\right)=2-f_{ar}^{C}-\frac{N(H)}{N(C)} \tag{2-4}$$

式中，$N(R)$ 为基本结构单元中缩合环数；$N(C)$ 为基本结构单元中的碳原子数。

2. 煤结构单元的核心为缩合芳香环

煤结构的缩合芳香环数随煤化程度增加而增加，$\omega_{daf}(C)$ 为 70%～83%时，平均环数为 2；$\omega_{daf}(C)$ 为 83%～90%时，平均环数为 3～5；$\omega_{daf}(C)$ 为 90%以上时，缩合芳香环数急剧增多，当 $\omega_{daf}(C)>95\%$ 时，缩合芳香环数>40。煤中碳的芳香度，烟煤一般≤0.8，无烟煤趋近于 1。

3. 煤结构单元的外围为烷基侧链和官能团

烷基中主要是$—CH_3$ 和$—CH_2—CH_2—$，官能团主要是酚羟基和羰基等。

4. 煤中氧、氮和硫的存在形式

煤中氧的存在形式除含氧官能团外，还有醚键和杂环；硫的存在形式有巯基、硫醚和噻吩等；氮的存在形式有吡啶和吡咯环、氨基和亚氨基等。

5. 结构单元之间的桥键

不同长度的次甲基键、醚键、次甲基醚键和芳香碳-碳键等都可以是结构单元之间的桥键。不同煤化程度的煤，其桥键的类型和数量不相同。煤分子间通过交联键缠绕在空间以一定方式排列，形成不同的立体结构。交联键有化学键、非化学键。化学键如桥键；非化学键如氢键、电子给予-接受键和范德瓦耳斯力等。一般认为，桥键有以下四类。

(1) 亚甲基键　$—CH_2—$，$—CH_2—CH_2—$，$—CH_2—CH_2—CH_2—$，…；

(2) 醚键和硫醚键　—O—，—S—，—S—S—，…；

(3) 亚甲基醚键　$—CH_2—O—$，$—CH_2—S—$，…；

(4) 芳香碳-碳键　$—C_{ar}—C_{ar}$。

6. 低分子化合物

在煤的高分子结构中还分散着一定量的低分子化合物。煤中的低分子化合物主要是指相对分子质量小于500的有机化合物，主要来自成煤植物的原始组分和成煤过程中形成的低分子化合物。这些低分子化合物可溶于有机溶剂，加热可熔化，部分低分子化合物还可挥发。煤中低分子化合物的含量随煤化程度的增高而降低。

7. 不同煤化程度煤的结构差异

低煤化程度的煤含有较多的非芳香结构和含氧基团，芳香核心较小。除化学交联发达外，分子内和分子间的氢键力对其也有重要影响，其结构无方向性，孔隙率和比表面积较大。中等煤化程度的烟煤(肥煤和焦煤)的含氧基团和烷基侧链减少，结构单元间的平行定向程度有所提高。分子间交联最少，附在芳香结构上的环烷烃较多，有较强的供氢能力。

8. 煤的化学结构模型

基于烟煤的各种结构参数，推断建立了平均结构模型。目前不同研究者从不同应用背景和不同种类煤的结构参数出发，提出了一系列煤结构模型，比较典型煤结构模型主要有Given模型(图2-2)、Wiser模型(图2-3)等。这些结构模型从不同方面反映了煤大分子结构特征，可以较合理解释煤的一些化学反应和性质。

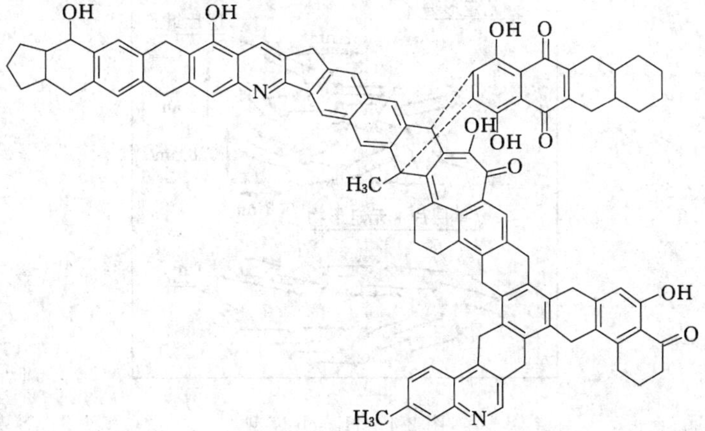

图2-2　Given模型

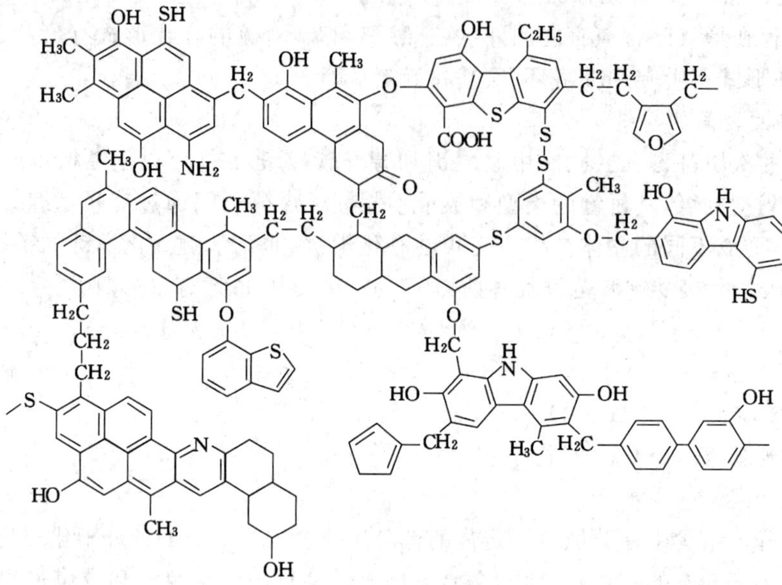

图 2-3　Wiser 模型

二、煤的物理结构模型

煤的物理结构模型主要有主-客模型(又称两相模型)和 Hirsch 模型。前者是由 Given 等根据核磁共振氢谱发现煤中质子的运动规律而提出的。Hirsch 模型是 Hirsch 于 1954 年在利用双晶衍射技术对煤的小角 X 射线漫射进行研究的基础上,分析了煤的物理结构后提出来的。Hirsch 模型如图 2-4 所示。该模型比较直观地反映了煤化过程中的物理结构变化,具有较广泛的代表性。

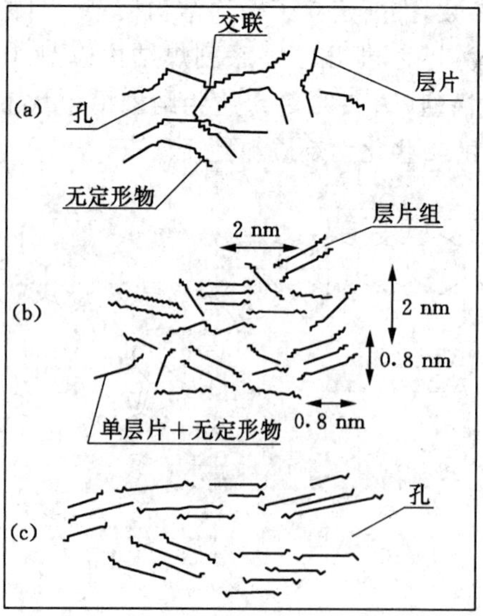

图 2-4　Hirsch 模型

图 2-4 中(a)代表敞开式结构，属于低煤化程度烟煤，其特征是芳香层片较小、不规则的无定形结构比例较大；(b)代表液体结构，属于中等煤化程度烟煤，其特征是芳香层片在一定程度上定向，并形成包含两个或两个以上层片的微晶；(c)代表无烟煤结构，其特征是芳香层片增大、定向程度增大。

第四节　煤的性质

一、煤的颜色和光泽

煤的颜色是指新鲜(未被氧化)煤块表面的天然色彩，它是煤对不同波长可见光吸收的结果。煤在普通的白光照射下，其表面的反射光所呈现的颜色称为表色。腐殖煤的表色随煤的煤化程度不同而变化，从褐煤到烟煤、无烟煤，其颜色由棕褐色、黑褐色变为深黑色，最后变为灰黑色而带有钢灰色甚至古铜色。在烟煤阶段，颜色也随挥发分的变化而变化，如高挥发分的长焰煤，外观呈浅黑色甚至褐黑色，而到低挥发分、高变质的贫煤就多呈深黑色。腐泥煤的表色有的呈深灰色，有的呈棕褐色、浅黄色甚至灰绿色。

煤的光泽是指煤的新鲜断面对正常可见光的反射能力，是肉眼鉴定煤的标志之一。除了煤化程度与煤的光泽有密切关系外，煤中矿物成分和矿物质的含量以及煤岩组分、煤的表面性质、断口和裂隙等也都会影响煤的光泽。此外，风化或氧化对煤的光泽影响也很大，通常使之变为暗淡无光泽。所以在判断煤的光泽时一定要以没有风化或氧化的煤为标准。

从不同煤岩显微组分来看，由于镜质组质地均一，所以光泽也最强、最亮，丝质组和半丝质组以及稳定组的光泽多弱而暗淡。半镜质组的光泽介于以上两者之间。煤中的矿物组分含量越高，光泽就越暗淡。

二、煤的断口和裂隙

煤块受到外力打击后不沿层理面或裂隙面断开，成为凹凸不平的表面，称为煤的断口。根据断口表面的形状和性质可分为贝壳状断口、参差状断口、阶梯状断口、棱角状断口、粒状断口和针状断口等。

煤的裂隙是指在成煤过程中煤受到自然界各种应力的影响而产生的裂开现象。按裂隙的成因不同，可分为内生裂隙和外生裂隙两种。

内生裂隙是指在煤化作用过程中，煤中的凝胶化物质受到地温和地压等因素的影响，使其体积均匀收缩，产生内张力而形成的一种裂隙。内生裂隙的发育情况与煤化程度和煤岩显微组分有密切关系。内生裂隙数，常以焦煤类最多，肥煤类次之，1/3 焦煤、气煤和长焰煤类依次减少，到褐煤阶段几乎为零。

一般认为煤的外生裂隙是在煤层形成以后，受构造应力的作用而产生的。其特点是可以出现在煤层的任何部位，通常以光亮煤分层为最发育，并往往同时穿过几个煤岩分层；常以不同的角度与煤层的层理面相交；裂隙面上常有波状、羽毛状或光滑的滑动痕迹，有时还可见到次生矿物或破碎煤屑的充填。

三、煤的密度

煤的真相对密度是指在 20 ℃时，煤(不包括煤的所有孔隙)的质量与同体积水的质量之比。它是计算煤层平均质量与研究煤炭性质的一项重要指标。煤的真相对密度可用比重瓶法或其他置换法求得。

煤的视相对密度是指在 20 ℃时，煤（包括煤的所有孔隙）的质量与同体积水的质量之比。计算煤的埋藏量及煤的运输、粉碎、燃烧等过程都需要用此指标。煤的视相对密度可以用涂蜡法、凡士林法、水银法等求得。

在具有一定容积的容器中装满煤，然后称出煤的质量，再换算成单位体积的质量，即得煤的堆密度。美国的标准规定，对粒度小于 25 mm 的煤，容器可采用 0.5 m×0.5 m×0.5 m 的箱子；对粒度大于 25 mm 的块煤及原煤，容器则采用 1 m×1 m×1 m 的箱子。一定容积除煤所占体积外，还包括煤块（粒）之间的空隙和煤块（粒）本身的所有孔隙在内。在设计煤仓、估计煤堆质量、计算炼焦炉装煤量及商品煤的装车质量时，都需要煤的堆密度。

四、煤的机械性质

1. 煤的硬度

常用刻划硬度（莫氏硬度）和显微硬度表征煤的硬度。刻划硬度是用标准矿物刻划煤所测定的相对硬度。煤的硬度与煤化程度有关，煤化程度低的褐煤和中等变质程度的焦煤的硬度最小，为 2～2.5，无烟煤的硬度最大，接近 4。显微硬度是在显微镜下根据具有静载荷的金刚石压锥压入显微组分的程度来测定的。压痕越大，则煤的显微硬度越低；压痕越小，则煤的显微硬度越高。显微硬度的数值是以压锥与煤的单位实际接触面积上所承受的载荷量来表示，即 kg/mm^2。

2. 煤的粉碎性（可磨性）

煤被粉碎的难易程度通常用煤的可磨性表示。煤的可磨性指数越大则越容易粉碎，反之则较难粉碎。在实验室条件下用以测定煤可磨性的方法很多，目前广泛采用的是哈德格罗夫法，其理论依据是磨碎定律：在研磨煤粉时所消耗的功（能量）与煤所产生的新表面面积成正比。

3. 煤的弹性

由于物质的弹性与其结构有关，特别是与构成它的分子间的结合力的大小有密切关系，因此测定煤的弹性对于研究煤的结构也是很重要的。例如，由煤的弹性模量可以显示出煤的结构单元间的化学键的特性。

测定物质弹性的方法有静态法，即测定压力和应变之间的关系。例如，可测定煤块在不同荷重下所发生的弯曲度。另外还有动态法，即测定物质中的音速。由于煤中存在微细龟裂，因此测出的静态弹性模量值偏低，因而认为动态弹性模量值的可靠性大。

4. 煤的脆度

煤的脆度是表征煤被粉碎的难易程度，是机械坚固性的一个指标。煤的脆度与煤的岩相组成及煤化程度有关。煤的脆度有如下两种试验方法：抗压强度法和抗碎强度法。抗压强度是与脆度相反的一种性质。因此，暗煤的抗压强度最大，丝炭的抗压强度最小，而镜煤和亮煤的抗压强度居中。但纯的镜煤有生成裂纹的趋向，因而比较容易破裂。亮煤中的稳定组越多则强度越大。

五、煤的热性质

1. 煤的比热容

在室温下，煤的比热容一般为 0.84～1.68 J/(g·℃)。煤的比热容因碳含量、水分、灰分及温度的变化而变化。煤的比热容随碳含量的增加而减少，随所含水分的增加而大致呈线性增加，这是因为水的比热容较大。煤的灰分较多时，比热容则下降，因为一般灰分在

20 ℃时的比热容仅为 0.79 J/(g·℃)左右。煤的比热容随温度而变化。当温度在 0～350 ℃时，比热容增加(在 270～350 ℃时达最大值)，这是由于煤大分子中的原子和原子团剧烈振动；而在 350～1 000 ℃时比热容下降，这是因为大于 350 ℃后，煤发生了热分解，最后接近于石墨的比热容[0.82 J/(g·℃)]。

2. 煤的导热性

(1) 煤的导热性包括煤的导热系数 λ[W/(m·K)]和导温系数 α(m^2/h)两个基本常数。它们之间的关系可用下式表示：

$$\alpha=\lambda/(c\gamma) \tag{2-5}$$

式中　c——煤的比热容，J/(kg·K)；

　　γ——煤的密度，kg/m^3。

(2) 物质的导热系数 λ 应理解为热量在物体中直接传导的速度。而物质的导温系数是不稳定导热的一个特征物理量，它代表物体所具有的温度变化(加热或冷却)的能力。α 值越大，温度随时间和距离的变化越快。导温系数与 λ 成正比，与 $c\gamma$ 成反比。

(3) λ 可表示物体的散热能力，$c\gamma$ 表示单位体积物体温度变化 1 ℃时吸收或放出的热量，即物体的蓄热能力。因此，α 表示物体散热能力与蓄热能力之比，它是物体在温度发生变化时显示出来的一种物理性质。λ 与 α 常应用于煤的传热计算。

(4) 煤的导热系数与煤的水分含量、灰分含量及温度有关。导热系数随煤中水分含量的增高而变大，这是因为水的导热系数远大于空气的导热系数，约为后者的 25 倍。所以煤粒间的空气被水排出后，煤的导热系数就要提高。

(5) 矿物质对煤的导热系数有很大的影响。有机物的导热性远远低于灰分的导热性，因而煤的导热系数是随着灰分增高而增大的。导热系数随温度上升而增大，并且整块煤或煤饼的导热系数比散状煤高。

(6) 煤的导温系数与导热系数有相似的影响因素，也因水分的增加而提高。根据 A. A. 阿格罗斯金的研究，中等变质程度的烟煤的导温系数可用下列经验公式计算：① 温度在20～400 ℃之间，$\alpha=4.4\times10^{-4}[1+0.000\,3(t-20)]$；② 温度在 400～1 000 ℃之间，$\alpha=5.0\times10^{-4}[1+0.003\,3(t-400)]$。实验指出：腐殖煤中泥炭的导热系数最低，烟煤的导热系数显著比泥炭高，而无烟煤具有更高的导热系数。各种煤的导温系数也有与此大致相似的变化规律。

六、煤的光学性质

1. 煤的反射率

煤的反射率表示煤内部结构的分散度。煤在光学上的各向异性决定了煤结构内部微粒的形状和定向、聚集状况等。从反射率可以计算出折射率、吸收率(吸光度)。

2. 煤的折射率

折射率是最基本的光学测定值，通过折射率的加和性可以求出分子折射度，它是煤结构研究中的重要性质之一。

煤的折射率不能直接测定。折射率同垂直入射光的反射率之间存在下列关系式(比尔公式)：

$$R_s=\frac{(n-n_0)^2+n^2K^2}{(n+n_0)^2+n^2K^2} \tag{2-6}$$

式中 R_s——反射率；

n_0——标准介质的折射率；

n——所测物质的折射率；

K——吸收率。

根据煤在空气和雪松油两种介质中所测出的入射光的反射率，可以用式(2-6)算出折射率和吸收率。

七、煤的电学性质

1. 煤的导电性

煤的电导率随煤化程度提高而增加，含碳量为 87%以上的煤，其电导率急剧增加。其原因是在这个范围内煤的石墨化程度增加(接近无烟煤)，这也反映了煤的结构不同将引起电导率的差异。

由于电阻率就是电导率的倒数，故电阻率随煤化程度的提高而减少，含碳量为 87%以上的煤，其电阻率急剧减少。煤的电阻率 ρ 的数值在很大程度上取决于测定的条件，如煤的纯度、粉碎程度、加在试样上的压力及测定时的温度等。一般煤的电阻率在半导体的电阻率范围内：$\rho=10^7\sim10^{10}\ \Omega\cdot\text{cm}$。

2. 煤的介电性能

煤的介电性能是指在电场作用下，煤表现出对静电能的储蓄和损耗的性质，通常用煤的介电常数和介质损耗来表示。煤的介电常数随煤化程度的增加而减少，在含碳量为 87%处出现极小值，然后又急剧增大。煤的介电常数受煤中水分含量、大分子结构及官能团结构、矿物类型等影响。

八、煤的磁性质

无烟煤在磁性上显示各向异性，而大部分煤均具有抗磁性，煤的芳香性与抗性能磁化率有关。本田等为除去所有强磁性不纯物而采用盐酸处理过的煤粉做试样，在外加足够大温度场以消除顺磁性影响下，发现煤的抗性能磁化率随煤化程度的提高而呈线性增加，但在含碳量为 80%～90%之间时，直线的倾斜度小，在含碳量大于 90%时又急剧增加。

九、煤的黏结性和结焦性

煤的黏结性是指烟煤在干馏时黏结其本身或外加惰性物质的能力。表征煤的黏结性的指标主要有黏结指数、奥亚膨胀度、基氏流动度等。结焦性是指煤在工业焦炉或模拟工业焦炉的炼焦条件下(一定的加热速度、炼焦温度等)结成焦炭的能力。

煤的黏结性是评价炼焦用煤的主要指标，也是评价低温干馏、气化或动力用煤的重要依据之一。

十、煤的气化性质

1. 煤的反应性

煤的反应性是指在一定温度条件下煤与不同气化介质(如二氧化碳、氧、水蒸气)相互作用的反应能力。反应性强的煤，在气化和燃烧过程中，反应速度快、效率高。目前我国是通过测定煤在高温下干馏后的焦渣还原二氧化碳的能力，以二氧化碳的还原率表示煤的反应性。

2. 煤的热稳定性

煤的热稳定性是指煤在高温燃烧或气化过程中对热的稳定程度，也就是煤块在高温作用下保持其原来粒度的性质。热稳定性好的煤，在燃烧或气化过程中能以其原来的粒度燃烧或气化掉而不碎成小块，或破碎较少；热稳定性差的煤在燃烧或气化过程中则迅速裂成小块或煤粉。

3．煤的结渣性

煤的结渣性是指煤在气化和燃烧过程中灰渣结块的程度。煤结渣性的测定要点是：将3～6 mm粒度的试样，装入特制的气化装置中，用同样粒度的木炭引燃，在规定的鼓风强度下使其气化（燃烧），待试样燃尽后停止鼓风，冷却，称量和筛分，以大于6 mm的渣块质量算出结渣率，表示煤的结渣性。

思 考 题

1．论述腐殖煤形成过程以及不同显微组分的成因。
2．用多尺度的观点，分析讨论煤的多尺度结构特征及其与煤变质程度的关系。
3．煤的灰分与矿物质之间有什么联系和区别？
4．简述煤的物理和化学结构。

第三章 褐煤干燥与分级利用技术

褐煤是泥炭经脱水、压实转变为有机生物岩的初期产物，是变质程度最低的煤种。褐煤的特点是镜质组最大反射率 $R_{o,max}$ 介于 0.2%～0.5%，外观呈现褐色至黑色，光泽暗淡或呈沥青光泽，挥发分含量高，水分含量一般高达 20%～50%，氧含量高达 15%～30%，热值低(收到基低位发热量一般为 11.71～16.73 MJ/kg)，灰熔融性低，孔隙率大。此外，褐煤还具有化学反应性强、热稳定性差、块煤加热时破碎严重、存放在空气中很容易风化变质或自燃等特点。褐煤因其水分高、热值低、易自燃，不宜长途运输。

据预测，全世界褐煤地质储量为 4×10^{12} t，约占煤炭储量的 40%。中国褐煤资源丰富，已探明的保有储量达 1.3×10^{11} t，占全国煤炭储量的 13%。内蒙古东部褐煤探明储量占全国褐煤总资源量的 77.55%，云南褐煤探明储量占全国褐煤总资源量的 11.88%。

近年来，随着全球能源供需格局的变化和高阶煤价格的不断升高、储量的不断下降，褐煤所具有的储量丰富、开采成本低、市场价格低廉的优势逐渐凸显。在褐煤工业应用中一般要求其含水量在 0～15%范围内，例如燃烧、气化、提取褐煤蜡等。同时，不同区域或不同种类的褐煤中含有不同数量的腐殖酸和褐煤蜡，腐殖酸和褐煤蜡具有独特的性质，在工业、农业、材料加工、医药等领域有广泛的应用价值。随着碳中和和碳达峰战略目标的实施，基于褐煤的组成结构和性质的分质高附加值利用受到广泛关注。因此，本章在重点讨论褐煤干燥技术的同时，进一步讨论褐煤腐殖酸和褐煤蜡的提取与应用。

第一节 褐煤的组成结构及水的赋存形态

一、褐煤的煤岩特性

早、中侏罗世褐煤的腐殖组含量最低，平均仅 50%，而其他时代的褐煤腐殖组含量普遍高达 80%以上，其中以古近纪褐煤最多，平均可达 87%；早、中侏罗世褐煤的惰质组含量最高，一般大于 30%，早白垩世褐煤的惰质组平均含量比古近纪、新近纪褐煤略高；褐煤中的壳质组平均含量小于 5%，且成煤时代越早含量越低，如新近纪平均含量为5.91%，古近纪平均含量为 3.71%，早白垩世平均含量为 2.03%。我国不同地区褐煤样实测的腐殖组含量为 26.16%～84.77%，平均含量为 58.67%；惰质组含量为 6.43%～62.98%，平均含量为 33.73%；壳质组含量为 3.41%～10.66%，平均含量为 7.51%。

二、褐煤的煤质特性

表 3-1 为中国主要褐煤矿区商品煤的煤质特性。表 3-1 表明，各主要矿区褐煤的全水分有较大差异，其基本特征为水分含量高、灰分含量高(除先峰褐煤外)，除小龙潭、平庄和昭通褐煤硫分相对较高(略超过 1%)外，其他矿区的褐煤硫含量普遍较低。

表 3-1　中国主要褐煤矿区商品煤的煤质特性

矿　区	M_t /%	M_{ad} /%	A_d /%	V_{ad} /%	$Q_{net,ar}$ /(MJ/kg)	$S_{t,d}$ /%	C_{ad} /%	H_{ad} /%	N_{ad} /%	成煤时代
舒　兰	21.9	17.20	39.03	54.68	10.70	0.27	33.00	2.50	0.99	古近纪
珲　春	17.8	15.86	24.38	47.56	17.22	0.40	46.58	3.53	0.91	古近纪
霍林河	28.1	18.02	31.51	51.11	12.66	0.51	41.16	2.44	0.67	晚侏罗世
平　庄	23.1	10.91	29.08	43.09	14.52	1.20	46.24	2.78	0.68	晚侏罗世
宝日希勒	31.8	13.35	16.93	40.25	14.48	0.21	52.54	3.19	0.83	晚侏罗世
扎　局	32.3	9.29	17.66	44.53	15.36	0.32	55.38	3.66	1.19	晚侏罗世
大　雁	34.9	24.88	15.22	46.04	14.04	0.56	45.44	3.09	0.78	晚侏罗世
龙　口	21.1	10.25	16.98	44.82	19.57	0.68	56.62	4.05	1.52	古近纪
小龙潭	35.1	14.04	10.42	50.40	14.50	1.27	53.86	3.65	1.41	新近纪
伊　敏	38.7	12.88	23.38	45.04	11.20	0.17	47.60	3.34	1.08	晚侏罗世
先　峰	34.8	19.6	7.70	49.10	21.40	0.58	—	—	—	新近纪
昭　通	50.5	13.9	25.5	55.40	<10.0	1.05	—	—	—	新近纪

我国褐煤的总体煤质特性表现为：

(1) 水分高：绝大多数年老褐煤的全水分(M_t)为33%左右。

(2) 灰分高：大多数褐煤的干基灰分(A_d)为15%～30%；澳大利亚、印度尼西亚等国家的褐煤干基灰分常常在5%以下，灰分高是中国褐煤与国外褐煤最显著的煤质差异。

(3) 发热量较低：年老褐煤的收到基低位发热量($Q_{net,ar}$)一般在14.64 MJ/kg左右。

(4) 煤灰熔融性温度较低：大多为较低软化温度(ST在1 250 ℃左右)。

(5) 热稳定性较低：对常压移动床气化的适应性较差，对于加压移动床气化工艺，也存在煤气出口温度低，焦油、酚水难以处理等问题。

(6) 成浆性差：难以满足水煤浆气化要求。

褐煤由于水分高、灰分高，无论是作为锅炉燃料，还是气化原料，其适应性都较差。由于水分高，燃用褐煤的煤粉锅炉废热烟气量大，需要较大的炉膛空间；由于水分和灰分都较高，磨机选型受限制且对磨机使用寿命有影响。因此，褐煤提质技术的发展对褐煤清洁高效利用具有重要意义。

三、褐煤的孔结构特征

褐煤具有极其发达的孔隙结构，是一种具有不同孔径分布特征的多孔固态物质，其表面和内部存在由有机质和矿物质形成的复杂孔结构体系，具有很强的吸附水分的能力。褐煤中的微孔结构极为复杂，其孔径尺寸不同，比表面积高，水分贮存在这些微孔中并形成不同尺寸的团簇状结构。

褐煤孔隙率介于8.22%～31.91%之间，平均为16.83%，先随变质程度的增加而减少，后随变质程度的增加而增大。采用压汞法测定褐煤的总孔容介于0.058～0.530 cm^3/g之间，平均为0.23 cm^3/g。褐煤的总比表面积差别较大，介于9.01～61.77 m^2/g之间，平均为 25.93 m^2/g。大孔、中孔、过渡孔、微孔分别占 1.31%、9.13%、55.96%、33.31%，过渡孔和微孔较发达。

褐煤内部孔隙具有连续的孔径尺寸，并主要集中在 2～20 nm 的中孔范围，其孔隙率和比表面积较烟煤大得多，且孔隙多为一端封闭、一端开放的狭长裂口型。褐煤孔隙表面含有丰富的含氧官能团，这些官能团具有强亲水性并使褐煤具有胶质体特征，表现为褐煤失去水分时，孔隙尺寸减小，数目减少，体积收缩；吸收水分时，体积重新发生膨胀。

四、褐煤的化学结构模型

1. 大分子结构与官能团结构

通常认为褐煤大分子是由周边有多种官能团的缩聚芳香稠环、氢化芳香稠环（统称为芳香核或基本结构单元）通过次甲基键（$—CH_2—$，$—CH_2—CH_2—$，$—CH_2—CH_2—CH_2—$等）、氧键（—O—，$—CH_2—O—$等）、硫键（—S—，—S—S—，$—CH_2—S—$等）等连接而成的；在褐煤大分子间和分子内有大量交联键（包括化学交联键，氢键、范德瓦耳斯力等物理交联键）；在交联网络中包含了许多小分子化合物，与褐煤大分子之间的联络形式是 EDA (electron donor acceptor) 键；褐煤大分子周边所连接的官能团或小分子上的官能团主要为含 O、N、S 等杂原子的官能团，如酚羟基、羰基、羧基和醚等含氧官能团。

2. 大分子结构模型

1976 年，Wender 提出了褐煤 Wender 结构模型，该模型仅包含 92 个原子，分子式为 $C_{42}H_{40}O_{10}$（图 3-1）。Wender 结构模型综合表达了褐煤结构的基本特征，如基本结构单元只有一个芳香环，这些芳香环通过脂肪族侧链连接。模型中还包含芳基甲氧基和一些 C_3 脂肪族侧链。C_3 脂肪族侧链被认为是构成高等植物体中木质素的主要成分（腐殖煤中镜质组的前身）。氧在模型中的存在形式有多种，如羧酸、酮、酚、醇、醚、呋喃等。

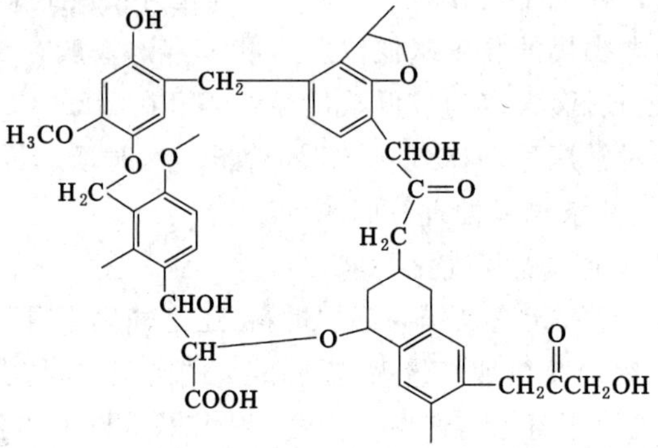

图 3-1　褐煤的 Wender 结构模型

Huttinger 等认为褐煤基本结构单元是带有烷基侧链的 1～3 个芳香环，许多无机阳离子取代了酚基和羧基的氢，其分子式为 $C_{270}H_{240}O_{90}N_3S_3M_{10}$，其结构模型如图 3-2 所示。

由上述褐煤结构模型可知：褐煤大分子结构中，芳香结构单元主要以苯和萘为主，其次是蒽，再次是菲，其连接方式为邻位亚甲基、醚键、氢化芳环等；脂肪结构单元主要以脂肪侧链和氢化芳环的形式存在。脂肪侧链包括甲基侧链、乙基侧链和丙基侧链；氢化芳环主要由亚甲基、次甲基组成，季碳的含量较少；含氧官能团主要有酚羟基、羰基、羧基和醚等，同时还存在由钙、镁、铁等离子形成的配位结构。

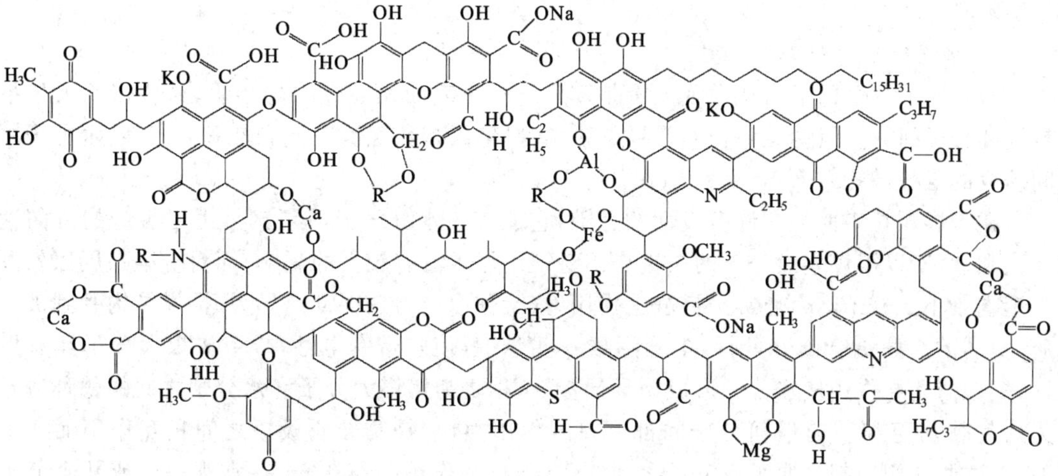

图 3-2　Huttinger 褐煤结构模型

五、褐煤中水的形态及吸附机理

1. 褐煤中水的形态

褐煤大分子的桥键和交联键结构是其有机大分子的第二级结构，它们对褐煤的物理力学性质具有重要的影响。芳香核周边大量的官能团是其有机大分子的第三级结构，这些官能团有些含有 O、N、S 杂质原子，呈现酸性或碱性，或表现出强极性或弱极性。这些不同层次的结构对煤大分子表面结构和性质有重要影响。褐煤表面含氧等杂原子官能团，使其表面具有亲水性；而较高含氧官能团含量和发达的孔隙结构也使其具有较高的含水量。

褐煤中水分的存在形式十分复杂，一般分为可冻结水、非可冻结水。非可冻结水进一步分为自由水和键合水。非可冻结水一般定义为在－3 ℃仍保持液态的水，这部分水可以通过氢核磁共振法或示差扫描量热法进行测定。褐煤具有发达的孔结构体系，在不同孔径的孔中聚集的水以不同的团簇形式存在。微孔体系中的水很难用传统干燥方法脱除。图 3-3 给出了与褐煤相结合的 5 种不同类型的水（内部吸附水、表面吸附水、毛细管水、颗粒间水、黏附水）。

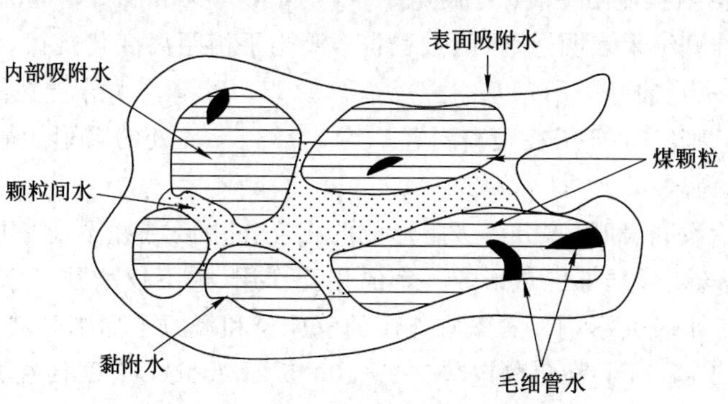

图 3-3　与褐煤相结合的水的类型

内部吸附水是每个煤颗粒内微孔和微毛细管内的吸附水，这是煤形成过程中固有的水分；表面吸附水是指煤颗粒表面分子紧密吸附的水分；毛细管水是存在于毛细管和颗粒裂隙中的水；颗粒间水是聚集在不同颗粒间的水；黏附水是指聚集在颗粒表面或团聚颗粒表面的一层水膜。

2. 褐煤吸附水的微观机理

褐煤对水分子的吸附从微观上看是水分子与煤表面相互吸引的结果，这些作用力包括氢键和分子间力。氢键是一种非常弱的化学键，绝大多数氢键有饱和性和方向性，水分子之间形成的氢键键能约为 18.8 kJ/mol。

在褐煤颗粒表面存在许多极性的悬键，它能够与水分子形成氢键。由于氢键的方向性和饱和性，所以褐煤表面分子的氢键作用对第一层水具有较大的影响，而对于第一层以外的水影响较小。分子间力通常包括静电作用力（又称取向力）、德拜诱导力（褐煤结构受到破坏后，薄弱的交联键会断开，断面上会形成一些悬键，使之带有电性，导致褐煤大分子具有极性，极性的诱导作用使水分子形成诱导偶极矩，称之为褐煤大分子和水分子之间的德拜诱导力）、色散力（色散力是任何分子间都存在的作用力，它是诱导偶极矩之间相互作用而产生的）。这些作用力都是原子或分子之间的作用力，其作用距离比较短，常为一个或几个分子直径，因此，常称为短程相互作用力。短程相互作用，由一个原子向另一个原子的传播，就构成了长程相互作用。因此，褐煤表面和水分子之间的作用力既有短程相互作用力，又有长程相互作用力。

煤对水分子的吸附是多层吸附且水以吸附水和自由水形式存在于煤表面，吸附第一层水主要是通过煤大分子对水分子的氢键作用的结果，其余水分子层的吸附主要是由于分子间力引起的长程作用力的结果，分子间力中色散力占主要地位。

褐煤表面结构越不均匀，悬键越多，极性越大，表面能越高，对水的吸附能力也就越大。对褐煤表面吸附动力学的研究发现，水在煤表面的吸附是以官能团为中心逐渐积聚的过程。

量子化学密度泛函理论是研究褐煤表面含氧官能团对水分子吸附机理的重要理论方法。研究结果表明，氢键作用力是煤表面含氧官能团与水分子的主要作用力。水分子在羧基上吸附时形成两个氢键，最短氢键长度为 0.173 3 nm。在酚羟基和醇羟基上吸附时，其最优吸附构型为含氧官能团作为氢键供体，水分子作为氢键受体，氢键长度分别为 0.187 6 nm 和 0.192 7 nm。在羰基和醚键上吸附时形成的氢键长度分别为 0.196 1 nm 和 0.206 0 nm。煤表面吸附水后，表面含氧官能团中氧原子得电子，O—H、C═O 和 C—O 键的强度被削弱，键长被拉长。吸附能计算结果表明，该吸附过程符合吸附平衡距离变化规律，含氧官能团对水分子的吸附强弱顺序为：羧基＞酚羟基＞醇羟基＞羰基＞醚键。水分子在酚羟基上的吸附符合 Lennard-Jones 理论，水分子在距离酚羟基约 0.188 5 nm 处的吸附能最低，此为稳定吸附平衡态，吸附能约为－45.63 kJ/mol。

进一步的理论研究表明，水分子吸附形成的相互作用区域并不简单地集中于某个基团或某个原子，而是与褐煤局部区域形成一定的相互作用，这不仅增强了水分子的吸附作用，而且对褐煤结构产生较大影响。含氧官能团的氢原子和氧原子周围区域均表现出极大的正静电势（＞＋104.5 kJ/mol）和负静电势（＜－104.5 kJ/mol），H_2O 往往先吸附到这些含氧官能团上，通过氢键作用形成稳定的复合物，苯环和甲基等所在区域（静电势绝对值较小，为－62.7～＋62.7 kJ/mol）与 H_2O 之间存在一定的范德瓦耳斯力相互作用。H_2O 吸附在苯环上形成的复合物的相互作用能绝对值最小，为－9.85 kJ/mol。褐煤吸水后结构也产生较大变化，其结构变化程度不仅与形成复合物的相互作用能有关，也与水分子的吸附区域密切相关。

第二节　褐煤干燥动力学模型

多孔介质是指由固体物质组成的骨架和由骨架分隔成大量密集成群的微小孔隙构成的介质。多孔介质对流干燥过程是指含水多孔介质以对流换热方式从干燥介质中吸收热量，使物料内部的水分汽化、扩散，产生的蒸汽以对流传质的方式扩散至干燥介质中去，除去物料内部水分的过程。褐煤颗粒是一种多孔介质，对于单个大颗粒褐煤而言，其干燥过程所涉及的科学问题主要为多孔介质传热与传质问题。

褐煤的干燥特性可以用干燥曲线、干燥速率曲线或干燥温度曲线表示。干燥曲线是指在特定的干燥温度、速度和压力下，褐煤的含水量随时间的变化关系；干燥速率曲线是指褐煤的干燥速率与干燥时间的变化关系；干燥温度曲线是指褐煤的干燥温度与水分含量的变化关系。测定褐煤的干燥特性曲线对研究其干燥模型有重要意义。

褐煤的蒸发干燥过程分为3个阶段，第1阶段，表面水恒速干燥阶段：干燥速率恒定，失水率为0～40%，这部分水以游离态存在于煤的颗粒表面和大孔隙中，与常态水相似，用较小的能量就可以从煤颗粒表面或孔道中蒸发出来。第2阶段，内部游离态水干燥阶段：干燥速度逐步下降，失水率为40%～80%，该阶段主要是褐煤颗粒内部孔隙中的游离态水和部分束缚水的干燥过程，由于其与煤表面的相互作用力不同，干燥脱除由易到难，能耗逐步增加。由于孔隙通道小，孔隙表面张力变大，热介质扩散较慢，水分子析出相对表面游离态水较慢，同时也伴随孔结构的收缩和部分自由水转化为束缚水。第3阶段，毛细管凝聚水和氢键结合水等内在水分的干燥阶段：干燥速率下降至较小速度，并且随时间延长速率下降很慢，逐步接近于0，失水率为80%～100%。由于内在水分与煤的结合能力较强，脱水过程进入更微小的孔隙结构中，孔隙内部的毛细凝聚力较强，部分以氢键结合的分子水及某些以化合方式结合的结晶水开始析出，这部分水析出时间较长，干燥速率十分缓慢，直到干燥速率为零。

到目前为止，由于多孔介质内部结构的复杂性和随机性，还没有一种理论模型能够全面描述蒸发干燥过程中多孔介质内部的热湿传递机理。目前主要有以下三类干燥模型，其中经验模型在褐煤蒸发干燥过程中应用较多。

(1) 热质耦合理论模型：该理论模型主要有液态扩散模型、毛细流动模型、蒸发-冷凝模型、Luikov非平衡热力学理论模型、Philip与De Vries模型、蒸发前沿模型、Whitaker体积平均模型和孔道网络干燥模型等。对于特定的褐煤干燥过程，上述模型是否适合，则取决于该干燥理论能否解释物料干燥过程中出现的热湿传递现象，并给出相应的干燥模型，以及是否可预测在一定条件下褐煤的干燥特性，并根据模型可计算出物料的干燥曲线和干燥速率曲线。

(2) 特征干燥速率曲线模型：该模型认为，在降速干燥阶段，特征干燥速率曲线是干燥物质特有的，可以通过薄层干燥实验得到含水物质的特征干燥速率曲线。特征干燥速率曲线体现了相对干燥速率与特征水含量之间的关系。随着干燥进行，干燥前沿从颗粒表面向颗粒中心移动。相对干燥速率和特征水含量的定义式如下：

$$R_{DR} = \frac{W}{W_{in}} = f(X) \tag{3-1}$$

式中，R_{DR}为相对干燥速率；W为某干燥条件下的干燥速率；W_{in}为恒速干燥速率，如果干燥速率曲线不存在恒速干燥阶段，W_{in}就等于最大干燥速率；X 为干基水含量。

（3）经验模型：当物质的外部干燥条件恒定时，可以使用引入时间项的经验模型。已提出的部分薄层干燥（指 20 mm 以下的物料层表面完全暴露在相同的环境条件下进行的干燥过程）经验模型主要有单指数模型、双指数模型、Page 模型和修正的 Page 模型以及纯经验模型等。经验模型的缺点是模型中有时间项，当干燥条件发生改变时，模型就不再适合，模型使用范围受限。

薄层干燥模型也可以根据实际应用过程的特点分为理论、半理论、半经验和完全经验模型，如表 3-2 所示。理论模型是在 Fick 定律的基础上假设湿物料均匀且各向同性、湿分在物料内的流动阻力分布均匀、扩散系数与局部湿分含量无关、物料体积收缩可以忽略等条件简化得来的，由于方程比较复杂，且为无穷级数解，实际工作中难以应用；半理论模型是在理论模型的基础上进一步简化得来的；半经验模型则是 Lewis 对 Newton 冷却速率方程的薄层物料干燥方程积分后得到的，后人又对其进行修正得到了一系列的方程；完全经验模型是根据试验数据直接得到湿分比与干燥时间关系的表达式，只有实际干燥条件与该方程假设条件相同时才可使用。

表 3-2　基于应用特点的常见薄层干燥经验模型的分类

研究者或模型名称	干燥方程
半理论模型	
① Henderson and Pabis 方程	$M_R = a\exp(-k\tau)$
② Sharaf-Eldeen 等，Two tem 方程	$M_R = a_1\exp(-k_1\tau) + a_2\exp(-k_2\tau)$
③ Mndifed Henderson and Pabis 方程	$M_R = a_1\exp(-k_1\tau) + a_2\exp(-k_2\tau) + a_3\exp(-k_3\tau)$
半经验模型	
① Lewis，Lewis 模型	$M_R = \exp(-k\tau)$
② Lemus 等	$M_R = \exp(a + k\tau)$
③ Chandra 等	$M_R = a_1/[1 + a_2\exp(k\tau)]$
④ Overhults 等，修正 Page 模型 Ⅰ	$M_R = \exp[-(k\tau)^n]$
⑤ Hi 等	$M_R = a_1\exp(-k_1\tau^n) + a_2\exp(-k_2\tau^n)$
完全经验模型	
① Thompson 等	$\tau = a_1\ln M_R + a_2(\ln M_R)^2$
② Wang 等	$M_R = 1 + a_1\tau + a_2\tau^2$
③ Lemus 等	$M_R = a_1 + a_2\tau^{1/2}$

褐煤干燥动力学是开发褐煤干燥技术的基础，其中干燥动力学模型及模型参数是描述干燥过程水分随时间变化的核心。虽然大多数湿物料在干燥过程中存在恒速和降速两个干燥阶段，但对于具体的含湿物料，由于物料性质不同且影响因素较多，恒速阶段持续时间及降速阶段的曲线形状有很大差别，难以建立统一的动力学模型。同时，由于干燥过程涉及物料与水的相互作用及热、质逆向传递，干燥机理非常复杂，故干燥动力学行为常常采用相对简单的各种经验模型描述。

上述薄层干燥模型的应用中，理论方程复杂，应用不方便；半理论方程在实际应用中比较方便，但误差比较大；半经验方程精度较高，应用较为广泛；经验方程由于是直接根据试验数据建立的，应用范围较为有限。

下面分别以蒋雯菁、刘晓、杨亚利对褐煤的低温热干燥过程及动力学研究为例，讨论薄层干燥模型的应用。

蒋雯菁等在云南昭通褐煤的低温热干燥特性研究基础上，对表 3-2 中 11 种模型进行了拟合分析。

表 3-2 中 M_R 为物料的水分比，k 为干燥速率特征常数，n 为干燥时间指数。

$$M_R=(M_t-M_e)/(M_0-M_e) \tag{3-2}$$

式中　M_t——任意时刻的水分含量，%；

M_0——初始水分含量，%；

M_e——平衡水分，%。

因 M_e 相比于 M_t、M_0 较小，可忽略不计，因此 $M_R=M_t/M_0$。

上述表达式可以用来预测褐煤在微波干燥过程中任意时刻的水分比例，从而可以预测褐煤的含水率。

用不同温度条件下的试验结果进行拟合分析，结果如表 3-3 所示。结果表明，Hi 等提出的模型[$M_R=a_1\exp(-k_1\tau^n)+a_2\exp(-k_2\tau^n)$]适用于描述云南昭通褐煤的低温热干燥过程。

表 3-3　不同温度条件下的拟合分析结果

试验工况	模型常数与系数	R^2	x^2
70 ℃	$a_1=2.8138, a_2=1.21566, n=2.08215$ $k_1=3.56854\times10^{-4}, k_2=0.04686$	0.998 71	2.97726×10^{-4}
85 ℃	$a_1=1.41465, a_2=2.61251, n=2.24909$ $k_1=0.04428, k_2=1.80255\times10^{-4}$	0.998 57	3.64686×10^{-4}
100 ℃	$a_1=1.34805, a_2=0.02077, n=23.15503$ $k_1=0.02982, k_2=9.24107\times10^{-6}$	0.998 82	3.59003×10^{-4}
115 ℃	$a_1=2.58999, a_2=1.42548, n=2.35107$ $k_1=1.19016\times10^{-4}, k_2=0.05083$	0.999 13	2.64484×10^{-4}
130 ℃	$a_1=2.509, a_2=1.4968, n=3.08852$ $k_1=1.26509\times10^{-5}, k_2=0.01783$	0.999 69	1.13793×10^{-4}

杨亚利等利用煤质水分分析仪和微分热重分析方法，对不同粒级的褐煤在不同干燥温度下进行等温干燥试验，得到了样品含水率与干燥时间、干燥速率与含水率的关系曲线。研究表明，第 1 阶段干燥方程模型用线性干燥模型较适宜，第 2 阶段干燥方程模型可用 Wang 等经验模型，第 3 阶段干燥方程模型用 Page 模型较为合理。并且进一步根据 Arrhenius 经验公式建立了干燥速率特征常数 $\ln k$ 与 $1/T$ 的关系，得到褐煤干燥的界面蒸发活化能 $E_a=17.088$ kJ/mol，指前因子 $A=12.47\ \text{min}^{-1}$。

第三节　褐煤干燥技术

褐煤干燥技术是褐煤提质的重要途径之一，是通过改变褐煤周围环境的温度和压力，使褐煤发生脱水的过程。干燥的褐煤有利于其综合利用、运输和贮存。通过干燥处理，一方面可以降低水分，提高热值和能量密度，降低运输成本；另一方面还可以提高下游装置的利用效率。

一、K-燃料技术

K-燃料技术是一种水热干燥技术，是在一定的温度和压力条件下，在高压釜式处理器中，用饱和蒸汽脱除褐煤中内在水分的工艺过程。在该工艺条件下，褐煤被加热到200 ℃以上，大部分水分被蒸发，同时在热应力作用下，褐煤中较长碳氢侧链和亲水性官能团（如羧基、甲氧基、羟基）会断裂，从而改变了褐煤的物理和化学结构，导致褐煤内部的毛细孔坍缩，产生交联，表面积大大减少。毛细孔坍缩可阻止水分再复吸进入毛细孔，交联反应则能够对毛细孔进行密封，阻止坍缩的毛细孔因吸收水分再膨胀。煤的孔隙结构和官能团结构的改变使得褐煤重新吸附内在水分的机会大幅度减少，而挥发分基本不损失，还可以除去部分硫和氮，从而使褐煤从亲水性转变为疏水性。用K-燃料技术加工出的K-燃料产品，水分降低20％～80％，热值提高30％～100％。

K-燃料技术工艺流程如图3-4所示。原煤输送系统将筛分后的低质煤通过饲煤机加入煤锁，然后按规定时间批量加入处理器中。在处理器维持的特定温度和压力下，煤在处理器中向下移动，煤中的水分被释放出来，并从处理器排放到排水罐中。处理后的煤排入产品锁。每个产品锁一次可以排出定量的产品煤。产品煤经水分再调整并冷却后送入储存区。煤释放出的水与煤加热过程中产生的蒸汽冷凝水一并收集到排水罐后，送入旋液分离器除去其中的固体成分，再送入重沸系统转化为工艺蒸汽后回收利用。固体含量较高的浆液经闪蒸罐闪蒸后再送入水处理系统。除可用于循环的工艺用水外，其余水经处理达到废水排放标准后外排。生产过程中产生的极少量不凝性气体（主要是CO_2和少量的CH_4、H_2、H_2S、CO和C_2H_4）由排空冷凝系统收集并输送至废气处理系统。

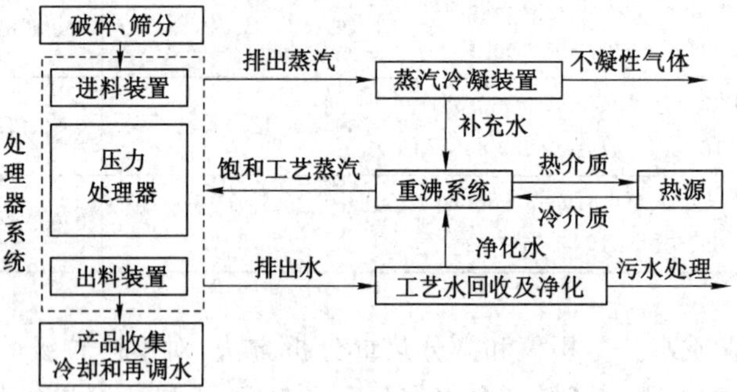

图3-4 K-燃料技术工艺流程

K-燃料技术的关键是调节控制处理器中的压力、温度和时间，以使褐煤提质达到最佳。与在热风中或者过热蒸汽中去除水分相比，对同样数量的待干燥褐煤，采用K-燃料技术仅需要一半的能量。K-燃料技术的特点是：回收全部水分和余热；与普通煤相比，提质煤的发热量增加1.6倍；燃料消耗减少3％～5％，二氧化碳排放量最高减少8％；产能提高2～3倍，节省投资60％。

对内蒙古、云南等地的褐煤，采用该技术干燥提质后，其测试结果如表3-4所示。

表 3-4　褐煤经 K-燃料技术干燥前后的煤质指标变化

分析项目	锡林浩特煤		呼伦贝尔煤		云南煤		苏尼特煤	
	原煤	K-燃料	原煤	K-燃料	原煤	K-燃料	原煤	K-燃料
水分/%	38.75	17.22	31.73	11.15	51.80	12.60	42.50	12.70
灰分/%	4.95	7.28	12.30	15.19	5.49	11.74	8.32	14.29
挥发分/%	24.71	32.77	26.28	33.99	23.44	39.20	23.26	33.10
固定碳/%	31.59	42.74	29.69	39.67	19.27	36.46	25.92	39.90
硫分/%	0.20	0.12	0.22	0.19	0.37	0.32	1.55	1.60
高热值/(MJ/kg)	18.27	22.21	16.37	21.75	11.22	21.36	13.40	20.64
低热值/(MJ/kg)	14.72	20.81	15.04	20.72	9.56	20.28	11.95	19.59
产品水分/%		17.83		14.00		16.00		15.00

K-燃料设备主要包括：处理器系统、水净化与重沸系统、排空冷凝系统、DCS 控制系统等部分。

(1) 处理器系统。处理器系统是 K-燃料褐煤提质处理装置的核心系统，如图 3-5 所示。褐煤在该系统中完成整个脱水提质过程。其温度、压力和时间等基本参数确定后，基本保持不变。

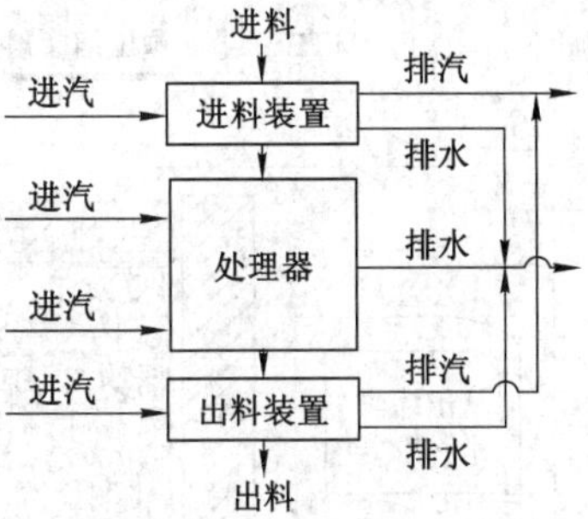

图 3-5　处理器系统

(2) 水净化与重沸系统。水净化与重沸系统是褐煤提质处理装置的节能及循环利用系统，如图 3-6 所示。该系统将褐煤提质过程本身产生的工艺水经旋液分离器净化处理后，利用重沸系统进行循环换热产生工艺蒸汽，供处理器系统循环使用。

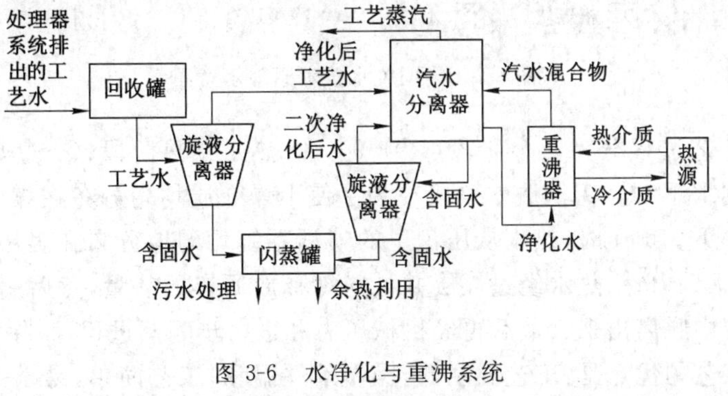

图 3-6　水净化与重沸系统

(3) 排空冷凝系统。排空冷凝系统是褐煤提质处理装置中对排出气体进行分离处理和回收再利用的系统，如图 3-7 所示。该系统一方面可实现进出料装置的快速减压，增加开启频率，保证产量，另一方面对不凝性气体和蒸汽冷凝水进行分离处理和回收利用。

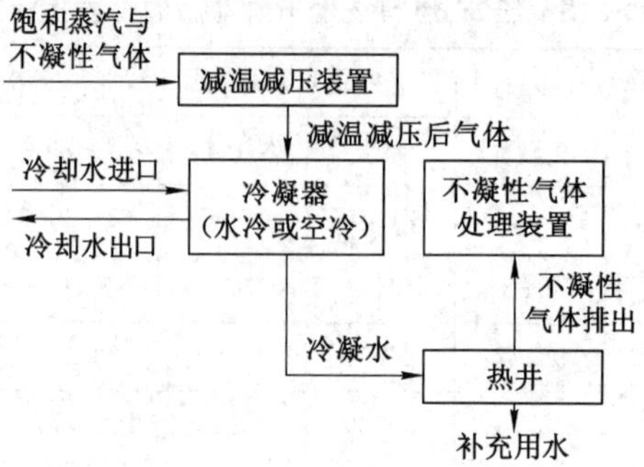

图 3-7　排空冷凝系统

二、热压脱水技术

热压脱水技术(mechanical thermal expression,MTE)由德国多特蒙德大学 Strauss 等提出,综合了热能脱水和机械脱水的优点,在 150～220 ℃的温度范围,在一个相对温和的条件下通过机械挤压将水分以液态形式脱除,其原理如图 3-8 所示。

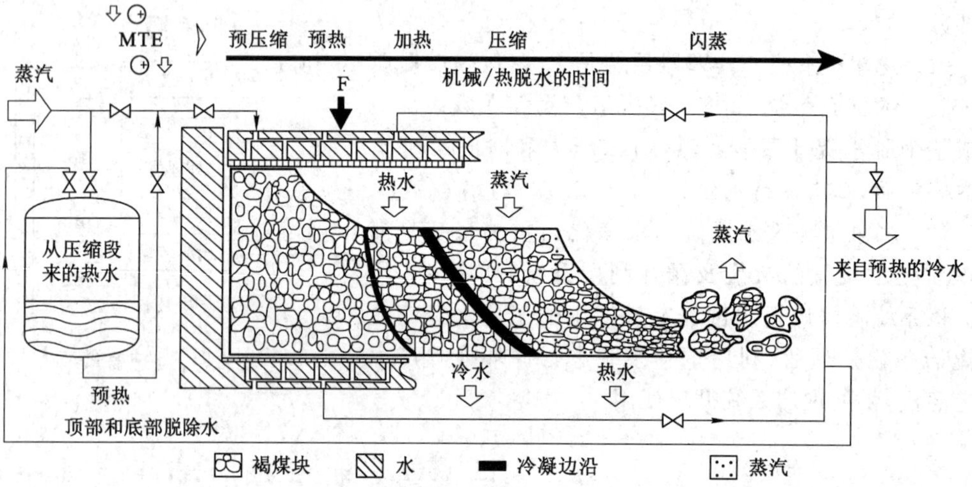

图 3-8　热压脱水技术原理示意图

热压脱水工艺过程分为四个阶段(图 3-9):① 热水预热阶段;② 过热蒸汽加热阶段;③ 机械压缩脱水阶段;④ 闪蒸脱水阶段。为了使干燥介质均匀分布在煤层中,原煤必须用压盘稍微预压一下。预压时,热水从压盘里的喷洒系统均匀地分布在煤层表面。在饱和蒸汽压力下,水进入压力室,热水经过煤层并且向煤释放所有的热量,然后用蒸汽加热并使煤中的水分从煤层中脱离出来。最后再经机械压力和进一步闪蒸过程,脱除大部分水分。

热压脱水工艺的优点是:工艺温度低,操作条件温和,工艺简单,易于工业化;水以液态形式脱除,能耗较低;工艺过程蒸汽以及过程热水能充分再循环利用,热效率较高,工艺废水处理相对容易;对金属离子具有一定的脱除作用,可减少积灰、结渣。电厂具有丰富的蒸汽资源,因此,热压脱水技术十分适合与电厂集成。目前这种装置已在澳大利亚一电厂使用,装置运行状况良好,技术基本成熟。

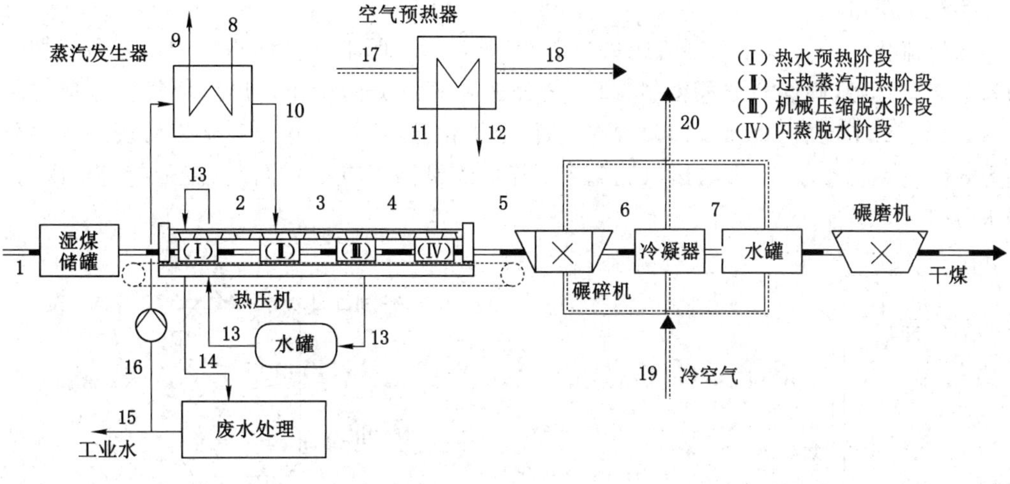

1—原煤;2—预热;3—加热;4—热压作用;5—煤饼;6—破碎机;7—冷凝器;
8—加热介质;9—冷却后加热介质;10—饱和蒸汽;11—热蒸汽;12—降温后蒸汽;
13—脱除水;14—循环废水;15—干净水;16—泵;17、19—冷空气;18、20—热空气。

图 3-9 热压脱水工艺

三、液化二甲醚固体脱水技术

液化二甲醚固体脱水技术是由日本中央电力工业研究所 Miura 等提出的一种有机溶剂萃取褐煤的非蒸发脱水方法。该技术使用液化的二甲醚(DME)为脱水剂,脱水过程可在大约 36 ℃和 0.78 MPa 较温和的条件下进行,维持较高压力的目的主要是保证 DME 在液态下进行操作。在该工艺中,固体原料与液化的 DME 在 36 ℃、0.78 Ma 的条件下混合,水被快速地从固体中抽提出来形成饱和溶液,用过滤的方法将干燥的固体与液相分离;在 25 ℃、0.53 MPa 的条件下闪蒸液相回收 DME,水留在塔底,DME 蒸气被压缩到 0.78 MPa 进行液化,再重新加热到 36 ℃(用闪蒸出的 DME 蒸气加热)并循环使用。该技术利用了 DME 低沸点(−24.8 ℃)、易通过压缩液化、与水互溶、无毒、易渗透进入固体材料且对环境无害的优点。研究结果表明,采用此种方法可将褐煤水分从 54%降低至 4%,且工艺过程脱除每千克水分所消耗的能量不超过 1 MJ。DME 溶剂脱水工艺过程的优点是:过程能耗较低,且由于其脱水温度较低,工艺废水中有机杂质含量少,不需要进行额外处理;主要缺点是:较难进行工业规模化放大生产。

四、褐煤烟气干燥技术

褐煤烟气干燥技术是用高温烟气作为加热介质,直接进行褐煤干燥的技术。工艺原理是使用回转干燥器、气流干燥器、热风流化床、振动流化床、喷动床等干燥器,将高温烟气与含湿褐煤直接换热,使水分蒸发而达到干燥的目的。烟气入口温度为 700～900 ℃,烟气出口温度为 60～120 ℃。

回转干燥器具有结构简单、能效高、能耗低的优点。回转干燥器中抄板的结构对干燥效果有重要影响,合理的抄板结构可使持料量增加,撒料较均匀,热效率较高;回转筒自身的倾角和抄板结构可实现物料和介质的充分接触,防止物料沾在筒壁上,从而达到较高的干燥效率。气流干燥器包括传统的直管式气流干燥器以及改进的脉冲气流、旋风气流、粉碎气流干燥器。直管式气流干燥器试验装置如图 3-10 所示。试验发现干燥过程可分为加速干燥阶段和等速干燥阶段。

热风流化床干燥以振动穿流床最为常见(图 3-11),图中的振动筛板可保证高温烟气与物料的充分接触,确保高温段接触时间,进而避免挥发分的析出。出口烟气含氧量控制在3%～5%。对干燥后 2 mm 以上的颗粒进行分析化验,原煤的水分和干燥后块煤的水分分别为 33.3%和 12.5%。影响热风流化床干燥的关键因素有空气温度、流量、粒径、床高、初始水分等因素。

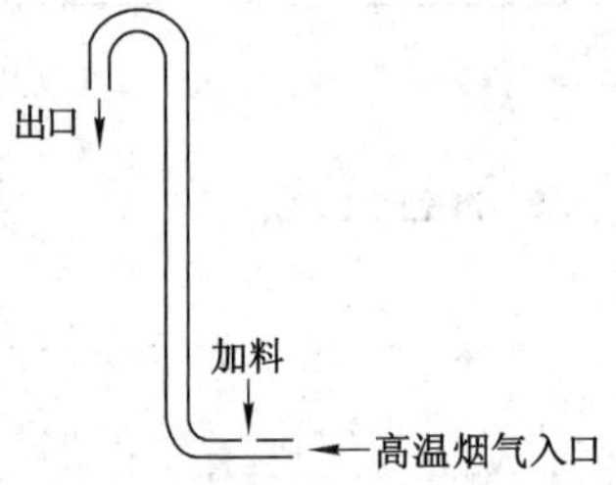

图 3-10 直管式气流干燥器试验装置

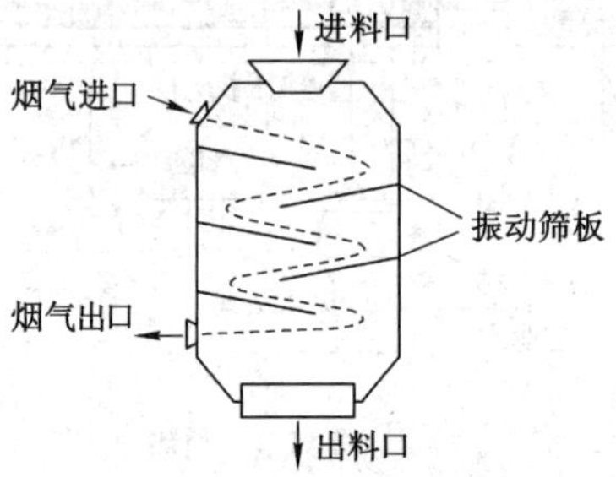

图 3-11 热风振动穿流床干燥示意图

烟气干燥技术具有工艺简单、操作方便、成本低、易于工业化等优点。但由于褐煤活性高,干燥过程中与高温烟气直接接触有自燃的风险,尤其在启动和停机阶段容易发生自燃或爆炸,为了避免此类事故,干燥后的褐煤必须在暴露空气之前得到充分的冷却。此外,传统热烟气干燥蒸发的水分中伴有大量的空气,无法利用水分中的潜热,因此对于高水分褐煤的干燥脱水有一定的局限性。

几种烟气干燥器优缺点的比较如表 3-5 所示。

表 3-5 烟气干燥器优缺点的比较

干燥器类型	优 点	缺 点
回转干燥器	传热传质速率较好	难以大型化
直管气流干燥器	结构简单,干燥强度大	粒度要求较高(小于 3 mm)
脉冲气流干燥器	干燥速率高,热效率高	难以大型化,有噪声问题
粉碎气流干燥器	干燥时间短,干燥效率高	难以大型化,叶轮刀片易腐蚀
热风流化床	混合均匀,干燥强度大	磨损较大
振动流化床	要求的气流速率低	磨损较大
喷动床	结构简单,产量大	动力消耗大

五、过热蒸汽干燥技术

过热蒸汽干燥技术包括蒸汽流化床直接干燥技术和间接加热回转管式干燥技术。蒸汽流化床直接干燥技术保证了干燥介质与物料的充分混合,适宜高孔隙率的褐煤干燥。据统计,典型的蒸汽流化床可将小于 6 mm 的维多利亚褐煤干燥至水分含量低至 10%～20%。与固定床相比,蒸汽流化床干燥效率较高。用单颗粒模型和两相流体模型综合模拟了蒸汽流化床直接干燥过程,研究发现在固定的干燥器尺寸下,蒸汽管和初始水分含量对系统效率的影响较大。

自 1927 年 Flwissner 获得了过热蒸汽干燥技术的专利以来，过热蒸汽干燥技术受到了越来越多的关注。比较过热蒸汽和热空气干燥煤粉过程发现，干燥温度高于某一特定温度(约 180 ℃)时，过热蒸汽干燥速率较快，低于该温度时则相反，此温度称为逆转点温度。逆转点温度源于气固两相热平衡的偏离，取决于流化床的设计与运行参数。目前，几种新型的过热蒸汽干燥褐煤的技术如下。

1. 内部热循环的流化床蒸汽(WTA)干燥技术

WTA 干燥技术是在德累斯顿的奥尔哥瑞普研究所研究开发的蒸汽沸腾床干燥工艺的基础上，加入内部余热循环利用而产生的新干燥工艺。WTA 干燥工艺流程如图 3-12 所示。WTA 的主要装置是带有内置换热器的流化床和用于回收潜热的蒸汽压缩机。过热蒸汽将低阶煤样从流化床底部吹入，产生流化现象，煤样中蒸发出来的水蒸气除尘后，绝大部分加压得到压缩蒸汽(300～400 kPa，280 ℃)进入流化床内置换热器中，与煤样进行间接换热，而剩余蒸汽作为流化介质进入流化床。该工艺充分利用了蒸汽潜热，提高了热能利用率，比常规的蒸汽干燥工艺更安全有效。

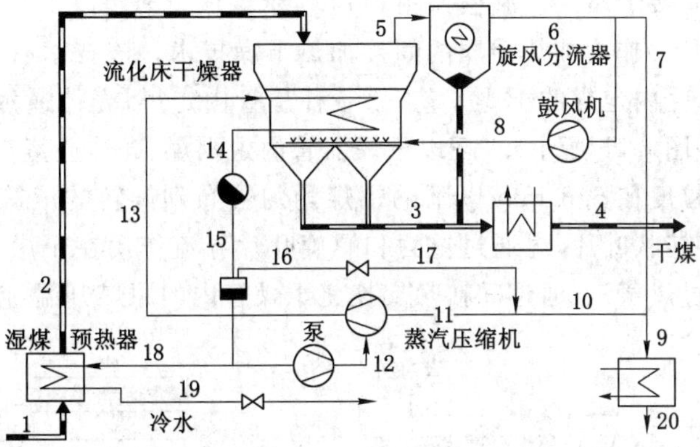

1—原煤；2—预热后湿煤；3—流化干燥介质；4—干煤；5—蒸汽和煤尘；
6,12,16,17—蒸汽；7—没循环的蒸汽；8,13—过热蒸汽；9—空气预热器；10—废热；
11—蒸汽压缩机；14,15—利用后的蒸汽；18—冷凝水；19—冷水；20—热空气。

图 3-12　WTA 干燥工艺流程

有研究者以处理量为 2 000 t/d 的干燥设备为例，将原褐煤水分 60％干燥到 12％，研究发现 WTA 比管式干燥器节能 53％左右，粉尘排放减少 80％。相比于常规的流化床干燥，WTA 干燥工艺使得水分蒸发量增加了 70％，而介质的流速降低了 65％。

据估计该技术应用于未来褐煤电站不仅可减少 CO_2 的排放，而且发电效率将从 37％提高到 47％。目前，德国 EWE 公司已经有出煤量为 90 t/h(干煤)的示范装置投入运行。

2. 加压蒸汽流化床干燥技术(PSFED)

加压蒸汽流化床干燥技术(PSFED)的原理类似于 WTA 工艺，其区别是在流化床内部增加了一组通入汽轮机中压蒸汽的管束，如图 3-13 所示。

研究者通过试验研究了蒸汽压力、速率和颗粒大小等因素对流化床中内部换热器与煤样换热系数的影响，结果表明总传热效率随着压力的增加而提高。

过热蒸汽用于褐煤的干燥有以下优势：具有安全的干燥氛围，可减少自燃和爆炸的风险；粉尘排放量减少，清洁器和除尘器要求低；干燥速率加快，能效和热效率较高，能耗较小；

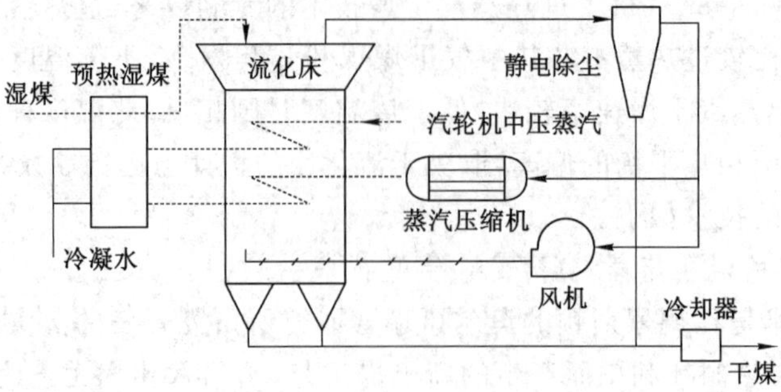

图 3-13　加压蒸汽流化床干燥技术(PSFED)

更易磨,煤样经 240 ℃以上的过热蒸汽干燥后更易粉碎,即可磨性指数增大;硫含量减少;钠含量减少,过热蒸汽温度在 270～320 ℃时,钠含量可减少 50%～90%。

六、回转管式蒸汽间接干燥技术

回转管式蒸汽间接干燥工艺流程如图 3-14 所示。该工艺是以 170 ℃低压过热蒸汽(压力为 0.15～0.55 MPa)作为加热介质的间接加热干燥技术。该技术有两种工艺方法:一种是管内通蒸汽加热,壳内走煤的干燥工艺;另一种是管内走煤,壳体通蒸汽加热的干燥工艺(管式干燥器结构如图 3-15 所示)。现以干燥器管内走褐煤、壳体通蒸汽的干燥工艺为例介绍其工作原理。将粒度在 6.3 mm 以下的褐煤均匀分布到旋转的滚筒内部的众多干燥管中,干燥管中设有旋转状叶片,煤通过重力和螺旋叶片导流作用在干燥管内运动,在滚筒内部干燥管周围通入过热蒸汽,通过间接热交换将干燥管内的原煤升温,使煤表面的吸附水分

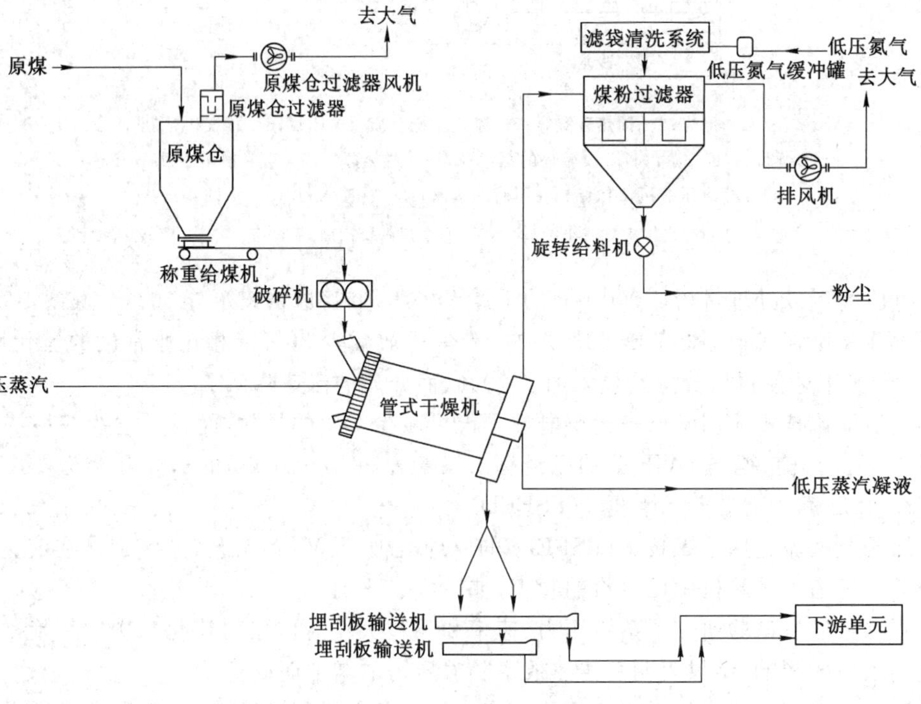

图 3-14　回转管式蒸汽间接干燥工艺

受热蒸发，并利用和煤一起进入干燥器的空气作为脱水介质，通过过滤器将煤粉分离，尾气部分排入大气。

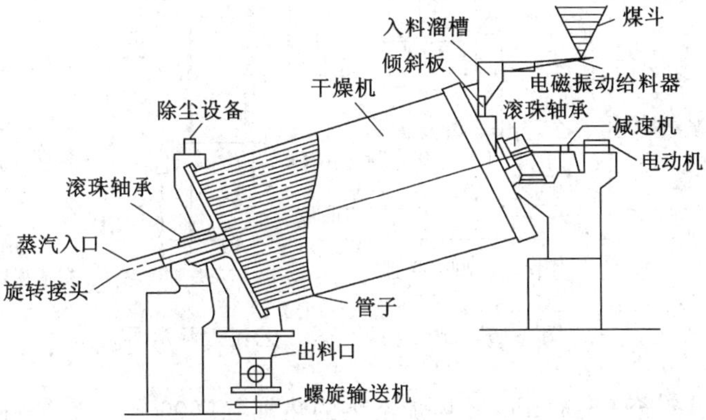

图 3-15　管式干燥器结构图

进口给煤量可通过调节干燥机的转速实现调节，从而保证干燥机出口碎煤含水量满足工艺要求。出干燥机后的干燥碎煤经检验水分合格后，经刮板输送机输送至下游工段，若水分不合格则通过输送机排出，人工运至煤堆场。干燥的最终水分含量取决于蒸汽的温度和煤样送料速率、转筒速率等。例如，可以通过控制转筒的速率（3～6 r/min）、蒸汽温度（180～230 ℃）和煤样送料速率（23～46 kg/h），将澳大利亚褐煤水分由61％干燥至11％。

回转管式蒸汽间接干燥技术采用过热蒸汽与煤炭非直接接触的干燥工艺，具有安全性较高、磨损较轻（煤在干燥机内的移动速率非常缓慢）等特点；同时，采用众多干燥管对煤进行分散，强化了干燥效果，增加了干燥机的有效面积，提高了干燥效率。该干燥工艺是工业应用中较为成熟的褐煤干燥方法。德国的 MIBRAG 煤场使用该干燥工艺已经平稳运行多年，可以把褐煤全水分从 55％干燥至 10％左右，水分去除幅度非常大。

七、日本褐煤提质（UBC）干燥技术

日本褐煤提质干燥技术是由日本神户制钢所开发的，工艺流程如图 3-16 所示。该工艺是通过将粉碎的褐煤与再生油和重油混合形成煤浆，经加压泵送往热交换蒸发器进行加热，水分蒸发后，再送往油回收装置回收油，最终得到提质煤粉。经该工艺处理后，褐煤不但水分降低，并且品质得到大幅提升，不易返潮吸湿，不易发生自燃。由于重油组分优先沉积到褐煤孔隙结构中，从而便于轻油组分回收。该工艺的经济性很大程度上取决于干燥介质油组分的回收程度。

八、蒸发干燥-成型联合工艺技术

1. 澳大利亚 BCB 工艺

澳大利亚 BCB 工艺属无黏结剂辊压成型工艺。将褐煤破碎到 0～4 mm，由热风炉产生的热烟气（400～600 ℃）将破碎后的褐煤输送到闪蒸提升管进行干燥，然后经两级旋风分离器分离，分离出的煤通过辊压成型机无黏结剂挤压成型，型煤（100～120 ℃）冷却后储存，热烟气循环使用。

2. 神华 HPU-06 工艺

神华国际贸易有限责任公司与中国矿业大学（北京）联合开发了热压成型 HPU-06 工

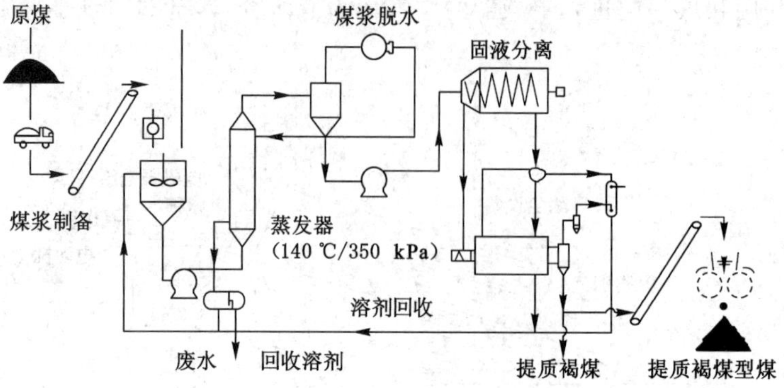

图 3-16　UBC 褐煤干燥工艺流程示意图

艺技术。将褐煤破碎至 0～3 mm，热风炉产生的热烟气(600 ℃左右)将破碎后的褐煤在气流干燥管中干燥，然后经旋风分离器分离，分离出的煤通过辊压成型机无黏结剂挤压成型，型煤(100 ℃左右)冷却后储存。

3. 德国泽玛克管式干燥成型技术

德国泽玛克管式干燥成型技术属蒸汽间接干燥技术，产品为型煤。采用饱和蒸汽为加热介质进行间接加热干燥。主要设备蒸汽管式干燥器类似于回转窑，鼓形体内为列管，鼓体呈倾斜状态。原煤(－6.3 mm)不断从上方送入干燥机管内，当鼓体旋转时，煤不停输送到出口。煤料干燥所需热量由多管系统内的低压蒸汽(0.45 MPa，165 ℃)提供。低压蒸汽沿着鼓体轴向进入内部，并迅速向管外表面扩散。与煤一起进入机体内的空气吸收水分后，在除尘器内与干煤粉分离，一部分重新压缩进入干燥机，另一部分排入大气。

九、其他干燥技术简介

1. 神州干燥-干选联合工艺

神州干燥-干选联合工艺过程可简述如下：褐煤经分级筛进行 50 mm 筛分，筛上物通过检查性手选拣除杂物和泥团后进入破碎机，破碎物与筛下物混合后由输送带运至振动混流干燥器进行脱水干燥。湿物料从顶部进入振动混流干燥器后在多层干燥床的作用下分散成物料长龙，一部分粒度小于床孔的细物料穿过床孔垂直下落，大部分粗物料在振动状态下形成振动疏松料层沿床面水平移动，移至端部洒落到下一层干燥床上。低温大风量热气流(200～250 ℃)分为垂直气流和水平气流。垂直气流在穿越物料的过程中与物料充分、高强度接触，将物料干燥；水平气流在水平方向变速流动并与洒落物料充分、高强度接触，将物料干燥。粗细物料与热风在混流过程中经多次混合—分离—再混合—再分离后被均匀干燥，大部分物料(＜50 ℃)从干燥器底部输出，极小部分细物料随气流进入除尘器，除尘器分离出的物料作为产品回收。

2. 微波干燥技术

微波加热是一种非常快速、有效的加热方式，利用极性分子在接近它们的谐振频率上随电场方向的不断改变而高速转动，从而导致分子之间的摩擦和能量的转移，进而使物体整体加热。在频率为 2 450 MHz 时，电磁场的方向以每秒 4.9 亿次的速度交替改变，极化分子吸收微波以后，分子快速发生改变，同时以同样的速度做电场极性运动，分子彼此频繁碰撞产生大量的摩擦热，这种能量的剧烈转换，立刻产生了大量热量。微波只对介质体有热效应，对不同介电常数的物料加热的程度不同。煤的介电特性随着频率的增大而降低，水分是主要影响煤介电特性的物质，随着水分含量的增大，煤的介电特性增强。在微波辐射时，褐煤具有较高的水分，因此褐煤具有很强的吸波性。水的介电损耗因子较大，对微波的优先吸收能力是微波干燥的基础。

微波干燥技术的基本原理是水分子对微波具有选择吸收作用，而碳对微波的吸收能力相对较弱，仅为水的1%。与传统的传热和对流加热不同，微波干燥时微波以辐射方式，大面积穿过待干燥样品，使样品从内部和外部同时被加热，加热速率快而且均匀。褐煤煤样的初始含水率越高，干燥速率越快，初始含水率越低，升温速度越快。

褐煤微波干燥包括预热、压力升高、恒速干燥和降速干燥4个阶段。预热阶段，褐煤吸收微波能，温度升高，脱水率基本为0；压力升高阶段，褐煤吸收微波能，使内部蒸汽压迅速升高，促使渗透流出现，脱水率显著增大；恒速干燥阶段，煤样内部蒸汽压保持不变，脱水速率保持不变，当煤样含水率降到某一临界值时，干燥速率快速下降；降速干燥阶段，煤样孔隙中水分减少，吸收的微波能下降，导致脱水速率下降，温度上升。

微波场中，功率越大，褐煤干燥时间越短，干燥速率越快。在褐煤的干燥过程中，水分迁移速度随着水分含量降低而减慢，在开始较短的时间内即完成大部分的水分迁移。功率较低时，干燥过程的能耗往往较高。微波场下，褐煤水分迁移特性可用Page模型表达，功率与干燥速率常数存在较好的线性关系。

在微波场下褐煤的物理和化学特性均发生改变，孔结构向介孔及微孔发展，孔体积和平均孔径均比原煤减少，含氧官能团含量也有所降低，有效抑制了褐煤干燥后的复吸现象。因此，褐煤经微波处理后，其复吸特性得到明显改善。微波干燥的优点：加热效率比传统加热更高；缺点是毛细管中的水分难以脱除。微波干燥的主要影响因素为微波功率，其次是加热时间，褐煤质量及粒度影响较小。

3. 太阳能干燥褐煤技术

褐煤对太阳能的吸收率高，但气候和地理环境等因素对该工艺有很大的限制，且能量收集过程中，所需场地面积大，对大规模的工业化推广形成了阻力。试验中发现，在不同的干燥系统中煤粒粒径、辐射强度及通风量等都对褐煤干燥有一定的影响。

十、影响褐煤干燥的因素

褐煤干燥工艺不同，影响其干燥效率的因素有一定差异。归纳起来，其共性的影响因素主要有以下几个方面。

1. 干燥温度

干燥温度提高，煤中有效水分扩散系数增大，水分扩散驱动力增强，可明显提高干燥速率。因此，一般来说，干燥温度越高，干燥效果越好。褐煤干燥的目的是降低水分，尽量少析出焦油和挥发分。通常，控制合适温度使褐煤轻度热解，不仅可改善干燥褐煤的强度及水分回吸问题，而且可改善褐煤的液化、制浆等性能。褐煤干燥温度一般均低于300 ℃。

2. 煤的粒径

粒径是影响褐煤干燥的重要因素之一。随着粒径的增大，颗粒表面积增大，干燥速率逐渐降低，有效水分扩散系数增大。原料煤的粒径要求因干燥工艺不同而有较大差别。如，美国K-Fuel工艺要求褐煤入炉粒度为6～75 mm。产品粒度较大，便于运输。

3. 煤的灰分含量

随着灰分含量的升高,干燥速率相应降低,有效水分扩散系数随之降低。

4. 干燥压力

干燥压力因工艺方法不同,其影响作用不同。

5. 干燥介质与热源

干燥介质主要有蒸汽、空气、烟气、有机溶剂或燃料油等。在不同工艺方法中,相应的干燥介质不同,其影响也不同。空气等介质在干燥条件下有氧化作用,会引起煤质改变或带来操作上不安全因素。热源主要包括燃煤或油的锅炉、热风炉等。

6. 添加磁珠

加入磁珠可明显提高褐煤的干燥速率,加入50%磁珠时,有效水分扩散系数可达到$1.09\times10^{-9}\ m^2/s$,剩余水分含量降低到0.28%,可大大强化细粒褐煤的干燥过程。

第四节　干燥对褐煤结构和性质的影响

一、干燥对褐煤结构的影响

煤样中含氧官能团含量随干燥温度的升高而降低,在280 ℃之前主要脱除羧基,280 ℃之后主要脱除酚羟基;在温度低于330 ℃时,孔容积和比表面积随温度升高逐渐减小,380 ℃时显著增大。

FTIR分析研究表明,中低温干燥组褐煤煤样(140～230 ℃),随干燥温度的升高,含氧官能团变化趋势如下:羧基、酚羟基和羟基等含氧官能团含量呈现出先减少后增加的变化趋势。这是因为在干燥过程中发生了脱羧反应和酯化反应,导致这些官能团减少,随后这些官能团含量又增加,则缘于煤中孔隙夹带的氧气先与脂肪族取代基反应生成过氧化物,过氧化物又会反应生成羧基、酚羟基、羟基。醚氧键呈减少趋势,可能因为干燥过程中发生了芳香环缩合反应,干燥温度升高会促进芳香环缩合反应。

在干燥温度低于330 ℃时,随着温度的升高,煤样的孔容积和比表面积逐渐减小,主要因为干燥过程中,煤中的毛细管不断地崩塌、交联以及煤表面发生的脱羧反应和羟基缩合反应使煤中的孔隙封闭;当温度达到380 ℃时,发生热解反应脱除的挥发分在煤表面形成了新的孔隙,使得煤的孔容积和比表面积突然增大。

有赋存水分能力的孔隙称为有效含水孔隙,有效含水孔隙的孔径分布在1～100 nm。NMR分析研究表明,随着干燥温度的升高,褐煤的有效含水孔隙总量减少,孔径也明显减小。这是由于褐煤具有胶体性质,在加热过程中,失水导致含水孔隙减小,甚至发生不可逆的收缩、坍塌。

褐煤在水热处理第一阶段(<200 ℃)的主要反应为脱羧,部分醚键断裂,并伴随着H_2、CO_2和CO的释放,甲基及氢与芳香碳的比例增加。第二阶段(200～240 ℃)发生水解和氢转移反应,与氧连接的弱共价键和一些不稳定的链烷烃发生部分断裂,水中的H^+和OH^-以离子形态加入褐煤中,在褐煤中发生转移;同时还伴随着酚的缩合形成醌;由于发生氢转移,甲基减少,次甲基比例增加。第三阶段(>240 ℃)后,部分共价键开始断裂,羰基基本断裂形成CO和CO_2,醚类物质形成水或CO,烷基碳的比例减少,部分烃类气体逸出。

水热处理使得褐煤中氧含量降低,部分氢键断裂,有效提高了热解析出物产率。随水热处理温度的升高，水热处理后的褐煤颗粒表面含氧官能团明显减少，亲水性降低，内孔径减小，热值升高，减少了褐煤的自燃发生率，液化性能、成浆性能及气化特性都得到一定程度的改善。

二、干燥褐煤的水分复吸与抑制

干燥条件不同，对干燥褐煤的复吸特性影响因素不同。低温干燥条件下，干燥温度通过改变褐煤含氧官能团数量来影响干燥褐煤复吸特性，而有效含水孔隙结构是高温干燥褐煤平衡含水量的主导因素。

根据热力学和吸附动力学原理，当环境中的水蒸气分压大于褐煤表面的水蒸气分压时，水分子迅速扩散到褐煤孔隙中并碰撞到褐煤表面，吸附停留在褐煤表面，特别是亲水性强的含氧官能团处，这一现象称为褐煤的复吸。水分复吸率定义为在一定环境相对湿度下的平衡含水量。相对湿度越高，平衡含水量越高。干燥煤样的复吸曲线为水分复吸率与干燥时间的关系图。

$$水分复吸率=(煤样复吸水分质量/脱水煤样质量)\times 100\%$$

褐煤平衡含水量与孔隙结构和含氧官能团有关。通过调控干燥温度，可以改变褐煤含氧官能团数量及孔结构，从而控制干燥褐煤的复吸特性。有效含水孔隙与含氧官能团均与褐煤平衡含水量呈正相关关系。在孔隙结构差别不大的情况下，含氧官能团决定干燥煤样平衡含水量。在有效孔隙结构与含氧官能团同时变化的情况下，有效孔隙结构对平衡含水量影响较大。

重吸收水分一方面影响了褐煤脱水后的运输半径和存放时间；另一方面，水蒸气在其表面凝结会释放出汽化潜热，使褐煤的温度升高，严重时可能导致自燃发生。因此，必须采取有效方法解决干燥褐煤的水分复吸问题。目前，主要通过以下方法抑制干燥褐煤的水分复吸。

(1) 表面包裹有机物，以抑制水分复吸。将脱水后的褐煤采用沥青等包裹，成型，形成块状的煤块或直接无黏结剂成型，以抑制水分复吸。

(2) 采用脱除含氧官能团、减少孔隙率的提质干燥技术，如非蒸发干燥技术 MTE、UBC 干燥方法等。

(3) 改善褐煤存储的环境，降低环境的相对湿度。

(4) 优化褐煤干燥条件，如适当提高干燥温度，使含氧官能团部分分解，部分孔隙收缩、坍塌，孔隙率减少。

第五节　褐煤蜡提取与利用技术

一、褐煤蜡的组成与特性

褐煤蜡一词源于德语中的“Montan Wax”，因此又名蒙旦蜡，是一种从褐煤中用苯等有机溶剂萃取出来的含有一定量树脂和少量沥青的有机物质，其中含有大约 1 000 多种有机化合物，现在可以鉴定出的约有 200 余种。粗蜡中纯蜡占 60%～70%，树脂占 20%～30%，沥青占 5%～10%。纯蜡主要由一些高级脂肪酸、少量的高级脂肪醇以及由其组成的酯类所构成；树脂主要由木栓烷酮类、木栓烷醇类、萜烯、树脂酸和含氧树脂酸等物质组成；沥青主要是树脂酸聚合的高分子类物质。

精制褐煤蜡大部分是碳数为 26、28 和 30 的正构脂肪一元酸，有明显的奇偶规律，同时还含有约 20%的二元酸和约 15%的蜡酸。二元酸一部分来自粗褐煤蜡，另一部分由具有多官能团结构单元的蜡酯类经过氧化得到。褐煤蜡的性质主要包括以下几个方面：

(1) 熔点。不同溶剂抽提所得产物的熔点都较高，大多在 80 ℃以上。最高的是苯蜡即苯抽提物，最低的是汽油酒精蜡，相差约 10 ℃，其余各蜡在 80.2～82.6 ℃之间。

(2) 丙酮可溶物。褐煤蜡的丙酮可溶物一般认为是蜡中的树脂部分。试验表明，不同溶剂抽提物的树脂外观及数量有很大差别。苯蜡、苯酒精蜡、汽油酒精蜡的树脂色深，呈深褐色黏稠状。汽油蜡和苯汽油蜡的树脂色浅，呈浅黄色，黏而软，特别是汽油蜡的树脂更软，在 30 ℃以上时，可流动。苯蜡的树脂含量最低，为 11.22%，汽油蜡的树脂含量最高，为 30.5%，其余的含量在 21.85%～29.72%之间。

(3) 异丙醇不溶物。褐煤蜡中异丙醇不溶物一般认为是蜡的沥青部分。各种蜡中以汽油蜡的沥青含量最高，达 12.55%，其余蜡的沥青含量均在 10%以下。苯蜡的沥青含量最低，为 3.43%。

(4) 酸值、皂化值。各种褐煤蜡的酸值在 32.68～72.91 之间。酸值最低的是汽油蜡，而苯蜡的酸值约为汽油蜡的 2 倍。在溶剂中加入酒精，其蜡的酸值有增大的趋势。

皂化值都在 73.08～118.22 之间。单一溶剂提取蜡的皂化值较混合溶剂提取蜡的低。

不同溶剂对褐煤蜡性质有重要影响，例如，以苯、汽油、苯/汽油、苯/酒精、汽油/酒精等五种单独溶剂和混合溶剂抽提的舒兰褐煤蜡的性质如表 3-6 所示。

表 3-6 不同溶剂萃取舒兰褐煤的产品蜡的性质

萃取剂	熔点/℃	丙酮可溶物含量/%	异丙醇不溶物含量/%	酸值/(mgKOH/g)	皂化值/(mgKOH/g)	酯值/(mgKOH/g)
苯	81.1	11.22	3.43	62.07	96.05	33.98
120# 汽油	82.0	30.50	12.55	32.68	73.08	40.4
苯/汽油(1∶1)	85.7	21.85	5.99	50.34	113.34	63.0
苯/酒精(95∶5)	86.2	14.96	4.46	66.54	99.08	32.54
苯/酒精(90∶10)	85.6	29.72	3.47	70.54	111.69	41.15
汽油/酒精(90∶10)	79.0	24.34	8.16	76.91	118.22	41.31

二、褐煤蜡的提取与精制

1. 褐煤蜡的提取

褐煤蜡被认为是均匀分布在褐煤中的，并且两者之间存在多种分子间作用力，因此利用不同的溶剂打破褐煤蜡与褐煤之间的作用力是目前褐煤蜡提取的研究重点。最常用的方法是溶剂萃取方法(包括常规萃取和超临界萃取)。如表 3-6 所示，采用的萃取溶剂不同，萃取出来的蜡的性质不同。从褐煤中萃取分离褐煤蜡的工艺过程包括原料褐煤的破碎、干燥、溶剂萃取、萃取剂回收、粗蜡精制等单元操作。二氯乙烷/乙醇混合溶剂萃取褐煤蜡的工艺流程如图 3-17 所示。该工艺要求褐煤的粒度为 3～8 mm，干燥褐煤的水分控制在 15%～20%，萃取时间为 2～4 h，回收的混合溶剂经冷凝循环使用。

影响粗蜡产率的因素有褐煤水分、溶剂种类及混合溶剂的配比、料液比、温度、时间等。

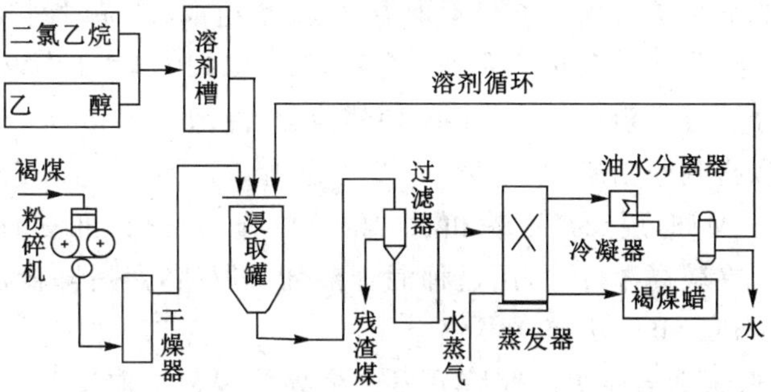

图 3-17　二氯乙烷/乙醇混合溶剂萃取褐煤蜡的工艺流程图

常用有机溶剂有苯、甲苯、二氯乙烷/乙醇、苯/乙醇、汽油/乙醇等。超临界萃取常用溶剂有二氧化碳、乙烷、丙烷和丁烷等。表 3-7 为各国商品褐煤蜡的技术指标。

表 3-7　各国商品褐煤蜡的技术指标

项　目	熔点 /℃	密度 /(g/cm³)	树脂 /%	皂化值 /(mgKOH/g)	酸值 /(mgKOH/g)	苯不溶物含量/%	灰分 /%	沥青含量 /%
德　国	83～87	1.02～1.03	14～18	86～92	31～38	0.5	0.2～0.6	5.0
美　国	85～87	1.02～1.03	21～34	112～120	50～55	0～0.2	0.1～0.4	0.1～0.4
乌克兰	86～87	1.02～1.03	16～20	104～129	24～39	0.08～0.50	0.02～0.29	20
捷　克	80～82	1.03	32～46	73～94	32～38	0.3	0.4	8.0
中　国	83～87	1.02	<20	100～130	50～70	<0.5	<0.5	<8
波　兰	81～83	1.08	35～37	65～72	40～43	0.1	0.1～0.5	14.5

2. 褐煤蜡的脱脂处理与精制

粗蜡中含有暗色的树脂和沥青物质。树脂含量超过 15%时，蜡产品发黏，降低了共熔性，其物理化学性质和机械性质也变差；沥青物质易形成金属皂类，生成黑色物，并使蜡灰分增加，影响蜡的广泛应用。粗蜡改质精制的目的是将有害的树脂和暗色的沥青物质从粗蜡中除去，生成酸型蜡（S 蜡），然后再经过酸化或部分酯化皂化处理，生产一系列的浅色硬质蜡。

（1）褐煤蜡脱树脂处理

褐煤蜡是由蜡、树脂和沥青组成的混合物，经分离、精制后才能获得高附加值产品。树脂组分对蜡产品质量影响较大，褐煤蜡树脂含量平均在 10%～50%。商品蜡中树脂含量在 12%以下。褐煤蜡树脂的存在会影响浅色褐煤蜡的工业生产和物理性能（如，脱脂蜡的熔点一般比粗蜡高 1～3 ℃），同时，也会浪费精制过程中氧化剂的用量，还会使得反应剧烈，不易控制，使得到的 S 蜡颜色深。因此，褐煤蜡精制前通常需要先脱除树脂组分。脱树脂的方法有很多，但大多不够成熟，目前较为有效的方法是利用有机溶剂萃取脱除树脂。溶剂类型是影响蜡品质的重要因素。

目前，褐煤蜡脱脂研究较多的方法是萃取法，常用的萃取剂有：苯、汽油、乙酸乙酯、二氯乙烷、二氯甲烷以及乙酸乙酯/环己烷、二氯乙烷/乙醇等混合溶剂，也有研究者在溶剂中添加表面活性剂以提高分离的效果。通过萃取温度、溶剂组成、结晶时间和温度等参数调节树脂的溶解度，从而达到分离的目的。例如，将粗蜡加入 120# 汽油中，使其浓度为 10%～15%，在 80～90 ℃水浴下回流 30～40 min，使蜡溶解、冷却到 45 ℃。结晶分离含树脂母液和蜡，再经洗涤，可以得到脱脂蜡，收率为 70%，含树脂 15.04%。蒸馏回收溶剂后，尚可得到 10%的树脂收率。又如，用二氯乙烷和乙醇混合物作为溶剂，可使褐煤蜡的萃取与脱树脂在同一过程进行。在较高温度下，用这种混合溶剂萃取蜡，然后降低温度，使蜡结晶与树脂分离，脱脂蜡中蜡含量 90%以上。

图 3-18 是北京低碳清洁能源研究院开发的褐煤蜡绿色提取工艺。该工艺增加了树脂脱除单元，通常是采取冷溶剂洗涤的方式，将树脂溶于冷溶剂中，再进行固液分离，分别得到树脂副产品和符合要求的褐煤蜡产品，溶剂气循环利用。针对褐煤蜡和树脂的组分差异性，将树脂脱除单元调整至萃取单元后，实现了原位蜡脂分离。溶剂冷凝液经冷却后进行分离，分离出的溶剂循环利用，不含溶剂的废水达标排放。工艺中各设备挥发的溶剂气体汇总后进入吸收装置，不含溶剂的尾气达标排放。该工艺具有流程缩短、能耗降低、产品品质易于调控等特点。

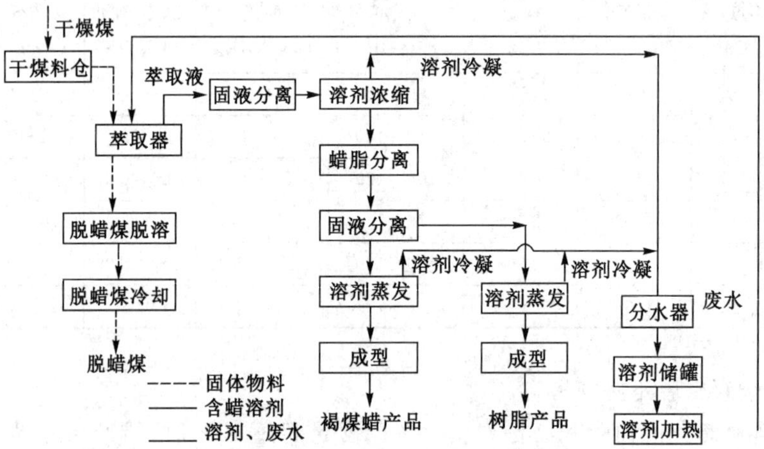

图 3-18　褐煤蜡绿色提取工艺

树脂与松香的组成和性质相近，在多种情况下可代替松香。树脂有较好的电绝缘性，还有生物活性作用，可用于电器、油漆和医药工业。在脱树脂过程中，只是将未与蜡发生键合的树脂脱除。蜡中含有适量的树脂，对蜡的某些性质(如乳化性质)有好的影响。因此，树脂脱除视蜡的用途而定。

(2) 褐煤蜡的精制

褐煤蜡氧化精制一方面可以进一步降低褐煤中的树脂和沥青等有害成分的含量，另一方面可得到颜色浅的优质蜡质。精制蜡的应用更为广泛，开发与应用价值更高。

褐煤蜡的精制方法有物理精制法和化学精制法。物理精制法主要有减压蒸馏、溶剂分离、活性炭和白土吸附等。由于褐煤蜡组成复杂、熔点高，因此，物理精制法一般效果均较差。化学精制法主要是化学氧化法，因采用的氧化剂不同，精制的效果有明显差异。工业上一般用化学精制法进行褐煤蜡的精制。化学氧化精制过程中，氧化剂的选择及用量和氧化时间是关键影响因素。

褐煤蜡的化学氧化法精制一般用脱脂蜡作为原料，常用氧化剂有硝酸、重铬酸钾、过氧化氢、铬酸、过氧乙酸、多种氧化剂组成物等。采用高锰酸钾、双氧水、硝酸等氧化剂因产率低没有形成产业化。铬酸硫酸氧化法是被公认的褐煤蜡氧化脱色的最好方法。因为该方法可以保持天然蜡的结构，获得较高产率的浅色蜡；但是该方法会产生难处理的含铬废液。因此，有必要开展高效绿色氧化剂的开发研究。为此，将铬酸硫酸氧化法与电解回收工艺结合，对氧化精制工艺进行改进，实现了含铬废液再生循环利用。

具体工艺过程是先将粗蜡放入脱脂槽中，加入丙酮进行萃取以脱除树脂，从而减少氧化剂的消耗量；然后将脱脂蜡加入带有搅拌的衬铅反应器中，加热溶化后不断搅拌，分几次缓慢地加入一定量的铬酸-硫酸混合液，在 110～120 ℃下进行深度氧化。反应初始阶段，放热反应较剧烈，温度上升较快，蒸发速度快，蜡液变得黏稠；但随着氧化反应的继续，蜡液逐渐变稀；反应终了，蜡聚集在表面，分离掉母液，加稀硫酸煮洗，再加清水煮洗直至中性；除去蜡中水分，得到色泽微黄、酸值约为 140 mgKOH/g 的 S 蜡。废液通过电解再生，氧化剂重复利用，其工艺流程如图 3-19 所示。氧化分两段进行，这样既可排除氧化废液对反应的干扰，使反应进行完全，又能使在氧化反应过程中，重铬酸与硫酸反应生成初生态氧。初生态氧的反应性很活泼，促使树脂被氧化，沥青经氧化成为酸，这种酸使精制蜡具有一定的硬度，氧化后所得的母液通过电解方法再生，重新得到硫酸和铬酸，在生产过程中循环使用。

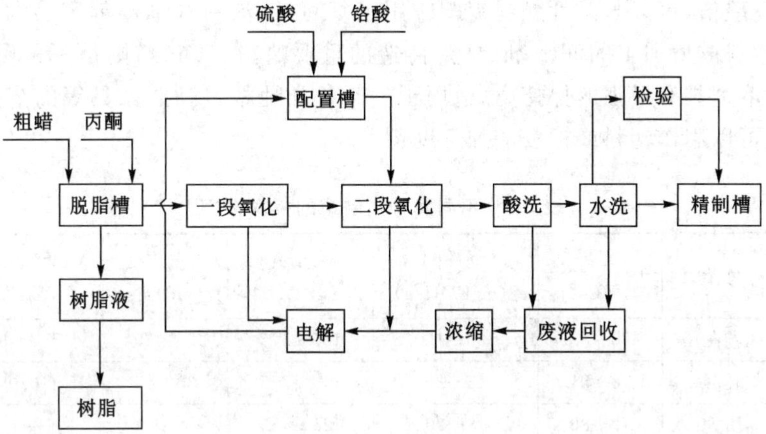

图 3-19　铬酸硫酸氧化与氧化剂电解再生联合精制褐煤蜡工艺流程

在精制过程中，以褐煤蜡为还原剂，重铬酸盐和铬酐为氧化剂，在硫酸酸化条件下发生氧化还原反应，其基本原理如下：

$$Cr_2O_7^{2-} + \text{树脂、沥青} + H^+ \longrightarrow Cr^{3+} + H_2O + CO_2 \quad (3\text{-}3)$$

$$Cr_2O_7^{2-} + \text{纯蜡} + H^+ \longrightarrow Cr^{3+} + \text{高级脂肪酸} + H_2O + CO_2 \quad (3\text{-}4)$$

$$CrO_3^- + \text{树脂、沥青} + H^+ \longrightarrow Cr^{3+} + H_2O + CO_2 \quad (3\text{-}5)$$

$$CrO_3^- + \text{纯蜡} + H^+ \longrightarrow Cr^{3+} + \text{高级脂肪酸} + H_2O + CO_2 \quad (3\text{-}6)$$

上述母液及酸洗和水洗后的浓缩液可通过电解再生的方式重复利用，其基本原理如下：

阳极反应：$2Cr^{3+} + 7H_2O \longrightarrow Cr_2O_7^{2-} + 14H^+ + 6e^-$　(3-7)

阴极反应：$6H^+ + 6e^- \longrightarrow 3H_2$　(3-8)

总反应：$2Cr^{3+} + 7H_2O \longrightarrow Cr_2O_7^{2-} + 3H_2 + 8H^+$　(3-9)

在精制过程中，粗蜡中不太活泼的蜡酯在酸性条件下发生水解，游离出来的醇进一步氧化生成相应的酸，原有的ω-羟基酸、游离醇和脂肪酮等也全部或部分生成酸。

目前铬酸硫酸氧化法仍然是工业上最有效的精制方法，经过改进后，仍存在一些不可忽视的缺陷，例如：电解废液时的电解效率不高以及产品的重金属微量残余等。为了克服这些缺陷，研究者开发了以过氧化氢(P)和过氧乙酸(Pa)为氧化剂的无铬氧化剂体系(Pa-P)和低铬氧化剂体系(Cr^{6+}-Pa-P)。采用这一新的氧化精制方法，基本可以达到铬酸硫酸氧化法的精制效果。

三、褐煤蜡的应用

褐煤蜡因具有硬度大、熔点高、光亮度好、化学稳定性强、机械性能好、电绝缘性好等优良特性，而具有独特的应用价值，例如在日化工业中可作为特效化妆品的原料，在精密铸造工业中可作为中高温蜡模，在橡胶、塑料、纺织工业中可作为润滑剂，在造纸工业中可作为施胶剂，在电气工业中可作为绝缘材料，在印刷行业中可作为涂料，在鞋油工业中可作为光亮剂，此外在包装工业、热熔胶工业、蜡烛工业、钻井工业、国防工业及农副产品保鲜等方面均具有十分重要的用途。如表3-8所示，不同牌号精制蜡的技术指标不同，其应用的领域也有明显差异。例如，S蜡是一种酸性蒙旦硬蜡，熔点高，黏度低，易乳化，具有高光泽，和其他蜡类混溶性优良等特点，适用于生产水性地板蜡、汽车上光蜡、皮鞋上光剂、夹克油及乳化硅油等。由于其高酸值，可以与碱性颜料复配应用于复写纸、涂料和油墨等产品的生产。同时，还可以用作塑料成型加工的润滑剂、精密铸造的重要蜡料。OP蜡则是一种硬性部分皂化蒙旦酯蜡，对溶剂具有极强的保持力，适用于生产各类地板、皮鞋、家具等的溶剂型上光剂，光泽度高，也可以用作塑料或橡胶的加工助剂。

表3-8　不同牌号精制蜡的技术指标

项目	色泽	熔点/℃	酸值/(mgKOH/g)	皂化值/(mgKOH/g)	黏度/(mPa·s)	灰分/%	水分/%
S蜡	乳白	80～83	130～150	155～175	25～30	小于0.05	小于1.5
E蜡	乳白	78～81	15～20	145～165	30～15	小于0.05	小于1.0
F蜡	淡黄	79～86	15～20	125～155	—	—	—
KPE蜡	黄	79～85	20～30	100～130	—	—	—
OP蜡	黄	98～100	10～14	100～115	—	小于0.2	小于1.0

第六节　褐煤腐殖酸提取与利用技术

一、腐殖酸的结构与性质

1. 腐殖酸组成及结构

腐殖酸(humic acids，HA)是指煤中能溶于稀苛性碱和焦磷酸钠溶液的多种缩合酸性基的大分子化合物。成煤过程中形成的腐殖酸称为原生腐殖酸；原生腐殖酸是褐煤区别于其他煤种的主要特征组分。煤经氧化(包括风化)形成的腐殖酸称为次生腐殖酸。溶于丙酮或乙醇的部分称为棕腐酸(hymatomalenic acid，MA)；不溶于丙酮的部分称为黑腐酸

(pyrotomalenic acid,PA);溶于水或稀酸的部分称为黄腐酸,又称富里酸(fulvic acid,FA)。从黄腐酸、棕腐酸到黑腐酸,相对分子质量逐渐增大,从 10^2～10^3、10^3～10^4 到 10^4～10^6。依据腐殖酸是否与金属离子形成络合物,可将其进一步分为结合腐殖酸和游离腐殖酸等。Stevension 腐殖酸的结构模型如图 3-20 所示。

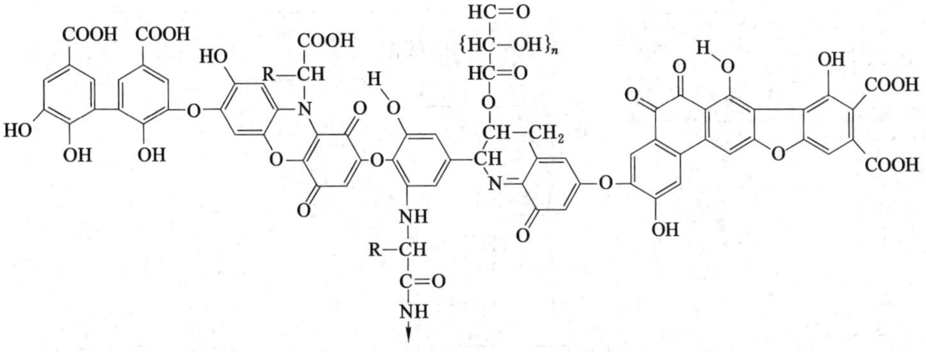

图 3-20　Stevension 腐殖酸的结构模型

2. 腐殖酸的性质

腐殖酸中含有大量的含氧官能团,包括羟基、酚羟基、羧基、羰基以及甲氧基等,这使腐殖酸具有很多优良特性。

(1) 弱酸性。腐殖酸中的羧基和酚羟基可以在水溶液中解离出 H^+,因此腐殖酸呈现一定的酸性。

(2) 离子交换性能。腐殖酸中的羧基等含氧官能团上的 H^+ 可以与金属离子(如 Ca^{2+},Na^+,Mg^{2+} 等)进行交换生成腐殖酸盐,故腐殖酸具有离子交换性能。氢氧化钡法测定腐殖酸总酸性基团含量和碱溶酸析法提取腐殖酸就是依据腐殖酸这一性质来进行的。

(3) 吸附性能。腐殖酸是一种具有很多含氧官能团的大分子化合物,结构呈疏松的海绵状,并且在酸性条件下会形成海绵状的胶凝体,从而具有良好的吸附性能。

(4) 络合及螯合性能。腐殖酸中含有很多含氧官能团,包括羧基、酚羟基、醇羟基以及各种类型的 C═O 结构,因此,能够与金属离子发生络合及螯合作用,形成稳定的配合物。该性质使腐殖酸在很多方面有着广泛的应用,例如,将微量元素从土壤运输到植物中、去除土壤和水体中的重金属元素、通过金属催化抑制自由基的形成以及还原和稳定金属纳米粒子等。

二、褐煤腐殖酸提取技术

腐殖酸提取主要分为碱萃取、酸萃取和微生物发酵。酸萃取法杂质较多,微生物发酵费时且萃取率低。碱萃取腐殖酸比较容易,被广泛采用,但缺点是费时,同时产生约 20% 的腐殖质,如图 3-21 所示。

从褐煤中提取腐殖酸可分为三大步骤:一是用碱萃取,获得 HA 提取物,主要是 FA 和 HA;二是在酸化条件下,使 HA 沉淀,滤液为 FA;三是 HA 的提纯,一般采用去离子水洗涤、阳离子交换处理、透析和膜分离等操作过程进行提纯。

一般风化煤的沥青含量和蜡含量都很低,故可省略用苯抽提而可以直接从碱抽提开始。当褐煤蜡多时,则先用苯萃取褐煤蜡,再以苯不溶物为原料萃取 HA。NaOH 只能把游离

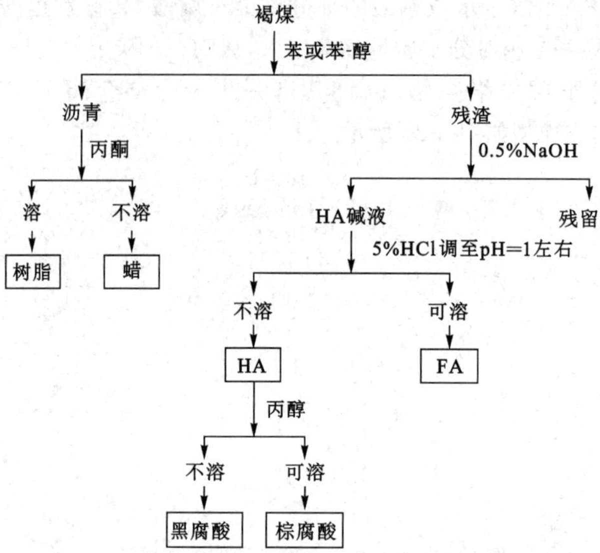

图 3-21　褐煤腐殖酸分离程序

HA 抽提出来，对于高钙镁原料需用 NaOH 和焦磷酸钠（$Na_4P_2O_7$）的混合液提取，与 HA 相结合的钙镁与 $Na_4P_2O_7$ 反应，生成腐殖酸钠和不溶的焦磷酸钙（$Ca_2P_2O_7$）。碱和 $Ca_2P_2O_7$ 萃取时，HA 的官能团含量高，相对分子质量更大。$Na_4P_2O_7$ 萃取可能导致 HA 的性质发生变化，从泥炭中萃取 HA 时，最好用 NaOH。HA 的热稳定性较差，高温下容易脱羧基、脱羟基，丧失活性。因此，在提取、分离和干燥中，最好在低于 70 ℃下操作。

对于所提取出来的 HA，可以用元素分析，含氧官能团、E_4/E_6、絮凝极限、相对分子质量的测定与分析进行表征。E_4/E_6 指 HA 碱溶液（溶解在 0.05 mol/L 的碳酸钠溶液上，浓度为 40～200 mg/L）在可见分光光度计上波长 456 nm 和 665 nm 处的吸光度的比值，E_4/E_6 越低，芳构化程度越高，相对分子质量越大。HA 的絮凝极限通常是指 0.02% 的 HA 碱性溶液在 1 h 内出现絮凝所需加入电解质（$BaCl_2$ 或 $CaCl_2$）的最小量，通常以 mol/L 表示。絮凝极限变化规律一般为泥炭 HA＞褐煤 HA＞风化煤 HA，黄腐殖酸＞棕腐殖酸＞黑腐殖酸。HA 的相对分子质量测定方法有超速离心法、黏度计法、冰点降低法、蒸气压渗透法（VPO）、X 光散射技术、凝胶渗透色谱（GPC）、排阻色谱技术（SEC）和质谱法等，其中 GPC 和 SEC 采用较多。GPC 和 SEC 测定的是 HA 的表观相对分子质量，而不是真正的相对分子质量。相对分子质量分布影响 HA 的许多性质，相对分子质量低时，亲水性强，生物活性强，易扩散，容易吸附矿物质；相对分子质量高时，憎水性强，静电势较高，金属包覆性强。

三、褐煤腐殖酸的应用

1. 农业上的应用

腐殖酸通过刺激植物中载体蛋白的合成、增加植物体内某些酶的活性以及促进根系发育等来对植物的生长进行调节，提高农产品产量。腐殖酸具有较强的碱基交换能力，所以对土壤有着显著的影响。腐殖酸盐（如 HA-Na、$HA\text{-}NH_4$ 和 HA-Ca）可用作肥料添加剂，腐殖酸也可与含 N、P、K 元素的盐制备腐殖酸复合肥，这些腐殖酸类肥料可以调节土壤 pH 值，促进植物生长，增强土壤缓冲能力，改善土壤结构，优化植物对 N、P、K 的吸收，增强作物的恢复力，调节植物代谢过程。此外，腐殖酸可以与土壤中的铁元素相结合，并使铁元素被植物利用，从而改善植物缺铁的情况。

2. 环境治理方面的应用

腐殖酸可以与废水中的重金属离子（例如 Cr^{6+}、Hg^{2+}、Pb^{2+}、Cd^{2+} 等）发生络合作用生成难溶性物质，达到去除重金属离子的效果。腐殖酸对重金属离子的吸附既有物理吸附，又有离子交换和化学吸附，并且腐殖酸中与重金属离子进行配位的官能团为羰基、羧基等基团。腐殖酸对铅、银、汞、铜、钡和镉离子的吸附能力最强。

3. 工业上的应用

腐殖酸可以作为混凝土的添加剂，用于调节混凝土的凝结速率，降低混凝土的消耗量。在石油工业中，腐殖酸是一种良好的降滤失剂，被应用于水基、油基钻井液中。在电池工业中，腐殖酸可以防止电池板开裂和硬化，提高电池容量和启动放电性能，因此将它用作铅蓄电池的扩展器。腐殖酸在造纸行业也有着应用，可作为脱墨剂、消泡剂、抗静电剂、阻垢剂等。此外，腐殖酸还可用于皮革染料、皮革鞣制剂、皮革涂饰溶液成分、陶瓷脱模剂、黏合剂、锅炉除磷剂、硫化橡胶补强剂等。

4. 生物医学方面的应用

腐殖酸分子中酚羟基可以清除自由基，醌基是电子接收基团且可以生成活性氧，因此，腐殖酸具有抗氧化的功能，有助于愈合伤口，也具有杀菌抗炎作用。此外，腐殖酸还具有抗病毒、抗肿瘤、止血、抗菌等作用，已被应用于皮肤病、烧伤烫伤、溃疡、胃肠道出血、腹泻、消化不良、类风湿关节炎等疾病的治疗。

思　考　题

1. 简要总结我国褐煤资源分布及煤质特点。
2. 基于褐煤的结构特点，讨论褐煤低碳高值化利用途径。
3. 简述褐煤中水的形态类型及作用机理。
4. 简述不同蒸发干燥技术和非蒸发干燥技术的原理。
5. 从干燥原理、干燥介质、装置特点、煤质影响等方面比较不同蒸发干燥技术和非蒸发干燥技术的特点及工业化应用现状。
6. 什么是褐煤的干燥曲线、干燥速率曲线？
7. 查阅文献，举例讨论褐煤干燥模型及其动力学参数的计算方法。
8. 简述褐煤蜡铬酸硫酸氧化精制的原理。
9. 基于腐殖酸的结构特点，论述腐殖酸的提取技术及应用。

第四章　配煤与型煤生产技术

第一节　动力配煤技术

动力配煤技术是指根据工业生产的需求，将几种品质不同的煤炭均匀地混合在一起，从而得到一种新的动力煤产品，以满足各种指定锅炉或窑炉使用要求的技术。使用动力配煤技术有利于满足区域能源需求，实现煤炭产品对路供应，提高燃烧效率，减少污染物排放，满足燃煤用户对煤质均匀性、稳定性和环保性能的要求，促进煤炭资源的综合利用。

动力配煤生产中，配煤原料及产品的品质、配煤方案、配煤质量检验和验收等应遵循《动力配煤规范》(GB/T 25960—2010)的要求。

一、动力用煤品质要求

1. 动力配煤原料的品质要求

动力配煤原料为无烟煤、烟煤、褐煤、选煤副产品及固硫剂(或助燃剂)。不同煤炭类别的煤相配时，挥发分(V_{daf})不能相差过大。如任何两种原料煤的V_{daf}值相差15.00%以上时，应该进行燃烧试验，在销售时应注明原料煤产地、煤炭类别和配煤比。无烟煤和褐煤不应相配。褐煤和烟煤相配时，在销售时应注明褐煤的配煤比和挥发分(V_{daf})值。动力配煤过程中不应添加对用煤设备有腐蚀作用的物质，如氯化钠、硝酸盐等；如要添加固硫剂，在锅炉和窑炉设计温度下的最大固硫效率应大于38%。各种矸石、焦粉(V_{daf}小于2.5%)以及污染环境或损坏用煤设备的废渣等物质不可作为动力配煤原料。

2. 动力配煤产品的质量指标

动力配煤产品应混合均匀，煤质指标实测值与目标值差值的相对值应小于10%。动力配煤产品的质量应符合国家商品煤的相关标准，满足用户要求和环保部门的要求。部分不同用途商品煤，如发电煤粉锅炉用煤、水泥回转窑用煤、链条炉用煤和煤粉工业锅炉用煤应符合对应的国家标准：GB/T 7562—2018、GB/T 7563—2018、GB/T 18342—2018、GB/T 26126—2018。

煤质指标包括水分、灰分、挥发分、硫分、发热量、灰熔融性、可磨性和微量元素等。这些指标对于动力配煤的使用性能均有重要影响。例如，煤的水分在一定限度内与挥发分对燃煤的着火特性的影响是一致的，少量水分对着火有利。主要归因于高温火焰中，水蒸气对燃煤具有催化作用，同时，水蒸气高温分解时产生的氢分子和氢氧根可以提高火焰的热传导率。但水分不能过高，应符合相关标准要求，据测算，每增加1%的全水分，就会降低煤的热值0.293～0.335 MJ/kg，而高水分煤还影响煤的破碎筛分等。

二、动力配煤基本原理

（一）动力配煤基本原理

动力配煤是指根据用户对煤质的要求，按照一定比例，将若干种不同种类、不同性质的煤，通过配合和掺混加工，制成配合煤的过程。配合煤虽具有掺混的各单一煤的某些特征，但其综合性能已有所改变，实际上它是人为加工的一个新“煤种”。

动力配煤的基本原理是利用各种煤在性质上的差异，相互“取长补短”，最终使配出的动力用煤在综合性能上达到“最优状态”，以满足不同用户的需要。同时，可使配煤的质量稳定，在工业锅炉和窑炉中燃烧时取得比单种煤更好的节煤效果。

（二）动力配煤主要煤质特征变化规律

1. 主要煤质指标间的相互关系

水分、灰分和挥发分等质量指标对动力配煤产品的质量有重要影响。对配煤各指标间的相互关系来说，通常是水分和灰分越高时，其收到基低位发热量（$Q_{net,ar}$）就越低；氢含量和挥发分较高的煤，$Q_{net,ar}$ 相对也会低一些。在相同水分、灰分和挥发分条件下，焦渣特征序号（1～8）越高的煤，其发热量则相对越高。硫分、灰熔融性和哈氏可磨性指数则与其他基本煤质指标无明显关系。

2. 配煤主要煤质指标理论值计算

配煤煤质指标理论值计算是基于主要煤质指标的线性关系，需要注意的是配煤比应对应相应的基准，所获得的煤质指标理论值才具有实际意义。其具体计算方法如下。

（1）以收到基配煤比进行动力配煤时产品的煤质理论值计算

① 当煤质指标为收到基值时，按式（4-1）进行计算：

$$X_{ar}=X_{ar,1}\alpha_1+X_{ar,2}\alpha_2+\cdots+X_{ar,n}\alpha_n \tag{4-1}$$

式中　X_{ar}——动力配煤产品的 A_{ar}（%）、V_{ar}（%）、$S_{t,ar}$（%）或 $Q_{net,ar}$（MJ/kg）；

$X_{ar,1}$、$X_{ar,2}$、…、$X_{ar,n}$——n 种原料煤相对应的（$A_{ar,1}$、$A_{ar,2}$、…、$A_{ar,n}$，%）、（$V_{ar,1}$、$V_{ar,2}$、…、$V_{ar,n}$，%）、（$S_{t,ar,1}$、$S_{t,ar,2}$、…、$S_{t,ar,n}$，%）或（$Q_{net,ar,1}$、$Q_{net,ar,2}$、…、$Q_{net,ar,n}$，MJ/kg）；

α_1、α_1、…、α_n——n 种原料煤的收到基配煤质量比，%。

② 当煤质指标为干燥基值时，按式（4-2）进行计算：

$$X_d=\frac{X_{d,1}\alpha_1(100-M_{ar,1})+X_{d,2}\alpha_2(100-M_{ar,2})+\cdots+X_{d,n}\alpha_n(100-M_{ar,n})}{\alpha_1(100-M_{ar,1})+\alpha_2(100-M_{ar,2})+\cdots+\alpha_n(100-M_{ar,n})} \tag{4-2}$$

式中　X_d——动力配煤产品的 A_d（%）、V_d（%）、$S_{t,d}$（%）或 $Q_{gr,d}$（MJ/kg）；

$X_{d,1}$、$X_{d,2}$、…、$X_{d,n}$——n 种原料煤相对应的（$A_{d,1}$、$A_{d,2}$、…、$A_{d,n}$，%）、（$V_{d,1}$、$V_{d,2}$、…、$V_{d,n}$，%）、（$S_{t,d,1}$、$S_{t,d,2}$、…、$S_{t,d,n}$，%）或（$Q_{gr,d,1}$、$Q_{gr,d,2}$、…、$Q_{gr,d,n}$，MJ/kg）；

$M_{ar,1}$、$M_{ar,2}$、…、$M_{ar,n}$——n 种原料煤的收到基水分，%；

α_1、α_1、…、α_n——n 种原料煤的收到基配煤质量比，%。

③ 当煤质指标为干燥无灰基挥发分 V_{daf} 时，按式（4-3）进行计算：

$$V_{daf}=\frac{V_{daf,1}\alpha_1(100-M_{ar,1}-A_{ar,1})+V_{daf,2}\alpha_2(100-M_{ar,2}-A_{ar,2})+\cdots+V_{daf,n}\alpha_n(100-M_{ar,n}-A_{ar,n})}{\alpha_1(100-M_{ar,1}-A_{ar,1})+\alpha_2(100-M_{ar,2}-A_{ar,2})+\cdots+\alpha_n(100-M_{ar,n}-A_{ar,n})} \tag{4-3}$$

式中　V_{daf}——动力配煤产品的干燥无灰基挥发分，%；

$V_{daf,1}$、$V_{daf,2}$、…、$V_{daf,n}$——原料煤的干燥无灰基挥发分，%；

$M_{ar,1}$、$M_{ar,2}$、…、$M_{ar,n}$——原料煤的收到基水分，%；

$A_{ar,1}$、$A_{ar,2}$、…、$A_{ar,n}$——原料煤的收到基灰分，%；

α_1、α_1、…、α_n——n 种原料煤的收到基配煤质量比，%。

(2) 以干燥基配煤比进行动力配煤产品的煤质理论值计算

① 当煤质指标为干燥基值时，按式(4-4)进行计算：

$$X_d = X_{d,1}\beta_1 + X_{d,2}\beta_2 + \cdots + X_{d,n}\beta_n \tag{4-4}$$

式中　$X_{d,1}$、$X_{d,2}$、…、$X_{d,n}$——n 种原料煤相对应的($A_{d,1}$、$A_{d,2}$、…、$A_{d,n}$，%)、($V_{d,1}$、$V_{d,2}$、…、$V_{d,n}$，%)、($S_{t,d,1}$、$S_{t,d,2}$、…、$S_{t,d,n}$，%)或($Q_{gr,d,1}$、$Q_{gr,d,2}$、…、$Q_{gr,d,n}$，MJ/kg)；

β_1、β_2、…、β_n——n 种原料煤的干燥基配煤质量比，%。

② 当煤质指标为干燥无灰基挥发分 V_{daf} 时，按式(4-5)进行计算：

$$V_{daf} = \frac{V_{daf,1}\beta_1(100 - A_{d,1}) + V_{daf,2}\beta_2(100 - A_{d,2}) + \cdots + V_{daf,n}\beta_n(100 - A_{d,n})}{\beta_1(100 - A_{d,1}) + \beta_2(100 - A_{d,2}) + \cdots + \beta_n(100 - A_{d,n})} \tag{4-5}$$

式中　$V_{daf,1}$、$V_{daf,2}$、…、$V_{daf,n}$——原料煤的干燥无灰基挥发分，%；

$A_{d,1}$、$A_{d,2}$、…、$A_{d,n}$——原料煤的干燥基灰分，%；

β_1、β_2、…、β_n——n 种原料煤的干燥基配煤质量比，%。

③ 动力配煤产品的煤灰熔融性温度的理论值按式(4-6)计算：

$$T = \frac{T_1 A_{d,1}\beta_1 + T_2 A_{d,2}\beta_2 + \cdots + T_n A_{d,n}\beta_n}{A_{d,1}\beta_1 + A_{d,2}\beta_2 + \cdots + A_{d,n}\beta_n} \tag{4-6}$$

式中　T——动力配煤产品的灰熔融性温度，即 DT、ST、HT、FT，℃；

T_1、T_2、…、T_n——原料煤与动力配煤产品相对应的灰熔融性温度，℃；

$A_{d,1}$、$A_{d,2}$、…、$A_{d,n}$——原料煤的干燥基灰分，%；

β_1、β_2、…、β_n——n 种原料煤的干燥基配煤质量比，%。

(3) 不同基准配煤比之间的换算

不同基准配煤比之间的换算按式(4-7)和式(4-8)计算。

$$\alpha_{ar,i} = \frac{\dfrac{\alpha_{d,i}}{100 - M_{ar,i}}}{\dfrac{\sum_i \alpha_{d,i}}{100 - M_{ar,i}}} \tag{4-7}$$

$$\alpha_{ad,i} = \frac{\dfrac{\alpha_{d,i}}{100 - M_{ad,i}}}{\dfrac{\sum_i \alpha_{d,i}}{100 - M_{ad,i}}} \tag{4-8}$$

式中　$\alpha_{ar,i}$、$\alpha_{ad,i}$、$\alpha_{d,i}$——第 i 种煤收到基、空气干燥基、干燥基的配煤质量比，%；

$M_{ar,i}$、$M_{ad,i}$——第 i 种煤的收到基、空气干燥基的水分，%。

3. 动力配煤主要质量指标间的可加性

配煤质量的预测，是基于如挥发分、发热量、灰熔融性温度等与单煤间具有可加性(即可加权平均性），但配煤的许多质量指标并不完全具有简单的线性可加性。例如，配煤的实测水分（M_{ad}）低于由各单煤计算的理论加权平均值。这主要是由于空气干燥煤样水分随大气湿度的改变而变化较为灵敏，因此配煤的水分（M_{ad}）不具有简单可加性。

配煤的干基灰分（A_d）与其单煤的理论加权平均值相差不大，具有较好的可加性。由于水分变化的影响，配煤的空气干燥基挥发分（V_{ad}）可加性不好，但配煤的干基挥发分（V_d）和干燥无灰基挥发分（V_{daf}）具有较好的可加性。此外，焦渣特征（CRC）、配煤的干基全硫含量（$S_{t,d}$）和配煤的干基高位发热量（$Q_{gr,d}$）等指标也具有良好的可加性。但配煤的干基高位发热量（$Q_{gr,d}$）比其单煤的理论加权平均值稍低，而其 $Q_{gr,ad}$ 和 $Q_{gr,daf}$ 值则又稍增高，这与配煤的 M_{ad} 值普遍比其单煤的理论加权平均值偏低有关。但无论是 $Q_{gr,d}$ 的降低值还是 $Q_{gr,ad}$ 和 $Q_{gr,daf}$ 的增高值，变化幅度均不大，仍具有较好的可加性。配煤的收到基低位发热量（$Q_{net,ar}$）受 M_t 值影响，随时都会有所变化，因而与其单煤的理论加权平均值之间必然会有不同程度的差异。

煤灰熔融性特征温度是否具有可加性，主要取决于其单一煤的矿物组成（煤灰成分）。如各种单煤的煤灰成分均是 Al_2O_3 占 35%以上，则配煤的 ST 和 FT 就具有较好的可加性；如煤灰组成中 CaO 占 40%以上，高熔融性煤与煤灰中以 Al_2O_3 为主的高熔融性煤配合时，配煤的 ST 和 FT 会明显降低，此时 ST 及 FT 就不具有可加性，例如，由各种单煤计算出的配煤的 ST 和 FT 均稍低于实测值，但计算值对指导发电煤粉锅炉、工业锅炉和窑炉的燃烧仍有一定的应用价值。

（三）动力配煤方案及优化

对动力配煤项目来说，煤源一般多达 10～20 个，且不同用户对配煤的发热量、挥发分、硫分、灰熔融性和可磨性等主要质量指标的要求也各不相同。因此，在制定配煤方案时如仅采用人工计算的方法，很难达到使配煤经济技术最优的方案，而且计算量大、效率低、易于出错。采用计算机专家系统进行配煤方案的优化计算，可迅速、准确地帮助配煤生产管理人员获得配煤成本最低、经济效益最好、煤源有保障、质量有保证的最优化方案。

动力配煤优化方案的实质是在完全满足约束条件下求解出目标函数的极值问题。具体可分为提出约束条件、确定目标函数和求解三个步骤。

1. 配煤目标约束条件

选取配煤目标中的煤质指标作为目标约束条件，研究认为这些作为目标约束条件的煤质指标在配煤前后存在线性和非线性相关规律，即

$$T_i = f(X_j, T_{ij}) \tag{4-9}$$

式中　T_i——配煤的第 i 个技术指标，$i=1,2,\cdots,n$，下同；

X_j——第 j 种煤的配入百分比，%，$j=1,2,\cdots,n$，下同；

T_{ij}——第 j 种煤的第 i 个技术指标。

如果适应某一炉型的第 i 个技术指标上限为 A_i，下限为 B_i（可能上限和下限仅有一项）。则有：

$$T_i \leqslant A_i \text{或（且）} T_i \geqslant B_i \tag{4-10}$$

既然是配煤，那么 n 种单煤的配比之和理论上为 100%，即

$$\sum_{j=1}^{n} X_j = 100\% \tag{4-11}$$

对于配煤中各种煤的配比必须为正值，即 $X_j>0$。

以上这些目标约束条件，实际上是一个具有多个未知数的线性和非线性方程组。在一般情况下，能满足这些目标约束条件的解很多，这些解均为“可行解”。

2. 配煤目标要求

(1) 总成本最低

动力配煤优化的核心目标是在满足用户燃煤质量要求的前提下，追求最佳的经济性方案，也就是配煤的总成本最低。在此，各原料煤的单煤成本应是计入配煤项目时该单煤的总成本，包括单煤的出矿成本、物流(运输、仓储)成本及税费等。

(2) 优质高价煤或紧缺煤配比最小

优质煤的价格往往较高，而且由于运输原因或资源原因，某些煤炭会比较紧缺，紧缺煤的购入成本也会相应增加，这些煤如在配煤中的比例太多就会降低配煤企业的经济效益。因此，在优化配方时，尽量少用优质煤和紧缺煤，以保证既能生产出质量合格的动力配煤，又能使配煤成本达到最低，使配煤企业取得最佳经济效益。

(3) 低质廉价煤或供应充足的煤配比最大

在优质煤价位较高的情况下，应尽量多用价廉的低质煤资源；有时也由于运输原因或资源原因，某些煤炭能大量供应，为了最大限度地提高配煤企业的经济效益，在优化配方时，尽量多用低质廉价煤和供应充足的煤。最终目的都是追求配煤的总成本最低。

假设 n 种单煤相配，第 j 种单煤的成本价为 C_j，其配比为 X_j，配煤目标成本为 Z。那么，配煤的成本为 $\sum_{j=1}^{n}C_jX_j$。为了获得配煤的最佳经济效益，追求成本最低，即

$$Z_{\min}=\sum_{j=1}^{n}C_jX_j \tag{4-12}$$

3. 配煤优化数学模型的建立与求解

动力配煤计算的实质是在完全满足约束条件下求解出目标函数的极值问题。基于配煤目标约束条件和配煤目标函数的确定，建立如下动力配煤数学关系模型。

目标约束：$T_i=f(X_j,T_{ij})$

$T_i\leqslant A_i$ 或(且) $T_i\geqslant B_i$ $(i=1,2,\cdots,n$，下同$)$

$\sum_{j=1}^{n}X_j=100\%$ $(j=1,2,\cdots,n$，下同$)$

$X_j>0$

目标函数：$Z_{\min}=\sum_{j=1}^{n}C_jX_j$

优化配煤方案的确定也就是对以上建立的配煤数学关系模型进行求解，数学模型的求解方法主要采用的是数值分析中典型的最优化方法，常用的有回溯法、穷举法、遗传算法、混沌优化算法、神经网络算法、图解法和单纯形法等。

4. 动力配煤专家系统

动力配煤专家系统，可以将复杂的优化配煤技术通过计算机软件应用于配煤，指导现场配煤工艺，获得最优化的配煤结果，具有快速、准确的优点，并能根据单煤矿点的不断变化而随时、灵活优化配煤方案，并可根据用户需要，任意改变配煤目标约束条件，获得良好的经济

效益和社会效益。

（四）动力配煤的燃烧特性评价

动力配煤的燃烧特性评价与一般动力用煤相同，即指煤的着火特性、挥发分释放特性、燃尽特性、热解特性、表面积和孔隙特性、积灰结渣特性、磨损特性和污染物的排放特性等。对锅炉安全经济运行最重要的燃烧特性是煤的着火稳定性、燃尽性和结渣特性。

目前多用燃料比（FC/V）来判别配煤的燃烧特性，通常认为燃料比小于 2.0（以 1.8～2.0 为宜）的配煤燃烧性能较好。根据配煤的燃料比，还可以利用式（4-13）大致估算出配煤的着火温度。

$$t=33.24(FC/V)+439.7,℃ \tag{4-13}$$

上式的相关系数为 0.895 0。根据着火温度还可进一步判别配煤的着火难易程度。配煤的着火难易程度主要与各单种煤的燃料比大小有关。如燃料比大的煤配入量较多，则对配煤着火不利。所以，在动力配煤中，燃料比大的无烟煤的配比一般不宜超过 35%，如在配煤中加入助燃剂，则无烟煤的配比可以提高到 50%～60%。

配煤的着火初始温度与其中高挥发分煤较接近。但当高挥发分煤比率较低时，着火不稳定。在通常燃烧方式下，配煤常比挥发分产率相近的单一煤难以着火。配煤的着火稳定性与炉膛截面热负荷、燃烧器区域壁面热负荷、燃烧器配风方式及工况参数如风温、风速、煤粉细度、过量空气系数等因素有关。

配煤在炉内的结渣性能受燃烧器区域的温度工况和燃烧过程中气流流动工况的影响，较复杂，一般应由实验来确定。

配煤燃烧时污染物排放不同于单一煤种。对 NO_x 而言，配煤燃烧后期，其排放量比单一煤种大，降低 NO_x 与提高其燃尽程度存在矛盾，可采用多级燃烧方法解决。配煤燃烧时，SO_x 排放主要由煤质决定，同时还与配煤灰成分中的 CaO 等碱性组分的多少有关，对锅炉各参数的影响与单一煤种有时会有一定差异。

三、动力配煤生产工艺及主要设备

1. 动力配煤工艺流程

（1）动力配煤的主要混配方法

配煤时，首先要考虑的问题是配煤的均匀性。常用的配煤方式有体积法和质量法。体积法是将一定体积的一种煤与特定体积的另一种（或两种以上）煤混合。质量法是将一定质量的一种煤与其他 1～3 种特定质量的煤配合达到预定比例。质量法的配煤精度较高。配煤方式主要有仓混式、床混式、带混式及炉内直接混合方式 4 种。

（2）动力配煤工艺流程

动力配煤生产线工艺流程一般包括原料煤收卸、按品种堆放、化验并计算合理配比、原料煤取料输送、筛分、破碎、混合掺配、抽样检验、仓储和外运等。根据资金投入、规模大小、机械化程度高低等情况，动力配煤的生产线工艺流程各不相同。图 4-1 为目前常用的配煤工艺流程。

在确定配煤生产工艺时既要考虑配煤的准确性和均匀性，同时还应考虑工艺的灵活性。地面地下结合配煤工艺（图 4-2）具有工艺简单、投资少等特点，适合中小配煤厂；筒仓式配煤工艺（图 4-3）具有配煤精确、环保等特点，适合港口等大型配煤厂。

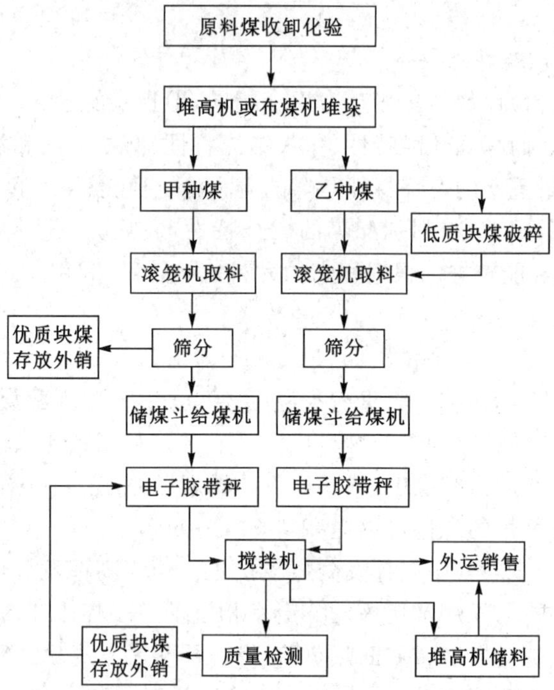

图 4-1　两种煤相配的现代化大型动力配煤生产线工艺流程

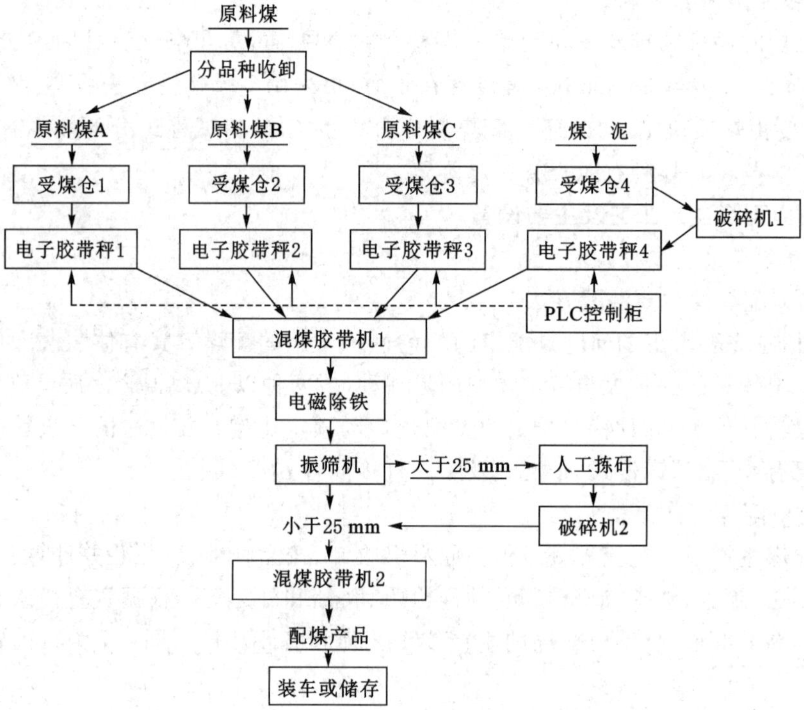

图 4-2　典型地面地下结合配煤工艺流程

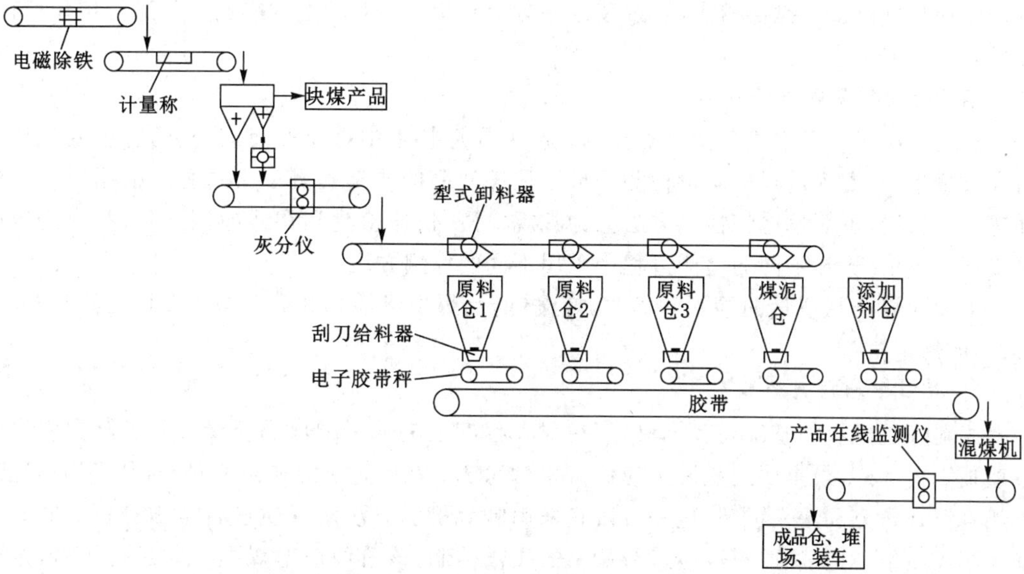

图 4-3　典型筒仓式配煤工艺流程

2. 动力配煤的主要设备

配煤生产中所需的主要大型设备有输送设备，取料设备，筛分设备，破碎设备，定量给料、计量设备及混煤设备。

(1) 输送设备

动力配煤生产中使用最广泛的输送设备是带式输送机，其具有输送能力较强、输送距离长、动力消耗低、结构简单、维护方便、工作平衡可靠等优点。带式输送机分固定式和移动式两种。

(2) 取料设备

根据动力配煤生产规模的大小，取料设备一般分为通用型设备和专用型设备两种。通用型设备有装载机、挖掘机、推土机、抓斗式取料机等，一般用于年生产能力 10 万 t 以下的动力配煤生产线；专用型设备有地笼式刮板机、滚笼取料机和斗轮式取料机等，是煤快速运出的高效率专用机械，一般都与固定带式输送机衔接。

(3) 筛分设备

动力配煤生产线上较常用的筛分设备有滚筒筛和振动筛等。滚筒筛适用于中、小型配煤生产线；在大型的动力配煤生产线上，宜采用振动筛，以加大筛分能力。

(4) 破碎设备

常用的破碎设备有颚式或锤式破碎机。颚式破碎机在动力配煤生产线中使用比较广泛，适应能力强。

(5) 定量给料、计量设备

给料一般分为振动给煤机和圆盘刮刀给料器两种。重量计量一般采用电子胶带秤，通过重量显示比例，调节胶带机的出料速度，使配料更加准确可靠。

(6) 混煤设备

为了使物料混配均匀，一般还应采用混煤机。双轴搅拌混煤机适用于粉煤一次搅拌，其工作原理是物料进入搅拌槽内，通过装在一对旋向相反的双轴上的螺旋叶片进行均匀搅拌，并进入下一道工序。

四、动力配煤质量控制

动力配煤场的煤炭质量检测和控制是动力配煤技术中重要的组成部分，它主要包括原料煤质量检测、配煤过程中质量检测和最终配煤产品的质量检测三个过程。根据分析方法和速度的快慢，可简单地将检测方法分为常规检测、快速检测和在线检测三种，配煤场应根据实际生产情况，在不同的检测过程中采用不同的检测方法。

动力配煤产品质量的检验和验收，应按《商品煤质量抽查和验收方法》(GB/T 18666—2014)的规定执行。

1. 原料煤的质量检测

原料煤是配煤的基础，其质量好坏在很大程度上决定了配煤的质量。除了解原料煤的各项技术指标外，最重要的是质量应保持相对稳定。在确定供煤矿点时，应对其煤质情况进行认真调查研究和深入了解，这一阶段宜采用常规检测方法对煤质进行全面分析。同时为确保配煤质量，对入场原料煤应进行严格的质量控制，该阶段应对煤质及时进行了解，主要采取快速检测方法对煤的水分、灰分和硫分进行快速检测。不论是煤的常规检测还是快速检测，所用设备均为一般煤炭化验室常用的煤质测试设备，如采(制)样机械、干燥箱、马弗炉、定硫仪、煤灰熔融性测定仪、量热仪等。

2. 配煤过程中的质量检测

对配煤过程进行质量检测的主要目的是及时了解配煤生产时的实际煤质情况，以便对不同煤的配入量及时做出必要的调整，对其技术要求是快速和准确，在这个过程中宜采取的是在线检测技术。在线检测技术的精度虽不如常规检测和快速检测方法，但对于控制生产过程的煤炭质量情况是十分及时的。目前大型动力配煤中采用的在线分析仪是双射线的 γ 灰分测定仪。随着市场对煤炭质量要求的不断提高，在线分析仪器的煤质测试内容正在不断扩大。

3. 配煤产品的质量检测

配煤产品的质量检测是配煤出厂前的最后检测，因测试结果与配煤的计价和使用直接相关，在技术上要求的是准确可靠，在检测方法上应该用常规的标准测试方法，以保证测试结果的准确性。常规检测方法所用的设备就是一般煤炭化验室通用的测试设备。

第二节　炼焦配煤技术

一、炼焦配煤的目的与意义

由于高炉焦和铸造焦等要求灰分低、含硫少、强度大、各向异性程度高，在室式炼焦条件下，单种煤炼焦很难满足上述要求，各国煤炭资源也无法满足单种煤炼焦的需求，因此必须采用配煤炼焦。

炼焦配煤是指将两种以上的单种煤料，按适当比例均匀配合，以制得满足不同用途所要求质量焦炭的过程。采用配煤炼焦，既可保证焦炭质量符合要求，又可合理利用煤炭资源，同时增加炼焦化学产品产量。配煤方案是焦化厂规划的重要组成部分，是焦化厂设计的基础，在确定配煤方案时，应遵循下列原则：

（1）配合煤性质与本厂煤预处理工艺及炼焦条件适应，焦炭质量按品种要求达到规定指标。

（2）符合本地区煤炭资源条件，有利于扩大炼焦煤资源。

（3）有利于增加炼焦化学产品产量；防止炭化室中煤料结焦过程产生的侧膨胀压力超过炉墙极限负荷，避免推焦困难。

（4）缩短煤源平均运距，便于调配车皮，避免煤车对流，在特殊情况下有一定调节余地。

（5）来煤数量稳定，质量均匀。

（6）在上述前提下，尽量降低生产成本，以期提高经济效益。

二、炼焦配煤质量指标

炼焦配煤原则、原料煤分类及评价、生产工艺和目标焦炭质量、装炉煤煤质、配煤方案、配煤炼焦实验、配煤方案实施等应遵循《炼焦配煤优化技术规范》（YB/T 4868—2020）。

炼焦原料煤和配煤质量检测指标包括煤的全水分、工业分析、全硫分、灰成分、黏结性（黏结指数、胶质层指数、奥阿膨胀度、吉氏流动度）、显微组分、镜质体反射率、小焦炉实验等。

1. 水分

配合煤水分应力求稳定，以利于焦炉加热制度稳定。因此来煤应避免直接进配煤槽，应在煤场堆放一定时间，通过沥水稳定水分。贮煤场应有雨季排水的条件，还可通过干燥稳定装炉煤的水分。

2. 细度

细度指配合煤中小于 3 mm 粒级占全部配合煤的质量百分率。一般条件下，室式炼焦的配合煤细度因装炉煤的工艺特征而定，常规炼焦（顶装煤）时为 72%～80%，配型煤炼焦时约 85%，捣固炼焦时为 90%以上。在此前提下，尽量减少小于 0.5 mm 的细粉含量，以减轻装炉时的烟尘逸散。

3. 灰分

配合煤灰分可按各单种煤灰分加和计算，也可直接测定。在炼焦过程中，煤的灰分全部转入焦炭，配合煤的灰分控制值可根据焦炭灰分要求按下式计算：

$$A_{煤}=KA_{焦} \tag{4-14}$$

式中　$A_{煤}$、$A_{焦}$——煤、焦炭的灰分，%；

K——全焦率，%。

计算出的配合煤灰分值系控制的上限，降低配合煤灰分有利于降低焦炭灰分，使高炉、化铁炉等焦耗降低，产量提高。一般而言，焦、肥洗精煤的灰分较高，而气煤洗精煤的灰分较低，采用配型煤炼焦、捣固炼焦、配沥青黏结剂炼焦等技术，可多用高挥发弱黏结低灰煤，是降低配合煤灰分的一条有效途径。

4. 硫分

配合煤硫分也可按单种煤硫分加和计算，也可直接测定。在炼焦过程中，煤中的一部分硫如硫酸盐和硫化铁转化为 FeS、CaS、Fe_nS_{n+1} 而残留在焦炭中（$S_{残}$），另一部分硫如有机硫则转化为气态硫化物，在流经高温焦炭层缝隙时，部分与焦炭反应生成复杂的硫碳复合物（$S_{复}$）而转入焦炭，其余部分则随煤气排出（$S_{气}$），随出炉煤气带出的硫量因煤中硫的存在形态及炼焦温度而异。

煤中硫分转入焦炭的百分率 $\Delta S=(S_{残}+S_{复})/S_{煤}=(S_{煤}-S_{气})/S_{煤}\times 100\%$，配合煤的硫分控制值可按焦炭硫分要求用下式计算：

$$S_{煤}=KS_{焦}/\Delta S \tag{4-15}$$

式中　$S_{煤}$、$S_{焦}$——煤、焦炭的硫分，%。

一般 $\Delta S=60\%\sim70\%$，当 $K=74\%\sim76\%$ 时，$S_{焦}/S_{煤}=80\%\sim93\%$，即室式炼焦条件下，焦炭中硫分为煤中硫分的 80%～93%，提高炼焦终温可使 ΔS 降低，故焦炭硫分将有所降低。

当煤源波动致使 ΔS 值波动时，若用户对焦炭硫分上限要求较严，可按简单的统计计算，考虑波动范围，确定配合煤的硫分上限。例如，某厂按生产数据用数理统计得 ΔS 的均值为 0.66，标准偏差 $\sigma=0.02$，$K=0.75$，若要求焦炭硫分<0.6%，则要求 99%以上的焦炭硫分合格的配合煤硫分上限值 $S_{煤,max}$ 为：

$$S_{煤,max}=KS_{焦}/(\Delta S+3\sigma)=(0.75\times0.6)/(0.66+3\times0.02)=0.625\%$$

5. 煤化度

目前常用的煤化度指标有干燥无灰基挥发分（V_{daf}）和镜质组平均最大反射率 $\bar{R}_{max}$。据大量测定，我国煤源在较宽的煤化度变化范围内二者有很好的线性关系，如中钢集团鞍山热能研究院有限公司对国内 148 种煤的 V_{daf} 和 $\bar{R}_{max}$ 进行测定，经回归分析，得出如下线性回归方程，即

$$\bar{R}_{max}=2.35-0.041V_{daf}（相关系数\ r=-0.947） \tag{4-16}$$

配合煤的挥发分可按各单种煤的挥发分加和计算，但配合煤在热解过程中，各单种煤的热解产物之间存在着相互作用，因此按加和计算的配合煤挥发分值与直接测定的配合煤挥发分值间会有一定差异。采用各单种煤的 $\bar{R}_{max}$ 按加和可计算出配合煤 $\bar{R}_{max}$，但没有考虑热解过程的影响，因此计算值与直接测定的配合煤 $\bar{R}_{max}$ 值之间会有一定差异。采用煤岩自动分析装置可测定镜质组反射率。由镜质组最大反射率 R_{max} 的分布曲线积分后就可得到 $\bar{R}_{max}$。

6. 黏结性

配合煤的黏结性指标是影响焦炭强度的重要因素，据塑性煤的成焦机理，配合煤中各单种煤的塑性温度区间应彼此衔接和依次重叠，在此基础上，室式炼焦配合煤的各黏结性指标的适宜范围大致为：以最大流动度 MF 为黏结性指标时，MF=70（或 100）～10^3 ddpm；以奥阿膨胀度 b 为黏结性指标时，$b\geqslant50\%$；以胶质层最大厚度 Y 为黏结性指标时，$Y=17\sim22$ mm；以黏结指数 G 为黏结性指标时，$G=58\sim72$。配合煤的黏结性指标一般不能用单种煤的黏结性指标加和计算。

7. 膨胀压力

单种煤的膨胀压力由多种因素决定，配合煤中各单种煤之间又存在相互作用，因此配合煤的膨胀压力不能以各单种煤的膨胀压力加和计算。配合煤的膨胀压力与黏结性指标之间没有发现有规律性的相互关系。添加惰性物时膨胀压力有所降低或基本不变，添加黏结剂或强黏结煤时，只能用实验测定配合煤的膨胀压力值，很难预测。

在配煤方案确定时，一是在常规炼焦配煤范围内，煤料的煤化度加深则膨胀压力增大；二是对同一煤料，增大堆密度，膨胀压力则相应增加。对配合煤膨胀压力的要求是：炭化室炉墙两侧的煤料膨胀压力差必须小于炉墙的极限负荷。带有活动墙的试验焦炉可以测出结焦过程的最大膨胀压力。

除上述配合煤质量指标以外，配合煤的镜质组最大反射率分布曲线和矿物质的组成也很关键。前者可用于控制混煤比例和弱黏煤利用情况，后者则对控制焦炭热性质有影响。

三、炼焦配煤原理

配煤原理是建立在煤的成焦机理基础上的，迄今为止煤的成焦机理可大致归纳为三类。

第一类是塑性成焦机理，是炼焦煤高温干馏时经胶质体阶段而转变成焦炭的一种假说。该机理认为由煤转变成焦炭的关键是胶质体的形成，不同烟煤由于胶质体的性质和数量不同，黏结的强弱也不同，并随气体析出数量和速度的差异，得到不同质量的焦炭。

第二类是表面结合成焦机理。该机理认为煤岩相组成的差异，决定煤粒有活性与非活性之分，由于煤粒之间的黏结是在其接触表面上进行的，则以活性组分为主的煤粒，相互间的黏结呈流动结合型，固化后不再存在粒子的原形；而以非活性组分为主的煤粒间的黏结则呈现接触结合型，固化后保留粒子的轮廓，从而决定最后形成的焦炭质量。

第三类是中间相成焦机理。该机理认为烟煤在热解过程中产生的各向同性胶质体中，随热解进行会形成由大的片状分子排列而成的聚合液晶，它是一种新的各向异性流动相态，称为中间相，成焦过程就是这种中间相在各向同性胶质体基体中的长大、融并和固化的过程，不同烟煤表现为不同的中间相发展深度，最后形成不同质量和不同光学组织的焦炭。

对应上述三种煤的成焦机理，派生出相应的三种配煤原理，即胶质层重叠原理、互换性配煤原理和共炭化原理。

1. 胶质层重叠原理

配煤炼焦时除了按加和方法根据单种煤的灰分、硫分控制配合煤的灰分、硫分以外，要求配合煤中各单种煤的胶质体的软化区间和温度间隔能较好搭接，这样就可使配合煤在炼焦过程中能在较大的温度范围内处于塑性状态，从而改善黏结过程，并保证焦炭的结构均匀。不同牌号炼焦煤的塑性温度区间如图 4-4 所示。各煤种的塑性温度区间不同，其中肥煤的开始软化温度最低，塑性温度区间最宽；瘦煤的固化温度最高，塑性温度区间最窄。气煤、1/3 焦煤、肥煤、焦煤、瘦煤适当配合可扩大配合煤的塑性温度范围。这种以多种煤互相搭配、胶质层彼此重叠的配煤原理，曾长期主导苏联和我国的炼焦煤配煤技术。

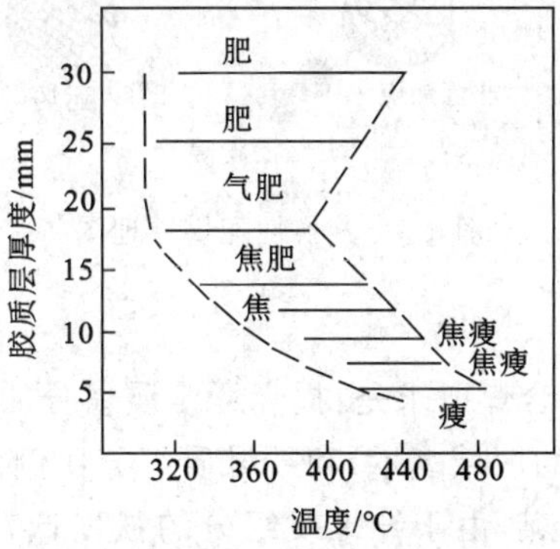

图 4-4　不同牌号炼焦煤的塑性温度区间

周师庸等曾以焦炭界面结合的情况对配煤的适应性进一步做了判断，认为各种煤的胶质体间实际上均有一定的重叠，但结合情况差异很大，以两种煤炼成的焦炭界面结合指数来判断结合的好坏。该指数可在偏反光显微镜下用块焦光片观察后按下式计算。

焦炭界面结合指数=界面结合长度/界面总长度(不包括气孔所占长度)×100%

不同煤化程度煤炼焦时的界面结合有五种结合类型:

(1) 低挥发分弱黏结煤与高挥发分弱黏结煤配合炼焦时,界面结合指数仅0%~2%,属完全不结合类型,各自呈单独炭化。

(2) 中挥发分强黏结煤相互配合炼焦时,界面全部结合。

(3) 高挥发分弱黏结煤与中挥发分强黏结煤配合炼焦时,界面大部分结合。

(4) 低挥发分弱黏结煤与中挥发分强黏结煤配合炼焦时,界面部分结合。

(5) 低挥发分弱黏结煤之间或高挥发分弱黏结煤之间配合炼焦时,界面结合很差。

因此,在配煤炼焦时,中挥发强黏结煤起重要作用,它可以与各类煤在结焦过程中良好结合。按胶质层重叠原理,中挥发分强黏结煤的胶质层温度间隔宽,可以搭接各类煤的胶质体,从而保证焦炭结构的均匀。因此配煤炼焦时,要以肥煤为基础煤。

2. 互换性配煤原理

根据煤岩学原理,煤的有机质可分为活性组分和非活性组分(惰性组分)两大类。评价炼焦配煤的指标,一是黏结组分(相当于活性组分)的数量,这标志着煤黏结能力的大小;二是纤维质组分(相当于非活性组分)的强度,它对焦炭的强度起决定性作用。煤的吡啶抽出物为黏结组分,残留部分为纤维质组分。将纤维质组分与一定量的沥青混合成型后干馏,所得到的焦块的最高耐压强度表示纤维质组分强度。要制得强度好的焦炭,配合煤的黏结组分和纤维质组分应有适宜的比例,而纤维质组分应有足够的强度。当配合煤性质达不到相应要求时,可以用添加黏结剂或瘦化剂的办法加以调整。图4-5所示为互换性配煤原理图。

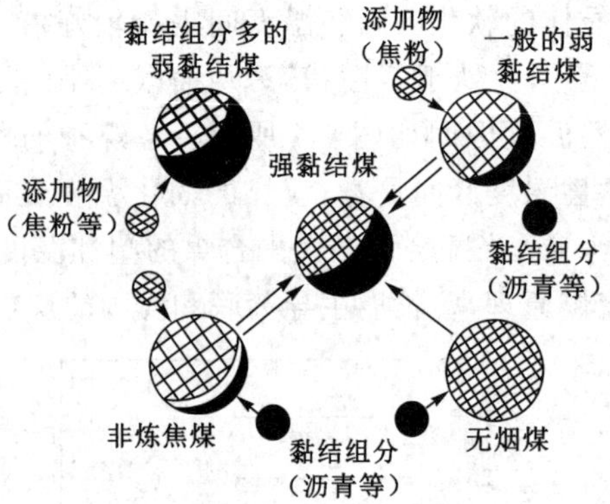

图4-5 互换性配煤原理图

由图4-5可形象地看出:

(1) 获得高强度焦炭的配合煤要求是:提高纤维质组分的强度(用线条的密度表示),并保持合适的黏结组分(用黑色的区域表示)和纤维质组分比例范围。

(2) 黏结组分多的弱黏结煤,由于纤维质组分的强度低,要得到强度高的焦炭,需要添加瘦化组分或焦粉之类的补强材料。

(3) 一般的弱黏结煤,不仅黏结组分少,且纤维质组分的强度低,需同时增加黏结组分(或添加黏结剂)和瘦化组分(或焦粉之类的补强材料),才能得到强度好的焦炭。

(4) 高挥发的非黏结煤,由于黏结组分更少,纤维质组分强度更低,应在添加黏结剂和补强材料的同时,对煤料加压成型,才能得到强度好的焦炭。

(5) 无烟煤或焦粉只有强度较高的纤维质组分,需在添加足够黏结性的前提下才能得到高强度的焦炭。

3. 共炭化原理

用不同配合煤料进行炼焦的过程,称为共炭化。随着配煤共炭化过程与焦炭光学结构关系理论研究的深入,共炭化理论在指导弱黏结煤用于炼焦配煤时,可为黏结剂的选择提供理论指导。通过在煤中加入黏结剂后进行炼焦,进而用该配煤炼焦对改善焦炭质量的效果评价黏结剂对煤的改质效果。经研究可以选用的黏结剂包括有机渣油、废旧塑料类、橡胶类、沥青类等。

共炭化产物与单独炭化相比,焦炭的光学性质有很大差异,合适的配合煤料在炭化时,由于塑性系统具有足够的流动性,使中间相有适宜的生长条件,或在各种煤料之间的界面上,或使整体煤料炭化后形成新的连续的光学各向异性焦炭组织,它不同于各单种煤单独炭化时的焦炭组织。例如,对不同性质的煤与各种沥青类物质进行的共炭化研究表明,沥青不仅作为黏结剂有助于煤的黏结性,而且可使煤的炭化性能发生变化,发展了碳化物的光学各向异性程度,这种对共炭过程的改进作用称为对煤的改质作用,这类有改质作用的黏结剂称为改质剂。改质剂对煤的改质效果不仅与改质剂的性质有关,也与煤的性质有关。

高煤化度、不熔融的无烟煤、贫煤或焦粉等与黏结剂的共炭化时,两类物质各自炭化,形成了明显的两相,这时黏结剂只起黏结作用,对煤没有改质效果;中等煤化度、熔融性好的煤与黏结剂共炭化时,可以形成均一的液相,所得焦炭出现新的、均一的光学组织,观察不到煤与改质剂单独炭化所呈现的光学组织,黏结剂有良好的改质作用;低煤化度但能熔融的煤(如气煤、1/3 焦煤) 与黏结剂共炭化时,能形成均一液相,半焦中有新的光学组织形成,黏结剂对煤也有较好的改质作用;低煤化度、不能熔融的煤(如长焰煤、不黏煤)与黏结剂共炭化时,一般很难观察到新的光学组织形成,改质作用不明显。显然,依据煤的煤化程度不同,可将煤的共炭化能力分为上述四种类型。以同种沥青考核不同煤化度煤改质前后所得焦炭光学组织指数的变化值 ΔOTI,可以评定煤的被改质活性。图 4-6 表明,沥青对煤的改质作用随煤化度提高先是略有增强,当煤的 $\bar{R}_{max} > 1.1\%$ 时(超过肥煤),煤化度进一步提高,改质作用明显下降。图中 $\Delta OTI = \sum \delta_i (OTI)_i$,$(OTI)_i$ 为不同光学组织的光学组织指数,δ_i 为煤单独炭化与加沥青共炭化比较所得焦炭不同光学组织数量的变化值。通常低挥发分煤加沥青改质后其光学组织的各向异性程度降低,高、中挥发分煤加沥青改质后焦炭的光学各向异性程度升高。沥青对无烟煤及煤中惰性成分基本无改质活性。

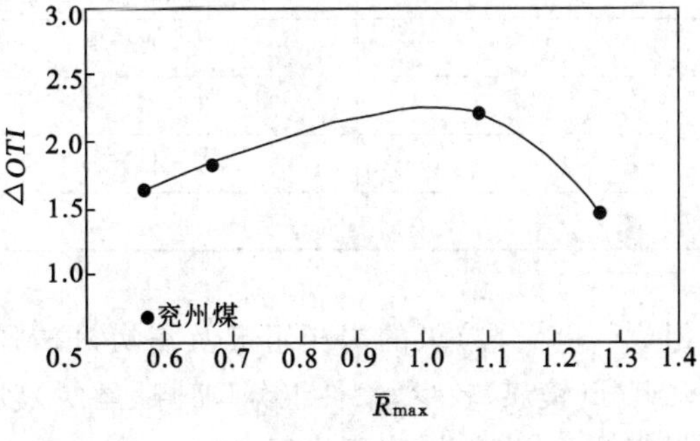

图 4-6 沥青改质作用与煤化度的关系

根据各种黏结剂的改质能力可将它们分为弱活性、活性和高活性三类。弱活性黏结剂只能使中等煤化度、熔融性好的煤改质，对低煤化度煤无明显的改质作用；活性黏结剂对低煤化度、熔融性好的煤有较强的改质作用；高活性黏结剂除不能改质无烟煤、焦粉外，对其他煤都有程度不同的改质作用。黏结剂经过轻度的加氢或 $AlCl_3$ 反应后，可明显提高改质能力，而经烷基化处理后，其改质能力却被削弱。

共炭化过程中，黏结剂改质机理主要表现为传氢机理，传递的活性氢的主要反应包括对煤热解时生成的游离基的加氢反应、与含氧官能团反应产生化合水的反应以及与含杂原子的多环芳烃反应使多环芳烃脱掉杂原子的反应等。

在共炭化过程中，沥青黏结剂就是氢的传递介质。沥青的供氢能力远高于煤，为煤的3～5倍；气煤的受氢能力远高于其供氢能力，而沥青的受氢能力可忽略不计。因此煤与沥青共炭化时，沥青对煤有传氢作用，两者的受氢能力差别越大，沥青对煤的改质活性越强；此外煤的受氢能力越大，共炭化时沥青对煤的改质活性也越强。供氢能力随煤化度增至中等挥发分的黏结煤，而受氢能力则逐渐减小，故低煤化度煤的受氢能力强而供氢能力弱，中等煤化度煤则相反。

四、炼焦用煤的粒度控制

煤的黏结性不仅取决于煤化度和岩相组成，也因煤粒子的大小以及整体煤料的粒度分布而异，因此必须调节各煤种的粒度和粒度分布，使之处于最佳状态。

1. 粒度控制原理

中等挥发分的强黏结煤(如焦煤、肥煤)可磨性指数较高，即易被粉碎。而高挥发分和低挥发分的弱黏结或不黏结煤的可磨性指数则依次减小。煤的岩相组成中则以镜煤更易碎，而暗煤较难碎。

按煤岩配煤原理，煤的岩相组成可分为活性组分和惰性组分，对于经过粉碎的煤粒，若主要由活性组分组成的称活性粒子，主要由惰性组分组成的称惰性粒子或非活性粒子。粒度减小，其膨胀度趋于减小。对粗、中、细粒度的气煤、肥煤、焦煤、瘦煤，分别测定其胶质层最大厚度 Y 值(表 4-1)，数据表明，对黏结性较好的肥煤和焦煤，粗粒度的 Y 值大于中、细粒度，黏结性较差的气煤和瘦煤则相反。

表 4-1　不同煤化度煤粒度与胶质层厚度的关系

煤种	胶质层厚度/mm		
	粗粒	中粒	细粒
气煤	11	12～13	11
肥煤	27	26～27	25～27
焦煤	16～17	14.5～15.5	14～14.5
瘦煤	0	0	5

对某种煤进行筛分组成、各筛分粒级的岩相组成及焦炭机械强度的测定结果(表 4-2)表明：① 粗粒部分的活性组分(镜煤)较少，惰性组分(暗煤、丝炭)较多；② 由惰性组分较多的粗粒部分得到的焦炭强度较差，将其粉碎至小于 6 mm，焦炭强度明显提高，但仍小于细粒级煤的焦炭强度；当过细粉碎至小于 0.3 mm，其焦炭强度又明显下降；③ 由活性组分较

多的细粒部分得到的焦炭强度较高，进一步过细粉碎至小于 0.3 mm，其焦炭强度略有提高。

表 4-2　某种煤各粒级的岩相组成和焦炭强度

粒度/mm	挥发分/%	煤岩相组成/%					焦炭强度 DI_{15}^{30}		
		镜煤	中间体	暗煤	丝炭	炭质页岩	原粒级	碎至<6 mm	碎至<0.3 mm
原煤	21.9	26.8	44.4	13.1	13.2	2.5	—	93.8	—
<20	19.8	9.5	46.9	17.6	24.4	1.6	78.8	92.4	84.2
20～10	20.0	9.1	55.6	13.5	20.1	1.7	74.2	94.1	86.8
10～6	20.8	13.8	55.8	12.7	15.5	2.2	79.6	93.5	88.7
6～3	20.5	17.4	55.1	13.7	11.4	2.4	84.6	93.9	91.6
3～1.5	20.8	20.5	51.2	6.0	20.0	2.3	92.3	—	93.8
1.5～0.6	21.9	38.1	23.5	12.8	23.8	1.8	94.3	—	95.9
0.6～0.3	22.6	50.9	32.5	6.2	8.4	2.0	94.3	—	95.0
<0.3	22.9	51.6	35.6	4.9	6.0	1.9	94.6	—	—

以上说明惰性组分较多时，粉碎有利于黏结，但过细粉碎由于惰性组分比表面积增大，活性组分被过度吸附，使胶质体减薄，反而不利于黏结。活性组分多的细粒部分，过细粉碎虽会降低黏结性，但由于同时降低了收缩阶段的内应力，减少了龟裂，故对焦炭强度仍有提高。

对气煤配比达 60%的配合煤，测定了各筛分粒级的黏结性（表 4-3）。数据表明粗粒级（>5 mm）和细粒级（<0.5 mm）煤的罗加指数和黏结指数均较低，可以认为，配合煤炼焦过程中黏结煤应充分发挥其活性粒子的黏结作用，弱黏结煤作为非活性粒子应承担松弛收缩作用，因此过细粉碎不仅降低黏结煤的活性粒子作用，而且增加了非活性粒子的比表面，两者均使煤料的黏结性降低，故必须控制煤料粒度的下限。粗粒部分多数为非活性组分，成为焦炭裂纹中心，不利于焦炭质量，故必须同时控制煤料粒度的上限。

表 4-3　某配合煤粒级性质

粒级/mm	筛分组成/%	工业分析/%			罗加指数/%	黏结指数/%
		A_d	M_t	V_{daf}		
>5	12.0	9.11	1.43	34.04	63	56.5
5～3	14.5	8.77	1.23	33.89	66	60
3～2	12.6	8.84	1.98	33.26	68	62
2～1	8.4	—	—	—	70	65
1～0.5	14.6	8.82	1.41	31.92	71	66
<0.5	38.1	12.04	2.13	33.06	66	59

2. 装炉煤的粒度控制

装炉煤的粉碎粒度分布最优化是选择适当粉碎工艺的基础，结合以上对煤粉碎性和筛分粒级性质的分析，为实现粒度分布最优化应遵循以下原则：

(1) 装炉煤的细粒化和均匀化。即从整体而言，装炉煤的大部分粒度应小于 3 mm，以保证各组分间混合均匀，使不同组分的煤粒子在炼焦过程中相互作用，相互充填间隙，相互结合，以确保得到结构均匀的焦炭。

(2) 装炉煤的粉碎。装炉煤中黏结性好的煤和活性组分粗粉碎，以防黏结性降低；黏结性差的煤和惰性组分细粉碎，以减少裂纹中心。装炉煤过细粉碎，不仅增加颗粒比表面，使热解生成的液相产物不足以润湿颗粒表面；而且较小的颗粒热解时，颗粒内部产生的气相产物容易分解析出，使气相中的游离氢没有充分时间与热解生成的大分子自由基作用，减少了中等分子液相产物的生成率。

(3) 控制装炉煤粒度的上、下限。一般粒度下限为 0.5 mm，粒度上限因装炉煤堆密度而异。对任意堆密度的煤，均有一个焦炭强度最高的最佳粒度上限，该上限随堆密度提高而降低。在一般散装煤的堆密度(0.75 t/m^3)条件下，若仅控制细度(<3 mm 的含量)为 85%，所得焦炭强度(DI_{15}^{150})比控制粒度上限为 5 mm 时要低 2.5%。对于堆密度为 0.9 t/m^3 的捣固煤料其最佳粒度上限应为 3 mm。

(4) 装炉煤粒度分布的堆密度最大原则。装炉煤中各粒级的含量分布应保证大、中、小煤粒间能相互填满空隙，提高装炉煤堆密度，改善煤料黏结性。在一定的最大平均粒度 $(D_p)_{max}$ 与最小平均粒度 $(D_P)_{min}$ 比的条件下，在任意粒度比情况下，均有一个大颗粒含量的适当值时，可获得最小空隙率，即较大的堆密度。随该粒度比增大，即粒度分布加宽，堆密度增大。

第三节　型煤生产技术

型煤生产技术作为我国洁净煤技术的优先发展领域之一，多年来一直受到国家的鼓励和支持，对我国煤炭高效利用起到了非常重要的作用，同时也为实现我国大气污染控制目标做出了积极贡献。

与使用原煤相比，粉煤成型后使用具有多方面的优点：① 可以提高炉窑效率 5%～13%，从而节约煤炭 7%～15%；② 可以减少粉尘排放量 30%～60%，从而降低大气中粉尘颗粒物浓度；③ 使用固硫添加剂的型煤，可以降低 SO_2 排放量 20%～50%，从而在一定程度上遏制酸雨的危害；④ 使燃煤的其他有害物排放降低。

因此，粉煤成型制型煤是一种比较清洁的煤炭利用方式。鉴于我国以煤为主的能源结构在今后一段时期内仍将长期保持，因此型煤生产技术必将在我国节能与环保事业中继续发挥重要作用。

一、型煤的定义与分类

型煤是指按照一定粒度要求，将一种或几种煤粉在有或无黏结剂存在的条件下，经一定压力作用，加工制成具有一定外形和物理化学性质的煤炭制品。

经过多年发展，型煤功能和用途不断扩宽和完善，型煤种类随之拓展和增加。到目前为止，型煤种类已超过几十种。

1. 按成型工艺的温度分类

按照成型工艺的温度，通常将型煤分为冷压法型煤和热压法型煤，如图 4-7 所示。

- 型煤
  - 冷压法型煤
    - 按有无黏结剂分
      - 有黏结剂型煤
      - 无黏结剂型煤
    - 按有无后处理工艺分
      - 碳酸化型煤
      - 普通冷压法型煤
  - 热压法型煤
    - 按配煤分
      - 强配黏结性煤或焦粉的配煤型煤
      - 单种孔弱黏（不黏）烟煤型煤
    - 按有无后处理工艺分
      - 气体热载体加热法型煤
      - 固定热载体加热法型煤

图 4-7　型煤按成型工艺的分类

2. 按型煤的外形分类

由于使用目的和成型模具不同，型煤可以有不同的外形。为此，可以按照外形不同，对型煤进行分类，如球状、卵形、柱状、棒状、蜂窝状型煤等。

3. 按应用领域分类

按应用领域通常将型煤分为工业型煤和民用型煤，如图 4-8 所示。

- 型煤
  - 工业型煤
    - 工业锅炉用型煤
    - 蒸汽机车用型煤
    - 煤气发生炉用型煤（包括化肥造气）
    - 工业窑炉用型煤
    - 型焦用型煤
    - 炼焦配用型煤
  - 民用型煤
    - 蜂窝煤
      - 上点火蜂窝煤
      - 普通蜂窝煤
      - 航空型煤
      - 烧烤方形炭
    - 煤球
      - 民用炊事、取暖煤球
      - 火锅煤球
      - 烧烤煤球
      - 手炉、壁炉取暖煤球

图 4-8　型煤按应用领域的分类

二、粉煤成型机理

1. 煤炭无黏结剂成型机理

关于煤炭无黏结剂成型的机理有多种说法，如沥青质假说、腐殖酸假说、毛细孔假说、胶体假说、分子黏合假说等。

(1) 沥青质假说

该假说认为煤中的沥青质是引起煤颗粒间黏结成型的主要物质，其软化点一般为 70～

80 ℃。也就是说，煤在加压成型过程中，由于煤粒间相对位移，随着颗粒间彼此相互挤压、摩擦而产生热量，煤中的沥青质软化成为具有黏结性的塑性物质，从而将煤粒黏结在一起，进而在外力作用下变成型煤。

(2) 腐殖酸假说

该假说认为年轻煤中含有一些游离的腐殖酸类物质，它们作为一种胶体，具有较强的极性，成型过程中，它们会在外力作用下使煤粒间更加紧密接触，从而促使煤粉成型。

(3) 毛细孔假说

该假说认为年轻煤中含有大量的毛细孔，成型时毛细孔会被压溃，其中的水分被挤出，覆盖于煤粒表面形成水膜，进而充填煤粒间的空隙，呈现出相互作用的分子间力，以促进煤粒接触，并进一步促使煤粒成型。

(4) 胶体假说

该假说认为年轻煤由固相和类液相两部分组成，固相由许多微米级胶质腐殖酸颗粒组成，成型过程中由于胶粒密集而产生聚集力，促使煤粒加工成型煤。

(5) 分子黏合假说

该假说认为在压力作用下，煤粒间由于紧密接触而出现分子间黏合现象，配合外力作用促使煤粒成型。

2. 粉煤的黏结剂成型机理

粉煤的黏结剂成型是指粉煤与外加黏结剂充分混合后，在一定的外力作用下压制成型的过程，该工艺适宜于多种煤的成型。研究粉煤的黏结剂成型机理，重点是探讨煤与黏结剂以及它们与外力之间的相互作用，即黏结剂的类型、用量以及其与煤粒间的作用方式、作用力类型和大小等。

研究粉煤的黏结剂成型机理，有助于开发适宜的型煤黏结剂，选择合适的成型方式和成型机械，从而促进型煤加工技术进步。研究结果表明，型煤内煤粒之间、煤粒与黏结剂之间的作用力十分复杂，有机械力、物理力、化学力以及物理化学力等，搞清成型机理的前提是研究这些作用力及其作用方式。

(1) 表面化学作用-浸(润)湿与桥接

型煤黏结剂要对煤粒产生黏合力，首先必须使煤粒很好地湿润，达到黏结剂分子和煤的真正接触，并为它们之间产生机械结合和物理化学结合创造条件，因此涉及热力学作用和表面化学作用。

热力学和表面化学原理认为，表面张力小的物质能很好地湿润表面张力大的物质。据此可以认为，在黏结剂中加入适量的表面活性剂，可以降低黏结剂的表面张力，提高其对煤粒的表面湿润能力，从而为更好地形成机械结合和物理化学结合创造条件。对于那些疏水性的黏结剂(表面张力较大)，可以首先把煤粒干燥，使煤粒的表面张力增大，这样两者才可以很好地接触。

粉煤在湿态下被压制成型的原因还在于煤粒间存在着一定的黏合性。煤粒在破碎加工过程中，其中的一些表面被破坏，或者“桥接”，甚至晶格发生断裂，形成一些不稳定的中间产物，从而使煤粒表面呈现微弱的负电性质。这时，极性水分子容易被煤粒吸附形成水化膜，以及由于水化形成凝胶体。黏结剂的亲水端极易与煤粒表面的水化膜作用而被润湿和“桥接”，并进一步在外力作用下成型。除了煤的含水量影响煤粒与黏结剂间的浸湿与黏合外，黏结剂的组成、性质也会影响煤的润湿和成型过程。其中黏结剂对煤粒的润湿程度可用接触角、黏结功表示，接触角越小、黏结功越大，润湿程度也越大。成型前的黏结剂应呈塑性状态并具有良好的扩展性，成型后型煤内黏结剂则要尽快固化，形成能够承受机械力作用的骨架结构，以使型煤具有足够高的强度。

(2) 机械结合力与物理化学结合力

煤粒为黏结剂所湿润仅为产生黏合创造了必要条件。要使煤粒与黏结剂之间产生机械和物理化学结合，必须使它们之间的距离小到一定程度(一般在 1 nm 以下)，这通常需要借助黏结剂分子间的质量传递——移动、扩散和渗透来完成。

根据传质理论，温度及外界压力能促使黏结剂分子的移动、扩散和渗透。据此，在研究某一具体的黏结剂时，可以适当考虑一下外部的温度和压力等条件，促使其移动、扩散和渗透，进而利于成型。型煤对辊成型机就是基于这一考虑设计的。

煤粒和黏结剂之间除了润湿、传质、黏合等过程外，还存在着复杂的机械作用和物理化学作用。在外力作用下，随着煤粒的水化膜被逐渐压缩变薄，液膜水的表面张力逐渐增大，煤粒受力彼此靠近，煤分子间的范德瓦耳斯力增大，直至液膜的水分蒸干，煤分子间的范德瓦耳斯力达到最大。随煤粒间靠近，其间的摩擦阻力增大，煤粒彼此镶嵌产生较大的“机械绞合力”。施加外力，就是需要克服这些作用力，促使煤粒成型。

(3) 表面作用力

立足于表面化学的观点，低温固结是黏结剂与煤粒间黏附力和内聚力共同作用的结果。其中黏附力是指黏结剂与煤粒之间的作用力，内聚力则是指黏结剂或煤粒本身分子间的吸引力。黏附力的大小受物料颗粒的表面形状、粗糙度、润湿性、粒度等因素影响。内聚力既与分子间的作用力(范德瓦耳斯力)、颗粒表面凹凸不平而产生的机械连接力有关，也与静电引力、化学键力有关。

(4) 黏结剂与被黏合物之间的黏合理论

黏结剂与被黏合物之间的结合力是机械结合和物理化学结合的综合结果。对煤粒这样的非极性多孔材料来说，机械结合力常常会起到决定性的作用。煤与黏结剂的机械结合力，是黏结剂渗入煤粒孔隙内部固化后，在孔隙中产生机械键合的结果。根据上述理论，可以认为在研究型煤黏结剂时，要更多地注意煤与黏结剂的机械结合力，而黏结剂的固化往往是产生机械结合力的必要条件，因此对型煤的固化工艺必须有足够的重视。

三、粉煤成型影响因素分析

粉煤成型的主要影响因素有成型压力、煤粉粒度、成型水分等。

1. 成型压力

在冷压成型过程中，随成型压力增大，原料的塑性和弹性在不断发生变化。成型初期，物料的可塑性大，塑性明显大于弹性。在外压力作用下，成型物料被不断压实，物料颗粒重新进行排列组合，部分颗粒又被重新造粒。当物料被压缩到一定密度时，物料的界面间与黏结剂的作用力及分子间的亲和作用力最大，这时型煤的强度达到最大。当物料继续受压时，物料的可塑性变小，而弹性增大，这时其强度变化不再明显。

成型压力过大，超过原料的压溃压力时，高压会破坏煤粒的内部结构，而且成型后的型煤会发生反弹现象，使型煤产生裂缝，降低了型煤的强度和防水性。一般情况辊式成型机的设计压力达不到型煤的压溃力。另外成型压力提高，型煤强度提高，在一定程度上影响了型煤的燃烧特性，而且型煤的单位功耗提高，增加了型煤的成本。

型煤的强度并不是越高越好，只要强度能满足运输贮存要求就可以。

2. 煤粉粒度

成型物料粒度大小与粒度级配分布对型煤强度及成型率有着重要的影响。型煤成型原料的粒度要求低于 3 mm，1 mm 以下的含量不低于 75%。在生产过程中，大颗粒在成型过程中的破碎会对型煤成型有不利影响，而过细过粗的粉煤不仅会增加动力消耗，而且也会增加黏结剂用量，使其灰分增大，固定碳含量低，影响产品的最终质量。

确定物料粒度及组成时首先应该保证物料颗粒紧密排列，颗粒之间尽可能少地留有空隙，以提高型煤的机械强度；采用黏结剂成型工艺时，应使物料的总表面积最小和粒子间的总空隙最小，增大颗粒之间的机械啮合力，这样可以减少黏结剂用量，提高生产效率的同时也降低型煤的生产成本。

研究认为，成型原料中大粒度影响型煤质量的原因是成型过程大颗粒物料的二次破碎。其影响机理为黏结剂无法在成型瞬间进入这些新增表面，致使这些新增表面之间在无黏结剂的条件下成型，造成型煤质量的不均匀与型煤抗压强度的降低。成型原料粒度过细影响型煤质量的主要原因是成型原料混合时的造粒现象。粒度过细既不利于黏结剂与物料的混合，增加能耗，也不利于型煤质量的稳定，科学、合理的原料粒度组成能够提高型煤的质量。

3. 成型水分

型煤成型水分是影响型煤成型后强度的重要因素。对于无机黏结剂，在型煤成型后的养生过程会发生水化反应，形成网络状晶体，将煤粒彼此黏结在一起。若成型水分过低会减缓黏结剂的水化结晶过程，延长型煤固化时间。有机黏结剂都是高分子聚合物，长链高分子聚合体在煤粒表面伸展开，其末端的基团附着在煤粒表面，使之形成网络，成型水分低有助于分子基团与煤粒表面的接触，水分过高，不但影响有机黏结剂的作用过程，而且在成型过程中会出现出水现象，使部分有机黏结剂流失，导致型煤脱膜困难，降低了型煤的产率。在同样成型水分条件下，原始水分低的原料煤，其成型后型煤的强度相对较高，这主要是煤粒表面的水化膜影响了黏结剂与煤粒作用的结果。

如果采用亲水性黏结剂成型，适量水分会预先润湿煤粒表面，使煤粒之间易于移动，从而有利于煤粒间相互黏结。但水分过多，受压可能出现出水现象，从而使黏结剂的效果变差。对于大多数煤种，比较适宜的成型水分一般为 10%～15%，添加量也因煤种的不同而有差别。如果采用疏水性黏结剂成型，则应控制水分的加入量，防止水分影响黏结剂的效果，故此时一般控制物料的水分在 4%以下。

此外，煤种和煤质特征、黏结剂种类和用量、成型模具等因素也会影响型煤质量。

四、型煤黏结剂

黏结剂是制备型煤的关键因素之一，因此是粉煤成型必不可少的组分。黏结剂选择是否恰当，直接决定着型煤的成本和质量。为此，型煤黏结剂一直是型煤生产技术开发的重点和关键技术之一。特别是随着环保标准以及用户要求的日益提高，对型煤黏结剂提出了更高的要求。不仅要求黏结剂起到黏结作用，而且要求黏结剂能够具有固硫、固硝、助燃、氧化、改善型煤反应活性和燃尽特性的作用，同时能够提高型煤的强度和耐水性能等。

1. 对型煤黏结剂的质量要求

(1) 使用黏结剂成型制成的型煤要有一定的机械强度，包括耐碎强度、抗压强度，特别是具有一定的初始强度。对于气化型煤来说，型煤还必须要有一定的热稳定性和热强度。

(2) 黏结剂成型后，型煤必须要有足够的防潮和耐水性能。

(3) 黏结剂的性能要不影响型煤的使用效果，如燃用型煤不影响燃烧性能，气化型煤不影响气化效果、煤气质量及炉况操作条件等。

(4) 黏结剂的成灰率不宜过大，以免影响型煤的发热量。

(5) 黏结剂必须易于加工制备，而且选择黏结剂必须考虑型煤后处理工艺要简单易行。

(6) 型煤黏结剂不应产生二次污染。

2. 黏结剂的选择原则

(1) 型煤黏结剂要求能够就地选材、就近加工，以便尽可能减少运输费用。

(2) 基于成型煤种和煤质（"煤性"），以及根据所要加工的型煤类型和质量要求，选用合适的黏结剂，特别是应该尽可能做到黏结剂的性能和"煤性"统一。

(3) 黏结剂的生产工艺应考虑到所使用的原料和性质。

(4) 价格合理，尽量降低成本。

3. 常见的型煤黏结剂

常见的型煤黏结剂可分为有机黏结剂、无机黏结剂、复合黏结剂、工农业废物黏结剂等四大类，见表 4-4 所示。目前已开发和使用的黏结剂有 20 多个系列。

表 4-4　常见的型煤黏结剂

有机黏结剂	无机黏结剂	复合黏结剂	工农业废物黏结剂
亲水型：腐殖酸、盐碱溶液、榆树粉（黄胶）、甘油渣 疏水型：松香、石蜡等以及沥青类、焦油类、107 胶等	不溶型：黏土（黄土、红土、白土等）、膨润土、白灰、白碱土、工业废料（盐泥、废陶土）等 水溶型：水玻璃等	黏土-纸浆废液、淀粉-烧碱（或消石灰）、麦秸-石灰、废陶土-甘油渣等	亲水型：纸浆废液、制糖废液、制革废液、酿酒废液、糖醛渣废液等 疏水型：动物血浆、矿物的废油、石油残渣、废树脂

有机黏结剂包括焦油、沥青、淀粉、腐殖酸、木质素、磺酸盐、高分子聚合物。其特点是黏结能力强，制取的型煤冷态强度高，但高温时易分解燃烧，缺少成焦成分，因此对型煤热性能的作用不太强。

无机黏结剂包括黏土、石灰、水玻璃、石膏、水泥、氯化钠等。其特点是价格低廉，具有一定的黏结强度，且内含碱金属、碱土金属、碳酸盐或氧化物、氢氧化物等成分，这些可以和煤中的硫反应，起到固硫作用，减少二氧化硫排放，但可使型煤的灰分增加、发热量降低，防潮、防水性能较差。

复合黏结剂是有机组分和无机组分复合而成的黏结剂，常见的如黏土-纸浆废液、淀粉-烧碱、麦秸-石灰等。工农业废物绝大多数为有机化合物或以有机化合物为主体，因此，工农业废物黏结剂来源较广，不增加型煤的灰分，而且有较高的发热量，生产出的型煤燃点低，燃烧不结渣。常用的如各种秸秆、纸浆废液、制糖废液、制革废液、酿酒废液、糠醛渣废液、电石渣、动物血浆、活性污泥等。

以上各种黏结剂分别具有各自特点，工业上经常将它们配合使用，使各自取长补短、互相补充，从而提高型煤的质量。为此，目前各国都在致力于复合黏结剂的开发和研究。

五、型煤生产工艺

型煤生产工艺随原料煤的性质、型煤用途、成型方式等会有所不同，但是总体上说主要有两类，即冷压成型和热压成型。冷压成型是指配料在低于100 ℃的温度下进行的成型，包括无黏结剂成型和黏结剂成型两种工艺。热压成型是将型煤配合料在快速加热的情况下大量形成胶质体，以所形成的胶质体作为黏结剂，加之塑性变形使煤成型的工艺过程。型煤生产设备主要有破碎机、筛分设备、给料机、搅拌设备、轮碾机、成型机、烘干设备等。

1. 冷压成型工艺

(1) 黏结剂冷压成型工艺

黏结剂冷压成型工艺是在使用黏结剂情况下进行的成型工艺，主要包括原煤破碎、筛分分级、配料计量、添加黏结剂、混合均化、搅拌、成型、干燥、检测、入库等，如图4-9所示。在黏结剂冷压成型工艺中，还有一种球团法成型，即在黏结剂和水的作用下，型煤配合料无须加压力，在圆盘式或滚筒式球团成型机中滚动成型，成型产品是球团。

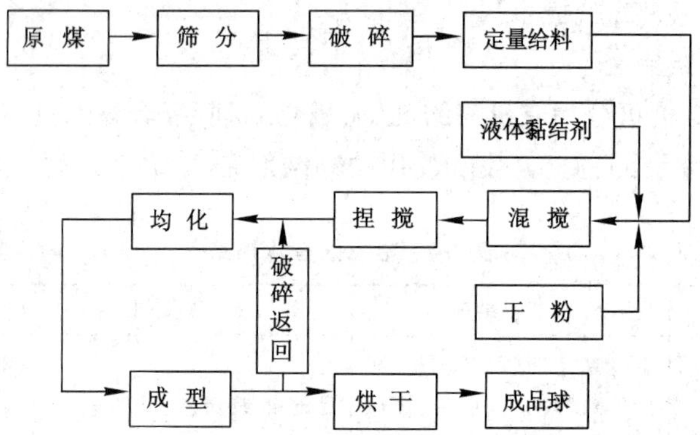

图4-9 黏结剂冷压成型典型工艺流程

(2) 无黏结剂冷压成型工艺

无黏结剂冷压成型工艺是不使用黏结剂的成型工艺，按成型压力大小可以进一步分为低压成型、中压成型和高压成型。成型压力小于50 MPa时的成型叫低压成型，主要用于生产无烟煤棒作为合成氨原料，也用于碳质页岩等的成型。成型压力在50～100 MPa时的成型叫中压成型，主要用于无烟煤和泥炭、褐煤等的配煤成型。高压成型的压力一般在100 MPa以上，主要用于褐煤等低变质煤种的成型。

褐煤的无黏结剂冷压成型一般包括干燥、原煤破碎分级、成型、冷却、检测、储存等工艺。

2. 热压成型工艺

因为能形成胶质体的煤种多是中变质烟煤，所以热压成型方法多用于型焦生产过程中。典型的热压成型工艺如新日铁和住友型焦工艺，其中新日铁工艺的特点是将30%的煤料与沥青质混合，在混炼机中用蒸汽加热、搅拌后成型；住友型焦工艺的特点是将一部分入炉煤与非黏结剂同减压残油或热裂解沥青一起破碎、混匀后，在蒸汽加热的混炼机中混合并成型。

3. 气化型煤的成型工艺

气化型煤的成型工艺与工业型煤的成型工艺基本相似，只不过气化型煤除了促使本来不适合于气化的粉煤、煤泥能够进入气化过程，扩大造气煤种以外，还必须保证型煤在高温条件下，具有较高的热强度和热稳定性。因此，气化型煤对黏结剂的要求更高，成型条件的要求也更高。

六、型煤烘干

烘干也是型煤生产的重要环节之一，直接关系到型煤产品的成品率和质量。成型后若不能很快烘干，既影响型煤强度和其他相关质量指标，又影响型煤产量，尤其是在雨季和多雨地区，烘干更是型煤生产必不可少的工艺之一。

1. 型煤烘干方式

干燥设备按操作方式可以分为：间歇常压式干燥、间歇减压式干燥、连续常压式干燥、连续减压式干燥。

2. 型煤干燥对设备的基本要求及常用型煤烘干设备

型煤干燥对设备要求主要包括：① 操作稳定、连续运行；② 温度易于方便调节；③ 干燥时间可以方便调节；④ 热能利用效率较高、燃料消耗较少、动力消耗较低；⑤ 安全可靠、容易维护。此外，还要求干燥设备的污染排放达标，自动化水平较高。

目前常见的型煤烘干设备主要有：隧道翻板式烘干窑、隧道小车式烘干窑和立式烘干窑等。隧道翻板式烘干窑的特点是生产能力较高，但是存在着配风难以调节、操作人员对技术的要求较高、烘干时容易引起型煤着火等问题。隧道小车式烘干窑产量较低、用人较少、技术比较落后。立式烘干窑的特点是投资较少、占地面积较小、机械磨损较低、维修费用较低、热效率较高，是比较理想的型煤烘干窑。

3. 影响型煤干燥的因素

影响型煤干燥的因素主要有干燥温度、干燥速率、干燥介质、设备的传热状况等。

(1) 干燥温度

型煤的干燥温度一般应低于煤的燃点，而煤的燃点随煤种和煤质而变化，一般在 350～580 ℃之间。但是，由于热能聚积，加之水分蒸发等因素，型煤在低于燃点的温度下停留一定时间后，仍然有可能发生自燃。根据实验和生产经验得出，当干燥温度超过 250 ℃时，停留时间过长就会导致型煤自燃。此外，干燥设备内部的运动部件大多数由钢材制成，钢材在 200 ℃左右时的强度最高。因此，型煤干燥温度通常选择在 180～220 ℃之间。

(2) 干燥速率

当热空气的温度、湿度、速度以及与型煤接触情况不变时，为了确定合适的停留时间，首先有必要确定物料的干燥速率。干燥速率是指单位时间内每单位干燥面积上被干燥物料所能汽化的水分量，干燥所需的时间与干燥速率成反比。

思　考　题

1. 简述动力配煤的目的和意义。
2. 分析动力配煤产品质量指标的实用意义。
3. 简述动力配煤原理。
4. 简述动力配煤工艺及主要设备。
5. 简述炼焦配煤的目的和意义。

6. 论述炼焦配煤原理，并简要讨论煤或改质剂的供氢及受氢能力的测定方法。

7. 炼焦配煤为何要进行粒度控制？如何控制？

8. 简述炼焦配煤工艺及其特点。

9. 分析粉煤成型机理及影响型煤性能的因素。

10. 简述不同型煤的生产工艺及其特点。

第五章　煤炭分选及超纯煤制备技术

煤炭在形成过程中会混入了各种矿物杂质，在开采过程中又不可避免地混入了顶板和底板的岩石及其他杂质。煤炭分选的主要任务就是除去原煤中的杂质，降低煤炭的灰分和硫分，提高原煤质量，从而有效改善煤炭产品质量，优化煤炭产品结构，适应用户需要。煤炭分选加工是煤炭提质的有效技术途径，是“节能减排”、保护环境的重大技术举措。

第一节　概　　述

一、选煤的作用

无论是动力用煤，还是化工用煤或民用煤，煤中的灰分和硫分都是十分有害的。煤炭燃烧时，其中的绝大部分矿物质不仅不产生热量，反而还要吸收部分热量后随炉灰排出。就动力煤而言，灰分每增加 1%，会多消耗 2%～2.5%的煤炭，就炼焦煤而言，灰分每降低 1%，相应炼出焦炭的灰分将降低 1.33%左右，对于后续的炼铁过程，焦炭灰分每降低 1%，高炉的焦炭消耗量可节约 1.7%～2.0%，同时还将少用 4%的石灰石，这样，高炉可多装一些铁矿石，生铁产量提高约 2.2%。

煤炭中的无机硫、有机硫危害极大，在燃烧过程中会转化为 SO_2、SO_3、H_2S 等酸性气体，严重污染大气。一般煤炭的含硫量越高，SO_2 生成量也越高，每分选 1 亿 t 原煤，一般可减少燃煤排放 SO_2 量 100 万～150 万 t。

我国煤炭资源的 90%以上赋存在长江以北，北煤南运、西煤东运的局面将长期存在。不加分选，直接运输含有大量有害矸石的原煤，会造成运力和运费的极大浪费。通过分选加工可以除去煤炭中大量的矸石，从而有效节约运力，减轻运输部门负担。

因此，选煤是一项经济有效的清洁煤生产技术，是洁净煤技术的源头技术，具有重大的社会经济意义。煤炭入选率的高低已成为煤炭工业现代化水平的重要标志之一。

二、选煤方法及依据

现代的选煤方法主要是机械化选煤，是依据煤与矸石在密度、硬度、表面润湿性及电磁性质等物理性质和物理化学性质方面的差异，在一定的分选机械中进行分离，并经过一系列辅助作业，最终获得各种质量规格的煤炭产品。选煤方法有多种，如图 5-1 所示。

重选是应用最广的选煤方法，尤以湿法重选最为常见。在湿法重选中，跳汰选出现最早，且至今仍为主要选煤方法之一，适宜于处理易选及中等可选的煤炭；重介质选是分选效率最高的选煤方法，已广为应用，适用于处理难选、极难选煤；重介质旋流器适于处理 0.5～13 mm 粒级的末煤，但近年来有将给料粒度扩大到 150 mm 的实例；浮选适于处理<0.5 mm 的煤泥。在重选和浮选之间，可用水介质旋流器、螺旋分选机、干扰床分选机或摇床搭接，处理 0.5～2 mm 粒级的粗煤泥。

- 选煤方法
  - 湿法
    - 重选
      - 跳汰选
        - 定筛跳汰
        - 动筛跳汰
      - 重介质选
      - 自生介质选
      - 斜槽选
      - 溜槽选
      - 摇床选
      - 滚筒选
    - 离心力选
      - 重介质旋流器选
      - 水介质旋流器选
      - 螺旋溜槽选
    - 浮选
    - 特殊选（如油团选、高梯度磁选等）
  - 干法
    - 手选
    - 风选
    - 选择性破碎选
    - 空气重介质流化床选
    - 特殊选（如电选、弹力选、放射线选等）

图 5-1　选煤方法分类

在干法选煤方面，近年来射线识别技术在块煤分选中得到快速普及及应用。复合式干法分选技术在 80～0 mm 粒级原煤分选中也得到一定的推广。

三、选煤工艺流程

入选原煤分选效果好坏，除与原煤煤质特性、设备结构性能、操作制度有关外，在很大程度上，还取决于选煤工艺流程。最佳的工艺流程，一方面要能满足选煤技术上的要求，另一方面要能获得最大的经济效益。制定选煤工艺流程在技术上的主要依据是：原料的工艺性质；用户对产品的质量要求；设备自身的性能等。

选煤厂对原煤的加工处理大致可分为原煤准备、分选和产品处理三个作业。其中原煤准备作业是对原煤进行筛分、破碎、拣矸等环节，为分选作业准备好粒度适当的原煤；分选作业是使用各种分选设备将煤和矸石等矿物杂质分离；产品处理作业主要是对选后的各类产物进行脱水、浓缩、过滤、压滤和干燥等。

按照选后精煤的供应对象，选煤厂可分为炼焦煤选煤厂、动力煤选煤厂和无烟煤选煤厂等类型。由于煤质、煤种、厂型、市场、环境和历史等原因，我国选煤厂现行工艺主要是：＞0.5 mm（或者＞0.25 mm）粒级煤一般采用重介质选、跳汰选或跳汰重介质联合选；＜0.5 mm（或者＜0.25 mm）粒级煤一般采用浮选，还有一些选煤厂粗煤泥（1.5～0.25mm）单独分选。特大块煤一般采用手选、动筛选、重介浅槽分选及射线识别分选。图 5-2 是一种典型的炼焦煤（或无烟煤）选煤工艺。

近年来，随着细粒煤筛分技术的发展和分级效率的提高，在原煤特别是末煤灰分不高的情况下，很多动力煤选煤厂开始进行原煤脱粉入选工艺设计或改造。即筛分后的细粒煤直接作为产品煤或者配煤销售，这样避免了细粒煤水洗后水分的增加对发热量的影响，也减小了后续煤泥水处理系统的压力。

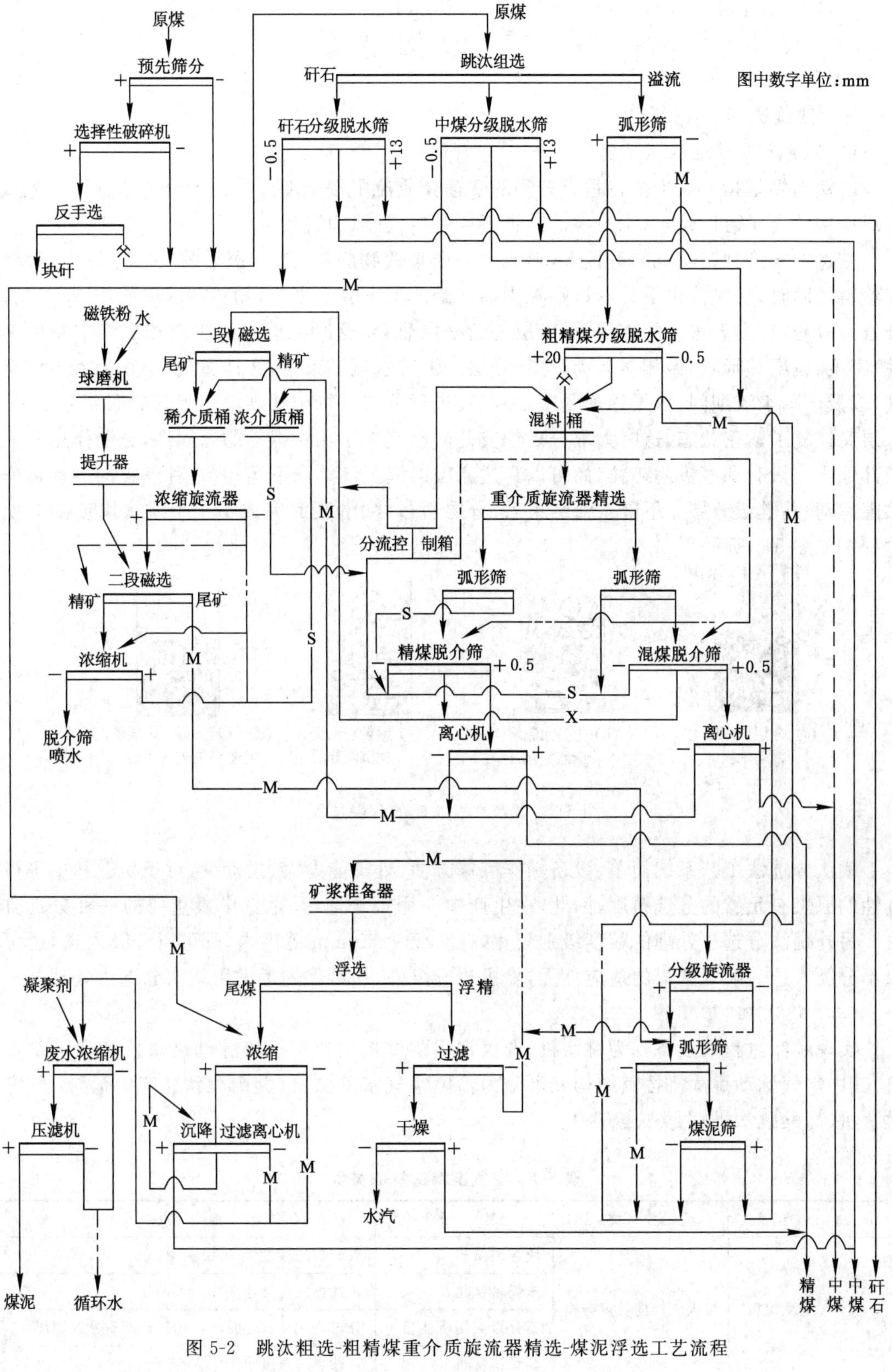

图 5-2　跳汰粗选-粗精煤重介质旋流器精选-煤泥浮选工艺流程

第二节　湿法选煤

一、跳汰选煤

(一) 跳汰选煤过程及原理

跳汰选煤是指原煤主要在垂直升降的变速介质流中按密度差异进行分选的过程。跳汰选煤所用的介质可以是水(水力跳汰),也可以是空气(风力跳汰)。

被选物料给到跳汰机的筛板上,形成一个密集的物料层,这个密集的物料层称为床层。在给料的同时,从跳汰机下部透过筛板周期地给入上下交变水流,物料在水流的作用下进行分选。首先,在上升水流的作用下,床层逐渐松散悬浮,这时床层中的矿粒按照其本身的特性(密度、粒度和形状)做相对运动,进行分层。上升水流结束后,在休止期(停止给入压缩空气)以及下降水流期间,床层逐渐紧密,并继续进行分层。待全部煤粒都沉降到筛面上以后,床层又恢复了紧密状态,这时大部分矿粒彼此间已丧失了相对运动的可能性,分层作用几乎全部停止。只有那些极细矿粒,尚可以穿过床层的缝隙继续向下运动(这种细粒的运动称作钻隙运动)并继续分层。下降水流结束后,分层暂告终止,至此完成了一个跳汰周期的分层过程。如图 5-3 所示。

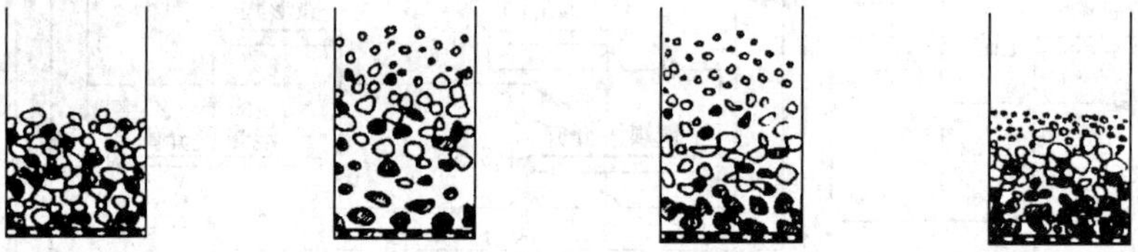

(a) 分层前颗粒混杂堆积　(b) 上升水流将床层托起　(c) 颗粒在水流中沉降分层　(d) 水流下降，床层密集，重产物进入底层

图 5-3　颗粒在跳汰时的分层过程

跳汰分选法工艺系统简单、设备操作维修方便、处理能力大、投资少,对于易选和中等可选性的原煤有足够的分选精度,因此,在生产中应用很普遍,是重选中最重要的一种分选方法。另外跳汰分选法处理的粒度级别较宽,在 0.5～150 mm 范围内,既可以分级入选,也可以不分级入选。跳汰选煤的适应性强,除极难选煤外,均可优先考虑用跳汰分选法处理。

(二) 跳汰机

实现跳汰过程的设备称为跳汰机,选煤常用跳汰机主要有空气脉动跳汰机和动筛跳汰机,其中空气脉动跳汰机按其结构又可分为筛侧空气室跳汰机(鲍姆跳汰机)和筛下空气室跳汰机(高桑跳汰机)两类(表 5-1)。

表 5-1　空气室跳汰机的类型

总　类	分　类	名　称	特　点
筛侧空气室跳汰机	按入选煤的粒度分类	块煤跳汰机	入选煤的粒度大于 10～30 mm
		末煤跳汰机	入选煤的粒度小于 10～30 mm
		不分级煤用跳汰机	分选 0～50 mm 或(0～100 mm)不分级原煤
		煤泥跳汰机	入选煤的粒度小于 0.5～3 mm

表 5-1(续)

总　类	分　类	名　称	特　点
筛下空气室跳汰机	按选箱的段数分类	单段跳汰机	两种产品:精煤和矸石
		两段跳汰机	三种产品:精煤、中煤和矸石
		三段跳汰机	四种产品:精煤、中煤、矸石和黄铁矿
	按工序中所占的地位分类	主选跳汰机	入选物料为原煤
		再选跳汰机	入选物料为主选机的中间产品
	按跳汰室的数量分类	单槽跳汰机	跳汰机有一个跳汰室
		双槽跳汰机	跳汰机有两个跳汰室
	按矸石的运动方向分类	正排矸跳汰机	矸石与水流运动方向相同
		倒排矸跳汰机	矸石与水流运动方向相反

1. 筛侧空气室跳汰机

筛侧空气室跳汰机的基本结构如图 5-4 所示。跳汰机由机体 1、风阀 2、筛板 6、排料装置 4、5 和排矸道 8、排中煤道 7 等部分组成。机体由纵向分隔板 9 分为空气室和跳汰室,两室的下部相通。空气室上部密闭,设有特制风阀,风阀的作用是将压缩空气交替地给入空气室中,同时按一定的规律将空气室中的压缩空气排出室外。当给入压缩空气时,跳汰室中的水被强制上升;待空气室的压缩空气排出时,跳汰室中的水位又自动下降,因此,推动跳汰室水面上下运动形成脉动水流 10,如改变给入的压缩空气量时,可以调节跳汰机中的水流冲程,改变风阀的运动速度也可调节水流脉动的频率。顶水从空气室下部进水管 13 进入以改变跳汰机水流运动特性,并在跳汰室中形成水平流,便于运输物料,同时使物料在跳汰室中进行松散和分层。跳汰机中的冲水是从机头与原料煤一起给入的。原料煤在跳汰机中经分层得到分选后,在第一段(矸石段)和第二段(中煤段)的重产物矸石、中煤,分别经各段末端的排料装置排到各自的排料道,并与透筛的小颗粒重产物一块排到各自的排料口,再经与机体密封的脱水斗子提升机排出。轻产物(精煤)自溢流口排出机体。

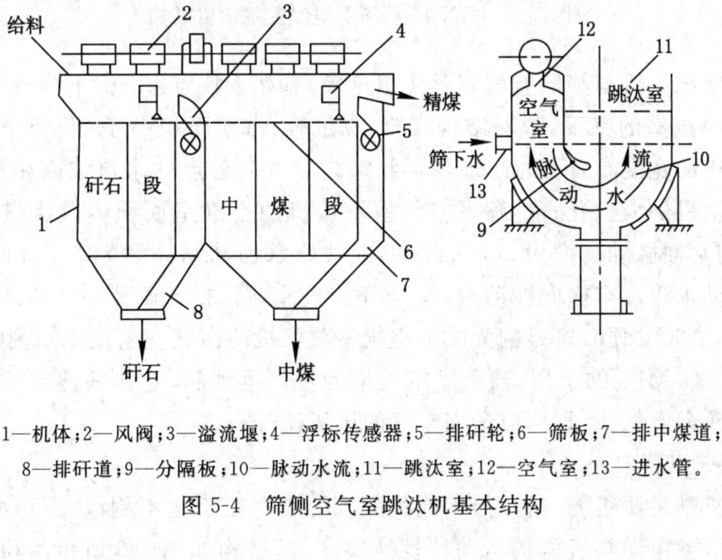

1—机体;2—风阀;3—溢流堰;4—浮标传感器;5—排矸轮;6—筛板;7—排中煤道;
8—排矸道;9—分隔板;10—脉动水流;11—跳汰室;12—空气室;13—进水管。

图 5-4　筛侧空气室跳汰机基本结构

2. 筛下空气室跳汰机

筛下空气室跳汰机的空气室安设在跳汰机机体内筛板的下方，它与筛侧空气室跳汰机相比具有不同的特点。目前我国自行设计制造的筛下空气室跳汰机有 LTX 系列，共有 7 种规格，已在生产上使用的有：LTX-8 型、LTX-14 型、LTX-35 型等。

LTX 系列筛下空气室跳汰机，除将空气室移到筛板下方之外，其他与筛侧空气室跳汰机的各部分结构大体相同。LTX-14 型筛下空气室跳汰机结构如图 5-5 所示。其工作过程是将压缩空气经风阀控制，交替地压入和排出筛下空气室，从而使跳汰室中的水位上升和下降，形成脉动水流。实测表明，它所产生的脉动水流特性与筛侧空气室跳汰机的典型脉动水流特性非常相似。

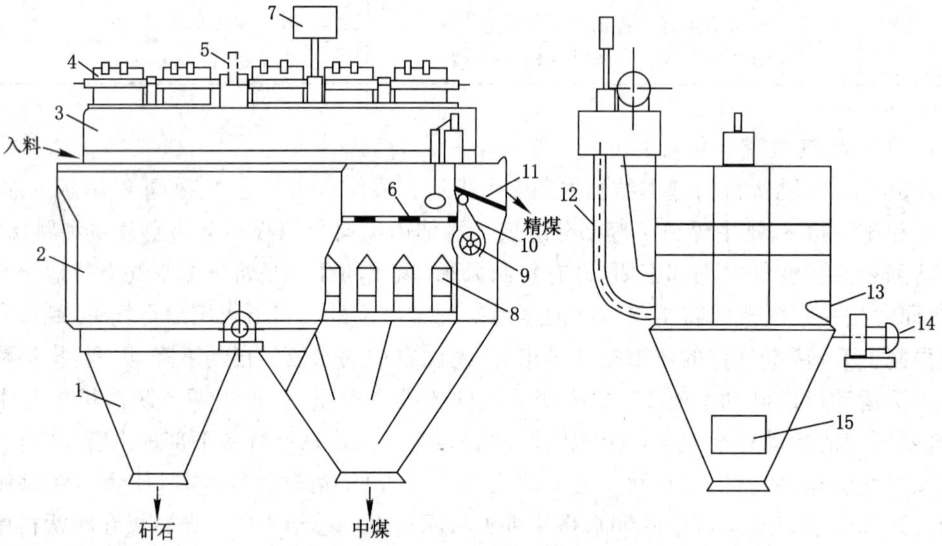

1—下机体；2—上机体；3—风水包；4—风阀；5—风阀传动装置；
6—筛板；7—水位灯光指示器；8—空气室；9—排料装置；10—中煤段护板；
11—溢流堰盖板；12—水管；13—水位接点；14—排料装置电动机；15—检查孔。

图 5-5　LTX-14 型筛下空气室跳汰机结构

筛下空气室跳汰机与筛侧空气室跳汰机比较，有如下特点：① 筛下空气室跳汰机，因其空气室设置在跳汰室的筛下，故其结构紧凑、重量轻、占地面积小；② 筛下空气室跳汰机的空气室沿跳汰机的宽度布置，因此，能使跳汰室内沿宽度各点的水流波高相同，有利于物料均匀分选和跳汰机的大型化；③ 筛下空气室跳汰机的空气室面积为跳汰室面积的二分之一，当空气室内水面脉动高度为 200 mm 时，跳汰室水面脉动高度为 100 mm；④ 筛下空气室跳汰机的脉动水流没有横向冲动力；⑤ 筛下空气室跳汰机比筛侧空气室跳汰机要求风压高，为 0.025～0.035 MPa，这是因为筛下空气室跳汰机的空气室水位比筛侧的水位低，又因空气室内有 0.021 MPa 的余压，当压缩空气推动液面运动时，它比筛侧空气室跳汰机需多克服一段静压头和空气余压，所以压缩空气的风压比较高。

3. 动筛跳汰机

动筛跳汰机是跳汰机的一种，与其他跳汰机的区别在于它不用风、不用冲水和顶水，筛面上物料的松散度由动筛机构的运动特性所决定，其结构如图 5-6 所示。动筛跳汰机的工作原理是靠动筛机构在水介质中的上下往复运动，使筛板上的物料形成周期性的松散，实现物料按密度分层。在动筛机构的上升阶段，床层被筛板整体托起，颗粒相对于筛板基本没有相对运动，但水介质相对于颗粒是向下运动的，这种水介质与颗粒的相对运动，使筛面上的物料床层愈来愈紧密，同时由于介质阻力，相对小的颗粒穿过相对大的颗粒的缝隙向下运动。动筛机构下降时，水介质形成相对于动筛机构的上升流，在介质阻力的作用下，颗粒在水介质中进行干扰沉降，实现按密度分选。

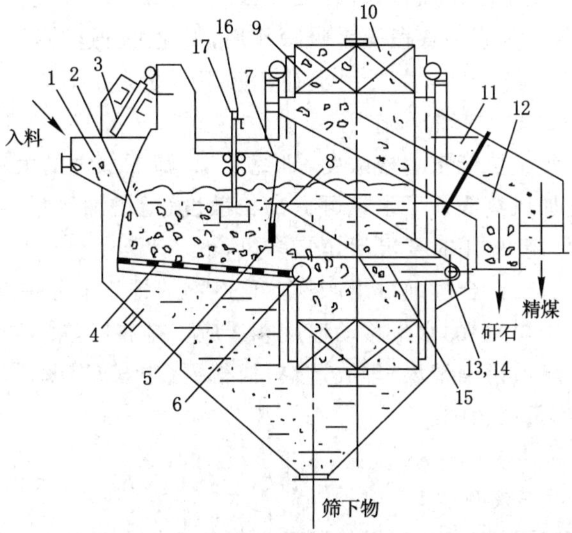

1—槽体；2—动筛机构；3—液压油缸；4—筛板；5—闸门；6—排矸轮；
7—手轮；8—溢流堰；9—提升前轮；10—提升轮后段；11—精煤溜槽；
12—矸石溜槽；13—销轴；14—油马达；15—链；16—传感器；17—浮标。

图 5-6　动筛跳汰机结构简图

动筛跳汰机按驱动装置分为液压驱动式和机械驱动式两大类。不论是液压驱动式动筛跳汰机还是机械驱动式动筛跳汰机，它们都由主机、驱动装置和控制装置三部分组成，所不同的是液压驱动式动筛跳汰机的动筛机构和排矸轮的动力由液压站提供，而机械驱动式动筛跳汰机则通过曲柄的连续传动，使摆杆绕固定轴做往复摆动，带动动筛工作。分好层的物料轻产物通过溢流槽排出，重产物通过排矸辊排出，透筛细物料一般采用斗提机排放方式。物料上升时的液压压力值作为床层的厚度测值，同时转换为电信号调控排矸辊的速度参数，从而达到控制床层厚度的目的。

动筛跳汰机适用于处理 400～25(13)mm 级块煤，是块煤排矸和动力煤分选的一种理想设备。它具有处理粒度大、级配宽、单位面积处理量大、设备结构紧凑、工艺简单、循环水用量少(吨煤循环水量为 0.3 m^3)、分选精度高(分选效率达 95%～98%)、系统简单、基建投资省、自动化程度高、营运费用低等优点，可代替重介质排矸、选择破碎和手选，也可用于动力煤、块煤的分选。

（三）跳汰机的操作工艺制度

跳汰机的分选效果取决于操作工艺制度，与入料性质及质量要求有关，风、水、给、排是跳汰机最主要的操作参数，各操作参数决定了跳汰机分选床层的状态，诸参数间互相联系。

床层运动状态决定了矿粒按密度分层的效果，床层愈厚，松散时间愈长，分层的时间也愈长，若床层太厚，在风压和风量不足时，不易达到要求的松散度；减薄床层能增强吸啜分层作用，利于细粒级分选得纯净精煤，但如果床层太薄，吸啜过强，精煤损失增加，床层不稳，操作难。当轻重物密度差大，可用薄床层，分层快；当轻重物密度差小，可用厚床层，可得高质量精煤。厚床层的优点是稳定，便于操作，但物料所需松散时间长，处理量低。

实际操作中跳汰机入料性质波动要尽量小，给料速度要均匀，宽度方向要均匀，原煤要润湿。要根据所要求的松散度调风量，矸石段风量大于中煤段，各段各风室的风量由入料到排料依次减少。有时为了加强中煤段隔室吸啜作用，强化细矸透筛，可适当增大风量。筛下水量一般占总水量的70%～80%，主要用于补充筛下水量短缺，减少跳汰室液位差。冲水量占总水量20%～30%，主要起润湿作用。

风量、风压比筛下水量更能影响松散度，研究发现，筛下水量的大小对分选结果影响不显著，虽一定范围内增加风量或筛下水量可提高松散度，但增加风量可提高吸啜作用，而增加水量却减弱了吸啜作用，应用时要灵活，“宁多风，不多水”。

分层结束，应及时、连续、合理地排出产物。重产物的排放十分关键，排重产物速度应与床层分层速度及矸石(中煤)层的水平移动速度相适应。排放慢，重产物会出现堆积，影响床层的松散和物料分层，导致污染精煤；排放过快，使得矸(中煤)层薄、排空，导致床层过于松散、不稳定，精煤损失到重产物中。

二、重介质选煤

(一) 重介质选煤过程及原理

重介质选煤是一种采用密度介于煤与矸石之间的液体作为分选介质的高效重力选煤方法。依所用的分选介质不同分为重液选煤和重悬浮液选煤。重液主要包括有机溶液(如四氯化碳、三溴甲烷、苯、二甲苯)和无机盐水溶液(如氯化锌水溶液、氯化钙水溶液)；而重悬浮液是指高密度的固体微粒与水配制成悬浮状态的两相流体。由于重液价格高、不易回收、多数还有毒性或腐蚀性，因此，一般只在实验室中做煤炭浮沉试验用。目前，国内外普遍采用磁铁矿粉与水配制的悬浮液作为选煤用的重介质，这种悬浮液可以配制成需要的密度，而且容易净化回收。

重介质选煤的分选效率高于其他选煤方法，入选粒度范围宽(重介质分选机的入料粒度为6～1 000 mm，重介质旋流器的入料粒度为0.15～80 mm)，生产控制易于自动化，因而得到了十分广泛的应用。重介质选煤可代替人工手拣矸石，不仅分选效果好、生产效率高，而且解放笨重体力劳动；对于难选煤和极难选煤，采用全重介选或部分重介选流程，都可提高精煤产率；用重介质旋流器再选跳汰中煤和精煤，可提高精煤产率和产品质量。重介质选煤的缺点是：工艺复杂、生产成本较高、设备磨损快、维修量大。

重介质选煤按分选力的不同可分为两种：重力重介质选煤和离心力重介质选煤。分选块煤采用重力作用下的重介质分选机，分选末煤采用离心力作用下的重介质旋流器。分选的基本原理是阿基米德浮力定律。

1. 重介质分选机分选原理

在静止的悬浮液中，作用在颗粒上的力有重力 G 和浮力 G_0。因此，悬浮液中颗粒所受的合力 F 为：

$$F = G - G_0 \tag{5-1}$$

又 $G = V\delta g$，$G_0 = V\rho g$，则：

$$F = V\delta g - V\rho g = V(\delta - \rho)g \tag{5-2}$$

式中，V 为颗粒的体积，m^3；δ 为颗粒的密度，kg/m^3；ρ 为悬浮液密度，kg/m^3；g 为重力加速度，m/s^2。

当 $\delta > \rho$ 时，颗粒下沉；当 $\delta < \rho$ 时，颗粒上浮；当 $\delta = \rho$ 时，颗粒处于悬浮状态。在重介质分选机中，用悬浮液流和刮板或提升轮分别把浮物和沉物排出，完成分选工作。

2. 重介质旋流器分选原理

重介质旋流器的选煤过程是：物料和悬浮液以一定压力沿切线方向给入旋流器，形成强有力的旋涡流。液流从入料口开始沿旋流器内壁形成一个下降的外螺旋流；在旋流器轴心附近形成一股上升的内螺旋流。由于内螺旋流具有负压而吸入空气，在旋流器轴心形成空气柱。入料中的精煤随内螺旋流向上，从溢流口排出；矸石随外螺旋流向下，从底流口排出。

在重介质旋流器中，质量为 m 的颗粒所受的离心力 F_c 为：

$$F_c = V\delta \frac{v^2}{r} \tag{5-3}$$

式中，v 为颗粒的切向速度，m/s；r 为颗粒的旋转半径，m。

悬浮液给物料的向心力 F_0 为：

$$F_0 = V\rho \frac{v^2}{r} \tag{5-4}$$

颗粒在悬浮液中半径为 r 处所受的合力 F 为：

$$F = F_c - F_0 = V(\delta - \rho)\frac{v^2}{r} \tag{5-5}$$

上式表明，当 $\delta > \rho$ 时，F 为正值，颗粒被甩向外螺旋流；当 $\delta < \rho$ 时，F 为负值，颗粒移向内螺旋流。从而把密度大于介质的颗粒和密度小于介质的颗粒分开。

在旋流器中，离心力可比重力大几倍到几十倍，因而大大加快了末煤的分选速度并改善了分选效果。

（二）块煤重介质分选机

块煤重介质分选使用最多的设备有斜轮重介质分选机和立轮重介质分选机，其分选的粒度上限通常为 300 mm；粒度下限达 6 mm，但以 13 mm 为多。6 mm 或 13 mm 以下的末煤分选一般采用离心力场来强化其分选过程，其设备主要采用重介质旋流器。

工业上使用的重介质分选机种类繁多，目前我国应用最多的是斜轮重介质分选机，其次是立轮重介质分选机和浅槽式重介质分选机。

1. 斜轮重介质分选机

斜轮重介质分选机结构如图 5-7 所示，该分选机是由分选槽 1、斜提升轮 2、排煤轮 3 等部件组成。

该分选机在给料端下部位于分选带的高度引入水平介质流，在分选槽底部引入上升介质流，从而形成水平和上升介质流。水平介质流不断给入分选带补充合格悬浮液，防止分选带密度降低。上升介质流造成微弱的上升水速，防止悬浮液沉淀。水平和上升介质流使分选槽中悬浮液的密度保持稳定均匀，并形成水平流运输浮物。原料煤进入分选机后按密度分为浮物和沉物两部分。浮物由水平流运输至溢流堰被排煤轮 3 刮出，经固定筛一次脱介后进入下一脱水脱介作业；沉物下沉至分选槽底部由提升轮的叶板 11 提升至排料口排出。

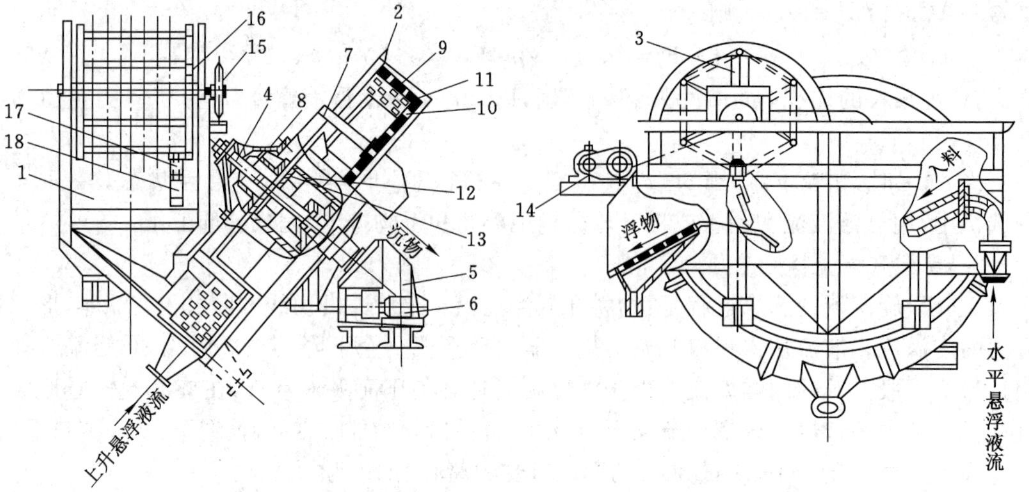

1—分选槽；2—斜提升轮；3—排煤轮；4—提升轮轴；5—减速机；6—电动机；
7—提升轮骨架；8—转轮盖；9—立筛板；10—筛底；11—叶板；12—支座；
13—轴承座；14—电动机；15—链轮；16—骨架；17—橡胶带；18—重锤。

图 5-7 斜轮重介质分选机

在提升过程中也进行了一次脱介。

斜轮重介质分选机的分选槽面可以做得比较开阔，斜提升轮直径可达到 8 m 或更大，由于浮物采用排煤轮的重锤拨动排放，所以被煤带走的悬浮液量少，所需悬浮液的循环量低[按入料量计算为 0.7～1.0 $m^3/(t \cdot h)$]。

2. 立轮重介质分选机

立轮重介质分选机的主要部件是提升轮和分选槽，各种型号的立轮重介质分选机结构大体相同，只是提升轮的传动方式不同。如我国的 JL 型立轮重介质分选机提升轮采用棒齿圈传动；德国的 TESKA 型立轮重介质分选机提升轮采用链轮链条传动；波兰的 DISA 型立轮重介质分选机提升轮采用悬挂式胶带传动。

立轮重介质分选机与斜轮重介质分选机的工作原理基本相同，其差别仅在于分选槽槽体形式和排矸轮安放位置等机械结构上有所不同。在相同处理量时，立轮重介质分选机具有体积小、重量轻、功耗少、分选效率高及传动装置简单等优点。图 5-8 是德国洪堡尔特-维达克公司制造的太司卡立轮重介质分选机的结构图。

太司卡重介质立轮分选机主要由分选槽 12、提升轮 7 和排煤轮 5 组成。提升轮与四个托轮 10 支撑，两侧装有定位轮。传动机构设在分选机的底座上，电动机带动链轮，并通过固定在立轮外壳的链条使立轮旋转。分选槽是固定的，而排矸轮是旋转的，两者之间存在一定间隙。因此，提升轮和分选槽之间必须予以密封。最初采用螺栓推动橡胶块的密封装置，现改为用充气橡胶圈张紧与橡胶块密封的装置。橡胶圈类似轮胎那样，由内部充气，充气压力为 0.03～0.04 MPa。橡胶密封件不应密封太紧，应留一定间隙，其大小一般为 1～2 mm，允许从间隙流出少量悬浮液，以便润滑。流出的这部分悬浮液返回循环介质桶循环使用。

该机分选过程是：原料煤从给料端给入，悬浮液从给料溜槽下方给入，形成水平-下降流进行分选，浮物由排煤轮排出，沉物由提升轮提升经溜槽排出。

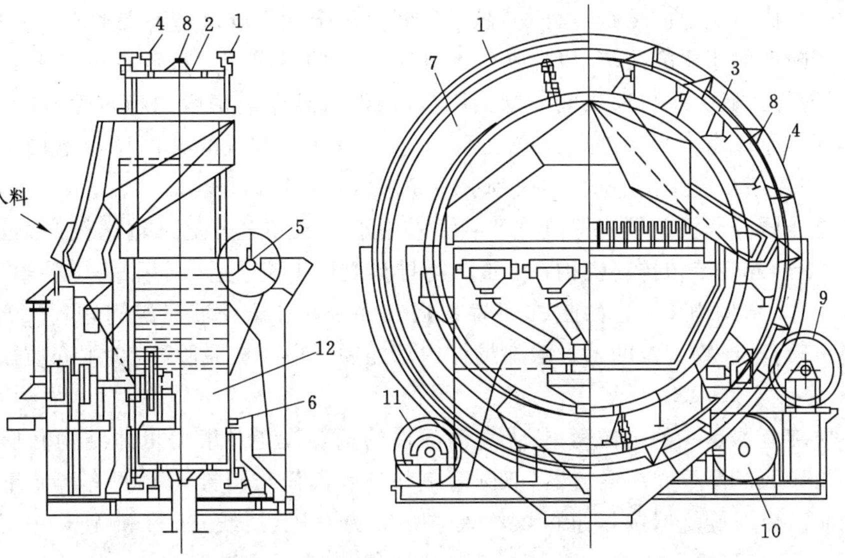

1—滚圈;2—脱水板;3—提料板;4—套筒滚子链;5—排煤轮;6—充气软管;
7—提升轮;8—橡胶垫圈;9—链轮;10—带轴座的支撑托轮;11—石墨板;12—分选槽。

图 5-8 太司卡重介质分选机结构

3. 浅槽重介质分选机

浅槽重介质分选机主要由槽体、排矸刮板及驱动装置构成(图 5-9)。浅槽重介质分选机的分选槽为敞开式,用刮板排料,处理量大,重悬浮液循环量大,对磁铁矿粉粒度组成要求较细。该分选机兼有水平液流和上升液流,80%～90%的重悬浮液从给料端下面沿水平方向给入,形成纵向水平液流;10%～20%的重悬浮液通过槽底数排孔给入,形成上升液流,促使精煤上浮。

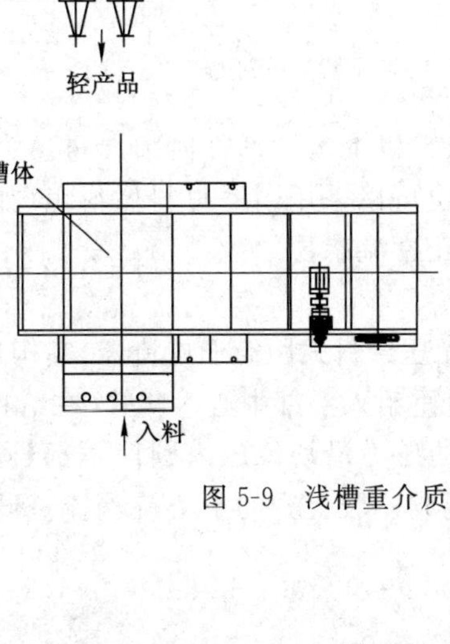

图 5-9 浅槽重介质分选机结构图

浅槽重介质分选机的分选过程是:悬浮液经过三个喷嘴进入给料端的水平介质槽中,形成沿槽宽全断面的水平介质流,以输送物料并补充槽内悬浮液。槽底部的上升介质漏斗可形成上升悬浮液,其大小可通过电动闸阀调节,以保持悬浮液密度的稳定性,同时促进分选过程的实现。原煤由给料端进入分选槽后,在水平流和上升流的共同作用下按密度完成分选,轻产物主要随溢流排出,重产物由刮板沿脱水段经排料口排出。

浅槽重介质分选机的结构特点在于:① 采用水平流和上升流来输送轻产物,保持悬浮液的稳定,不设置轻产物排料机构;② 重产物排料机构由滚子链、刮板、头(尾)轮组构成,在分选槽内工作,结构简单,便于维护,不存在运转件密封和悬浮液泄漏问题;③ 槽体分为分选段和脱水段,重产物带走的悬浮液在槽体内部的脱水段完成脱除,减少了介质循环量。

（三）重介质旋流器

重介质旋流器是一种结构简单、无运动部件的选煤设备。根据机体结构和形状分为圆锥形和圆筒形两产品重介质旋流器、双圆筒串联型和圆筒与圆锥串联的三产品重介质旋流器。两产品重介质旋流器按其原料煤给入方式分为有压(切线)给料和无压(中心)给料两种,前一种为圆锥形重介质旋流器,后一种为圆筒形重介质旋流器。

1. 圆锥形重介质旋流器

国内外广泛使用圆锥形重介质旋流器。重介质旋流器的分选过程如图 5-10 所示,物料与悬浮液混合,以一定压力从入料管沿切线方向给入旋流器圆筒部分,由于离心力的作用,高密度物料移向锥体的内壁,并随部分悬浮液向下做螺旋运动,最后从底流口排出;低密度物料集中在锥体中心,随内螺旋上升,经溢流管进溢流室排出。溢流先进入溢流室,然后顺切线方向排出,可以减少对旋流器不利的反压力。

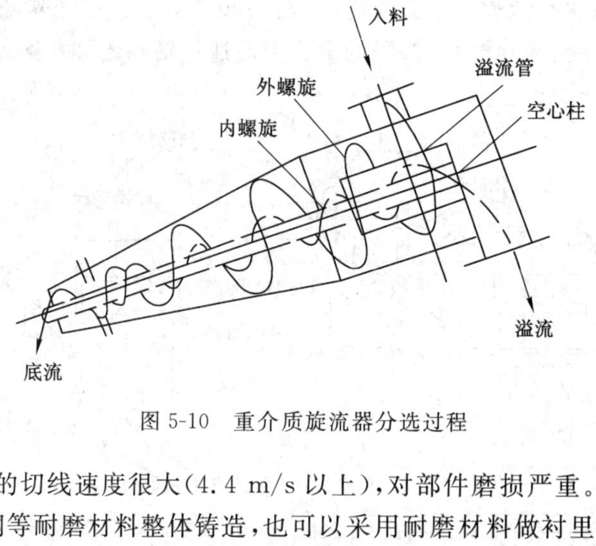

图 5-10　重介质旋流器分选过程

旋流器内流体的切线速度很大(4.4 m/s 以上),对部件磨损严重。为了提高设备的使用寿命,可用合金钢等耐磨材料整体铸造,也可以采用耐磨材料做衬里(如铸石等),但衬里要求光滑,无凹凸和台阶,以免破坏液体的正常流态。

2. 圆筒形重介质旋流器

美国制造的 DWP 型重介质旋流器属无压给料式圆筒形旋流器,其构造如图 5-11 所示。分选物料与悬浮液分开给入。物料无压、自重给入上部中心入料管(在给料箱内也加入少量悬浮液);悬浮液用泵以 0.06～0.15 MPa 的压力沿切线压入圆筒下部(圆筒呈 25°～35°倾角安装)。沿切线压入的悬浮液从底至顶造成一股上升的空心旋涡流。矸石与一部分高密度(起浓缩作用的)悬浮液沿筒壁上升,从矸石排出口排出。精煤与低密度悬浮液聚集在旋涡中心向下流动,通过下部排出口排出。

DWP 型重介质旋流器的优点是:物料与悬浮液分开给入,有利于悬浮液密度的测定和调整;物料与悬浮液之间接触时间短,粉碎程度低;旋流器各部件磨损小,使用寿命长。缺点是分选精度较差。

3. 三产品重介质旋流器

三产品重介质旋流器是由两台两产品重介质旋流器串联组装而成的。第一段为主选,采用低密度悬浮液进行分选,选出精煤和再选入料,同时由于悬浮液浓缩的结果,为第二段准备了高密度悬浮液。第二段为再选,分选出中煤和矸石两种产品(图 5-12)。

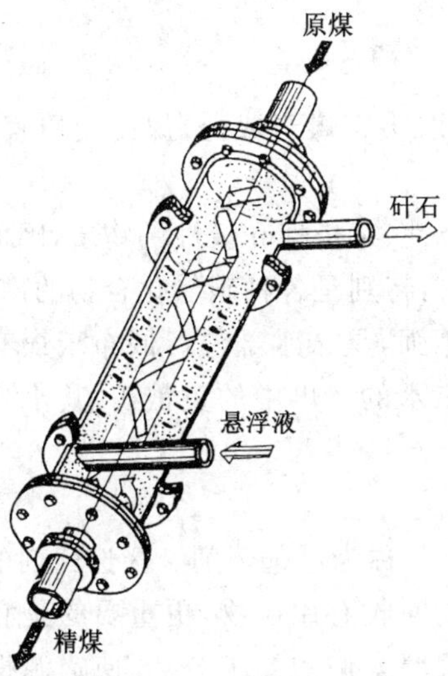

图 5-11　圆筒形重介质旋流器

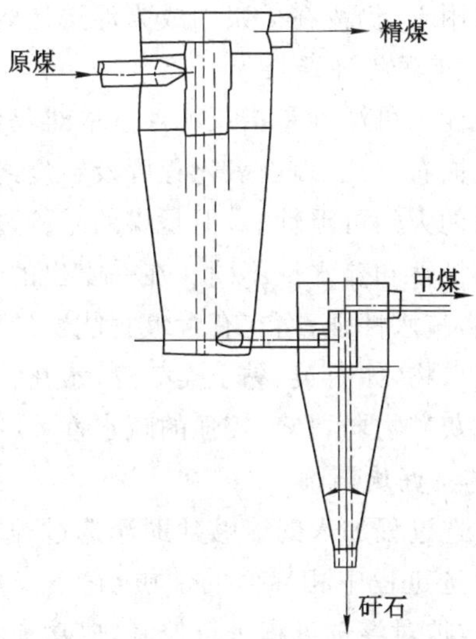

图 5-12　三产品重介质旋流器

三、浮游选煤

浮游选煤简称浮选,是当前分选煤泥最有效的方法,对选煤厂煤泥水处理和回收细粒精煤起着重要的作用,搞好细粒精煤回收,不仅使煤炭资源得到充分合理的利用,而且也可提高经济效益。

(一) 浮选原理及煤泥的可浮性

1. 浮选原理

浮选是利用煤和矸石表面物理化学性质(特别是表面润湿性)差异在固-液-气三相界面进行分选的一种选别技术。图 5-13 是水滴和气泡在不同矿物表面的铺展情况。图中矿物的上方是空气中水滴在矿物表面的铺展形态,从左至右,随着矿物亲水程度的减弱,水滴越来越难以铺开而成为球形;图中矿物的下方是水中气泡在矿物表面附着的形态,气泡的形状正好同水滴的形状相反,从右向左,随着矿物表面亲水性的增强,气泡逐渐变为球形。显然,在水中亲水性矿物难以同气泡附着,可浮性差;而疏水性矿物易与气泡附着,可浮性好。

将煤泥在搅拌桶内配制成一定浓度的煤浆,加入药剂后充分搅拌,搅拌后的煤浆进入浮选机,在浮选机的搅拌充气作用下,矿粒与气泡相互碰撞,由于煤粒的表面润湿性差,碰撞时黏附到气泡上,被气泡带到水面的矿化泡沫层形成浮选精煤,而矸石的润湿性好,碰撞时不

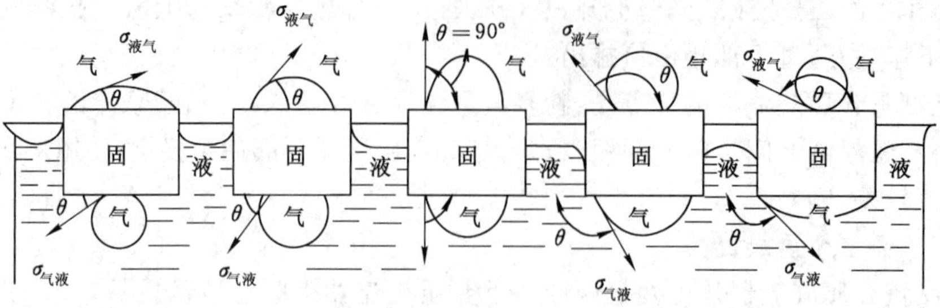

图 5-13　矿物表面的润湿现象

与气泡附着，仍留在矿浆中成为浮选尾煤。

2. 煤泥的可浮性

煤泥的可浮性是指煤泥浮选的难易程度，它主要取决于煤岩成分、煤的变质程度、矿物杂质及嵌布特征、表面氧化程度及粒度组成等。

煤的天然可浮性好，但是煤的结构复杂，含有非极性、杂极性和极性的物质，因而在表面各处的极性和疏水性不同。在暴露出的芳香核网面上，特别是各种碳氢化合物的部位，水化作用弱，疏水性强；而在有含氧官能团的地方水化作用强，是亲水部位。嵌布于煤有机质中的无机矿物，如石英、黏土类矿物，水化作用强，也是亲水的。煤中的黄铁矿，其水化程度比其他成灰矿物弱，具有较强的疏水性。

（二）浮选药剂

浮选过程加入的能够帮助浮选过程顺利进行的药剂称为浮选药剂。浮选药剂的作用是改变浮选过程中相界面的性质，它不仅能最大限度地回收有用矿物，更重要的是它还能灵活、有效地对浮选过程进行控制，成功地将各种矿物按照人们的要求分离，使资源得到充分的利用。为了扩大煤和矸石表面性质的差异，必须使用浮选药剂以增强煤粒表面的疏水性，增加气泡的稳定性和分散度。选煤用浮选药剂既有有机化合物又有无机化合物，既有酸有碱又有不同的盐类，按药剂的用途可分为以下三类。

1. 捕收剂

能选择性地作用于矿物表面并使其疏水的有机物质称为捕收剂。捕收剂作用于矿物-水界面，通过提高矿物的疏水性，使矿粒能更牢固地附着于气泡上而上浮。煤油和轻柴油是选煤使用最多的捕收剂。

2. 起泡剂

起泡剂为表面活性物质，主要富集在水-气界面，促使空气在矿浆中弥散成小气泡，防止气泡兼并，并提高气泡在矿化和上浮过程中的稳定性，保证矿化气泡上浮后形成泡沫层刮出。在煤泥浮选过程中，多数起泡剂也在煤粒表面发生吸附并显示捕收作用，醇类（如仲辛醇）是得到广泛应用的起泡剂。

3. 调整剂

调整剂是改善捕收剂和起泡剂作用效应的添加剂，具有增溶、分散和乳化作用。它在气-液、液-液和固-液界面显示作用，调整矿浆的性质，提高浮选过程的选择性。调整剂多为表面活性物质，具有杂极性分子结构，如胺类链烷醇胺-妥尔油脂肪酸缩合物等。

煤泥浮选多采用兼有捕收和起泡两种性能的复合药剂，如 MB 型复合药剂、ZF 型浮选剂等。

到目前为止，由于对精煤品质要求不严、降低生产成本等多种原因，调整剂在煤泥浮选中使用不多，但随着浮选的进一步发展，对煤泥浮选技术经济指标要求的提高，调整剂的使用将受到一定的重视。

（三）浮选设备

1. 机械搅拌式浮选机

（1）机械搅拌式浮选机的特点

机械搅拌式浮选机分自吸式和压气式两大类。

自吸式浮选机的特点是：① 搅拌力强，可保证密度和粒度较大的矿粒悬浮，并可以促进难溶药剂的分散与乳化；② 对分选多金属矿的复杂流程，自吸式可依靠叶轮的吸浆作用实现中矿返回，省去大量砂泵；③ 对难选和复杂的矿石或希望得到高品位的精矿时，可保证得到较好的稳定指标；④ 运动部件转速高、能耗大、磨损严重、维修量大。

压气式是压入空气来完成充气的，故具有以下的特点：① 充气量大，便于调节，对提高产量和调整工艺有利；② 搅拌不起充气作用，故转速低、磨损小、能耗低、维修量小；③ 液面稳定、矿物泥化少、分选指标好，但需压力系统和管路。

（2）机械搅拌式浮选机的基本结构

转子-定子系统：浮选机的充气搅拌机构实际上是个转子-定子结构，转子和电动机相连，高速旋转；定子和机体固定。转子-定子的不同，形成了不同的浮选机系列，决定了各自的充气搅拌性能。搅拌机的叶轮大致分成两大类：叶片状离心叶轮和棒条叶轮。

槽体：浮选机断面形状多为矩形，其下部也可为圆形，传动部件直接支撑在槽体上，槽体的几何特征可用槽深（溢流堰与槽底之距离）与槽宽之比（简称深宽比）表示。浮选机的叶轮切线速度与叶轮直径同槽宽之比（简称径宽比）有关。槽体深度由浮选机的三个作用区所必需的高度决定，一般介于1～2 m之间，容积特别大的（$>16\ m^3$），高度要超过此数。通常，容积越大，深度比越小，浅槽型与深槽型可按深度比划分，但没有明确的界限。

（3）XJM型机械搅拌式浮选机

XJM型机械搅拌式浮选机是我国20世纪70年代初期自行研制的、在我国使用最为广泛的浮选机之一，该机是由浮选槽、中矿箱、搅拌机构、刮泡机构和放矿机构几部分组成，其结构示意图如图5-14所示。

2. 无机械搅拌式浮选机

无机械搅拌式浮选机没有传动部件，矿浆运动靠的是外部充入的空气带动，故又称为充（压）气式浮选机。在众多的浮选柱中，最引人注目的有短体自由喷射式和高柱式的逆流式浮选柱，后者被认为是效果最佳的。逆流式浮选柱分为充填介质式和无充填式，前者柱内充满某种结构的材料以粉碎气泡和创造良好的浮选环境，后者柱内无填充，以其他方法创造必要的分选条件。逆流式浮选柱有以下几个特点：① 比常规机械搅拌式浮选机和短体自由喷射式浮选柱有更大的矿化空间；② 矿物颗粒与气泡的碰撞及黏附概率大；③ 产生的气泡分散度高、微细气泡多，同样的充气量条件下可以产生更大的气-液界面，降低颗粒与气泡的脱落概率；④ 减少了高灰细泥的污染。

（1）传统浮选柱

传统浮选柱为高6～7 m的圆柱体，底部装有一组微孔材料制成的充气器，上部设有给

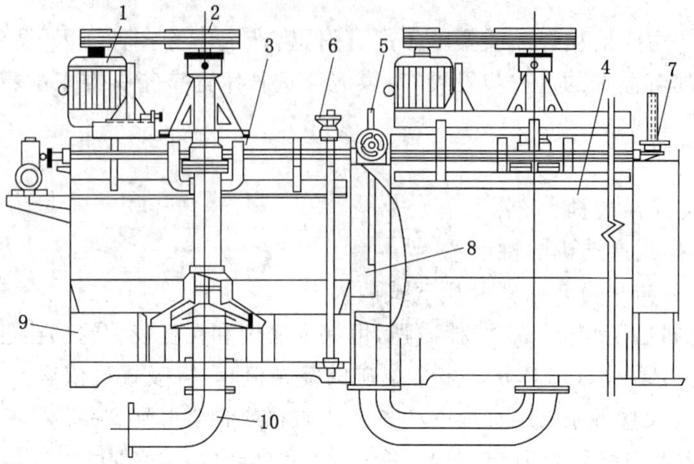

1—电动机;2—搅拌机构;3—刮泡机构;4—槽箱;5—液面调整机构;
6—放矿机构;7—尾矿箱;8—中矿箱;9—稳流板;10—吸浆管。

图 5-14 XJM-4 型机械搅拌式浮选机的结构示意图

矿分配器,给入的矿浆均匀地分布在柱体的横断面上,缓缓下降,在颗粒下降的过程中与上升的气泡碰撞,实现矿化。浮选柱的浮选区的高度远远大于其他浮选机,因此矿粒与气泡碰撞和黏附的概率大。浮选区内矿物气流的湍流强度低,黏附在气泡上的疏水性矿粒不易脱落。浮选柱的泡沫层可达数十厘米,二次富集作用非常显著,且可向泡沫层淋水加以强化,往往一次粗选可以获得高质量最终精矿。

(2) 新型浮选柱

近年来,国内对浮选柱进行了深入广泛的研究,新型的充气器和新型的结构已用于工业生产,其中最引人注目的是静态浮选柱(图 5-15)、微泡浮选柱(图 5-16)和旋流微泡浮选柱(图 5-17)。

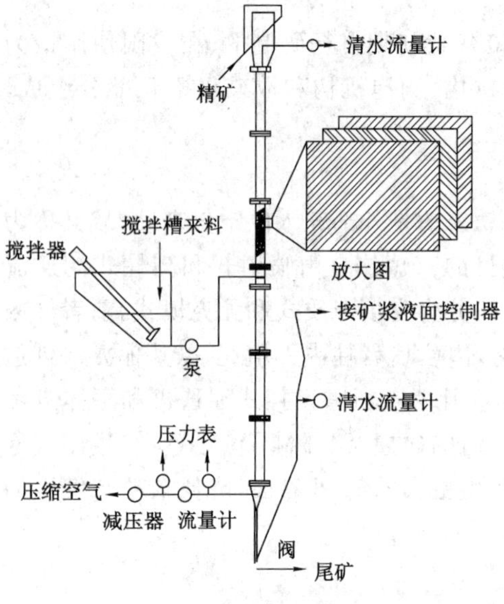

图 5-15 静态浮选柱

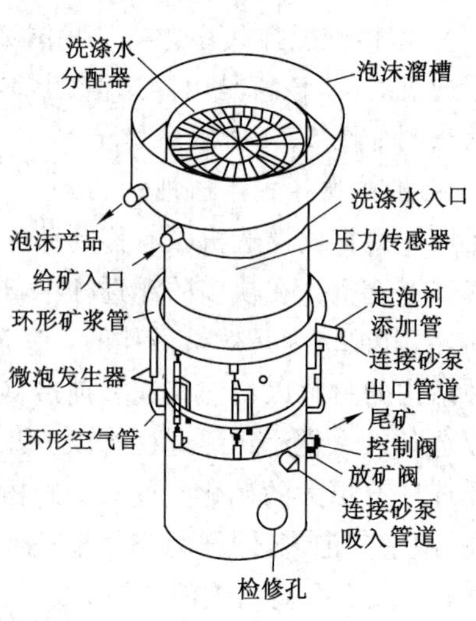

图 5-16 微泡浮选柱

① 静态浮选柱。静态浮选柱是美国 1986 年研制的，其特点是在柱中充填波纹板，形成众多孔道。当空气通过众多孔道时被粉碎成气泡。两层波纹板堆放时呈直角相交，同一层中相邻两块板的波纹又是相交的，这样可以使浆气混合物均匀地分配在整个断面上，延长了矿粒和气泡的停留时间。上升的气泡被强制地与矿粒接触，增加了矿化概率，顶部给入的淋洗水顺着孔道向下流，不断带走脉石，尾矿从底部阀门排出。

② 微泡浮选柱。微泡浮选柱的特点是采用新型的微泡发生器。这种多孔管微泡发生器是在压力管道上设一微孔材质的喉管，喉管通过密封的套管同压缩空气相连，当矿浆快速经过喉管时，压缩空气经过套管进入矿浆，形成微泡，并立即被流动的矿浆带走。微泡浮选柱的高度与直径比值在 10～15 之间，与柱高和直径无关。

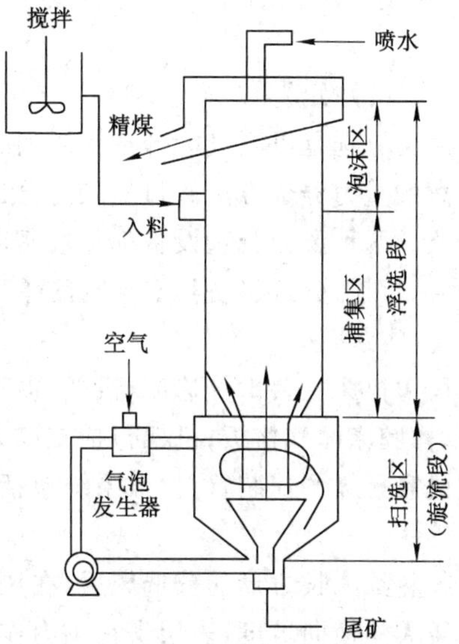

图 5-17 旋流微泡浮选柱结构原理图

③ 旋流微泡浮选柱。旋流微泡浮选柱的结构和工作原理如图 5-17 所示，包括浮选段、旋流段和气泡发生器三部分。浮选段又分为两个区：浮选段和入料点之间的捕集区（又称矿化区）及入料点与溢流口之间的泡沫区（又称精选区）。在浮选段顶部设有冲水装置和泡沫精煤收集槽。给矿管位于柱顶约三分之一处，最终尾矿从旋流器的底流口排出。气泡发生器位于柱体外部，沿切线方向与旋流段相衔接。气泡发生器上设有空气入管和起泡剂添加管。气泡发生器利用循环矿浆加压喷射的同时吸入空气和起泡剂，进行混合和粉碎气泡，并通过压力降低释放、析出大量微泡，然后沿切线方向进入旋流段。气泡发生器在产生合适气泡的同时，也为旋流段提供旋流力场。含气、固、液三相的循环矿浆沿切线进入旋流段后，在离心作用下做旋流运动，气泡和已矿化的气固絮团向旋流中心运动，并迅速进入浮选段。气泡与从上部给入的矿浆反向运动、碰撞并矿化实现分选。旋流微泡浮选柱的特点除了具有逆流浮选柱的特点以外，还具有：a. 集浮选与重选于一体，强化分选；b. 当液流从喉管进入扩散管时，混合液流速度突然减小，压力陡然降低，使在喉管内溶入矿浆的空气随压力降低而重新析出，成为一种具有活性的微泡，这种微泡特别有利于微细颗粒的浮选；c. 可以随时开关机而无须放矿，也不会产生沉积堵塞现象。

第三节 干法选煤

干法选煤是指粒度和密度不同的物料在空气流、机械振动或摇动的共同作用下，依据颗粒的干扰沉降规律进行分层的分选技术。粒度相同的颗粒中密度较大的集中在床面底层，密度较小的集中在床面上层；密度相同的颗粒中粒度较大的集中在下层，粒度较小的集中在上层。

干法选煤技术具有投资少、生产成本低、劳动生产率高、商品煤回收率高、不用水、选后商品煤水分低、可出多种灰分不同的产品、适应性强、入料粒度范围宽、除尘效果好、占地面积小、建设周期短、维修量小等特点。在干旱地区和严寒地区采用干法选煤技术更具有特殊意义。

一、风力分选

风力分选是以空气为分选介质，在气流和机械振动力的作用下，使原煤按密度和粒度进行分离的重力分选方法。目前风力分选已实现工业应用，风力分选主要包括风力摇床和风力跳汰。两种风力分选设备都是按密度进行分选的，其分选效果受入选物料的粒度、形状影响较大。风力分选设备具有结构简单、便于操作、成本低廉、无煤泥水处理系统等优点。

1. 风力摇床

风力摇床主要由分选床、机架、振动机构、供风系统、集尘装置等部分组成。分选床包括床架、橡胶床面和格板；机架包括支撑架、纵向横向调坡装置和摇杆；振动机构包括电动机、减速机和无级调速装置；供风系统包括风管、手动风门和空气室等；集尘装置包括吸尘罩、分流器等。

物料给入长方形的分选床后，在风力和振动力的共同作用下，按密度分层。由于分选床具有较大的横向坡度，表层煤在重力作用下进入下一条平行沟槽再选，经过平行沟槽的多次分选，得到的精煤首先在排料边排出。沉入槽底的矸石等高密度物料，逐渐移动到矸石排料端排出，从而完成分选过程。在排料边，从精煤、中煤到矸石产品的灰分逐渐增高，可出多种产品。

2. 风力跳汰

风力跳汰与湿法跳汰分选原理相似，首先使分选床层的物料在高频激振和恒压风、脉动风共同作用下，形成较为稳定、松散的近似流态化状态。物料在分选床的激振运动下向前输送，与此同时，在分选床下风室送出的垂直上升变速气流中不断松散、沉降，逐渐按密度垂直分布，完成按密度分层。在分选床出料端设置水平分割堰装置，按照预先设定的密度值，水平方向分割已按密度垂直分布的床层物料，使密度低于设定值的精煤自溢流堰上方的精煤口自然溢流出；而密度高于设定值的矸石则自溢流堰下方的排矸口排出。风力跳汰选煤系统的结构如图 5-18 所示。

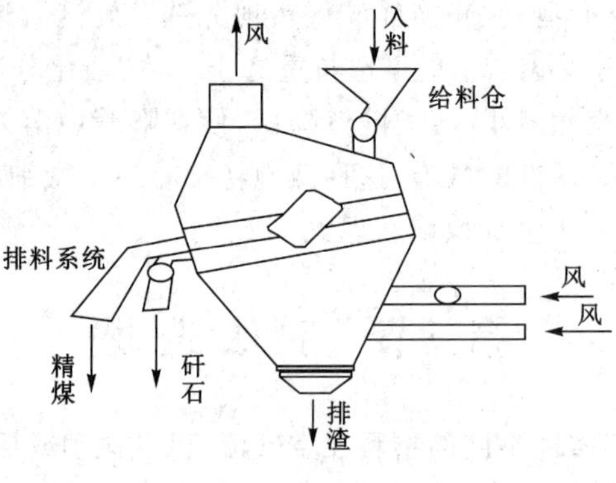

图 5-18　风力跳汰选煤系统的结构示意图

二、复合式干法分选

复合式干法分选机是通过振动气流复合力场驱使物料在翻转剥离过程中按密度与粒度梯级分布，完成分选的设备。目前应用较为成熟的复合式干法分选机为 FGX 型干选机。

FGX 型干选机由机架、吊挂装置、分选床、振动机构、供风系统和集尘装置等组成。分选床由带风孔的床面、背板、格条和排料挡板组成；机架包括支撑架、纵向横向调坡装置、减振弹簧等；振动机构包括振动电动机等；供风系统包括风管、手动风门和空气室等；集尘装置包括吸尘罩等，其结构如图 5-19 所示。

物料给入梯形的分选床后，在风力和振动力的共同作用下，物料按密度分层。由于振动力垂直于床面的长度方向，床面底部物料向背板方向运动，受背板的阻挡，折而向上运动，上面的低密度物料在向上运动物料的推力和重力的联合作用下，从排料边排出。矸石等高密度物料逐渐移动到矸石排料端排出，从而完成分选过程。在排料边，从精煤、中煤到矸石产品的灰分逐渐增高，可出多种产品(图 5-20)。

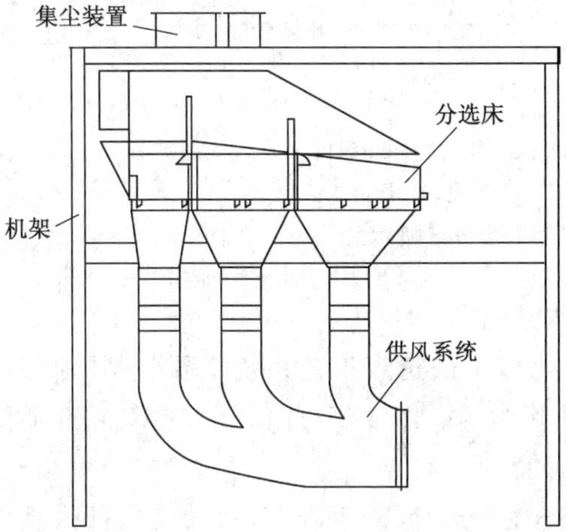

图 5-19　FGX 型干选机结构示意图

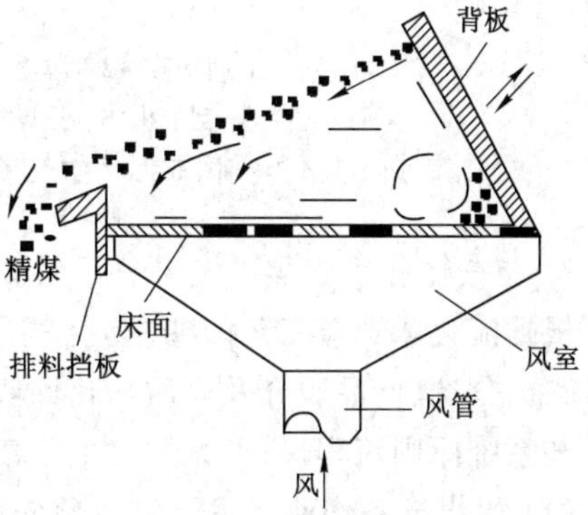

图 5-20　FGX 型干选机分选过程

三、空气重介质流化床干法分选

空气重介质流化床干法分选技术是选煤领域里的一种新型的高效干法分选技术。不同于传统的风力分选，它以气固两相流作为分选介质，可以准确地将物料按密度分离，其分选效果与湿法重介选相当，是一种很有前途的分选方法。

1. 空气重介质流化床干法分选机

我国研制的空气重介质流化床干法分选机是物料完成干法分选、分离的主要设备，其结构示意图如图 5-21 所示。该机由空气室、气体分布器、分选室和产品运输刮板装置等部分组成。物料在分选机中的分选过程是：经筛分后的 50～6 mm 块状物料与加重质分别加入分选机中，来自风包的具有一定速度的有压气体经底部空气室通过气体分布器均匀作用于加重质而发生流化作用，在一定的工艺条件下形成具有一定密度的均匀稳定的气固两相流化床。物料在流化床中按密度分层，小于床层密度的物料上浮，称为浮物，大于床层密度的物料下沉，称为沉物。分层后的物料分别由低速运行的无极链刮板输送装置逆向输送，浮物如精煤从右端排料口排出，沉物如矸石或尾煤从左端排料口排出；分选机下部各风室与供风系统连接，设有风压与各室风量调节及指示装置。分选机上部与引风除尘系统相连，设计引风量大于供风量，以使分选机内部呈负压状态，可有效地防止粉尘外逸。

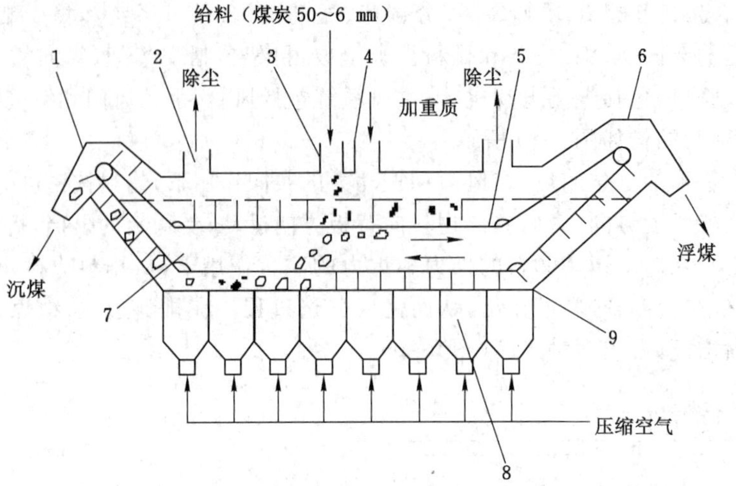

1—排矸端；2—集尘口；3—原料入料口；4—介质入料口；
5—刮板机；6—排煤端；7—流化床；8—气室；9—压链板。

图 5-21　空气重介质流化床干法分选机示意

2. 空气重介质选煤工艺系统原则流程及工艺系统

根据流化床选煤工艺的要求，空气重介质流化床干法选煤工艺系统主要包括：原煤准备、筛分、分选、产品脱介及介质净化回收、供风及除尘等。图 5-22 为 50 t/h 空气重介质选煤工艺系统原则流程。

(1) 原煤准备作业。主要包括预先筛分、检查性手选、破碎等环节，目的是保证入选上限，除去铁器、杂物、过大块矸石，保障后续作业正常工作。

(2) 筛分作业。筛分作业的任务一是保证入选煤的粒度；二是降低入选煤的外在水分。空气重介质流化床要求入选煤的外在水分小于 5%。

(3) 分选作业。50~6 mm 粒级煤进入空气重介质流化床分选机，加重质也进入分选机，它们分别用电振给料机和叶轮给料机均匀给入。由供风系统向流化床提供压缩空气，分选机上部接引风除尘系统。要保证流化床的均匀、稳定，必须设置风量和风压的调节装置和显示仪表。分选机的给料要沿床宽均匀给入，给煤量和介质量应连续可调。为保证稳定的分选效果，必须设置密度测量与自动控制装置。

(4) 产品脱介及介质净化回收。分选机排出产品中带有一定量介质，必须设置产品脱介作业，用于分选产品与介质的分离。流化床分选机工作过程中，不断有煤粉带入和产生次生煤粉，由于介质系统中煤粉的积累会降低分选密度，并造成分选环境恶化，为使分选密度稳定，多余煤粉必须排除，这一工作由干式磁选机完成，使排出的煤粉量等于带入的煤粉量，系统处于动态平衡状态。

四、细粒煤干法分选技术

随着煤炭开采技术的发展，细粒煤含量不断上升。由于粒度降低，细颗粒沉降速度受粒度影响权重增加，从而限制了干法分选的效果，导致干法分选入料下限高，无法实现全粒级分选，严重阻碍了我国干旱缺水地区与易泥化煤炭的大规模洁净化分选提质。因此，细粒煤的高效洁净利用是煤炭行业节能减排、实现可持续发展的重要环节。

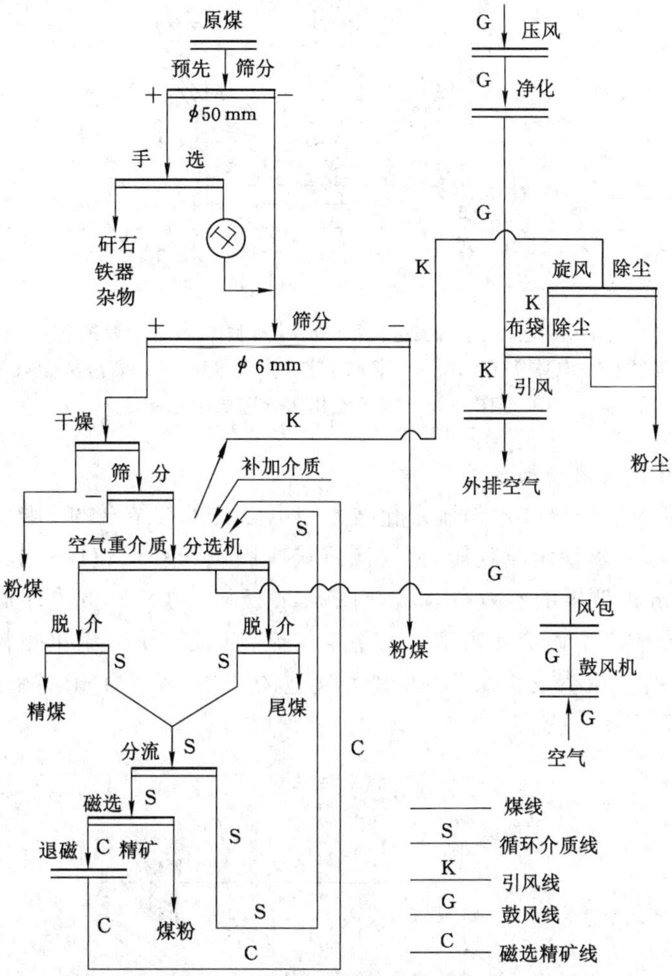

图 5-22　50 t/h 空气重介质选煤工艺系统原则流程

细粒煤干法分选技术主要有振动流化床干法分选技术、磁场流化床干法分选技术、脉动流化床干法分选技术和微粉煤摩擦电选技术等。

1. 振动流化床干法分选技术

振动流化床干法分选技术是将振动能量引入到气固分选流化床中，形成振动流化床，增强气-固、固-固间的接触，抑制气泡生成长大，使气体分布更加均匀，从而强化细粒煤炭按密度分选的技术。振动流化床分选机组成如图 5-23 所示，其工作原理是：将具有一定粒级的固相加重质颗粒放入分选室，引入振动及气流，使固相加重质流态化，形成具有一定密度的均匀稳定的微泡流化床（即分选介质），被分选煤炭由入料仓均匀给入分选室，由于振动及补加介质的溢流作用，被分选煤炭逐步分散移动，与此同时，被分选煤炭不断按床层密度分层，密度大者下沉床底，密度小者上浮床面，水平方向的振动力及补加介质的溢流作用使得沉物和浮物连续移向排料端，从而实现同向自动排料，完成对煤炭的分选。在煤炭分选过程中，不断补加的固相加重质使得流化床层高度保持平衡，为连续分选作业提供了保证。

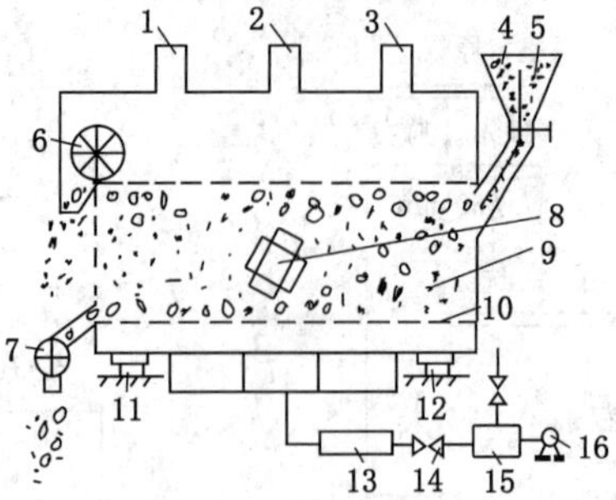

1,2,3—除尘口;4—煤仓;5—补加固相加重质仓;6—浮物拨轮;7—沉物拨轮;8—振动电动机;
9—流化床体;10—气体分布器;11,12—橡胶弹簧;13—流量计;14—阀门;15—风包;16—风机。

图 5-23　振动流化床分选机示意图

2. 磁场流化床干法分选技术

磁场流化床干法分选技术是流态化技术与电磁技术相结合的产物。将磁场引入空气重介质流化床,形成磁稳定流化床,使得床层兼有固定床和流化床良好的流化特性,进而实现 6～0.5 mm 细粒煤的有效分选。如图 5-24 所示,均匀分布的外加磁场能有效地抑制流化床中气泡的产生而形成密度均匀稳定的流化床层,使得流化颗粒沿磁力线定向排列,增加了床层的空隙率及膨胀率,抑制了气泡的产生,促进了床层密度的稳定性,改善了分选效果。

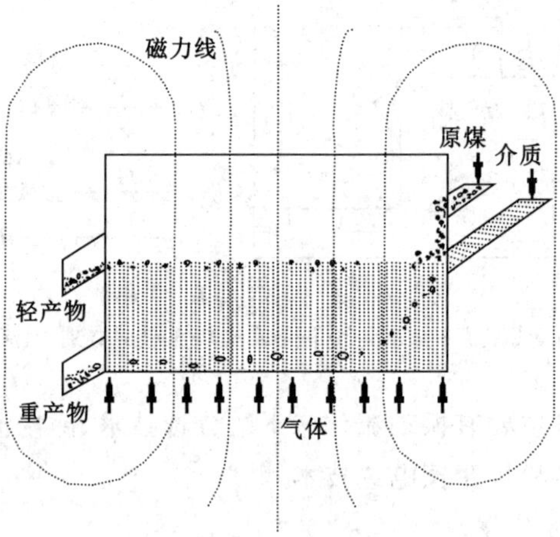

图 5-24　磁场流化床分选原理图

3. 脉动流化床干法分选技术

脉动气流分选是 20 世纪 80 年代后期提出的一种气流分选方法,是将干法重介质流化床的持续气流变为周期性变化的脉动气流,实现在分选流化床中引入气流振动能量,从而减小气泡尺寸、改善流化质量、增强床层密度的均匀稳定性。脉动气流的引入,可以有效地调控流化床中的颗粒流化行为,使加重质颗粒形成均匀稳定的流化床层,具有似流体性质。当细粒原煤给入床层后,在脉动气流的作用下,细粒煤根据自身密度差异实现分层,低密度精煤受到床层的浮力及曳力作用向上部运动,高密度矸石沉入床层下部,最终实现高效干法分选。

脉动流化床的介质可有两种形式进入床层中，一种是纯脉冲流（跳汰），另一种则是脉冲流加入连续恒定的稳流。仅有脉冲作用的流化床称为脉动间歇流化床，而称脉动流体与恒定流体共同作用的流化床为脉动连续流化床。

第四节　智能分选技术

目前，人工智能已在多个国家上升为国家战略。在选煤领域，包括设计、管理、控制等环节均极其复杂，依靠传统的人员分析、处理和决策，很难使设计达到最合理、管理达到最优、控制达到最佳。人工智能技术正适合处理这种复杂问题，在过去的 20 年人工智能技术已经渗透到选煤领域。

一、智能光电分选

近年来，智能光电分选技术已成为国内外的研究热点之一，主要分为 X 射线、γ 射线以及色差智能识别。目前，智能干法分选机主要采用射线智能识别方法，利用煤和矸石在不同波长的光源照射下（γ 射线、X 射线、紫外、可见、红外等）具有不同的反射、透射、散射、荧光等特征，从而针对不同的煤质特征建立与之相适应的分析模型，通过大数据分析对煤与矸石进行数字化识别。

智能光电分选技术可用于分选 300～25 mm 块煤，主要用于大块煤的排矸，代替人工拣矸、动筛排矸，单机最大处理能力为 380 t/h。目前，已开发出的智能干法分选机有 TDS 智能干选机、GDRT 煤矸智能分选机。

1. TDS 智能干选机

TDS 智能干选机主要由给料系统、布料胶带、识别装置、电磁阀执行机构、供风系统、除尘装置、配电系统、控制系统等组成，如图 5-25 所示。

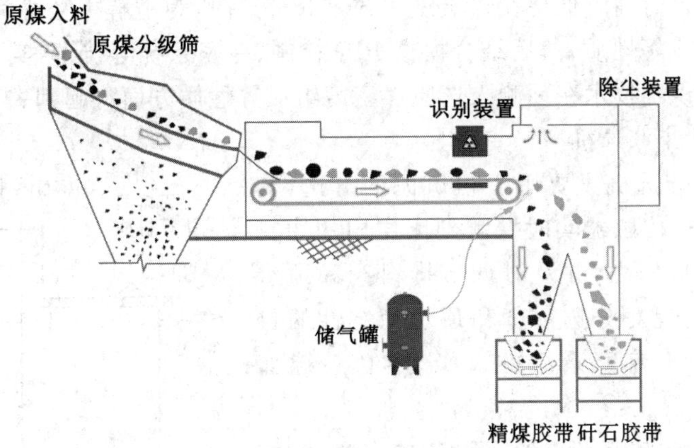

图 5-25　TDS 智能干选机结构示意图

运行时，物料通过布料筛均匀排列在布料胶带上，块煤和矸石经过 X 射线识别装置时，采用智能识别方法，通过大数据分析，针对不同煤质特征对煤与矸石进行识别与分选。物料通过分选室时执行机构分析识别结果，开启对应的高频电磁阀，通过喷吹识别出其中的矸石，在高压风作用下，矸石运动轨迹发生变化，最终进入矸石溜槽，并采用负压除尘方式对运行时分选室高压风产生的粉尘进行收集。

智能干法分选机对块煤的分选精度较高，可简化工艺流程，减少人力投入。天津美腾科技股份有限公司研发的 TDS 智能干选机适用于 10～500 mm 粒级的煤炭分选，分选精度与水洗跳汰相当，煤中带矸小于 3%，矸中带煤小于 3%；具有自动化程度高、系统简单、投资少、建设周期短、运行成本低等优势。

2. GDRT 煤矸智能分选机

GDRT 煤矿智能分选机是基于煤和矸石对 γ 射线的衰减差异实现煤、矸识别，并通过计算机控制，利用高压气将识别的矸石剔除的分选设备。

GDRT 煤矸智能分选机的分选原理：一定粒度范围的块状煤矸在输送带上，经过排队器顺序排队，依次经过 γ 射线和传感器构成的检测点。传感器获得信号经处理后，由计算机依据识别数学模型进行运算，得到反映物料真密度的特征值，将此特征值与预先设定的判断值进行比较，则可判定煤、矸。当判定为矸石的物料脱离胶带端点下落时，打开相应的气阀，高压气流冲击在矸石上，使之偏离原轨迹，落入矸石料斗；无矸石，气阀不动作，煤块按原轨迹运动，落入料斗。

与目前国内外普遍采用的水洗和风选技术相比，GDRT 煤矿智能分选机具有如下特点：不消耗水资源和其他介质；建设投资少、占地面积小、建设周期短；自动化程度高，系统操作简单，维护方便；分选效率高，矸石一次净选率大于 85%，选后矸中带煤小于 3%；可分选的煤种广，对各煤种排矸均能适应，环境适应性强；易于调整，只需一个预设数值就可以改变识别阈值，可以灵活地根据需要决定夹矸的去留。

二、智能控制分选

当前国内外煤炭分选过程中，分选密度的调控均依据工作人员的快灰、快浮试验结果。而实验数据的获得往往需要较长时间，从而造成信息反馈的滞后，影响分选控制的效果，造成分选后精煤质量时高时低。在煤炭跳汰或重介分选时，为了解决上述问题，关键要预知入选原煤的密度组成等性质，然后结合模糊 PID 控制、专家系统等技术，实现煤炭重选的全自动化分选。图像识别技术在预测入选原煤密度组成等性质方面将起到关键作用。

1. TBS 干扰床分选机

TBS 干扰床分选机主要用于粗煤泥的分选，其专家控制系统通过传感器实时探测到床层内的物料密度和顶水进水口压力，并及时调节排料阀和顶水进水阀的开度，实现对分选密度和顶水稳定性的自动准确控制。基于专家系统的 TBS 控制系统如图 5-26 所示。

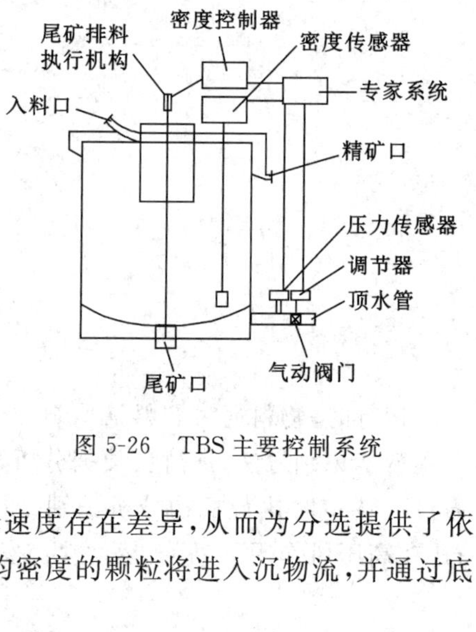

图 5-26　TBS 主要控制系统

其分选过程为：矿浆切向给入设备的入料井，按预定的压力和流速由泵将水打入分选机底部的分配器，通过紊流板均匀分布到干扰床分选机底部，形成向上的扰动水流，下降的物料与上升水流相遇而形成干扰层或称沸腾床层。入料中的颗粒在分选机中做干扰沉降运动，由于颗粒之间密度的不同，干扰沉降速度存在差异，从而为分选提供了依据。当达到稳定状态时，入料中密度高于干扰床层平均密度的颗粒将进入沉物流，并通过底部的排料口排出。排料阀门由干扰床层内的密度传感器发出的信号控制。

TBS干扰床分选机因其结构简单、控制精确、分选效果优良而使原煤预先脱泥成为可能，其最大的特性在于不用任何介质和药剂，只用循环水即可对煤泥进行有效分选，它的成功运行大幅度减少了进入后续重介质系统的煤泥量，一般可使重介质系统处理量提高20%，介质消耗降低40%，从而提高精煤产率，并可降低浮选处理量，稳定介质密度控制。

2. TCS粗煤泥分选机

TCS粗煤泥分选机是天津美腾科技股份有限公司在TBS基础上自主创新研制出来的一种新型的智能粗煤泥分选设备，主要由驱动装置、智能干扰装置、行走平台、分选筒体、入料桶、密度计、顶水喷嘴、底流箱等组成，主要构造见图5-27。

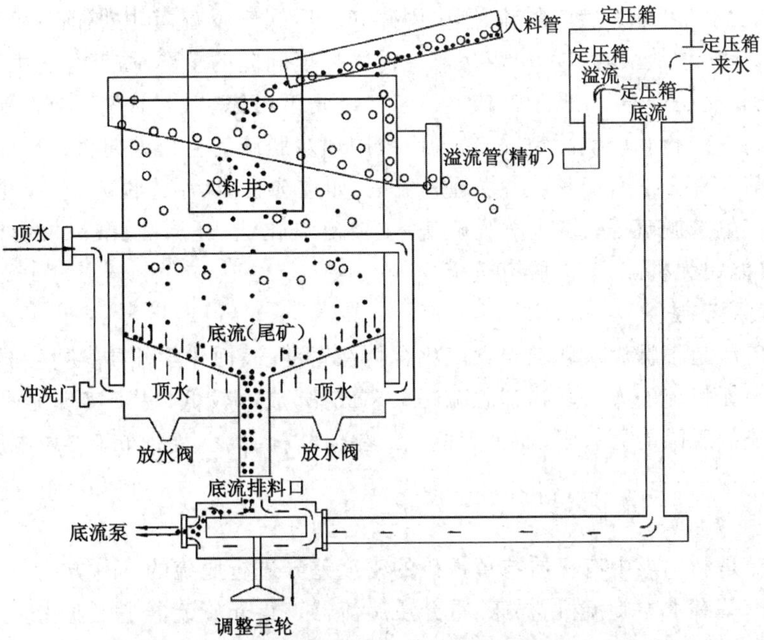

图5-27　TCS粗煤泥分选机结构图

该分选机可以对3～0.3 mm的煤泥实现高效分选，克服了传统TBS干扰床分选机不适宜高密度排矸的弊端，适合于现有选煤工艺要求的宽级别粗煤泥分选。TCS粗煤泥分选机依靠上升水流与智能干扰器共同作用，根据物料粒度的不同或密度的不同把物料分为两部分。它和TBS干扰床分选机一样通过使上升水流和物料流互相干扰，从而在槽体内产生稳定的"干扰床层"。当入料颗粒以一定的速度沉降时，水流通过槽体以一定的速度上升，颗粒沉降速度与上升水流速度相等的那些颗粒就会悬浮在槽体中，形成干扰床层，并在干扰床内产生自生介质，进而产生"干扰沉降"的情况。和TBS干扰床分选机一样，入料中密度大于干扰床层密度的颗粒将克服上升流的作用、穿透床层向下运动成为沉淀物，但是排料过程中，最终在尾矿泵的作用下通过底部排料口排出。排料系统根据起分选作用的床层内的密度传感器发出的信号控制，主要依靠控制尾矿泵频率和定压补水阀门开度控制沉淀物排放量，达到控制分选床层密度的目的。

TCS粗煤泥分选机和TBS干扰床分选机有着相同的分选原理和相似的构造，但是

TCS粗煤泥分选机以其独特的排料装置和干扰装置实现了分选效果的提高和分选范围的扩大，克服了TBS干扰床分选机在尾矿排量少时梭阀易堵塞、尾矿排料不连续的技术难题，实现了尾矿持续、稳定排料，提高了设备可靠性和分选稳定性，具有推广价值。

第五节 煤炭脱硫技术

煤炭是世界上储量最丰富的化石能源，煤炭中的硫在燃烧过程中会转化成为SO_2、SO_3及其他硫化物，不仅造成生态环境的破坏，而且危害人的健康，因此煤炭脱硫是实现煤炭清洁利用的重要环节。

煤炭脱硫技术可分为燃前脱硫、燃中固硫和燃后烟气脱硫，其中燃前脱硫处于煤炭燃烧利用的前端，是一种从根本上解决煤炭燃烧污染环境问题的重要举措，可大大减轻燃煤设备的腐蚀，延长其使用寿命，降低生产成本。从经济角度考虑，以燃前脱硫成本最低，燃后烟气脱硫成本最高。结合我国实际情况，短期内我国煤炭脱硫的主攻方向将以燃前脱硫为主。

煤的燃前脱硫方法有三种：① 物理脱硫法，如重选脱硫、浮选脱硫、选择性絮凝、造粒分选、磁选脱硫、电选脱硫等；② 化学脱硫法，主要有氧化法、还原法、酸碱浸提法等；③ 生物脱硫法，不仅能脱无机硫，也能脱有机硫。

一、物理脱硫法

物理脱硫法是根据煤炭颗粒与含硫化合物在密度、表面化学性质、磁性和导电性等的差异而去除煤中无机硫的方法。物理脱硫法工艺成熟，成本较低，易于实现工业化生产；但缺点是对有机硫的脱除能力有限，而且无机硫的晶体结构、大小及分布等会影响脱硫效果和煤炭回收率。

1. 重选脱硫

重选脱硫是利用煤中有机质与黄铁矿的密度差异进行脱硫的一种方法。目前重选脱硫一般使用的设备有水力旋流机、摇床、重介质旋流器。重介旋流器是工业化应用的主流设备之一，在工程应用中的占比超过60%。重介质旋流器可分选的粒度范围为0.045～50 mm，降灰脱硫效果较好，可有效脱除煤中以团聚态存在的黄铁矿硫，但难以脱除较小细粒和显微粒镶嵌形态的无机硫化物及共价键结合的有机硫化物。该方法成本低、处理量大、污染小，但局限性也比较大，几乎不能脱除有机硫，对颗粒较细的煤炭脱除效果也不好。

2. 浮选脱硫

浮选脱硫是利用煤和硫铁矿表面物理化学性质差异进行脱硫的一种方法。

0.5 mm以下粒级的煤常采用浮选法进行降灰脱硫，在煤炭分选应用中占比10%以上。抑制剂是浮选法脱硫的关键，可大致分为无机类和有机类，其中研究较多的有石灰、水玻璃、巯基乙酸、联苯三酚等。邵绪新等以南桐煤为研究对象，采用巯基乙酸为抑制剂进行浮选试验，浮选后煤中硫的脱除率为50.4%，其中黄铁矿硫的脱除率达到63.0%；付晓恒等采用疏水絮凝浮选法处理淮北张庄煤，实现了72.9%的脱硫率。

3. 磁选脱硫

纯煤是逆磁性物质，而煤系黄铁矿及部分灰分矿物质是顺磁性物质。煤中主要矿物的比磁化率见表5-2。

表 5-2　煤中主要矿物的比磁化率

组　分	比磁化率/(m^3/kg)	组　分	比磁化率/(m^3/kg)
黄铁矿	3.4×10^{-9}	方解石	12.0×10^{-9}
磁黄铁矿	强磁性	黏土	$(250\sim490)\times10^{-9}$
褐铁矿	700×10^{-9}	页岩	$(490\sim570)\times10^{-9}$
菱铁矿	$4\ 000\times10^{-9}$	砂岩	$(180\sim250)\times10^{-9}$
铁的硅酸盐	$1\ 260\times10^{-9}$	煤	-5.0×10^{-9}

受磁选技术发展状况的限制，早期细粒煤磁选研究大都采用的是低磁场强度和低磁场梯度的磁选设备，通过试验人们认识到：要得到良好的磁选脱硫效果，必须做到以下两点：① 将煤细粉碎使得其中的硫化矿物质等充分解离；② 磁选前采用煤系矿物磁性强化技术以增大硫化矿物的比磁化率。曾经尝试过煤系矿物磁性强化方法有：热处理法、氧化还原法、介电加热法、磁性接种和微波辐照法等。

20 世纪 50 年代中期，Jones 提出了“多层感应磁极”，之后一个偶然的场合，Kolm 把不锈钢毛引入磁选机的分选室中，从而开辟了高梯度磁选的新天地。

高梯度磁选技术问世之初，国外有关专家就预测 1995 年以后磁法脱硫必定商品化，到 2000 年磁选脱硫法将是燃煤脱硫的主要工艺之一。然而，到目前为止，虽然实验室研究开展得比较广泛和深入，但真正的工业性应用却并未出现。其中存在的主要问题有：① 由于黄铁矿的磁性较弱和煤结构及组成的复杂性，现有的高梯度磁选设备并不适用于煤和黄铁矿的分离；② 大多数研究采用的是周期式（批处理形式）的高梯度磁选机，连续生产的半工业性试验很不成熟；③ 缺乏洁净、高效、经济的选前黄铁矿表面磁性强化技术；④ 就湿法高梯度磁选而言，煤浆浓度仍然偏低；而干法磁选仍未很好地解决微粉煤的黏结成团现象，二者的处理量均很低，不能满足大规模工业化生产的需要。

4. 电选脱硫

由于微粉煤的摩擦静电分选不用水和药剂，不存在脱水问题，因此工艺较为简单，美国、意大利、加拿大、澳大利亚和我国都先后开展了摩擦静电选煤的研究并在理论和实践上取得了一定的成果。美国的匹兹堡能源技术中心（PETC）和现代能源动力有限公司（CAED）对许多不同地区的煤进行了分选试验研究，结果表明用该方法能使煤中黄铁矿的脱除率达到 75%～88%，脱灰率可达 88%，可燃体回收率达 70%～80%。加拿大西安大略大学应用稀相回旋分选机进行煤的分选试验，黄铁矿的脱除率为 47%，脱灰率为 68.6%。中国矿业大学在国内率先进行了微粉煤摩擦电选技术的研究工作，取得了较为满意的研究结果，应用该项技术可以制备出灰分小于 2%的低灰精煤，黄铁矿硫脱除率达到 50%～85%，目前正在进行工业性试验。

图 5-28 是微粉煤摩擦电选的原理图。煤和矿物质颗粒在气流夹带作用下通过摩擦器，颗粒与摩擦器壁及颗粒与颗粒之间相互碰撞摩擦使得煤中的有机质和矿物质颗粒分别带上极性相反的电荷，然后带电颗粒群被引入高压电场中，在电场力作用下，有机质和矿物质颗粒因带电极性不同分别被吸引、吸附到极性相反的极板上，从而实现两者的分离。

摩擦电选的影响因素主要有电压、风量、粒度、湿度等。微粉煤摩擦电选技术的主要缺点是对不同煤种的适应性差、分选过程易受空气湿度影响和分选上限偏低等，此外，由于煤

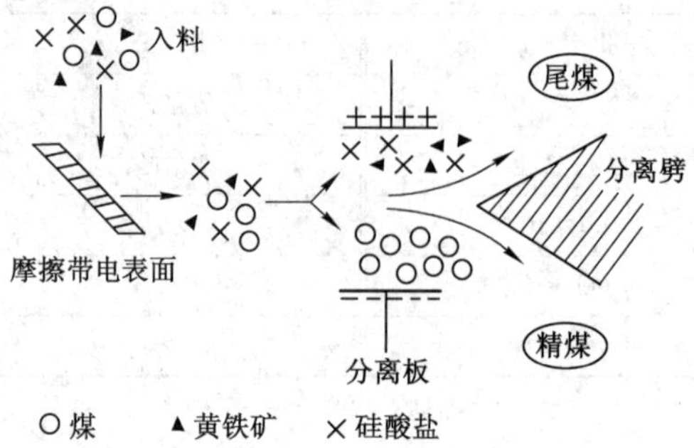

图 5-28 摩擦电选原理图

中各组分微粒在摩擦带电器中的带电环境和带电过程的复杂性，许多情况下颗粒的带电机理尚未得到充分认识。

二、化学脱硫法

化学脱硫法的原理是利用强碱、强酸和强氧化剂把硫氧化或把硫置换而达脱硫目的的方法。目前已有的化学脱硫工艺主要有：碱处理脱硫法、化学氧化脱硫法、溶剂萃取脱硫法、电化学脱硫法等，可以脱除大部分无机硫（不受硫的晶体结构、大小和分布的影响）和相当部分的有机硫，但是必须在高温、高压并使用腐蚀性沥滤剂以及一定的酸碱条件下进行，对煤的性质影响较大，如引起煤的黏结性变差、发热量降低等，同时因过程能耗大、设备复杂，因此未能投入实际工业应用。

1. 碱处理脱硫法

碱法脱硫是指采用碱类化学品在一定温度、压强条件下进行化学反应，将煤中的不溶性硫转化为可溶性的含硫物质，从而实现硫分有效脱除的方法。根据所用碱的种类和处理方式条件的不同，碱处理脱硫法可分为 MCL 法、F-L 法、微波加热 MCL 法、稀碱溶液浸提脱硫法等。

2. 化学氧化脱硫法

根据所用氧化剂种类的不同，化学氧化脱硫法有数十种，主要有过氧化氢＋醋酸氧化法、Meyers 法、氯氧化法、次氯酸钠氧化法、高锰酸钾氧化法等。

3. 溶剂萃取脱硫法

溶剂萃取脱硫法的脱硫率不如碱处理脱硫法和化学氧化脱硫法高，但对煤的化学破坏轻，且相对比较经济。根据萃取条件的不同分为超临界萃取和溶剂萃取，常用的有机溶剂有四氯乙烯（PCE）、乙醇、三氯乙烷等。以四氯乙烯效果最优，可有效脱除 30%～70% 的有机硫。四氯乙烯萃取工艺对煤中有机硫脱除有很好的选择性，在脱除有机硫时，基本上不影响煤中的碳氢化合物和矿物质的含量，对煤有机质的化学特性破坏甚微，这是四氯乙烯脱硫的突出优点。燃烧含有四氯乙烯的煤，会排放氯气，因此四氯乙烯溶剂的回收使用不仅有重要的经济意义而且有重要环境意义。

溶剂萃取脱硫的关键在于萃取溶剂的开发，复合溶剂的萃取脱硫效果比单种溶剂更佳。由于煤中含硫有机组分和结构可溶解于多种有机溶剂，且目前能够定向与含硫官能团反应而不与其他组分作用的溶剂尚未被研发，萃取脱硫机理研究欠缺，脱硫主、副反应无法确定，过程损耗和污染控制等均为工艺开发过程中亟待解决的问题。

4. 电化学脱硫法

电化学脱硫从原理上可分为氧化法脱硫和还原法脱硫，由于还原法脱硫成本过高，因此多采用氧化法进行脱硫。煤中各形态硫化物在阳极发生氧化反应转化为硫酸盐，再进行脱除即为电化学氧化脱硫，其应用的电解质可分为酸性体系和碱性体系。碱性条件下电化学脱硫导致精煤灰分增长40%～70%，极大程度限制了后续转化利用。酸性条件下电化学氧化脱硫过程条件温和，HCl为常见酸性电解质，试验煤样粒度<0.5 mm，最佳工艺条件下的全硫脱除率最高可达76.2%，其中无机硫脱除率为70%，有机硫脱除率为44%。

化学脱硫法可有效脱除无机硫和一部分有机硫，但化学脱硫法的反应条件多为高温、高压和强氧化-还原氛围，需使用不同的氧化剂，因此设备成本及操作费用较高，同时需注意化学脱硫的反应条件会改变煤的大分子结构、破坏炼焦煤的黏结性等特性，限制了煤脱硫净化后的用途。此外，无论是化学溶剂萃取还是酸碱等条件下的脱硫，在工业化应用中均面临药剂损失和环境污染等问题，其治理成本可能将远高于所得收益。

三、生物脱硫法

生物脱硫的原理是利用特定微生物能够选择性地氧化有机硫或无机硫的特点，去除煤中的硫元素的方法，生物脱硫法包括浸出和表面氧化等方法。生物脱硫的优点是既能专一地脱除结构复杂、嵌布粒度很细的无机硫（如黄铁矿硫），同时又能脱除部分有机硫，且反应条件温和、设备简单、成本低。其中煤炭生物脱硫是应用于煤炭工业的一项生物工程新技术。虽然生物脱硫尚存在一些缺点，如传统脱硫细菌生长慢、脱硫时间长等。但与物理法、化学法相比，生物脱硫以其能耗小、成本低、清洁高效等优点，对提高高硫煤利用率和减少大气环境污染具有重要意义，目前已成为国内外煤炭脱硫研究开发的重点。

1. 用于煤脱硫的微生物种类

用于煤脱硫的微生物主要有三种基本类型：① 喜温微生物，在环境温度下或稍高些温度下生长的嗜酸微生物，例如某些硫杆菌类；② 喜热微生物，在相当高的温度下生长的嗜酸微生物；③ 变种的土壤细菌，在环境温度和大约中性条件下生长的微生物，例如美国大西洋研究公司开发的突变体种 CB_1 等。

2. 微生物脱除煤中硫的机理

图5-29为微生物脱硫机理示意图。微生物脱除煤中硫的机理大致可以分为直接氧化、间接氧化和助浮脱硫三大类。

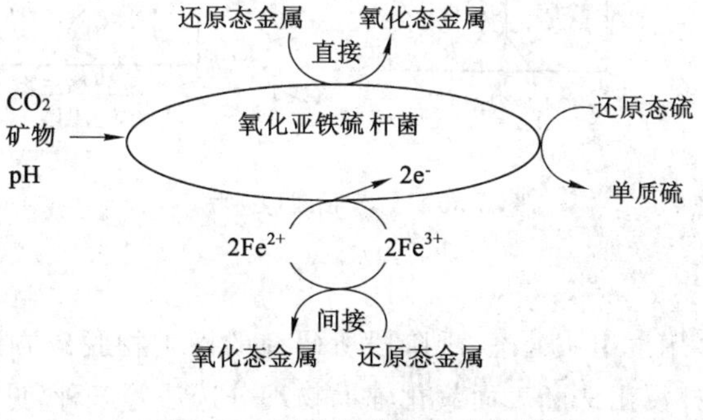

图5-29　微生物脱硫机理示意图

(1) 直接氧化

直接氧化是指细菌的细胞与黄铁矿固体基质之间直接接触而发生的生物化学氧化过程,反应式如下:

$$2FeS_2 + 2H_2O + 7O_2F \longrightarrow 2FeSO_4 + 2H_2SO_4$$

可溶性硫酸亚铁在酸性条件下,依赖细菌可以快速地氧化成硫酸铁,其速度是空气氧化的 500~1 000 倍。

$$4FeSO_4 + O_2 + 2H_2SO_4 \longrightarrow 2Fe_2(SO_4)_3 + 2H_2O$$

(2) 间接氧化

间接氧化是指用细菌氧化硫酸亚铁的代替产物硫酸铁并对黄铁矿进行化学氧化的过程。即上述反应方程式中细菌氧化硫酸亚铁生成的硫酸铁,再与黄铁矿反应生成硫酸亚铁和元素硫。

$$FeS_2 + Fe_2(SO_4)_3 \longrightarrow 3FeSO_4 + 2S$$

生成的硫酸亚铁又继续被细菌氧化成硫酸铁,生成的元素硫则被细菌转化成硫酸,从而使浸出液的 pH 值不断下降,甚至低于 1.0。

$$2S + 3O_2 + 2H_2O \longrightarrow 2H_2SO_4$$

一般来说,细菌氧化黄铁矿体系中,直接作用与间接作用总是交替或同时进行的,在不同的反应阶段,两者的表现会有强弱的不同。

(3) 助浮脱硫

图 5-30 为助浮脱硫原理示意图。将微生物加入煤泥水溶液中,由于微生物只附着在黄铁矿颗粒表面,黄铁矿表面由疏水性变成亲水性。而与此同时,微生物却难以附着在煤颗粒表面,而使煤粒仍保持疏水性。由于微生物能选择性地黏附在煤和黄铁矿表面,故能利用微生物通过浮选从煤中脱硫。

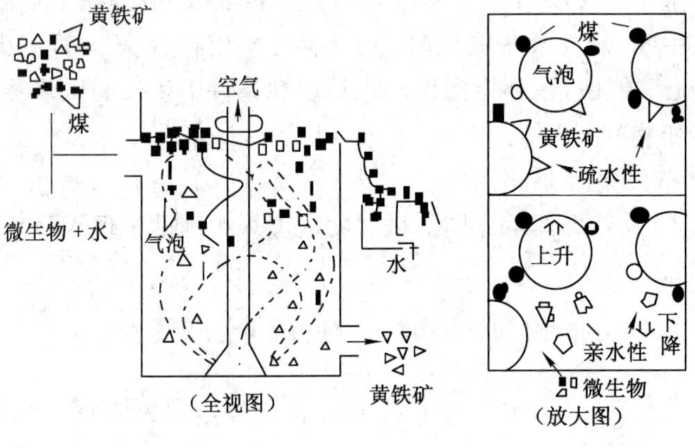

图 5-30 助浮脱硫原理图

3. 微生物脱硫的方法

煤的微生物脱硫多用浸出法处理,现阶段所研究的微生物脱硫方法中最有前途的有渗滤堆浸法、压缩空气搅拌浸出法和表面氧化辅助物理分选法等三种,见表 5-3。

表 5-3　微生物脱硫法的分类

方　法	渗滤堆浸法	压缩空气搅拌浸出法	表面氧化辅助物理分选法
可除去硫的形态	有机和无机	无机和有机	无机
特　点	设备简单， 操作简单	微生物和煤的接触频率高； 二氧化碳、氧的供给率良好	反应时间短；酸性废液的产量少； 可使用现有设备

所谓渗滤堆浸法就是将含有微生物的水喷淋到堆积的煤上，水在浸透煤粒间隙的同时将硫浸出。这种方法不需要高价的设备和复杂的操作程序，但浸出处理时间较长，只适于在贮藏日期很长的煤堆场进行。

压缩空气搅拌浸出法一方面利用压缩空气将反应槽中的煤和含有微生物的浸出液一起进行搅拌处理，另一方面可迅速为微生物供给二氧化碳和氧。

表面氧化辅助物理分选法则是一种通过微生物的作用改变黄铁矿颗粒表面性质，进而利用泡沫浮选或油团聚从煤中脱除黄铁矿的方法。首次记载的细菌应用于物理脱除黄铁矿就是在油团聚过程，它利用细菌调浆使煤中硫降低了 50%。这是黄铁矿表面氧化以及细菌在短时间（约为 30 min）内直接接触黄铁矿表面作用的结果，破坏了黄铁矿表面的疏水性。同样，在细菌作用下，泡沫浮选工艺也能改善黄铁矿的脱除量，而煤的回收率没有显著降低。总的来说这类方法只需将黄铁矿颗粒表面氧化即可强化物理脱硫效果，所以它具有比前两种浸出法处理时间短的优点，但仅适用于无机硫的脱除。

4. 微生物脱硫的影响因素

（1）煤的粒度和黄铁矿颗粒分布

由于黄铁矿硫是以分散的夹杂物形式存在于煤中的，细菌的氧化作用发生在颗粒表面，故煤的粒度是影响黄铁矿溶解速度的主要因素。此外，煤中黄铁矿颗粒大小的分布也十分重要，因为其脱硫反应速度取决于黄铁矿的颗粒大小，这就是说细菌氧化作用的速度受化学物质扩散到煤的基体内部（和扩散出来）的速度以及黄铁矿颗粒表面积两个因素控制。因此，煤中黄铁矿颗粒大小的分布决定了煤的生物浸出脱硫率及脱硫反应的速度。大量研究结果表明：煤的粒度愈细，黄铁矿的溶解程度和溶解速度愈大，但是在生物脱硫前将煤磨得极细会给后期回收与加工带来困难。

（2）温度

一般细菌能在 −18～105 ℃下繁殖，但用于脱除煤中硫的微生物繁殖温度的范围却很窄，如喜温的氧化亚铁硫杆菌脱硫最佳温度为 28～35 ℃，高于 50 ℃时，细菌的繁殖受到了抑制。由于黄铁矿的生物氧化反应是放热反应，常使煤堆温度超过 60 ℃，故煤的生物加工需采用冷却设备。应用喜热的硫杆菌、硫化叶菌和硫化叶菌属，脱硫温度为 50～75 ℃，因温度高，脱硫速率大大加快，而且不需冷却装置，但可能会带来较严重的设备和材料的酸蚀问题。

（3）pH 值

反应体系的 pH 值是煤生物脱硫的一个重要参数。许多脱硫微生物耐酸性范围为 pH＝1.0～5.0，pH 值太高将影响微生物繁殖，从而影响脱硫过程；另一方面，pH 值也是控制铁沉淀的一个重要参数，pH≤3.0 时铁不会发生沉淀。实验结果表明，喜温氧化亚铁硫杆菌繁殖的最佳 pH 值范围为 2.0～3.5；而喜热的硫化叶菌属最佳繁殖的 pH 值为 2.0～

3.0，恰好与它们的最大脱硫作用 pH 值相吻合。

(4) 气体 O_2 和 CO_2

用硫杆菌和硫化叶菌使煤发生生物氧化反应而脱硫的过程中必须利用氧，氧是主要的电子终端接受体。氧化亚铁硫杆菌溶解氧的能力很强，有足够的氧用于煤的生物氧化脱硫。二氧化碳是氧化亚铁硫杆菌细胞繁殖时的主要碳源，但它对脱硫速率的影响尚无一致的结论。在以二氧化碳为主要碳源的生物繁殖体系中，可以通过升高压力来增加二氧化碳的溶解浓度。但是，高压氧对于硫杆菌的繁殖具有抑制作用，升高压力时应注意气体组成。在菌液再生池中进行菌液培养与再生过程中，因多数脱硫细菌嗜好酸气，一般用硫酸调节酸度，通入空气以供应氧和二氧化碳。此外，尚需适量地加入硫酸铵和磷酸铵作为氮源和磷源。通常用分析其中 Fe^{3+} 的含量或观测菌液颜色的方法控制菌液的再生程度。

与化学脱硫方法相比，煤的生物脱硫法不需考虑高温、高压或腐蚀等条件，因此不会过多地降低煤的使用性能，同时对降低生产成本和安全生产非常有利。但由于生化过程反应缓慢、时间长，微生物对温度要求极敏感等，工业化应用难度很大。同时从微生物脱硫的工艺过程来看，由于是在水溶液中进行的，迫使煤的粒度要求非常细，否则界面反应很困难，这就进一步增加了磨煤能耗和后续脱水处理作业的困难。今后应该在寻求适应能力强、脱硫率高、反应时间短的菌种和工艺过程简单的脱硫方法方面多下功夫。随着生物工艺学令人瞩目的发展，煤的生物脱硫正成为一项很有发展前途的洁净煤新技术。

第六节　煤岩分选及超纯煤制备技术

一、煤岩分离富集技术

目前，侏罗纪煤已成为煤炭资源生产和供应的重要组成部分，具有低硫、低灰、低磷、中高发热量等特点，是一种理想的动力用煤和化工原料。其精细加工和分质利用研究已成为近年关注的热点。侏罗纪煤的煤岩学特征相似，已发现侏罗纪低变质煤都有一个共同特征，即惰质组组分含量普遍较高，大多在30%以上，高含量的惰质组组分导致了煤的黏结性和成浆性能差，而且也导致煤的液化和气化性能降低，严重制约了侏罗纪煤的转化利用效率，并且由此产生严重的资源浪费和环境污染。因此，有效进行煤岩组分分离富集，实现不同煤岩组分的分质转化利用，将会有力促进侏罗纪高惰质组烟煤的绿色高效利用。

不同煤岩组分的组成和性质不同，其最适合的应用领域各异。如镜质组适用于轻质固体燃料、低灰锅炉燃料、液化原料、气化原料；惰质组适用于活性炭、石墨等碳材料的生产或作为化工原料等。因此，通过煤岩组分分选，获得高富集度的煤岩单组分后再加以利用，可以大大提高煤的利用和转化效率。煤炭分质利用是实现煤炭高效清洁转化利用的重要途径之一。

煤岩分选是指分离有机组分和矿物质的同时，进一步分离富集各煤岩单组分。由于大多数烟煤中壳质组含量很低，而且其工艺性质和镜质组相近。因此，一般煤岩分选研究主要集中在煤中镜质组分与惰质组分的有效分离富集上。

煤岩组分的表面结构性质对其分选具有决定作用，煤岩组分之间的差异是分选的基础。镜质组表面基团的 C—C、C—H 含量较高，C—O 含量较低；惰质组表面基团的 C—O 含量较高，而 C—C、C—H 含量较低。镜质组和惰质组在孔隙结构方面也存在较大差异。惰质组具有比镜质组更大的比表面积和孔容积；镜质组在微孔范围内，小尺寸孔隙相对集中，其平均孔径较小；而惰质组孔隙发达，孔径分布范围广，平均孔径较大。镜质组的孔隙以半封闭孔为主，连通性差，可浮性好；而惰质组的孔隙之间形态均匀，连通性较好，润湿性较好。

对煤显微组分的分离富集，几十年来，国内外已经做了大量研究工作。所有的分离方法大致可归纳为三类：即物理方法、物理化学方法和化学方法。其中物理方法包括重介质分选法、比重分离法、静电分选法、手选法等；物理化学方法主要为浮选法；化学方法主要包括氧化法，即用氧化剂氧化掉镜质组，其他抗氧化显微组分得以保留而富集。目前的分离方法主要集中在重选和浮选两个方面。

重选法在煤岩组分（特别是镜质组）解离粒度较大（通常大于浮选粒度上限）、赋存与分布状态简单、对分离产物单一煤岩组分含量要求不高的情况下具有独特优势，可以进行大规模的工业化富集（如采用工业型重介质旋流器分选侏罗纪烟煤），为煤化工等下游工业企业提供高品质原料，且可以明显降低富集成本。蔡昌凤等把重介质旋流器分选煤炭的方法应用到柠条塔煤的煤岩组分分选上来，结果表明：当精煤产率为67.75％时，镜质组含量可达79.83％，惰质组脱除率为51.40％。但其在解离粒度较小或煤岩组分赋存复杂时应用受限，在高纯度分离产物含量方面亦存在不足。重选法中的等密度梯度离心分离技术（DGC），是目前最通用的煤岩显微组分分离方法，但其局限在于所得物质数量较少，每次分离的样品仅为2 g。

浮选法是当前煤岩组分分离富集中具有工业应用前景的研究方向，在煤岩组分解离粒度较小的情况下，在已分离产物中单一煤岩组分含量和富集比提升方面存在较大优势。国内外学者也开展了诸多研究和探索，取得了一定的进展，但由于其在不同煤岩组分之间浮选选择性、分离效率等方面的局限，煤岩组分的分离一直处于实验室规模。其主要原因是煤岩组成复杂，不同煤岩组分的表面结构性质虽有一定差异，但受多种因素影响（如表面基团、孔隙类型及分布、Zeta电位等），致使煤岩组分之间差异不够显著，达不到高选择性分选。

近年来，以油泡为矿物颗粒浮选载体的新方法逐渐被学者们采用。与常规的气泡相比，活性油泡具有可以最大限度地减少无用矿物颗粒的活化；降低水相中分散的与无用固体上吸附的捕收剂用量；避免浮选药剂与矿浆中其他化学物质间的不必要的协同作用；可以在油-水界面获得较高的捕收剂分子局部浓度而提高其捕集能力；可通过目的矿物上的活性位点与油-水界面上捕收剂分子间的化学和（或）电化学作用，使活性油泡仅捕获目的颗粒，提高其浮选选择性等优点。

根据煤岩组分的结构与性质，煤岩组分中的镜质组和惰质组及其所组成的宏观煤岩成分之间在客观上确实存在一定的表面结构与性质差异，如表面主要活性位点等。这些差异恰好能够匹配油泡表面性质，通过油泡表面性质的调控，使活性油泡有选择性地只捕集一种煤岩组分颗粒。这为煤岩组分的高效分离富集从理论上提供了可能。活性油泡因矿化方式的改变，具有药剂消耗低、回收能力强、浮选选择性好等特点，具有比气泡更大的优势，通过调控油泡表面活性与煤岩组分表面活性位点进行的选择性矿化将更有利于煤岩组分的浮选。

二、超纯煤的制备

超纯煤，目前并无统一标准，有的认为灰分应低于2％～3％，有的认为灰分应低于0.5％，而大多数则将灰分定在1％以下。

超纯煤不但可以用于中小型燃油锅炉或中央空调等，而且更主要的是可以制备成精细水煤浆代替重油、柴油和天然气燃烧，可用于内燃机和燃气轮机、航空涡轮发动机等动力设备；另外，超纯煤还可应用于其他领域，如作为生产高档活性炭（低灰活性炭）、煤制炭黑、石墨电极、炭分子筛等各种炭素材料的原料；也可应用于整体煤气化联合循环（IGCC）发电技术、精密铸造和出口。超纯煤技术是目前全球最新煤炭深加工技术之一。

（一）超纯煤的用途

1. 燃油锅炉代油燃料

超纯煤制成的水煤浆，在中小燃油锅炉上直接代油燃烧有三大优点：一是锅炉无须改造；二是热值高（25 200 kJ/kg 以上），锅炉负荷出力基本不降低；三是环保达标。

采用超细粉碎技术，可将超纯煤加工成超细、超纯、高发热量的“准纳米煤粉”，可以作为一种“以煤代油”的新型固体燃料，在某些特殊领域，如内燃机、燃气轮机、国际工业等方面有着广泛的用途。

2. 化工厂重油造气的替换原料

超纯油水煤浆可以在重油造气的化肥厂直接替换造气原料，实现“油头改煤头”，原重油造气的设备在改为超纯油水煤浆造气时基本都可使用。用超纯煤制备的超纯油煤浆、超纯煤浆也称第二代水煤浆，与石油相比，这种燃料储存、运输安全，不易爆炸，可广泛用作火车头、军舰、船舶、汽车发动机、电站等的燃料。与常规水煤浆相比，它可免除或减少燃烧系统的改造，大大降低对泵、喷嘴等设备的磨损，有更好的环境效益和巨大的经济效益。

3. 整体煤气化联合循环（IGCC）发电技术

超纯煤还可以在整体煤气化联合循环（IGCC）发电技术中使用。整体煤气化联合循环（IGCC）发电技术是当今煤炭利用效率较高的技术，西方国家都在研究应用该技术，以解决高温燃气的除尘问题。

4. 高级活性炭和煤制炭黑的原料

原料煤的灰分是影响活性炭质量的重要因素。通过使用超纯煤可以较大程度地提高活性炭的质量。超纯煤经过超细粉碎与表面改性加工，可部分替代炭黑。炭黑可用于橡胶增容增强剂。

超纯煤还可以用来制作石墨电极、炭素制品等。随着科技与环保、科技与经济的发展，超纯煤必将越来越具有更深更广的用途和发展，其需求量将会越来越大。

（二）超纯煤的制备方法

1. 常规酸碱脱灰法

该方法包括 NaOH-HCl、NaOH-H_2SO_4、NaOH-HCl-HNO_3 等。其中 NaOH-HCl 法最常见，图 5-31 为 NaOH-HCl 法煤深度脱灰示意图。

酸碱脱灰法的基本原理是，苛性钠液在一定条件下与煤中的硅酸盐、硅铝酸盐、石英等矿物反应，生成可溶性的硅酸钠或铝硅酸钠。而黄铁矿则生成酸溶性氢氧化铁和多硫化钠。煤中的碳酸盐类、含氧化物等矿物以及碱浸过程中形成的酸溶化合物与酸反应后进入液相，经过滤、洗涤后与煤中有机质分离。

2. 物理-化学方法

(1) OTP 工艺

该工艺是美国 Otisca 公司于 20 世纪 80 年代初开发的，其工艺过程如图 5-32 所示。粒

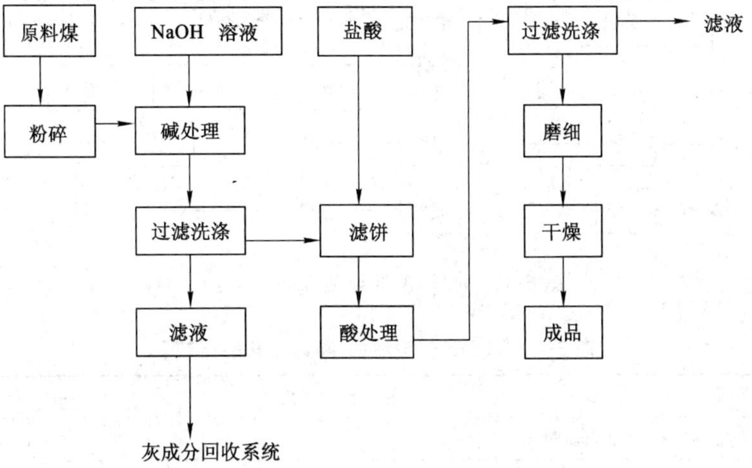

图 5-31　NaOH-HCl 法煤深度脱灰示意图

度小于 10 cm 的尾煤经锤碎机粉碎成小于 250 μm 的煤粉，然后再与水配成浓度 50％的煤浆，将该煤浆作为搅拌球磨机的入料，磨至平均直径为 7 μm，用循环机进一步稀释到 15％的浓度，与团聚剂（与干煤体积比约为 1∶1）一起进入混合器，经高速剪切作用后形成 3 mm 左右的团粒。矿物质则分散在水中，经筛分机脱水、洗涤，筛下水澄清复用，筛上物送入加热套，用 60 ℃水加热蒸发，得最终产品。团聚剂蒸气再经压缩冷却回收复用。

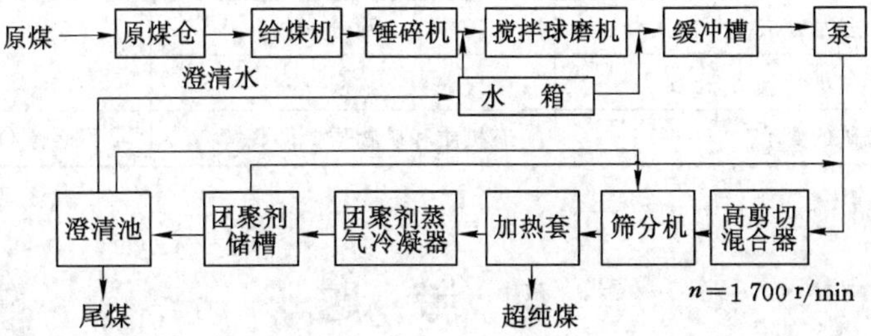

图 5-32　OTP 工艺过程示意图

（2）油团-浮选法

油团-浮选法也称为疏水性絮凝或疏水絮凝-浮选法。该工艺过程如图 5-33 所示。原料煤经颚式破碎机破碎至 3 mm，经球磨机磨至 1 mm 以下再做瓷球磨的入料，和水配成质量浓度为 30％左右的浆体，湿磨到所需的粒度。然后将浓度稀释到 3％～10％，送入高速搅拌器，分别加入调整剂和桥连油，类型及用量视煤种而定。调整剂包括表面处理剂（如醇类等表面活性剂）、pH 调整剂和分散剂等，桥连油包括煤油、柴油、燃料油等常规长链烃或多环芳烃等。煤浆和化学剂在高剪切力作用下，在一定时间内形成粒径大于 1 mm 的团粒，随后移入常规浮选机粗选或再精选，将泡沫产品及尾煤分别过滤、干燥，得最终产物。

（3）OTP 工艺与油团-浮选工艺的比较

OTP 工艺与油团-浮选工艺的比较见表 5-4。

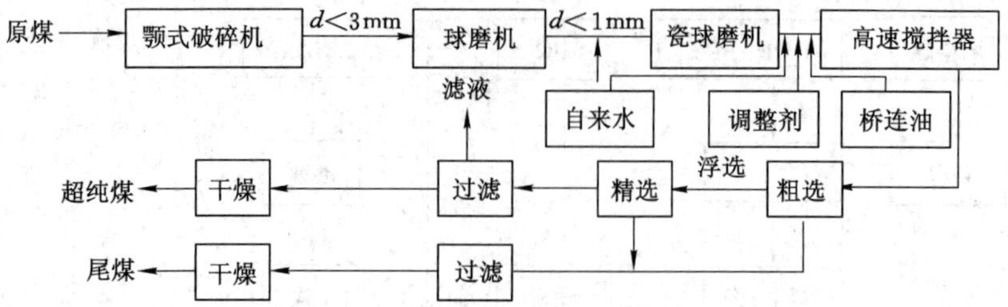

图 5-33　油团-浮选超纯煤制取工艺

表 5-4　OTP 工艺与油团-浮选工艺的比较

项　　目		OTP 工艺	油团-浮选工艺
桥连油种类及用量	戊烷等短链烃(油煤质量比)	0.8∶1～2∶1	0.5∶1～0.6∶1
	常规中性油(油煤百分比)	无论用量多与少，都不能保证产品的质量	0.3%～3%
油占微孔体积/%		>50	>50
桥连油状况		纤维状到毛细管状	纤维状
产品形状		团粒	絮状物
团粒直径/mm		1～2 或几个	>1
精煤产率及灰分		产率高,大多中国煤的灰分难以达到要求	产率较 OTP 工艺低些但产品质量较好
产品脱水方法		筛分	过滤
产品水分		较高	较低
对磨矿的要求		有机质和矿物质要彻底解离	不必像 OTP 工艺那样严格

思　考　题

1. 简述选煤在洁净煤技术中的地位。
2. 简述常用的选煤方法及适用范围。
3. 简述重介质旋流器的工作原理。
4. 试述块煤重介质分选机的种类和结构。
5. 影响煤泥可浮性的因素有哪些?
6. 简述重选过程的实质,举出几种常用的重选方法。
7. 简述现代泡沫浮选过程。
8. 实现干法分选的意义是什么? 简述复合式干法分选机的分选原理。
9. 简述智能干法分选机的分选原理。
10. 分析 TBS 与 TCS 分选机的分选原理及差异。
11. 试述煤炭脱硫技术现状与趋势。
12. 超纯煤的制备方法有哪些? 超纯煤有哪些用途?

第六章　水煤浆技术

水煤浆技术就是将煤炭粉碎到足够的细度后和流动介质混合搅拌制成浆体燃料以代替石油等液体燃料的一种新型煤基洁净流体燃料制备技术。根据流动介质的不同，煤浆可分为水煤浆（coal water mixture 简称 CWM、coal water slurry 简称 CWS 或 coal water fuel 简称 CWF）、油煤浆（coal oil mixture 简称 COM，由 50%煤粉和 50%的油混合而成）、煤油水浆（coal oil water mixture 简称 COW，由煤粉、油及 10%以上水混合而成）和甲醇煤浆（coal methanol mixture 简称 CMM，由 60%的煤粉和 40%甲醇或甲醇水混合而成）等。由于水既是良好的流动介质，又廉价易得，用来制备煤浆最具应用前景，所以近年来得到了更多的关注和发展。

水煤浆具有良好的流动性和稳定性，易于储存和管道输送，可以像石油那样泵送、雾化和稳定燃烧，可代替重油广泛用于各类工业锅炉、工业窑炉和电站锅炉。使用水煤浆比原煤直接燃烧，燃烧效率高、节能、环境效益好、燃烧过程更易于操作和控制。经过多年的研究和实践，水煤浆的制备、储存运输和燃烧技术得到了长足发展，美国、日本、瑞典和意大利等发达国家已经开始进入大型化和商业化应用阶段。我国从 20 世纪 80 年代开始进行水煤浆技术的研究和开发，现已形成了一套完整的研究开发体系，取得了大量研究成果和可以推广的成套技术。从最初的小型燃油锅炉和燃煤锅炉改造到目前在工业窑炉的成功应用和大型水煤浆电站锅炉的投产使用，水煤浆技术已经进入了全面推广时期。

第一节　水煤浆的特点及分类

一、水煤浆的特点

水煤浆是由 60%～70%的煤与 39%～29%的水及少量添加剂经过磨碎和强力搅拌而成的两相流浆体。这种煤基流体燃料既保持了煤炭原有的物理特性，又具有石油一样的流动性和稳定性，可以雾化燃烧，具备了类似重油的液态燃烧应用特点，可在工业锅炉、电站锅炉和工业窑炉上代油或煤、气燃用。水煤浆作为固液两相流态燃料，在特性上既不同于固态的粉煤，也不同于作为纯流体的石油。其主要特点如下：

(1) 流变性。水煤浆作为一种两相流态燃料，虽然具有流体的某些特征，但在本质上和燃料油有着较大的区别。其流变特性受煤的表面性质、煤粉粒度分布、分散介质种类、可溶性矿物质离子、固体含量和添加剂等诸多因素的影响。一般情况下水煤浆表现为包括宾汉塑性体、胀性体、屈服假塑性体、假塑性体等多种特性的非牛顿流体，具有较高的表观黏度和较为稳定的剪切应力。水煤浆的流变性对其储存、运输、雾化以及燃烧性能都有较大的影响。

(2) 触变性。水煤浆具有“剪切变稀”的特性，即在静止状态下具有较高的表观黏度，有利于保持浆体的稳定，但在剪切作用下，表观黏度降低，有利于流动和雾化。这是因为剪切作用可以破坏水煤浆的网状结构体系，使得煤炭颗粒间吸引力变小，去掉剪切力，则网状结构又可以恢复。

(3) 雾化性。高浓度水煤浆在静止状态下表现出高黏度，但是受剪切作用后，则可变稀并具有良好的可雾化性。水煤浆雾化后的液滴不可能小于用于制浆的煤粒粒径，因此，制备水煤浆的煤粉粒度越细，则雾化性能越好。另一方面，水煤浆的雾化特性还受喷嘴结构的影响。喷嘴设计越合理，同样的水煤浆在雾化过程中的表现会更好。

(4) 燃烧特性。水煤浆可以雾化燃烧，但由于其实质上是固液两相态流体，而可燃物质只是其中的固体煤炭颗粒，其雾化后的“液滴”实际上是固体煤炭颗粒表面附着一定水分的复合体，因此其燃烧特性既不同于煤粉燃烧，也不同于燃油雾化后液滴的燃烧。就水煤浆雾化后的单个“液滴”来讲，其燃烧过程要经过不等温加热、水分蒸发、挥发分析出和燃烧以及碳粒燃烧和燃尽四个阶段。由于水煤浆含有较多水分，水分的汽化导致水煤浆着火时间比煤粉燃烧要长，燃烧温度和烟气温度比煤粉燃烧要低。

(5) 环境特性。水煤浆和煤粉燃烧一样，也会产生烟尘、SO_2、NO_x和 CO_2。烟尘主要包括灰渣和未燃尽的残炭。其特点是烟气里面有大量的水蒸气。水蒸气的存在通过对燃烧温度的影响继而可以影响 NO_x的生成，还可以通过其还原性气氛影响脱硫效果。

二、水煤浆的分类

水煤浆按用途一般分为燃料水煤浆和气化水煤浆两大类。燃料水煤浆按原料煤的种类和制浆工艺，一般分为精煤水煤浆、精细水煤浆、经济型水煤浆、气化水煤浆、环保水煤浆和原煤水煤浆等。各种水煤浆品质特性见表 6-1。

表 6-1　水煤浆种类及品质特性

品　种	选用原料煤	水煤浆特性	用　途
精煤水煤浆	洗精煤，灰分：<10%	浓度：>65%；黏度：1 000 cP；稳定性：>3 个月；发热量：18.8～20.9 MJ/kg	作为锅炉代油燃料
精细水煤浆	超低灰精煤，灰分：1%～2%	浓度：50%～55%；黏度：<300 cP；细度：<10 μm	作为内燃机、燃气透平燃料
经济型水煤浆	原生煤泥，灰分：15%～25%	浓度：65%～68%；稳定性：>15 天	作为链条锅炉燃料
	浮选尾煤，灰分：>25%	浓度：50%～65%；稳定性：3～5 天	作为沸腾炉或链条炉燃料
气化水煤浆	普通原煤，灰分：<25%	浓度：58%～65%；稳定性：1～2 天；黏度：1 000 cP；流动性较好；粒度偏粗，<200 网目占 60%左右	作为德士古炉气化造气原料
环保水煤浆	制浆过程中加入脱硫剂	浓度：>65%；黏度：(1 000±200)cP	可提高脱硫率 10%～20%
	加入碱性有机废液	浓度：50%～55%；黏度：<1 200 cP；稳定性：30 天	适合高硫煤地区锅炉用，脱硫效果好
原煤水煤浆	原煤，灰分：>20%，炉前制浆	浓度：60%左右；稳定性：1 天	作为工业窑炉燃料

第二节　水煤浆使用性能和评价方法

水煤浆的使用性能包括水煤浆的浓度、黏度、粒度和粒度分布、密度、水分、挥发分、发热量和稳定性等。这些特性将直接影响水煤浆的储存、运输和燃烧。

一、水煤浆的浓度

水煤浆中固体煤炭颗粒的质量百分比定义为其浓度。水不能产生热量，在燃烧过程中还会造成热损失，因此作为燃料用水煤浆要求其浓度高，一般在 65%～70%之间。由于水煤浆中的水是气化反应的必需反应剂，所以气化用水煤浆的浓度允许稍低一些，但浓度过低会增加耗氧量，一般为 62%～65%。水煤浆浓度直接影响其发热量，浓度越大，发热量越高。但浓度同时也直接影响水煤浆的黏度，在低浓度范围内，水煤浆黏度随浓度变化并不显著，但在高浓度范围内，水煤浆黏度随浓度的增加而急剧升高。浓度每增加 1%，黏度可升高数百毫帕·秒。水煤浆浓度超过一定限度，将导致其黏度剧增而使流变性恶化甚至失去流变性，从而导致水煤浆失去流体燃料的使用价值。工业上一般把水煤浆在室温下以剪切速率为 100 s^{-1}测定的表观黏度为 1 000 mPa·s 时可以达到的浓度作为水煤浆高浓度化的一个评价指标，称其为水煤浆的定黏浓度。

水煤浆浓度测量：称取一定量的水煤浆试样置于干燥箱中，在 105～110 ℃干燥温度下干燥至质量恒定，干燥后试样质量占原试样质量的百分比为水煤浆的浓度。具体操作见《水煤浆试验方法 第 2 部分：浓度测定》(GB/T 18856.2—2008)。

二、水煤浆的黏度

不同种类的非牛顿流体，其流变特性曲线形状不同。水煤浆是包括宾汉假塑性体、屈服假塑性体和假塑性体特性的固液两相流体，具有剪切变稀，即随着剪切速率增加而表观黏度降低的特性。这符合水煤浆静止时高黏度，以防止固体沉淀，动态时低黏度，以便于输送和雾化等使用要求。水煤浆的黏度还与温度有关，温度升高，黏度降低，但超过一定温度值后，黏度又出现反弹。

虽然对水煤浆流变特性的评价长期以来一直没有一个统一的标准，基本上都是采用流变特性曲线和剪切速率 100 s^{-1}下的表观黏度来综合评价的。根据大量试验研究和实践，一般认为为了便于泵送、雾化和燃烧，水煤浆在常温下，剪切速率 100 s^{-1}的表观黏度不应大于 1 000 mPa·s。长距离管道输送用水煤浆则要求在低温(埋管地下年最低温度)及剪切速率 10 s^{-1}条件下的表观黏度不高于 800 mPa·s。我国在对上述方法综合研究的基础上，颁布了《水煤浆试验方法 第 4 部分：表观黏度测定》(GB/T 18856.4—2008)。

三、水煤浆中煤炭颗粒粒度和粒度分布

水煤浆中煤炭颗粒的大小和粒度分布直接影响着水煤浆的流变性、稳定性和雾化燃烧特性以及制浆成本。颗粒过大，浆体易发生沉淀，喷嘴容易堵塞，煤粒不易燃尽；颗粒过小，会降低填充效率和增加磨矿成本。另一方面，从粉体工学的一般原理可知，粉体只有在一个合适的粒度分布下才能达到最佳填充效率。对水煤浆而言，为了使浓度一定的水煤浆黏度尽可能低或者使黏度一定的水煤浆浓度尽可能高，需要合理搭配煤炭颗粒的粒度，使小颗粒充填于大颗粒之间的空隙，从而达到最佳填充效果。目前工业应用上一般要求燃料水煤浆中煤炭颗粒最大粒度不超过 300 μm，平均粒度 50～55 μm，其中小于 74 μm(200 网目)的煤

炭颗粒所占比重不低于75%。气化水煤浆粒度可以比燃料用水煤浆略粗，最大粒度可以达到1 410 μm(14网目)，小于74 μm(200网目)的含量为32%～60%。

常用的粒度分析方法有筛分法、激光粒度分析法和沉降分析法等。水煤浆中煤炭颗粒的粒度分布范围较宽，大的达到300 μm甚至500 μm，小的可以达到1 μm以下，难以用一种方法分析测定。一般做法是，大于74 μm(200网目)的用湿法筛分，小于200网目的用沉积分析或激光粒度分析，最后把二者综合。最近，国内有科研机构和企业研制开发了水煤浆专用粒度测试装置。

四、水煤浆的水分

水煤浆的水分直接影响水煤浆的发热量和流变特性，它包括制浆用煤本身的内在水分和制浆时添加的水分。我们一般所讲的水煤浆的浓度是指不包括内在水分的干燥基煤占水煤浆总体的质量百分比。由于制浆用煤的内在水分吸附在煤的内部孔隙里，不能像外加水分那样在煤炭颗粒间作为自由水充当分散和流动介质，同样浓度的水煤浆，内在水分越大，可以充当分散介质的自由水越少，水煤浆黏度就越大。

五、水煤浆的稳定性

水煤浆的稳定性是水煤浆产品最重要的物理性质之一，也是评价水煤浆质量的一项主要指标，它直接影响到水煤浆的生产和使用。

水煤浆不同于牛顿流体，虽然在搅拌状态下是一种均匀的分散系，但静止状态下或振动条件下，水中分散的固体煤炭颗粒由于和水存在密度差，在重力场作用下发生沉降形成沉淀。如果浆体浓度较小，煤炭颗粒间相互作用较弱，各颗粒近似于自由沉降，沉淀后颗粒紧密堆积于水煤浆底部。这种沉淀很难通过搅拌恢复，称为硬沉淀。如果浆体浓度较大以及其他一些因素影响，煤炭颗粒之间有较强的相互作用，就会使煤炭颗粒在水中分散状态下形成网状结构。这种网状结构引起阻力增大，使每个煤炭颗粒的沉降互相影响，沉降速度大大降低。即使形成沉淀，沉淀物在网状结构影响下呈现为疏松的絮凝物。这种沉淀很容易通过搅拌恢复，称为软沉淀。经过一定时间的振荡或静置后，原来均匀的水煤浆会发生浓度分级，由上到下形成析水层、低浓度层、高浓度层、软沉淀层和硬沉淀层。作为固液两相流体，水煤浆发生沉淀是必然的。但是，只要在一定时间期限内不发生硬沉淀，水煤浆的使用性能就不会受到大的影响。水煤浆在储存和运输过程中保持不产生硬沉淀的性能，称为水煤浆的稳定性。水煤浆保持不产生硬沉淀的时间称为水煤浆的稳定期限。由于影响水煤浆稳定性的因素众多，一味追求高稳定性，会给制浆工艺造成困难和负担，增加制浆成本。因此，实际使用中，需要根据使用条件确定合适的稳定性指标。如大型燃烧用户一般要求稳定期1个月以上，炉前制浆的德士古气化用水煤浆和一些小型炉前制浆用户，稳定期限要求可以适当放宽，有的甚至只要求1～2天就可以满足使用要求。

水煤浆的稳定性与制浆用煤的煤质、粒度及粒度分布和添加剂有关。可以通过改变煤炭颗粒的表面性质、合理制定磨矿工艺和添加稳定剂等来改善水煤浆的稳定性。

水煤浆的稳定性评价长期以来没有一个统一的标准。世界各国以及各个公司和研究机构推荐了许多评价方法。如静置观察法、棒测法、浓度差法、倒置定量评价法、沉降速度试验法、振动法和离心法等。这些方法各有其优点和局限性。煤炭科学研究总院煤炭分析实验室经过对上述方法的分析和研究，提出了我国水煤浆稳定性评价的国家标准并于2008年颁布使用《水煤浆试验方法 第5部分：稳定性测定》(GB/T 18856.5—2008)。其原理是将一定量均匀的水煤浆试样置于容器中，在规定条件下振荡或静置一定时间后，将容器垂直倒置一定时间，待水煤浆完全流出后，称量容器内的残留物质量，以水煤浆的残留物占水煤浆试样的质量百分比表示水煤浆的动态或静态稳定性。

六、水煤浆的密度

一般悬浮液的密度取决于悬浮质与悬浮剂的密度和浓度。由于水煤浆的悬浮质——煤炭颗粒含有一定量的灰分，灰分和煤的密度相差较大，所以水煤浆的密度与煤的灰分含量关系密切。另外，水煤浆的密度还与温度有关，温度越高，密度越大。计算水煤浆密度可用以下经验公式：

$$\rho = 0.8827 + 0.0001(43.74 + A_d)c - 0.00027t \tag{6-1}$$

式中　ρ——水煤浆密度，t/m^3；

c——水煤浆浓度，%；

A_d——制浆用煤的干燥基灰分，%；

t——温度，℃。

第三节　水煤浆制备关键技术

从水煤浆的使用考虑，希望制得的水煤浆既要具有较高的浓度，又要有良好的燃烧特性、流动性和稳定性。但是，这些要求之间有些是相互制约和矛盾的。如粒度越细，雾化燃烧性能越好，但磨矿成本增加，堆积效率降低。提高浓度可以增加水煤浆热值和有利于水煤浆的稳定，但会引起黏度增大，流动性变差等。水煤浆制备关键技术有制浆用煤的选择、煤的粒度级配和添加剂。

一、煤的成浆性和制浆用煤的选择

水煤浆不论是作为燃料还是气化原料，其实质有用部分仍然是其中的固体煤，因此，制浆用煤和固体用煤一样，应满足用户对发热量、灰分、硫分、挥发分和灰熔融性等主要煤质指标的要求。如气化水煤浆的制浆用煤要活性高，灰熔融性半球温度 HT≤1 200 ℃；用于固态排渣锅炉和窑炉燃料水煤浆的制浆用煤灰熔融性半球温度 HT≥1 250 ℃。为使水煤浆着火容易和稳定燃烧，锅炉用浆中煤的挥发分要大于 25%，窑炉用浆中煤的挥发分应大于 15%。从环境保护的立场来讲，希望制浆用煤低灰、低硫。

在同样的制浆工艺下，有的煤种很容易制成高浓度、低黏度和稳定性良好的水煤浆，而有的煤种则很难或者需要采取复杂的制浆工艺才能制成高品质的水煤浆。制浆用煤本身具有的这种制成高品质水煤浆的难易程度称为成浆性。煤的成浆性对制浆厂的投资运营成本和水煤浆产品的质量都有很大的影响。

制浆用煤的成浆性与其理化性质有着密切关系。一般来讲，变质程度越低，内在水分越高，亲水官能团越多，孔隙越发达，可磨性指数 HGI 越小，煤中可溶性高价金属离子含量越多，煤的成浆性就越差。

1. 煤质对其成浆性的影响

制浆用煤的煤种不同，其表面物化特性、灰分、内在水分、亲水官能团、孔隙发育程度、可溶性高价金属离子含量和可磨性等都不尽一致。大量研究成果显示，这些因素都对水煤浆的成浆性有着不同程度的影响。

(1) 水分

内在水分是煤的孔隙结构和内外表面物性的集中体现。制浆用煤的内在水分不能作为煤颗粒间的流动介质而起作用。内在水分越高,制备相同质量浓度的水煤浆能够外加的水分就越少,水煤浆黏度就越大。因此,制浆用煤的内在水分不能太高。对内在水分较高的煤种有时候需要进行预脱水处理。

(2) 灰分

煤的灰分越大,水煤浆的黏度越大。灰分对水煤浆成浆性的另一影响表现在对煤粒表面物化性质的影响。灰分越高,煤粒表面物化性质(亲水性、荷电性、对添加剂的吸附性等)越不均匀,可磨性降低,成浆性越差。另外,灰分越高,溶出到水煤浆中的高价金属离子越多,影响煤炭颗粒表面亲水性和添加剂在煤炭颗粒表面的吸附。因此,总的来讲,灰分对水煤浆的成浆性呈负面影响。另外,制浆用煤中的灰分是造成燃烧系统中泵、管道、喷嘴磨损和烧嘴堵塞的主要原因。精煤水煤浆灰分一般不宜大于5%。用于内燃机的精细水煤浆灰分要求小于1%。

(3) 氧含量

煤的氧含量往往随着煤化程度而规律性变化,煤中的氧主要以含氧官能团的形式存在。一般来讲,变质程度越低,氧含量越高。煤中含氧官能团(特别是羧基和羟基)大多具有较强的亲水性。水煤浆的黏性主要起因于煤炭颗粒之间的摩擦。要想制备流动性好的水煤浆,在颗粒间保持作为流动介质的自由水,使煤炭颗粒均匀地分散是必要条件。亲水的含氧官能团大量存在,可以把制浆用水的一部分吸附到煤炭颗粒内外表面并形成具有类似固体弹性的水化膜从而使作为颗粒间流动介质的自由水减少,导致水煤浆黏度增加。另外,煤炭颗粒外表面的强亲水性含氧官能团还会影响添加剂在颗粒表面的吸附,影响添加效果和增加添加剂使用量。就烟煤来讲,O/C比低的浆体流动性要好。O/C比高的烟煤煤浆往往在浓度达到60%时就已经不能流动。

(4) 可磨性

哈氏可磨性指数(HGI)直接反映磨矿的难易程度,同时也综合反映了煤的变质程度、灰分、煤岩组分和煤中可溶性高价金属离子含量等因素的影响。HGI越高,磨矿越容易,可以得到大比例的超细煤炭颗粒,提高煤炭颗粒的堆积效率,制备高浓度水煤浆。另外,HGI的高低,也是衡量磨矿能耗、评价水煤浆制备成本的重要指标。煤的可磨性与成浆浓度的关系如表6-2所列。

表 6-2 煤的可磨性与成浆浓度关系

哈氏可磨性指数(HGI)	116	87	64	47
定黏浓度/%	74.2	72.3	70.7	64.6

(5) 煤的变质程度

煤的变质程度综合体现了上述各因素对成浆性的影响。一般来讲,低变质程度煤孔隙发育,比表面积大,内在水分高,可磨性差。外表面的含氧官能团造成添加剂分子的反吸附,降低添加剂效能且增加药剂使用量,成浆性较差,如褐煤和低变质程度烟煤。变质程度太高,外表面疏水性强,易造成煤炭颗粒凝聚,不利于制备低黏高浓度的水煤浆。同时,高变质程度煤挥发分低，水煤浆着火点高，不易点燃。目前普遍认为中等变质程度的烟煤成浆性相对较好。中国各煤种储量比例及成浆性规律见表 6-3。

表 6-3　中国各煤种储量比例与成浆性

煤　种	无烟煤	贫煤	瘦煤	焦煤	肥煤	气煤	弱黏煤	不黏煤	长焰煤	褐煤
储量/%	8.99	2.23	3.06	3.34	5.71	11.08	3.37	28.98	24.51	7.73
燃烧性	难点火燃烧		易点火燃烧							
成浆性	好		很好			不好			很不好	

2. 煤的成浆性评价

制浆用煤的性质对其成浆性的影响是多方面的，且各因素之间又密切相关。我国学者以煤的工业分析、灰成分、煤岩显微组分、煤炭表面物性、红外光谱、可溶性矿物分析、表面积和孔特性、润湿接触角、吸附特性、含氧官能团和表面电性等 34 项分析数据作为对煤的成浆性的影响因子，通过试验考察了它们与煤的成浆性之间的关系，用多元非线性逐步回归法进行统计分析，从中筛选出若干显著因子，总结出其中的内在规律，建立了用内在水分、哈氏可磨性指数和氧含量评价煤炭成浆性的数学模型，提出了评定煤炭成浆性难易程度的综合指标。

含氧模型：

$$D=7.5-0.051\mathrm{HGI}+0.223M_{ad}+0.025\,7\mathrm{O}_{daf}^{2} \tag{6-2}$$

不含氧模型：

$$D=7.5-0.051\mathrm{HGI}+0.5M_{ad} \tag{6-3}$$

式中　HGI——哈氏可磨性指数；

M_{ad}——煤的分析基水分，%；

O_{daf}——煤的干燥无灰基含氧量，%；

D——煤的成浆性指标。

根据煤的成浆性指标 D，还可以预测水煤浆的定黏浓度 c。

$$c=77-1.2D \tag{6-4}$$

按照该模型预测的水煤浆制浆浓度与实测值的比较如图 6-1 所示。

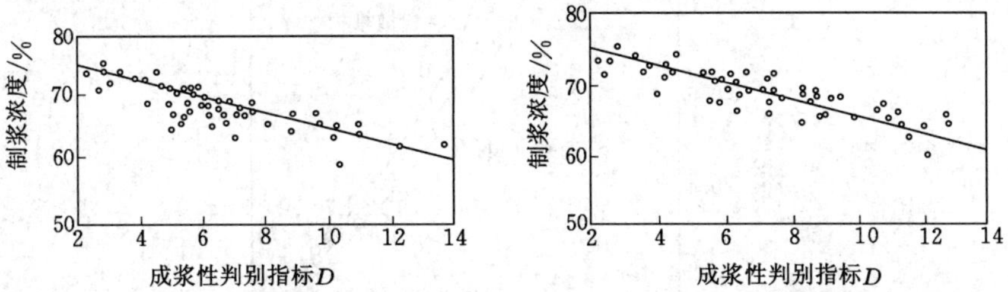

(a) 不含氧模型　　(b) 含氧模型

图 6-1　模型预测指标与实际成浆浓度关系

按照煤的成浆性指标，将煤的成浆性难易程度分为 4 个层次，见表 6-4。

表 6-4　煤的成浆性分类

成浆性难易程度	指标(D)	定黏浓度/%
易	小于 4	大于 72
中等	4～7	72～68
难	7～10	68～65
很难	大于 10	小于 65

二、水煤浆的粒度分布和级配技术

水煤浆的制备不但要求将煤磨到要求的细度，更重要的是要求煤炭颗粒要有一个合适的粒度分布。理想的粒度分布应能使大小不同的煤炭颗粒在浆体中相互合理充填，在保证煤炭颗粒间有足够相对流动性的前提下，尽可能地减少颗粒间空隙，提高固体占有率(堆积效率)。只有较高的堆积效率，才能用少量的水就能使浆体流动，实现制备高浓度水煤浆的目的。这种提高煤炭颗粒堆积效率的技术称为水煤浆的级配技术。

通常把固体物料在堆积空间中占有的容积浓度定义为堆积效率(λ)，来表示颗粒堆积的紧密程度。堆积效率一直是粉体工学关注的重要内容，也是水煤浆制备技术的基础理论之一。颗粒的堆积有三种形态，即单一粒径颗粒的堆积、多种离散粒径颗粒的堆积和连续分布粒径颗粒的堆积。其中连续分布粒径颗粒的堆积最复杂，同时也最实用。

包括水煤浆中煤炭颗粒在内的众多实用固体颗粒是不规则的非球体，其堆积效率要低于球体的相应堆积形态。非球体颗粒的形状特征一般用球形度来表征，定义为与颗粒体积相同的球体的表面积和颗粒表面积之比。煤粒一般呈多角形，球形度在 0.65～0.8 之间。Brown 研究了孔隙率和球形度之间的关系，如图 6-2 所示。粒度不均匀的颗粒群堆积时，大颗粒形成的孔隙可以被粒径小于孔隙尺寸的小颗粒所充填，从而提高颗粒群的堆积效率。对于多种离散粒径颗粒群，如果最大颗粒间的空隙刚好被次一级粒径的颗粒充满，而次一级粒径颗粒间的空隙又刚好被第三级粒径的颗粒充满，以此类推，直到最小的颗粒，则颗粒群可以达到最高堆积效率。对水煤浆来讲，我们希望煤炭颗粒间不直接接触，而是存在一定量的自由水的前提下达到较高的堆积效率。

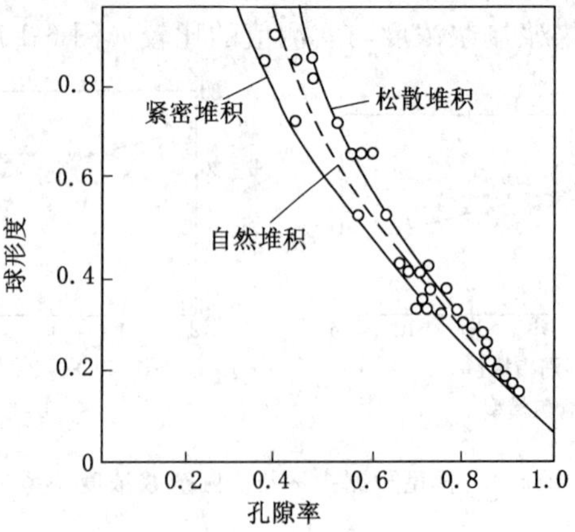

图 6-2　孔隙率与球形度的关系

要使水煤浆保持较好的稳定性，希望煤炭颗粒之间通过某种方式互相影响，形成网状结构，降低沉降速度或者形成疏松的絮状软沉淀。煤炭颗粒越细，比表面积越大，越容易互相凝聚并使大颗粒处在细小颗粒凝聚而成的网状结构之间。因此，为了制备稳定的水煤浆，可以考虑牺牲部分分散性，适当增加磨矿细度和细颗粒比例。

三、水煤浆添加剂

除了选择合适的制浆用煤和最佳粒度级配外，添加剂是提高水煤浆的品质或成浆性(黏度、稳定性)的有效手段。根据水煤浆的使用要求和添加剂的功能，添加剂主要有分散剂、稳定剂和其他化学助剂，如 pH 值调整剂、消泡剂、表面改性剂、离子封堵剂等。其中分散剂和稳定剂使用最广。添加剂主要在煤-水界面之间起作用，其添加效果和制浆用煤的性质特别是表面化学性质以及制浆用水的水质关系密切。对不同的制浆用煤和制浆用水，有适合其特性的最佳添加剂和添加量。不存在适应所有煤种的添加剂，也不存在适应所有添加剂的煤种。合理的配方必须根据制浆用煤和用户对产品的要求通过试验确定。

添加剂成本在制浆成本中仅次于制浆用煤，因此，在选择和配制添加剂时不能盲目追求添加性能的高效，而是要综合考虑经济因素，在满足用户对产品要求的前提下，追求添加剂配方的性价比最优。

1. 分散剂

分散剂是促进分散相在分散介质中均匀分散的化学药剂。对水煤浆来讲，分散相就是煤炭颗粒，分散介质就是制浆用水。分散相粒度越细，均匀分散的可能性越大。但颗粒越细，比表面积越大，体系的表面自由能越大，热不稳定性越强，颗粒间会自发聚结以减少相界面。胶体化学中，分散相聚结后形成更大团粒，会加速沉淀。因此，胶体化学中分散的作用和目的主要是防止分散相沉淀，保持胶体的稳定性。

水煤浆的黏性主要源于受到剪切时煤炭颗粒之间的摩擦。分散剂分子在煤炭颗粒表面吸附后，形成一层分散剂分子层和水化膜，可以大大降低颗粒表面和水之间的界面张力。分散剂的作用使得煤炭颗粒彼此相互分离，良好分散，加上水化膜的作用，使得水煤浆受到剪切作用时不产生新的相界面，可以大大降低颗粒之间的摩擦力。因此，水煤浆的分散作用主要是为了降低其黏度，增加流动性。

(1) 分散剂的作用机理

分散剂的作用机理一般认为有三个方面，即润湿分散作用、静电排斥分散作用和空间位阻与熵斥力分散作用。

① 润湿分散作用

矿物的润湿是其最为重要的表面性质，它是指固体矿物表面吸附水，并被水所润湿的特性。能被水润湿，称为亲水性，不能被水润湿，称为疏水性。矿物的润湿性常用其表面的润湿角 θ 来表示。润湿角定义为液滴在固体表面附着稳定后，三相交界处从固-液界面经液体内部到液-气界面的夹角(图 6-3)。

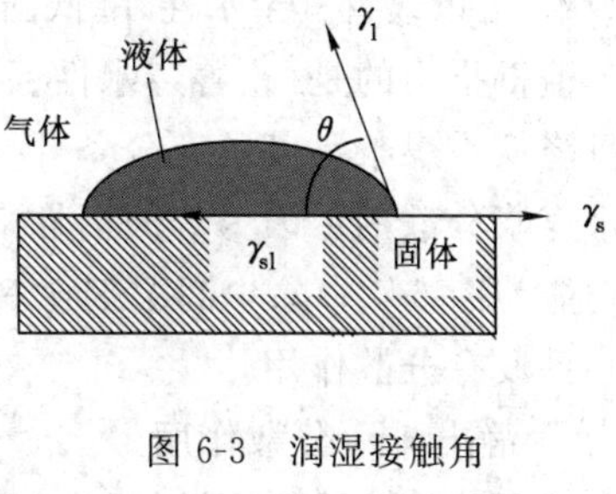

图 6-3 润湿接触角

$$\gamma_s - \gamma_{sl} = \gamma_l \cos\theta \qquad (6\text{-}5)$$

$$\cos\theta = (\gamma_s - \gamma_{sl})/\gamma_l \qquad (6\text{-}6)$$

式中 γ_s——固体表面张力；

γ_l——液体表面张力；

γ_{sl}——固-液表面张力。

根据润湿角大小将矿物的润湿性分为 4 个等级：$\theta=0°$，强亲水性；$\theta<40°$，弱亲水性；$\theta=40°\sim90°$，疏水性；$\theta>90°$，强疏水性。

水煤浆是煤水混合物，使煤粒表面能够被水充分润湿是制浆必备条件。从煤的分子结构研究成果可知，煤是由缩合芳香环为主体的结构单元通过各种桥键结合起来的交联大分子。煤的结构主体芳香核结构对称，饱和度高，化学性质稳定，与极性水分子间的静电引力较小，决定了煤的大部分表面呈疏水性。煤中的烷基侧链结构对称，C—H 电负性极小，也构成非极性疏水表面。煤的分子结构中含有的一些含氧官能团则构成极性亲水表面。另外，成煤过程中混入的矿物杂质也会构成极性亲水表面。总的来说，煤的表面一般呈疏水性，其接触角与煤化程度和灰分有关。煤化程度越高，接触角越大，疏水性越强，但到一定程度后疏水性又随煤化程度的升高而降低。煤的表面接触角越小，煤与水之间的表面张力越小。不同煤种的接触角和表面张力见表 6-5。

表 6-5　不同煤种的接触角和表面张力

煤　种	长焰煤	气煤	肥煤	焦煤	瘦煤	贫煤	无烟煤	页岩
接触角/(°)	60～63	65～72	83～85	86～90	79～82	71～75	73	0～10
表面张力/(mN/m)	47.2～49	41.8～46	33.8～35	30.8～33.2	35.6～37.5	40～42.4	41.1	>71

由式(6-6)可以看出，要降低固体润湿接触角，提高其亲水性，需要提高固体表面张力 γ_s 和降低固-液表面张力 γ_{sl}。

另外，水煤浆的制备是用固-液界面取代固-气界面的过程，过程前后表面自由能变化为：

$$\Delta E=\gamma_s-\gamma_{sl} \tag{6-7}$$

按照热力学第二定律，只要 ΔE 为正，过程即可自发进行，且 ΔE 越大，润湿过程越易进行。提高 ΔE 的途径：提高固体表面张力 γ_s，降低固-液表面张力 γ_{sl}。

分散在水中的煤炭颗粒的比表面能为 γ_{sl}。按照 Gibbs 自由能最小原理，颗粒间会自发地絮凝以减小比表面积，从而减小自由能。γ_{sl}越大，表面疏水的煤炭颗粒之间越容易相互絮凝，引起黏度升高。降低 γ_{sl}，可以减弱煤炭颗粒间絮凝的趋势。综上所述，分散剂在煤炭颗粒表面吸附，可以改善其亲水性，降低固-液表面张力 γ_{sl}，促使煤炭颗粒在水中的良好分散。

值得指出的是，改善亲水性、降低浆体表面张力虽然是水煤浆添加剂的重要作用，但并不是降低水煤浆黏度的充分条件。换言之，并不是所有具有该功能的化学添加剂都可以作为水煤浆分散剂。因为表面活性剂要作为水煤浆添加剂，除了上述功能之外，还必须具备其他功能。图 6-4 中除尘润湿剂比其他三种药剂降低表面张力的能力都强得多，但对水煤浆却几乎没有分散作用。

② 静电排斥分散作用

按照胶体溶液 DLVO 理论，胶体颗粒在分散系中的相互状态取决于二者之间的范德瓦耳斯分子引力和静电斥力作用的结果。如果胶体颗粒间存在足够的静电斥力，而颗粒所获

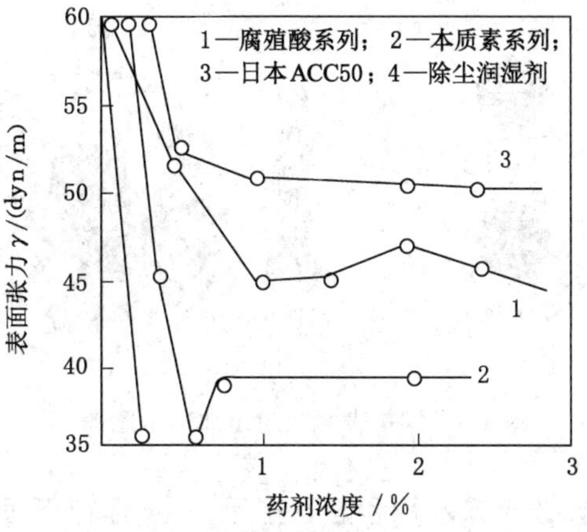

图 6-4　添加剂对表面张力的降低作用

得的外加能量不足以克服能峰时，胶体颗粒就不会聚结而处于分散状态。胶体体系具有动力稳定性，只要胶体处于分散状态，体系就会保持稳定。表征胶体颗粒表面荷电状态的参数为双电层 ξ 电位。人们普遍认为，如果添加剂能够吸附在煤炭颗粒表面并能增加其 ξ 电位，则可以通过增加颗粒间静电斥力来实现煤炭颗粒间的良好分散。但是，由于水煤浆不同于典型的胶体溶液，制浆用煤中的可溶性盐类和工业用水会使水煤浆中含有大量的 Ca^{2+}、Mg^{2+} 等高价金属离子。由于双电层稳定分散体系对外加离子非常敏感，少量的高价金属离子就足以大幅度降低 ξ 电位，破坏添加剂的分散效应。

③ 空间位阻与熵斥力分散作用

高分子表面活性剂在煤炭颗粒表面形成具有一定厚度的吸附层，当颗粒相互接近时，可以机械地阻碍聚结，这就是空间位阻作用。当表面吸附有一定厚度分散剂的两个煤粒靠近并相互重合时，吸附层中的分散剂自由度受到妨碍，分子熵减小，颗粒有再次分开的趋向。这就是熵斥力作用机理。添加剂在煤炭颗粒表面吸附膜的厚度决定空间位阻的程度。曾凡教授研究了阴离子分散剂（萘磺酸盐甲醛缩合物和聚羧酸盐）和非离子型分散剂（聚醚类）的物化性能指标与制浆效果之间的关系，发现非离子型分散剂的润湿效果和提高表面 ξ 电位效果远不及阴离子型分散剂，但分散效果却优于阴离子型分散剂，其原因推断为聚醚类在煤炭颗粒表面的吸附膜厚度（20 nm）远大于阴离子型分散剂的吸附膜厚度（4 nm）。

总而言之，水煤浆分散剂主要依靠润湿作用和空间位阻效应来起到分散降黏效果，选择和开发分散剂时，应该以这两个作用机理为指导。水煤浆分散剂均为表面活性剂，是由碳氢化合物构成的非极性亲油疏水基和极性亲水基构成的两亲分子。表面活性剂在水中溶解后，亲水基受水分子吸引，疏水基受水分子排斥，结果会在气-液界面形成亲水基指向水相、疏水基指向气相的定向排列。如果水中有像煤粒这样的表面疏水物质，则分散剂的疏水基会在煤炭颗粒表面定向吸附排列，而亲水基定向指向水相。这样，就可以使煤粒的疏水表面转化为亲水，增加润湿性，降低溶液表面张力。形成的吸附层和水化膜可产生空间位阻和熵斥力效应，如图 6-5 所示。

（2）分散剂的种类

根据分散剂的作用机理，可将分散剂划分为离子型和非离子型两大类。一般来讲，离子

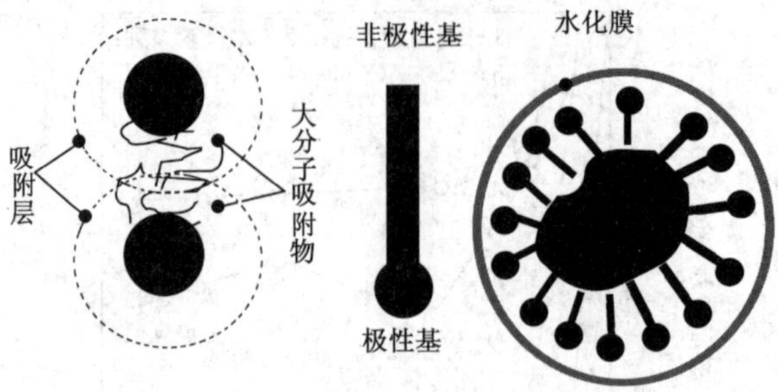

图 6-5　煤粒表面吸附添加剂示意图

型分散剂的分散机理主要以改善亲水性和静电排斥为主，非离子型分散剂的分散机理主要以空间位阻和改善亲水性为主。但高分子的离子型分散剂也同时具有空间位阻效应。为了进一步提高分散剂的性能，以适应制造高浓度、稳定的水煤浆，离子型分散剂的开发逐步向高分子方向发展，相对分子质量最大已经超过了 10 万。代表性的高分子离子型分散剂有聚苯乙烯磺酸盐系列、聚乙烯磺酸盐系列。一般来讲，阴离子型分散剂的相对分子质量越小，分散效果越好，但需要的添加量越大。相对分子质量越大，分散效果会有所降低，但稳定性增加，且添加量较小。非离子型分散剂不易受其他因素影响，可以兼顾稳定性，但价格较阴离子型分散剂昂贵，添加量大，经济性较差。因此，阴离子型分散剂应用较为广泛。

水煤浆分散剂要根据制浆用煤的表面化学性质来选择。一般来讲，阴离子型分散剂以烷烃或芳烃为疏水基团，以磺酸根或羧酸根为亲水基团。非离子型分散剂以烷基、烷基苯或烷基苯酚为疏水基团，以醚键为亲水基团。一般应选择和煤炭表面结构相近的芳烃作为添加剂的疏水基，以便添加剂更容易地在煤炭颗粒表面吸附。

2. 稳定剂

水煤浆不同于一般的胶体溶液，分散相的粒度和浓度都远大于胶体溶液。一般的胶体 DLVO 理论并不适合于解释水煤浆的稳定性。按照胶体 DLVO 理论，使用电解质降低胶体颗粒表面 ξ 电位、减小静电斥力和使用高分子絮凝剂，都可以促使胶体颗粒凝聚，加速沉淀，破坏稳定性。而对高浓度水煤浆，这种方法反而会提高其稳定性。因为这样可以使水煤浆中的煤炭颗粒之间保持相互交联，形成一定的空间结构，增加颗粒间的沉降干涉度，从而有效地阻止或延缓沉淀，防止固液分离，保持沉淀物结构松软。水煤浆稳定剂的作用就是促使在水中已经分散的煤炭颗粒能够和周围其他颗粒和水形成一种较为脆弱但又有一定刚度的三维空间结构。这种空间结构在水煤浆静止时可以有效防止颗粒沉淀，即使沉淀也是松软可恢复的软沉淀。一旦受到外力剪切作用，结构破坏，黏度可以迅速下降。

稳定剂一般不和分散剂同时加入，而是在加入分散剂并经捏混搅拌成浆后再加入。这是因为先加入的分散剂在煤炭颗粒表面吸附后形成吸附层，吸附层外又有一层水化膜，它们和煤粒构成一个新的整体“浆粒”。稳定剂后加只是将这些浆粒与周围浆粒和水交联起来，并不影响浆粒的结构。否则，如果添加顺序相反或者同时添加，就会直接影响分散剂的效用和水煤浆的分散性。

大多数天然多糖类高分子聚合物，如 Guar 胶、Xanthan 胶、黄原胶等均用作稳定剂。聚丙烯酰胺絮凝剂和羧甲基纤维素（CMC）作为水煤浆稳定剂得到较多的应用，添加量只需

0.01%。无机盐和一些微细的胶体粒子如有机膨润土等也有较好的稳定作用。

3. 其他辅助添加剂

许多分散剂具有起泡功能，而气泡对水煤浆有害，因此，当使用具有较强起泡性的分散剂时，需同时配用消泡剂。

添加剂的水解度以及其与煤炭颗粒表面和其他物质的作用均受溶液酸碱性的影响。水煤浆一般以弱碱性气氛为好。为了获得合适的酸碱性，往往需要添加 pH 调整剂。

为了改善煤炭颗粒表面和添加剂分子的相互作用，促进添加剂分子的吸附，有时需要添加煤炭颗粒表面改性剂。我国学者开发了多种有效的表面改性剂。如低煤化程度煤表面增湿改性剂可以使接触角从 10°左右提高到 50°左右，显著提高了制浆效果。磺酸盐阴离子添加剂的促进剂可以阻止磺酸基在煤炭颗粒表面的化学反吸附，和水中高价金属离子形成水不溶物，不但削弱了高价金属离子的不良影响，生成的水不溶物还可以堵塞煤粒表面微孔，降低药剂消耗。GW 助剂可以改变煤粒表面电荷符号，促使阴离子添加剂的吸附，使添加剂耗量减少近一半。

第四节　水煤浆制浆工艺及设备

一、概述

水煤浆制浆工艺包括选煤、破碎与磨矿、捏混与搅拌以及滤浆等环节。

选煤的目的一是满足用户对水煤浆灰分、发热量以及硫分的要求；二是选取有良好成浆性和燃烧特性的制浆用煤；三是满足水煤浆燃烧器对煤灰熔融性的要求。

破碎和磨矿都是为了将制浆用煤加工到需要的细度和能达到较高堆积效率的粒度分布。破碎和磨矿是制浆工艺的核心，也是能耗最大的工序。磨矿可用干法，也可用湿法；可以是一段磨矿，也可以是由多台磨机构成的多段磨矿。

捏混主要作用是在干磨和中浓度磨矿时，使煤炭颗粒、水和添加剂充分混合，初步形成具有一定流动性的浆体，便于下一步搅拌混匀。

搅拌不仅可以使水煤浆混合均匀，更重要的是通过搅拌使浆体受到强剪切，加强添加剂和煤炭颗粒表面的相互作用，改善浆体流动性能。

滤浆就是及时清除纸浆过程中产生的超大颗粒和杂物。这些超大颗粒和杂物如果不及时清除，会对水煤浆的储运和燃烧产生不良影响。

除此之外，水煤浆制浆系统还包括煤量、煤炭全水分、水量、添加剂量、煤浆流量、料位和液位的在线检测装置以及煤、水和添加剂的定量加入装置。

二、水煤浆制浆工艺

水煤浆制浆工艺主要根据磨矿方式划分，有湿法制浆、干法制浆、干湿法联合制浆。此外还有煤泥制浆、超净精细水煤浆、褐煤水煤浆、环保型水煤浆、煤油水三元料浆等。

1. 湿法制浆

湿法制浆就是将制浆用煤和水、添加剂混合后共同磨矿制浆，是最常用的制浆工艺。根据磨矿浓度的不同，有高浓度磨矿制浆、中浓度磨矿制浆和高、中浓度磨矿级配制浆。

(1) 高浓度磨矿制浆

高浓度磨矿制浆就是将制浆用煤、水和分散剂一起按产品要求浓度加入磨机一次磨矿成浆。高浓度条件下，磨矿介质表面可以黏附较多的煤炭颗粒，可以制得较多的细颗粒，改善煤的粒度分布，堆积效率高。分散剂直接加入磨机可以及时充分地和煤颗粒的新生表面接触，提高制浆效率。高浓度磨矿的产能低于中浓度磨矿，对磨机结构和运行参数要求较高。单台磨机运行限制了对粒度分布的调整。高浓度磨矿制浆工艺流程如图 6-6(a)所示。该工艺在国内外使用最为广泛，我国建设的燃料浆和德士古气化用浆都是采用该工艺。

(2) 中浓度磨矿制浆

中浓度磨矿制浆是先采用较低的浓度(50%)磨矿，磨矿产品经分级、过滤和脱水等环节调制成符合要求浓度的水煤浆产品。中浓度条件下，煤容易磨细，磨机产能较高，能耗较低，粒度容易控制。但中浓度磨矿工艺过程复杂，煤浆粒度分布的堆积效率不高。为了获得较好堆积效率的粒度分布，一般采用两段磨矿制浆。其工艺流程如图 6-6(b)所示。

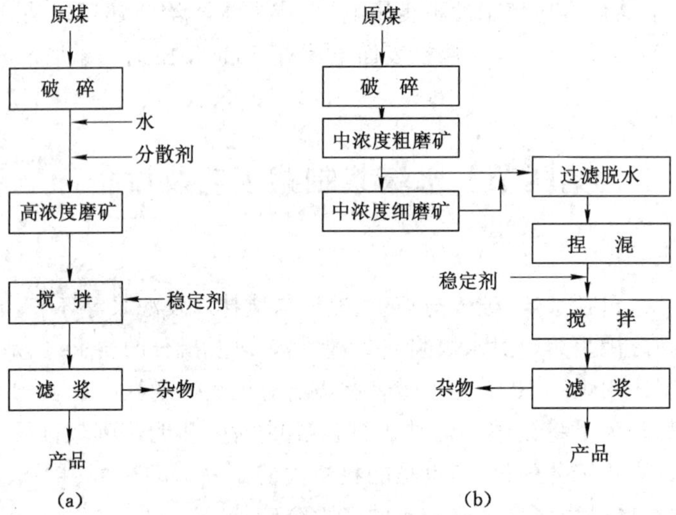

图 6-6 高浓度磨矿和中浓度磨矿制浆工艺流程图

(3) 高、中浓度磨矿级配制浆

为了解决高浓度磨矿和中浓度磨矿制浆工艺存在的问题，将二者结合起来形成高、中浓度磨矿及配制浆工艺。图 6-7(a)是兖日水煤浆有限公司工艺。高浓度磨矿和中浓度磨矿各自独立工作，互不干扰。中浓度磨矿产品过滤脱水后和高浓度磨矿产品捏混搅拌，最后经滤浆获得最终产品。该工艺有利于粒度分布的控制和调整，可以获得较高的堆积效率，但过滤脱水环节仍然是必不可少的。图 6-7(b)为中国矿业大学(北京)为适应难制浆煤种提出的工艺，该工艺的特点是高浓度粗磨产品的一部分作为中浓度细磨的来料，中浓度细磨产品返回高浓度磨机。由于细磨原料来自粗磨产品，可以减少细磨破碎比，有利于提高细磨效率。细磨产品返回粗磨，有利于调节和改善高浓度粗磨的粒度分布。由于细磨环节只起改善级配的效果，对提高处理能力贡献较小，因此，整个系统能耗增加。

2. 干法制浆

干法制浆就是将制浆用煤干式磨细后加水和添加剂经捏混、搅拌后制浆。工艺流程如图 6-8 所示。干法制浆对原煤水分要求苛刻，功耗大于湿法制浆，工艺过程也比湿法制浆复杂，堆积效率也不如湿法制浆。另外，干法磨矿产生的颗粒新鲜表面很快被氧化，对成浆很

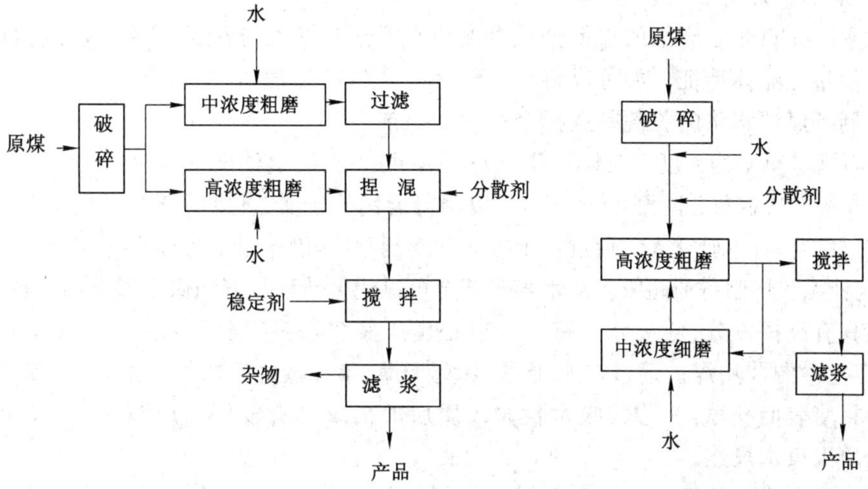

(a)　　　　　　(b)

图 6-7　高、中浓度磨矿级配制浆工艺流程图

不利。但是，对于一些远离浆厂的中小用户，少量长距离运费占水煤浆进厂价的很大比例，而其中近 30%是为运水而付出的，经济上不合理。为此，可以将制浆工艺分开，制浆厂干式磨矿，干粉产品运至用户后炉(窑)前制浆，供燃烧使用。另外，通过调整干式磨矿工艺参数和分级，可以制得不同粒级的干粉产品，分袋包装，炉前制浆时，可以随意配置最佳粒度分布的浆体，得到高的堆积效率。

3. 干、湿法联合制浆

联合制浆就是将干法磨矿产品的一部分进行中浓度湿法磨矿。湿法磨矿产品和干磨产品捏混搅拌后制得成品浆。它比干法制浆效果好，可以实现粒度的双峰级配，提高堆积效率，提高浆体质量。但由于其工艺主体仍是干法磨矿，没能摆脱干法制浆的固有缺点，使用较少。工艺流程如图 6-9 所示。

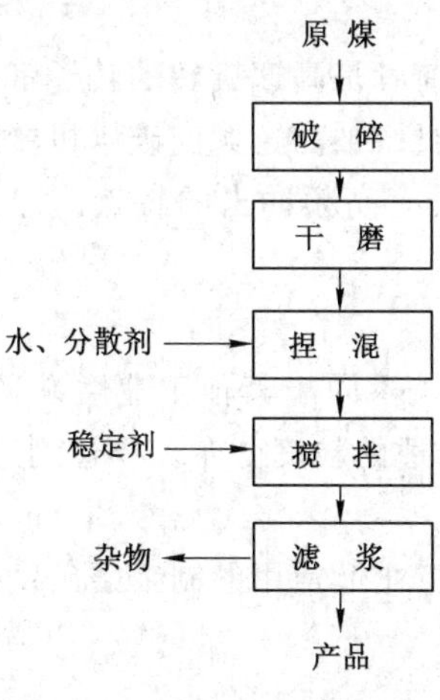

图 6-8　干法制浆工艺

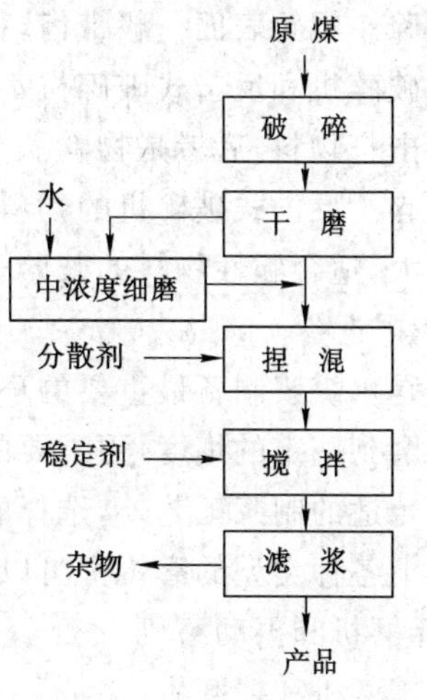

图 6-9　干、湿法联合制浆工艺

4. 其他水煤浆制浆工艺

煤油水三元料浆是磨细的煤粉分散于油和水形成的多级分散悬浮液，流变特性具非牛顿流体的假塑性流体特征。如可以将烟煤气化中产生的焦油渣、酚水和细煤尘混合制成煤油水浆。制备煤油水浆的关键是选择合适的乳化剂。

将煤料磨矿至平均粒度 10 μm 以下，通过氢氟酸、苛性钠、油团聚、选择性絮凝、选择性团聚等高效脱灰方法将灰分降至 1%以下，可以制得能代替柴油、直接用于农用柴油机的超净精细水煤浆。最近，日本研究人员通过以上方法和溶剂萃取，制备出了灰分只有 0.05%的超级无灰煤，用这种无灰煤制备的超级无灰水煤浆甚至可以代替柴油和汽油做普通车用燃料。

褐煤具有高挥发分、低灰分的特点。但是由于其含水高，表面亲水性太强而成浆性较差，一般不宜做制浆用煤。通过热水干燥、真空干燥、焦油蒸气改质等方法，可以使褐煤大幅度脱水并封堵表面孔隙，改善其吸水性。改质后的褐煤具有较好的成浆性，可以制备浓度 60%以上的褐煤水煤浆。

随着机械化采煤技术的推广和原煤入选量的急剧增加，作为选煤厂尾煤的煤泥量也不断增多。由于其灰分较高，粒度太细，难以作为固体燃料使用。但可以利用其这一特征，甚至无须磨矿和添加剂即可制备对质量要求不高的经济型水煤浆，制浆成本极其低廉。

用工业废水，如焦化厂废水和造纸黑液直接制备水煤浆，不仅可以充分利用工业废水中化学物质作为水煤浆添加剂，还可以大大减轻废水直接排放对环境的污染。如中国矿业大学(北京)和浙江大学开发了造纸黑液直接制备水煤浆的工艺。另外，在水煤浆中加入适量的钙基固硫剂制备的固硫型水煤浆，脱硫率可达 50%～60%。

三、制浆设备

1. 破碎设备

破碎作业是为了将原料煤破碎至磨机需要的进料粒度。破碎产品粒度一般要求在 13 mm 以下。高浓度水煤浆的磨矿工艺希望给料的粒度分布范围宽一些，堆积效率高一些，以便提高煤料在磨机中的流动性，改善磨矿效果。一般来讲，锤式、反击式破碎机和辊式破碎机较为适合制浆。

辊式破碎机的工作部分为两个相对回转的辊轮，将通过其间的物料通过劈裂、挤压和剪断作用破碎。辊轮表面一般带齿，称为齿辊式破碎机。

锤式破碎机和反击式破碎机都属于冲击式破碎机。前者是高速旋转的转子带动装在其上的重锤击打物料，后者是物料从高速旋转的转子获得能量，被高速抛向破碎机壁或特设的硬板而破碎。反击式破碎机的物料受到多次反复冲击，具有高频冲击的特点。冲击式破碎机破碎比大，适合脆性物料的破碎。

2. 磨矿设备

磨矿是水煤浆制备最重要的环节。水煤浆制备的磨矿不同于其他工业磨矿，它不仅要求把煤料磨到一定的细度，更重要的是要使磨矿产品有合适的粒度分布。要达到这个目的，除了制定合适的制浆工艺外，选择磨矿设备也至关重要。

原则上各种类型的磨机都可以用于水煤浆的制浆。工业上常用的制浆磨矿设备主要有球磨机、棒磨机和振动磨机。

(1) 球磨机和棒磨机

球磨机和棒磨机是在筒体内装载了一定数量的磨矿介质(磨球或磨棒)、被磨物料及适量的水，并按工艺要求对物料、水和研磨体进行适当的匹配。当筒体在电机的作用下产生回转时，磨矿介质受离心力的作用，贴在筒体内壁与筒体一起回转上升，当磨矿介质被带到一定高度时，由于受重力作用而被抛出，并以一定的速度降落，在此过程中，筒体内的物料受到磨矿介质的冲击和研磨的双重作用而被粉碎。所不同的是球磨机磨介为钢球，棒磨机磨介为高碳钢棒。磨机筒体内侧装有衬板，制浆用磨机一般采用橡胶衬板。球与球之间为点接触，棒与棒之间为线接触，棒磨比球磨打击力大，但由于球的表面积比棒大得多，因此球磨机研磨效率高于棒磨机，微细颗粒产品多于棒磨机。棒磨总是先破碎其间的粗粒，而细粒则被粗粒阻隔且从缝隙中漏过而不被破碎，因此，棒磨产品粒度均匀，堆积效率较低。燃料水煤浆制备多用球磨机，而气化用水煤浆制备多用棒磨机。

(2) 振动磨机

振动磨机的工作单元也是一个圆筒，筒体支撑在弹性机座上，由激振装置带动在垂直于筒体轴线的平面上做圆形或近似圆形的振动。筒内磨介和物料也和筒体一样在筒体内做空间旋转运动，旋转的角速度和半径可以近似地认为与筒体相同。磨介所受离心力大于重力时，就沿旋转的切线方向抛射，抛射的磨介和磨介、筒壁以及物料间发生激烈冲击作用。另外，磨介在摩擦力作用下沿筒体旋转方向剧烈自转，对物料产生强烈的研磨作用。

振动磨机中磨介的冲击靠振动加速度产生，比重力加速度高很多倍，而且全体磨介都处于弹跳状态，磨矿效率大于球磨机。另外，物料在磨碎过程中还受到强烈的搅拌混匀和高速剪切作用，非常适合高浓度水煤浆的制备。由于磨介间为紧密接触，可以获得比球磨机更细的产品。球磨机的缺点是整机参与振动，不易大型化。给料粒度低于球磨机，一般要控制在 3 mm 以下。因此，振动磨机适合小型自备浆厂或作为产生微细颗粒的辅机和球磨机配套使用。

3. 搅拌设备

制浆过程中，搅拌的目的是使浆体充分分散和混合，促进添加剂和颗粒的充分接触，同时对浆体进行剪切，促使水煤浆的熟化。常见的搅拌方式有射流搅拌、气流搅拌和机械搅拌等，如图 6-10 所示。射流搅拌是通过泵使浆体循环达到搅拌目的，搅拌介质是浆体自身。气流搅拌是将压缩空气压入浆体后，空气鼓泡带动浆体翻滚实现搅拌，搅拌介质是压缩空气。这两种搅拌结构简单，适应性强，但效率不高，能耗大，一般只作为清除管道及罐底沉淀的手段。

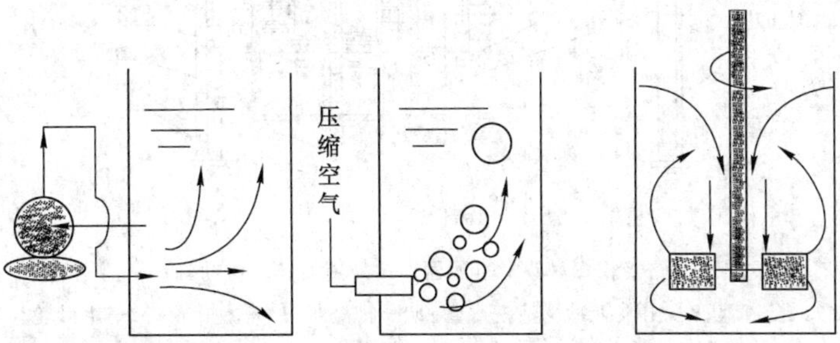

(a) 射流搅拌　(b) 气流搅拌　(c) 机械搅拌

图 6-10　水煤浆搅拌方式

机械搅拌是应用最广泛的搅拌方式，它是通过搅拌叶轮的转动带动浆体运动达到搅拌目的。搅拌叶轮方式有涡轮式、螺旋桨式和叶桨式，如图 6-11 所示。通过改变叶片的形状和安装角度，可以调节径向和轴向的搅拌强度。

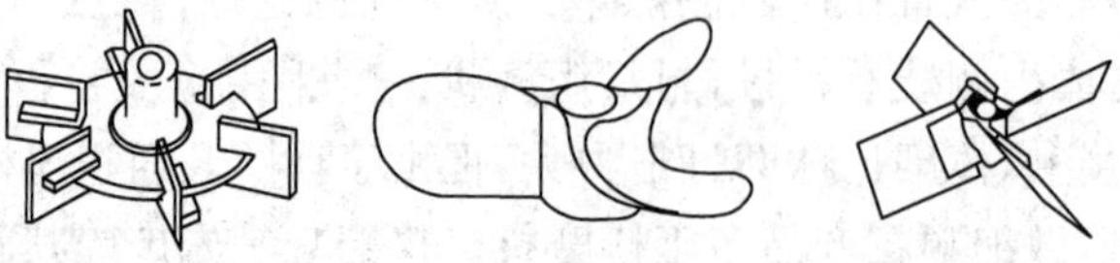

(a) 涡轮式　　(b) 螺旋桨式　　(c) 叶桨式

图 6-11　机械搅拌机构常用叶轮类型

为了改善浆体流动状态，提高搅拌效果，往往在搅拌桶内壁设置一些挡板，常用的是垂直挡板。设置挡板可以抑制搅拌时的浆体切向流动，将切向流转化为径向流和轴向流，增大湍流和对流循环强度，从而提高搅拌效果。搅拌功率随挡板宽度增加而迅速增加，但增加到某一最大值后不再增加。

4. 滤浆设备

滤浆设备的作用是将磨矿产品中的大颗粒及异物及时排除。对水煤浆过滤器的要求是：① 过滤阻力小，运行安全可靠；② 不易堵塞，能自动清除分离元件上的各种杂质；③ 分离元件应有一定的强度，保持较长寿命；④ 结构简单，分离元件拆装和操作方便。水煤浆过滤器有增压密封式在线过滤器和低压非在线过滤器。开放式储浆搅拌过滤器将储浆、搅拌和滤浆集为一体，结构更加紧凑，使用更加方便(图 6-12)。

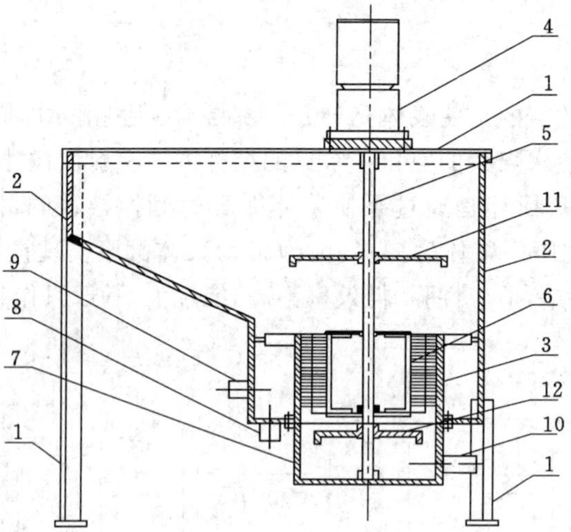

1—支架；2—储浆箱；3—圆形过滤器；4—减速器；5—传动轴；6—清刷机；
7—沉渣池；8—出浆管；9—清洗水管；10—排渣管；11—上叶轮；12—下叶轮。

图 6-12　开放式储浆搅拌过滤器

5. 输送设备

一般来讲，凡是适合输送含固体浆体的泵，都可以用于水煤浆的输送，如隔膜泵、柱塞泵、曲杆泵、离心泥浆泵、渣浆泵等。对高浓度水煤浆，由于其流变特性对剪切作用非常敏感，应尽量避免使用离心泵。隔膜泵和柱塞泵均为间歇作业，流量不稳定。最理想的水煤浆输送泵应为曲杆泵。曲杆泵依靠安放在圆筒形定子套筒内的一根金属耐磨曲杆的转动来连续输出浆体，流量稳定，剪切作用弱。

2. 精细水煤浆

精细水煤浆是指超低灰煤(灰分 1%～2%)磨到 10 μm 以下，浓度为 50%～55%、黏度<300 cP 的水煤浆。精细水煤浆可以作为内燃机和蒸汽透平燃料使用，有着良好的应用前景。精细水煤浆技术包括超净煤制备技术、超细磨矿技术和水煤浆在内燃机上的应用技术。利用多种脱灰技术组合制备超净煤已经有相当的研究成果，日本学者利用连续溶剂萃取已经制备出了灰分很低的超净煤。我国中国矿业大学(北京)和浙江大学等在水煤浆用内燃机研制上已经取得突破。但精细水煤浆要实现大规模应用，还需要做大量的工作，特别是在降低制备成本和提高水煤浆燃烧稳定性方面要进行更深入的研究和探索。

思 考 题

1. 和原煤散烧相比，水煤浆作为燃料有哪些特点？
2. 简述水煤浆的种类和各种水煤浆的性能。
3. 水煤浆浓度和黏度之间的关系如何？
4. 水煤浆的黏性为何要用表观黏度来表征？
5. 何谓水煤浆的稳定性？水煤浆的稳定性与哪些因素有关？如何评价水煤浆的稳定性？
6. 何谓煤的成浆性？原煤性质如何影响其成浆性？如何评价煤的成浆性？
7. 何谓水煤浆制浆的粒度级配？为什么要进行粒度级配优化？
8. 水煤浆分散剂的作用是什么？说明其分散作用机理。
9. 常用的水煤浆分散剂有哪些种类？
10. 水煤浆稳定剂的作用机理是什么？
11. 简要论述不同水煤浆制浆工艺及其优缺点。
12. 简述水煤浆的用途及其对水煤浆的指标要求。

第七章　煤炭热解技术

煤炭热解是将煤在缺氧或惰性气氛状态下加热，发生一系列的物理变化和化学反应，使之分解形成气体、液体和固体半焦的热化学过程。其中气体主要是以氢气、一氧化碳、甲烷等低分子碳氢化合物为主，液体产物主要是链烃和芳烃组成的燃料油，固体类物质主要是含矿物质的碳类物质，通常称为焦。尤其是低煤化程度煤热解能得到高产率的焦油和煤气。焦油经加氢可制取汽油、柴油和喷气燃料，是石油的代用品，而且是石油所不能完全替代的化工原料。煤气是使用方便的燃料，可成为天然气的代用品，另外还可用于化工合成。半焦既是优质的无烟燃料，也是优质的铁合金用焦、气化原料、吸附材料。用热解的方法生产洁净或改质的燃料，既可减少燃煤造成的环境污染，又能充分利用煤中所含的较高经济价值的化合物，具有保护环境、节能和合理利用煤资源的广泛意义。

第一节　煤热解方法的分类及原理

一、煤热解方法的分类

煤热解方法按照其工艺特征，可以进行如下分类。

(1) 按照气氛的不同，可以分为惰性气氛热解、加氢热解和催化加氢热解。

(2) 按照热解温度的不同，可以分为低温热解即温和热解(500～650 ℃)、中温热解(650～800 ℃)、高温热解(900～1 000 ℃)和超高温热解(>1 200 ℃)。

(3) 按照加热使用的热源不同，可以分为电加热热解、等离子体加热热解、微波加热热解等。

(4) 按照加热方式的不同，可以分为外热式热解、内热式热解和内外并热式热解。

(5) 根据热载体的类型不同，可以分为固体热载体热解、气体热载体热解和固体-气体复合载体热解。

(6) 根据料层在反应器内的密集程度，可以分为密相床热解和稀相床热解两大类。

(7) 根据固体物料在床层中的运行方式，可以分为固定床热解、流化床热解、气流床热解、滚动床热解等。

(8) 根据反应器内的压强大小，可以分为常压热解和加压热解两类。

(9) 根据热解速度不同，可以分为慢速热解和快速热解(10～200 ℃/s)。

实际热解过程中，到底选择何种热解方式，取决于用户对产品的要求，并且需要综合考虑物料自身的特点、设备制造、工艺控制技术水平以及其他条件。慢速加热热解，如煤的焦化过程，其目的是获取最大产率的固体产品——焦炭；而中速、快速和闪速热解，包括加氢热解，其目的是获得最大产率的挥发产物——焦油或煤气等化工原料。因此，可以通过选择合适的热解工艺技术，实现对煤的定向转化。

二、煤热解原理

煤在隔绝空气条件下加热至较高温度而发生的一系列物理变化和化学反应的复杂过程，称为煤的热解。煤炭的低温热解过程包括了许多化学和物理变化，是一个十分复杂的过程，这是由煤本身结构与性质的复杂性决定的。在热解过程中，煤炭因为温度的提高不断发生各种各样的变化，生成固相、液相、气相各种产物。所有这些变化都是互相影响，互相交错发生的，这样就增加了煤炭低温热解过程的复杂性。到目前为止，这方面的理论还不够完善。归结起来，煤的低温热解主要包括以下四个过程：

(1) 固体燃料的加热过程——物理过程；

(2) 燃料有机质热分解过程——化学过程；

(3) 分解初次产物在固体燃料内部的扩散过程——物理过程；

(4) 初次挥发产物的二次反应过程——化学过程。

在通常的情况下，这些过程的发生在时间和空间上是相互重合的。其中，前三种过程都发生在原料煤的内部，故煤的热解过程速率就决定于这三个过程中从动力学上来说最慢的过程。研究表明，在加热速度小于 50 ℃/min 时，控制性的过程为加热过程。

煤的热解过程随着温度的升高可以分为三个阶段，如图 7-1 所示。

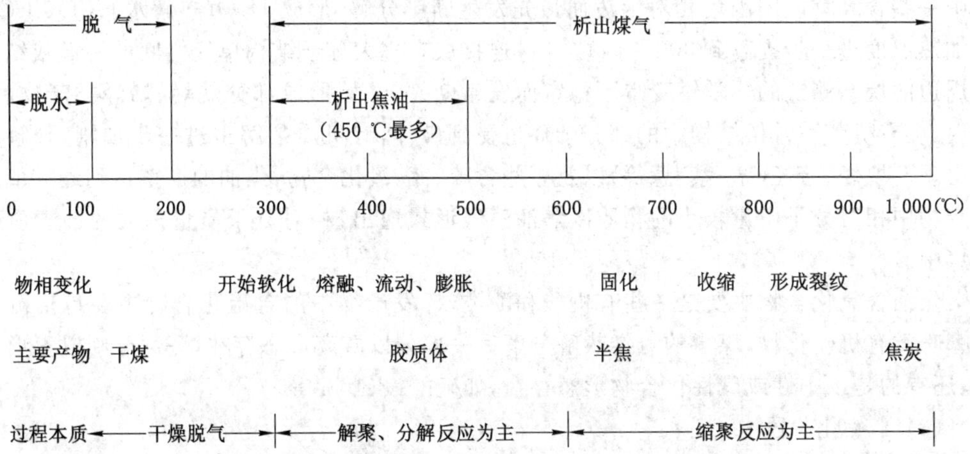

图 7-1　烟煤的热解过程

第一阶段为干燥阶段，此时热解温度在 300 ℃以下，原料煤在此阶段外形没有变化，主要发生表面的吸附水蒸发，放出原料中的吸附气体，并有少量 CO_2、CH_4、H_2S 及水蒸气产生。这个过程为吸热过程，主要发生脱羰基反应。

第二阶段为热解阶段，此时热解温度为 300～600 ℃，原料煤中有机质开始发生变化，放出 CO、CO_2 及水蒸气，生成热解水，产生焦油，原料煤变软并发生剧烈分解，放出大量挥发产物，绝大部分焦油产生，形成半焦。这个过程主要发生解聚和分解反应。

第三阶段为热解后期，此时热解温度为 600～1 000 ℃，在这个阶段绝大部分焦油已经生成完毕，是焦炭的形成阶段。从半焦到焦炭，析出大量的煤气，使固体产物的挥发分降低，密度增加，体积收缩，形成碎块。700 ℃以下煤气的主要成分是 CO、CO_2 和 H_2，当温度大于 700 ℃时，煤气的主要成分是氢气。这个过程以缩聚反应为主。

由于煤组成的复杂性，在隔绝空气加热时，有机物的分解过程是互相交错平行进行的，不可能用一种简单的化学反应式表示出来，而且在不同的温度下，发生的物理化学变化也不相同。在工业生产和研究中一般按照煤在热解时不同温度范围的变化情况，根据主要反应特点分阶段进行说明。通常把热解反应分为以下几个阶段。

(1) 水分及小分子气体的逸出

这一阶段温度在175～200 ℃以前，主要是吸附在煤中的水分及变质作用中附着在煤表面或孔隙中的小分子气体解析出来，主要以物理作用或物理化学作用为主。

煤体吸收热量温度逐步升高到 100 ℃时，附着在煤体中的外在水分开始蒸发，一般在 110～120 ℃前，这部分水分基本上都可以蒸发脱除，还有一部分水吸附在煤的内部孔隙表面上，即内在水分，需要更多的热量克服表面能，因此这部分水的释放比较缓慢，需要的温度也较高，如孔隙发达的煤需要在 150 ℃或者更高的温度下，才能完全脱除内在水分。

当水分逸出后，煤孔隙通道处于开放状态，这时在煤化作用过程中吸附在煤孔隙中的 CH_4、CO_2、CO 等小分子气体从煤体中解析出来，这部分气体与煤大分子分解的煤气相比，数量较少。

(2) 煤的热解

当温度继续升高到 200 ℃以上，煤的有机大分子结构发生破坏，进入到化学作用阶段。煤中一些含氧官能团因为相对活泼而最先发生断键分解，形成 H_2O(热解水)、CO_2、CO 等。若加热温度进一步提高到 300～400 ℃时，连接煤有机大分子结构单元之间的桥键或结构单元周边的烷基侧链的化学键变得不稳定而发生断裂，开始形成部分烷烃、烯烃类产物，继续升温，煤有机芳香骨架结构中的部分杂环也受到破坏，有机质裂解也进一步加剧，分解产物中出现环烷烃、芳烃(苯、萘、蒽等)以及一些含硫、氮、氧化合物，焦油的产率达到最大值。裂解产物中相对分子质量较小的物质以焦油蒸气形式逸出，相对分子质量稍大的沥青质残留在煤中。

焦油含氧化合物主要是一些有机酸和酚类，挥发产物中的含硫化合物主要包括硫化氢及噻吩类有机硫化物，煤中的氮经热解分解后一部分以游离形态存在，一部分则以氨形式存在，还有的是以中性或碱性化合物形态存在，如硫酸铵、吡啶等。

(3) 半焦化阶段

高于 500 ℃时，热分解继续进行，残留的胶质逐渐变稠并固化形成半焦；高于 550 ℃时，半焦继续分解，析出余下的挥发物(主要成分是氢气)，半焦失重同时进行收缩，形成裂纹。

(4) 焦化阶段

温度高于 800 ℃后，半焦体积缩小变硬形成多孔焦炭，焦油停止放出。煤初次分解的产品因进一步产生深度裂化，发生二次热分解，使焦油产率减少，同时也生成大量气体，析出挥发分的固体残留部分有自由基形成，并发生缩聚反应，最终形成以芳碳骨架结构为主的焦炭。

三、煤热解过程中的主要化学反应

煤热解过程中热化学反应是非常复杂的，包括煤中有机质的裂解，裂解产物中轻质部分的挥发，裂解残留物的缩聚，挥发产物在逸出过程中热分解及化合，缩聚产物的进一步分解、再缩聚等过程。大体可概括为裂解和缩聚两大类反应。从煤的分子结构看，可认为热解过程是基本结构单元周围的侧链和官能团，对热不稳定成分不断裂解，形成低分子化合物并挥发出去，基本结构单元的缩合芳香核部分对热稳定，互相缩聚形成固体产物(半焦和焦炭)的过程。煤热解中的主要化学反应如下：

1. 煤热解中的裂解反应

结构单元之间的桥键断裂后生成自由基，其主要是：$—CH_2—$、$—CH_2—CH_2—$、$—CH_2—CH_2—O—$、$—O—$、$—S—$、$—S—S—$等，桥键受热后易断裂成自由基碎片。

脂肪侧链受热易裂解，生成气态烃，如：CH_4、C_2H_6、C_2H_4 等。

含氧官能团的裂解，含氧官能团的热稳定性顺序为：$—OH > —C=O > —COOH$。羧基热稳定性差，200 ℃就开始分解，生成 CO_2 和 H_2O；羰基在 400 ℃左右裂解生成 CO；羟基不易脱落，到 700～800 ℃以上，有大量氢存在，可氢化生成 H_2O。含氧杂环在 500 ℃以上也可能断开，生成 CO。

煤中低分子化合物的裂解，是以脂肪结构的低分子化合物为主，其受热后，可分解成挥发性产物。

2. 一次热解产物的二次热解反应

煤样热解的一次产物，在析出过程中受到二次热解。其二次热解的反应有：

裂解、脱氢反应：

$$C_2H_6 \longrightarrow C_2H_4 + H_2$$

$$C_2H_4 \longrightarrow CH_4 + C$$

$$CH_4 \longrightarrow C + 2H_2$$

加氢反应：

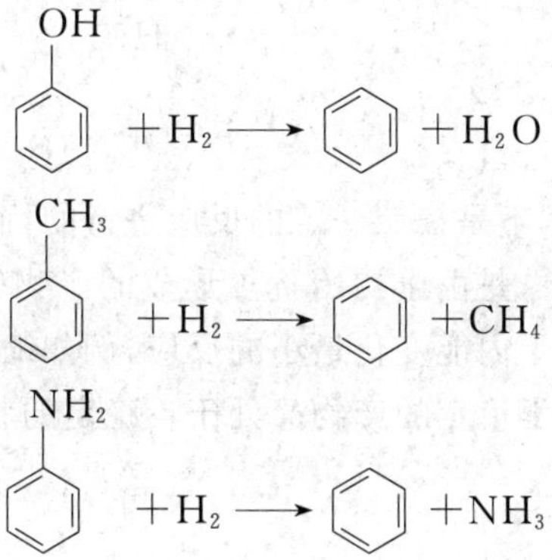

缩合反应：

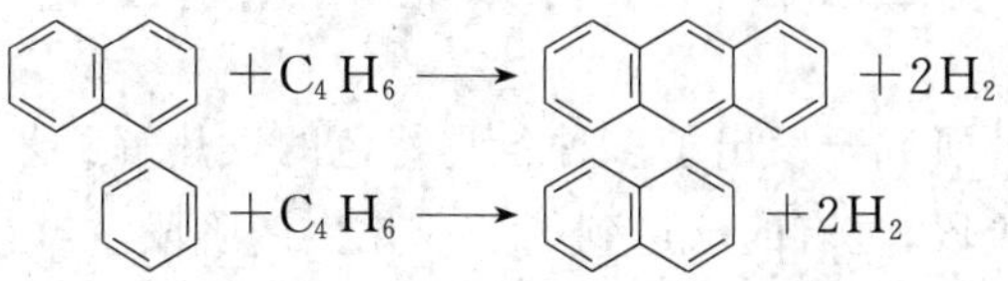

桥键分解：

$$—CH_2— + H_2O \longrightarrow CO + 2H_2$$

$$—CH_2— + —O— \longrightarrow CO + H_2$$

3. 煤热解中的缩聚反应

煤热解的前期以裂解反应为主，而后期则以缩聚反应为主。缩聚反应对煤热解生成固态产物半焦和焦炭的影响较大。

胶质体固化过程的缩聚反应，主要是在热解生成的自由基之间的缩聚，其结果生成半焦。半焦分解，残留物之间缩聚，生成焦炭。缩聚反应是芳香结构脱氢的一种反应。如：

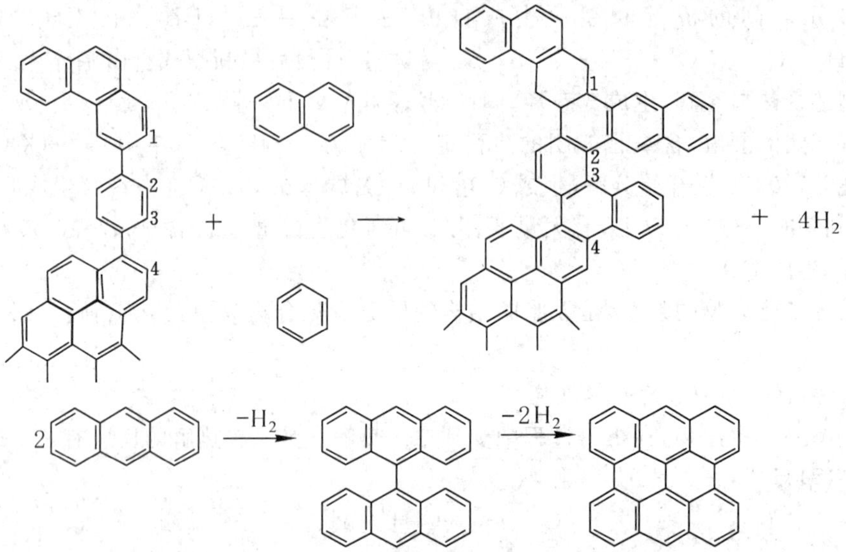

加成反应是具有共轭双烯及不饱和键的化合物，在加成时进行的环化反应。如：

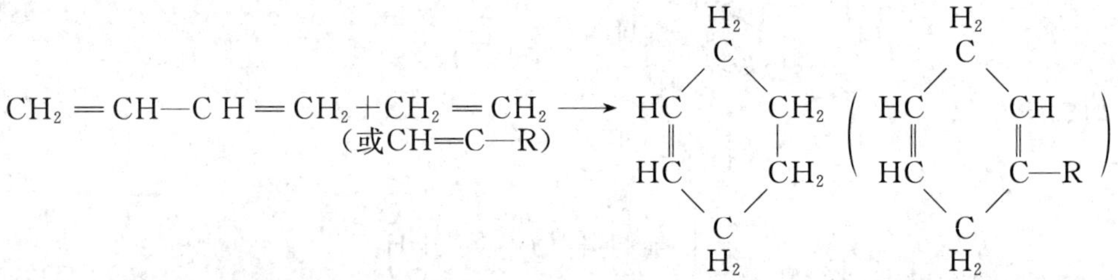

煤在热解过程的分解过程不是按照一定的反应进行的，而是多个反应共同作用的结果。分解过程之所以存在这种现象，是由于初始阶段形成的产物受热进一步分解变化。在这些变化中，首先进行的是那些分子内能变化最小的反应，例如缩合和异构化反应等。随着温度的不断升高，原先生成的热力学稳定的产物又处于不稳定的状态，于是再次发生反应脱去各种官能团。

第二节　几种常见的热解工艺

至目前为止，国内外研究开发出了多种各具特色的煤热解工艺方法，有的处于实验室研究阶段，有的进入中试阶段，也有的已达到了工业化生产阶段。

一、常规热解工艺

1. 鲁奇-鲁尔(Lurgi Ruhrgas)工艺

该法是由 Lurgi GmbH 公司(德国)和 Ruhrgas AG 公司(美国)联合开发研究的，是用热半焦作为热载体的煤低温热解方法，其工艺流程如图 7-2 所示。粒度小于 5 mm 的煤粉与焦炭热载体混合后，在重力移动床直立反应器中进行干馏。产生的煤气和焦油蒸气引至气体净化和焦油回收系统，循环的半焦一部分离开直立炉，由风动输送机提升加热，并与废气分离后作为热载体再返回到直立炉。在常压下进行热解得到热值为 26～32 MJ/m^3 的煤气、半焦以及焦油。

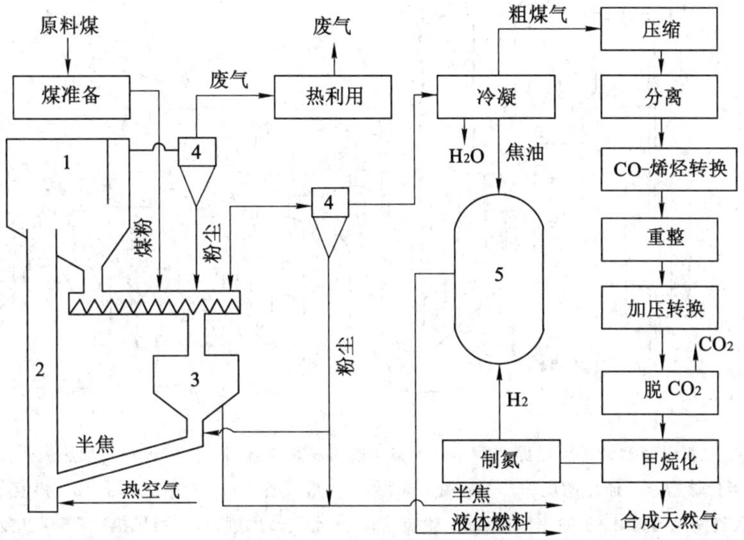

1—半焦分离器；2—半焦加热器；3—反应器；4—旋风分离器；5—焦油加氢反应器。

图 7-2　鲁奇-鲁尔法工艺流程

2. 固体热载体干馏新技术

大连理工大学采用固体热载体快速热解法在 10 kg/h 连续装置上对满洲里褐煤、云南褐煤以及神府煤等进行了快速热解试验研究，获得了满意的效果。1990 年开始在内蒙古平庄建设褐煤固体热载体干馏新技术工艺性试验装置，年处理褐煤 5.5×10^4 t，1992 年投产成功，平庄褐煤干馏新技术工艺流程由备煤、煤干燥、煤干馏、流化提升加热粉煤、煤焦混合、流化燃烧和煤气冷却、输送和净化等部分组成，简化流程如图 7-3 所示。

原料煤粉碎至小于 6 mm，送入原料煤储槽 1，湿煤由给料机送入干燥提升管 2，干燥提升管下部有沸腾段，热烟气由下部进入，湿煤被 550 ℃左右的烟气提升并加热干燥。干煤与烟气在旋风分离器分离，干煤入干煤储槽 3，220 ℃左右的烟气除尘后经引风机 17 排入大气。干煤自煤储槽经给料机进入混合器 4，来自热半焦储槽 7 的 800 ℃热焦粉在混合器中与干煤混合，混合后物料温度 500～650 ℃，然后进入反应器 5，完成煤的快速热解反应，析出干馏气态产物。

煤或半焦粉在流化燃烧炉 8 燃烧产生 800～900 ℃的含氧烟气，在加热提升管下部与来自反应器的 600 ℃半焦产生部分燃料并被加热提升至热半焦储槽 7，焦粉被加热至 800～850 ℃，作为热载体循环使用。由热半焦储槽出来的热烟气去干燥提升管 2，温度为 550 ℃左右，与湿煤在干燥提升管脉冲沸腾中完成干燥过程，使干煤水分小于 5%，温度为 120 ℃左右，烟气温度降至 200 ℃左右。反应器下部由产品半焦管导出部分焦粉经过冷却，形成半焦产品。

来自反应器的干馏产物——荒煤气经过热旋风除尘去洗气管 10，喷洒 80 ℃的水冷却和洗涤，降了温的煤气和洗涤水于气液分离器 11 分离，液体水和焦油去焦液分离器 12 进行油水分离，来自气液分离器的煤气经煤气间冷器 13 冷却，分出轻焦油，煤气经煤气鼓风机

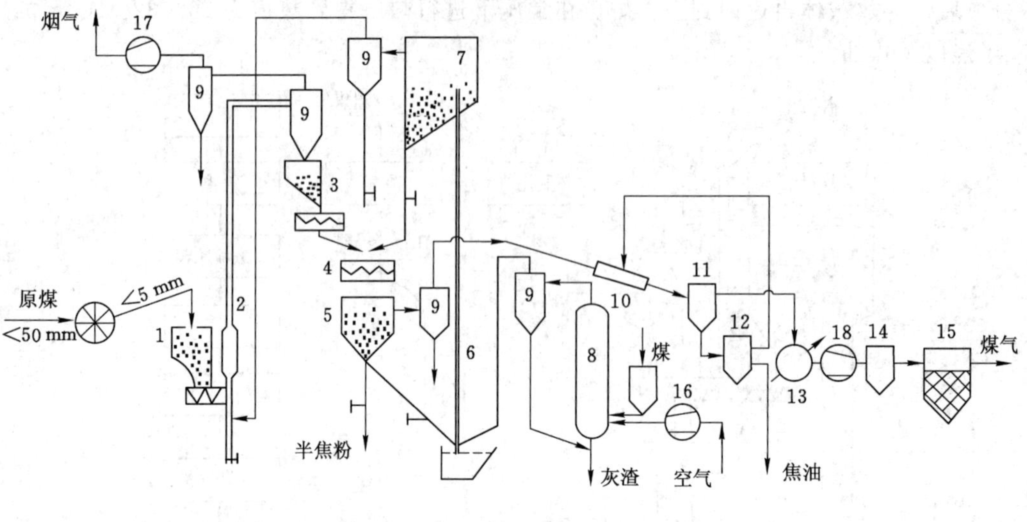

1—原料煤储槽；2—干燥提升管；3—干煤储槽；4—混合器；5—反应器；6—加热提升管；7—热半焦储槽；8—流化燃烧炉；9—旋风分离器；10—洗气管；11—气液分离器；12—焦液分离器；13—煤气间冷器；14—机除焦油器；15—脱硫箱；16—空气鼓风机；17—引风机；18—煤气鼓风机。

图 7-3　平庄褐煤干馏新技术工艺流程

18 加压，经机除焦油器 14 去脱硫箱 15，采用干法脱硫，脱硫后的煤气送至煤气柜储存。

3. COED 工艺

COED（Coal Oil Energy Development）工艺是由美国 FMC（Food Machinery Corporation）和 OCR（Office of Coal Research）开发的，该工艺采用低压、多段、流化床煤干馏。工艺流程如图 7-4 所示。

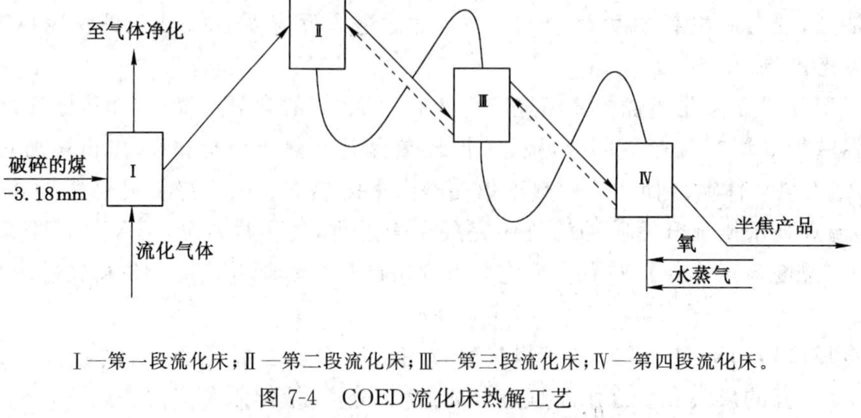

Ⅰ—第一段流化床；Ⅱ—第二段流化床；Ⅲ—第三段流化床；Ⅳ—第四段流化床。

图 7-4　COED 流化床热解工艺

平均粒度为 0.2 mm 的原料，顺序通过四个串联反应器，其中第一级反应器起煤的干燥和预热作用，在最后一级反应器中，用水蒸气和氧的混合物对中间反应器中产生的半焦进行部分气化。气化产生的煤气作为热解反应器和干燥器的热载体和流化介质。借助于固相和气相逆流流动，使反应区根据煤脱气程度的要求提高温度，控制热解过程的进行。热解的压力在 35～70 kPa 下进行，最终产品为半焦、中热值(15～18 MJ/m^3)煤气以及煤基原油。该工艺已有处理能力 36 t/d 煤的中试装置，并附有油加工设备。

4. CSIRO 工艺

澳大利亚的 CSIRO(Commonwealth Scientific and Research Organization)于 20 世纪 70 年代中期开始研究用快速热解煤的方法获取液体燃料，先后建立了 1 g/h、100 g/h、20 kg/h 三种不同规模的试验装置，对多种烟煤、次烟煤、褐煤进行了热解试验。工艺流程如图 7-5 所示。该工艺采用氮气流化的沙子床为反应器，将细粉碎的煤粒(＜0.2 mm)用氮气喷入反应器的沙子床中，加热速度约为 104 K/s，热解反应的主要过程约在 1 s 内完成。另外对热解焦油也进行了结构分析，并用几种不同类型的反应器进行了焦油加氢处理的研究。

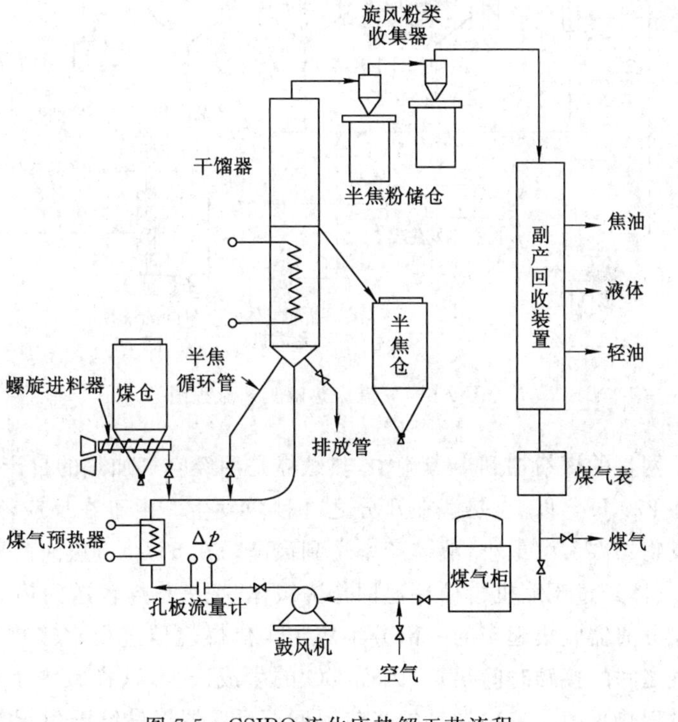

图 7-5　CSIRO 流化床热解工艺流程

该工艺是在实验室开发的具有最大液体产率的工艺方法，并已建成处理量为 23 kg/h、用空气或本工艺的循环煤气作为流化介质进行干馏的中试厂。

5. 美国钢铁公司洁净焦炭法

洁净焦工艺采用热解和加氢平行运行的方法生产冶金焦、焦油、油品、有机液体和气体。该工艺已经建立了试验工艺装置，并进行了试验。

工艺的热解是在竖立的二段流化床内进行的。煤经分选后，一部分在流化床内于富氢和基本无硫的循环煤气存在的情况下进行热解，煤中的硫大部分脱除，产生的半焦用本工艺生产的焦油作为黏结剂压制成型，型块经过改质和燃烧，生产出坚硬、低硫的冶金焦和富氢气体。另一部分煤首先和本工艺生产的载体油混合制成浆，然后在 21～28 MPa 的压力条件下进行非催化加氢，最后把从残渣中分出的液体和气体加工成液体燃料、化工原料和油，油返回本工艺。

6. 气流床热解工艺

气流床热解工艺是由美国西方研究公司研究开发的，它是为生产液体和气体燃料以及作动力锅炉的燃料而设计的，由于煤的停留时间短，快速热解可以获得比其他任何热解方法都高的液体产率。热解在常压气流床内进行，工艺流程如图 7-6 所示。

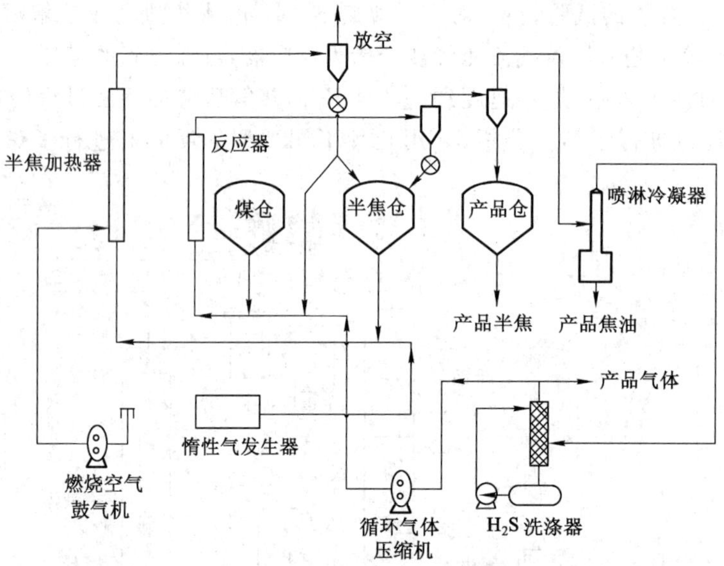

图 7-6 气流床热解工艺流程图

将小于 200 网目的煤粉加到半焦流中，热载体是用经空气加热的自产循环半焦，煤的升温速率经计算在 270 K/s 以上，热解在几分之一秒内发生。由于在反应器内的停留时间小于 2 s，因而挥发物二次裂解最小，液体产率达到最高。在 577 ℃，焦油产率高达 35%（质量分数）。不冷凝气体经过压缩机再循环返回作为载体，把进料煤输送到热解反应器。位于反应器下游的旋风分离器收集起来的一部分半焦与半焦燃烧器进行直接热交换而被加热，循环半焦与燃烧气之间的接触时间很短，因而 CO 的生成极少，这样减少了燃烧气的热损失，显著地改善了过程热平衡。二次加热的半焦返回至反应器以供给干馏所需要的热量。在气流床反应器，流化介质是利用炭化后的煤气，经分离出热解半焦和液体产品之后返回到循环系统中。除液体产品外，还得到半焦和发热量为 22～24 MJ/m³ 的中热值煤气。

7. Toscoal 工艺

Toscoal 工艺是美国油页岩公司研究开发的。Toscoal 工艺进行低温干馏，可生产煤气、焦油和半焦，煤气热值较高（22 MJ/m³），符合城市煤气的热值要求，焦油也可用于重整制备合成气。图 7-7 为 Toscoal 干馏非黏结性煤的工艺流程。

粉碎好的干燥煤在预热提升管内，用来自瓷球加热器的热烟气加热。预热的煤加入干

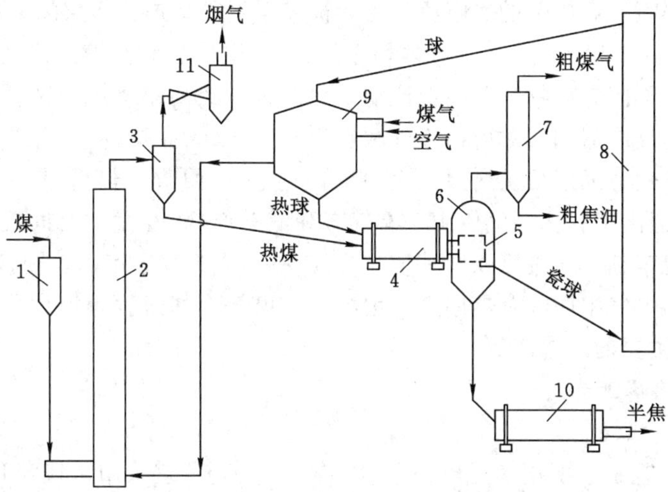

1—煤槽；2—预热提升管；3—旋风器；4—干馏转炉；5—气固分离器；6—回转筛；7—分离塔；8—瓷球提升管；9—瓷球加热器；10—半焦冷却器；11—洗尘器。

图 7-7　Toscoal 工艺流程图

馏转炉中，在此煤和热瓷球混合，煤被加热至约 500 ℃进行低温干馏。瓷球热载体在加热器中被加热，低温干馏产生的粗煤气和半焦及瓷球在气固分离器和回转筛中分离，热半焦去冷却器，瓷球经提升器到加热器循环使用。原料煤粒度最好小于 12.7 mm，瓷球粒度应略大于此值。煤在干燥和干馏过程中粒度有所降低，产品半焦粒度一般小于 6.3 mm。焦油蒸气和煤气在分离系统中冷凝分离，分成焦油产品和煤气，煤气净化后出售或作为瓷球加热用原料。

8. 日本的煤炭快速热解工艺

该方法是将煤的气化和热解结合在一起的独具特色的热解技术。它可以从高挥发分原料煤中最大限度地获得气态（煤气）和液态（焦油和苯类）产品。其工艺流程如图 7-8 所示。

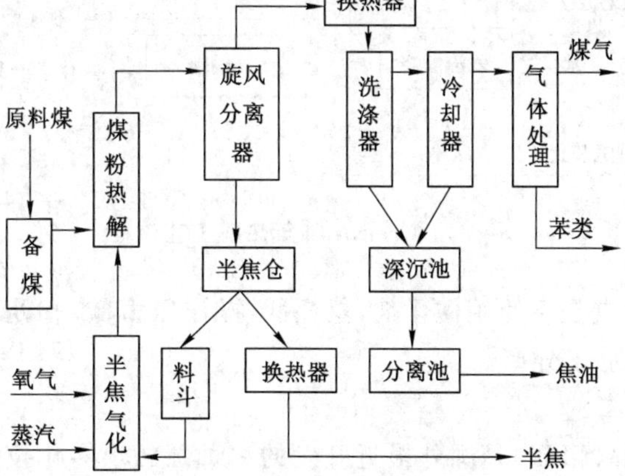

图 7-8　日本快速热解工艺流程

原料煤经干燥，并被磨细到有 80％小于 200 网目以后，用氮气或热解产生的气体密相输送，经加料器喷入反应器的热解段。然后被来自下段半焦化产生的高温气体快速加热，在600～950 ℃和0.3 MPa下，于几秒内快速热解，产生气态和高液态产物以及固体半焦。在热解段内，气态与固态产物同时向上流动。固体半焦经高温旋风分离器从气体中分离出来后，一部分返回反应器的气化段与氧气和水蒸气在1 500～1 650 ℃和0.3 MPa下发生气化反应，为上段的热解反应提供热源；其余半焦经换热器回收余热后，作为固体半焦产品。从高温旋风分离器出来的高温气体中含有气态和液态产物，经过一个间接式换热器回收余热后，然后再经脱苯、脱硫、脱氨以及其他净化处理后，作为气态产品。间接式换热器采用油作为换热介质，从煤气中回收余热用来产生蒸气。煤气冷却过程中产生焦油和净化过程中产生的苯类作为主要的液态产品。

二、加氢热解工艺

1. Coalcon 工艺

Coalcon 工艺是一项技术上最先进的加氢热解工艺，它采用一段流化床，非催化加氢的方法，在中等温度（最高至560 ℃）、中等压力（最高6.859 MPa）、煤的最长停留时间9 min的条件下操作，如图7-9所示。用氢气使反应器内的煤和焦流态化，氢气与煤反应放出的热量加热煤和氢气。用锅炉烟气废热将煤干燥，并预热至约327 ℃，预热煤经锁斗用氢气输送到加氢干馏器。该工艺可以选用黏结性煤，进煤与大量的循环半焦混合可防止煤结块。

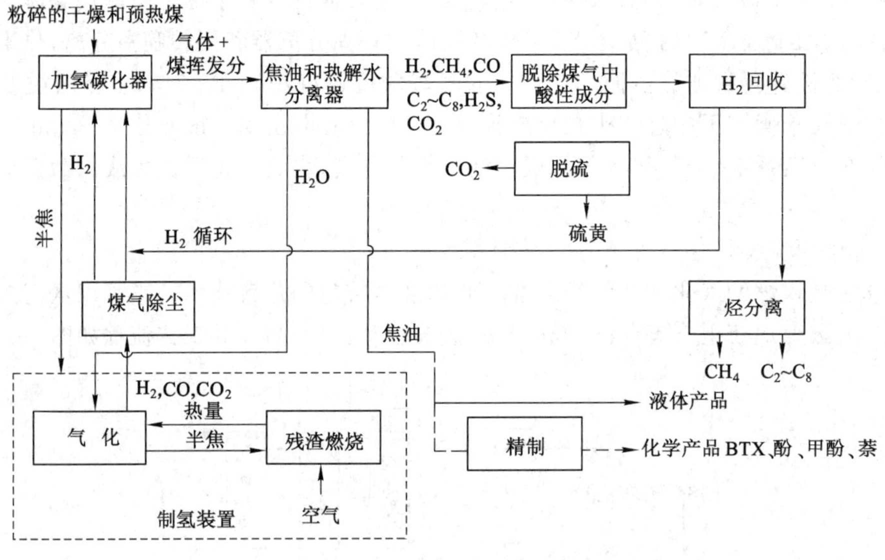

图7-9 Coalcon加氢热解工艺流程

Coalcon 工艺的优点是不使用催化剂，氢耗低，操作压力低，有处理黏结性煤的能力，液体和气体产率高，产品易于分离。

2. 快速加氢热解工艺

煤的快速加氢热解（FHP）是国外最近开发的一种新的煤转化技术，它是以10 000 K/s以上极快的升温速率加热煤，在温度600～900 ℃和压力3～10 MPa的条件下，煤在氢气中热解，仅以数秒的短停时间完成反应。由此最大程度从煤中获取苯、甲苯、二甲苯（BTX）和苯酚、甲酚和二甲酚（PCX）等液态轻质的芳烃和轻质油等，同时得到富甲烷的高热值煤气，其气、液态生成物的总碳转化率可达50%左右，所以国际上称之为介于气化和液化之间的第三种煤转化技术。

美国Carbon Fuels公司开发了煤加氢热解与IGCC相结合的新工艺过程。煤经热解反应后制得三苯、轻质油和燃料油，残余半焦用于气化。热解和气化产生的气体可用于制甲醇和氨，而富甲烷的气体则可用于重整制氢，剩余的氢气作为加氢热解的载气。

加氢热解-IGCC联合工艺流程简图如图7-10所示。该工艺具有如下优点：将加氢热解、半焦气化和发电三种装置相结合，大大降低投资和操作费用；热解半焦被全部利用；总热效率高达60%。

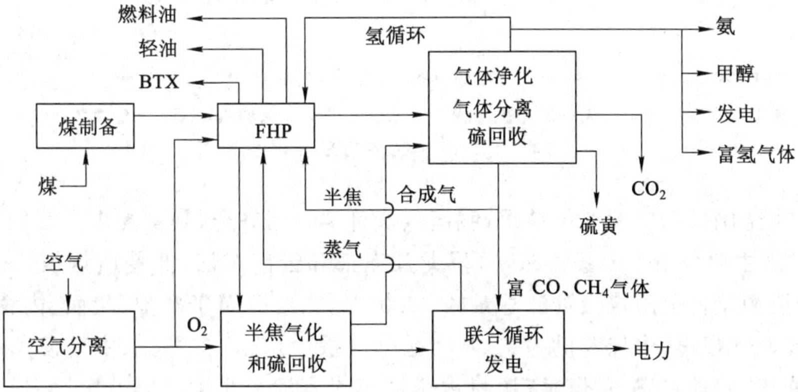

图7-10　加氢热解-IGCC联合工艺

快速加氢热解的目的是提高煤的转化率，即增加富氢气态产物、液态生成物和轻质芳烃的产率。因此FHP与煤的气化和液化相比较，具有如下的优点：

一是热效率高。FHP与煤的气化过程不同，FHP是放热反应，一般不耗氧，不需要空分设备。FHP总热效率高达74%～80%，超过煤的单纯气化和单纯液化。

二是投资省。FHP反应时间短，一般仅数秒，反应器处理能力大；压力不高，温度较低，远比气化温度低，称之为温和煤转化技术，对材料要求降低，节省设备投资。

FHP与传统的热解（如炼焦）相比较，由于氢的介入，产气率提高，其中可用于重整制氢的甲烷的产率可达20%～40%（碳转化率）以上，而CO_2的产率又很低，由此获得高热值煤气。FHP的特点是过程具有弹性，即随反应条件不同生成物可以多样变化，易于控制，FHP可主要以获取三苯、三酚液态轻质芳烃为目的而实施（称加氢热解），也可主要以获取高热值煤气而进行（称加氢气化），当然还可以同时获得高热值煤气和液态轻质芳烃。

第三节　富油煤分布及生油潜力评价

一、煤及富油煤分布

1. 煤炭资源及分布

我国煤炭资源丰富，资源储量大。据自然资源部2021年全国矿产资源储量统计结果，截至2021年年底，全国煤炭储量为2 078.85亿t，主要分布在山西、陕西、内蒙古、新疆、贵州等地，成煤时期有石炭-二叠纪、三叠纪、侏罗纪、白垩纪、古近纪、新近纪（图7-11）。

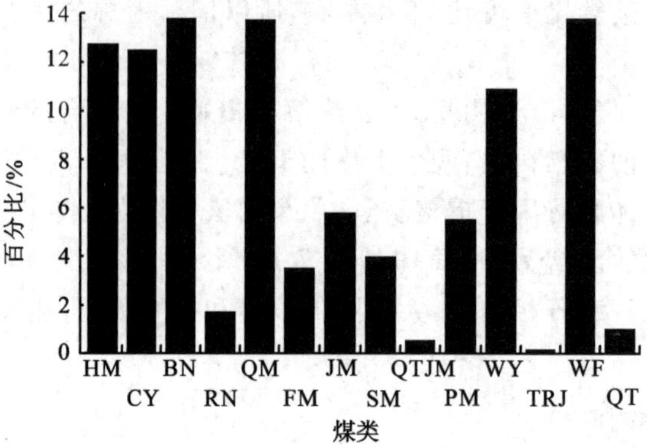

HM—褐煤；CY—长焰煤；BN—不黏煤；RN—弱黏煤；QM—气煤；FM—肥煤；JM—焦煤；SM—瘦煤；QTJM—其他焦煤；PM—贫煤；WY—无烟煤；TRJ—天然焦；WF—未分牌号；QT—其他。

图 7-11　我国煤炭煤类分布图

据第三次全国矿产资源评价结果，我国煤炭种类较为齐全，其中褐煤占我国煤炭资源总量的 12.76%，主要分布于内蒙古东部、黑龙江东部和云南东部；低变质烟煤（长焰煤、不黏煤、弱黏煤）资源量占全国煤炭资源总量的 28.06%，主要分布于新疆、陕西、内蒙古、宁夏等省（区），成煤时代以早、中侏罗世为主，其次是早白垩世、石炭-二叠纪；中变质烟煤（气煤、肥煤、焦煤和瘦煤、其他焦煤、贫煤）资源量占全国煤炭资源总量的 33.20%，主要分布于华北石炭-二叠纪和华南二叠纪含煤地层中；高变质无烟煤资源量占全国煤炭资源总量的 10.93%，主要分布于山西、贵州和四川南部；其他占全国煤炭资源总量的 15.05%。

2. 富油煤资源及分布

富油煤被认为是一种集煤、油、气属性于一体的煤炭资源。根据煤田地质学定义，将煤的焦油产率（Tar_{ad}）小于等于 7.0% 的煤称为含油煤，煤的焦油产率（Tar_{ad}）大于 7.0% 小于等于 12.0% 的煤称为富油煤，煤的焦油产率（Tar_{ad}）大于 12.0% 的煤称为高油煤。普遍意义上将煤中焦油产率大于 7.0% 的煤统称为富油煤。前期研究结果显示，煤中焦油产率与煤中挥发分产率呈正相关关系，与煤的变质程度（煤类）相关，认为褐煤和高挥发分烟煤（长焰煤、不黏煤、弱黏煤、气煤、肥煤）属富油煤。我国富油煤主要分布在东北含煤区、陕晋蒙含煤区、云南含煤区、新甘宁含煤区，西北五省区（陕西、甘肃、宁夏、内蒙古、新疆）富油煤资源预测 5 000 亿 t，其中焦油资源约 500 亿 t。

3. 陕西省富油煤资源及分布

陕西省率先完成了全省的富油煤资源潜力评价。由陕西省煤田地质集团有限公司和自然资源部煤炭资源勘查与综合利用重点实验室牵头完成的陕西省富油煤生油潜力评价及高效开发研究课题，首次估算了陕西省富油煤资源量为 1 550.33 亿 t，内蕴焦油资源量 144.5 亿 t，主要分布在陕北侏罗纪煤田、陕北三叠纪煤田。

陕西省五大煤田富油煤平面分布规律为：陕北侏罗纪煤田 2-2 煤主体为富油煤型（富油煤占比 87.57%），有小片高油煤（高油煤占比 7.40%）、零星含油煤，焦油产率呈现中部较高，向东北部和西南部略有降低的趋势；在榆横矿区北部和新民矿区东部局部地段，出现连片高油煤；在新民矿区北部石圪台矿区有个别含油煤样点，平均焦油产率 9.99%。陕北三叠纪煤田 3 煤为富油煤-高油煤型（高油煤占比 48.98%、富油煤占比 51.02%），矿区中南部中庄井田南部以富油煤为主，北部以高油煤为主。黄陇侏罗纪煤田 2 煤为富油煤-含油煤型（富油煤占比 67.09%、含油煤占比 30.26%），南北向特征是中部以富油煤为主、向南北两侧渐变为含油煤；东西方向特征为由西向东富油煤占比逐渐增大，到东部黄陵矿区间杂出现小范围高油煤区。陕北石炭-二叠纪煤田为富油煤-含油煤型（富油煤占比 60.54%、含油煤占比 29.93%），由北向南富油煤占比逐渐降低，焦油产率逐渐下降，至南部吴堡矿区主体为含油煤。渭北石炭-二叠纪煤田 5 煤为主体含油煤型，所有煤层焦油产率值一般小于 7%。焦油产率统计结果见表 7-1。

表 7-1　陕西省五大煤田主采煤层焦油产率统计结果

煤田分类	煤层号	焦油产率/%			不同焦油产率煤样占比/%		
		最小值	最大值	平均值/样品个数	$Tar_{ad} \leq 7\%$	$7\% < Tar_{ad} \leq 12\%$	$Tar_{ad} > 12\%$
陕北侏罗纪煤田	2-2 煤	3.2	18.6	9.99/676	5.03	87.57	7.40
	3-1 煤	4.1	15.1	10.15/517	3.87	83.17	12.96
	4-2 煤	3.5	14.8	9.80/366	4.64	89.07	6.29
	5-2 煤	2.9	14.6	9.06/598	6.52	89.97	3.51
黄陇侏罗纪煤田	2 煤	1.0	16.0	7.96/104	30.26	67.09	2.65
	3-1 煤	1.5	12.3	7.57/132	39.39	59.09	1.52
陕北三叠纪煤田	5 煤	7.1	16.4	11.96/77	0	46.75	53.25
	3 煤	8.0	16.3	11.89/49	0	51.02	48.98
渭北石炭-二叠纪煤田	3 煤	0.3	4.8	1.47/24	100.00	0	0
	5 煤	1.2	4.6	2.30/53	100.00	0	0
陕北石炭-二叠纪煤田	4 煤	4.4	14.8	8.50/147	29.94	60.54	9.52
	9 煤	5.3	13.4	10.15/10	30.00	20.00	50.00

垂向上，陕北侏罗纪煤田 2-2、3-1、4-2、5-2 煤焦油产率平均值依次为 9.99%、10.15%、9.80%、9.06%，由浅至深焦油产率表现为先增大再减小的趋势，黄陇侏罗纪煤田 2、3-1 煤平均焦油产率依次为 7.96%、7.57%，上部煤层焦油产率略高；陕北三叠纪煤田 5 煤平均焦油产率 11.96%、3 煤平均焦油产率 11.89%，上部煤层焦油产率略高；陕北石炭-二叠纪煤田 4、9 煤平均焦油产率分别为 8.50%和 10.15%，下部煤层焦油产率略高，其中，吴堡矿区焦油产率变化较大；渭北石炭-二叠纪煤田 3、5 煤平均焦油产率分别为 1.47%、2.30%，下部煤层焦油产率略高。

陕西省富油煤资源量估算是以《煤炭矿区资源储量核查技术要求》为准则，以 2012 年全省煤炭矿产资源利用现状调查中储量核查成果为基础，更新近年来地质勘查报告经评审备案的储量估算成果。根据各矿区分煤层焦油产率等值线（焦油产率为 7%和 12%的等值线）圈定的富（高）油煤范围对原有资源量块段进行切割分区，采用断块法计算了陕西省富油煤资源量为 1 550.33 亿 t（其中富油煤资源量为 1 407.81 亿 t，高油煤资源量为 142.52 亿 t），其中陕北侏罗纪煤田富油煤资源量占全省的 83.30%，黄陇侏罗纪煤田富油煤资源量占全省的 7.90%，陕北三叠纪煤田富油煤资源量占全省的 2.40%，陕北石炭-二叠纪煤田富油煤资源占全省的 6.40%（图 7-12）。

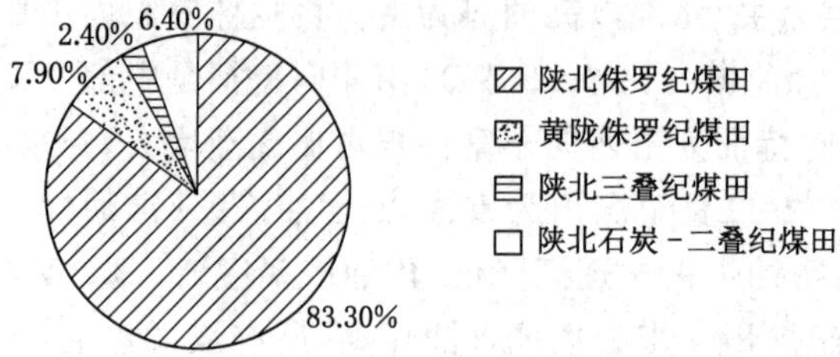

图 7-12 陕西省五大煤田富油煤资源量占比

二、富油煤生油潜力评价

富油煤在隔绝空气条件下，通过中低温热解可生成煤焦油、热解气和半焦。1 t 富油煤经中低温热解后可产生 300 m^3粗煤气、650 kg 半焦和 85 kg 煤焦油。我国西部富油煤储量丰富，资源量大约有 5 000 亿 t，主要赋存于陕西、内蒙古、甘肃等地，蕴含的焦油资源约 500 亿 t，气资源量约 75 万亿 m^3，相当于我国石油剩余探明技术可采储量(36.2 亿 t)的 13 倍，天然气、页岩气、煤层气剩余探明技术可采储量(7.0 万亿 m^3)的 10 倍。

根据富油煤与高油煤的分布范围，分煤层、分区块统计富(高)油煤焦油产率，区块煤层焦油资源量和焦油资源总量计算依据块段法，预测了陕西省共保有高油煤和富油煤 1 452.39 亿 t，共保有焦油资源 144.5 亿 t。其中，陕北侏罗纪煤田共保有高油煤煤炭资源量 107 亿 t，保有富油煤煤炭资源 1 125.9 亿 t，按照矿区及煤层焦油产率平均值计算，共含焦油资源 124.4 亿 t，占总焦油资源量的 86.0%；黄陇侏罗煤田共保有高油煤煤炭资源 1.39 亿 t，保有富油煤煤炭资源 83 亿 t，共含焦油资源 7.7 亿 t，占总焦油资源量的 5.4%；陕北三叠纪煤田共保有高油煤煤炭资源 26 亿 t，保有富油煤煤炭资源 9.7 亿 t，共含焦油资源 4.3 亿 t，占总焦油资源量的 3.0%；陕北石炭-二叠纪煤田共保有高油煤煤炭资源 3.6 亿 t，保有富油煤煤炭资源 95.8 亿 t，共含焦油资源 8.1 亿 t，占总焦油资源量的 5.6%(表 7-2)。

表 7-2 陕西省富油煤资源及内蕴焦油资源量估算表

煤田名称	保有富油煤资源量/亿 t		焦油资源量/亿 t	焦油资源量占比/%
	高油煤	富油煤		
陕北侏罗纪煤田	107	1 125.9	124.4	86.0
黄陇侏罗纪煤田	1.39	83	7.7	5.4
陕北三叠纪煤田	26	9.7	4.3	3.0
陕北石炭-二叠纪煤田	3.6	95.8	8.1	5.6
渭北石炭-二叠纪煤田	0	0	0	0
合计	137.99	1 314.4	144.5	100

思 考 题

1. 试写出煤热解过程可能发生的化学反应。
2. 试分析煤热解多联产技术发展现状与前景。

3. 试讨论煤的催化加氢热解机理。
4. 试分析比较煤热解不同工艺技术的原理、装置特点、工业化应用效果、优缺点。
5. 简述影响煤热解产物组成分布及焦油产率的因素。
6. 试论述低变质煤中低温热解工业化发展中存在的问题及解决的途径。

第八章　煤炭气化技术

煤炭气化是指在特定的设备内于一定温度及压力下使煤中的有机质与气化剂发生一系列化学反应，将固体煤转化为灰渣和可燃性气体的过程。煤炭气化能够达到充分利用煤炭资源的目的，是洁净、高效利用煤炭的最主要途径，在电力生产、城市供暖、燃料电池、液体燃料和化工原料合成等方面有着广泛的应用。随着煤炭转化日益向电-热-化工多联产方向发展，煤炭气化已成为多联产系统和许多能源高新技术的关键环节，是未来洁净煤技术中的核心技术。

第一节　煤炭气化的基本原理

一、煤炭气化的基本原理

煤炭气化过程是以煤或煤焦为原料，以氧气(空气、富氧或纯氧)、蒸汽或氢气为气化剂，在高温条件下，通过一系列反应将原料煤从固体燃料转化为气体燃料的过程。气化过程发生的反应包括煤的热解、燃烧和气化反应。从物理化学过程来看，煤炭气化共包括以下几个阶段：煤炭干燥脱水、热解脱挥发分和热解半焦的气化反应，如图 8-1 所示。

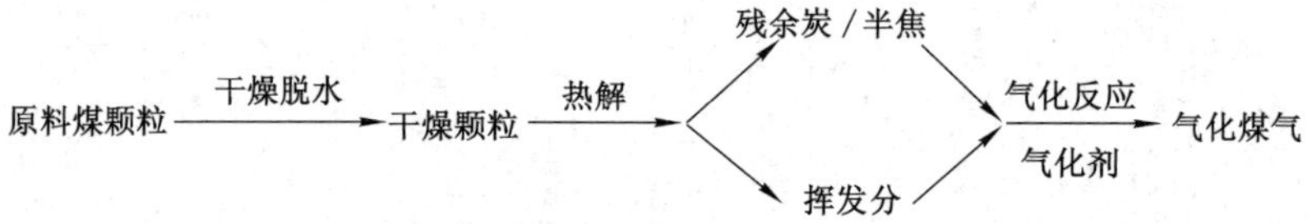

图 8-1　煤炭气化的一般历程

煤的干燥过程在 200 ℃以前完成，在此阶段煤失去大部分水分，并以水蒸气形式逸出。之后，进入煤的干馏阶段，开始发生煤的热解反应，一部分干馏气相产物，随着气化条件的不同，直接或间接转化成二氧化碳、一氧化碳、氢、甲烷等而成为气化产物的组成部分。一些相对分子质量较大的挥发物则以焦油形式析出或参与二次气化反应，留下的热解半焦则进行后续的气化反应。

气化反应是在缺氧状态下进行的，因此煤炭气化反应的主要产物是可燃性气体 CO、H_2 和 CH_4，只有小部分碳被完全氧化为 CO_2，可能还有少量的 H_2O，该过程中主要的化学反应有：

碳完全燃烧　$C+O_2 \longrightarrow CO_2+393.8\ kJ/mol$　(8-1)

碳不完全燃烧　$2C+O_2 \longrightarrow 2CO+115.7\ kJ/mol$　(8-2)

CO_2 在半焦上的还原　$C+CO_2 \longrightarrow 2CO-164.2\ kJ/mol$　(8-3)

水煤气变换反应　$C+H_2O \longrightarrow CO+H_2-131.5\ kJ/mol$　(8-4)

$CO+H_2O \longrightarrow H_2+CO_2+41.0\ kJ/mol$　(8-5)

甲烷化反应　$CO+3H_2 \longrightarrow CH_4+H_2O+250.3\ kJ/mol$　(8-6)

$C+2H_2 \longrightarrow CH_4+71.9\ kJ/mol$　(8-7)

煤炭气化反应的进行伴随有吸热或放热现象，这种反应热效应是气化系统与外界进行能量交换的主要形式。其中反应式(8-3)、反应式(8-4)为吸热过程，是造气的主要反应，其余的反应都是放热反应。即使在无外界提供热源的情况下，煤的氧化燃烧和挥发分析出过程放出的热量，足以为其他吸热反应提供能量，即实现自供热，为煤的气化过程提供必要的热反应条件。

除了以上反应外，煤中存在的少量的杂质元素如硫、氮等，也会与气化剂或气化产物发生反应，在还原性气氛下生成 H_2S、COS、N_2、NH_3 以及 HCN 等物质，具体反应如下：

$$S+O_2 \longrightarrow SO_2 \tag{8-8}$$

$$SO_2+3H_2 \longrightarrow H_2S+2H_2O \tag{8-9}$$

$$SO_2+2CO \longrightarrow S+2CO_2 \tag{8-10}$$

$$2H_2S+SO_2 \longrightarrow 3S+2H_2O \tag{8-11}$$

$$2S+C \longrightarrow CS_2 \tag{8-12}$$

$$S+CO \longrightarrow COS \tag{8-13}$$

$$N_2+3H_2 \longrightarrow 2NH_3 \tag{8-14}$$

$$N_2+H_2O+2CO \longrightarrow 2HCN+1.5O_2 \tag{8-15}$$

$$N_2+xO_2 \longrightarrow 2NO_x \tag{8-16}$$

由于气化过程中氧供给不足，反应多在还原环境下进行，所以气化产物中的含硫化合物主要以 H_2S 为主，另含有少量的 COS 和 CS_2，一般情况下 SO_2 几乎不出现，但若煤气中水蒸气过剩量越大，SO_2/H_2S 量就会越大。含氮化合物主要以 NH_3 为主，HCN 和 NO_x($NO+NO_2$)为次要产物。这些气体产物在煤气净化工序中予以脱除，得到有用的硫、氮化合物副产物，消除了潜在的污染，最终将煤转化为洁净的气体燃料。

在以上气化过程的主要反应中，由原料煤和输入气化剂 O_2、H_2O 之间直接发生的反应称为一次反应，其余反应为气化初级产物与初始物质之间的反应，称为二次反应。

可以看出，煤炭气化过程是一个复杂的物理化学过程，在气化炉中所进行的反应，除部分为气相均相反应外，大多数属于气固非均相反应过程，所以气化反应过程速度与化学反应速度和扩散传质速度有关，其反应机理符合非均相无催化反应的一般历程。煤或煤焦的气化反应一般经历七个相继发生的步骤：

(1) 反应气体从气相扩散到固体碳表面(外扩散)；

(2) 反应气体再通过颗粒的孔道进入小孔的内表面(内扩散)；

(3) 反应气体分子吸附在固体表面上，形成中间络合物；

(4) 形成的中间络合物之间，或中间络合物和气相分子之间发生反应，属于表面反应步骤；

(5) 吸附态的产物从固体表面脱附；

(6) 产物分子通过固体的内部孔道扩散出来(内扩散)；

(7) 产物分子从颗粒表面扩散到气相中(外扩散)。

以上七步骤可归纳为两类，(1)、(2)、(6)、(7)为扩散过程，其中又有外扩散和内扩散之分；而(3)、(4)、(5)为吸附、表面反应和脱附，其本质上都是化学过程，故合称表面反应过程。煤或半焦在气化温度下，其扩散过程和化学过程交替进行，由于各步骤的阻力不同，反应过程的总速度将取决于阻力最大的步骤，即速度最慢的步骤是整个气化过程的速度控制步骤。因而，总反应速度可以由外扩散过程、内扩散过程或表面反应过程控制。大量实验研究表明，低温时表面反应过程是气化反应的控制步骤，高温条件下，扩散或传质过程逐步变为控制步骤。

二、煤炭气化的分类

迄今为止，已开发及处于研究发展中的煤炭气化方法不下百种，由于许多因素互相掺杂，对气化过程进行通用的系统分类是比较困难的。工业技术的分类通常是依据分类方法或具体技术指标来进行的。对于煤炭气化技术，常见的分类方法有如下几种：

(1) 以入炉煤的粒度大小进行分类，有块煤(6～50 mm)气化、细粒煤(0.1～9 mm)气化、粉煤(<0.1 mm)气化等。此外，还有以入料煤的形态进行分类，以干煤进料的称为干法气化，以油煤浆或水煤浆形式进料的则归为湿法气化，因水煤浆或油煤浆制备中煤的粒度要磨细到 1 μm 以下才能保证良好的流动性和稳定性，所以有时也将它们归类到粉煤气化法中。

(2) 以气化介质为主进行分类，有空气鼓风气化(空气煤气)、空气-水蒸气气化(发生炉煤气)、氧-水蒸气气化(水煤气)和加氢气化(以氢气为气化剂，由不黏煤制取高热值煤气的过程)等。

(3) 以气化过程供热方式进行分类，有内热式气化(气化过程中没有外界供热，煤与水蒸气反应所需的热量由煤的氧化反应所提供)、外热式气化(气化所需热量通过外部加热装置供给，煤气质量较好)和热载体气化(气、固或液渣载体与原料煤通过热交换供热)。

(4) 以气化过程的操作压力为主进行分类，有常压或低压气化(0～0.35 MPa)、中压气化(0.7～3.5 MPa)和高压气化(7 MPa)。

(5) 以排渣方式为主进行分类，有干式或湿式排渣气化、固态或液态排渣气化、连续或间歇排渣气化等。

(6) 以入炉煤在炉内的过程动态进行分类，有移动床气化、流化床气化、气流床气化和熔融床气化等。

(7) 以固体煤和气体介质的相对运动方向进行分类，有同向气化(或称并流气化)、逆流气化等。

(8) 以过程的阶段性为主进行分类，有单段气化、两段气化和多段气化等。

(9) 以过程的操作方式为主进行分类，有连续间歇式气化和循环式气化等。

(10) 以反应的类型为主进行分类，有热力学气化过程和催化气化过程。

(11) 根据地下煤层气化与采出煤的气化方式，可分为地面气化和地下气化。

在实际工业生产中又常常对每种气化方法突出一两个类别，冠以名称，予以简化。如鲁奇炉又叫固定床块煤加压气化法；柯柏斯-托切克炉又叫常压粉煤气流床气化法；温克勒炉又叫细颗粒煤流化床气化法；谢尔(Shell)法又叫粉煤加压液态排渣气化法；等等。

有效的煤炭气化方法是根据不同的过程参数或所用的不同燃料种类进行分类的，依气固接触形式、热传递方式、进料方式、排渣方式而不同，并因此对气化原料煤的要求也不同。

分类方法(6)是目前比较流行的，即按煤在气化炉内移动方式分成移动床气化、流化床气化、气流床气化、熔融床气化四大类。前三种气化方法对原料煤的粒度和黏结性、操作条件等有不同的要求，同时热效率、碳转化效率、处理能力及煤气组成也有明显的区别，表 8-1 列出了这三类气化方法的重要特点。

表 8-1　三种典型气化方法比较

项　　目	移动床气化法	流化床气化法	气流床气化法
典型气化炉形式	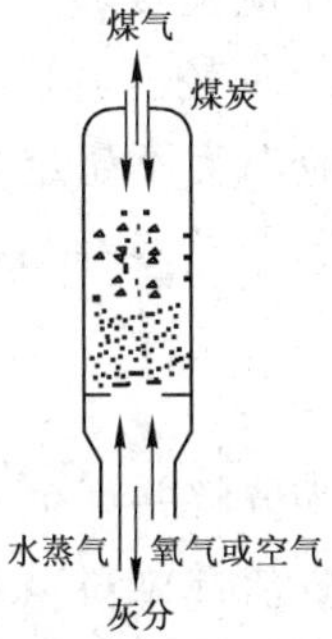	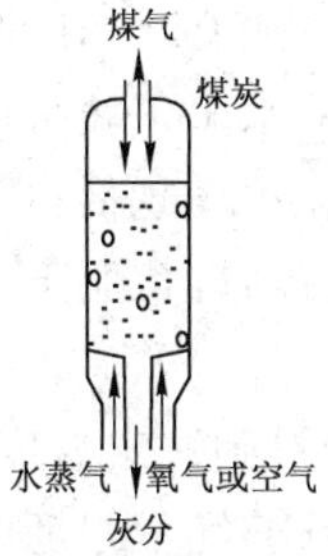	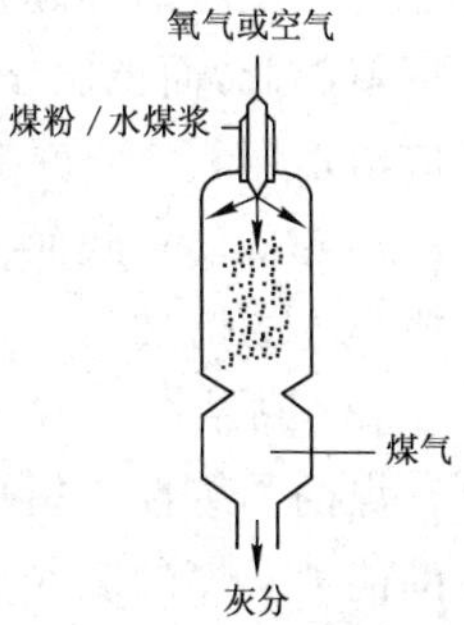
原料煤粒度/mm	3～30	1～5	＜0.1
适用煤种	非黏结性煤	黏结性较低的煤种	基本无限制
供料方式	块煤干式	煤粉干式	煤粉干式或水煤浆湿式
排渣/灰方式	干式排灰或液态排渣	干式排灰或团聚排灰	液态排渣
气化温度/℃	450～1 000(干式排灰) 600～1 600(液态排渣)	850～1 100	1 500～1 800
碳转化率/%	高(99.7)	低(＞95)	高(＞99)
冷煤气效率/%	高(约 89)	中(80～85)	低(76～80)
生产能力	低	中	高
代表技术	Д型炉，W-G 炉(常压)， UGI 间歇式水煤气炉， ATC/Wellman 两段炉， Lurgi/BGC-Lurgi 加压炉	Winkler 炉， KRW/U-Gas 炉， HTW 炉	Texaco/E-Gas (水煤浆供料)， Shell/Prenflo/GSP (干粉供料)

三、影响煤炭气化的主要因素

原料煤、气化剂以及不同的气化方法和操作条件都会影响到煤炭气化的效果。通常衡量煤炭气化效果的指标有气化强度、碳的转化率、冷煤气效率和热煤气效率等。

气化强度是指气化炉单位面积每小时所能气化的原料煤质量，单位是 $t/(m^2 \cdot h)$，它反映气化过程的生产能力；碳的转化率则反映原料煤中碳的转化程度，一般转化率越高，灰渣中未转化碳的量越少；冷煤气效率和热煤气效率的区别如下，这两个值与煤气的余热回收和后续应用相关。

冷煤气效率(%)＝粗煤气热值(标准温度下)/原料煤热值

热煤气效率(%)＝(粗煤气热值＋粗煤气显热)/原料煤热值

1. 原料煤的气化性质

煤炭气化性质主要包括反应活性、黏结性、结渣性、热稳定性、机械强度及粒度分布等。

(1) 反应活性

反应活性是指在一定条件下,煤炭与不同的气体介质如二氧化碳、氧气、水蒸气、氢气相互作用的反应能力。表示煤炭反应活性的方法很多,现在通常以被还原为 CO 的 CO_2 量占通入 CO_2 总量的体积百分数,即 CO_2 的还原率,作为反应活性的指标。

反应活性的强弱直接影响到产气率、耗氧量、煤气成分、灰渣或飞灰的含碳量及热效率等。首先反应活性越强的煤,在气化和燃烧过程中反应速度越快,效率越高,其起始气化的温度就越低,而低温条件对生成 CH_4 有利,也能减少氧耗。其次与同样煤灰软化温度的低反应活性煤相比,使用较少的水蒸气就可以控制反应温度不超过煤灰软化温度,减少了水蒸气的消耗量。一般而言,煤化程度越低,挥发分越高,煤质越年轻,反应活性越好,随着原煤变质程度的增加,其煤的反应活性急剧下降。

(2) 黏结性

煤的黏结性是指煤被加热到一定温度时,煤受热分解并产生胶质体,最后黏结成块状焦炭的能力。煤的黏结性不利于气化过程的进行,黏结性强的煤料,在气化炉上部加热到400~500 ℃时,会出现高黏度的液相,使料层黏结和膨胀,小块的煤被黏合成大块,破坏料层中气流的均匀分布,并阻碍料层的正常下移,使气化过程恶化。严重黏结时,会使气化过程无法进行。因此一般移动床煤气化炉要求气化用煤是不黏结的,或者只有很弱的黏结性。使用黏结性的煤,需在气化炉内黏结区部位增设搅拌装置进行破黏处理。

(3) 结渣性与灰熔融性

煤中的矿物质,在高温和活性气体介质的作用下,转变为牢固的黏结物或熔融炉渣的能力称为结渣性。对移动床气化炉,大块的炉渣将会破坏床内均匀的透气性,从而影响生成煤气的质量;严重时炉箅不能顺利排渣,需用人力捅渣,甚至被迫停炉。此外炉渣包裹了未气化的原料,使排出炉渣的含碳量增高。对流化床来说,即使少量的结渣,也会破坏正常的流化状态。

煤的结渣性不仅与煤的灰熔融性和灰分含量有关,也与气化的温度、压力、停留时间以及外部介质性质等操作条件有关。在生产中,往往以灰熔融性作为判断结渣性的主要指标。煤灰软化温度越低的煤越易结渣。不同的气化设备对煤灰软化温度的选择不同,如液态排渣的气化炉要求煤灰软化温度越低越好,而固态排渣的气化炉则需要通过控制温度以免出现结渣。

煤灰软化温度对决定气化炉的操作条件有较大影响。固态排灰的气化炉,要求煤灰软化温度(ST)大于 1 250 ℃,否则在气化过程中容易结渣,形成风洞;液态排渣的气化炉,可以用低软化温度的煤,但难以用软化温度超过 1 470 ℃的煤,否则排渣困难。灰成分中的酸性氧化物(SiO_2 和 Al_2O_3)含量越高,煤灰软化温度越高,灰渣黏度越大;而当碱性氧化物(CaO、MgO 和 Na_2O)含量高时,煤灰软化温度低,灰渣黏度小。所以,针对这些性质,常常在原料准备阶段中设法向煤中加一些添加剂,以降低或提高煤灰软化温度,以适应气化操作条件的要求。

(4) 热稳定性

热稳定性是指煤在高温下燃烧或气化过程中对温度剧烈变化的稳定程度,也就是块煤在温度急剧变化时保持原来粒度的性能。热稳定性好的煤，在燃烧或气化过程中，能以原来的粒度烧掉或气化，而不碎成小块；而热稳定性差的煤，则迅速碎裂成小块或粉煤。对于移动床气化炉来说，热稳定性差的煤，将会增加炉内气流阻力，降低煤的气化效率，并使带出物增多。煤的热稳定性与煤的变质程度、成煤条件、煤中的矿物组成以及加热条件有关。一般烟煤的热稳定性较好，褐煤、无烟煤和贫煤的热稳定性较差。因为褐煤中水分含量高，受热后水分迅速蒸发使煤块碎裂。无烟煤则因其结构致密，受热后内外温差大，膨胀不均产生应力，使块煤碎裂。贫煤急剧受热也容易爆裂，即热稳定性也较差。热稳定性差的煤在进入移动床气化炉的高温区前，先在较低温度下做预热处理，可使其热稳定性提高。

(5) 机械强度

煤的机械强度，是煤炭抗破碎能力的量度，以在规定条件下，一定粒度的煤样自由落下后大于 25 mm 的块煤占原煤样的质量分数表示。机械强度高的煤在移动床气化炉的输送过程中容易保持其粒度，从而有利于气化过程均匀进行，减少带出物量。机械强度较低的煤，只能采用流化床或气流床进行气化。一般来说，无烟煤的机械强度较大。

(6) 粒度分布

不同的气化方式对原料煤的粒度要求不同。在移动床气化炉中，要求使用 5～50 mm 的块煤，煤的粒度应该均匀合理，细粉煤的比例不应该太大，粒度不均匀将导致炉内燃料层结构不均匀，大块燃料滚向炉膛壁，小颗粒和粉末落在燃料层中心，从而造成炉壁附近阻力较小，大部分空气从这里穿过，使这里的燃烧层上移，严重时可使燃料层烧穿。均匀的炉料可使炉内料层有很好的均匀透气性，获得较好的煤气质量和较高的气化效率。对于块煤欠缺时，可将细粒煤制成型煤进行造气。

流化床气化炉要求 8 mm 以下的细粒煤，一般要求在 3～5 mm 之间，并且要十分接近，若粒度太小，由于颗粒间的强烈摩擦形成细粉，增加了煤气中带出物小颗粒的含量，使碳转化率降低；但粒度太大，挥发分的逸出会受到阻碍，从而使煤粒发生膨胀，导致密度下降，在较低的气速下就可流化，从而减少生产能力。在实际生产中，活性高的煤块度可大些，而机械强度低的煤，块度应大些。

气流床气化炉则要求煤粒<0.1 mm，至少有 85%小于 200 网目的粉煤，干法进料气流床对原料煤的粒径及均一性要求最低；水煤浆进料时，则要求有一定的粒级匹配，以提高水煤浆的浓度。而熔融床气化炉要求<6 mm 的细粒煤。

(7) 水分与灰分

煤的其他性质如水分、灰分都会对气化过程产生一定影响。水分过高，会增加气化过程中的热能消耗，降低气化反应的温度，超过一定限度时，须在入炉前进行干燥（水煤浆气化法例外）。灰分过高，会增加热量损失和碳的不完全反应等。因此，在选择气化用煤时需要综合考虑。

(8) 挥发分

挥发分指煤在与空气隔绝的容器中加热一定时间以后，从煤中分解出来的液体（蒸汽状态）和气体产物——焦油、酚及甲烷等。若生产燃料气，甲烷是有用的；若生产合成气，甲烷则属惰性气体。焦油则必须回收处理，否则会堵塞管道及阀门。挥发分析出的现象，只有在移动床气化时才会出现。在流化床和气流床气化中，因气化反应温度高，煤中挥发分经高温裂解，生成气态产物直接转入煤气中，没有干馏物产生。

(9) 固定碳

煤中固定碳含量的高低，对煤完全气化后得到气化指标的好坏有直接关系。气化用煤的固定碳含量高，则煤气产率高，气化效率和热效率都高，相应地，单位质量煤的空气消耗、蒸汽消耗亦高。因煤阶不同，煤的固定碳含量亦不同，因而在工业生产或设计中针对不同变质程度的煤种，应采用不同的氧气和水蒸气的理论消耗值。

2. 操作条件

操作条件主要是指气化温度和压力，二者有时交互作用，共同对煤的一些性质产生影响。

(1) 气化温度

通常气化温度的选择需要考虑以下几个方面：对于固态排渣的气化方法，为了防止结渣，应将温度控制在煤灰软化温度以下，但同时温度增高有利于提高煤的反应活性和碳的转化率，而不同的操作温度还会影响到产物的生成，如低温条件有利于 CH_4 的生成。

(2) 压力

加压气化是强化煤气化的一种方法，但它对煤气组成、煤的部分气化性也会带来影响。相比气化温度，压力对气化的影响更为重要。它不仅能直接影响化学反应的进行，还会对煤的性质产生影响从而间接影响气化效果。

一般来讲，在加压的情况下，气体密度增大，化学反应速度加快，有利于单炉生产能力的提高；从气化反应平衡来讲，加压有利于甲烷的形成，不利于二氧化碳的还原和水蒸气的分解，从而导致水耗量增大，煤气中二氧化碳浓度有所增加。

煤的黏结性随压力的增加而增加。弱黏结性煤，黏结指数都随压力的增加而上升，而且在压力增加到 0.5～1 MPa 以前，黏结性增加较快；黏结性煤，黏结指数也随压力的增加而增加，并且随压力的增加开始增加较快，然后逐渐减慢。压力对煤结渣性也有影响，一般情况下，结渣率随系统压力的增加而减小。这是因为加压时，由于在恒定的空气流量下，实际流速下降，造成燃烧反应速率下降，热量的释放减缓，因而结渣率随系统压力的增加而减小。

四、煤气的种类

一般将煤炭气化生成的气体产物称为煤气，其中气化炉出口处的未经净化的煤气又常称为粗煤气。不同的气化方法可以生产出不同性质(组成和热值)的煤气。根据其性质，煤气可以广泛地应用在各个工业和民用领域，如作为气体燃料的城市煤气、工业用发生炉煤气、水煤气和替代合成气以及可进行液体燃料和化工产品合成的合成气等。

如按照煤气在标准状态下的热值分类，可以分为：

(1) 低热值煤气　<2 000 kcal/m^3(即<8.3 MJ/m^3)；

(2) 中热值煤气　4 000～8 000 kcal/m^3(即 16.7～33.5 MJ/m^3)；

(3) 高热值煤气　>8 000 kcal/m^3(即>33.5 MJ/m^3)。

如果结合煤炭气化的气化剂组成以及产物气体成分和用途，按其热值高低(由低至高)可细分为：发生炉煤气、水煤气、合成气、城市煤气以及替代天然气等。表 8-2 所示为典型的几类煤气的组成和热值。

表 8-2 典型的几类煤气的组成和热值

煤气名称	气化剂	煤气组成/%						低位发热量/(kJ/m³)
		H_2	CO	CO_2	N_2	CH_4	O_2	
空气煤气	空 气	2.6	10	14.7	72	0.5	0.2	3 762～4 598
混合煤气	空气、蒸汽	13.5	27.5	5.5	52.8	0.5	0.2	5 016～5 225
水煤气	蒸汽、氧气	48.4	38.5	6	6.4	0.5	0.2	10 032～11 286
半水煤气	蒸汽、空气	40	30.7	8	14.6	0.5	0.2	8 778～9 614
合成天然气	氧、蒸汽、氢	1～1.5	0.02	1	1	96～97	0.2	33 440～37 620

第二节 煤炭气化方法

一、移动床气化法

移动床气化是煤炭在移动床气化炉中的气化，也称为块煤气化，是最早出现的煤炭气化方法。从炉型上可概括为常压气化炉和加压气化炉两种，在运行方式上有连续式和间歇式的区分。

1. 常压移动床气化法

常压移动床气化法通常包括煤气发生炉气化法、水煤气气化法和相应的两段炉气化法。

(1) 常压移动床气化法的特点

常压移动床气化法的特点是在常压条件下运行，采用自供热和干法排灰的方式进行移动床气化。在气化炉内，固体原料煤从炉顶加入，在向下移动的过程中与从炉底通入的气化剂逆流接触，进行充分的热交换并发生气化反应，使得沿床层高度方向上有一明显变化的温度分布，一般自上至下可分为预热干燥层、干馏层、气化层(还原层)、燃烧层(氧化层)以及灰渣层。

生产时，气化剂通过气化炉的布风装置自下而上均匀送入炉内，首先进入灰渣层，与灰渣进行热交换被预热，灰渣则被冷却后经由旋转炉箅离开气化炉。由于灰渣层温度较低，且残炭含量较小，因此灰渣层基本不发生化学反应。

预热后的气化剂在氧化层与炽热的焦炭发生剧烈的氧化反应，主要生成 CO_2 和 CO，并放出大量的热，因此氧化层是炉内温度最高的区域，并为其他气化反应提供热量，是维持气化炉正常运行的动力带，其发生的主要反应有：

$$C+O_2 \longrightarrow CO_2+394.55\ \text{MJ/kmol} \tag{8-17}$$

$$C+0.5O_2 \longrightarrow CO+115.7\ \text{MJ/kmol} \tag{8-18}$$

在氧化层中，残留的极少量未燃尽炭和不可燃的灰分进入灰渣层冷却，高温的未反应气化剂以及生成的气体产物则继续上升，遇到上方区域的焦炭。在这里二氧化碳和水蒸气分别与焦炭发生还原反应，因此称为还原层。还原层是煤气中可燃气体(CO 和 H_2)的主要生成区域，也称气化层。其主要反应均为吸热反应，因此其温度与氧化层相比有所降低。

$$CO_2+C \longrightarrow 2CO-173.1\ \text{MJ/kmol} \tag{8-19}$$

$$C+H_2O \longrightarrow CO+H_2-131.0\ \text{MJ/kmol} \tag{8-20}$$

还原层上升的气流中主要成分是可燃性气体产物(CO 和 H_2 等)和未反应尽的气体

(CO_2、H_2O、N_2)等,在上部区域与刚进入炉内原料煤相遇,进行热交换,原料煤在温度超过350 ℃时,发生热解并析出挥发分(可燃气体或焦油),并生成焦炭,由于此时上升气流中已几乎不含氧气,所以煤实际处于无氧热解的干馏状态,故称为干馏层,其反应过程可示意如下:

$$煤 \longrightarrow CH_4 + H_2 + CO_2 + H_2O + C_mH_n + 焦油 + 半焦 \tag{8-21}$$

由上面的表达式可见,干馏层生成的煤气中含有许多气体杂质,这些气体杂质随还原层生成的煤气混合即为发生炉煤气,经过炉顶附近的干燥层将原料煤预热干燥后离开发生炉。事实上,在发生炉中的气化反应并非有如上明显的分层面,但通过分析不同炉层内主要气体组成的变化(图 8-2),可见其变化趋势与分层描述的基本一致。

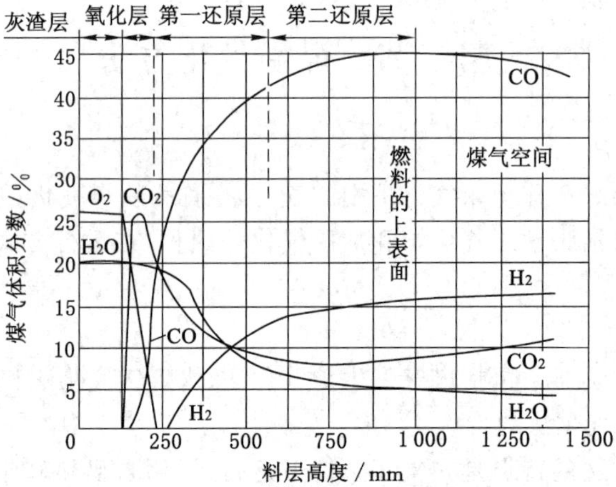

图 8-2　气体组成沿料层高度变化图

(2) 煤气发生炉气化法

以空气和水蒸气为气化剂与原料煤或焦炭反应制得的煤气称为混合煤气(发生炉煤气),煤气组成中无效气体约占 60%,热值为 5.02～5.86 MJ/m³,由于其热值低,主要用作工业燃料气。因而这类气化炉称为混合煤气发生炉,简称发生炉。

(3) 水煤气气化法

针对发生炉煤气热值较低的情况,随后发展了采用蒸汽和空气轮流鼓入发生炉的间歇运行方式,由蒸汽和赤热的无烟煤或焦炭接触作用而得到煤气,从而减少煤气中 N_2 和 CO_2 的含量的方法来提高煤气热值,即水煤气气化法,所得煤气称为水煤气,其主要可燃成分是 H_2 和 CO。这种煤气发生炉的显著特点是以无烟煤块或无烟煤粉制作的型煤作为气化原料,水煤气的热值一般为 10 000～11 000 kJ/m³,广泛应用于化学合成工业,作为生产碳氢化合物或其他化合物所需 H_2 的来源,同时也可作为城市煤气工业中重要的掺混气体。

(4) 常压移动床两段炉气化法

在常压移动床两段炉气化法中,还有一类重要的气化技术,即两段炉气化法。其主要是为了解决普通煤气发生炉和水煤气炉生成的煤气中干馏产物过多的问题。在两段炉气化法中,气化炉被分成了干馏段和气化段,从结构上看干馏段与普通移动床气化炉上的干馏区相比有所加长。图 8-3 为两段炉的原理示意图。煤从炉顶煤仓经下煤阀进入炉体,在干馏段接受隔墙传来的热量和部分直接上升的气化煤气所携带的热量经过充分的干燥和长时间的低温干馏，逐渐形成半焦，进入气化段，炽热的半焦在气化段与炉底鼓入的气化剂充分反应，经过炉内还原层、氧化层而形成灰渣，由炉栅驱动从灰盘自动排出。

煤在低温干馏的过程中，以挥发分析出为主生成的煤气称为干馏煤气，组成两段炉的顶部煤气，约占总煤气量的 40%，其热值较高（6 700 kJ/m^3），温度较低（120 ℃左右），并含有大量的焦油。这种焦油为低温干馏产物，其流动性较好。气化段生成的煤气分为两部分：一部分沿环状通道与干馏段换热后，从两段炉下段煤气出口经旋风除尘器出炉，故称为下段煤气或气化煤气；另一部分向上经中心管与干馏煤气混合形成混合气从炉顶引出，称为上段煤气或炉顶煤气。与普通单段式气化炉相比，下段煤气基本不含焦油，循环水中含酚浓度很低；而干馏段由于延长了干馏时间，温度下降，也避免了一些烃成分的二次裂解，炉顶煤气含有的低温焦油流动性好，容易净化，且其气化效率和综合热效率均比单段炉高。

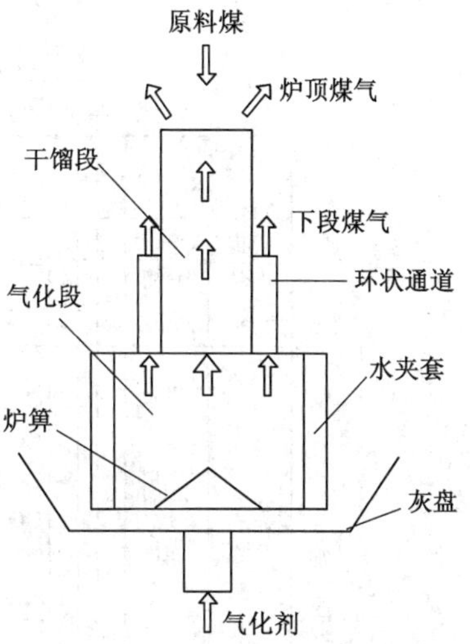

图 8-3　两段炉的原理示意图

2. 加压移动床气化法以及典型气化炉

加压移动床气化法是一种在高于大气压力（1.0～2.0 MPa 或更高压力）的条件下进行煤的气化操作，通常以氧气和水蒸气作为气化介质，以褐煤、长焰煤或不黏煤为原料的气化技术，其突出优点是煤气热值高，煤种适应性强，耗氧量较低，气化强度高，生产能力增大，粉尘带出量少等。加压移动床气化法的主要缺点为粗煤气中含有较多的酚类、焦油和轻油蒸气，煤气净化处理工艺较复杂，易造成二次污染，投资高，设备的维护和运行费用较高等。

（1）加压移动床气化法的特点

加压移动床气化的基本原理除了一般常压移动床气化发生的煤燃烧、二氧化碳还原、水煤气反应和水煤气平衡反应外，主要是发生了一系列甲烷生成的反应，而这些反应在常压下是需要催化剂参与才能发生的。

$$C+2H_2 \longrightarrow CH_4+Q \tag{8-22}$$

$$CO+3H_2 \longrightarrow CH_4+H_2O+Q \tag{8-23}$$

$$2C+2H_2O \longrightarrow CH_4+CO_2+Q \tag{8-24}$$

$$CO_2+4H_2 \longrightarrow CH_4+2H_2O+Q \tag{8-25}$$

加压移动床气化与常压移动床气化类似，气化炉内也可按反应区域来进行分层，各层的主要反应及产物如图 8-4 所示。其主要的特点是在还原层上方，由于 H_2O、CO_2 和 C 进行了大量反应，不断生成 H_2 和 CO，同时因吸热使环境温度降低，为甲烷的生成创造了条件。随着碳加氢反应及 CO 和 H_2 合成反应的进行，甲烷的量不断增加，形成了所谓的甲烷层。由于生成甲烷的反应速度较慢，因此与氧化层和还原层相比，甲烷层较厚，占整个料层的近 1/3。

与此同时，在加压条件下，其他反应也受到了不同程度的影响。由于主要的氧化反应 $C+O_2 \longrightarrow CO_2$ 和水煤气平衡反应 $CO+H_2O \longrightarrow CO_2+H_2$ 的反应前后体积不变，因此压力提高不影响其化学平衡，但加快了反应速度。而水煤气生成反应 $C+H_2O \longrightarrow CO+H_2$

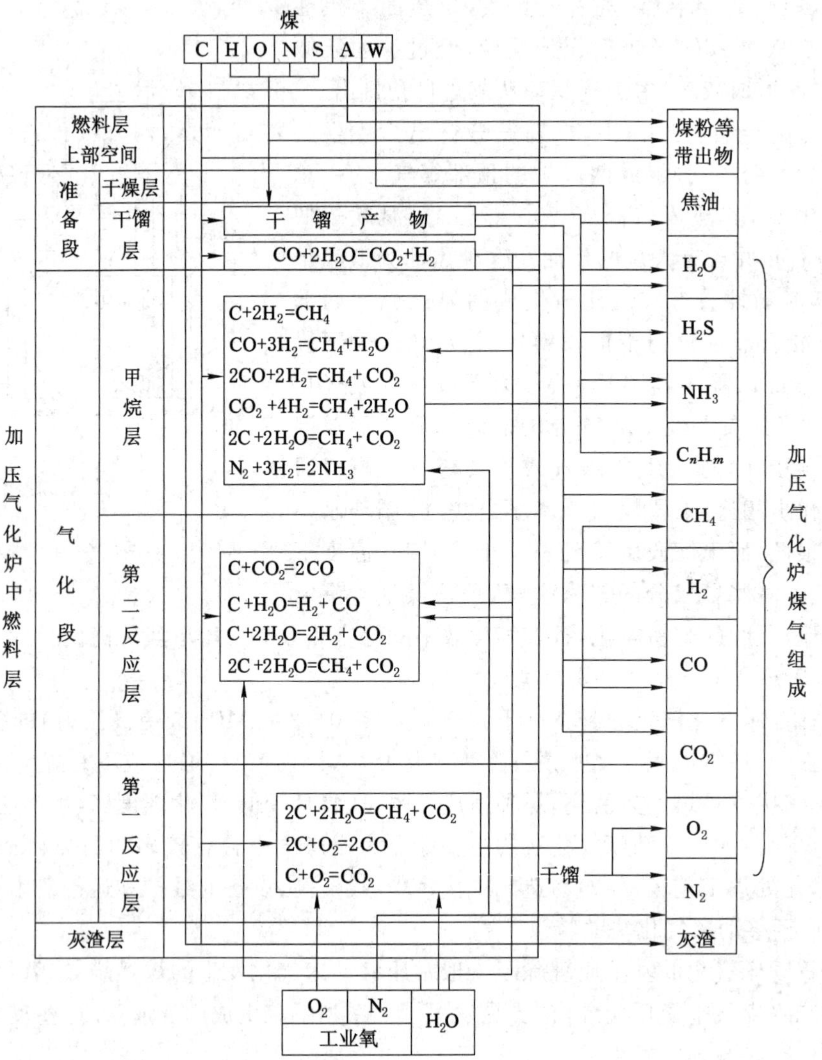

图 8-4　加压气化炉中各层的主要反应及产物

和二氧化碳还原反应 $C+CO_2 \longrightarrow 2CO$ 则是体积增大的反应，压力提高化学平衡向左移动，因此在加压气化生成的煤气中 CO_2 含量高，CO 和 H_2 含量降低，水蒸气消耗大，废水多。

(2) 典型的加压移动床气化炉

鲁奇(Lurgi)炉是加压移动床气化炉应用最广、最为成熟的炉型，一般分为两类：固态排灰的鲁奇炉和液态排渣的 BGL-Lurgi 炉。

图 8-5(a)是第四代的干式排灰鲁奇炉的结构。整个气化炉大致可分为加煤、搅拌、炉体、炉栅和排渣等五大部分。由于气化炉处于高压操作条件，因此加煤装置采用双阀钟罩形式以保证原料煤可以连续不断地进入气化炉。布煤器和搅拌器同时由电机带动，如果气化没有黏结性的煤种，可以不设搅拌器。气化炉炉体由双层钢板焊制，形成水夹套，在其中形成的蒸汽汇集到上部蒸汽包通过汽水分离引出。其他结构如旋转炉箅等与常压移动床气化床类似。

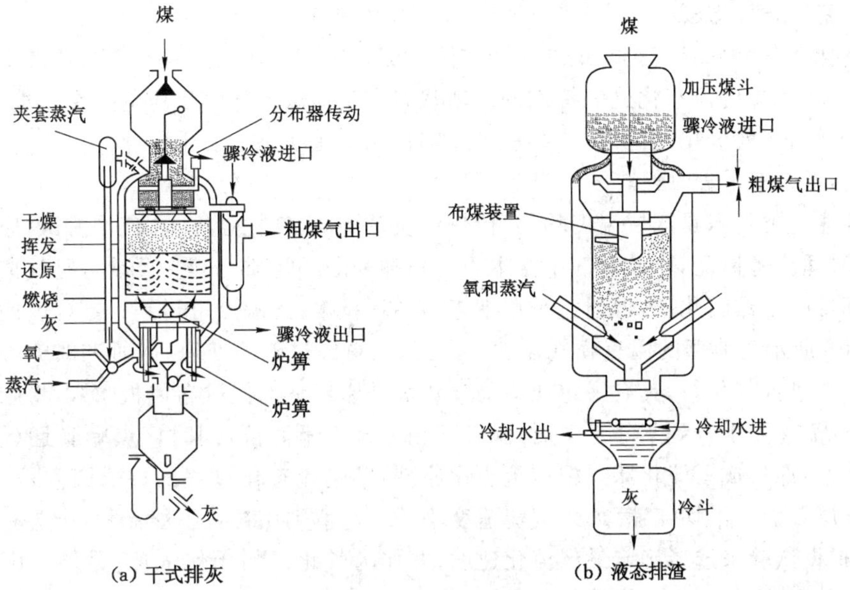

图 8-5　加压鲁奇炉

保持炉内压力稳定对加压移动床气化是十分重要的，它直接影响到气化过程工况条件与产物气体组成。鲁奇炉采用与太空舱缓冲阀比较相似的煤锁与灰锁装置实现这一功能。煤锁加煤过程与灰锁排灰过程同为间歇性的操作，通过操作阀门，使煤锁或灰锁充压、泄压来实现加煤或排灰这一过程。

干式排灰鲁奇炉的操作压力通常为 3 MPa，在炉内氧化区域最高温度约为 1 000 ℃，粗煤气离开炉顶的温度为 260～538 ℃，这取决于气化煤种，同样粗煤气的组成也随着煤种的不同而不同。

与常压移动床气化法相比，鲁奇炉的 CH_4 和 CO_2 的含量都有很大的提高，粗煤气经脱 CO_2 和变换精制处理后，可作为合成氨、合成甲醇以及合成油品的原料气，也可以用于生产高热值的替代煤气。尤为重要的是，任何合成工艺都需在高压下进行，这就显示了鲁奇炉在加压条件下运行的优势。同时，最新的鲁奇炉粗煤气产量已达到了每天 156 万 m^3 以上，这是常压气化难以相比的。

图 8-5(b)为液态排渣 BGL-Lurgi 炉的结构图。它与干式排灰气化炉最主要的区别是水蒸气和氧气的比，在干式排灰中该比例一般为(4～5)∶1，而在液态排渣炉中则为 0.5∶1。通过降低水蒸气和氧气的比，可使炉膛氧化区的温度上升，以超过煤灰软化温度，使其以液态灰渣的形式排出炉外。

液态排渣炉通过提高炉温来加快气化反应的速度，炉内最高温度一般在 1 300 ℃以上，出口粗煤气的温度为 550 ℃左右，使得气化强度和生产能力有了显著的提高，约为干式排灰炉的 3 倍多。同时灰渣中含碳量有所下降，碳利用率一般在 92%以上。此外，水蒸气利用率高是其另一个显著的优点。但是由于液态排渣的高温特点，气化煤气的组成也发生了变化，高温条件削弱了放热的甲烷生成反应，同时水蒸气量的减少使 CO_2 还原成 CO 反应加强，因此同干式排灰相比，其粗煤气中 CH_4 含量下降，CO 和 H_2 组分之和约提高 25%，同时 CO/H_2 上升，而 CO_2 则由 30%降到 5%～6%。

二、流化床气化法

流化床气化技术是气化碎煤的主要方法。流化床气化法的原理与流化床燃烧具有相同之处,都是利用煤的流态化这一特殊的流动状态来实现煤的化学反应的。在这里,气化所用的气化剂代替了燃烧用的空气,使煤和气化剂在流态化状态下发生气化。

1. 流化床气化法的特点

流化床主要优点是床层温度均匀,传热传质效率高,气化强度大,使用粉煤,原料价格便宜,且煤种适应范围宽,产品煤气中基本不含焦油和酚类物质。其主要缺点是气体中带出细粉过多而影响了碳转化率,但通过采用细煤粉循环技术,此缺点可得到一定程度的克服。

图 8-6 所示为典型的温克勒气化炉示意图,煤料经过破碎处理后,通过螺旋给料机或气流输送系统进入气化炉,具有一定压力的气化剂从床层下部经过布风板吹入,将床上的碎煤托起,当气流速度上升到某一定值时,煤粒互相分开上下翻滚,同时床层膨胀且具有了流体的许多特征,即形成了流化床。根据流态化原理,影响流态化过程的主要因素是气流速度,即通过床层界面的平均流速,如果气流速度小于一定值则煤粒将不能流化,床层有结渣的危险,通常根据试验来选择确定最佳流化速度,并作为气化炉的操作气速;另外流化效果还受煤粒粒径的影响,如果太小煤粒将随煤气夹带出炉外,如果太大则很难流化,工业中粒度要求较移动床要小,一般在 0.1～6 mm 左右。

在流化床中,通常将气化温度控制在 950 ℃,以免在流化不均引起局部过热时,产生局部结渣从而使流化状态被破坏。因此与移动床相比,其氧化反应进行得比较缓慢,而且只能用于气化反应性较好的煤种,如褐煤等。但在流化床内部由于燃料颗粒与气化剂混合良好,其温度沿床层高度的变化比移动床平稳。图 8-7 为流化床和移动床的温度分布比较。

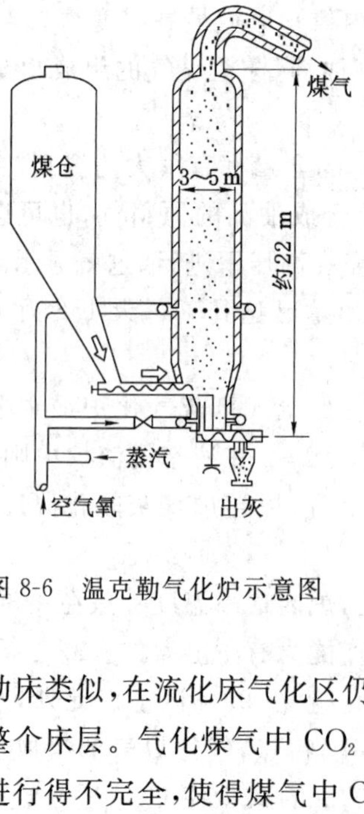

图 8-6　温克勒气化炉示意图

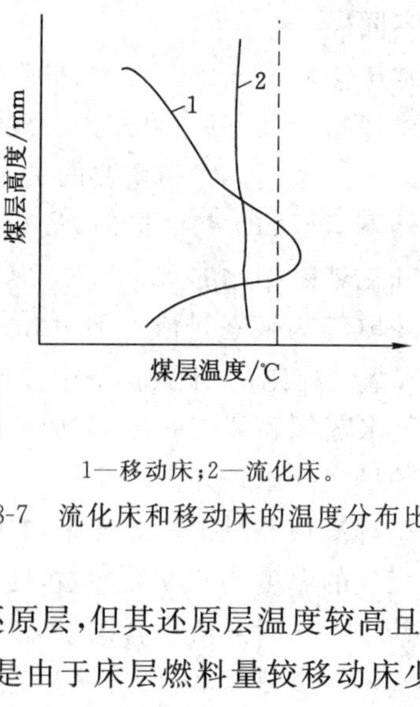

1—移动床;2—流化床。

图 8-7　流化床和移动床的温度分布比较

与移动床类似,在流化床气化区仍分为氧化层和还原层,但其还原层温度较高且一直可以延伸到整个床层。气化煤气中 CO_2 的含量较高,这是由于床层燃料量较移动床少,所以还原反应进行得不完全,使得煤气中 CO_2 含量较高,同时由于床内温度分布均匀,粗煤气出口温度较高。同时在流化床内由于具有良好的传质传热性能,因此进入气化炉的燃料可以迅速地分布在炽热颗粒之间而迅速加热,其干燥和热解过程在反应区同时进行,使得挥发分的分解完全，煤气中热解产物的含量很少，几乎不含焦油。

总的来说，由于流化床温度均匀，气固混合良好，同时煤的粒度小，比表面积大，因此能获得较高的气化强度和生产能力。但其缺点也同样突出，在流化状态下，很难将灰渣和料层进行分离，70%的灰及部分未燃尽炭被煤气夹带出气化炉，既增加了煤气净化的难度，也造成很大程度的热损失。同时，另外的灰分通过黏结落入灰斗，灰渣和飞灰的含碳量均较高，这是流化床气化最大的问题。虽然 HTW、U-Gas 和 KRW 都采用了多种办法，如布置喷嘴群控制气流流速使含碳物料和灰渣分离，但除 U-Gas 能将灰渣含碳量控制在 6%～10%的水平外，其余两种技术的含碳量仍比较高。

图 8-8 为 HTW 煤气化示范装置工艺流程图。经加工处理合格的原料煤储存在煤斗中，经串联的几个煤锁斗逐级下移，经螺旋给煤机从气化炉下部加入炉内，被由气化炉底部吹入的气化剂（氧气和蒸汽）流化发生气化反应生成煤气，热煤气夹带细煤粉和灰尘上升，在炉体上部继续反应。从气化炉出来的粗煤气经一级旋风除尘。捕集的细煤粉循环进入炉内，二级旋风捕集的细煤粉经灰锁斗系统排出。除尘后的煤气进入卧式火管锅炉，被冷却到 350 ℃，同时产生中压蒸汽，然后煤气顺序进入激冷器、文丘里洗涤器和水洗塔，使煤气降温并除尘。1993 年在废热锅炉后安装了陶瓷元件的过滤除尘器，操作温度 270 ℃，压力 0.98 MPa。

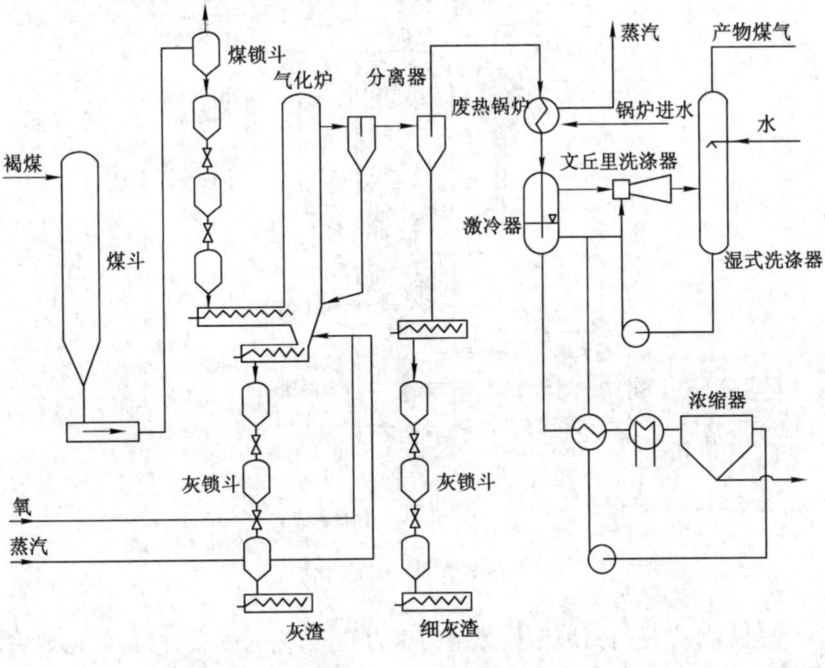

图 8-8　HTW 煤气化示范装置工艺流程图

其主要特点是：首先将气化压力升至 0.9～1.0 MPa，使得设备的生产能力得到了提高，考虑到 IGCC 的应用，压力还可以进一步升至 2.5 MPa。同时供煤处的最高温度也升至 1 100 ℃左右，扩大了燃料的适用范围。此外从气化炉出来的粗煤气经过一级旋风分离器进行气固分离，将煤气带出物重新返回流化床气化，可以提高碳的转化率。

2. 灰团聚流化床煤气化技术

为了保持床层中的高炭灰比和稳定的不结渣操作，流化床内部物料必须良好混合，这样其排料组成与床内物料相同，排出的固体灰渣以及煤气带出物的含碳量就比较高(15%～20%)。为此提出了灰团聚(或称灰熔聚、灰黏聚)技术，具体措施是在流化床层形成局部高温区，使煤中的灰分在软化而未熔融的状态下，相互团聚而黏结成含碳量较低的灰渣，结球长大到一定程度时靠其重量与煤粒分离下落到炉底灰渣斗，从而有选择性地将灰球排出炉外，降低了灰渣的含碳量(5%～10%)。这一技术在一定程度上既克服了固态排渣碳损失高，又避免了液态排渣高显热损失和对床层的影响，提高了气化过程中碳转化率，是煤气化排渣技术的重要突破。

目前采用灰团聚排渣技术的有美国的 U-gas 气化炉、KRW 气化炉以及中国科学院山西煤炭化学研究所的 ICC 煤气化炉。美国开发的 U-gas 和 KRW 灰团聚气化工艺，还同时进行了炉内脱硫试验，取得了脱硫效率 80%～90%的好结果，采用这一工艺的洁净煤技术生产的煤气可作为 IGCC 发电技术的燃料使用。

(1) 美国 U-gas 流化床煤气化技术

U-gas 气化炉是由美国煤气工艺研究院 IGT 所开发的，属于单段流化床粉煤气化工艺，采用灰团聚方式操作，能够适应各种原料煤(包括高黏结、高硫或高灰煤)生产煤气。气化炉结构如图 8-9 所示。

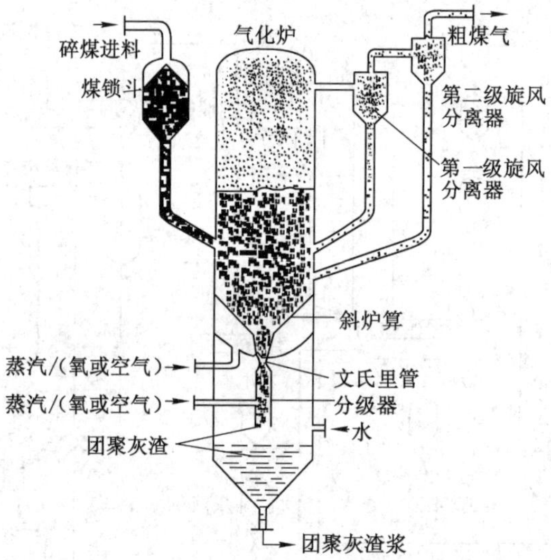

图 8-9　U-gas 气化炉

U-gas 气化炉外壳是用锅炉钢板焊制的压力容器，内衬耐火材料，气化炉底部是一个中心开孔的气体分布板。煤被粉碎后(6 mm 以下)，经料斗由螺旋给料器从分布板上方加入炉内。煤在气化炉内停留时间为 45～60 min，流化气速为 0.65～1 m/s，中心管处的固体分离速度为 10 m/s 左右。其床内反应温度为 955～1 095 ℃，取决于原料煤种，操作压力在 0.3～2.4 MPa 之间，因煤气的用途而异。与其他炉型相比，该炉型最大特点在于：气化剂分两处进入反应器，一路从床底分布盘进入，以维持床内的正常流化；另一路通过分布盘中心的排灰装置进入，这部分气体氧/蒸汽比较大，气化过程中在文丘里管上方形成温度较高的灰团聚区，温度略高于煤灰软化温度(ST)，灰粒表面在此区域软化而后团聚长大，到不再能被上升气流托起时灰粒从床层中分离出来。通过控制中心管的气流速度，调节中心区的温度，即可控制排灰量的多少。

(2) ICC 灰团聚流化床煤气化技术

中国科学院山西煤炭化学研究所从 20 世纪 80 年代开始，研究开发了 ICC 灰团聚流化床粉煤气化技术。ICC 灰团聚流化床粉煤气化炉如图 8-10 所示。它以空气或氧气和蒸汽为气化剂，在适当的煤粒度和气流速度下，使床层中粉煤沸腾，气固两相充分混合接触，在部分燃烧产生的高温下进行煤的气化。流化床反应器的混合特性有利于传热、传质及粉状原料的使用，但混合也造成了排灰和飞灰中的碳损失较高。该工艺根据射流原理，在流化床底部设计了灰团聚分离装置，形成炉床内局部高温区，使灰渣团聚成小球，借助重量的差异达到灰团与半焦的分离，提高了碳利用率，降低了灰渣的含碳量，这是灰团聚流化床气化不同于一般流化床气化的技术关键。

3. 循环流化床(CFB)煤气化技术

鲁奇 CFB 气化炉如图 8-11 所示，其流化速度范围大于传统流化床速度而小于气动提升管速度，根据气化原料的种类，在两者之间选择，以气、固速度差异最大为特征。物料循环量比传统流化床高，可以达 40 倍以上。

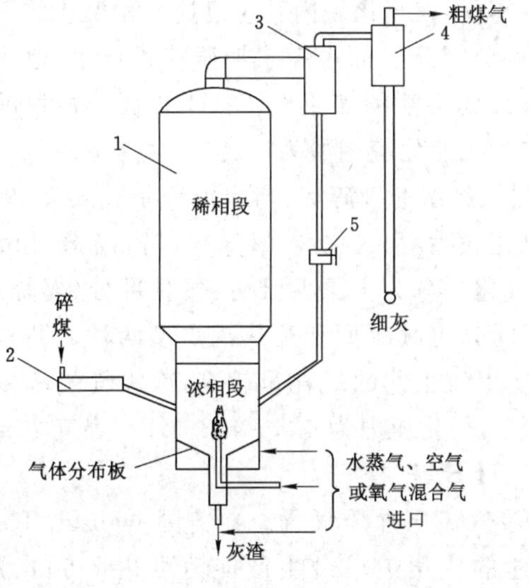

1—气化炉；2—螺旋给煤机；3—第一级旋风分离器；
4—第二级旋风分离器；5—温球阀。

图 8-10　ICC 灰团聚流化床粉煤气化炉

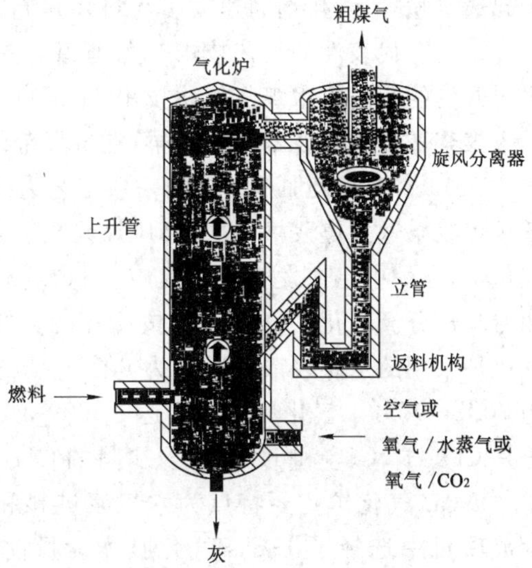

图 8-11　鲁奇 CFB 气化炉简图

循环流化床燃煤过程可克服鼓泡流化床中存在大量气泡造成气固接触不良的缺点，同时可避免气流床所需过高的气化温度，克服大量煤转化为热能而不是化学能的缺点，综合了气流床和鼓泡床的优点。CFB 的操作气速介于鼓泡床和气流床之间，煤颗粒与气体之间有很高的滑移速度，使气固两相之间具有更高的传热传质速率。整个反应器系统和产品气的温度均一，不会出现鼓泡床中局部高温造成结渣。CFB 可在高温(接近煤灰软化温度)下操作，使整个床层都具有很高的反应能力。CFB 除外循环还存在内部循环，床中心区颗粒向上运动，而靠近炉壁的物料向下运动，形成内循环。新加入的物料和气化剂能与高温循环颗粒迅速而完全混合，加上良好的传质传热，可使新加入的低温原料迅速升温，并在反应器底部就开始气化反应，使整个反应器生产强度增加。另外由于循环比率高达几十倍，使颗粒在床内停留时间增加，碳转化率也得到提高。

三、气流床气化法

气流床气化法是20世纪50年代初发展起来的新一代煤气技术。目前的主要炉型为Shell、Texaco和E-gas等。

Shell煤气化工艺属加压气流床粉煤气化，是以干煤粉进料，纯氧作气化剂，液态排渣。干煤粉由少量的氮气（或二氧化碳）吹入气化炉，对煤粉的粒度要求也比较灵活，一般不需要过分细磨，但需要经热风干燥，以免粉煤结团，尤其对含水量高的煤种更需要干燥。气化火焰中心温度随煤种不同在1 600～2 200 ℃之间，出炉煤气温度为1 400～1 700 ℃。产生的高温煤气夹带的细灰尚有一定的黏结性，所以出炉需与一部分冷却后的循环煤气混合，将其激冷至900 ℃左右后再导入废热锅炉，产生高压过热蒸汽。干煤气中的有效成分$CO+H_2$可高达90%以上，甲烷含量很低。煤中约有83%以上的热能转化为有效气，大约有15%的热能以高压蒸汽的形式回收。

湿法气流床气化是指煤或石油焦等固体碳氢化合物以水煤浆或水炭浆的形式与气化剂一起通过喷嘴，气化剂高速喷出与料浆并流混合雾化，在气化炉内发生迅速气化反应的工艺过程。具有代表性的工艺技术有美国德士古发展公司开发的水煤浆加压气化技术、道化学公司开发的两段式水煤浆气化技术、中国自主开发的多喷嘴煤浆气化技术。德士古发展公司水煤浆加压气化技术开发最早，在世界范围内的工业化应用最为广泛。

Texaco水煤浆加压气化的一般工艺为：原料煤经湿磨破碎后，与水混合制成煤浆，先用低压煤浆泵送入煤浆槽，再经高压煤浆泵送入气化喷嘴，和气化剂（氧气）一起混合雾化喷入气化炉，在炉中迅速发生气化反应。Texaco古气化炉分为上下两部分：气化部分（燃烧室）和冷却部分。气化炉冷却部分按冷却的方式不同分为激冷型和废热锅炉型两种。Texaco气化炉采用的水煤浆浓度通常为60%～65%，使得该工艺的氧耗量较高，冷煤气效率一般为70%～75%。气化炉内温度达1 300～1 500 ℃，气化压力为4.3～4.8 MPa，煤气主要成分是CO、H_2、CO_2和H_2O，以及少量的CH_2、N_2、H_2S等。

E-gas气化炉主要特点为水煤浆进料和两段气流床加压气化。在美国wabash IGCC示范项目中选择了E-gas气化技术。目前新建的气化炉单台生产能力可达2 500 t/d。E-gas两段式气化炉的煤浆制备和输送过程与德士古气化炉类似，经过燃烧器喷嘴后进入第一段的煤浆进料气流床气化反应器，其炉体与结构同K-T常压气化炉相似，炉内温度在1 320～1 420 ℃范围。由于温度高出煤灰软化温度，灰分以液态排渣的方式进入底部的激冷室，固化分离；同时第一段生成的高温煤气通过上部出口进入第二段气化反应器。在反应器前端喷入补充煤浆，高温气迅速加热煤浆，水分瞬间蒸发，煤粉与气化剂呈气流态并在高温下完成气化反应，炉内温度降至1 040 ℃。由于温度低于煤灰软化温度，灰分被热煤气夹带出炉顶，进入煤气净化设备。从工业表现来看，E-gas气化法采用加压气流床、水煤浆两段气化的方法：一方面保持了使用煤种广、生产能力大和碳转化率高的优点；另一方面，第一段高温煤气的显热气化了第二段补充喷注的煤浆，使粗煤气出口温度下降至1 000 ℃左右，这样既方便了热回收系统的设计和运行，又有利于提高热利用率。同时由于延长了煤在炉内的停留时间，煤气中的热解产物能够充分分解，减少了煤气净化处理的压力。

几种典型气流床气化炉的性能见表8-3。

表 8-3　几种典型气流床气化炉的性能及煤气组成比较

项目		K-T 气化炉	Shell 气化炉	Prenflo 气化炉	Texaco 气化炉	E-gas 气化炉
供料方式		干煤粉	干煤粉	干煤粉	水煤浆	水煤浆
气化压力/MPa		0.1			4.5	2.14
气化温度/℃		1 500～1 600			1 400	1 320～1 420
氧气消耗量/(kg/kg 煤)		0.73	—	—	0.93	0.8
煤气组成/%	CO	64.3	65.1	63.9	49.3	38.5
	H_2	27.1	25.6	24.4	36.0	41.4
	CH_4	0.1	0.01	—	0.4	0.11
	CO_2	6.9	0.8	4.4	12.8	18.46
	N_2	0.9	8.03	6.57	0.9	1.48
热值/(kJ/m³)		11.04	11	10.8	11.24	10.21
煤气产率/(m³/kg 煤)		1.57	—	—	1.5	2.35
碳转化率/%		90	99	99	97	—
冷煤气效率/%		70	80	80	77	79
热煤气效率/%		88	—	—	95	—
单炉最大规模/(t/d)		—	2 000	—	1 100	2 200

气流床气化法用极细的粉煤为原料，被氧气和水蒸气组成的气化剂高速气流携带进入并在气化炉进行充分的混合、燃烧和气化反应。气流床气化是气固并流，气体与固体在炉内的停留时间几乎相同，都比较短，一般在 1～10 s。煤粉气化的目的是通过增大煤的比表面积来提高气化反应速度，从而提高气化炉的生产能力和碳的转化率。

气流床气化法属于高温气化技术，从操作压力上可分为常压气化与加压气化，除 K-T 炉为常压气化外，以后发展其他炉型均采用加压气化的方式。在气流床气化时，一般很少用空气作为气化剂，基本都直接用氧气和过热水蒸气作为气化剂，因此在炉内气化反应区温度可高达 2 000 ℃，由于煤被磨得很细，具有很大的比表面积，又处于加压条件下，因此气化反应速度极快，气化强度和单炉气化能力比前两类气化技术都高。气流床气化主要特点表现为煤种适应性强，煤粉在气化炉中停留时间极短，煤气中夹带有大量未反应的碳，不利于 CH_4 的生成，煤气中 CO 含量高，热值低，粗煤气中不含焦油、酚及烃类液体等污染物，煤气温度(一般都在 1 400 ℃左右)高等。

四、其他气化方法

1. 熔融床气化法

熔融床气化法的特点是在温度较高(1 600～1 700 ℃)且高度稳定的熔融金属或金属盐熔池内，完成气化反应全部过程，生成 CO 和 H_2 为主的煤气，煤的转化率高达 99%。熔融床气化反应过程是一种属于气、液、固三相反应的气化方法，其间不只是煤与气化剂发生反应，而且熔融介质也直接或间接地参与了反应过程。其最大的特点是能够改善气固接触状况，并具有一定的催化作用，使得煤种适应性较广，然而熔融物对于炉膛的腐蚀以及熔融物再生等问题阻碍了这类气化炉的进一步发展。

熔融物的作用是:作为煤和气化剂的分散剂、蓄热和提供气化反应热。依据熔融介质的种类不同可分为熔渣气化法、熔盐气化法和熔铁气化法三类,如表 8-4 所示。

表 8-4　熔渣床、熔铁床及熔盐床气化法的特点比较

熔融物质	熔渣床/灰渣	熔铁床/铁	熔盐床/碳酸钠等
操作温度/℃	1 600～1 700	1 350～1 430	930～980
操作压力/MPa	—	0.14～0.3	1～1.97
主要特点	生成的灰渣直接与熔渣混合,省去了排渣要求	对硫有很强的亲和力,有脱硫介质的作用	腐蚀性比较小,熔点也较低
主要问题	渣池析铁,即灰渣中的氧化铁被还原成金属铁,沉在池底	—	碳酸钠的再生、回收和循环系统复杂
代表技术	Rummel 法、Saarberg-Otto 法	At-gas 法	AI 法、Kellogg 法

2. 煤的地下气化法

煤的地下气化(UGG)就是将处于地下的煤炭进行有控制的燃烧,通过对煤的热化学作用产生可燃性气体的过程。它集建井、采煤、气化三大工艺为一体,抛弃了庞大笨重的采煤设备和地面气化设备,变传统的物理采煤为化学采煤,是多学科开发清洁能源和化工原料的高新技术,大大减少了煤炭生产和使用过程中所造成的环境破坏,并可大大提高煤炭资源的利用率,被誉为第二代采煤方法和煤炭加工及综合利用的最佳途径。因此深受世界各国重视,也是中国洁净煤技术发展的重要课题之一。

煤的地下气化过程是在煤层中人工开掘的气化通道中进行的。其基本原理与一般的煤气化原理类似,就好像将一个移动床气化炉板倒置于地下。常见的地下气化工艺如图 8-12 所示,从地表向地下煤层垂直开掘两条平行巷道 1 和 2,其底部有一条水平巷道 3 连通。这三条巷道所包围的整体煤层就是准备气化的区域。气化开始时,在水平巷道一侧用可燃物质引燃煤层,形成燃烧区,气化剂由同侧竖巷道鼓入,在通道内与煤发生气化反应,生成的煤气从另一侧竖巷道排出。

沿气化通道的长度,按化学反应的相对强弱程度,可大致分为 3 个区,即氧化区、还原区和干馏干燥区。氧化区位于煤表面Ⅰ、Ⅱ、Ⅲ、Ⅳ带,还原区位于第Ⅴ带,干馏干燥区位于Ⅵ、Ⅶ、Ⅷ带。反应区的划分,可以以温度为标志。但从化学反应和实际操作的角度来讲,它们并没有严格的界限,气化通道的任何位置,都有可能进行热解、还原和氧化反应。

当煤在通道内气化时,气化带的长度要比用地面其他方法气化时长得多,因此在通道内使煤气化过程正常进行的主要条件是建立和维持合理截面的通道。随着气化过程的进行,燃烧面不断向前、向上移动,空洞不断被烧剩的煤灰和落下的碎煤充填,但还能保持一定的空间供气流通过,使气化过程继续进行。

煤炭地下气化过程中,气化炉上方煤层及顶板岩层因煤的燃烧与气化的高温作用,将不断烧掉或因软化及热力学作用而产生大量裂隙,到一定程度将逐步垮落,从而使气化空间不断上移与扩大。显然当空间达到一定程度时,煤炭地下气化反应条件将变差(气化反应表面 O_2 浓度的降低等),从而影响到炉内温度。另外,若气化空间过大,则上方煤岩将产生冒落,

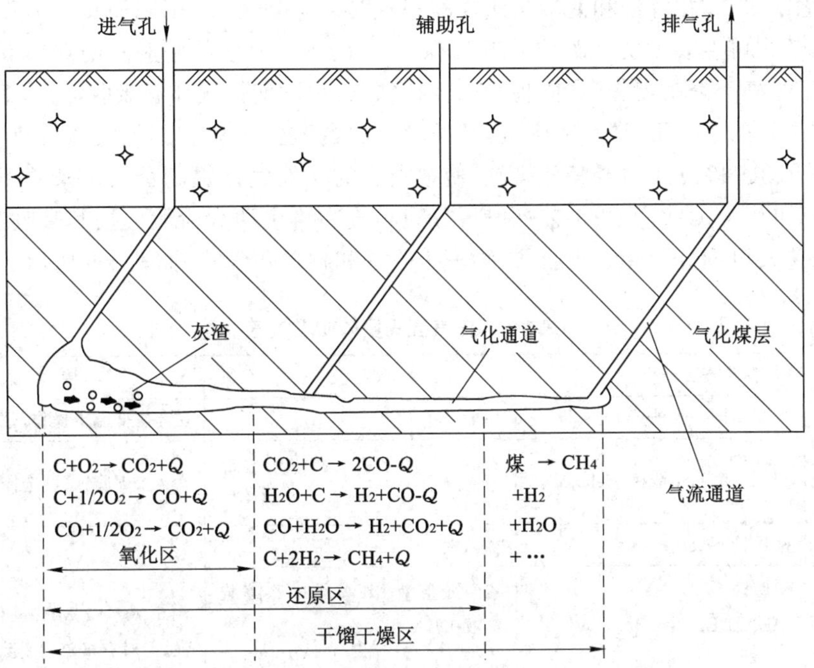

图 8-12　煤炭地下气化原理示意图

当冒落范围及规模较小时，一般不会对气化通道产生堵塞或使气化过程中断，但若冒落范围及规模较大，有可能引起气化炉上方煤岩层的过量移动、开裂破坏及地表下沉。

第三节　煤气的净化和加工

从煤气化炉引出的煤气中，含有一定量的灰分、硫化物、碱金属盐和卤化物等有害物质，各种物质含量的多少与原煤的性质和气化炉的形式有关。这种含有大量灰尘和有害物质的煤气称为粗煤气。如果将粗煤气供应到燃气-蒸汽联合循环系统中去，不仅会导致输送设备和燃气轮机的腐蚀、磨损、结垢及堵塞，影响其使用寿命和工作可靠性，而且会造成与直接燃煤相类似的污染问题，达不到洁净燃煤的目的。而作为化工原料气时，不同的用途对气化煤气组分的要求是不同的，因此，在实际煤气生产中，还要通过一系列的后期加工来调整煤气组分，以满足不同的使用需要。常见的工艺有 CO 变换和甲烷化工艺。因此，粗煤气必须净化。经过净化的煤气称为精煤气。

一、脱除酸性气体

粗煤气中的酸性气体主要是指硫化物和 CO_2，其中硫化物又以 H_2S 和羰基硫 COS 为主。如果以粗煤气生产中、高热值燃烧气或合成气，CO_2 的存在会降低煤气热值，因此必须脱除 CO_2；对于制取低热值燃烧气，一般不需要脱 CO_2。而硫化物的存在不仅会引起很多催化剂中毒，而且其燃烧会生成 SO_2 污染大气，因此在多数情况下脱硫都是必需的；常见的脱硫方法通常都能在一定程度脱除 CO_2，所不同的是对于 H_2S、COS 和 CO_2 的脱除程度。

一般来说，脱除酸性气体可分为干法和湿法两类。干法工艺采用固体吸收剂或吸附剂，主要有氧化铁法、氧化锌法和活性炭法。其特点是脱除效率高，工艺简单。但设备笨重，投资大，需间断式再生或更换。而且干法工艺一般用于脱硫，对 CO_2 脱除的效果不是很明显。

湿法工艺种类繁多，其基本原理可以概括如下：用对酸性气体有吸收能力（溶解或反应）的溶液，在适宜的条件下，洗涤粗煤气，从而使其中的酸性气体与其他气体分离，吸收溶液，再经过提高温度、降低压力或其他措施，使被吸收的酸性气体重新释放出来并回收，从而使吸收剂得到再生。因此，湿法工艺一般可分为吸收和再生两大阶段。按其吸收和再生的原理，湿法工艺又可细分为化学吸收法、物理吸收法和物理化学法，如表 8-5 所示。

表 8-5　煤气湿式脱硫工艺简表

脱硫方法			吸收液	特　　点
物理吸附法		低温甲醇洗涤法（Rectisol）	甲醇	在高压低温下操作，效率高，能耗低
		聚乙二醇二甲醚法（Selexol）	$n=3\sim9$ 的聚乙二醇二甲醚混合物	稳定、不腐蚀、可选择性脱除 H_2S
化学吸附法	中和法	碱性盐溶液法	稀碱液	在 0.1～1.7 MPa 操作，溶剂活性强，但对有机硫的脱除能力弱
		醇胺法 MEA、DEA 等	乙醇胺溶液-MEA 或二乙醇胺溶液-DEA	
	氧化法	改良 ADA 法	稀碳酸钠溶液与 2,6-蒽醌二磺酸和 1,7-蒽醌二磺酸的混合物	
物理化学法		常温甲醇法（Amisol）	甲醇和乙醇胺的混合液	脱除效率高，但存在甲醇挥发问题
		环丁砜法	环丁砜和烷基醇胺混合液	—

总的来说，湿法工艺脱除效率相对较低，但处理量大，可连续操作，投资和运行费用较低，因此应用较为广泛。常用的湿法脱硫工艺有烷基醇胺法和低温甲醇洗涤法（Rectisol 法）。

1. 烷基醇胺法

烷基醇胺法是脱硫脱碳气体净化广泛应用的方法，特别在天然气脱硫中占有重要的地位。将醇胺溶液用于焦炉煤气脱硫脱氰的萨尔费班（Sulfibah）法，已在国外得到工业应用。目前国内煤气脱硫大多数也采用烷基醇胺法。

烷基醇胺是一类弱碱性有机化合物，其水溶液具有吸收 H_2S 和 CO_2 的能力。被用于气体脱硫过程中的烷基醇胺包括一乙醇胺、二乙醇胺、三乙醇胺、二异丙醇胺及甲基二乙醇胺等。其中一乙醇胺是上述烷基醇胺类中碱性最强的，它与 H_2S 等酸性气体的反应速度最快，且其相对分子质量也是这些有机胺中最小的。用于脱除酸性气体时，一乙醇胺具有最大的吸收能力，因而应用最为广泛。

其基本反应如下：

$$2RNH_2+H_2S \longrightarrow (RNH_3)_2S \tag{8-26}$$

$$(RNH_3)_2S+H_2S \longrightarrow 2RNH_3HS \tag{8-27}$$

$$2RNH_2+CO_2 \longrightarrow RNHCOONH_3R \tag{8-28}$$

以上反应在溶液加热时，极易发生逆反应，因此在再生器中可以通过蒸汽气提将 H_2S 和 CO_2 解吸出来。

典型的醇胺法流程如图 8-13 所示，含酸性气体的原料气通过分离器 1 和分液器 2 进入吸收塔 3 的底部，与从塔顶喷淋下来的一乙醇胺溶液逆流接触而被净化，净化气自塔顶出来经过分离器 4 回收所夹带的一乙醇胺雾沫。从吸收塔底部流出的富液经液位调节阀减压后进入中间闪蒸罐 5，从闪蒸罐放出的气体可用作燃料，而从中流出的溶液经过一组热交换器 11 后，进入再生塔 7 顶部的塔板处，而酸性气体进入冷凝器 10 经回流槽 8 放出。再生塔 7 底部出来的再生后的贫液到热交换器 11 中进行换热，并在冷却器 12 中进一步冷却，随后送入一乙醇胺储槽 6，再由循环泵 13 将溶液打入吸收塔顶部喷淋。

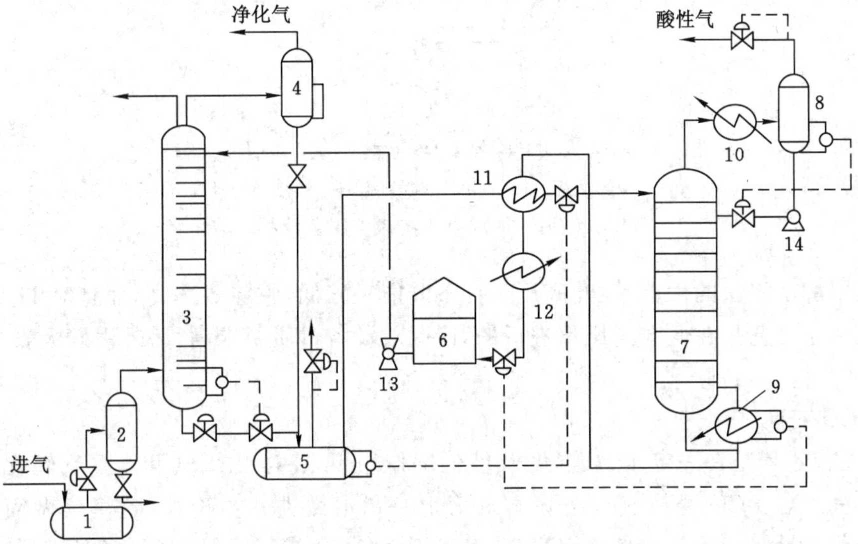

1,4—分离器；2—分液器；3—吸收塔；5—中间闪蒸罐；6—一乙醇胺储槽；7—再生塔；8—回流槽；9—煮沸器；10—冷凝器；11—热交换器；12—冷却器；13—循环泵；14—回流泵。

图 8-13　典型的醇胺法流程

一般来说，醇胺法对酸性气体的吸附能力在低压下超过物理吸收剂，但当酸性气体在粗煤气中的分压增加时，其经济性便会下降。

2. 低温甲醇洗涤法(Rectisol 法)

低温甲醇洗涤法是由德国鲁奇公司开发的，利用 CO_2、H_2S、有机硫化物和不饱和烃在高压低温的条件下能高度溶解于甲醇的特征，进行酸性气体脱除的工艺。当压力降低且升温时，被吸收的酸性气体便从溶剂中析出，使吸收剂再生。

与一般的湿式工艺不太相同，低温甲醇洗涤法在吸收塔内上下两段分别实现 H_2S 和 CO_2 的脱除，并进行两次再生，因此也称两段脱硫脱碳法。图 8-14 为低温甲醇洗涤法的工艺流程图。

首先，未净化的气体与净化后离开吸收塔的气体在换热器中进行换热，然后进入吸收塔 2 的下段，气体在其中被低温甲醇溶液逆流洗涤，气体中部分硫化氢和二氧化碳被吸收。然后气体进入吸收塔 2 上段继续净化，由第二甲醇再生塔来的已充分解析的甲醇进一步逆流洗涤。如此气体中的绝大部分二氧化碳、几乎全部的硫化氢、有机硫化物和氰化物都被脱除，净化后的气体从吸收塔 2 顶部溢出。在整个过程中，低温甲醇的操作温度为－10～－40 ℃。

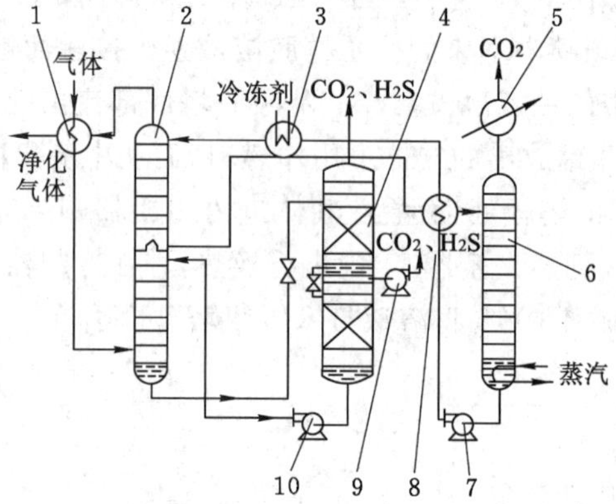

1—换热器；2—吸收塔；3，5—冷却器；4—第一甲醇再生塔；
6—第二甲醇再生塔；7，10—溶液再循环泵；8—换热器；9—真空泵。

图 8-14　低温甲醇洗涤法工艺流程

低温甲醇洗涤法的优点是：在高压条件下其能耗较低，脱除效率高，而且对 H_2S 的选择性好。但由于工艺是在低温高压下进行的，因此对设备材质要求高，另外甲醇吸收溶液的损失较大。

二、CO 变换

CO 变换过程是在一定压力、温度及催化剂作用下，将净化煤气和水蒸气转化为 H_2 和 CO_2 的过程。关于 CO 变换过程将在本书第十一章中做进一步论述，这里仅做简要讨论。如果煤气化的最终产品要求是城市煤气、替代天然气、合成气或是制氢气的话，那么粗煤气中的 CO 和 H_2 的比例必须进行调整。对于城市煤气，为了减少毒性，一般认为 CO 的体积含量应控制在 10%以下；作为替代天然气，甲烷化阶段要求 H_2 比 CO 含量多 3 倍；作为合成气，则要求 CO 尽可能地少，较高的 CO 分压会使催化剂表面结炭，从而导致催化剂失活；如果制氢，则显然要求 CO 的含量接近于零。对于 CO 含量过高的粗煤气，通过水煤气变换反应调整 H_2 和 CO 的比例的工序就称为 CO 变换。其基本原理就是水煤气变换反应，同时，还会发生部分 COS 水解反应。可表示为：

$$CO + H_2O \longrightarrow CO_2 + H_2$$

$$COS + H_2O \longrightarrow CO_2 + H_2S$$

工业上常采用中温变换，其反应温度为 380～520 ℃。为了降低反应温度和提高反应速度，CO 变换需要在催化剂下进行。催化剂的选择主要根据粗煤气和净化器中 CO 的含量以及粗煤气中硫的含量。一般情况下，CO 变换之前需要进行酸性气体的脱除，这样就可以采用铁铬系催化剂、铜锌催化剂等不抗硫的催化剂。

第四节　合成气制甲烷技术

煤制合成天然气(SNG)技术是利用褐煤等劣质煤炭，通过煤气化、一氧化碳变换、酸性气体脱除(净化)、高温甲烷化、干燥等工艺来生产代用天然气。其工艺流程为：原煤经过备煤单元处理后，经煤锁送入气化炉；在气化炉内煤和气化剂(蒸汽和空气的氧气)逆流接触，煤经过干燥、干馏和气化、氧化后，生成粗合成气（主要组成为氢气、一氧化碳、二氧化碳、甲烷、硫化氢、油和高级烃）；粗合成气经急冷和洗涤后送入变换单元，经过部分变换和工艺废热回收后进入酸性气体脱除单元；经酸性气体脱除单元脱除硫化氢和二氧化碳及其他杂质后送入甲烷化单元；在甲烷化单元内，原料气经预热后送入硫保护反应器，脱硫后依次进入后续甲烷化反应器进行甲烷化反应，得到合格的天然气产品，再经压缩干燥后送入天然气管网。

一、煤气甲烷化原理

一般粗煤气中含有大量的 CO、CO_2 和 H_2 以及一定量的 CH_4，为了进一步提高煤气热值，减少 CO 含量，采用甲烷化工艺是加工煤气的重要手段。尤其是在合成天然气的生产中，必须对粗煤气进行甲烷化。甲烷化技术就是利用催化剂使 CO、CO_2 与 H_2 进行反应，最终转化为 CH_4 的工艺技术。甲烷化技术的应用非常重要，是利用煤、焦炉气、电能等原料得到替代工艺程序中的核心构成环节之一。具体的反应方程式如下：

$$CO+3H_2 \longrightarrow CH_4+H_2O \quad \Delta H_{298\ K}=-206.28\ kJ/mol \tag{8-29}$$

$$CO_2+4H_2 \longrightarrow CH_4+2H_2O \quad \Delta H_{298\ K}=-165\ kJ/mol \tag{8-30}$$

$$CO+H_2O \longrightarrow CO_2+H_2 \quad \Delta H_{298\ K}=-41.16\ kJ/mol \tag{8-31}$$

上述反应化学式中，反应式(8-29)代表的是 CO 的甲烷化反应；式(8-30)则是 CO_2 的甲烷化反应；式(8-31)指代的是水煤气变换反应。前两个化学反应式属于强放热反应，反应物中 CO 含量对甲烷化过程影响严重。在绝热条件下，每 1%CO 被转化，温升为 74 ℃；相比之下，每 1%CO_2 被转化所需温升为 60 ℃，与此同时，在高温条件下，还有可能会发生如下副反应，反应式如下：

$$2CO \longrightarrow C+CO_2 \quad \Delta H_{298\ K}=-172.4\ kJ/mol \tag{8-32}$$

$$CO+H_2 \longrightarrow C+H_2O \quad \Delta H_{298\ K}=-131.3\ kJ/mol \tag{8-33}$$

$$CH_4 \longrightarrow 2H_2+C \quad \Delta H_{298\ K}=74.8\ kJ/mol \tag{8-34}$$

上述反应式(8-32)代表的是 CO 的歧化反应；反应式(8-33)则是 CO 的还原反应；反应式(8-34)指代的是 CH_4 的分解反应。甲烷化反应属于强放热反应，也就是在反应的过程中，需要释放大量的热量，并且有着较快的反应速率。反应平衡常数和温度是负向影响关系，温度越高，那么常数值会越低。然而反应速率和温度则是正向影响关系。

除此之外，由于反应生成产物的物质的量小于原始反应物的物质的量，甲烷化反应是一种体积缩小反应，在此情况下，通过实验证实，在温度低、压力高的条件下，甲烷化反应效果会更好。除此之外，H 和 C 元素的含量比值大小也会对反应造成影响，如果控制 H_2 量稍微多一些，会得到更好的反应效果。

影响甲烷化反应过程的因素很多，如催化剂的活性、原料气的组成以及反应温度和压力等。从化学反应来看，甲烷化反应是强放热反应，为防止催化剂超温失活，必须有效地排出反应生成热；同时该反应还是体积缩小的反应，因此加压有利于甲烷的生成。

在催化剂方面，活性较好的甲烷化催化剂一般都含有高浓度的非常活泼的 Ni、Al 以及其他的助催化剂，并以硅藻土或氧化铝为载体。这些催化剂一般都不抗硫，因为活性镍会因吸硫而丧失活性，同时氯化物也会使这类催化剂受到损害，因此甲烷化的原料气必须进行彻底净化。除此之外，在进行甲烷化反应过程中，还需要着重考虑如何避免 CO 和 CH_4 分解导致的碳沉积反应发生，并使催化剂失活的现象。研究表明，对于镍基催化剂而言，当原料气

中的 H_2 与 CO 的比值为 2.6 或更大一些时，在高压和低于 820 ℃的条件下，不会发生碳沉积现象。

二、合成气甲烷化工艺

合成气甲烷化工艺大致可以分为三类：固定床工艺、流化床工艺和特殊接触装置工艺。其实质的区别就在于以何种方式排出甲烷化反应放出来的大量热量，防止催化剂床层超温，以及采用何种方法回收这些热量，以提高系统的热效率。

图 8-15 为帕森公司 Ralph 开发的固定床工艺流程示意图。原料气加入少量水蒸气，分成两股或三股进入串联在一起的反应器中，进行一氧化碳变换和甲烷化反应。根据粗煤气的组成，可酌情串联 4～6 个反应器，反应器进口温度按顺序逐个降低，到最后一个反应器的进气温度控制在 316 ℃。经最后一段甲烷化反应之后，再脱除 CO_2 和水蒸气，送入精加工处理。

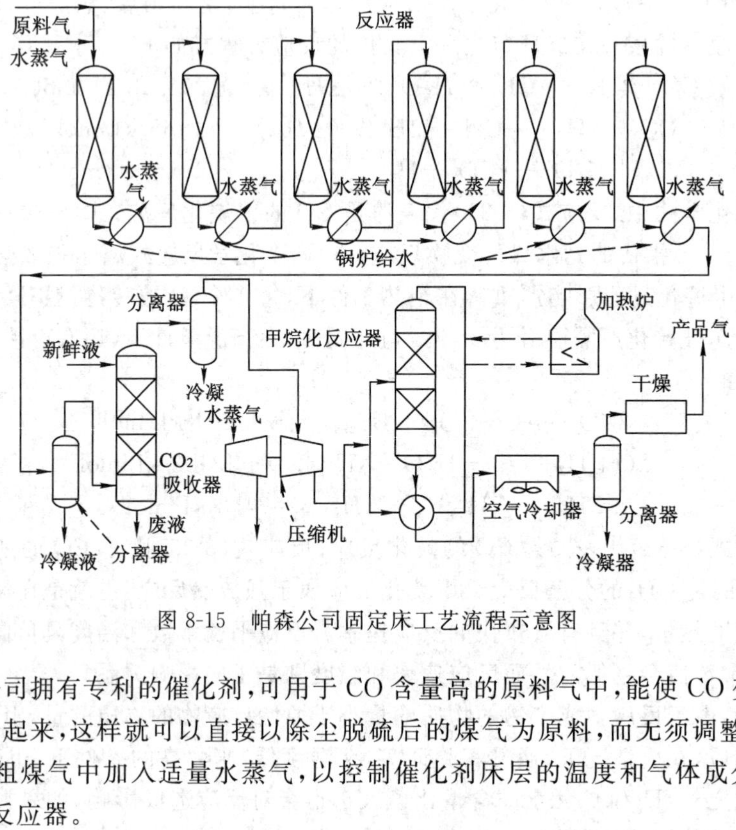

图 8-15　帕森公司固定床工艺流程示意图

采用该公司拥有专利的催化剂，可用于 CO 含量高的原料气中，能使 CO 变换和甲烷化两个工序结合起来，这样就可以直接以除尘脱硫后的煤气为原料，而无须调整 H_2 与 CO 的比值，只要在粗煤气中加入适量水蒸气，以控制催化剂床层的温度和气体成分来防止碳沉积，即可进入反应器。

目前，已工业化的合成气甲烷化工艺主要有戴维（Davy）甲烷化工艺、鲁奇（Lurgi）甲烷化工艺、托普索（Topsφe）甲烷化工艺等。

1. 戴维甲烷化工艺

英国戴维甲烷化工艺流程见图 8-16，该工艺分为两段转化，分别是大量转化和补充转化，并且各段都设有 2 个反应器，一共涉及 4 个反应器。第一甲烷化反应器和第二甲烷化反应器为串并联高温反应器，其中第二甲烷化反应器出口部分的气体属于循环气体，需要进行换热处理，在 150 ℃下被循环压缩机加压后与新鲜气进行混合反应，并且需要对温度进行合理控制，通过甲烷化反应将反应热消耗掉；第三、第四甲烷化反应器为串联低温反应器，主要进行补充甲烷化反应。采用戴维甲烷化工艺生产得到的合成天然气体积分数高,可直接输送至天然气管道内。目前,戴维甲烷化工艺在国内多个煤制天然气项目中得到很好的应用,并且具有很好的应用前景。

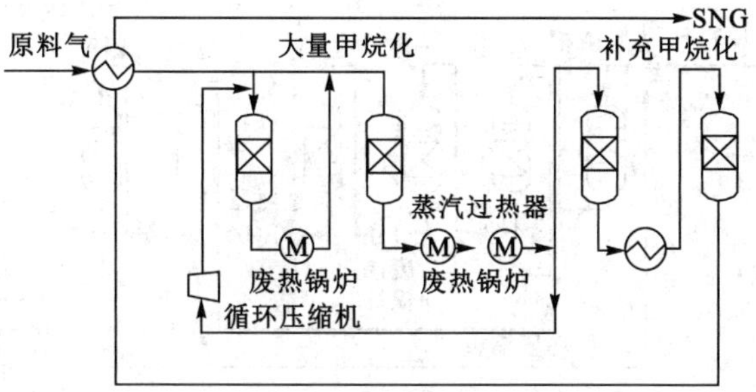

图 8-16 戴维甲烷化工艺流程图

2. 鲁奇甲烷化工艺

德国鲁奇甲烷化工艺流程见图 8-17,其反应装置主要使用到 3 个固定床反应器,前 2 个反应器属于高温反应器,借助此反应器实现对 CO 的甲烷化反应;还有 1 个反应器则属于低温反应器,目的是把剩余没有反应的 CO 进一步进行反应,以此来达到生产要求。鲁奇甲烷化工艺投资规模小,甲烷化生产能力强,转化率高,副产品种类繁多,有着非常成熟的技术路线,在工业化发展中能够得到很好的应用。但是使用此种方式来进行反应的鲁奇气化效率不是非常高,并且对能量消耗非常大,实现的能效也不高。通常采用循环气限制反应器的进口温度,防止积炭。

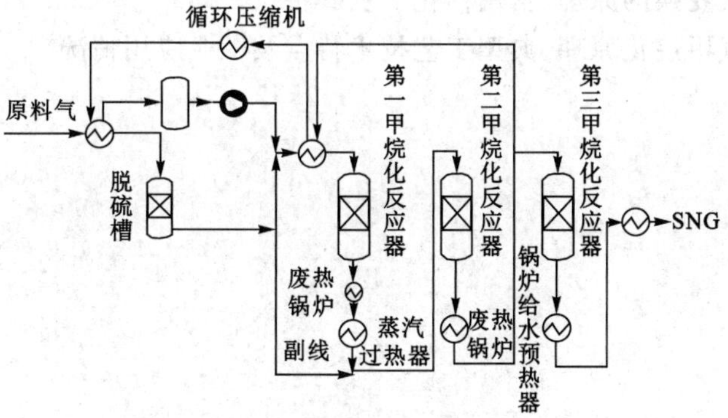

图 8-17 鲁奇甲烷化工艺流程图

3. 托普索甲烷化工艺

丹麦托普索甲烷化工艺流程见图 8-18,它是一个多段串联甲烷化反应工艺。典型的托普索工艺通常由 3 个反应器构成,在不同应用过程中,可以根据实际情况来合理配置反应器数量。在托普索甲烷化工艺中,反应均是在绝热条件下进行的,大量甲烷化反应是在第一个甲烷化反应器中进行的,反应过程释放出的反应热会导致很高的温升,可以通过部分气体循环来合理把控第一个甲烷化反应器的温度,反应器在高温绝热温升下运行的可能性使得循环气体量减少,循环气压缩机功耗也随之降低。托普索甲烷化工艺的优点在于有较高的合成气转化率以及较强的生产能力，反应过程中的能耗也比较低，并且可以把甲烷化反应释放的热量充分利用。采用托普索甲烷化工艺合成的天然气品位高，完全能够满足天然气管道的输送要求。

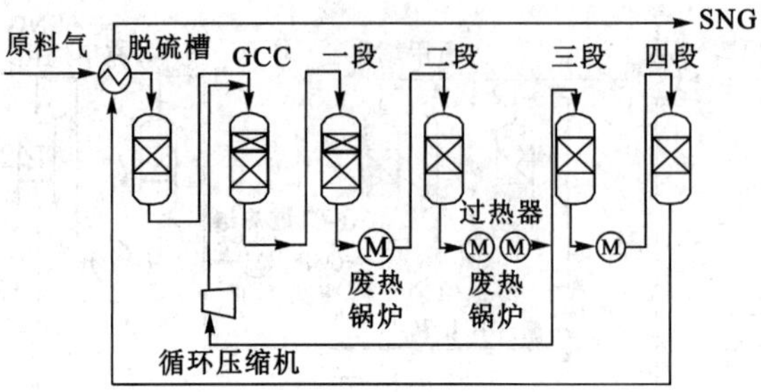

图 8-18　托普索甲烷化工艺流程图

思　考　题

1. 简述煤炭气化基本原理。
2. 简述不同煤炭气化工艺的优点、缺点、工业化应用效果。
3. 简述煤炭地下气化原理、工艺和典型应用案例。
4. 简要归纳比较不同类型气化炉的煤质要求，并解释之。
5. 分析比较不同煤气净化技术的优点、缺点、工业化应用效果。
6. 简述水煤气变换的原理、常用催化剂及其特点。
7. 简述合成气甲烷化原理、典型工艺技术特点及工业应用情况。

第九章　碳一化工技术

碳一化工是以含有一个碳原子的物质(如 CO、CO_2、CH_4、CH_3OH、HCHO 等)为原料合成化工产品或液体燃料的化工过程。日本催化学会碳一化学委员会将碳一化工技术定义为：制造 CO、H_2或者 CO/H_2(合成气)的技术和利用 CO 及合成气制造化学品、燃料的技术。碳一化工技术主要包括从合成气开始合成甲醇、甲醛、甲酸或烯烃等化合物，然后再由这些碳一化合物进一步合成其他化工产品的工艺路线，以及由合成气直接生产各种下游化工产品的工艺路线。碳一化工的产品均为重要的有机化工原料，其中不少产品是洁净燃料或燃料添加剂。近年来，随着能源结构多元化的发展趋势以及合成气化学的发展和甲醇系列产品生产技术的突破，碳一化工的应用领域正不断扩大，在国民经济中的地位更显重要。

第一节　概　　述

一、碳一化工原料来源

碳一化学品是指由含有一个碳原子的化合物经化学加工合成含有两个或两个以上碳原子的有机化工产品类。碳一化学品由富含 CO、H_2 的合成气以及 CO_2、CH_4、CH_3OH、HCHO 等碳一化工原料制得。煤炭、天然气和生物质等是合成气等碳一化工原料生产的主要原料(图 9-1)。随着化石能源的大规模利用，CO_2排放引起的温室气体效应受到全球关注，从而推动了 CO_2作为碳一化工原料的相关技术开发研究，包括二氧化碳的捕集与利用、廉价氢制备等技术的开发研究。

二、碳一化工主要产品

目前已工业化的碳一化工产品主要包括经合成气转化的碳一化工产品；经甲醇转化的碳一化工产品；经 CO_2转化的碳一化工产品；经甲烷转化的碳一化工产品；经氢氰酸转化的碳一化工产品以及经其他碳一化合物转化的碳一化工产品。其中，合成氨、乙炔和甲醇三大化工产品代表着早期碳一化工发展的主要成就。图 9-2 至图 9-4 列出了由煤、天然气、甲醇等主要原料出发所得到的碳一化工产品。

乙烯是现代有机化工的重要原料和中心产品，乙烯的产量是衡量一个国家或地区有机化工发达程度的一个重要标志。长期以来，乙烯几乎完全依赖于传统的石油裂解来生产。图 9-2 中原料煤经气化最终可以获得乙烯。由图 9-2 也可以发现，通过 F-T 合成技术可以得到重要液态烃。液态烃分馏也可以得到汽油、柴油等燃料，从而为石油替代提供了一条重要途径。此外，也可以通过合成气直接合成低碳混合醇燃料、甲醇和乙醇。

甲醇是经煤气化合成的最简单的含氧化合物，它既是重要的化工基本原料，又是优质、清洁的液体能源，其利用可分为能源利用和化学深加工两大领域，下游产品十分丰富，如图 9-3 至图 9-4 所示。从甲醇出发生产化学品的碳一化学技术值得关注的路线主要有：甲

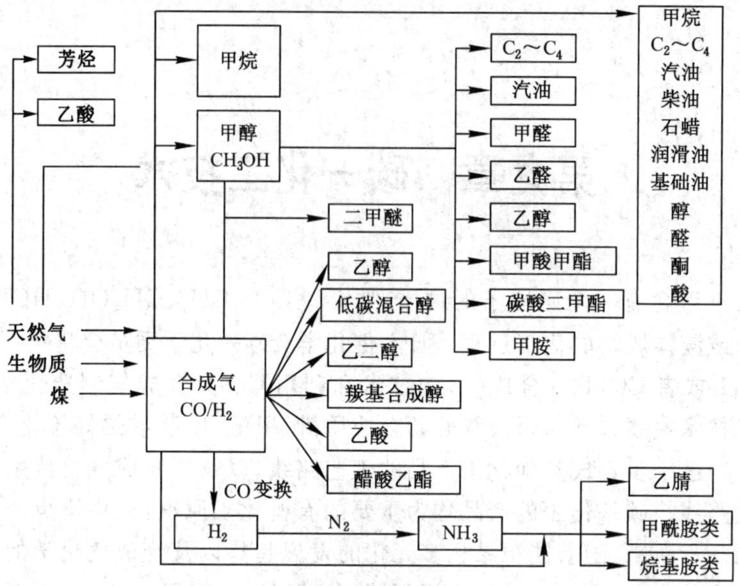

图 9-1　碳一化工合成体系的主要途径

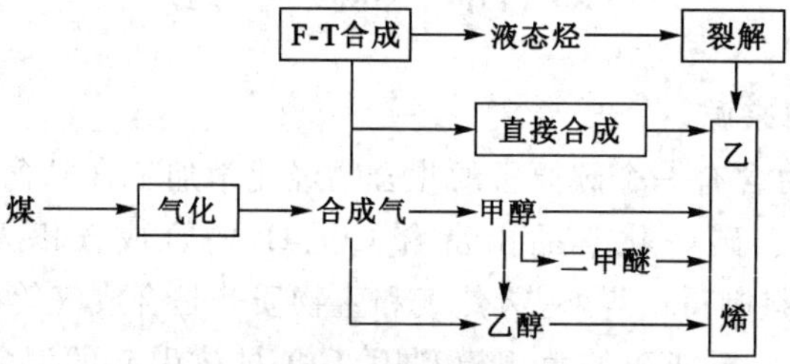

图 9-2　以原煤为原料合成乙烯的主要路线图

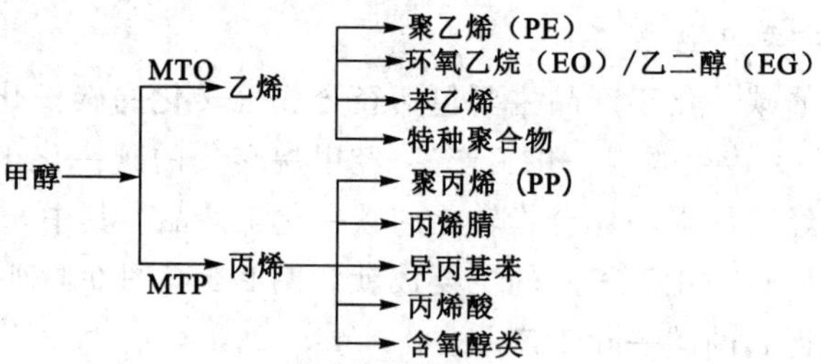

图 9-3　甲醇经烯烃制备化学品及聚合物的主要路线图

醇制烯烃、甲醇制氢、甲醇制醋酸以及甲醇制乙二醇等。

三、碳一化工发展重点及趋势

随着能源、资源和环境整体形势的变化，目前碳一化工技术研究与开发主要集中在燃料油和大宗有机化工产品方面，包括乙烯、甲醇、乙醇、二甲醚、碳酸二甲酯、苯和其他芳烃、乙酸、乙二醇等。

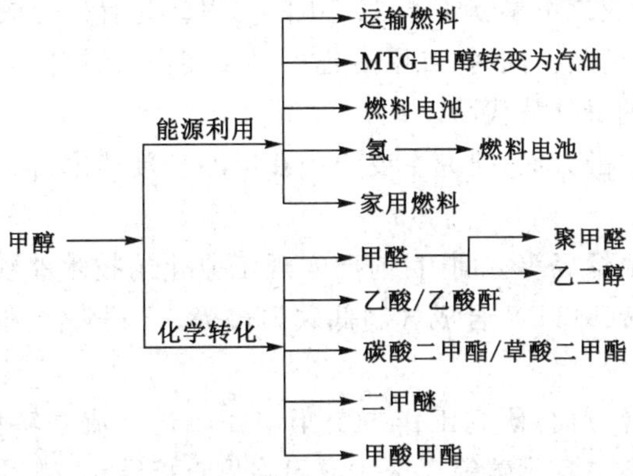

图 9-4　甲醇能源利用和化学转化主要产品路线图

1. 燃料化工产品的开发研究

碳一化工在能源领域的应用主要包括合成燃料、制氢和燃料电池三大方面。

由合成气合成液体燃料主要涉及 F-T 合成工艺和 MTG(methanol to gasoline)工艺。F-T 合成是指 CO 非均相催化氢化生成不同链长的烃和含氧有机物的反应，二氧化碳和水是主要反应副产物。虽然反应原料只是简单的氢和 CO，但反应本身却是一个复杂体系，反应产物可达数百种以上，且不同的操作条件下，反应的产物也有很大不同。

氢是洁净燃料。由碳一原料制氢是碳一化工的重要过程。由煤或天然气制备出合成气后，再经水蒸气重整可制得高纯氢。由于氢的储存和配给较为困难，随着燃料电池技术的发展，研究开发出便于运输的甲醇来制氢成为各国的重点课题之一。甲醇可以通过催化裂解、重整和催化部分氧化等方法制氢。甲醇重整制氢是近年来发展较快的制氢方法，与传统方法相比具有操作简单、反应流程短、原料易得、条件温和、副产物少等特点，而且装置大小规模适宜，可以适合用户对氢气来源的不同需求，因而受到广泛关注。另外，甲烷的催化裂解制氢(同时生成碳材料，如纳米碳管)也是碳一化工领域近年来的研究热点，包括催化方法和等离子体方法。

2. 有机化工产品的开发研究

在碳一路线制备芳烃研究方面，大连化学物理研究所 1993 年在国际上率先开展了甲烷芳构化研究，取得了具有原始创新意义的基础研究成果。这一研究已成为催化领域的热点课题之一。目前研究工作主要集中在改进甲烷芳构化催化剂方面，催化剂的积炭失活是制约这一反应实用化的关键因素。加强反应器工程的研究以实现反应与催化剂再生的有机结合，将是甲烷芳构化反应尽快实用化的一个有效途径。此外，也有科学工作者开展了甲醇转化制备芳烃的研究工作，这一反应同样也存在催化剂的积炭问题。

在碳一路线合成乙酸方面，研究与开发工作主要集中在甲醇羰基化反应、经合成气直接转化合成乙酸、甲烷和 CO 转化、甲酸甲酯催化异构化、甲烷和二氧化碳直接转化等几个方面。这些反应涉及多个原子经济性反应，如甲烷和二氧化碳直接转化、甲醇羰基化都是 100%原子经济性反应，所有反应物原子反应后都变成为产物原子，在理论和实践两方面具有非常重要的意义。

在碳一路线合成二甲烷方面，重点是甲醇脱水工艺路线，正在研究开发以煤、天然气为原料，经由合成气一步合成二甲醚新工艺。二甲醚可以作为有机合成的中间体，用以制备合成汽油、烯烃等重要化工产品。同时，二甲醚也可以直接作为燃料，由于其优越的燃烧性能，二甲醚已被认为是柴油的最佳替代品。

在碳一路线合成乙二醇方面，研究主要集中在甲醇直接转化、合成气转化和CO偶联制乙二醇等方面。

在碳一原料路线合成烯烃等方面，目前已实现工业化的技术路线有甲醇（或二甲醚）制烯烃（MTO）、甲醇制丙烯（MTP）、合成气制低碳烯烃等。开发高效催化剂仍是这些技术研究开发工作的关键。

在碳一路线合成甲醇方面，研究工作主要集中在改进合成气转化催化剂、甲酸甲酯氢解、甲烷部分氧化、甲烷和二氧化碳等离子体或超临界直接转化、碘甲烷水解等几个方面。

在绿色化工应用方面，已成功开发了碳一相关工艺过程，如碳酸二甲酯（DMC）对硫酸二甲酯及卤代甲烷的替代。硫酸二甲酯和卤代甲烷是传统甲基化反应中剧毒和致癌的物质，利用DMC替代这些物质是对传统化工过程绿色化改造的重要方面。DMC的引入可以大大降低化工生产对环境的危害，提高反应的原子经济性。

3. CO_2的转化与利用

二氧化碳是煤、石油等碳烃化合物能源利用和转化过程的主要副产物，也是主要的温室气体之一。集中排放二氧化碳的工业企业主要有发电厂、化工厂、酒精厂、钢铁厂等。所排放二氧化碳可以经过简单分离或富集，得到可供反应用的纯净二氧化碳。二氧化碳作为自然界存在的最大的碳资源，将成为未来碳一化学品和新材料合成的重要原料。图9-5为二氧化碳化学转化的主要技术路线。

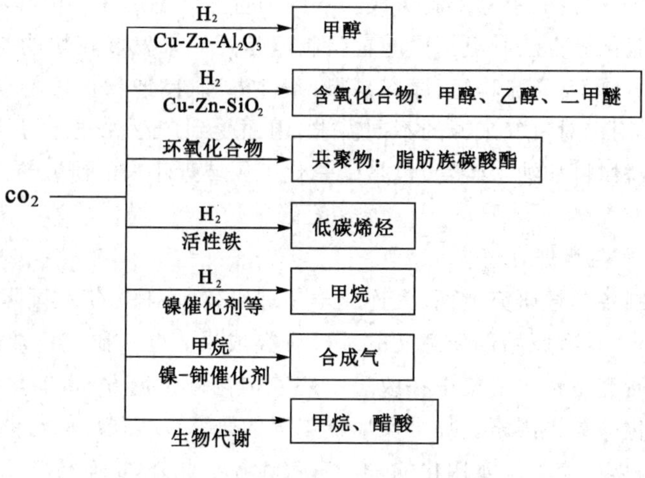

图9-5　二氧化碳化学转化主要技术路线

总而言之，碳一化工过程取得突破性进展的关键是催化剂的基础研究。通过催化剂体系和反应机理的基础研究，提出新的催化过程和新催化材料，促进碳一化工在合成清洁燃料、含氧化合物和烯烃等技术获得突破。此外，未来二氧化碳转化及利用技术将成为碳一化工开发研究的重点和热点。

第二节　煤的间接液化技术

一、F-T 合成法原理

F-T 合成的基本化学反应是由一氧化碳加氢生成饱和烃和不饱和烃，反应式如下：

$$nCO + 2nH_2 \longrightarrow (CH_2)_n + nH_2O - Q \tag{9-1}$$

当催化剂、反应条件和气体组成不同时，还进行下述平行反应：

$$CO + 2H_2 \longrightarrow (CH_2) + H_2O - Q \tag{9-2}$$

$$CO + 3H_2 \longrightarrow CH_4 + H_2O - Q \tag{9-3}$$

$$2CO + H_2 \longrightarrow (CH_2) + CO_2 - Q \tag{9-4}$$

$$3CO + H_2O \longrightarrow (CH_2) + 2CO_2 - Q \tag{9-5}$$

$$2CO \longrightarrow C + CO_2 - Q \tag{9-6}$$

在 F-T 合成中包含许多平行和顺序反应，相互竞争又相互依存。根据热力学计算，可以得到以下规律：

(1) 生成烃类和二氧化碳的概率高于生成烃类和水的概率。

(2) 从烃类化合物类型讲，烷烃最易生成，其次是烯烃、双烯烃、环烷烃和芳烃，炔烃不能生成。

(3) 对同一种烃类，随碳数增加，生成概率增加。

(4) 温度升高，对主要产物的生成不利，尤其是多碳烃类和醇类。相对比较，温度高有利于烷烃特别是低烷烃的生成，温度低有利于不饱和烃和含氧化合物的生成。

二、催化剂

F-T 合成所用的催化剂有铁、钴、镍和钌等，其中工业生产用催化剂主要是铁基催化剂。铁催化剂比其他金属便宜，选择性和操作适应性较好，可采用高空速合成辛烷值较高的汽油。铁系催化剂又可分为沉淀铁系催化剂和熔融铁系催化剂。沉淀铁系催化剂主要应用于固定床反应器中，其反应温度较低，为 200～280 ℃。它的制造工艺是首先由水溶性铁盐溶液沉淀，沉淀的含铁化合物进行干燥和焙烧，再用氢气还原制得催化剂。熔融铁系催化剂主要应用在温度较高的气流床反应器中，反应温度达 280～340 ℃。它通过磁铁矿与助熔剂融化，然后用氢还原制成，它的活性较小，但强度高。为改善 F-T 合成的选择性，也研究开发了 Fe/ZSM-5、ZN-CR/ZSM-5 等催化剂。

催化剂的活性对间接液化的转化率和产率分布有着极其重要的影响。此外，不同系列的催化剂，其适宜的温度和压力范围是不同的，只有当它处在适宜的温度和压力范围内，其催化活性才是最好的。各种催化剂适宜的压力和温度范围如表 9-1 所示。

表 9-1　各种催化剂适宜的压力和温度范围

催化剂	适宜的压力范围/MPa	适宜的温度范围/℃
铁催化剂	1.0～3.0	200～350
钴催化剂	0.1～2.0	170～190
镍催化剂	0.1	110～150
钌催化剂	10～100	110～150

从化学平衡角度看，压力升高，有利于合成反应，但高压将对催化剂的活性和寿命产生影响，铁催化剂一般用在中压(0.7～2.5 MPa)合成。合成气中 H_2与 CO 比值高，有利于生成饱和烃和轻产物，一般还要控制合成气的含硫量以防止催化剂中毒。

三、反应机理及其动力学

F-T 合成的第一步是 CO 和 H_2在催化剂上同时进行化学吸附，CO 的 C 原子与催化剂金属结合，形成活化的 C—O 键，与活化的氢反应，构成一次复合物，进一步形成链状烃。链状烃由于表面化合物的加碳作用，使碳链增长。此增长碳链因脱吸附、加氢或因与合成产物反应而终止。

因催化剂对 F-T 合成反应影响很大，动力学研究多结合具体催化剂提出。由于 F-T 合成反应复杂，存在大量变数，反应机理众说不一，目前还没有一个普通的方程来描述 F-T 宏观动力学。

四、反应器

F-T 合成反应为放热反应，因此随着反应的进行，温度会不断地增高，温度的升高会使反应的选择性变坏，生成甲烷并在催化剂上积炭，使催化剂使用寿命下降，因此需要反应在等温条件下进行，故首先需要解决排除大量反应热的问题。

反应器类型有三种，分别为固定床反应器、循环流化床反应器和浆态床反应器。

固定床反应器的结构类似于管壳式换热器。管内装催化剂，管间通入沸腾的水，以移走反应热，通过控制管间蒸汽压力来控制反应温度。此种结构的反应器在 SASOL-Ⅰ已经使用，它使用活化的沉淀铁催化剂，反应温度较低，操作数月之久可不积炭。反应器尺寸较小，操作简便。在常温下，产品为液态和固态。由于反应热靠管子的径向传热，故放大受到限制，单元设备生产能力较小。

循环流化床反应器使用熔铁粉末催化剂，催化剂悬浮在反应气流中，随气流夹带至沉降器，在此沉降下来，然后再重新被送入反应器中。此反应器在 SASOL 的三个厂都有应用。它生成碳量少，可在较高温度下操作，采用活性较小的熔铁催化剂，生成气态和较低沸点的产品。由于强化了传热条件，反应热的移出效率高，控制温度好；此外，催化剂可连续再生，单元设备生产能力大。

浆态床反应器是一个气液固三相鼓泡塔反应器。床内为高温液体(一般为熔蜡)，催化剂微粒悬浮其中，合成气以鼓泡形式通过。其主要优势是：可以直接使用现代大型气化炉生产的低 H_2/CO 值的合成原料气，而不需要另行变换；反应器换热效率高，温度容易控制；转化率高；生产操作弹性大；产物选择性高，以高沸点蜡为主，低碳气态烃较少。

五、典型工艺

1. SASOL F-T 合成法

SASOL-Ⅰ厂采用固定床和流化床两类反应器，Ⅱ厂和Ⅲ厂均采用气流床反应器。图 9-6 为 SASOL-Ⅰ厂生产流程。从鲁奇炉加压气化得到的粗煤气先经过冷却、净化处理后得到石脑油、废气和纯合成气。石脑油和粗煤气冷却分离的焦油一起进入下游的精馏装置，废气经过脱硫后排入大气，纯合成气进入费托合成系统。

SASOL-Ⅱ和Ⅲ厂工艺流程如图 9-7 所示。从鲁奇气化炉得到的粗煤气经过净化后，进入反应器合成得到液态油和气态产物，然后分别进入相关的分离、提质和加工系统。与 SASOL-Ⅰ相比，在液体油的后续处理上，新厂采用了一批现代的炼油技术，例如聚合、异构

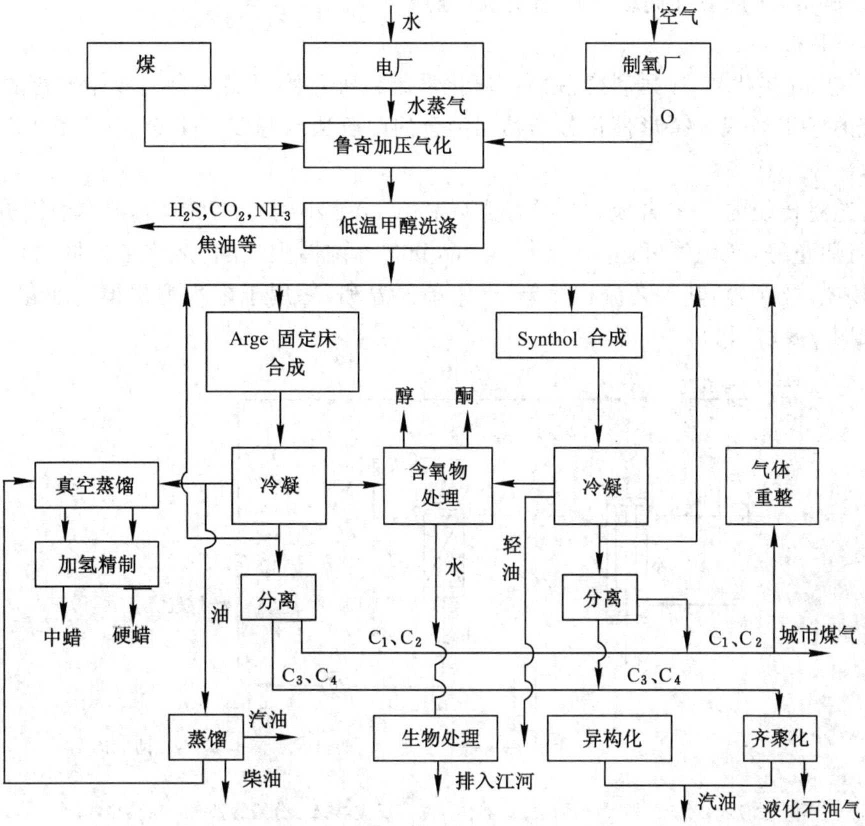

图 9-6 SASOL-Ⅰ厂生产流程

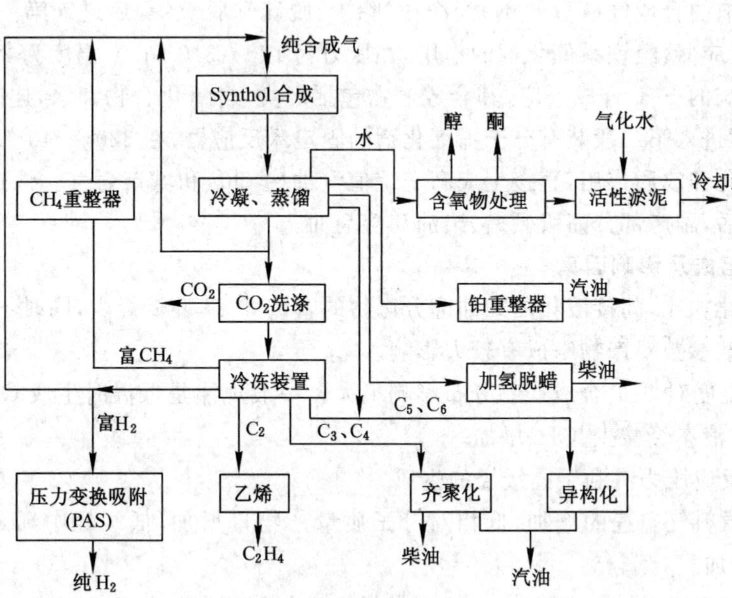

图 9-7 SASOL-Ⅱ厂工艺流程

化、选择裂解等，生产更加高级和清洁的液体燃料。

2. MFT 法

20 世纪 80 年代初，中国科学院山西煤化学研究所开始了煤基合成液体燃料的研究，提出将传统的 F-T 合成与择形催化分子筛相结合的两段法改进成 F-T 合成(简称 MFT 法)汽油新技术。

该工艺将传统的 F-T 合成宽馏分烃类(C_1～C_{40})缩小到 C_1～C_{12}，其中汽油馏分占 70%～80%，且质量好，辛烷值可达 90 以上。产品分布可调性大，在合成汽油的同时，可联产煤气、高级硬蜡、化肥等，其工艺流程简单，操作条件温和，适用于中小型规模商业化。主要工艺流程如图 9-8 所示。

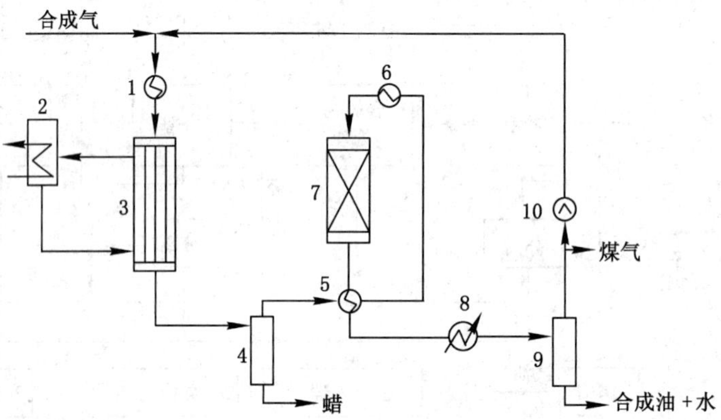

1—加热炉对流段；2—导热油冷却器；3——段反应器；4—分蜡罐；5——段换热器；
6—加热炉辐射段；7—二段反应器；8—水冷器；9—气液分离器；10—循环压缩机。

图 9-8　MFT 法合成工艺流程简图

煤气化制取的合成气($CO+H_2$)经净化(除尘、脱硫和脱氧等)后进入第一段固定床(或浆态床)催化反应器，经铁系催化剂的作用，在压力为 1.5～3.0 MPa、温度为 220～300 ℃的条件下进行传统的 F-T 合成反应，其合成产物包括烃类、含氧化合物和水，连同未转化的合成气，一起等压进入第二段装有分子筛催化剂的固定床反应器，在 320～340 ℃温度下，经分子筛的择形催化和改质作用，直接生成高辛烷值汽油(>90)和城市煤气。该过程还可在第一段反应器之后，副产部分高级硬蜡、柴油和溶剂油。

六、产物组成及影响因素

与直接液化相比，间接液化的柴油馏分产物的直链烃多，环烷烃少，同时不含氮硫杂质，凝固点高。工艺参数对产物组成有较大影响。

(1) 反应温度对 F-T 合成产物分布影响很大。一般规律是低温时生成 CH_4 少、高沸点烃类多，高温时液态烃减少、CH_4 增加。

(2) 提高反应压力有利于高级烃的生成。

(3) 随着原料气空速的增加，低相对分子质量产物量增加，低级烃中烯烃比例也会增加，CH_4 明显增加。

(4) H_2 与 CO 比值大时有利于 CH_4 的生成，因此为了获得合适的反应结果，不宜选用 H_2 与 CO 比值大于 2 的原料气。

第三节　醇、醚合成技术

一、甲醇合成技术

作为最简单的饱和醇，甲醇是碳一化工的基础产品，其分子式为 CH_3OH。甲醇的分子结构中含有一个甲基与一个羟基，所以甲醇既具有醇类的典型化学性质，又可以进行甲基化反应，主要的反应包括氧化、酯化、羰基化、胺化及脱水反应等，因此甲醇在工业中有着广泛的用途，不仅是重要的化工原料，可以合成出多种化工产品，同时也可以做燃料使用。甲醇具有良好的燃烧性能，无烟，而且辛烷值高，抗爆性能好，因此作为发动机替代燃料的可行性得到了人们的广泛重视。

1. 基本原理

目前甲醇的生产工艺路线主要是采用铜基催化剂的 ICI 中压法、低压法及 Lurgi 低压法、中压法和采用锌铬催化剂的高压法。由于高压法存在甲醇副反应多、产率较低、投资费用和动力消耗大等缺点，故在 20 世纪 70 年代中期以后不但新建厂全部采用低压法，而且老厂扩建或改造也几乎都采用低压工艺。

基本原理可表示为：

$$CO+2H_2 \longrightarrow CH_3OH-Q \qquad (9\text{-}7)$$

在合成气中如果有 CO_2 存在，则还会发生：

$$CO_2+3H_2 \longrightarrow CH_3OH+H_2O-Q \qquad (9\text{-}8)$$

甲醇合成反应是强放热过程，依据反应热移出方式的不同，可将反应器分为激冷式绝热反应器（ICI 工艺采用）和管壳式等温反应器（Lurgi 工艺采用）。

最早使用的甲醇合成催化剂为 $Zn_2O_5\text{-}Cr_2O_3$，活性较低，需要在高温下合成，一般是 380～400 ℃。为了提高平衡转化率，必须在高压下合成。20 世纪 60 年代后开发出高活性的铜系催化剂，适宜温度是 230～280 ℃。

2. 操作条件

影响甲醇生产的主要因素有温度、压力、空速、气体组成及循环气中甲醇含量等。

（1）温度

从化学平衡角度来看，温度提高对平衡不利；从动力学角度来看，温度提高反应速率加快。因而，反应存在最佳温度。甲醇合成铜基催化剂的使用温度范围为 210～270 ℃。为保证催化剂使用寿命长，应在确保质量的前提下，尽可能控制温度较低些。

（2）压力

从化学平衡角度来看，压力提高对平衡有利；从动力学角度来看，压力提高反应速率加快。因而，提高压力对反应有利。低压甲醇合成，合成压力一般为 4～6 MPa。

（3）空速

空速或循环气量是调节合成塔温度及产量的重要手段。循环量增加，转化率下降，但空速大了，甲醇产量有所增加。在空速为 5 000～10 000 h^{-1} 范围内，时空产率随空速增加而增加。

（4）气体组成

① 新鲜气中（$H_2+CO/CO+CO_2$），物质的量比应控制在 2.0～2.2，比例过小，易发生

副反应及积炭，且催化剂易衰老；过大，则单耗增加。

② 入塔气中 CO 含量一般控制在 8%～10%；CO_2 含量一般控制在 3%～6%，过高会影响甲醇产率。

③ 入塔气中的惰性气体如 CH_4、N_2、Ar 也会影响甲醇合成。惰性气体含量太高，降低反应速率，循环动力消耗也大；惰性气体含量太低，弛放损失加大，损失有效气体。

(5) 循环气中甲醇含量

一般要求入塔气中甲醇含量小于等于 5%，这是由于循环气和入塔气中甲醇含量越低，越有利于甲醇反应进行。

3. 工艺流程

ICI 和 Lurgi 低压甲醇合成工艺流程如图 9-9 和图 9-10 所示。合成气经压缩升压至 5～10 MPa，与循环气以 1∶5 混合后进入反应器，在铜催化剂作用下进行甲醇合成反应。由反应器出来的反应气体中含有 4%～7%的甲醇，经过换热器换热后进入冷凝冷却器，然后在气液分离器中将冷凝的甲醇分离出来，得到粗甲醇。粗甲醇进入轻馏分闪蒸塔，压力降至 0.35 MPa 左右，塔顶脱出轻质气体，塔底粗甲醇进入精制提质系统。气液分离器排出的气体还含有大量未反应的 CO 和 H_2，部分排出系统可作燃料气使用，其余气体与新鲜气混合并用循环压缩机增压后再进入合成反应器。

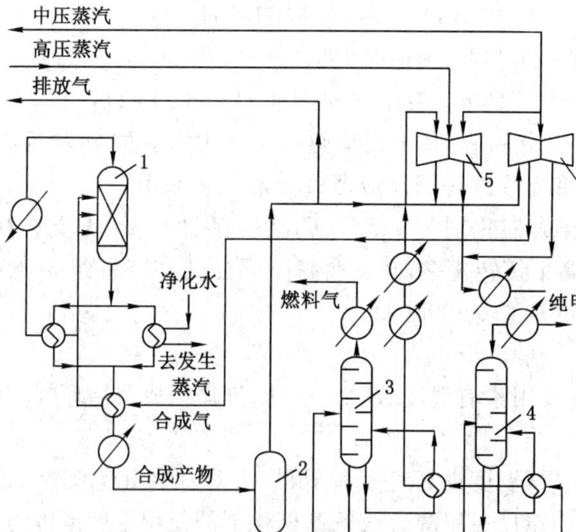

1—反应器；2—气液分离器；3—轻馏分塔；4—甲醇塔；5，6—合成气压缩。

图 9-9 ICI 低压合成甲醇流程

二、低碳混合醇合成技术

低碳混合醇一般是指 C_1～C_5 醇类混合物，其主要用途是直接掺入汽油做发动机燃料，也可分离为单独的醇类做化工原料。按其所含的主要成分可分为以甲醇为主的甲基燃料和以乙醇为主的乙基燃料。采用不同的催化剂、不同的生产路线，可生产不同的低碳醇基燃料。

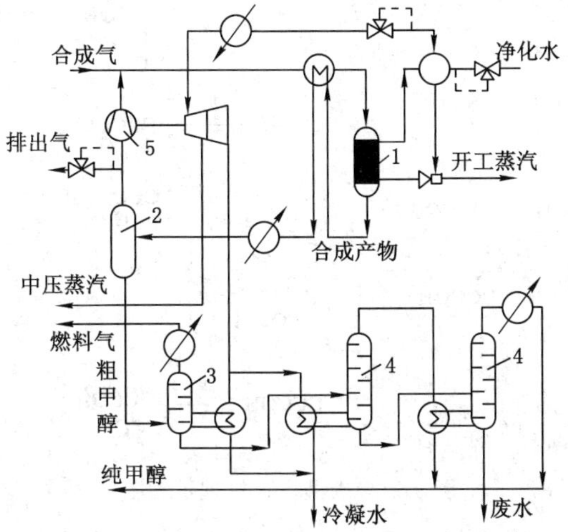

1—反应器；2—气液分离器；3—轻馏分塔；4—甲醇塔；5—压缩机。

图 9-10　Lurgi 低压合成甲醇流程

1. 催化剂

催化剂的研究是合成低碳混合醇的关键。合成气制低碳混合醇的催化剂，最早沿用甲醇合成催化剂，以 Zn-Cr 催化剂为主，加入一种碱金属，有利于生成高级醇。但这种催化剂要求操作温度及压力都比较高。此后又开发了 Cu-Co-Cr-K 催化剂，反应温度 250～300 ℃，压力 5～10 MPa，反应条件大为缓和。另外，Dow 化学公司开发的耐硫催化剂，因其抗硫，特别适用合成气中硫含量较高的生产路线，耐硫催化剂是低碳混合醇生产工艺的新方向。

合成气制低碳混合醇的催化剂大体可分为六类：① 改性的 Zn-Cr 高压甲醇合成催化剂；② 改性的 Cu-Zn-Al 低压甲醇合成催化剂；③ 铜钴锌铝碱金属催化剂；④ 稀土金属氧化物为主的催化剂；⑤ 负载型 Rh 等贵金属催化剂；⑥ Rh 等贵金属络合催化剂。

2. 反应机理

低碳混合醇合成的反应机理为碳链增长机理，如图 9-11 所示。碳链增长的关键是 CO 的解离吸附，作为活性中心的铜在 200～300 ℃的温度范围内对 CO 的吸附为非离解吸附。使 CO 解离有两种方法：其一是将反应温度提高到 300 ℃以上，使其易于解离吸附，因此提高反应温度无论从热力学上还是从碳链增长角度都是有利的(温度不能太高，否则烷烃会增多)；其二是设法削弱在活性中心铜上吸附 CO 的碳氧键。加入碱金属，可降低金属铜的电子逸出功，即增强了铜的电子给予性，使 CO 得到更多的反馈电子，因而减弱了碳氧键，导致了 CO 的离解，为碳链的增长创造了条件。

一般来说，添加碱金属有利于 C_2^+OH 的生成，但若超过一定量，醇产率和 C_2^+OH 的比例会明显下降。其原因可能是 CO 解离吸附太多而导致大量积炭。另外，大量碱金属的存在使铜的给予电子能力大大加强，导致 $C^{\delta+}{=}O^{\delta-}$ 的 $C^{\delta+}$ 正电性减弱，使 H_2 在 CO 中的碳上的亲核插入加成变得困难，因而醇的生成量减少。

3. 合成工艺

目前具有代表性的合成低碳醇工艺包括：MAS 工艺、IFP 工艺、Sygmol 工艺和 Octamix 工艺。MAS 工艺是由 Snam 与 TopsΦe 公司开发，采用 Zn-Cr 催化体系。IFP 工艺

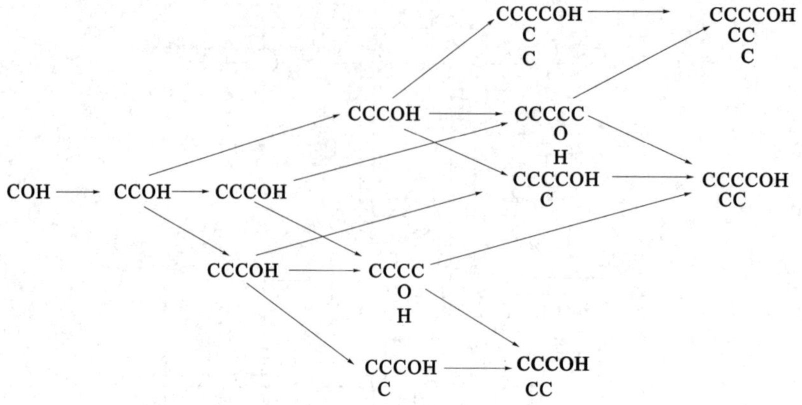

图 9-11　碳链增长机理示意图

由法国石油研究所开发，采用 Cu-Co 催化体系。Sygmol 工艺由 Dow 化学公司和联碳公司开发，采用耐硫 MoS_2 催化体系。Octamix 工艺由 Lurgi 公司开发，采用 Cu-Zn 催化体系。这 4 种工艺中，MAS 工艺最成熟，其次是 IFP 工艺。Sygmol 工艺的催化剂具有独特的抗硫性，该工艺及 IFP 工艺的产物中 C_2^+ 醇含量最高，化工利用的前景最好。Octamix 工艺采用低压法铜系催化体系，是对 MAS 工艺的改进，而且与 Sygmol 工艺一样，其产物含水量很低，因此产物脱水能耗也低。

三、乙醇合成技术

乙醇（CH_3CH_2OH），俗称酒精，是重要的基本化工原料，可用于制乙醛、氯乙烷、丁二烯、三氯乙醛、醋酸、乙二醇醚、丙烯酸乙酯、乙基乙烯醚、乙胺、乙硫醚等多种化学品及中间体。乙醇在工业上可用作溶剂、消毒剂和有机合成原料。此外，乙醇的辛烷值高、燃烧充分且可利用农林副业原料生产，是汽车燃料和燃料添加剂的良好组分，可一定程度缓解石油资源匮乏和能源安全的问题。乙醇工业生产有天然原料发酵法和化学合成法。目前，正在研究开发的碳一化工路线合成乙醇的方法有合成气直接合成法和甲醇同系化反应合成法。

1. 合成气直接合成法

合成气 CO 加 H_2 在催化剂存在下直接合成乙醇的反应式为：

$$2CO + 4H_2 \xlongequal{} C_2H_5OH + H_2O \tag{9-9}$$

合成气直接合成乙醇的催化剂主要有：美国联碳公司的 Rh 与 Rh-Fe、Rh-Mn、Rh-Mo 或 Rh-W，德国赫斯特公司的 Rh-Mg，日本相模中央化学研究所的 $Rh_4(CO)_{12}$。在合成气直接合成乙醇工艺中，铑系催化剂占主导地位，并均为双金属催化剂。

合成气直接合成乙醇的工艺大致可以分为原料气的制备和净化、压缩、合成和蒸馏四个工序，如图 9-12 所示。

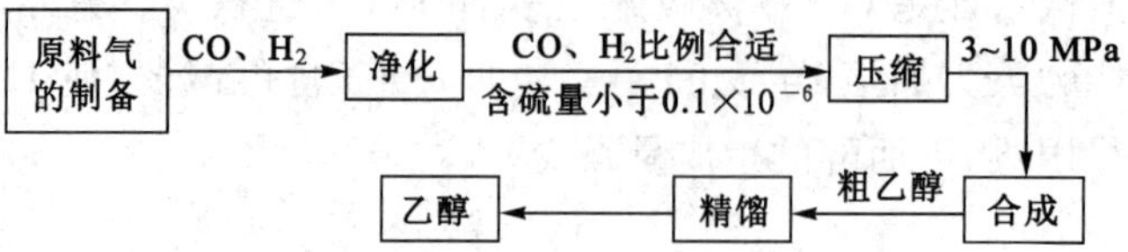

图 9-12　合成气直接合成乙醇工艺流程图

在整个合成工艺中，CO加氢合成乙醇反应是强放热反应，温度不仅影响乙醇产率，而且影响产品的选择性。因此需要对温度严加控制，以避免CH_4、气态烃，高相对分子质量液态烃与高碳含氧化物的生成。压力提高，能增加乙醇产量，同时还能改善对C_2含氧化物的选择性。与甲醇同系化反应合成法不同，H_2与CO的物质的量比要高一些，这能加快总反应速率，有利于乙醇的生成。就空速而言，宜用高空速，因为空速过低会引起各种副产物的生成，其中包括沸点较高的烃类与含氧化物；但空速过高，又会使转化率降低。铑系催化剂的特点之一，采用低转化率，一般在10%左右，这才有利于醋酸、乙醇与乙醛的生成。因此各工艺参数必须控制在规定的范围内。

2. 甲醇同系化反应合成法

甲醇同系化反应合成乙醇是国际上正在开发的生产工艺之一。甲醇同系化反应合成乙醇是羰基化反应的一个特例，反应式为：

$$CH_3OH + CO + 2H_2 \longrightarrow C_2H_5OH + H_2O \tag{9-10}$$

甲醇同系化反应合成乙醇的流程示意如图9-13所示。甲醇、合成气以及循环的甲醇、乙醛、乙酸酯在反应器中于200 ℃、27 MPa下进行甲醇同系化反应，反应产物经气液分离后，未反应的气体返回反应器。反应液经回收催化剂后进入甲醇蒸馏回收系统，回收的甲醇循环使用。出甲醇蒸馏系统的反应产物再经乙醇蒸馏系统，可得产品乙醇。

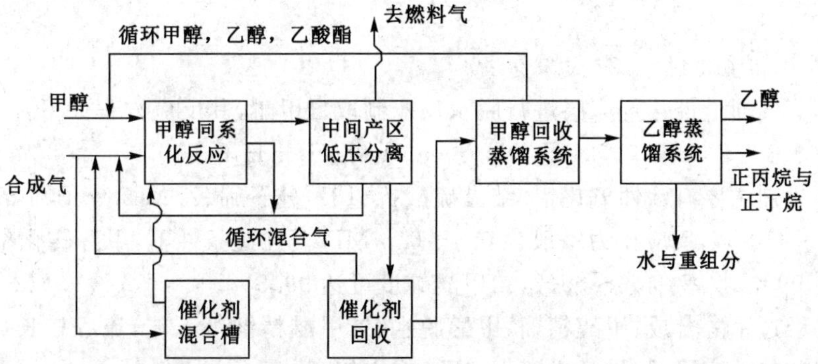

图9-13　甲醇同系化反应合成乙醇工艺流程图

合成气直接合成乙醇和甲醇同系化反应合成乙醇的生产路线尚在研究开发之中，若能降低操作压力，提高催化剂的活性、稳定性，改善乙醇的选择性和收率，可望实现工业化。甲醇同系反应合成乙醇和合成气直接合成乙醇工艺在石油资源日益短缺的情况下，开拓了以重质油、煤、天然气与CO废气为原料制得合成气、继而合成乙醇同系列化工产品的新途径。

四、乙二醇合成技术

乙二醇(ethylene glycol，缩写为EG，分子式$HOCH_2CH_2OH$)主要用途是生产聚酯产品和抗冻剂。乙二醇用于抗冻剂，是由于乙二醇可降低水溶液冰点。乙二醇也用于生产除冰剂、表面涂层(醇酸树脂)、不饱和聚酯树脂以及乙二醛等化工产品。

乙二醇是环氧乙烷最重要的二次产物，环氧乙烷直接水合法是目前工业生产乙二醇的唯一方法。目前，对碳一化工路线合成乙二醇进行了大量研究，主要有合成气直接合成法、草酸酯路线和甲醇甲醛合成法三种。其中合成气直接合成法受到广泛关注。

合成气直接合成乙二醇工艺最早由美国杜邦公司于1947年提出，具有理论上最佳的经济价值,工艺路线如图9-14所示。目前,直接法的主要问题是合成压力太高,所用催化剂在高温下才显示出活性,但在高温下稳定性变差,因此改进催化剂和助剂、开发在较低压力和温度下显示高活性且稳定的催化剂是直接法研究的重点。

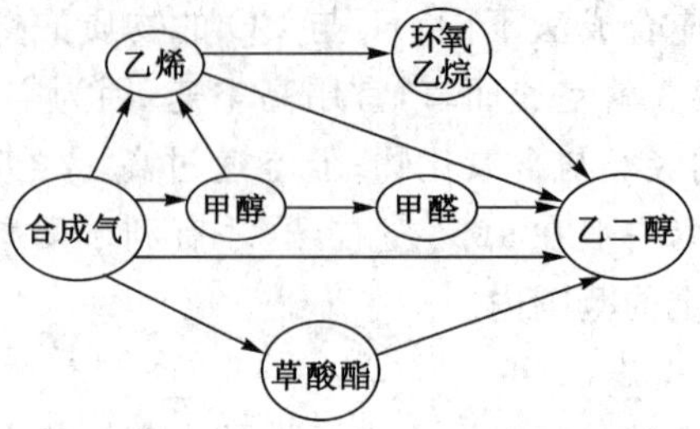

图9-14　合成气直接合成乙二醇工艺路线图

五、二甲醚合成技术

二甲醚(dimethyl ether,缩写为DME,分子式CH_3OCH_3)是一种重要化工产品。它的主要用途为:清洁燃料、气雾剂、制冷剂、发泡剂、有机合成原料等。特别是近年来作为柴油掺烧剂和替代民用燃料液化石油气的呼声与日俱增。

目前生产二甲醚的工艺路线很多,主要是甲醇气相催化脱水工艺和合成气直接合成二甲醚工艺。

1. 甲醇气相催化脱水工艺(二步法)

将甲醇蒸气通过催化剂床层进行脱水反应制取二甲醚,其反应方程如下:

$$2CH_3OH \longrightarrow CH_3OCH_3 + H_2O \quad (9\text{-}11)$$

所用催化剂主要有活性氧化铝、结晶硫酸铝、13X分子筛、ZSM-5分子筛等。反应温度控制在290~310 ℃,反应压力一般为0.4~0.6 MPa。在此条件下,甲醇转化率为75%,二甲醚选择性99%,收率94%~95%,二甲醚纯度可达99.5%。

由于要经过甲醇合成、甲醇精馏、甲醇脱水、二甲醚精馏等工艺,流程较长(涉及过多中间环节),因此热效应降低、设备投资大、生产成本较高。

2. 合成气直接合成二甲醚工艺(一步法)

该工艺有气、固两相法(也称气相法)和气、液、固三相法(也称液相法和三相法)。

气相法是将合成气通过装有复合催化剂的固定床反应器,一步合成二甲醚的方法。因使用了复合催化剂,具有甲醇合成和甲醇脱水的双重功能。所生成的甲醇无须分离和提纯,即在系统中迅速脱水转化成二甲醚。相继迅速发生的脱水反应消耗了甲醇,因而破坏了甲醇合成反应的平衡,使之向生成甲醇的方向移动,使甲醇合成反应进行得更为彻底,从而提高了CO的转化率。同时,由于变换反应的产生,消耗了水,从而又破坏了甲醇脱水反应的平衡,使之向生成二甲醚的方向移动。

该工艺一般采用管壳式反应器,管内装复合催化剂,管间用水移走反应热,并副产蒸汽。反应后气体经冷却、冷凝,液体送去精馏,不凝气用吸收液吸收、洗涤,尾气送至合成系统。精馏废气用作燃料,废液送至处理工序。该工艺具有流程短、设备少、投资省、耗能低、成本低、单程转化率高等优点,有很强的市场竞争力。

第四节　芳烃合成技术

芳烃类产品通常是指苯、甲苯、混合二甲苯、邻二甲苯、对二甲苯等的统称，是重要的有机化工原料，其产量和规模仅次于乙烯和丙烯。芳烃广泛用于生产合成树脂、合成纤维、合成橡胶、合成洗涤剂、增塑剂、染料、医药、香料、农药等，其生产技术水平是一个国家石油化工发展水平的标志之一，对发展国民经济、改善人民生活起重要作用。

目前，全球95%以上芳烃是通过炼油企业的芳烃联合装置得到的。随着世界能源结构的变化，以及煤和天然气制芳烃技术的进步和优点的进一步显现，以煤和天然气为原料制备芳烃技术的开发与应用逐步受到重视。以煤为原料生产芳烃技术可分为合成气直接制芳烃技术和合成气经甲醇制芳烃技术两大类。后者主要有以生产苯、甲苯、二甲苯(BTX)为目的的甲醇芳构化技术，以生产对二甲苯为目的的甲苯甲基化技术；以生产烯烃联产芳烃的组合技术。以天然气为原料制备芳烃的技术主要为无氧芳构化技术。

一、甲醇制芳烃

1. 甲醇制芳烃机理

甲醇制芳烃(methanol to aromatics，MTA)是以甲醇为原料，在双功能(酸性和脱氢)活性催化剂的催化作用下生成芳烃的过程。甲醇首先在酸催化下脱水生成二甲醚，二甲醚在酸的作用下生成低碳烯烃，低碳烯烃进一步发生齐聚、环化及氢转移芳构化、初级芳烃发生烷基化等二次反应最后生成芳烃。

对甲醇制芳烃反应机理的研究很多，提出了与甲醇制烯烃相似的系列反应机理，其中“烃池机理”得到了研究者的广泛认同，认为甲醇在催化剂作用下首先生成一些相对分子质量较大的烃类中间物种，中间物种经甲基化反应生成低碳烃。多甲基苯是甲醇制烃反应的中间物种。甲醇芳构化涉及的物种主要有：H_2，H_2O，CH_4，C_2H_6，C_3H_8，C_4H_{10}，C_5H_{12}，C_2H_4，C_3H_6，C_4H_8，C_6H_6，C_7H_8，C_8H_{10}等，基于“烃池机理”和甲醇芳构化的可能反应途径，获得甲醇芳构化体系包含的独立反应方程式如下：

主反应

$$6CH_3OH \longrightarrow C_6H_6 + 6H_2O + 3H_2 \tag{9-12}$$

$$7CH_3OH \longrightarrow C_7H_8 + 7H_2O + 3H_2 \tag{9-13}$$

$$8CH_3OH \longrightarrow C_8H_{10} + 8H_2O + 3H_2 \tag{9-14}$$

副反应

$$2CH_3OH \longrightarrow C_2H_4 + 2H_2O \tag{9-15}$$

$$3C_2H_4 \longrightarrow 2C_3H_6 \tag{9-16}$$

$$2C_2H_4 \longrightarrow C_4H_8 \tag{9-17}$$

$$C_2H_4 + 2H_2 \longrightarrow 2CH_4 \tag{9-18}$$

$$C_2H_4 + H_2 \longrightarrow C_2H_6 \tag{9-19}$$

$$C_3H_6 + H_2 \longrightarrow C_3H_8 \tag{9-20}$$

$$C_4H_8 + H_2 \longrightarrow C_4H_{10} \tag{9-21}$$

$$C_2H_4 + C_3H_6 + H_2 \longrightarrow C_5H_{12} \tag{9-22}$$

图9-15所示为甲醇转化为芳烃的反应路径。甲醇首先在催化剂的Brönsted酸(简写

为B酸)或Lewis酸(简写为L酸)的催化作用下转化为二甲醚,二甲醚进一步转化为低碳烯烃(C_2=～C_3=),然后经过聚合、链增长等反应,低碳烯烃(C_2=～C_3=),转化为高碳烯烃(C_4=～C_8=)。

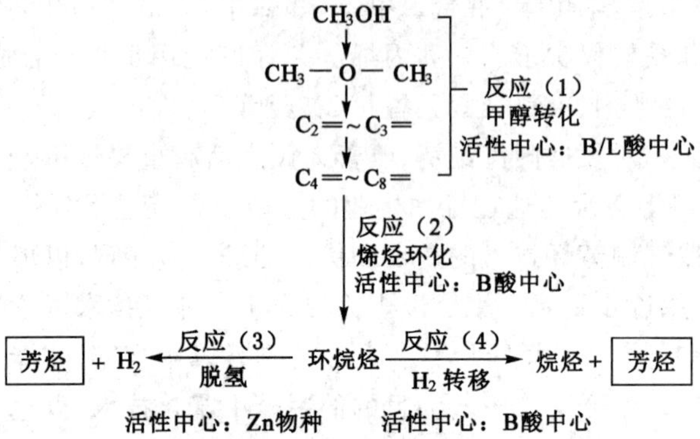

图9-15　甲醇转化为芳烃的反应路径

2. 甲醇制芳烃催化剂

目前,甲醇制轻质芳烃的催化剂主要是金属(Ag、Zn、Mn、Cr、Cu、Ga等)改性的分子筛(HZSM-5、HZSM-11和硅铝磷分子筛等)催化剂。在适宜的反应条件下,甲醇转化率可达到99%,芳烃的最高收率约为55%。2002年,Chevron Phillips公司公布了2种分子筛催化剂:一种是硅铝磷分子筛催化剂,另一种是含有金属锌以及来自ⅢA族或ⅥB族元素的分子筛催化剂。中国科学院山西煤炭化学研究所开发了一种Ga和La改性的ZSM-5分子筛催化剂;清华大学开发了一种Zn或Ag改性的ZSM-5分子筛催化剂;中国科学院大连化学物理研究所公布了一种采用金属及硅烷化改性的ZSM-5分子筛催化剂。ZSM-5分子筛是MTA催化剂的活性组分,其孔道结构、表面酸性、晶粒尺寸和晶体化学组成等物化性质在很大程度上决定着催化剂的活性、选择性、寿命、水热稳定性及热稳定性。通过改变ZSM-5分子筛硅铝比,添加金属、金属碳化物、氧化物或非金属可调整其酸性及孔道结构等物理化学性质,改变反应方向,实现芳烃选择性调节和控制。

二、合成气直接制取芳烃

合成气一步法制芳烃反应的催化剂源于研究者发现将F-T合成催化剂与分子筛混合可打破F-T合成产物的Schulz-Flory分布,复合催化剂表现出较高的反应活性和芳烃选择性。一步法制芳烃的催化剂分为两类:一类由F-T合成催化剂与芳构化催化剂复合而成;另一类由甲醇合成催化剂与芳构化催化剂复合而成。基于合成气在F-T反应中或MTG(甲醇制汽油)反应中生成的低碳烃中间体可以直接在分子筛上转化为芳烃,将最有效的F-T合成催化剂或甲醇合成催化剂与芳构化催化剂进行混合制备合成气直接芳构化反应的催化剂。

合成气两段法制芳烃是在两个反应器中,一段采用F-T合成催化剂或甲醇合成催化剂,将合成气转化为烃类或二甲醚;二段采用芳构化催化剂,将一段反应物转化为芳烃。

合成气两段法制芳烃中,先将合成气一步直接转化为二甲醚,二甲醚经芳构化催化剂转化为芳烃。相比合成气一步法,两段法具有以下优点:① 可根据产物分布灵活调节两段反应器反应条件;② 2种催化剂可在其各自最佳反应条件下使用;③ 催化剂的回收再生相对容易。因此，煤基合成气经 DME 出发合成芳烃路线是一条清洁高效利用煤炭资源的绿色途径。

三、甲烷制取芳烃

甲烷是天然气的主要组分。通过化学化工方法，可以直接、高效地将天然气中的甲烷转化为高附加值液态芳烃产品，不仅可以缓解石油资源的短缺，而且提高了碳原子利用率，促进了有机化工产业的发展。

甲烷芳构化反应既可在氧气氛或氧化剂存在下进行，也可在非氧气氛下进行，即分为有氧芳构化和无氧芳构化。由于有氧芳构化易深度氧化，芳烃选择性很低，因此目前国内外研究主要集中在无氧芳构化方面。

1. 反应原理及热力学

甲烷无氧芳构化的主要反应如下：

$$CH_4 = \frac{1}{2}C_2H_6 + \frac{1}{2}H_2 \tag{9-23}$$

$$CH_4 = \frac{1}{2}C_2H_4 + H_2 \tag{9-24}$$

$$CH_4 = \frac{1}{6}C_6H_6 + \frac{3}{2}H_2 \tag{9-25}$$

$$CH_4 = \frac{1}{10}C_{10}H_8 + \frac{8}{5}H_2 \tag{9-26}$$

$$CH_4 = C + 2H_2 \tag{9-27}$$

表 9-2 列出了无氧条件下，甲烷转化不同独立反应的 Gibbs 自由能变和甲烷的平衡转化率。从表 9-2 可以看到，除生成石墨碳的反应(9-27)外，其他所有独立反应的 Gibbs 自由能变在给出的温度区间内都是正值，表明甲烷向高级烃类的转化在热力学上是不利的，而石墨碳是热力学上最有利的产物。提高反应温度有利于芳烃的生成，更有利于积炭的生成，但是由于积炭会使催化剂失活，在实际反应中要尽力避免积炭的生成。与生成乙烷和乙烯相比，甲烷转化生成苯和萘更加有利，但平衡转化率也很低，在 1 atm 压力下，973 K 时都不超过 12%。上述结果表明，以单独的甲烷作为反应物，由于热力学的限制，芳构化反应难以获得较高的甲烷转化率。考虑到实际操作中可能同时发生的平行反应，表 9-3 列出了无氧条件下甲烷转化的热力学平衡组成，仅计算反应(9-23)～反应(9-26)，未包括反应(9-27)。与表 9-2 中生成苯的独立反应(9-25)相比较，平行反应的存在使得甲烷的转化率略微提高，但是苯生成显著减少，萘的生成在热力学上更有优势。在实际反应中，积炭的生成使得甲烷的转化率可以更高，但是苯的产率会下降。

表 9-2　无氧条件下反应的 Gibbs 自由能变和甲烷的平衡转化率

反应	298 K		773 K		873 K		973 K	
	$\Delta_r G_m^\ominus$ /(kJ/mol)	平衡转化率 /%	$\Delta_r G_m^\ominus$ /(kJ/mol)	平衡转化率 /%	$\Delta_r G_m^\ominus$ /(kJ/mol)	平衡转化率 /%	$\Delta_r G_m^\ominus$ /(kJ/mol)	平衡转化率 /%
(9-23)	34.5	1.81×10^{-4}	35.9	0.748	35.9	1.41	35.8	2.35
(9-24)	87.4	1.61×10^{-8}	55.3	0.407	48.5	1.45	41.7	3.97
(9-25)	72.1	2.18×10^{-6}	40.8	1.83	33.4	5.14	25.9	11.7

表 9-2(续)

反应	298 K		773 K		873 K		973 K	
	$\Delta_r G_m^{\ominus}$ /(kJ/mol)	平衡转化率 /%	$\Delta_r G_m^{\ominus}$ /(kJ/mol)	平衡转化率 /%	$\Delta_r G_m^{\ominus}$ /(kJ/mol)	平衡转化率 /%	$\Delta_r G_m^{\ominus}$ /(kJ/mol)	平衡转化率 /%
(9-26)	72.9	2.25×10^{-6}	40.3	1.83	32.6	5.16	24.7	11.7
(9-27)	50.5	1.88×10^{-3}	4.8	32.4	−5.8	59.8	−16.6	81.3

注:反应体系中除了 C 为晶体以外,其余组分均为气相;甲烷的平衡转化率是以 1 atm 纯甲烷为初始原料进行计算的。

表 9-3 无氧条件下甲烷转化的热力学平衡组成

温度/K	平衡组成(摩尔分数)/%				
	CH_4	C_2H_6	C_2H_4	C_6H_6	$C_{10}H_8$
773	98.04	0.085	0.007	0.81	1.06
873	94.53	0.102	0.038	2.29	3.04
973	87.64	0.109	0.143	5.12	6.99

注:考虑了平衡反应(9-23)~反应(9-26),反应(9-27)未被考虑,总压 $p=1$ atm。

2. 催化剂的筛选

甲烷无氧芳构化反应多采用金属或负载金属催化剂。Mitehell 等人采用含贵金属的多组分多功能催化剂 M°/M′On/M″O(M°为贵金属,M′为ⅥB 族元素,M″为ⅡA 族元素),在 977 K 下,通入甲烷 30 min,得到了较高浓度的富苯产物。Bragin 等人采用 Pt-Cr_2O_3/HZSM-5 催化剂,在 1 023 K 下,在脉冲反应器中进行反应,甲烷转化率达到 18%,苯收率为 14%。T. Inui 等人采用 Pt/H-Ga-硅酸盐催化剂,将甲烷转化为芳烃(苯和甲苯),结果甲烷转化率较低,但芳烃选择性却高达 90%以上。

许多金属或其氧化物都有着很好的甲烷芳构化催化作用,如分别将 Pt、W、Ru、Re、Mg、Cu、Zn、Co、Mo、Fe、Cr、V、Ni、Pd、Mn、Y、La、Ag 等负载在 HZSM-5 分子筛上,考察了其催化活性。负载 Mo、Re 的催化剂催化活性最高,负载 W、Pt、Os 等的催化剂也具有较好的催化活性。

甲烷芳构化的反应产物苯与甲烷容易分离,有很大的应用开发价值。因此,如何充分利用无氧芳构化选择性高的优点,克服其高温反应条件的缺陷,是今后进行甲烷芳构化反应主要解决的问题。从大量研究结果看,通过寻求新的改性金属、添加其他气体组分以降低过程积炭速率、降低反应温度、改善催化剂的孔结构、提高催化剂活性组分的分散度、促进中间产物进一步转化等,是甲烷无氧芳构化反应需要继续研究的重要方向。此外,借助外场协同作用来活化甲烷,也有可能实现甲烷在较低温度下的催化转化。

第五节 二氧化碳转化技术

二氧化碳是全球最丰富的碳资源,具有重大的利用潜力,其转化后可获得廉价的工业碳源,给社会带来可观的经济效益。二氧化碳可以作为反应介质、反应的碳源和弱氧化剂,采用包括生物转化、电化学还原、光催化还原以及催化氢化等方法转化为合成气、醇、低碳烯烃、醛、酸、醚、酯和碳材料等物质。在低能耗或近零化石能源消耗条件下，将二氧化碳转化为化学品是实现二氧化碳资源化转化的关键。

一、生物转化技术

1. 生物转化技术的原理

生物转化技术的原理是指绿色植物及光合细菌作为转化媒介，利用光照将CO_2转变为羧酸、碳水化合物等。对于绿色植物的光合作用，可用下式描述：

$$12H_2O+6CO_2+光能\longrightarrow C_6H_{12}O_6+6O_2+6H_2O \qquad (9\text{-}28)$$

相对于高等植物，一些体积较小、结构简单的低等植物光合作用的效率有所提高。目前，常利用特定微生物固定转化CO_2，主要包括光能及化能自养型微生物，将CO_2还原成[CH_2O]及其他复杂的细胞物质的过程中，需要经历开尔文循环、乙酰辅酶A循环等过程，且消耗大量ATP和[H]，具体过程如图9-16所示。

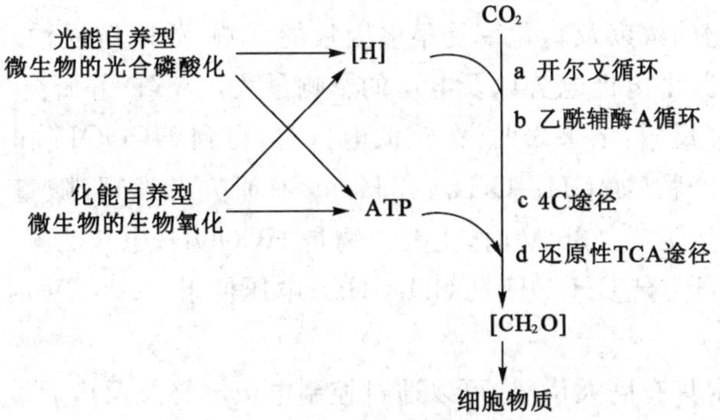

图9-16　两类自养型微生物转化CO_2机理示意图

2. 二氧化碳生物转化技术

二氧化碳生物转化技术是一种将CO_2废气转化为有价值化学品的技术，具有环保、可持续的优势。该技术可以利用生物菌种、藻类等生物体通过代谢过程将CO_2转化为甲烷、乙酸、醇类、脂质、琥珀酸等有机物。其中，生物醇类、脂质和琥珀酸等产品具有较高的市场价值，可用于制备燃料、化妆品、医药等产品。二氧化碳生物转化技术的研究重点是如何提高产物的产量、转化率以及转化过程中的选择性。为此，需要选择适合的生物菌种、藻类等生物体，并进行相关的基因工程、代谢工程等技术改良。此外，也需要考虑如何优化反应条件，如温度、pH值、气体流量等参数，以提高反应效率。在产物分离和提纯方面，需要运用物理和化学的手段及时将产物移出反应空间，并通过吸附、萃取、蒸馏等方法进行纯化和提纯。虽然二氧化碳生物转化技术还面临着很多挑战，但它是一种非常有前途的CO_2减排技术，可以为未来的可持续发展提供一种新的思路和方向。

二、电化学还原技术

CO_2电化学还原反应机理如图9-17所示。从图9-17可以看出，在电解质和催化剂的作用下，CO_2得到电子，生成还原产物。该过程由多电子、多质子同时参与，可得到甲烷、甲醇以及多种烃类化合物。

在电化学还原CO_2体系中，常使用半导体或金属物质（如Hg、Au、Pb、Cu、Sn、Zn）做阴极材料，电解质溶液分为水溶液与非水溶剂两种介质。不同的电解质溶液得到的主产物也

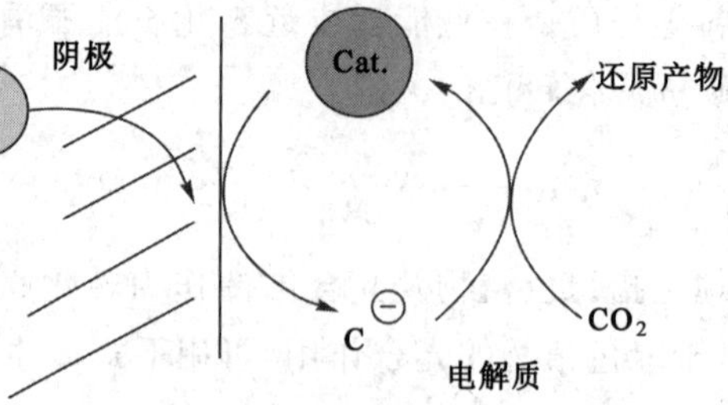

图 9-17 CO_2电化学还原反应机理

不尽相同，其中水溶性介质中的CO_2还原产物依赖于支持的电解质及阴极材料；相比之下，非水溶剂可以更好地溶解CO_2，在低温条件下即可完成整个还原过程，此介质中得到的CO_2还原产物与金属电极材料密切相关。

电化学转化产物的浓度及转化率受很多因素的影响，如电解质浓度、反应物性质、电极电势、电压、温度等，其中电极电势以及电压的影响最大。AYD 等研究了聚吡咯包覆铜催化剂催化CO_2的电还原反应，结果表明，在较低电压时，得到 HCOOH 和 CH_3COOH；在负电压较大时，生成气态产物(如CH_4、C_2H_4、C_2H_6)。有研究者发现，随着电压的变化，主要产物也会发生改变，电压为−1.35 V 时，主要产物是 HCOOH；电压为−1.58 V 时，主要产物为CH_3CH_2CHO、$CH_3CH_2CH_2OH$和CH_3CHO；电压低于−1.65 V 时，则会产出CH_2CH_2和CH_4。

电化学还原技术具有巨大优势：可以通过控制电极电势及反应温度来控制反应过程；可以在反应过程中形成CO_2的循环转化与利用；反应系统具有结构紧凑、模块化、随需应变的特点，易于规模化应用。然而，电化学还原技术的发展仍然存在巨大挑战，如溶剂在高还原电位下容易发生寄生/分解反应，催化剂活性低，产物的选择性低和稳定性不够等。努力优化系统设计，同时开发效果更好的催化剂是电化学还原技术的发展方向。

三、光催化还原技术

1. 光催化还原技术的原理

光催化还原CO_2是一个将光能转化为化学能的还原过程。光催化剂受到适当波长的光的照射和激发，从而产生电子-空穴对，进而将CO_2活化为更活泼的状态(如自由基或激发电子)，以实现CO_2的还原。

半导体光催化还原CO_2的基本原理如图 9-18 所示。从图 9-18 可以看出：① 在一定波长光线($h\nu \geqslant E_g$)的照射下，半导体催化材料价带(VB)上的电子被激发跃迁到导带(CB)上，产生光生电子-空穴对；② 光生电子和空穴分离并迁移到光催化材料表面，同时光生电子和空穴可能在体心或表面发生复合；③ 迁移到表面的光生电子和空穴分别参与氧化还原反应，其中CO_2与光生电子和水中的H^+发生反应，生成有机化合物($CO_2+H^++e^-\rightarrow$有机化合物)，光催化材料表面的光生空穴(h^+)与水发生反应，生成·OH 和H^+，即：$h^++H_2O\rightarrow \cdot OH+H^+$，从而完成光催化还原$CO_2$反应。在还原过程，反应条件和催化材料不同，得到的还原产物也不同。

从上述原理可以发现，光催化还原CO_2需要符合两个基本条件：第一，光子能量必须大于或等于带隙；第二，导带电位比表面电子受体电位更负，价带电位比表面电子供体电位更

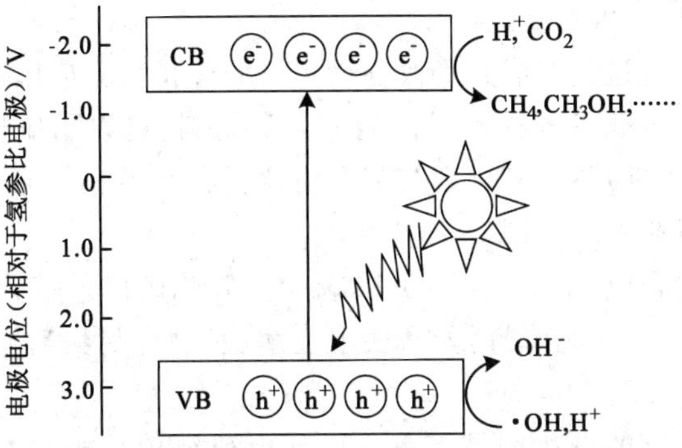

图 9-18　半导体光催化还原 CO_2 原理示意图

正，这样才能够实现光催化还原 CO_2 这一反应过程。

2. 光催化剂

光催化剂的选择对于光催化还原 CO_2 效率的提高影响深远。在选择光催化剂时，需考虑成本、催化活性、二次污染、光能利用率等因素。目前所报道的光催化剂几乎涵盖了元素周期表中的 s、p、d 区及 La 系元素，如：s 区有 Na、K、Sr 等，p 区有 Ga、In、Ge、Bi 等，d 区有 Ti、Nb、Co、Zn 等，La 系有 La、Ce、Sm。目前，研究较多的光催化剂主要是以硫化物、金属氧化物为主的半导体材料，常用的有 TiO_2、ZnO、CdS、SnO_2、$BaTiO_3$、ZrO_2 等。其中 TiO_2 半导体材料具有能级间隔适中、无毒、廉价、高活性、高稳定性、无二次污染等优点，目前已成为应用最广泛的光催化剂。目前研究者主要通过复合、担载或掺杂等方法来提高光催化剂的催化活性，这些不同类型光催化剂由于制备条件、光照条件等不同，在产物类型和产量/产率以及二氧化碳转化率等方面有明显差异，较难进行比较，产物主要包括甲烷、甲醇、甲醛、甲酸、草酸、乙酸乙酯、CO_2 和 H_2 等。

四、催化氢化技术

催化氢化技术是利用特定催化剂，使 CO_2 与 H_2 或其他供氢体在相应条件下进行吸附、活化进而发生还原的过程。催化剂不同，还原程度不同，得到的产物不同(如甲烷等低碳烃，甲醇、乙醇、甲酸、羧酸、醛类等烃类衍生物)，反应机理也有所区别。

CO_2 分子在化学性质上呈惰性，在正常条件下很难转化，因此越来越多的研究趋于发现稳定性高、效率高、成本低的新型催化剂，以促进 CO_2 分子的化学转化。研究结果表明，均相催化体系可以实现 CO_2 分子的活化，使其转化为一系列高值化学品。目前，常用的催化剂有碱性催化剂、杂多酸催化剂、过渡金属和稀土金属类催化剂。

五、二氧化碳合成高分子技术

二氧化碳合成高分子技术是以烃和二氧化碳为原料，在双金属配位 PBM 型催化剂作用下，二氧化碳被活化到较高的程度时，与环氧化合物发生共聚反应，其中二氧化碳含量占 31%～50%，生成脂肪族聚碳酸酯(PPC)，经过后处理，得到二氧化碳树脂材料的过程。该材料能被微生物彻底分解，不留残渣，是一类有希望的生物降解材料。

由二氧化碳与不饱和烃(特别是双烯烃、双炔烃等)合成高分子化合物研究十分活跃。在过渡金属络合物催化剂作用下，二氧化碳与不饱和烃(例如双烯烃、双炔烃)发生共聚反应，合成聚-2-吡喃酮内酯。这种新型聚酮酯材料具有生物生理活性，可制成生物制剂和医用高分子材料。

二氧化碳基聚合物通过共混或共聚改性后可进一步扩大其应用领域，例如，脂肪族聚碳酸酯与各种聚合物共混可获得各种不同性能的共混材料，可以用作环氧树脂、PVC 塑料等的增韧剂、增塑剂或加工助剂；二氧化碳共聚物有优异的生物体相容性，特别设计的共聚物可望用作抗凝血材料或药物缓释剂。

二氧化碳基聚合物合成技术一方面可以减少二氧化碳的排放，节约石油资源；另一方面，所合成的聚合物可完全生物降解，能从根本上解决“白色污染”的危害，是一种典型的循环经济技术。

寻找可活化二氧化碳的催化剂是二氧化碳聚合研究的技术关键。目前的催化体系包括：锌类催化剂（包括羧酸锌催化剂、双亚胺型锌配合物催化剂等）、铬催化剂[卟啉铬催化剂、SalenCr(Ⅲ)催化剂等]、稀土催化剂、铝盐类催化剂、六氰基铁-二氯化锌-水组成的新型催化剂体系、离子液体催化剂等。此外，该技术还面临共聚物加工性差、成本高等问题。

思 考 题

1. 简要讨论碳一化工产品结构及合成途径。
2. 简要论述国内外煤炭间接液化发展现状与趋势。
3. 简述甲醇生产原理及主要工艺过程。
4. 简述甲醇气相催化脱水法和合成气直接合成二甲醚工艺的优缺点。
5. 简述甲烷无氧芳构化原理并讨论甲烷无氧芳构化催化剂的开发研究现状。
6. 简述二氧化碳化学转化方法的原理。

第十章　煤炭直接液化技术

煤炭直接液化是指煤在高压和一定的温度下直接与氢气反应（加氢），使煤中的有机物直接转化为较低分子的液体燃料的过程。煤炭直接液化的工艺过程主要包括原料煤破碎与干燥、煤浆制备、加氢液化、固液分离、气体净化、液体产物分馏和精制以及液化残渣气化制取氢气等。煤炭直接液化的主要产品是优质汽油、喷气燃料油、柴油和芳烃以及碳素化工原料，并副产燃料气、液化石油气、硫黄和氨等。

第一节　煤炭直接液化原理

一、基本原理

1. 煤与石油主要元素组成差异

煤与石油主要都是由 C、H、O 等元素组成。不同的是，煤的氢含量和氢碳原子比比石油低，氧含量比石油高；煤的相对分子质量大，一般大于 5 000，而石油的相对分子质量分布很宽，从几十到几百；煤的化学结构复杂，一般认为煤的有机质是具有不规则构造的空间聚合体，它的基本结构单元是以缩合芳环为主体的带有侧链和官能团的大分子，而石油则为烷烃、环烷烃和芳烃的混合物；煤中还有相当数量的以细分散形式存在的无机矿物质和吸附水，并含有数量不定的杂原子（氧、氮、硫）、碱金属和微量元素。

煤通过加氢液化，可以改变自身的分子结构和 H/C，同时脱除杂原子，从而产生与石油结构类似的油，例如，汽油、柴油、石油液化气（LPG）、喷气燃料等。煤和石油的元素组成对比如表 10-1 所示。

表 10-1　煤和石油的元素组成对比　　单位：%

元素组成	无烟煤	中挥发分烟煤	低挥发分烟煤	褐煤	石油	汽油
C	93.7	88.4	80.8	71.0	83～87	86
H	2.4	5.4	5.5	5.4	11～14	14
O	2.4	4.1	11.1	21.0	0.3～0.9	—
N	0.9	1.7	1.9	1.4	0.2	—
S	0.6	0.8	1.2	1.2	1.2	—
H/C	0.31	0.67	0.82	0.87	1.76	约 2.0

从表 10-1 可以看出，煤中 H/C 小于石油的 H/C，均在 1 以下。煤中还含有较多的氧元素，以及氮、硫等杂原子。所以想要把煤转化成可以替代石油的液体产品，必须通过加氢来提高 H/C 和脱除杂原子。

2. 煤炭直接液化反应过程

根据煤炭与石油在化学组成及结构上的差异，要把固体的煤炭转化成流体的油，煤炭直接液化反应过程主要涉及将煤炭的大分子结构分解成小分子，以提高煤炭的 H/C，达到石油的 H/C 水平；脱除煤炭中氧、氮、硫等杂原子，使液化油的质量达到石油产品的标准；脱除煤炭中无机矿物质等过程。下面具体讨论实现上述相关过程的基本原理。

(1) 煤大分子结构分解成小分子的机理

在煤炭直接液化工艺中，煤炭大分子结构的分解是通过加热来实现的。煤的结构单元之间的桥键在加热到 250 ℃以上时开始断裂，并随着温度的升高，具有较高键能的桥键也会断裂，产生以结构单元为基础的自由基。自由基碎片非常活泼，它本身不带电荷而是在桥键断裂处的碳原子上拥有未配对电子。图 10-1 表示了煤热解产生自由基以及溶剂向自由基供氢、溶剂和前沥青烯、沥青烯催化加氢的过程。

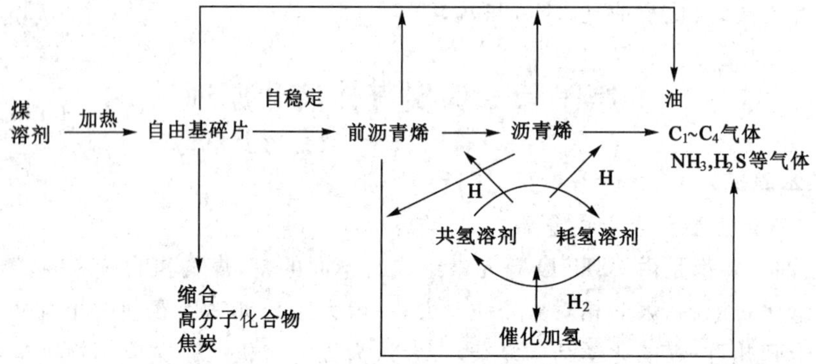

图 10-1　煤炭液化自由基产生和反应过程

在煤炭直接液化的实际工艺中，煤分子结构单元之间的桥键断裂和自由基稳定的步骤是在高温(450 ℃)和高压(17～30 MPa)氢气环境下的反应器内实现的。当处于高压氢气环境和有溶剂分子分隔的条件时，自由基能与周围的氢结合成稳定的、H/C 比较高的低分子产物(液体的油和水以及少量的气体)。因此加氢液化的实质是在高温高压和有机溶剂存在条件下，切断煤分子结构中的 C—C 键，在键断裂处用氢来饱和，从而降低相对分子质量和提高 H/C。

在上述煤大分子结构热分解为小分子的过程中，由于温度过高或供氢不足，煤热解的自由基“碎片”彼此会发生缩合反应，生成半焦和焦炭，使液化产率降低。因此，与煤自由基“碎片”结合的氢必须是活化氢，并且需要采用有效措施防止结焦。煤炭直接液化过程中活化氢的来源主要有：煤分子中氢的再分配(煤分子内部重排、部分结构裂解或缩聚释放的氢)；溶剂油可供给的或传递的氢(油溶剂分子中键能较弱的 C—H 键、H—O 键断裂分解产生的活性氢分子)；溶解于溶剂油中的氢在催化剂作用下被活化的氢分子；化学反应放出的氢，如 $CO+H_2O \longrightarrow CO_2+H_2$。它们之间的相对比例随液化条件的不同而不同。提高供氢能力的主要措施有：增加溶剂的供氢能力，提高液化系统氢气压力，使用高活性催化剂，在气相中保持一定的 H_2S 浓度等。在没有高压氢气环境和溶剂分子分隔的条件下，自由基又会互相结合而生成较大的分子。为防止结焦，通常采用的具体措施有：① 提高液化系统的氢分压；② 提高供氢溶剂的浓度；③ 控制反应温度不要太高，由于煤加氢液化是放热反应，要及时把反应热移走；④ 降低循环油中沥青烯的含量；⑤ 缩短反应时间。

(2) 煤直接液化过程中氧、氮、硫等杂原子的脱除反应

煤结构中所含氧、氮、硫等杂原子在加氢液化过程中分别以 H_2O(或 CO_2、CO)、NH_3和 H_2S 气体的形式从煤中大分子结构中脱除。煤中杂原子脱除难易程度与其存在形式有关，一般侧链上的杂原子较芳环上的杂原子容易脱除。

① 脱氧反应

煤有机结构中氧存在的形式主要有含氧官能团(如—COOH、—OH、—CO 和醌基等)、醚键和杂环(如呋喃类)。羧基是最容易发生脱氧反应的基团，当加热到 200 ℃以上即可发生明显的脱羧反应。酚羟基在较为温和的加氢条件下相当稳定，故一般不会被破坏，只有在高活性催化剂作用下才能脱除。羧基和醌基在加氢脱氧过程中生成 CO 或 H_2O，脂肪醚也容易脱除，而芳香醚和杂环氧脱氧却很困难。研究发现，煤中有 40%左右的氧比较稳定，不易脱除，但是煤的脱氧率在 0%～60%时，其液化转化率与脱氧率呈直线关系，当脱氧率为 60%时，煤的转化率已达到 90%以上。

② 脱硫反应

煤中有机结构中硫以硫醚、硫醇和噻吩等形式存在，脱硫反应与脱氧反应相似。由于硫的负电性弱，所以脱硫反应较容易进行。

③ 脱氮反应

氮在煤有机质结构中主要存在于杂环中，少数为氨基，与脱氧反应和脱硫反应相比，脱氮反应要困难得多。在轻度加氢中，煤中的氮含量几乎没有变化，一般脱氮反应需要激烈的反应条件和有催化剂的存在才能进行，而且是先被氢化后再进行脱氮，需要消耗大量氢气。

(3) 煤炭直接液化后矿物质的脱除

煤经过加氢液化后剩余的无机矿物质和少量未反应煤还是固体状态，可以采用减压蒸馏、加压过滤、离心沉降、溶剂萃取等固液分离常用方法将固体从液化油中分离出来。

此外，煤炭直接液化产品油中含有较多芳香烃和含杂原子的化合物，需要通过加氢提质进一步脱除杂原子、把芳香烃转化为环烷烃甚至链烷烃，才能得到合格的汽油、柴油产品。

综上，通过煤炭直接液化过程要获得合格的油品必须经历煤加氢液化、固液分离和提质加工等工艺过程，表 10-2 给出了这三个工艺过程的条件和功能。

表 10-2　煤炭直接液化工艺过程的条件和功能

编号	工艺过程	条　件	功　能
1	加氢液化	高温、高压、氢气环境	桥键断裂、自由基加氢
2	固液分离	减压蒸馏、过滤、萃取、沉降	脱除无机矿物和未反应煤
3	提质加工	催化加氢	提高 H/C、脱除杂原子

二、影响因素

煤炭直接液化的影响因素很多，现仅就原料煤、供氢溶剂和操作条件的影响简述如下。

1. 原料煤

与煤的气化、干馏和直接燃烧等转化方式相比，直接液化属于较温和的转化方式，反应温度较低，也正因为如此它受所用煤种的影响很大。对不同的煤种进行直接液化，其所需的

温度、压力和氢气量以及其液化产物的收率都有很大的不同。但是由于煤种的不均一性和煤结构的极度复杂性，人们在考虑煤种对直接液化的影响时，目前也仅停留在煤的工业分析、元素分析和煤岩显微组分含量分析的水平上。

就工业分析来讲，一般认为挥发分高的煤易于直接液化，通常要求挥发分大于30%。与此同时，灰分带来的影响则更为明显，如灰分过高进入反应器后将降低液化效率，还会产生设备磨损等问题，因此选用煤的灰分一般小于10%。

就元素分析来讲，H/C显然是一个重要的指标。H/C越大，液化所需的氢气量也就越小。相关研究表明，H/C越小，越有利于氢向煤中转移，其转化率越大；然而，日本学者津久绎和桥本的研究中，神木上湾煤虽然H/C较低，但却有良好的液化特性，这说明元素分析并不能完全反映其液化性能，它还与煤种内部的分子结构形式和组成成分相关。

除此之外，还有一些研究成果值得关注，如含氧官能团中酯对促进煤液化反应方面有着重要的作用，酚类化合物则起着负面作用；用核磁共振波谱法和傅立叶变换红外光谱法测定的如芳环上碳原子数、芳环上氢原子数、单元结构的芳环数和芳环缩合度等煤结构参数也作为煤液化选煤的重要指标。

2. 供氢溶剂

在煤的直接液化过程中，溶剂的作用有以下几个方面：

(1) 与煤配成煤浆，便于煤的输送和加压。同时溶剂可以有效地分散煤粒子、催化剂和液化反应生成的热产物，有利于改善多相催化液化反应体系的动力学过程。

(2) 溶解煤，防止煤热解产生的自由基碎片缩聚。

(3) 溶解部分氢气，作为反应体系中活性氢的传递介质；或者通过供氢溶剂的脱氢反应过程，可以提供煤液化需要的活性氢原子。

(4) 在有催化剂时，促使催化剂分散和萃取出在催化剂表面上强吸附的毒物。

在煤的液化过程中，供氢溶剂的具体作用十分复杂，一般认为好的溶剂应该既能有效溶解煤，又能促进氢转移，有利于催化加氢。

根据相似相溶原理，溶剂结构与煤分子近似的多环芳烃对煤热解的自由基碎片有较强的溶解能力。有研究发现，部分氢化的多环芳烃具有很强的供氢能力。所以，在煤液化工艺中，通常采用煤直接液化后的中质油和重质油的混合油作为溶剂，且循环使用，因此又称为循环溶剂，其主要组成是2～4环芳烃和氢化芳烃。

3. 操作条件

温度和压力是直接影响煤液化反应进行的两个因素，也是直接液化工艺两个最重要的操作条件。

煤液化反应对反应温度最敏感。这是因为一方面温度增加后，氢气在溶剂中的溶解度增加，另一方面更重要的是反应速度随着温度的增加呈指数关系增加。所以提高反应温度是最有效地提高反应速度的方法。但是由此也带来以下不利影响：首先，反应温度提高后，随着反应速率的增加，反应热成比例增加，使温度控制非常困难；其次如果温度过高则一次产物会发生二次热解，生成气体，使液体产物的收率降低。有研究表明，当温度超过450 ℃时煤转化率和油产率的增加较少，而气产率增多，因此还会增加氢气的消耗量。

对于压力而言，理论上压力越高对反应越有利，大量试验研究证明煤液化反应速率与氢分压的一次方成正比，但压力的增加会增加系统的技术难度和危险性，增加能耗，降低生产的经济性,因此要权衡利弊综合考虑。新的生产工艺都在努力降低压力条件,早期德国IG工艺的反应压力高达30～70 MPa,目前常用的反应压力已经降到了17～25 MPa,大大减少了设备投资和操作费用。

第二节　煤炭直接液化技术

不同种类的煤炭直接液化工艺,就基本化学反应而言,都非常接近。共同点都是在高温高压下使高浓度煤浆中的煤发生热解,在催化剂作用下进行加氢和进一步分解,最终获得稳定的液体产品。整个工艺过程可分为三个主要单元。① 煤浆制备单元:将煤破碎至<0.2 mm以下与溶剂、催化剂一起制成油浆煤。② 反应单元:煤浆中的煤在反应器内在高温高压下进行加氢反应,生成液体衍生物。③ 分离单元:将反应生成的气体、液体产物与残渣分离(主要包括气-液分离、固-液分离)。整个工艺过程中对催化剂和反应器的要求较高,并且需选择合适的工艺流程以及后续分离过程。

一、煤直接液化催化剂

目前国内外用于煤液化工艺研究和生产的催化剂种类很多,通常按其成本和使用方法的不同,分为廉价可弃型催化剂和高价可再生型催化剂。

由于价格便宜,廉价可弃型催化剂在直接液化过程中与煤一起进入反应系统,并随反应产物排出,经过分离和净化过程后存在于残渣中。最常用的此类催化剂为含有硫化铁或氧化铁的矿物或冶金废渣,如天然黄铁矿(FeS_2)、高炉飞灰(Fe_2O_3)等,因此又常称为铁系可弃型催化剂。1913年,Bergius首先使用了铁系催化剂进行煤液化的研究,其所使用的是从铝厂得到的赤泥(主要含氧化铁、氧化铝及少量氧化钛)。通常,铁系可弃型催化剂常用于煤的一段加氢液化反应中,反应完不回收。

高价可再生型催化剂的催化活性一般好于廉价可弃型催化剂,但其价格昂贵,故需要反复使用。它们通常是石油工业中常用的加氢催化剂,多以多孔氧化铝或分子筛为载体,主要活性成分为NiO、MoO_3、CoO和WO_3。在运行过程中,随着时间的增加,催化剂的活性会逐渐下降,所以必须设有专门的加入和排出装置以更新催化剂,对于直接液化的高温高压反应系统,这无疑会增加系统的技术难度和成本。

大量的实验表明,金属硫化物的催化活性高于其他金属化合物,因此无论是铁系催化剂还是铝系催化剂,在进入系统前,最好转化为硫化态形式。同时为了在反应时维持催化剂活性,高压氢气中必须保持一定的硫化氢浓度,以防止硫化态催化剂被氢气还原成金属态。同理不难理解高硫煤对于直接液化是有利的。

二、反应器

煤直接液化反应器实际上是能耐高温(470 ℃)、耐氢腐蚀的高压容器,它有3种类型:一是圆筒式或管式反应器;二是流化床反应器;三是全返混浆态反应器。经工业生产试验证明都是适用的。

反应器壁由多层钢板焊接而成并有隔热保温层。按结构形式的不同,可分为冷壁和热壁两种形式。冷壁式反应器是在耐压筒体的内部有隔热保温材料,保温材料内侧是耐高温、耐硫化氢腐蚀的不锈钢内胆,但它不耐压,所以在反应器操作时保温材料夹层内必须充惰性气体至操作压力。冷壁式反应器的耐压壳体材料一般采用高强度锰钢。热壁式反应器的隔热保温材料在耐高压筒体的外侧，所以实际操作时反应器筒体壁处于高温下。热壁式反应器因耐压筒体处在较高温度下，筒体材料必须采用特殊的合金钢，内壁再堆焊一层耐硫化氢腐蚀的不锈钢。中国第一重型机械集团公司在 20 世纪 80 年代已研制成功热壁式反应器，现在大型石油加氢装置上使用的绝大多数是热壁式反应器。

三、工艺过程及典型工艺

1. 煤直接液化的一般工艺过程

煤直接液化过程通常为：首先将预处理好的煤粉、溶剂（通常循环使用）和催化剂（有的工艺不需要催化剂）按一定比例配成煤浆，然后经过高压泵与同样经过升温加压的氢气混合，再经加热设备预热至 400 ℃左右，共同进入具有一定压力的液化反应器中进行重质液化。煤的直接液化工艺一般可以分为两大类：单段液化和两段液化。典型的单段液化工艺主要是通过单一操作条件的加氢液化反应器来完成煤的液化过程的，而两段液化是指煤在两种不同反应条件的反应器中加氢反应。

在单段液化工艺中，由于液化反应相当复杂，存在着裂解和缩聚等各种竞争反应，特别是当液化反应过程中提供的氢气不能满足于单段反应过程的最佳需要时，不可避免地引起其中自由基碎片的交联和缩聚等逆反应过程，从而影响最终液化油的产率。

两段液化工艺将液化工程分成两步，采用不同的反应条件。通常第一段在相对温和的条件下进行，可加入或不加入催化剂，主要目的是将煤液化后获得较高产率的重质油馏分。在第二段中则采用高活性的催化剂，将第一段生成的重质产物进一步液化。两段液化工艺既可以显著地减少煤化反应中逆反应过程，还在煤适应性、液化产物的选择性和质量上有明显的优点。

除了反应器中的液化反应，完整的直接液化工艺还应包括产物分离、提纯精制以及残渣气化等过程。在加氢液化反应之后，液化产物将经过一系列的分离器、冷凝器和蒸馏装置进行分离和提制加工，得到各种各样的气体、液体和固体产物。通常气体产物经过再次分离，一部分可以经循环压缩机和换热器后与原料氢气混合后循环使用，而其余酸性废气将经过污染控制设备后排除。固体残渣如焦、未液化煤和灰可以进入气化装置制氢。液体油中的重质油往往作为循环溶剂配制煤浆，中质或轻质油则经过加工，获得不同级别的成品油。

2. 德国 IG 和 IGOL 工艺

IG 法直接煤液化技术是最早投入商业生产的工艺。该工艺可分为两段加氢过程，第一段加氢是在高压氢气下，煤加氢成液体油（中质油等），又称煤浆液相加氢。第二段加氢是以第一段加氢的产物为原料，进行催化气相加氢制得成品油，又称中油气相加氢，所以 IG 法也常称作两段加氢法。第一段加氢液化后的产物经过一系列分离和蒸馏，残渣回收进入气化装置制氢，气体产物经循环压缩机返回加氢系统，重油作为循环溶剂重新进入煤处理系统，中质油在气相加氢工序中进一步加工提质，该过程将最终决定成品油的级别和质量。

1981 年，德国对 IG 工艺进行了改进，建成日处理煤 200 t 的半工业试验装置，操作压力由原来的 70 MPa 降至 30 MPa，反应温度 450～480 ℃，固液分离改过滤、离心为真空内蒸方法，将难以加氢的沥青烯留在残渣中气化制氢，轻油和中油产率可达 50%，此称为德国 IGOL 煤液化工艺。其工艺流程如图 10-2 所示。

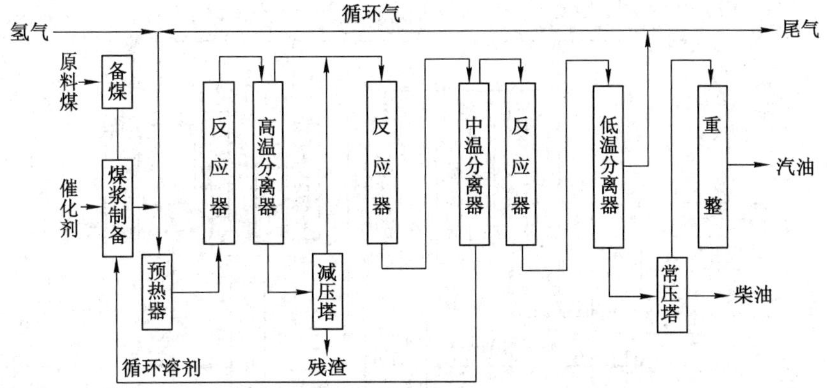

图 10-2　IGOL 法工艺流程图

3. 溶剂精炼煤法(SRC)

溶剂精炼煤法是由美国 EPRI 开发的，煤在溶剂中借助高温和氢压作用，溶解和解聚，进而发生加氢裂解，生成较小分子碳氢化合物、轻质油和气体的工艺。

按加氢深度的不同，SRC 法又分为 SRC-1 和 SRC-2 两种。SRC-1 以生产超低灰、硫的固体精炼煤为主，其发热量为 38.7 MJ/kg。SRC-2 是 SRC-1 的改进，提高了煤加氢裂化的深度，以生产液体燃料为主。SRC 工艺流程图如图 10-3 所示。

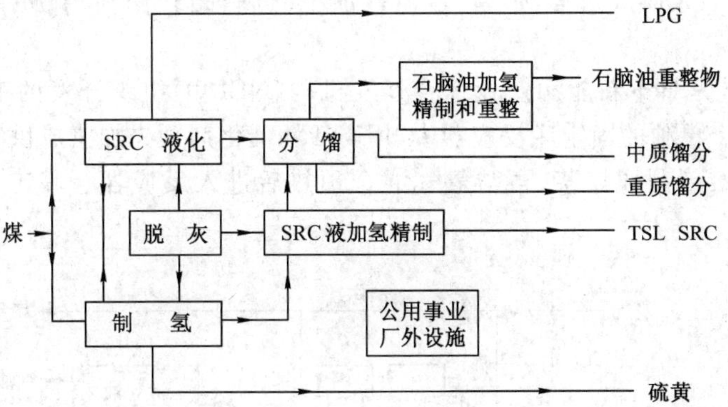

图 10-3　SRC 工艺流程图

4. 氢-煤法(H-COAL)

氢-煤法是煤一段催法加氢液化的先进技术，由美国碳氢化合物公司(HRI)于 1973 年开发。其特点是采用石油渣油催化加氢裂化的流化床反应器和高活性催化剂，由煤直接制取合成原油或洁净燃料油，其工艺流程如图 10-4 所示。

煤和循环溶剂制成煤浆，与氢气混合后，经过预热(400 ℃)进入装有颗粒状的 Co-Mo/Al_2O_3 催化剂的流化床反应器中(427 ℃，18.6 MPa)。由于反应器内部设有循环管，底部装有循环泵及粒度适当煤粒和催化剂颗粒，反应过程中的残煤、矿物质及气、液态产物等从反应器顶部导出，少部分由循环管导出，经循环泵再返回反应器，催化剂仍留在反应器内，且保持沸腾状态。反应产物离开反应器后进行分离，即经过热分离器到闪蒸塔，塔底产物再经水力旋流器分离出用作制造煤浆的料浆、循环重油和气化用残渣。

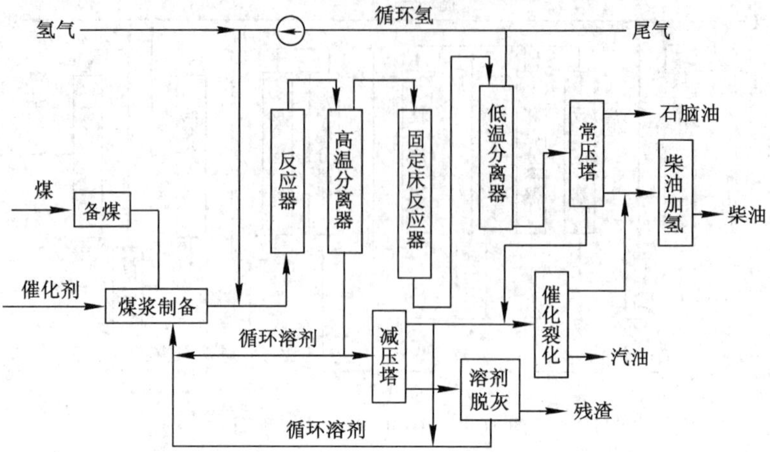

图 10-4　H-COAL 法工艺流程图

5．供氢溶剂法(EDS)及 NEDOL 工艺

供氢溶剂法是借助供氢溶剂的作用，使煤在一定的温度和压力下溶解加氢液化的工艺。其特点是循环溶剂的一部分在一个单独的固定反应器中，用高活性催化剂预先加氢成供氢溶剂。煤和供氢溶剂及循环溶剂制成煤浆，与氢气混合后，经过预热器进入反应器。该法液化烟煤时，$C_1 \sim C_4$ 气体烃产率为 22%，馏分油中石脑油占 37%，中质油（180～340 ℃）占 37%。

NEDOL 工艺是日本新能源产业综合开发机构(NEDO)组织开发的工艺，其特点是循环溶剂全部在一个单独的固定床反应器中，用高活性催化剂预先加氢成供氢溶剂，煤加上铁系催化剂和供氢溶剂制成煤浆，再与氢气混合预热后进入反应器。其工艺流程如图 10-5 所示。

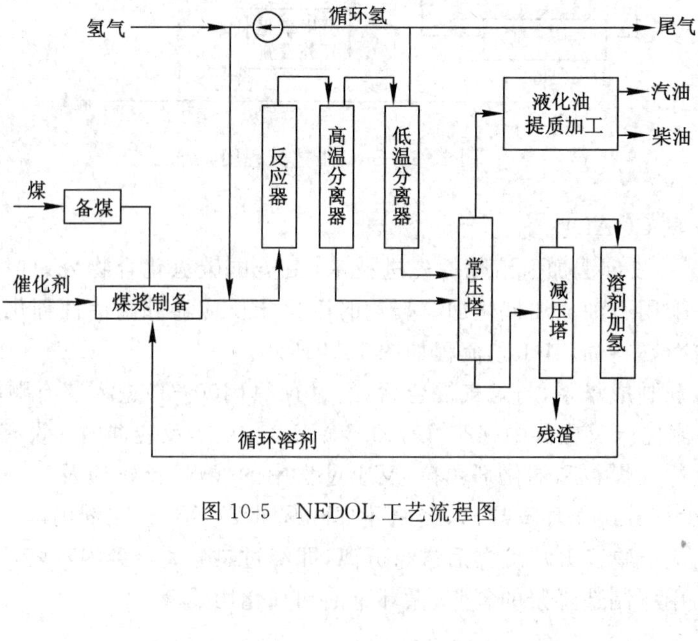

图 10-5　NEDOL 工艺流程图

6. 两段催化液化法(CTSL)

1980 年，美国卢姆斯公司(Lummus)开发了一种由短接触时间溶剂热溶解、反溶剂脱灰和精炼所组成的卢姆斯两段液化工艺(Lu-CTSL)过程，液化美国烟煤时，馏分油产率高达 59.6%，受到研究者们的关注。此后，又研究开发了几种两段液化工艺，其中，由美国碳氢化合物研究公司(HRI)开发的两段催化液化法，馏分油产率高达 78%。

两段催化液化法是将煤在两个流化床反应器中，经高温催化加氢裂化成较低分子的液体产品。该工艺两段都采用高活性的加氢裂解催化剂，两个反应器紧密相连，使煤的热溶解和加氢反应各自在最佳的反应条件下进行，生成较多的馏分油和较少的气体烃，产品质量好，氢有效利用率高。其工艺流程如图 10-6 所示。

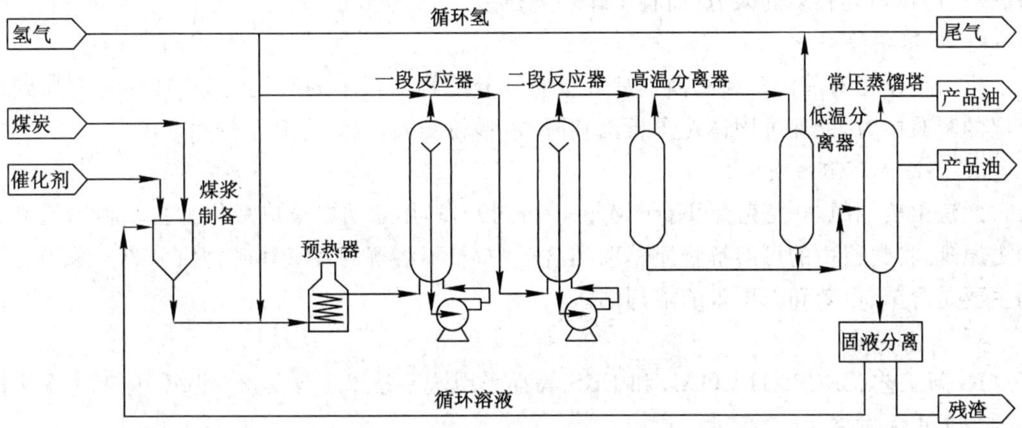

图 10-6　CTSL 的典型工艺流程

7. 煤-油共炼法

煤-油共炼法是将煤和石油渣油(或重油、稠油)混合制成煤浆，借催化剂和高温作用，进行加氢裂化和液化反应，将煤和渣油同时转变成馏分油的过程。在反应过程中，渣油做供氢溶剂，煤和煤中矿物质促进渣油转变成轻、中质油，防止渣油黏焦，吸附渣油中镍、矾等重金属。由于这种协同作用，煤-油共炼比煤或渣油单独加工，油收率高，氢耗低，可以处理劣质油，工艺过程比煤液化工艺简单，建厂投资低，是发展煤液化的过渡技术。

在煤-油共炼工艺中，由于不用临界溶剂脱灰装置、需要较少氢气等，工厂总投资较低，所生产的粗酚油的氢含量比两段催化液化的高，芳香烃含量适中，便于加工成各种运输原料油。其工艺流程简图如图 10-7 所示。

四、煤直接液化产物处理

煤直接液化所得的产物粗油中含有各种固体残渣，主要是原料煤中的灰分、未完全转化的煤和外加的催化剂等。这些固体颗粒物有粒度细、黏度高和与液相之间的密度差小等特点，将这些固体残渣从粗油中分离的技术主要有以下几种。

1. 过滤

过滤是最常用的固液分离技术，是早期煤直接液化过程常用的技术。由于粗油中的固体颗粒具有上述特性，所以简单过滤不能奏效，需要采用辅助措施：加油稀释后离心过滤、加压热过滤和预涂硅藻土后真空过滤等。过滤法的普遍缺点是处理量小，需要较多的单体设

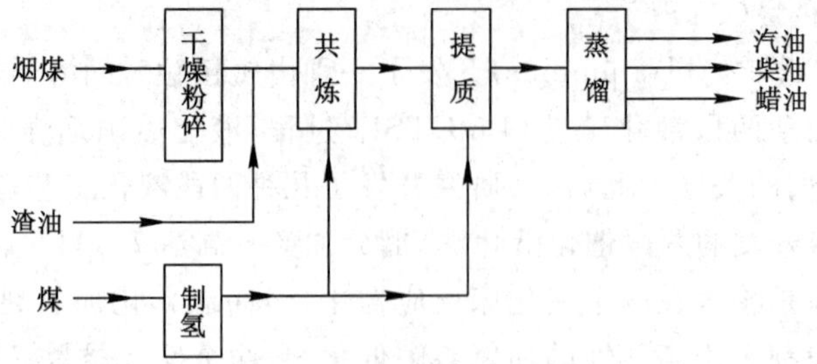

图 10-7　煤-油共炼法典型工艺流程

备、较大的场地和较多的人力，而且工作环境也差。

2. 反溶剂法

反溶剂是指对前沥青烯和沥青烯等重质组分溶解度很小的有机溶剂，当将它们加到待分离的料浆中时，能促进固体粒子析出和凝聚，颗粒变大，因而有利于分离。

3. 超临界萃取脱灰

此法由美国凯尔-麦克吉(Kerr-Mcgee)公司开发，用于两段集成液化工艺。利用超临界抽提原理，将料浆中的可溶解物质萃取到溶剂中，与不溶解的残渣和矿物质分离。采用的溶剂主要是含苯、甲苯和二甲苯的溶剂油。

4. 真空闪蒸

IG 新工艺、SRC-2、H-COAL 和 EDS 等都采用这一技术。这是 20 世纪 70 年代液化技术的一个重大发展。

首先将含固体残渣的粗油料浆在热分离器中加热，分出气体和轻油；然后液态物料进入闪蒸塔(温度约 400 ℃)进行闪蒸，蒸出气化成分。塔底留下沥青烯、煤和矿物质等不挥发的成分。为了使留下的残渣仍然有一定的流动性，便于用泵输送，蒸馏过程中不能将油全部气化，应保持残渣中的固体含量在 50%左右，其软化点约为 160 ℃。此法将过滤改为蒸馏，设备大为简化，处理量大增。由于循环油为蒸馏油，不再含有沥青烯，煤浆黏度降低，反应性能得到改善。此法的缺点是残渣中有部分重质油，降低了液体产物的总收率。

闪蒸分离残渣约占原料煤的 30%(相对原料煤质量)，可以通过气化制氢、干馏和燃烧等加以利用。

直接液化工艺一直在不断发展更新，对影响直接液化效果的各种因素进行了诸多改进。如：循环溶剂加氢、寻找高活性催化剂、改善反应床、开发更加可靠的液固分离手段以及对各过程进行优化(两段集成液化法)等。

第三节　煤溶剂萃取技术

长期以来，在研究煤炭加氢液化的基本原理和开发煤炭直接液化的工艺过程中，研究者们对煤的溶剂萃取包括超临界萃取进行了大量研究。

一、煤的溶剂萃取分类与溶剂作用

根据溶剂种类、萃取温度和压力等条件的不同，煤的萃取溶剂可分为普通萃取、混合溶剂萃取、特定萃取、超临界萃取、热解萃取和加氢萃取等 6 类。

1．煤的溶剂萃取分类

（1）普通萃取

在常压和温度≤100 ℃下，使用普通的、非极性低沸点溶剂（如苯、乙醇、氯仿等）对煤进行萃取，其萃取率只有百分之几，萃取物一般较少，如烟煤的萃取物产率一般在1%～2%之间。萃取物多是树脂和树蜡所组成的低相对分子质量化合物。

（2）混合溶剂萃取

饭野等研究了一种具有极强溶解力的 *N*-甲基-2-吡咯烷酮（NMP，C_5H_9NO，沸点202 ℃）与二硫化碳的等体积混合溶剂，在室温下对褐煤的萃取率达到40%以上，对烟煤的萃取率超过70%。

（3）特定萃取

在200 ℃以下，使用一些具有给电子能力的亲核性极性溶剂（如吡啶、酚类、胺类和含有或不含芳烃或羟基取代基的低脂肪胺和其他杂环碱等）来萃取煤，萃取率可达20%～40%，甚至超过50%。由于萃取物数量较多，萃取过程基本不涉及化学变化，所得萃取物与煤有机质的基本机构单元类似，故用作研究煤结构的主要方法之一。

（4）超临界萃取

临界状态是物质固有的性质，在临界状态，物质的物态之间的差别消失了，物质的临界温度和临界压力是物性常数。在相图上临界点以上的状态称为超临界状态，此状态下的物态称为超临界流体。在临界状态下物质的挥发度增大、分子间作用增强，所以在超临界状态下的萃取兼有蒸馏和液液萃取两方面的作用。

在超过相关溶剂临界点的条件下，以甲苯、异丙醇或水等为溶剂萃取煤，在煤尚未发生激烈热分解的温度如350～400 ℃时，萃取率可达30%。

（5）热解萃取

用高沸点稠环芳烃（如菲、联苯等）或焦油馏分作为溶剂，在400 ℃左右伴有热解反应的情况下萃取煤，萃取率一般在60%以上，对少数煤甚至可以达到90%。这些溶剂也被称为“降解溶剂”，其特点是：① 萃取溶剂几乎能够从萃取液中全部回收；② 降解溶剂的作用依赖于热作用；③ 萃取过程会发生聚合作用；④ 某些溶剂如菲、萘等能够起到氢传递的作用。溶剂分解液化的原理即在于此。

（6）加氢萃取

采用供氢溶剂（如四氢萘和9,10-二氢萘）或非供氢溶剂在大于400 ℃的高温和高压下萃取煤，该过程会同时发生激烈的热解和加氢反应，属于典型的煤直接加氢液化法。

研究发现，与N_2气氛相比，高压H_2更有利于煤颗粒的溶解。然而，关于氢气和煤颗粒之间能否直接发生热反应（非催化）的问题，至今尚未定论。由于氢的键合度较高（氢键裂解能427 kJ/mol），氢分子似乎不可能直接与煤裂解的自由基发生反应，如果进行反应，需要通过催化剂活化氢分子来实现。

CCRC用高压釜对爱尔兰煤进行了加氢气和不加氢气的对比实验，结果表明采用弱供氢溶剂二甲基十氢萘，在17.33 MPa氢气压下，煤的转化率达92.5%；若无氢气，相同条件下的转化率为42%。由此说明，只要施加足够的氢压，即使不用供氢溶剂，也能达到较高的煤转化率。所以通常认为，至少在液化初期，氢从溶剂传递到煤分子中是主要反应。如果液化过程中没有供氢溶剂，氢分子可被煤中矿物质的催化组分或添加的催化剂活化，以实现煤的加氢液化。

2. 溶剂的作用

如前所述，在煤直接液化中，溶剂的作用主要是使煤溶胀、热溶解煤、溶解氢气、供氢和传递氢、稳定和保护煤热解产生的自由基、溶剂与煤质反应、对煤液化产物起稀释作用等。

（1）煤在溶剂中的溶胀行为

溶胀是固体高聚物的一种特性。原因是高聚物中的高分子键通过一定数量的化学键相交联形成三维空间结构。当与溶剂接触时，这些分子键由于受到溶剂分子的作用力可在一定程度上弯曲和伸展，因而在交联键未发生破坏的情况下高聚物的体积发生膨胀。溶胀是一个逐渐趋于平衡的过程，一方面分子键受到溶剂分子的作用力而拉长，另一方面被拉长的分子键为恢复原来卷曲状态而产生弹性回复力。当这两种力达到平衡时，高聚物体积不再增加，此时的膨胀度就是最大溶胀度，它与交联键密度成反比。从理论上讲，高聚物的溶胀是一种可逆过程。但煤与高聚物并不完全相同，在煤溶胀过程中伴随着非化学交联键的断裂和少量的小分子被溶解，整个过程是不可逆的。

① 溶解度参数

根据化学热力学分析，当溶剂与溶质的溶解度参数接近时，易发生溶胀或溶解，反之则不易发生溶胀或溶解。

② 不同煤种在几种溶剂中的溶胀度

我国不同煤种在几种代表性溶剂中的溶胀度见表 10-3。

表 10-3 不同煤种在几种溶剂中的溶胀度

煤种	吡啶	NMP	四氢萘	四氢呋喃	吡啶＋CS_2	NMP＋CS_2
平庄褐煤	2.66	2.80	1.75	1.85	2.25	2.40
抚顺长焰煤	2.50	2.72	1.68	1.82	2.10	2.00
阜新长焰煤	2.44	2.61	1.64	1.79	2.10	2.20
平朔气煤	2.07	2.38	1.48	1.52	2.00	2.40
辛置肥煤	1.40	1.50	1.10	1.28	2.00	2.22
枣庄焦煤	1.94	2.20	1.51	1.45	1.64	1.89
峰峰贫煤	1.00	1.00	1.00	1.00	1.18	1.04
晋城无烟煤	1.00	1.00	1.00	1.00	1.11	1.27

③ 溶胀对煤性质的影响

溶胀试验条件下由于部分小分子发生溶解，导致一定程度的失重。溶胀煤在脱溶剂后孔隙变大，表面粗糙程度增加。热解试验表明，吡啶蒸汽处理过的煤，其 CO、CO_2 和 H_2O 的产率明显降低，挥发分和焦油产率增加。吡啶溶胀煤中氢的传递效率提高，有利于向热解自由基供氢。溶胀预处理对煤加氢液化也有好处，可明显增加煤的转化率和油收率，溶胀处理可在一定程度改善其结焦性。

（2）热溶解煤

在低温条件下，煤中有些低分子混合物即可热解于许多溶剂中。煤液化过程中使用溶剂是为了让固体煤呈分子状态或自由基碎片分散于溶剂中。在加氢液化时，供氢溶剂可以提供活性氢，还可以溶解气相中的氢气，以提高煤和固体催化剂、氢气的接触性能，加速加氢反应和提高液化效率。

关于煤溶解机理，Whitehurst 提出，煤在热熔机中需要多次断链，并与氢结合才能溶解。煤的溶解速度不仅与受热时的裂解作用有关，而且与生成不溶解性中间物和供氢溶剂之间的反应有关。研究指出，煤的加氢性能与其溶解性能相关，容易溶解的煤易加氢，而不易溶解的煤难于加氢。煤在溶剂中溶解是较缓慢的过程，溶解能加速加氢反应，加氢反应又促进煤的溶解。

(3) 溶解氢气，使氢分子向煤或催化剂表面扩散

为了提高煤、固体催化剂和氢气的接触，外部供给的氢气必须溶解在溶剂中，才能有利于加氢反应的进行。

(4) 供氢和传递氢

① 非催化系统

有些溶剂除溶解煤和氢气外，还具有供氢和氢传递的作用。如四氢萘做溶剂，具有供给煤质变化时所需要的氢原子，本身变成萘；萘又可从系统中取得氢而变成四氢萘。

溶剂的供氢作用可促进煤热解的自由基碎片稳定化，提高煤液化的转化率，同时减少煤液化过程中的氢耗量。煤用供氢溶剂萃取，是在不加氢压下进行的煤液化，可认为是一个非催化过程。实际上，煤中矿物质介入了萃取过程。由于煤中矿物质组成复杂，种类繁多，它们对煤液化的催化作用有两重性，既有促进催化作用，又有减弱催化作用，煤中某些矿物质可能使溶剂发生催化脱氢反应。

能够转移到煤中的氢量，受到煤大分子中易于热裂解的活性位点数目的限制。一般认为当煤分解成其热稳定性与供氢溶剂本身相似的基本多环单元后，供氢溶剂萃取就可终止。能够实现的最大氢转移量为 2.5%～3.0%。

② 催化系统

催化剂在煤油共处理中对于氢转移也起着重要的作用，不同的催化剂其转移机理不同。常用的催化剂有三大类：铁类、过渡金属类和金属卤化物类。铁类催化剂主要包括含铁的天然矿石、含铁的工业残渣和各种铁的化合物(如铁的氧化物、硫化物和氢氧化物等)，其中硫化铁类催化剂能更有效地从液相供氢溶剂转移氢；过渡金属类催化剂主要包括钴(Co)、钼(Mo)、镍(Ni)等过渡金属催化剂，其中 $NiMo/Al_2O_3$ 能更有效地利用气相氢，MoS_2 能非常有效地脱除四氢萘中的氢，表明 MoS_2 催化剂可以促进溶剂将氢转移到煤上；金属卤化物催化剂主要包括 $ZnCl_2$、$SnCl_2$ 等，这些催化剂属于酸性催化剂，裂解能力强，对煤液化装置有较强腐蚀作用，因此一般工业上不用该类催化剂。

(5) 防止煤热解的自由基碎片缩聚，溶剂直接与煤质反应

研究指出，煤热解时桥键打开，生成自由基碎片，有些溶剂被结合到自由基碎片上形成稳定低分子，如用 14C-菲对煤进行抽提，有 3.4%～6.6%的 14C-菲移到抽提物中。

煤的溶剂萃取是煤直接液化的一个组成部分。但由于萃取物中只有少量烃类，所以萃取物收率不高。而且抽出物只有进一步加氢、改质才能再转化成石油的代用品。

(6) 其他作用

在液化过程中溶剂能使煤质受热均匀，防止局部过热；溶剂和煤制成煤糊有利于泵的输送。此外，在工业生产时，溶剂的来源和价格直接影响液化产品的成本。

二、煤的溶剂萃取工艺

1. 英国的超临界气体萃取工艺

超临界气体萃取工艺(SGE)是在 1968 年至 1981 年间开发的。此工艺目的是作为两段液化工艺中可选的第一段液化工艺,但还没有将该工艺与加氢裂解和溶剂循环单元工艺进行全流程联合试验。尽管它的试验规模只有 10 kg/h,但因其工艺的新颖性,故在此进行描述。

在 SGE 工艺中,使用的溶剂是低沸点的液体,温度刚好在其临界点之上。在此条件下,溶剂性能较强,密度最大。煤与溶剂配成煤浆后,经预热加入萃取反应器中,温度 425～450 ℃,压力 15～20 MPa,不添加氢和催化剂。利用供氢溶剂,烟煤的萃取收率为 70%(干基无灰煤),若用非供氢溶剂,萃取收率为 55%。

反应产物仅含气体和夹带的固体物,固体在高压分离器中脱除。此分离器操作温度较低,将部分溶剂冷凝,固体脱除到浆中。分离器中的气相部分经减压、冷却,使煤萃取物通过蒸馏来回收,溶剂得以循环。萃取物在第二段进行加氢裂解。尽管此反应器没采用特殊设计,萃取物相对分子质量较低,但比其他工艺第一段的反应活性要高。

2. 英国液体溶剂萃取工艺

溶剂萃取工艺(LSE)是英国在 1973 年至 1995 年间开发的。在英国威尔士州北部的 Point of Ayr 建立了 2.5 t/d 的试验装置,运转了 4 年,并完成了 65 t/d 的工业性试验装置的详细概念设计。图 10-8 为 LSE 工艺的流程图。

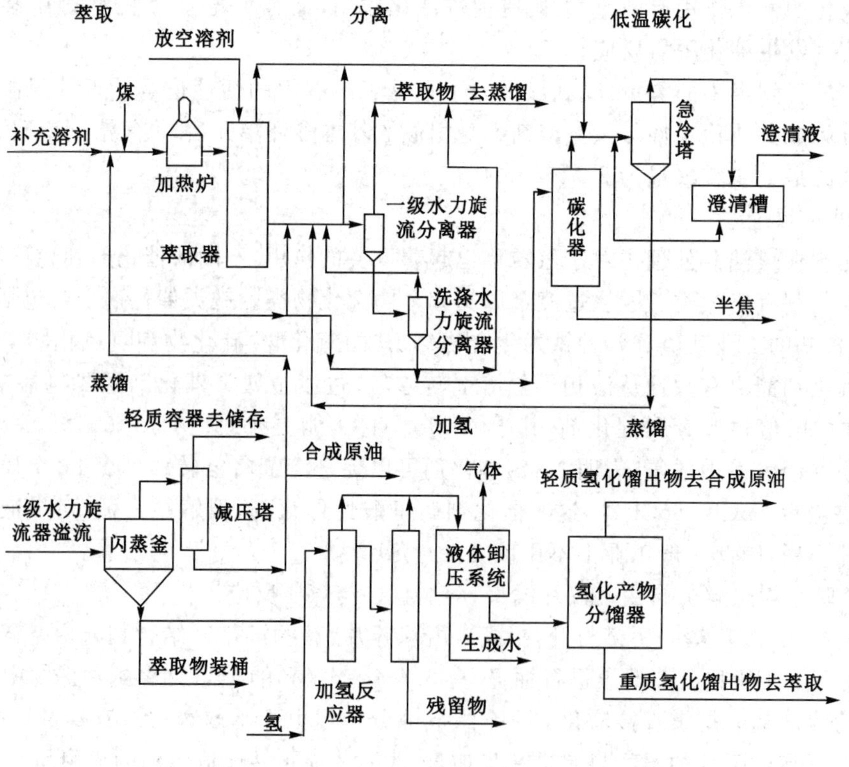

图 10-8　LSE 工艺流程图

煤与循环溶剂、不饱和溶剂配成煤浆,预热后,进入连续搅拌釜式反应器进行非催化萃取溶解反应。操作温度为 410～440 ℃,压力 1～2 MPa,加压主要是为了减少溶剂的挥发。

该段反应不通氢气，但溶剂具有供氢能力，在萃取溶解反应过程中，溶剂中约有2%的氢向煤转移。溶解后的混合物去过滤，分成固体残渣（未反应煤和无机矿物）和滤液。

滤液进入轻质溶剂回收塔回收溶剂。除去轻质溶剂后的滤液与氢气混合，预热后进入沸腾床反应器进行加氢。典型的反应条件为压力20 MPa，温度400～440 ℃，空速0.5～1.0 h^{-1}（每小时每千克催化剂加入量）。反应产物经冷却分离、减压，送至常压蒸馏塔去回收。通过常压蒸馏塔的切割温度来维持溶剂平衡，通常低于300 ℃。塔底部分物料通过减压蒸馏来控制循环溶剂中的沥青含量。减压蒸馏塔的塔顶物料与常压蒸馏塔的部分塔底物料重新混合，作为循环溶剂去配煤浆。

循环溶剂中饱和物太多时，会降低萃取溶解的效率。所以对溶剂回收塔回收的部分溶剂进行热裂解，控制溶剂的不饱和度。表10-4和表10-5分别为LSE工艺的操作条件和液化结果。

表10-4　LSE工艺的操作条件

操作条件	数值
溶剂/煤	2.2
萃取压力/MPa	1.5
萃取温度/℃	431
停留时间/min	50
加氢压力/MPa	20
加氢温度/℃	434
空速/[kg原料/(kg催化剂/h)]	0.76

表10-5　LSE工艺的液化结果

液化产品	收率/%
C_1～C_4气体	15.4
C_5至300 ℃液化油	49.9
300～450 ℃过剩溶剂	12.4
沥青(>450 ℃)	0.8
滤饼中有机物	23.9

思　考　题

1. 简述煤炭直接液化的基本原理和常用催化剂及其性能。
2. 煤炭直接液化有哪些典型的工艺？试比较不同工艺的优点、缺点、反应器类型及特点以及工业化应用效果。
3. 简述煤炭直接液化催化剂开发研究现状与发展趋势。
4. 煤的直接液化粗油提质加工技术主要有哪些？
5. 简述F-T合成原理、催化剂品种及性能和反应器类型及特点。
6. 简要讨论我国煤炭直接液化技术目前开发与产业化发展现状。

第十一章　煤制氢技术

氢是一种理想的清洁能源。氢的发热值(143 MJ/kg)是汽油的 3 倍,是除核燃料外发热值最高的燃料。氢燃料具有无毒、燃烧性能好、点燃快、燃烧产物是水、无污染、能循环使用等特点。氢气作为一种能量载体可满足发电、交通运输、居民与商业住宅以及工厂等的能源需求,具有广泛的应用前景。

为改善全球生态环境,控制气候变化,世界各国都在大力发展新型清洁低碳能源,以降低碳排放总量、促进经济社会发展全面绿色转型。在众多新型绿色能源中,氢具有原料来源丰富、热值高、清洁无污染、用途广泛等优势,被誉为 21 世纪的“终极能源”,也被公认为是解决环境污染问题的真正的清洁燃料。

目前世界上所需氢气的 95%都是由矿物燃料制氢方法获得的,各种煤制氢技术是获得大量氢的重要途径之一。本章通过比较现代制氢技术,重点讲述以煤为原料的制氢方式及技术特点。

第一节　概　　述

现有的制氢技术类型主要包括煤制氢、天然气制氢、工业副产气制氢、甲醇制氢、电解(海)水制氢、光催化分解水制氢及生物质制氢等,其制氢原理和技术成熟度如表 11-1 所示。其中,煤气化制氢技术和基于甲烷蒸汽转化法的天然气制氢技术稳定成熟,已能够大规模应用;甲醇制氢技术和工业副产气制氢(原料包括焦炉煤气、氯碱尾气等)技术,已能够实现工业化应用;在电解(海)水制氢方面,碱性水电解制氢技术最为成熟、质子交换膜水电解制氢技术仍处在研发示范阶段,固体氧化物水电解制氢技术则处在实验研发阶段,技术成熟度相对较低;生物质制氢及光催化分解水制氢技术目前也处在实验研发阶段,尚未达到工业化制氢的要求。总体来看,以煤制氢、天然气制氢为代表的化石能源制氢技术相对成熟,工业副产气制氢技术虽相对成熟,但规模有限,可再生能源电解(海)水制氢技术及生物质制氢技术则成熟度偏低,短期内无法大规模商用推广。

表 11-1　主要制氢技术

制氢方式	主要制氢原料	主要制氢技术路线	技术成熟度
煤制氢	煤炭	煤气化制氢	成熟
天然气制氢	天然气	天然气蒸汽转化法制氢 天然气部分氧化法制氢 天然气催化裂化制氢	(1) 蒸汽转化制氢:成熟 (2) 甲烷部分氧化法制氢:开发阶段 (3) 天然气催化裂化制氢:开发阶段

表 11-1(续)

制氢方式	主要制氢原料	主要制氢技术路线	技术成熟度
工业副产气制氢	焦炉煤气、氯碱副产品等	主要通过变压吸附法将 H_2 提纯	焦煤煤气制氢和氯碱副产品制氢技术：成熟
甲醇制氢	甲醇	甲醇裂解制氢 甲醇蒸汽重整制氢 甲醇部分氧化制氢	(1) 甲醇裂解制氢：成熟 (2) 甲醇蒸汽重整制氢：成熟 (3) 甲醇部分氧化制氢：研发阶段
电解(海)水制氢	水	目前主要的电解技术有三种：碱性水电解(AE)制氢技术、质子交换膜水电解(PEM)制氢技术、固体氧化物(SOEC)制氢技术	(1) AE：成熟 (2) PEM：研发示范阶段 (3) SOEC：实验研发阶段
光催化分解水制氢	水	利用半导体光催化分解水制氢	实验研发阶段
生物质制氢	生物质	化学法制氢(包括气化法、热解重整法、超临界水转化法等) 生物法制氢(包括光发酵、暗发酵及光暗耦合发酵等)	实验研发阶段

能源有效利用率是煤炭、石油、天然气等能源物质的含热值与其转化为有用热值和机械能的比例关系，代表能源有效利用的程度。氢能燃烧所产生的热值高，为焦炭的 4.5 倍，汽油的 3 倍，直观反映了以煤炭为原料制氢比煤炭直接利用或煤液化制油的能源利用价值高。以煤炭与超临界水作用开发气化制氢发电多联产技术，碳的转化率可达 96%～99%，可极大减少大气污染。

目前我国的氢气生产主要依赖化石能源，而清洁能源制氢和氢利用规模仍处于起步阶段。国内由煤、天然气、石油等化石燃料生产的氢气占比将近 70%，工业副产气制得的氢气约占 30%，电解(海)水制氢占比不到 1%。根据制氢原料的不同，制氢技术的成本差异较大，几种相对成熟的技术成本如表 11-2 所示。

表 11-2　主流制氢路线的成本

技术路线	氢气成本/(元/kg)
煤制氢	10
天然气制氢	13.44
电解水制氢-火电(谷电/工业平均电价)	40.7/87.9
电解水制氢-可再生电力	82(2020 年美国中位价)

制氢成本主要体现在原料成本、设备成本、维护成本、提纯成本和以化石原料制氢的碳税支出等方面，对附加碳税后各种制氢路线的成本情况加以分析，如表 11-3 所示。不同碳税征收条件下，各制氢方式成本波动较大。当不收取碳税时，煤制氢的成本最低，但煤制氢成本随碳税价格变化较为迅速，当碳税高于 170 元/t 时，采取煤制氢工艺路线的成本将高于天然气。

表 11-3　附加税后[①]各制氢路线的成本

制氢路线	氢气成本/(元/kg)	碳税/(元/kg)	总成本/(元/kg)
煤制氢[②]	10	4.59	14.59
天然气制氢	13.44	1.05	14.05
火电谷电[③]	40.7	10.88	51.58
可再生电力(2020 中位值)[④]	82	0	82
可再生电力(2050 低位值)[①]	41	0	41

注:① 碳税按照 175 元/t CO_2的价格核算;② 煤制氢的碳排放数据依据气化炉实际运行数据取得;③ 火电按照 CO_2排放量 1.12 kg/(kW·h)测算;④ 可再生电力制氢的中位价和低位价数据来自全国氢能网 2020 年数据。

传统的煤制氢过程可以分为直接制氢和间接制氢。煤的直接制氢包括:

(1) 煤的焦化(热解)。在隔绝空气的条件下,在 900～1 000 ℃制取焦炭,副产品焦炉煤气中含氢气 55%～60%,甲烷 23%～27%,一氧化碳 6%～8%,以及少量其他气体。焦炉煤气经过分离可制取氢气。

(2) 煤的气化。煤在高温、常压或加压状态下,与气化剂反应,转化成为气体产物,气化剂为水蒸气或氧气(空气),气体产物中含有氢气等组分,经过分离精馏等处理过程可制得氢气。

煤的间接制氢过程包括煤浆辅助电解制氢,煤基甲醇、乙醇等化学品经重整制氢等。

第二节　煤气化制氢技术

一、煤气化制氢工艺

煤气化制氢是先将煤炭气化得到以 H_2和 CO 为主要成分的气态产品,经过净化、CO 变换以及分离、提纯等处理而获得一定纯度的产品氢的过程,其工艺流程如图 11-1 所示。

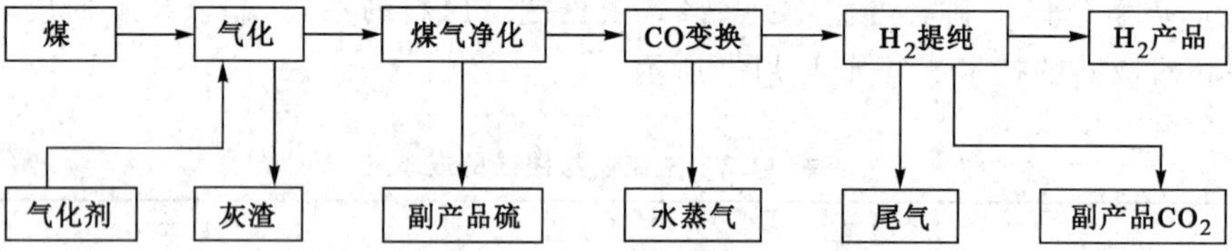

图 11-1　煤气化制氢工艺流程

关于煤炭气化技术已于第八章进行了系统讨论。

二、煤气化制氢的基本原理

煤气化制氢技术主要有两种方式:外部供热制氢和内部供热制氢。外部供热制氢靠外界能量来提供体系反应热量,没有燃烧内部体系的煤,可以提高系统转化率。通过煤和水蒸气的化学反应生成 H_2和 CO,CO 继续和水发生反应生成氢气并放出热量。该反应过程不需要氧气参与,并且由于体系不需要氧气,可以降低系统设备的复杂度。

内部供热制氢通过燃烧体系中的煤来提供自身反应需要的能量。自身燃烧量约占自身总量的 25%,使体系中煤的利用率降低。由于体系需要提供外来氧气,所以需要增加供氧组件,增加系统工艺复杂度,安全性在一定程度上会降低。该方式的优越性主要体现在其技术成熟，已经形成产业化和规模化，方便控制和应用。

煤气化的主要反应方式如下：

$$C+H_2O \longrightarrow H_2+CO \tag{11-1}$$

$$C+2H_2 \longrightarrow CH_4 \tag{11-2}$$

$$CO+H_2O \longrightarrow H_2+CO_2 \tag{11-3}$$

$$C+CO_2 \longrightarrow 2CO \tag{11-4}$$

$$CO+3H_2 \longrightarrow CH_4+H_2O \tag{11-5}$$

煤气化反应主要包括煤的裂解、挥发分和煤焦燃烧和气化等。控制煤气化过程产生的氢气，则需要控制好反应过程中碳完全燃烧和不完全燃烧的反应，这样可以便于掌握燃烧需要的热量，同时又不引起污染，还要降低消耗氢气的反应发生概率，以达到生产更多的氢气。

三、CO 变换

1. CO 变换的基本原理

CO 变换的基本原理是气体中的 CO 和水蒸气在一定压力、温度及催化剂的作用下发生反应，生成 H_2 和 CO_2。其反应如式(11-3)。

变换反应属强放热反应，受热力学控制，在工业生产中往往需借助催化剂才能使反应顺利进行。可逆放热的变换反应依靠自身释放出的反应热就能使反应气体温度逐步升高，相应的表观反应速率逐渐降低，同时催化剂床层温度应介于催化剂的起始活性温度与耐热温度之间。对于反应温升不大的工况，可采用单层反应段，反之则采用多层反应段。

2. 变换炉

根据热量回收的方式，变换炉可分为绝热变换炉和等温变换炉，目前工业上变换工艺中多采用绝热变换炉。绝热变换炉仅有极少量的热损失，基本上与外界绝热。绝热变换炉根据内部结构型式，分为轴向变换炉和轴径向变换炉。

(1) 轴向变换炉

传统的变换炉多为轴向变换炉，因其结构简单、无须特殊维护、更换催化剂方便，在化工工业中使用最广泛、最可靠。在轴向变换炉中，流体轴向通过催化剂床层，轴向返混小，流体分布装置结构简单，但流体通道受设备横截面的限制，一般流通面积较小，催化剂床层较高，床层压降较大，对催化剂的强度要求也较高，同时催化剂颗粒较大，流体流速高，为保证变换反应深度，所需的催化剂装填量较多，在生产过程中易产生偏流。由于催化剂上层除了进行变换反应之外，还要阻挡入口气体中夹带的灰、砷、汞等有毒物，易结块，导致催化剂床层压降上升较快，所以在催化剂装填时，一般考虑在床层之上装填少量的保护剂。轴向变换炉结构示意如图 11-2 所示。

(2) 轴径向变换炉

轴径向结构的主要目的是改变气体流动方向和增大流通面积，降低床层阻力降，提高单台设备气体处理能力。反应气通过入口分布器进入炉内，沿着壳体内壁分布，约 90％的反应气均匀地沿着壳体直径方向穿过催化剂床层后，汇合于中心管送出，反应气流道长度缩短，阻力降低，同时变换炉壳体温度降低，在安全性和节能方面更突出。我国采用的轴径向变换炉的一般结构如图 11-3 所示。在变换炉内单独设置了一段轴向催化剂层，主要目的是吸附反应气夹带的灰、砷、汞等有毒物，初步进行变换反应，以较小程度降低反应气中水含量，减少在变换炉底部封头处可能产生的工艺冷凝液，同时也起到均匀分布反应气的作用。

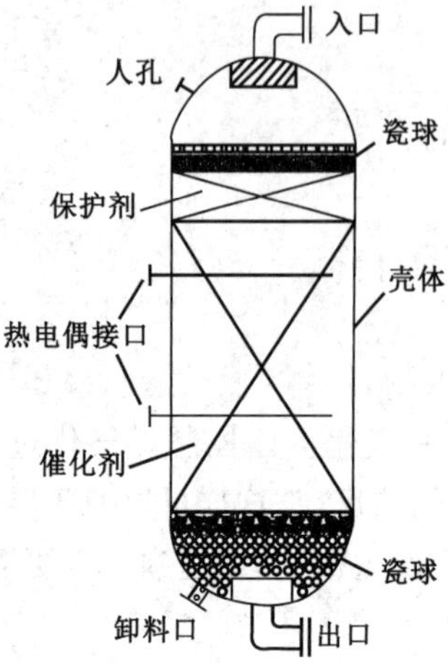

图 11-2　轴向变换炉结构图

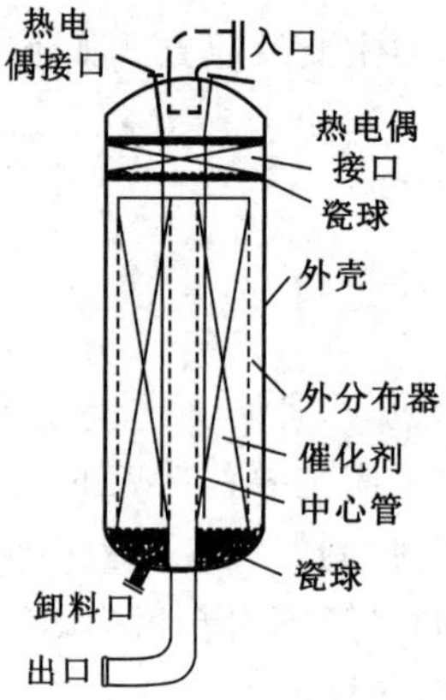

图 11-3　轴径向变换炉结构图

3. 变换所用催化剂

目前,变换所用的催化剂主要有三类,分别是铁铬(Fe-Cr)类催化剂、铜锌(Cu-Zn)类催化剂和钴钼(Co-Mo)类催化剂。

铁铬类高温变换催化剂于20世纪20年代开始工业化推广,随即得到工业验证和大量应用。但在实际工业应用中,会出现催化剂中毒而导致表面活性降低,其主要原因是高温烧结,同时易发生F-T副反应,所以反应过程要求有很高的水气比(水分/干气)。

铜锌类低温变换催化剂主要与高温变换催化剂串联使用,位于下游。此类催化剂的起活温度低,利于深度变换,但热稳定性不够,抗硫、氯等毒物的能力弱。

钴钼类宽温耐硫变换催化剂与上述铁铬类、铜锌类催化剂对比,具备操作弹性大、低温活性好、抗毒性强、对原料气中的硫含量无上限要求、适用的水气比范围宽等优点。

4. CO变换工艺流程

CO变换工艺流程目前主要有中串低、全低变、中低变等多种工艺流程(图11-4～图11-6)。工艺流程与选择的催化剂和变换炉结构型式紧密相关,而催化剂和变换炉结构型式的选择不仅与上游原料气和下游产品的特性有关,还与原料气的温度、压力有关,这些因素相互影响,共同决定了最适合特定项目的变换工艺流程。

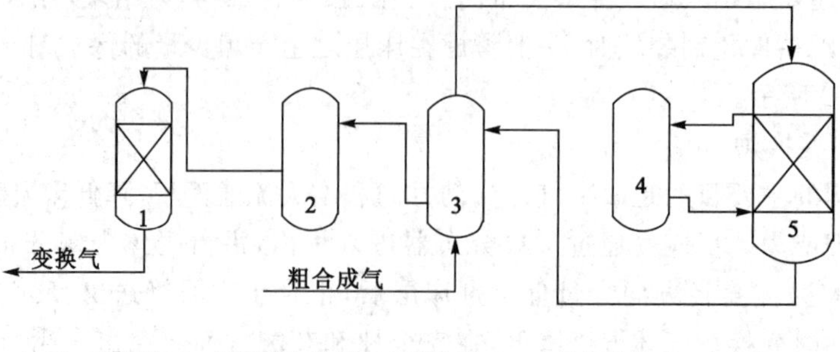

1—低变炉;2—调温水加热器;3—换热器;4—中间换热器;5—中变炉。

图 11-4　中串低变换工艺流程图

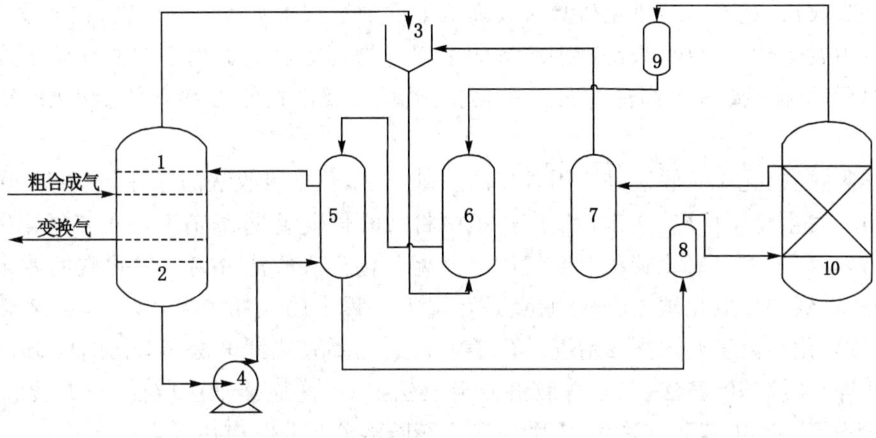

1—饱和塔;2—热水器;3—混合器;4—热水泵;5—调温水加热器;
6—热交换器;7—蒸汽过热器;8,9—电炉;10—变换炉。

图 11-5 全低变工艺流程图

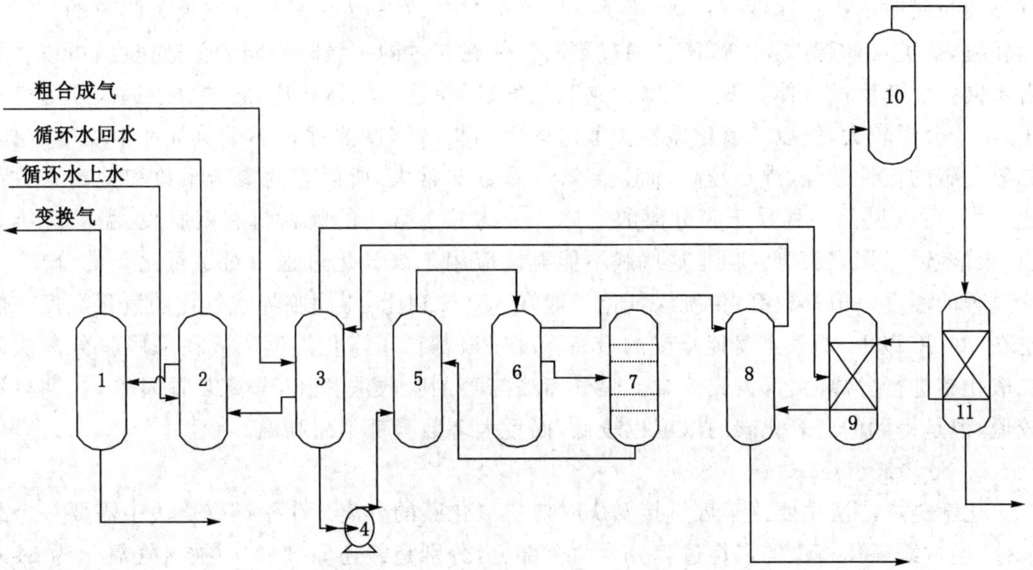

1—汽水分离器;2—汽水分离器;3—饱和热水塔;4—热水泵;5—水加热器;
6—第二调温水加热器;7—低温变换炉;8—第一调温水加热器;9—主热交换器;10—电炉;11—中温变换炉。

图 11-6 中低变工艺流程图

四、煤气中二氧化碳的分离

粗煤气中二氧化碳的浓度比较高,可以达到五分之一左右,若制取氢气时,再经过水蒸气重整的工艺,则二氧化碳的浓度会更高。因此,应对粗煤气中高浓度的二氧化碳进行分离。常用的分离方法有以下 5 种。

1. 溶剂吸收法

根据吸收过程中是否发生化学反应可以将溶剂吸收法分为物理吸收法和化学吸收法两种。

物理吸收法：选择对二氧化碳具有较高溶解度的溶剂来吸收二氧化碳，在吸收过程中气体与溶剂不发生化学反应，只是物理溶解的过程。物理吸收法适用于二氧化碳浓度较高而且对分离后的纯度要求不高的情形。常用的分离二氧化碳的溶剂有低温甲醇、碳酸丙烯酯等。

化学吸收法：化学吸收法是应用较多的脱碳方法，化学吸收法的原理是选择一种化学溶剂与原料气发生化学反应，在化学反应过程中将二氧化碳吸收，含有高浓度二氧化碳的溶液在脱附塔内解吸，将二氧化碳从混合气体中分离。化学吸收法分离二氧化碳的效果较物理吸收法好，得到的二氧化碳浓度高，缺点是在解吸过程中的能耗较大，常用于二氧化碳分压较低、对二氧化碳浓度要求高的情况。化学吸收法主要有热钾碱法（苯菲尔法、砷碱法及空间位阻法等）和烷基醇胺法（单乙醇胺溶液吸收法、二乙醇胺溶液吸收法、*N*-甲基二乙醇胺溶液吸收法等），其中苯菲尔法和 *N*-甲基二乙醇胺溶液吸收法应用最多。

2. 膜分离法

用膜分离混合气体中二氧化碳的基本原理是：不同的气体在同一膜两侧的压差各有不同，有压差存在时，各种气体就会透过膜发生扩散，压差不同，扩散的速度也有所不同。一些气体通过膜时的扩散速度较快，把这类气体称为"快气"，另外一些气体在通过膜时的扩散速度较慢，这类气体统称为"慢气"。通过不同气体在穿过同一膜时不同的扩散速度，可以将具有不同扩散速度的气体分开。二氧化碳和氢气、甲烷这类气体相比，它的分子远大于氢气分子，由于分子较大，所以二氧化碳在扩散过程中的扩散速度要远远小于氢气和甲烷等气体。二氧化碳的极性较强、沸点较高，而且溶解度系数非常大，所以它的渗透系数和分离系数都比较大，可以说是一种易于膜分离的气体。分离 CO_2 常用的膜材料有聚肽膜、醋酸纤维素膜、聚酰胺膜、聚砜膜等。但是这些膜不能直接应用于煤气化过程中对二氧化碳的分离，气化过程的温度一般都较高，传统煤气化一般在 800 ℃以上，煤超临界水气化的汽化温度一般也在 400 ℃以上，而膜本身能承受的最高温度一般都低于汽化温度。故在采用膜分离法对二氧化碳进行分离时，都需先降温。膜分离法与溶剂吸收法相比，分离装置简单，初期投资较低，但是得到的二氧化碳的浓度也较低，而且大多数膜都不耐高温。

3. 化学链燃烧法

化学链燃烧法主要用于煤直接燃烧时对二氧化碳的分离。化学链燃烧法中需要一个载氧体，通过载氧体将煤的燃烧过程分为两个部分，分别是载还原剂（Me）被氧气氧化为 MeO 和载氧体（MeO）被燃烧的煤还原为 Me。气体产物分为两股：水蒸气和空气（此时空气中的氧气已经在氧化过程中被消耗）以及二氧化碳，从而实现了二氧化碳的分离。

4. 深冷分离法

深冷分离法是利用二氧化碳和其他气体的相变而将二氧化碳分离出来的方法。在深冷分离法中没有发生化学反应，所以它是用一种物理方法对二氧化碳进行分离。在深冷分离法中常用的是低温精馏法，这种方法可以将低沸点的液体分离出来。在利用低温精馏法对气体进行分离时，常选择二氧化碳浓度较高和混合气体中各组分的沸点相差较大的情况。

5. 高压水吸收法

高压水吸收法从实质上是溶剂吸收法和变压吸附法结合的一种方法。煤在超临界水中气化时，气体产物中的主要成分是二氧化碳和氢气。二氧化碳在高压水中有着较高的溶解度，且二氧化碳在高压水中的溶解度远远高于氢气的溶解度。根据 CO_2 和 H_2 在高压水中溶解度的差异，利用高压水吸收气体产物中的 CO_2，从而实现 CO_2 和 H_2 的分离。二氧化碳在高压水中的溶解度较高，利用高压吸收器中的高压水吸收混合气体中的二氧化碳，分离 CO_2 时，可以将高含量二氧化碳的高压水送入低压解吸器中解吸，压力降低后二氧化碳在水中的溶解度降低，过量的二氧化碳从水中逸出，从而得到高纯度的二氧化碳气体。

目前，煤气化制氢技术在我国的发展存在的主要问题是：① 采用的煤气化工艺绝大多数比较落后，煤气化效率较低；② 煤气化过程的环保设施不健全，产生的污染物绝大多数是无控或少控排放；③ 很少采用大型先进煤气化技术，一般生产规模较小，经济效益较差；④ 主要以块煤或焦炭为气化原料，原耗煤种及煤质的适应范围较窄；等等。

第三节　焦炉煤气制氢技术

煤热解可生成气体（煤气）、液体（焦油）和固体（半焦或焦炭）等产物，热解煤气主要由氢气、CO 和甲烷等组成。煤在 900～1 000 ℃隔绝空气条件下制取焦炭，副产品为焦炉煤气，焦炉煤气组成中含氢气 55%～60%（体积）、甲烷 23%～27%、一氧化碳 6%～8%等；焦油、半焦经过二次催化裂解重整也可以制备氢气。

根据不同制氢工艺原理，可将焦炉煤气制氢的方法分为物理方法和化学方法。其中物理方法包括深冷分离法、变压吸附法（PSA）和膜分离法等，是目前工业焦炉煤气制氢的主要方法。化学方法包括蒸气重整法、部分氧化法、自热重整法。通过化学方法从焦炉煤气中制氢尚处于研究阶段，目前还未实现工业化生产。

一、焦炉煤气物理法制氢

焦炉煤气通过深冷分离法、变压吸附法和膜分离法制氢的技术性能比较如表 11-4 所示。

表 11-4　焦炉煤气制氢方法的比较

方法	适用范围	产品纯度（含氢量）/%	收率/%	主要能耗	主要物耗	操作条件
深冷分离	和烯烃回收联合使用	>90	～90	压缩、制冷	无	3 MPa，−160 ℃
变压吸附	原料中 H_2>60%	90～99	50～90	解吸、抽真空、产品 H_2 升压	吸附剂损耗	1 MPa
膜分离	原料中 H_2>50%	90～99	85～90	原料气、产品 H_2 升压	膜	1～10 MPa

深冷分离法因运转费用高、投资回收期长，难以被大多数焦化企业接受。与深冷分离法相对，变压吸附法具有投资少、工艺简单、产氢成本低等优势，因而得到了较好的发展。

焦炉煤气变压吸附法制氢的典型流程如图 11-7 所示。

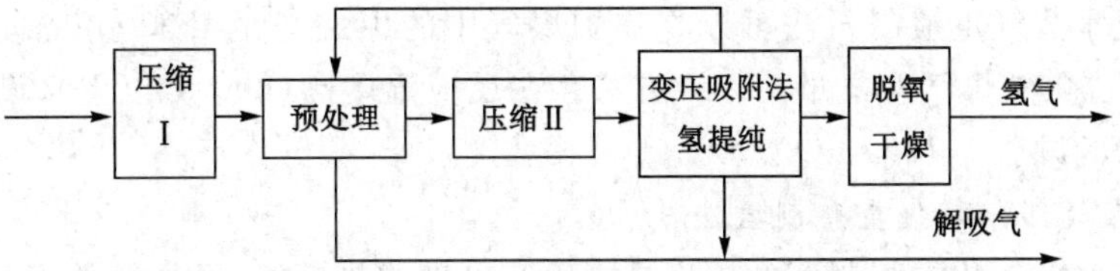

图 11-7　焦炉煤气变压吸附法制氢的典型流程

变压吸附法制氢流程包括压缩、预处理、变压吸附法氢提纯、脱氧干燥 4 个步骤。压缩是将原料气压力提升，便于进行变压吸附法氢提纯的操作（具体压力需考虑产品氢用户压力、原料气升压投资等因素）；预处理工段是通过变温吸附（TSA）技术除去焦炉煤气中高沸点、相对分子质量大的组分，以满足变压吸附法进料要求，因为这些组分通过积累将导致吸附剂性能下降而失效；变压吸附法氢提纯适用于多组分气体的分离和纯化，在变换气氢提纯、重整氢提纯、焦炉气氢提纯领域已得到广泛应用；脱氧干燥是指降低粗氢气中的氧气含量，一般是在合适的温度下通过钯催化剂床层，将混合气中的氢气和氧气反应生成的水除掉，最终使氧气体积分数降到 1 μL/L 以下，具体视产品氢用户的要求而定。

小规模焦炉煤气制氢一般采用变压吸附法，只提取焦炉煤气中 55%左右的氢气，解析气返回回收，一般做燃料利用。大规模焦炉煤气利用分两种情况：一种是当没有大规模的氢气用户时，首先要把焦炉煤气中的氢气甲烷化，再分离提取 LNG，即焦炉煤气制天然气；第二种情况是焦炉煤气资源丰富的同时又拥有大规模的管道氢用户，可先采用深冷法将焦炉煤气分离出 LNG，再经过变压吸附法提取氢气供给管道用户，这种情况是焦炉煤气回收提氢工艺路线中资源最优化、效益最大化的方案。

变压吸附技术自动化程度高，生产的氢气纯度高，运行稳定。但该技术的不足在于：① 原料气压力低，原料压缩部分所占比重大。原料焦炉煤气的压力一般只有几千帕，为将其提升到便于进行变压吸附处理的操作压力，需配置多台多级焦炉煤气压缩设施；② 原料气杂质多、变化大，预处理较复杂，要达到变压吸附进料要求，必须在预处理阶段除去对吸附剂有害的所有杂质；③ 原料气含氧，需要设置专门的脱氧设施。

二、焦炉煤气的化学法制氢

提高单位体积焦炉煤气产氢量的化学方法主要有焦炉煤气水蒸气重整制氢法和焦炉煤气部分氧化重整制氢法，以及将这两种方法相结合的焦炉煤气自热重整法。以上几种方法都是将焦炉煤气中含量在 35%左右的碳氢化合物通过重整反应，生成 H_2 和 CO 等物质，得到纯度在 75%左右的氢。

1. 焦炉煤气水蒸气重整制氢法

焦炉煤气水蒸气重整制氢法是工艺条件最成熟的碳氢化合物制氢方法。在催化剂存在下，利用水蒸气将煤气中的甲烷和其他少量的 C_{2+} 碳氢化合物转换成 H_2 和 CO，而 CO 通过变换反应进一步转化成 H_2 和 CO_2。因此可以获得较高的 H_2 体积含量。但大量 CO_2 的存在使 H_2 的体积含量只能达到 70%左右。其反应过程可以由以下反应式表示：

$$CH_4+H_2O \rightleftharpoons CO+3H_2,\Delta H_{298}=206.2\ \text{kJ/mol} \tag{11-6}$$

$$CH_4+2H_2O \rightleftharpoons CO_2+4H_2,\Delta H_{298}=164.9\ \text{kJ/mol} \tag{11-7}$$

$$C_mH_n+mH_2O \rightleftharpoons mCO+(m+n/2)H_2,\Delta H_{298}\gg 0 \tag{11-8}$$

$$CO+H_2O \rightleftharpoons CO_2+H_2,\Delta H_{298}=-41.1\ \text{kJ/mol} \tag{11-9}$$

焦炉煤气水蒸气重整制氢法可以将焦炉煤气中的甲烷甚至甲苯等焦油成分都转化成 H_2，提高了单位焦炉煤气产氢量。但该方法存在反应温度高（800 ℃以上）、设备要求高、催化剂易烧结等问题。

2. 焦炉煤气部分氧化重整制氢法

焦炉煤气部分氧化重整制氢的原理是刚生产出来的热煤气，经高温脱硫后，利用氧气在高温催化下将其中的甲烷、甲苯等碳氢化合物氧化反应产生 H_2，同时产生一定量的 CO。

其反应如下：

$$CH_4+1/2O_2 \rightleftharpoons CO+2H_2, \Delta H_{298}=-36\ kJ/mol \qquad (11\text{-}10)$$

$$C_7H_8+7/2O_2 \rightleftharpoons 7CO+4H_2, \Delta H_{298}=-824\ kJ/mol \qquad (11\text{-}11)$$

焦炉煤气部分氧化重整制氢可以使焦炉煤气中的氢气产率比变压吸附法提高 2～3 倍，因此可极大提高焦炉煤气制氢的效率。由于没有 H_2O 的加入，单位体积焦炉煤气的产氢量略低于水蒸气重整法。该方法中发生的制氢反应为放热反应，只需要初期的热量供应，依靠反应本身释放的热量足以维持反应所需的热量，因此反应能耗低，反应速率比水蒸气重整反应快 1 到 2 个数量级。部分氧化重整法可在高空速下进行，造气规模小，投资小，设备成本低。

该方法的不足在于，部分氧化重整通常采用纯氧，否则将带入大量的氮气。而使用纯氧不仅增加了空分制氧投资和生产投资，也增加了反应的危险性。部分氧化反应是一温和的放热反应，但由于反应速度极快，容易导致催化剂床层表面存在局部过热，使催化剂发生烧结等失活过程，严重影响催化剂的稳定性。

3. 焦炉煤气自热重整法

焦炉煤气自热重整法是结合放热的部分氧化法和吸热的蒸气重整法，通过调节工艺条件，使放热反应和吸热反应达到热平衡的制氢方法。该方法可高效利用热能，同时降低单一的部分氧化法制氢的危险性。反应原理是反应(11-6)～反应(11-11)的结合。

将焦炉排出的炽热煤气整体作为资源利用，可构建如图 11-8 所示的焦炉煤气重整制氢工艺。

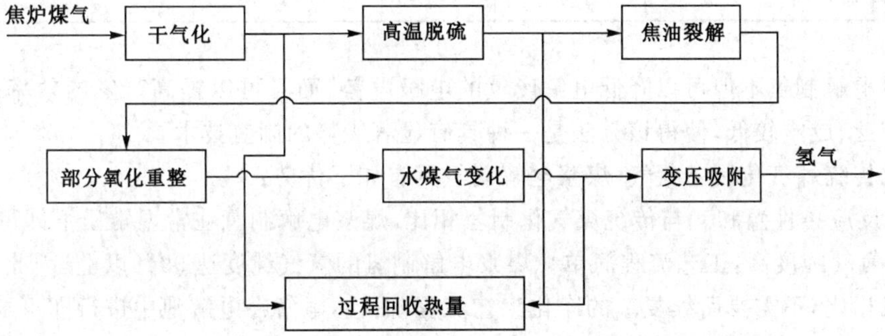

图 11-8　焦炉煤气重整制氢工艺流程

该工艺将焦炉制氢与系统能量利用相结合，利用了高温焦炉煤气自身的物理热和化学能来实现向氢能的转化，实现氢的富集。工艺中，高温焦炉煤气制氢需要经过除尘、高温脱硫、焦油组分催化转化、CH_4重整和水煤气变换等过程。其中，高温脱硫主要目的是防止硫化氢气体对催化剂的毒化；焦油组分催化转化主要是使大分子烷烃类转换成小分子烃和氢气，目的是防止管道阻塞破坏下游反应的进行；而 CH_4 重整的目的主要是提高氢产量。就制氢本身而言，CH_4重整是最终产氢量成倍提高的关键。

中国的焦炉煤气产量非常大，利用焦炭气提取氢气有着极大的资源优势。对于氢气制造者与使用者来说，焦炉煤气仍然是相对便宜的氢气来源。焦炉煤气物理法制氢技术成熟，但其单位产氢率相对较低，化学法制氢可以大幅提高单位焦炉煤气产氢率，比物理法提高 3～4 倍。但化学法的缺点是 H_2产物浓度低、工艺流程复杂；高温反应带来反应能耗大、设备要求苛刻以及催化剂稳定性差等问题;纯氧供应还需额外增加空分制氧设备的投资。

第四节　煤浆电解制氢技术

一、煤浆电解制氢概述

电解制氢是一种清洁可靠的制氢方法,其电能来源十分丰富,不单单来源于传统的不可再生能源(煤、石油、天然气等),还可以来源于再生能源(太阳能、风能、水能、潮汐能等)。将再生能源作为能量来源,可以使电解制氢方法成为一种可持续的、清洁无污染的氢能生产方法。目前,全球仅有4%的氢产量来源于电解方法,这远远低于传统的产氢方法。

目前,电解制氢技术主要以电解水为主,根据水溶液中电解质的不同,电解制氢可以分为电解碱性水溶液制氢、电解固体氧化物制氢、电解聚合物制氢、电解硫化氢制氢、碳辅助电解水制氢等。其中,煤浆电解制氢是碳辅助电解水制氢的一种,碳辅助电解水制氢常见的碳源为煤炭、活性炭、石墨、天然气、甲酸、废液等。其中,煤炭辅助电解水制氢研究最早,研究最为成熟,也被称为煤浆电解制氢。通过理论计算不同电解质电解制氢的标准电极电势如表11-5所示。可见电解水煤浆的电极电势最低,这说明电解水煤浆制氢电能消耗更低,电解效率更高。

表11-5　不同电解质的电解制氢方法的标准电极电势

电解质	水	碱性水溶液	固体氧化物	聚合物	硫化氢	水煤浆
标准电极电势/V	1.23	1.80	0.95	1.80	0.77	0.21

煤浆电解制氢不但可以降低电解产氢的电极电势,而且可以提高产氢的效率。加之煤的来源广泛、成本较低,使得该方法是一种具有显著优势的制氢技术。

相比传统煤气化制备氢气,煤浆电解制氢具有如下优势:

(1) 反应条件温和。与传统煤气化制氢相比,煤浆电解制氢在常温常压下即可进行。

(2) 氢气纯度高,工艺流程简单。煤浆电解制氢的氢气纯度达99%以上,因此与传统煤气化制氢相比,不需要后续复杂的净化工艺流程;而且,电解在电解池中进行即可,工艺流程简单。

(3) 过程更环保。煤浆电解制氢,煤中的N、S等元素以及灰分最终会留在电解液中,而不会像传统煤气化制氢一样,产生NO_x、H_2S、SO_2等气体污染物以及固体粉尘和烟尘。

(4) 对煤质要求低。传统煤气化制氢工艺对煤质要求较多,而煤浆电解制氢工艺对煤质要求较少,煤种选择广泛。

因此,无论与电解水制氢相比,还是与传统煤气化制氢相比,煤浆电解制氢均有明显的优势。煤浆电解制氢,一方面为我国煤炭的清洁高效利用提供了新的途径;另一方面,也是低成本制氢的重要手段,是电解制氢技术的重要发展方向。

二、煤浆电解制氢的机理

由于煤的组成成分复杂,因此煤浆电解制氢机理十分复杂,难以确定。

1979年,美国研究人员Coughlin和Farooque首次提出煤浆电解制氢的反应机理,将反应机理归为:

阳极：　　$C+2H_2O(l) \longrightarrow CO_2(g)+4H^+ +4e^-$　　(11-12)

阴极：　　$4H^+ +4e^- \longrightarrow 2H_2(g)$　　(11-13)

其中，阳极反应的平衡电极电势为 0.21 V，从热力学角度看，电解水煤浆所需要的槽电压要比电解水和电解 NaCl 溶液低得多。这里的关系式不能完全代表电解水煤浆发生的反应，这是因为煤结构在电解作用下发生的变化并没有被考虑，当煤的颗粒与阳极发生碰撞时，煤已经在电极表面直接被氧化。此后，有人发现煤浆电解制氢的电压在 0.7～0.9 V，明显大于理论的 0.21 V，而 Fe^{2+} 氧化为 Fe^{3+} 所需的标准电压为 0.77 V，因此，猜测电解过程中煤释放的 Fe^{3+} 离子在反应中起着重要的作用，继而提出了 Fe^{2+} 与 Fe^{3+} 参加煤氧化过程的机理。

电解质溶液中反应：$4Fe^{3+} +C+2H_2O \longrightarrow 4Fe^{2+} +CO_2(g)+4H^+$　　(11-14)

阳极反应：　　$Fe^{2+} \longrightarrow Fe^{3+} +e^-$　　(11-15)

阴极反应：　　$4H^+ +4e^- \longrightarrow 2H_2(g)$　　(11-16)

一般，Fe^{3+} 在电极附近的浓度高于在溶液中其他区域的浓度，所以吸附在煤颗粒附近的 Fe^{2+} 会随煤粒被带到电极上，煤粒与电极接触时，会增大摩擦，因此当煤粒与电极接触时，可以提高反应速率。煤的氧化过程不单单是煤粒的氧化，而是煤中其他化合物一起氧化的结果。当溶液中不存在 Fe^{2+} 时，煤粒的氧化主要是通过与电极的直接碰撞反应氧化生成二氧化碳，或是从煤粒溶解到电解液中的组分发生电化学氧化；当溶液中存在 Fe^{2+} 时，电流大多是来自 Fe^{2+} 的氧化。在电解水煤浆的过程中二价铁离子的氧化并不是唯一的反应，而是发生了化学氧化并伴随一系列复杂的电化学氧化反应。

目前对于煤浆电解制氢的机理尚不明确，但其总的反应过程可如图 11-9 所示，总反应为式(11-17)。

$$C(s)+2H_2O(l) \longrightarrow 2H_2(g)+CO_2(g) \qquad (11\text{-}17)$$

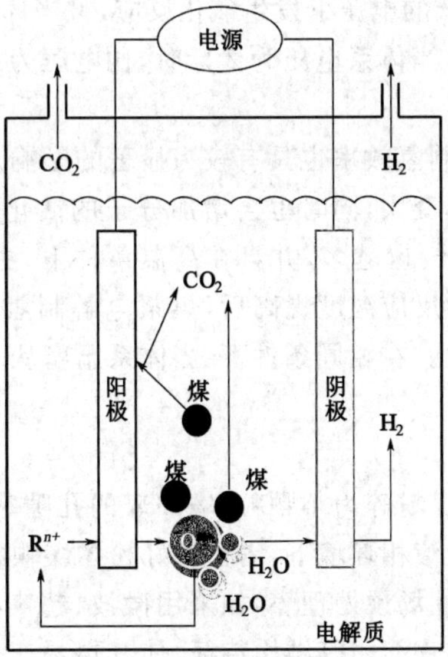

图 11-9　煤浆电解制氢的过程图(R^{n+}/O^{m-} 为氧化还原电对)

三、煤浆电解制氢的影响因素

1. 电解质/催化剂

电解质对煤浆电解制氢影响很大，不同的电解质对反应体系传质和 H^+ 的供应不同，对反应影响巨大，因此，反应需要选择合适的电解质。

在酸性电解体系中，可以为反应提供更多的 H^+，使得反应向生成氢气方向移动，反应效率提高。且在酸性反应体系中，更利于 Fe^{2+} 离子的存在，同样促进了煤粒的氧化，提高了反应的效率。大部分酸性反应体系选择的电解质是无机酸，如 H_2SO_4、HCl、$HClO_4$，在酸性条件下电解煤浆所需的电压低于电解酸溶液所需的电压，且煤浆的煤阶越高，所需的电压越大。另有研究发现，相对于 H_2SO_4，在使用 HCl 作为酸性介质时，反应体系的电流更大。原因是煤粒对 Cl^- 吸附力更强，由此提高了煤粒与阳极的碰撞概率。与此同时，在使用 HCl 作为酸性介质时，加入 $K_3Fe(CN)_6$ 对反应具有催化作用，可以有效地提高反应速率和转化效率。使用碱性电解质进行电解时，溶液中的碱性介质可以提高煤的液化率，在煤的氧化过程中会产生腐殖酸，进而对电解过程起到一定的催化作用。

2. 煤的变质程度及煤质特征

煤中的主要成分是 C、H、O、N、S 以及其他杂质，其中羟基、氮和硫能提供电解反应的活性位点，促进氧化反应。例如褐煤的分子末端有许多基团，能提供更多的反应活性位点，因此电解过程中，褐煤的电流密度较大。煤的种类、颗粒大小和浓度均会对煤浆电解制氢造成影响。一般地，煤种的变质程度越低，产生电流密度越大；煤粒越小，比表面积越大，氧化电流越大，但煤粒过小时，煤粒会发生黏聚，不利于电解反应发生。同时煤中所含的矿物质元素也可以有效降低电解电位，提高电流密度。

3. 电压及温度

一般情况下，当电解反应体系中没有 Fe^{2+} 存在时，煤浆氧化需要很高的电压；而当溶液中存在 Fe^{2+} 时，煤浆可在较低的电压下发生氧化反应，且当体系的电压越大，产生氢气的速率也越快。在相同的条件下，当体系电压为 2 V 时，比电压为 1 V 时氢气产量可提高 1.5 倍左右。

电解体系的反应温度对制氢效率也具有较为显著的影响。反应温度升高会加快分子的运动速率，分子间的碰撞概率变大，同时也会增加分子的活化能，加快化学反应速率。一般地，反应温度越高，产生的氢气也越多，并且在高温条件下，更有利于煤中有机化合物的氧化。在同样的条件下，体系的反应温度提高后，煤浆电解制氢的速率更快。与此同时，温度升高后，反应的电流也会增大。在相同条件下，当体系温度从 40 ℃升到 100 ℃时，氢气的收率可增加 2 倍左右。

4. 煤浆的预处理

破碎磨矿作业。将大块煤粉碎为小颗粒，增加煤的孔隙率和表面积，使其接触面变大，可以有效提升制氢效率，但在液相环境下，需要做好粉体煤颗粒的分散，防止团聚的发生。

外场干预预处理。采用外场预处理煤，如采用微波、超声波、电子束、光解氧化等方法，可改善煤的孔隙结构、组成和官能团等结构特征，使其更易于发生电解反应，加快电解制氢的进程。

煤的预处理除了粉碎、微波照射外，还可以使用溶剂进行处理，如使用酸、H_2O_2、甲苯、四氢呋喃、吡啶以及其他溶剂等对煤样进行预处理，可以使煤粒表面的含氧官能团进行改性，并且可以增加煤粒的比表面积，经过处理后，煤中的网状结构遭到破坏，化学键断裂，变成易被氧化的小分子结构，使得煤的氧化过程更加简单，进而可提高电解的氢气产量。

四、煤浆电解制氢的活性电极

1. 阳极催化电极

高活性的催化电极是降低制氢过程能耗和制氢成本的关键。在选择阳极材料时，要注意综合选择具有优良的导电性、良好的稳定性和催化活性、较高的比表面积以及使用寿命长、活性高、成本低的材料。目前研究采用的阳极催化电极有以下几类。

(1) Pt 电极

传统的阳极材料通常使用 Pt 片和 Pt 网，它们具有良好的催化性能，但作为阳极材料，它们的比表面积较小，容易被一氧化碳毒化，因此通常会在 Pt 表面镀金，以增加其表面积和抗一氧化碳毒化性能。

(2) 合金电极

合金电极是用 Pt 和 Pt-Rh、Pt-Ir、Pt-Ru 及 Ti 片上镀 Pt 等材料制作的电极。它们具有良好的催化性能，其中 Pt-Ir 电极的电解效果较好，其在电解反应时，可在其表面形成一层膜，增加电极的导电性。

(3) 负载贵金属电极

将贵金属附着在碳纤维上，形成一种以碳纤维为基底的金属催化电极，如将 Rh 负载于碳纤维，可以提高碳纤维的导电性，同时碳纤维具有良好的分散效果，可以用来增强对煤的电解氧化。以钛为基体，在其表面沉积纳米级的 Pt、Ru、Ir 等催化层，制备两元、三元甚至多元催化剂，可以提高电极的催化活性。

2. 阳极析氢电极

为了降低电解制氢的反应电位，减少反应能耗，阳极析氢电极的选择尤为重要。目前，新型的阳极析氢电极有镍基合金析氢电极、铁基合金析氢电极、过渡金属析氢电极等。

(1) 镍基合金析氢电极

镍基合金析氢电极具有易制备、稳定性好、活性较高等优点。目前在工业电解水中使用较多的镍基合金析氢电极是镍及其合金电极，常见的镍基合金析氢电极有 Ni-Mo 合金电极和 Ni-Co 合金电极，这主要因为在制氢过程中 Ni-Mo 和 Ni-Co 合金的催化活性较高。

(2) 铁基合金析氢电极

铁基合金析氢电极是一种应用广泛、价格便宜的电极材料。铁基合金包括 Fe-P、Fe-P-Pt、Fe-Mo、Fe-Mo-Pt、Ni-Fe-C 等材料，它们可以通过负载、沉积等方法制备得到。这些铁基合金在析氢反应中具有很高的催化活性，可有效降低析氢电位，从而降低电解过程中的能量消耗。

(3) 过渡金属析氢电极

过渡金属析氢电极主要有过渡金属磷化物、硫化物析氢电极。例如，采用水热法及电沉积法所制备的 Ni_2P、CoP、Fe_2P 等化合物，因为具有较好的导电性和催化活性，被应用于析氢电极。

思 考 题

1. 制氢方法有哪些？比较不同制氢方法的优缺点。
2. 简要论述煤气化制氢的一般工艺流程。
3. 简要讨论煤制氢结合二氧化碳的资源化利用技术(CCUS)的优势。
4. 焦炉煤气制氢的方法有哪些？
5. 简要论述煤浆电解制氢的原理。

第十二章　煤炭清洁燃烧与发电技术

煤炭清洁燃烧与发电技术主要涉及煤炭燃烧理论、煤炭燃烧新设备和新工艺及洁净煤发电技术等。目前，发展较为迅猛的煤炭洁净燃烧与发电技术有超临界压力锅炉加烟气脱硫技术、循环流化床(CFB)燃烧技术和增压流化床联合循环技术、整体煤气化联合循环发电技术等。循环流化床燃烧技术是公认的清洁燃烧技术，与煤粉锅炉燃烧技术相比，具有热效率高、低 NO_x 和 SO_2 排放、燃料适应性广、灰渣活性好、脱硫脱硝成本低、负荷调节范围宽、投资少、适用热电和调峰机组等优势。

第一节　煤粉燃烧理论

煤的燃烧过程是指煤中的可燃物成分与空气中的氧发生强烈的氧化反应并伴随着发热、发光的过程。

煤的单颗粒着火示意图如图 12-1 所示。煤的燃烧过程首先从加热干燥开始(1)，然后挥发分开始分解析出(2)，如果炉内温度足够高，并有氧气存在，则挥发分着火燃烧，形成明亮的火焰(3)。这时氧气消耗于挥发分的燃烧，不能到达煤焦的表面，因此煤焦还是暗的，煤焦的温度也不是很高。但是，随着挥发分的逐渐燃尽，火焰逐渐缩短(3～5)，煤焦的温度也逐渐升高，当挥发分基本燃尽后，焦炭开始燃烧(6)，直到完全燃尽(7～10)。因此，煤的着火一般总是从挥发分开始，而挥发分的燃烧能促进以后焦炭的燃烧。

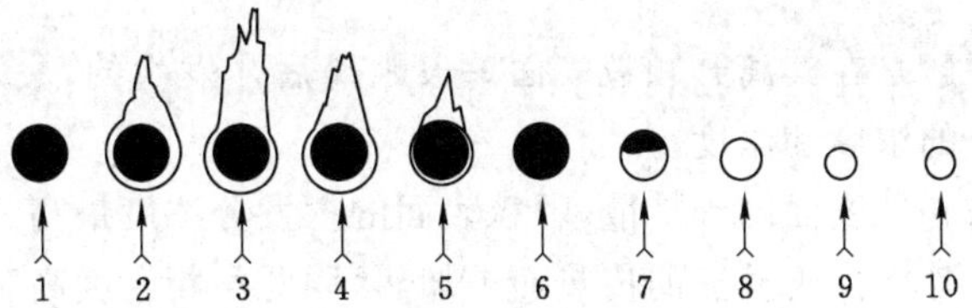

图 12-1　煤的单颗粒着火示意图

煤粉的燃烧过程是一个复杂的受物理化学因素影响的多相燃烧过程。在此过程中，既发生燃烧化学反应，又发生质量和热量的传递、动量和能量的交换。一般而言，煤中的可燃物主要是焦炭，它占煤发热量的 40%(泥煤)至 95%(无烟煤)，而且其燃烧时间最长，所以焦炭燃烧的快慢是整个燃烧过程的关键。煤受热时，表面上或渗在孔隙中的水分，首先蒸发变成干燥的煤，接着就是挥发分逐渐析出，当外界温度较高时又有足够的氧时，析出的气态烃就会燃烧起来，最后才是碳的着火和燃烧。所以，煤炭燃烧可以分成以下几个步骤：① 加热过程中首先析出水分和挥发分的热解过程；② 挥发分着火和燃烧；③ 固定碳或半焦着火和燃烧。

一、煤的热解

煤的热解过程实际上是煤的大分子在温度较高时，某些弱键发生断键，析出轻质的气态物质、焦油，残余的分子键再聚合生成稳定的主要由碳组成的大分子的过程。

煤热解的反应过程因煤结构不同、煤颗粒大小及加热条件不同，在挥发分的产量、析出速率及产物的组成等方面有明显差异。

温度对热解过程影响很大，研究证明，析出的挥发分只与最终温度和压力有关，与加热速度几乎无关。系统压力越低，挥发分产率越高。煤的表面析出挥发分是一个吸热过程，但煤颗粒表面的温度是基本恒定的。也就是说所供给的热量仅消耗在化学反应吸热上，并未用于升高煤的温度。

二、挥发分的着火和燃烧

煤粒进入燃烧室后将受到干燥，随之开始热分解并析出挥发分。当环境温度达到400 ℃以后，如能与适当浓度的空气混合，挥发分将首先着火燃烧起来，从而使煤粒周围的气体温度迅速提高，然后引燃煤半焦并使其中残留的挥发分继续析出。

几种煤的挥发分开始析出的温度和着火温度见表 12-1，煤的挥发分析出温度和着火温度与试验方法关系很大，表中所列数据只是一个参考数据。挥发分析出温度和着火温度与环境温度和煤粉粒度等参数有直接关系。

表 12-1　煤的挥发分开始析出温度和着火温度

煤　种	挥发分开始析出温度/℃	着火温度/℃
褐　煤	130～170	250～450
长焰煤	170	400～500
贫　煤	390	600～700
无烟煤	380～400	700

挥发分的着火一般是在其离开颗粒表面一段距离后才发生的，决定火焰能否形成的两个主要因素是挥发分的浓度和温度。

挥发分从悬浮的颗粒表面向外扩散，颗粒表面的挥发分浓度最高，随着距离增加其浓度不断降低。而煤的颗粒则由于气流的传热而被加热，因此气相温度高于煤的温度，即温度梯度和挥发分浓度梯度的方向相反。只有当温度和浓度都超过某最低极限后才能发生燃烧。着火地点既不会在颗粒表面（温度太低），也不会远离颗粒表面（浓度太低），而是在离颗粒的一定范围内。在特定条件下挥发分也可能首先不是在气相中被点燃，而是在离表面极近的界膜处着火并立即传递到颗粒表面或者颗粒表面直接着火。这就要求颗粒的升温速度要极快。在挥发分还没有来得及离开表面时，表面温度已达到着火温度。在这种情况下，挥发分和固定碳（半焦）同时燃烧。着火的空间位置一取决于煤种，二取决于反应活性，三取决于颗粒大小。颗粒大小尤为重要，因为颗粒越小，比表面积越大，而传热速度正比于热交换面积，因而小颗粒的煤升温快，极易形成表面着火。

挥发分着火后，火焰即向颗粒和环境两个方向蔓延，直至那里的氧气或挥发分浓度低到不足以维持燃烧为止。以后，火焰就稳定在挥发分的析出量和氧气的扩散量符合化学计量关系的范围内。挥发分析出速度越高或氧气的扩散速度越低，火焰稳定区离煤粒就越远。许多研究发现，在煤粒周围形成的火球直径可以是煤粒本身直径的 3 至 6 倍。

随着燃烧的进行，挥发分的析出速度不断降低，火球也就随之缩小，直到仅在颗粒表面燃烧。如果此时的表面温度和氧气浓度都足够高的话，半焦就会着火。

三、固定碳的燃烧

假定煤在燃烧时首先是析出挥发分，剩下的炭和灰组成的固体残留物就是焦炭，燃烧结束后的残留物为灰分。在炭表面或其周围气体中可能发生多种不同的反应。下面分析纯碳与氧的化学反应。

（1）在一定温度条件下，碳与氧气发生反应产生二氧化碳，也可能同时生成一氧化碳，即：

$$C+O_2 \longrightarrow CO_2 \tag{12-1}$$

$$2C+O_2 \longrightarrow 2CO \tag{12-2}$$

（2）在碳表面的气体层内，一氧化碳和氧可能发生气相反应而生成二氧化碳，即：

$$2CO+O_2 \longrightarrow 2CO_2 \tag{12-3}$$

（3）二氧化碳在高温下可能被碳还原、分解，生成一氧化碳，即：

$$CO_2+C \longrightarrow 2CO \tag{12-4}$$

在上述反应中，碳与氧的化学反应是碳燃烧的基本过程，称之为初级反应(或一次反应或正反应)。而一氧化碳的燃烧与二氧化碳的还原过程则称为次级反应(或二次反应或副反应)。它们的产物则分别称为初级(一次)产物和次级(二次)产物。

因为碳在燃烧反应后总是得到 CO_2 与 CO 两种产物，不仅如此，在反应表面上和其附近，还有一些附加反应，如上述的一氧化碳及二氧化碳被还原等，在煤粒高温燃烧过程中，还可能发生下列碳与水之间的反应：

$$C+H_2O \longrightarrow CO+H_2 \tag{12-5}$$

$$H_2+\frac{1}{2}O_2 \longrightarrow H_2O \tag{12-6}$$

$$CO+H_2O \longrightarrow CO_2+H_2 \tag{12-7}$$

这就使燃烧过程的进行情况变得很复杂。其中，碳与氧的反应是普遍认可的主要反应。

对碳氧化反应的机理就曾经有过不同的观点。一种观点认为碳燃烧最初生成二氧化碳，二氧化碳并不能稳定地从碳表面解吸扩散出来，却又被灼热的碳表面还原生成一氧化碳。碳表面受热愈强烈，还原作用也进行得愈快；由此产生的一氧化碳，在碳表面附近遇到氧时又可全部或局部烧尽，随后又产生了新的二氧化碳。

第二种观点基于用高速空气流通过燃烧的煤层的实验结果，即当用高速空气吹入燃烧着的薄碎煤层时可获得大量的一氧化碳，但如果速度降低，生成的一氧化碳就与氧燃烧成二氧化碳。此种观点认为碳与氧反应时，一氧化碳为初级产物。但该实验条件并不符合燃烧实际情况。

第三种观点认为碳与氧反应时，首先生成中间碳氧络合物(C_3O_4)。中间碳氧络合物再变化生成二氧化碳和一氧化碳。此观点是考虑到低温时的吸附现象，该现象证实了碳与氧反应时没有直接化合成 CO_2 或 CO。氧被吸附在碳的表面上，形成络合物。当温度略低于 1 300 ℃时，碳表面上几乎全被吸附在其上的氧分子占满，其中有一部分将发生络合，其余

部分已盖满了络合物,但在另一新的氧分子撞击下会发生分解。化学反应方程式为:

络合: $3C+2O_2 \longrightarrow C_3O_4$

分解: $C_3O_4+C+O_2 \longrightarrow 2CO_2+2CO$

故燃烧反应是氧分子被吸附络合和撞击下发生分解等环节串联而成的。这种观点目前已被普遍接受。

四、煤表面的多相燃烧

在煤的燃烧过程中,挥发分是不断析出的,其析出过程与焦炭的燃烧过程交叉进行,几乎延续到煤粒燃尽的最后阶段,这就使煤粒附近的物理化学过程更为复杂。

多相(或两相)反应,一般是在固相与气相或液相之间的相界面上进行的,因此,亦可称为表面反应。燃烧的煤粒在高温气流中受热,发生燃烧化学反应,过程非常复杂,它包括许多物理化学现象。但其最基本的过程是煤与氧化剂之间的氧化反应。固体燃料与气体发生反应,气体必然要扩散到固体燃料表面上,在相界面上发生化学反应。所以,煤粒与氧化剂 O_2 在表面上发生的是多相反应,进行反应时的相界面称为反应面,一般可分为以下五个环节:

(1) 氧气(空气)向煤粒表面扩散转移;

(2) 氧气到达煤粒表面,并被吸附(吸附就是分子或多或少地紧密连接在相界面上)在煤粒表面上;

(3) 被吸附的氧分子与相界面上的碳原子发生燃烧化学反应,反应产物吸附在煤粒表面上;

(4) 反应产物从煤粒表面解吸;

(5) 反应产物扩散转移,离开煤粒表面。

这五个环节是紧密相连的,煤粒燃烧过程的总速度决定于其中进行得最慢的那个环节,其中氧气被吸附在煤粒表面和反应产物解吸这两个环节进行得较快。所以,反应过程主要就取决于氧气扩散速度及燃烧化学反应速度。

煤的多相燃烧反应一般呈现下列三种不同状态:

(1) 动力燃烧状态,即化学反应速率控制区。通常碳表面温度很低时,整个燃烧反应速率就受碳表面上化学反应速度的控制,要强化碳的燃烧,必须提高温度。当温度较低时,燃烧化学反应速度较慢,即使氧气向煤粒表面扩散的速度很快,使煤粒表面上吸附很多氧分子,也不能加速化学反应的进行,所以不可能使燃烧速度加快。要加快反应速度的关键是提高温度,这时煤粒的燃烧速度主要取决于化学动力学因素,因此,此时的燃烧工况属于动力燃烧区,例如家用的烧煤炉,在点火升炉时就不应连续扇风,以免降低温度,而应该采取措施使温度上升,火床炉在刚点着引燃物时也不能大力鼓风,就是这个道理。

(2) 扩散燃烧状态,即扩散速率控制区。燃烧速率取决于氧气扩散到碳表面上的速率,而与温度无关。要强化燃烧过程,可以减小煤颗粒粒径,加强气流速度,以减薄气膜厚度,使碳表面反应剂浓度增大,以便提高燃烧速率。当温度很高时,化学反应速度较快,煤粒表面上碳原子与氧分子的燃烧反应进行得很快,氧气的扩散速度远赶不上燃烧反应速度,氧气的扩散速度成为燃烧过程的制动因素。此时的燃烧工况属于扩散燃烧区。要提高燃烧速度,关键在于提高煤粒表面的质量交换系数,亦即提高空气与煤粒表面之间的相对速度,因它可使质量交换系数增大。例如家用煤炉与火床炉,在正常运行中温度已很高,燃烧状况属于扩散区，此时要提高锅炉蒸汽产量的途径就是加强鼓风。

(3) 过渡区燃烧状态，该状态是介于上述二者之间的情况。当温度处于动力燃烧区和扩散燃烧区之间的一段范围内时，扩散速度与燃烧反应速度相差不大，燃烧过程的速度既取决于扩散速度，又取决于燃烧反应速度。故燃烧工况属于中间燃烧区。这时，提高温度和增强气流速度都能强化煤的燃烧过程。例如提高温度使燃烧由动力区转向扩散区；增强流速和减小颗粒粒径使燃烧转向动力区。这时煤燃烧速率能大大提高。

多相反应除能在外表面进行外，因物体具有松散的孔隙和裂缝等，亦可在物体内部进行。因此，只有当燃烧表面是平滑的、不透气时才具有单纯的"表面"反应。当多相反应在物质的内表面进行时就称为内部反应。煤在燃烧或气化时都会发生内部反应。内部反应时，氧气亦是以扩散方式向物质内部孔隙渗透到达内表面。当反应温度愈高、与固体的反应能力愈大时，反应在很大程度上集中于物体外表面上进行；反之，当反应温度愈低、与固体的反应能力愈小时，则反应愈渗入物体的内表面。

五、煤粉的燃尽

煤粉着火后，就强烈地燃烧。燃烧速度起初很高，然后逐渐减慢，因为气流中的氧浓度逐渐减小。煤粉燃尽过程的条件和机理是十分复杂的。在整个燃尽过程中，气流的温度起初飞速上升，因为此时燃烧非常迅速，燃烧产热非常多，远远超过了吸热的影响。随着煤粉的挥发性物质的燃尽和焦炭燃烧速度的减慢，燃烧速度迅速减慢，燃烧产热减小，抵消不了水冷壁吸热的影响，温度逐渐下降，煤粉逐渐燃尽或停止了燃烧，煤粉的燃烧进入熄火状态。

第二节　煤粉燃烧技术

煤粉的高效燃烧往往和火焰稳定紧密联系在一起，因为煤粉燃烧时不"放炮"、不灭火或不发生事故就是最大的节约。近年来，在煤粉的高效燃烧和火焰稳定方面，国内外都进行了较深入的研究并取得了较多的成果。

一、强化煤颗粒和高温烟气的对流换热

煤颗粒从加热至着火的时间，高温烟气回流加热比辐射加热快 23 倍。煤粉越细，加热的时间越短，着火和燃烧的时间越快，因此可达到高效燃烧和火焰稳定的目的。具体的燃烧技术有：三角形钝体产生高温烟气回流；用稳定船产生烟气回流并产生一种束腰形的气固两相流结构；用有速度差的同向射流产生回流，强化煤颗粒和烟气的强烈混合；用不对称射流产生回流强化对流热交换；利用叶片旋流产生中心回流区强化煤粉着火；等等。

二、强化煤粉的高浓度集聚

如果对煤粉气流进行适当浓缩，在高浓度煤粉集聚区域内，将产生以下效果：煤粉的着火温度降低到 250～300 ℃(烟煤)或 400～450 ℃(无烟煤)，则使着火时间缩短 1/2，火焰温度提高 300～350 ℃，着火距离缩短 100～400 mm，火焰传播速度加快，煤粉气流的着火热减少 55%，氧化氮的排放量直线下降。这就会导致煤粉较快地着火和火焰变得稳定，达到高效燃烧的目的。具体的技术有：弯管离心流使煤粉浓缩；旋风分离使煤粉浓缩；叶片惯性流使煤粉浓缩；对称体撞击使煤粉浓缩；等等。

三、强化燃烧过程的初始阶段

煤粉高效燃烧和火焰稳定的关键是燃烧的初始阶段，当煤粉刚喷入炉内 0.15 s 时，挥

发分析出已超过 80%，固定碳烧掉 60%，在 0.2 s 时，煤粉已烧去 80%，而剩下的 20%煤需要 4 倍(0.8 s)时间才能烧完。也就是说，如果煤粉在炉内逗留时间为 1 s，那么燃烧的初始阶段用 20%的时间烧去煤粉的 80%，而剩下的 80%时间只烧掉煤粉的 20%，可见强化燃烧过程的初始阶段是至关重要的。实现这项技术的有：有限空间内使煤粉快速加热甚至着火；强化火焰根部的热量交换和质量交换；强化气固两相流扰动；等等。

四、煤粉高效燃烧的其他新技术

煤粉燃烧目前存在的主要问题是低效高污染。因此，近年来，已开发出了高预热空气燃烧、脉动燃烧、催化燃烧、低 NO_x 燃烧技术，CO_2 再循环燃烧技术，煤和稻草、木材加工废料等生物质的混烧技术等洁净燃烧新技术。

第三节　流化床燃烧技术

一、流化床燃烧的原理

固体颗粒在自下而上的气流作用下具有流体性质的过程称为流化。颗粒尺度较大而操作气速较小时在床下部形成鼓泡流化床，即其连续相是气固乳化团，其分散相是以气为主的气泡。在气泡上浮力作用下床内颗粒团之间有较强的质交换。颗粒尺度较小、操作气速较高，加以使用分离器使逸出物料不断返回时，形成另一流化形态，称快速流化床，其分散相为气固乳化团，连续相为含少量颗粒的气体。目前的循环流化床燃烧锅炉是有灰循环过程的流化床锅炉的总称。

对于以灰为主循环物料的锅炉，图 12-2 给出了循环床物料平衡模型示意图。循环量 c 与燃料燃烧所形成的灰颗粒粒度分布(即成灰特性)有关。设某一粒度的成粒量为 e，依据灰平衡公式 $e=a+b$，a 为由分离器逸出的某一粒度颗粒量，b 为排渣带出的某一粒度颗粒量，一般称 $\frac{c-a}{c}$ 为分离效率 η_a，相类比 $\frac{c-e}{c-a}$ 为排渣的选择效率 η_b，而 $c=e\frac{1}{1-\eta_a\eta_b}$，这一表达式说明 η_a 和 η_b 对循环量同样重要，实际上对细粒度 η_b 接近于 1，循环量主要取决于 η_a；对粗粒度 η_a 接近于 1，则循环量主要取决于 η_b。实测表明在 0.5～3 kg/kg 范围内，对流换热系数几乎与携带率呈线性关系。粒度≥150 μm 的颗粒有着高的分离效率，颗粒在炉内停留时间长，气固相对运动速度大，燃烧速率较高，燃尽程度高；粒度≤100 μm 的颗粒因粒度小，周围温度低，气固相对运动速度小，处于表面动力反应区，其反应速度甚低，加之分离效率低，所以燃尽程度差，是造成不完全燃烧损失的主要原因。提高床温和延长停留时间可减少未燃尽损失，但作用有限，结合脱硫将飞灰成粒再燃是解决飞灰未燃尽损失的根本途径。

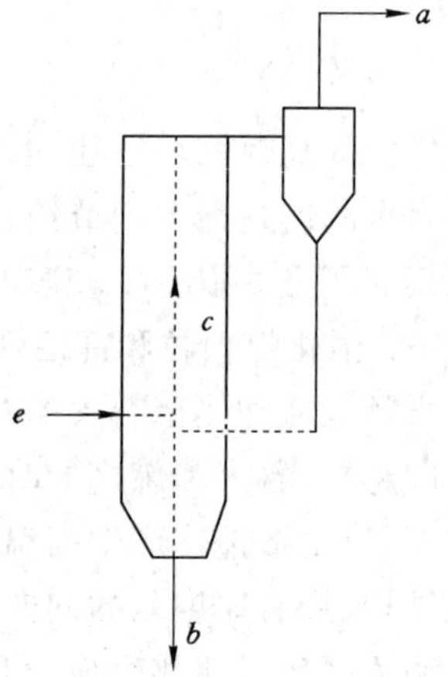

图 12-2　循环床物料平衡模型

除小颗粒难以燃尽外，另一个值得注意的是气相未燃烧损失。一方面，由于给煤点集中，挥发分释放集中，如不能与氧充分混合将难燃尽；另一方面，乳化颗粒团内往往氧不足而气泡或非乳化颗粒团内的氧过剩，因此流化床常出现 CO 和 O_2 浓度同时很高的现象。高温分离过程中气体间能强烈混合，燃尽度提高，中温分离达不到燃尽气相可燃物的目的。

差速循环床是认真研究各种过程后出现的依照规律组织过程的典型。它将床下部某区域的气速恢复到 8～12 m/s，但在上升约 3 m 以后截面扩大，气速迅速降为≤6 m/s，由于高速而带起的粗颗粒将回落，与高速区并列的是一个床速仅为 1 m/s 左右的低速区，颗粒将自然地落入该区，在上升与回落过程中颗粒间相互作用明显，又提供了团聚的条件。高速区内的燃烧份额将明显降低。与仅依靠分离器分离的锅炉不同，主循环颗粒不再仅为 300 μm 左右的一个狭窄粒度带，可向粗粒径延伸到 1.5 mm 左右，是一个很宽的带，而且由于分离器入口的较粗颗粒增加，分离效率提高，因此，循环量甚大。大循环量、强传热和高速燃烧区低的燃烧份额，使锅炉的出力和燃料适应特性改善。

在没有采用差速循环床的条件下，用水冷壁构筑的异形分离器是循环床锅炉结构的重大进展。现有高温旋风分离器有不冷却与汽冷两种。不冷却分离器内耐火衬里很笨重，只能采用下支撑结构，它与燃烧室的上悬吊结构有矛盾，总重也太重，启动时也容易损坏，人们一直想改变它。FW 公司首先采用过热器构筑汽冷分离器，将分离器制成圆形，后发现难以运输和安装。以水冷壁构筑的分离器外形是方形，制造运输方便，内部四角抹圆，分离效果相当好，与不冷却筒一样能达到高燃尽度和较大循环量，其优势是特别适于大型化。

由于差速循环床已完全解决了炉内燃料与传热问题，分离器的任务将有所改变，即它首先应保证气相可燃物燃尽，至于细颗粒的燃尽可以用设于低温区的第二级分离和飞灰制粒再燃解决，对高温分离效率的要求可以降低，这一变化将形成新一代大型循环流化床锅炉。

二、流化床燃烧的优点

煤的流化床燃烧是继层煤燃烧和悬浮燃烧之后，发展起来的第三代煤燃烧方式。由于固体颗粒处于流态化状态下具有诸如气固和固固充分混合等一系列特殊气固流动、热量、质量传递和化学反应特性，从而使得流化床燃烧具备一些与层煤燃烧和悬浮燃烧不同的性能。

与常压流化床相比，增压流化床内气体密度大，允许较低的流化速度（约为 1 m/s），这样，可减轻床内受热面和炉墙的磨蚀；较高的压力也允许床层较深。因此低速和深床的综合效应使得气体在床内的停留时间增长，从而进一步减少脱硫所需的脱硫剂用量，并且改善燃烧效率。

1. 燃料适应性强

流化床内新加入的燃料和脱硫剂占整个床料的比例很小，即使劣质燃料，一旦进入流化床，立刻会被大量的灼热惰性粒子包围和稀释，并在床层温度不明显降低的前提下，使燃料迅速加热到高于其着火温度，顺利地着火、燃烧和燃尽。许多循环流化床锅炉燃用煤的灰分高达 40%～60%。

2. 易于实现炉内高效脱硫

流化床内气固混合充分且燃烧温度恰好处于 $CaCO_3$ 与 SO_2 反应的最佳温度。在燃烧过程中加入廉价易得的石灰石或白云石，就可方便地实现炉内高效脱硫。

3. NO_x 排放量低

流化床燃烧实际上是一种有效的低温强化燃烧方式。床内温度较低且分布均匀，空气中的氮氧化物（NO_x）的含量很低。

对于分一次空气和二次空气加入助燃空气的分段流化循环流化床，因炉膛底部处于还原状态，此处析出的部分燃料氮会转化为分子氮，不能充分与氧反应生成 NO_x。而分子氮即使在炉膛上部的氧化区也难氧化，因此 NO_x 生成量更小。

4. 燃烧效率高

流化床的气固混合好，燃烧速率高，较小煤粒在炉膛高度的有效范围内，有足够时间燃尽，因而，相对层燃炉而言，燃烧效率要高。特别是循环流化床锅炉，因为绝大部分未燃尽的炭粒被高温旋风分离器捕集后，再送回炉膛，从而获得更长的燃尽时间。所以能在比鼓泡流化床更宽的运行变化范围内获得更高的燃烧效率，达到可与煤粉炉相媲美的程度。

5. 灰渣便于综合利用

流化床的低温燃烧特性使其产生的灰渣具有较好的活性，可以用来做水泥熟料或其他建筑材料的原料。另外，流化床燃烧温度低，燃烧过程中钾、磷等升华很少，灰渣中钾、磷等成分含量相对较高，能用于改良土壤和做肥料添加剂。

流化床锅炉具有较高的传热系数、较低的投资和较低的排放浓度，而且其燃料的适应性比较广泛，不但可以燃用优质煤，而且可以燃用高灰煤、高硫煤、高水分煤、煤矸石、泥煤、煤泥、油页岩、石油焦、炉渣和垃圾等。除此之外，流化床锅炉还具有负荷调节性能好、便于大型化等优点。

三、流化床燃烧设备

流化床锅炉，又称沸腾炉，有着与常规锅炉类似的水汽系统，差异主要表现在燃烧系统，在辅助系统中煤制备系统、鼓风及引风除尘系统、脱硫剂系统、排渣系统、仪表控制系统也有一定差异。随着流化床锅炉的大型化，流化速度得到了提高，出现了常压鼓泡流化床锅炉、常压循环流化床锅炉、增压鼓泡流化床锅炉、增压循环流化床锅炉等类型，燃烧压力从常压增加到了 10 多个大气压。从常压锅炉到增压锅炉的发展使锅炉截面热负荷提高了 6～10 倍，从鼓泡床到循环床的发展使锅炉截面热负荷提高了 1～2 倍。流化床锅炉的发展使锅炉在相同功率的条件下，大幅度减少了炉膛截面积。

1. 鼓泡流化床锅炉

图 12-3 是鼓泡流化床锅炉的结构示意图。流化床给煤可采用床上方重力送入、螺旋输送机给入和给煤嘴气流输送等多种方式。其中燃料重力送入机构由送煤链条、调节挡板和单向煤阀等构成，结构相对简单。对燃料的粒度、水分含量要求较宽松，但送入的小粒径煤容易被气流吹走，影响燃尽程度，而且给煤也不易均匀分布到整个床面上。螺旋输送机给煤可使小粒径煤不会被风吹走，但也不易做到沿床面均匀分布。对于锅炉容量大于 65 t/h 的锅炉，多采用气流给煤喷嘴方式，但气流给煤对煤的粒度和水分要求相对比较严格，否则会造成给煤喷嘴堵塞。

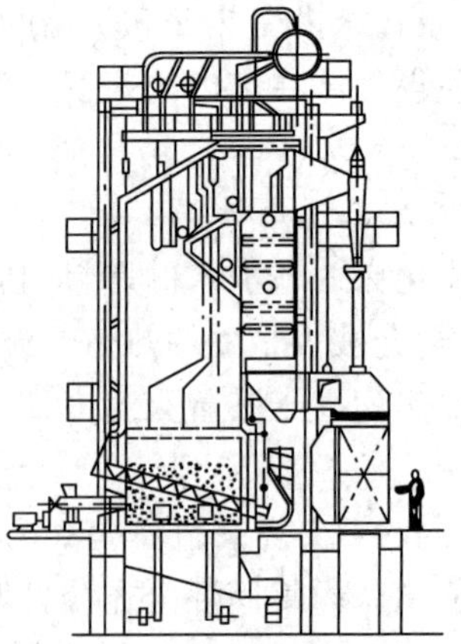

图 12-3　鼓泡流化床锅炉结构示意图

鼓泡流化床炉底无移动的链条炉排，无法自动将渣连续排出炉外，因此必须在布风板或炉底布置冷渣管，按时排出沉积在底层无法流化的重颗粒及不正常燃烧时产生的渣块，保证正常流化；在床面附近还要布置溢流孔连续排出溢流灰保持流化床床面正常高度和恒定的存料量。在正常存料量下仅1%～3%的床料是燃料，所以着火条件良好，燃料适应性广泛。流化床中的细小颗粒必然会产生扬析，所以在床面上必须布置合适高度的悬浮段，让吹出床面的细粒和析出的挥发分有充分的停留时间，保证较高燃尽率。同时炉膛布置足够数量的受热面，以保持850 ℃左右的正常床温，受热面主要由膜式水冷壁和埋浸受热面组成。膜式水冷壁延伸到炉底，风帽即安装于水冷壁鳍片上，风室也焊接在水冷壁上，整个炉膛、布风装置和风室连成一体，能很好解决炉膛热膨胀带来的一系列问题。

鼓泡流化床锅炉对燃料的适应较强，可以燃用几乎所有固体燃料，包括石煤、煤泥和高硫烟煤等。正常的床温为850 ℃左右，SO_2、NO_x排放量明显低于层燃炉和煤粉炉，也低于链条式流化床锅炉。但鼓泡流化床锅炉也存在着许多问题和缺陷，如热效率低（一般在60%左右），锅炉对流面、埋管磨损严重，在向鼓泡床内加石灰石脱硫时，石灰石的钙利用率较低，大型化受到床面积限制等。

2. 循环流化床锅炉

循环流化床锅炉是新一代沸腾炉。循环流化床锅炉燃烧与鼓泡流化床锅炉燃烧的最大区别是：在循环流化床锅炉燃烧中，布置有高温或中低温分离器，可将未燃尽的煤粒分离下来，经回送装置送回床层继续燃烧。除了分离器难以分离下来的极细颗粒外，其余颗粒都要经历几次、几十次、甚至上百次的循环燃烧，大大增加了颗粒在床内总的停留时间，以保证充分的燃尽。另外，循环流化床锅炉燃烧与鼓泡流化床锅炉燃烧的另一主要区别是：鼓泡流化床锅炉燃烧的流化速度通常只有2.5～3.0 m/s，属鼓泡流化床流动状态；而循环流化床锅炉燃烧的流化速度通常为3～10 m/s，甚至超过10 m/s。根据燃料粒度、一二次风比例及流化速度的不同，循环流化床锅炉燃烧炉膛内的流动状态有三种情况：① 炉膛上下均为快速床流化状态；② 炉膛下部呈湍动床状态，上部为快速床状态；③ 炉膛下部呈鼓泡流化床状态，上部为快速床状态。显然，三种情况无论哪一种都与单一的鼓泡流化床在流动结构和流动特性上有很大不同。图12-4为循环流化床锅炉燃烧技术原理示意图。可以看出，常压循环流化床锅炉由固体物料循环回路和对流烟道两大部分组成。

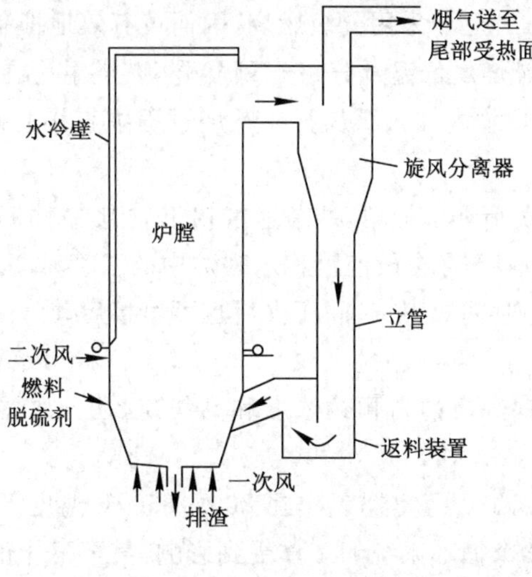

图12-4　循环流化床锅炉燃烧技术原理示意图

一般地，循环流化床锅炉燃烧系统由给料系统、燃烧室（炉膛）、分离装置、循环物料回送装置等组成，有的还外置一热交换器或内置一热交换器（有些炉型中，返料机构与外置流化床热交换器相结合）。炉膛内通常布置有水冷管，燃烧所产生热量的一部分就由这些水冷管吸收。而在对流烟道上布置有过热器、省煤器和空气预热器等，用于吸收烟气的余热。此外，循环流化床锅炉还配有排渣和颗粒分级设备。

循环流化床锅炉的关键部件是分离装置，其形式有旋风分离型、炉内卧式分离型、惯性分离型、炉内旋涡型和组合分离型等几种。到目前为止，旋风分离型是一种比较成熟的技术，分为上出气型、下出气型和水汽冷型。

燃料和脱硫剂在循环流化床燃烧室的下部给入，燃烧用的空气分为一次风和二次风，一次风从布风板下部送入，二次风从燃烧室中部送入。循环流化床运行风速一般为 5～8 m/s，使炉内产生强烈的扰动，并将物料带离燃烧室。燃烧室内布置部分水冷壁受热面，炉膛室温控制在 850～900 ℃以利于石灰石高效脱硫及抑制 NO_x的生成。气流从燃烧室携带出来的高温物料经分离器分离后，由循环物料回送装置送回燃烧室，完成循环。分离器引出的高温烟气经尾部受热面冷却后，经除尘器除尘排入大气。

作为一种新型高效低污染清洁燃烧技术，循环流化床锅炉燃烧技术具有其他燃烧技术无法比拟的优点，在环保和劣质燃料利用方面显示出极大优势。国际上已有数百台不同容量的循环流化床锅炉投入运行，获得了可观的经济效益、社会效益和环保效益。

循环流化床锅炉具有以下技术特点：

(1) 循环流化床为湍流床或快速床，炉内混合或湍动强烈，且煤粒反复循环，具有足够长的反应时间，故燃烧效率高于鼓泡流化床。

(2) 循环流化床锅炉的操作速度是鼓泡流化床锅炉的 3～5 倍，炉膛截面热负荷远大于鼓泡流化床锅炉，因此炉膛截面积可大为减少；另外可采用前后墙气力给煤，减少给煤点。因此，容易解决大型化问题。

(3) 循环流化床锅炉燃烧的炉膛温度控制在 850 ℃左右，属低温燃烧；另外，在炉膛上中下不同位置都可以布置二次风，采用分级燃烧，因而可有效地抑制 NO_x的生成。

(4) 循环流化床锅炉燃烧属低温及分级配风燃烧，燃烧温度在 850～900 ℃范围内，低温燃烧技术可实现直接向炉膛内加入石灰石在燃烧过程中直接脱硫，脱硫效率高且技术简单、设备经济。

(5) 循环流化床锅炉负荷调节简单，调节速度快于鼓泡流化床锅炉。

(6) 不布置埋管受热面，不存在鼓泡流化床锅炉中的埋管易磨损问题。另外，床内没有埋管，启动、停炉、结焦处理时间短，长时间压火后也可直接启动。

循环流化床锅炉燃烧的主要问题是：

(1) 由于循环流化床锅炉内的高颗粒浓度和高气速，在分离器之前对流受热面磨损严重，限制了烟速的提高。

(2) 高循环倍率循环锅炉中分离器工作在 800～850 ℃温度下，一旦运行不正常，烟温偏高时就会产生结渣，使整个循环系统的工作受到影响，甚至不能正常运行。

(3) 循环流化床锅炉的负荷、过热气温、循环倍率和床温等均彼此关联，因此自动控制要求很高。

3．增压流化床锅炉

增压流化床锅炉燃烧技术的出现主要是为了提高流化床的压力，使其能与燃气轮机配套组成联合循环机组，以提高整个热力循环的效率。和常压流化床一样，增压流化床也有鼓泡流化床和循环流化床之分。

从结构上看，增压流化床锅炉与常压流化床锅炉不同之处在于，它的鼓泡或循环流化床炉膛、启动燃烧器和高温旋风分离器（对于增压循环流化床锅炉）等被置于一个大的压力容器中，加压 6～16 个大气压，如图 12-5 所示。

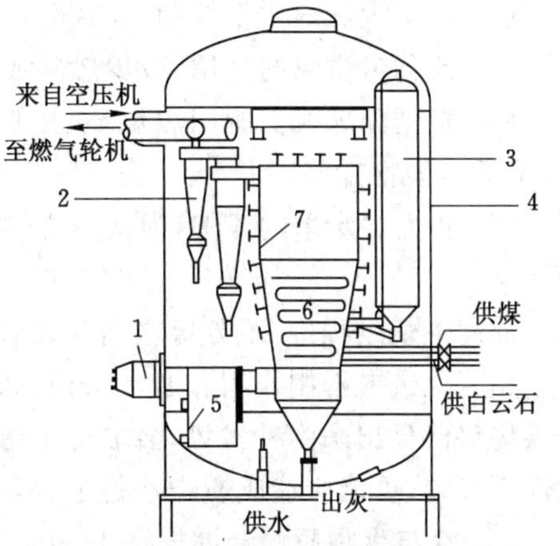

1—床体预热器；2—旋风器；3—灰容器；
4—压力容器；5—灰冷却器；6—管束；7—床体。

图 12-5　Tidd 增压流化床锅炉结构示意图

从系统配置来看，由于增压流化床锅炉内煤的燃烧是在高压下进行的，因此，除了锅炉产生的蒸汽可用来驱动汽轮机发电外，燃烧产生的高压热烟气经过净化，以满足燃气轮机和环境保护的要求后，进入燃气轮机的膨胀室，膨胀产生的能量一方面可用于驱动压缩机，为增压流化床锅炉提供压缩空气，另一方面，能用于发电，从而组成联合循环发电系统。增压流化床可组成增压流化床燃烧燃气-蒸汽联合循环（PFBC-CC），提高发电效率。增压流化床锅炉排出的是有压高温烟气，经高温除尘器除尘后可推动燃气轮机发电，燃气轮机排出的具有较高温度的废气供余热锅炉产生蒸汽，蒸汽再推动蒸汽轮机发电，这样就组成了燃煤燃气-蒸汽联合循环，称为第一代 PFBC-CC 技术，其发电效率比相同参数的常规粉煤电站的发电效率可高出 3～5 个百分点。为了克服第一代 PFBC-CC 燃气轮机进气温度低（低于 900 ℃）的不足，在其基础上增加一个煤气化炉。煤和脱硫剂先被送入加压气化炉，经气化炉气化生成低热值煤气和半焦，半焦和另一些煤送入增压流化床锅炉，通入过量空气燃烧；低热值煤气经除尘除硫净化后，在前置燃烧室产生高温燃气（1 300～1 400 ℃），并与增压流化床锅炉排出的温度为 850 ℃左右的烟气汇成 1 150 ℃左右的高温燃气进入燃气轮机，从而使燃气轮机发电比例达到 50%左右，称为第二代 PFBC-CC 技术。

增压流化床锅炉在加压条件下燃烧，大大强化了燃烧和传热过程，燃烧室截面热强度比常压时增加 5～15 倍，从而可大大减小锅炉炉膛和受热面尺寸，进而缩小设备尺寸。

第四节　煤炭混燃技术

一、混煤燃烧技术

混煤燃烧技术是指将两种或多种不同的煤种加以混合之后进行燃烧的技术，是一种能提高燃料利用率、节约煤炭资源的新技术。该技术能在一定程度上减少锅炉结渣和积灰，提高锅炉效率，降低氮氧化物和硫氧化物的排放。采用混煤燃烧技术可以有效解决实际电站锅炉供煤不足的问题，增加能源动力设备对燃料的适应性，降低运行故障的发生。目前为止该技术已经得到普遍研究与应用。

实际电厂使用混煤燃烧技术不但能为企业提供可靠安全保障,同时对减少发电燃料成本、提高企业经济收入具有很大的实际意义,具体表现在:

(1) 能够保证燃煤质量的平衡,稳定供入电厂煤与进入锅炉煤之间的热量差值,使锅炉用煤煤质更加稳定可调。

(2) 可实现燃煤质量控制,如灰分控制、硫分控制、挥发分控制、热值控制等。

(3) 改善劣质煤的利用,减少燃料成本,降低发电成本。

(4) 根据配煤改变所用煤煤质,以解决和改善锅炉结渣问题,减少受热面的腐蚀和磨损,降低污染物排放。

(5) 扩大煤炭采购范围,为锅炉提供多种煤质选择,并使发电厂完全不受某些类型煤炭的影响。

混煤燃烧过程中,组分煤之间存在着复杂的传热、传质与化学反应作用,彼此之间可能发生相互促进或抑制作用。通常来说,如果组分煤选择合理、掺混比例选取恰当,能将各组分煤优势凸显出来弥补劣势,会取得不错的效果;若掺烧不合理煤种,混煤配比不恰当,燃烧条件不优越,可能会造成燃烧不稳定、污染物排放增多等后果。

二、煤与生物质混合燃烧技术

煤与生物质混合燃烧技术可以分为直接混燃技术和间接混燃技术。直接混燃技术要求将生物质燃料预先处理成可以和煤混烧的状态直接送入炉膛实现混烧,主要有以下实现方案:① 同磨同燃烧器混燃,生物质和煤在给煤机上游混合后送入磨煤机,然后混合燃料被送至燃烧器;② 异磨同燃烧器混燃,生物质燃料的输送、计量和粉碎设备和煤粉系统分离,粉碎后的生物质燃料被送至燃烧器上游的煤粉管道或煤粉燃烧器。间接混燃技术是将生物质在气化炉中进行气化,气化产生的生物质气喷入煤粉炉中实现混烧。间接混燃技术投资高于直接混燃技术。直接混燃技术是应用最多的一种技术。煤与生物质混合燃烧可以充分利用燃煤电厂的现有设备进行改造,建设周期短,投资和运行成本低,同时在大型高效燃煤机组中混燃生物质可实现较高的生物质转化利用效率。在大多数情况下混合燃烧又能有效减少氮硫气态污染物的排放。同时混燃掺混比例灵活,又可避免对生物质燃料的过度依赖。

第五节　洁净煤发电新技术

一、超(超)临界燃煤发电技术

1. 超(超)临界机组的概念

工程热力学将水的临界状态点参数定义为:压力 22.12 MPa,温度 374.15 ℃。当水的状态参数达到临界点时,在饱和水与饱和蒸汽之间不再有汽、水共存的两相区存在。与较低参数的状态不同,这时水的传热和流动特性等会存在显著的变化。当蒸汽参数值大于上述临界状态点的压力和温度值时,则称其为超临界参数。

超临界机组是指主蒸汽压力大于水的临界压力(22.12 MPa)的机组。习惯上又将超临界机组分为两个层次:① 常规超临界参数机组,其主蒸汽压力一般为 24 MPa 左右,主蒸汽和再热蒸汽温度为 540～560 ℃;② 高效超临界机组,通常也称为超超临界机组或高参数超临界机组,其主蒸汽压力为 25～35 MPa 及以上,主蒸汽和再热蒸汽温度为 580 ℃及以上。理论和实践证明常规超临界机组的效率可比亚临界机组高 2%左右,而对于高效超临界机组，其效率可比常规超临界机组再提高4%左右。

2. 理论基础

火力发电技术主要是由锅炉和汽轮机来完成的，为了节约能源，必须提高机组的发电效率。众所周知，从锅炉出来的蒸汽初参数对整个发电的效率有着直接影响（图12-6）。由Rankine循环可知：提高气压、气温的主要目的是改善热循环效率。气压与气温不是相互完全独立的两个变量，必须予以协调考虑，以做到排气不过热，也不含湿过多，对再热机组都是有可能的。提高蒸汽参数得益于排气量的减少，即排至凝汽器热量的减少。提高蒸汽压力还可增加抽气量，这样又进一步减少了排气量。

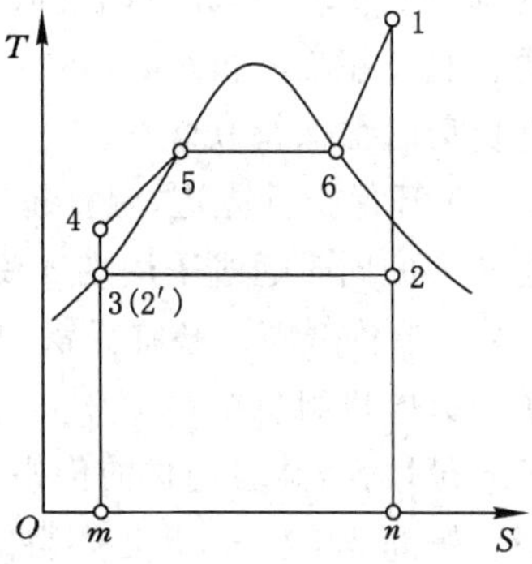

图12-6　Rankine循环图

欲获取最大的热耗收益，气温与气压必须同步增加。以某一定气压、气温为基准，提高气压，热耗随之减少，至一定程度后，热耗的减少量会逐渐缩小，此时，如能同时提高气温，节能效果仍能有较显著的提高。蒸汽压力高则高压级的容积流量减少，泄漏损失及其他叶片损失相应增加。其他改善工况以降低热耗的措施，如增加再热次数和加热级数、提高给水温度和蒸汽温度等也都存在类似制约条件，有优化问题。

由图12-6可知，1～2是蒸汽在汽轮机中绝热膨胀，并对外做功；2～3是膨胀终了的湿蒸汽在冷凝器中对冷却水定温定压放热并凝结成饱和水；3～4为凝结水在给水泵中被绝热压缩，压力升高，再次进入锅炉；4～1为高压水在锅炉中定压吸热，从未饱和水加热到过热蒸汽。

(1) 蒸汽初温的影响

在初压 p_1 和背压 p_2 不变的情况下，提高初温可以提高循环的平均吸热温度，从而提高循环的热效率。此外提高初温还可以增大排汽的干度从而改善汽轮机的工作效率。但是初温的提高受到锅炉中过热器和汽轮机中叶片材料耐高温的限制，不能一味地追求高温。从理论上讲，当压力不变，主蒸汽和再热蒸汽温度从538 ℃提高到566 ℃时，汽轮机热耗下降0.6%～0.7%。

(2) 蒸汽初压的影响

在保持背压 p_2 和初温 T_1 不变的情况下，提高初压可以提高循环的平均吸热温度，从而提高循环的热效率。然而提高初压会降低汽轮机排汽的干度，排汽中含水过多将会危及汽轮机的安全，并降低最后几级的工作效率。从理论上讲，当主蒸汽压力从16.5 MPa提高到24.1 MPa时，汽轮机热耗下降1.8%～2.0%。总之，提高蒸汽初参数 p_1 和 T_1、降低排汽压力 p_2 均可以提高循环效率。

3. 超(超)临界燃煤发电技术的特点

(1) 效率高。超(超)临界机组效率高，可以达到43%以上。

(2) 单机容量大。超(超)临界机组的单机容量可以达到1 000 MW以上，与其他洁净煤发电技术相比可以很大程度降低机组的单位造价。

(3) 可靠性好。在目前的洁净煤发电技术中，超(超)临界燃煤发电技术运行可靠性能最高。

(4) 可调性较好。同样完好的超临界机组与亚临界机组如果都能配备好的热工自动控制系统,便有良好的调节性能,超临界机组锅炉无厚壁元件(无汽包),变负荷性能好,可适应电网调峰的要求,其允许的最低负荷和负荷变化率与亚临界机组相仿,带中间负荷已经有成熟的经验。超临界机组具有夜间停机、快速启动以及频繁改变负荷的能力,使机组在高负荷和低负荷时都保持高效率。

(5) 环保指标先进。超(超)临界机组具有明显的排放优势。超(超)临界机组在达到高发电效率的同时通过采用烟气脱硝、烟气脱硫等技术可降低污染物的排放。

(6) 造价低廉。超临界锅炉价格比亚临界锅炉高出5%左右,汽轮机的价格变化不大,而整个火电机组价格增加2%~3%。虽然电站的投资费用增大2%左右(随着科技进步和单机容量增大,高级钢材的价格将有所下降,电站的单位造价将减少),但超临界机组的供电效率可提高2%左右,并且燃料的价格不断上涨,那么在4年左右能用所节省的煤量折价去抵消投资费用的增量部分,因此在我国煤价相对较高的东南部广大地区使用超临界机组是有利的。

二、整体煤气化联合循环发电技术

整体煤气化联合循环发电系统是将煤气化技术和高效的联合循环系统结合起来的先进动力系统,为当今世界能源关注的一个热点。它将逐步取代现有的汽轮机电站,成为火电动力的主要发展方向。

1. IGCC总体设计

总体设计的第一步是划分部件,总体中的部件与一般概念的部件不完全相同,汽轮机在一般概念中可以是一个部件,但在IGCC总体中就不是一个独立的一级部件。

如图12-7所示,对于IGCC总体,整个热力系统应分为两个部分:气化岛和动力岛。气化岛部分又可分为3个子部件,即气化炉本体、净化器和空分装置;动力岛部分又可分为2个子部件,即燃气轮机和蒸汽系统(余热锅炉和汽轮机分别为蒸汽系统的子部件)。余热锅炉与汽轮机应首先参加蒸汽系统的优化设计,决定蒸汽参数后再分别进行本部件的设计。

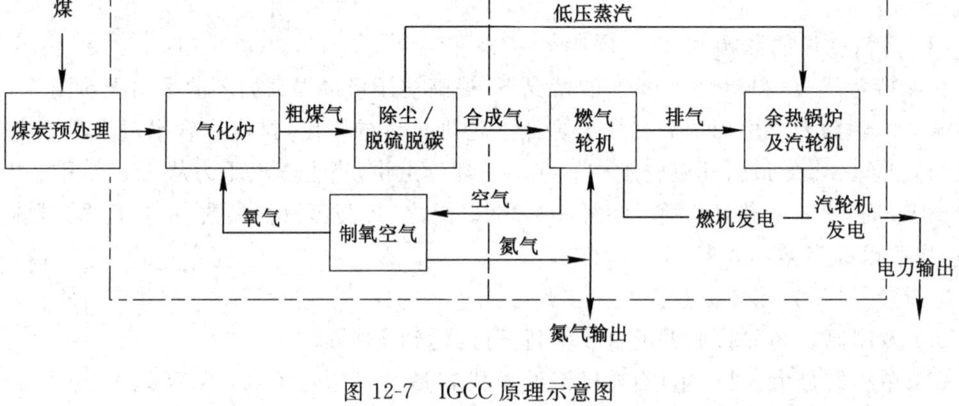

图12-7 IGCC原理示意图

蒸汽系统优化设计将决定蒸汽系统的形式(如单压、双压、是否再热等)和新蒸汽参数(如温度、压力、流量等),因此,汽轮机的参数应在这个子系统的优化设计中选定。

装置效率取决于气化炉、燃气轮机和汽轮机的效率，气化炉效率对总体产生正比的影响；燃气轮机和汽轮机效率则通过加权系数产生正比的影响。气化炉和燃气轮机在按现实的先进设备原则选用时，其效率值基本已确定，因此只能考虑余热锅炉和汽轮机的优化设计。

IGCC 为多种高技术的集成，它包括：先进的煤气化技术、高温净化技术、高性能的燃气轮机、匹配协调的余热锅炉和汽轮机以及系统一体化技术等。IGCC 首先将煤在气化炉中进行气化产生煤气，然后经过净化处理后通到燃气轮机的燃烧室中燃烧，经燃气轮机做功后再排入余热锅炉中产生蒸汽供给汽轮机做功。

IGCC 关键技术及设备主要包括：气化炉、制氧空分设备、燃气轮机、合成气净化设备、余热锅炉、汽轮机与热回收设备。

2. IGCC 的主要特点

(1) 燃料适应性广。IGCC 对煤种适用性取决于所采用的煤气化技术的适用性，已运行的 IGCC 技术采用多种煤气化技术，煤种适用性较强。

(2) 热效率高。当今商业试验的大型 IGCC 电站效率达 42%～46%。随着有关技术的进步，IGCC 电站的净效率可能达到 52%或更高。

(3) 污染排放少，环保性能优良。IGCC 粉尘排放几乎为零，脱硫率达 98%，脱氮率达 90%。由于能量转换效率高、少烧燃料，其 CO_2 排放量也减少 1/4。

(4) 耗水量少。比常规汽轮机电站少耗水 30%～50%，使之更适用于水源紧缺的地区，特别是煤矿地区，建立坑口电站。

(5) 能综合利用煤炭资源，组成多联产系统。能同时生产电、热、燃料气和化工产品，如甲醇、醋酸、合成气、尿素等，有利于降低生产成本。

(6) 燃煤后的废物处理量少，且可综合利用脱硫后生成的元素硫或硫酸，有利于降低发电成本。灰和微量金属元素熔融冷却后形成珠状渣、固化碱金属等有害物质，不仅大大减缓环境污染，而且可以用作水泥的熟料。

三、循环流化床燃烧发电技术

循环流化床燃烧发电技术因其燃料适应面广、燃烧效率高、污染物排放少等优点，在国内火力发电领域得到了快速发展。循环流化床锅炉可分成两个部分：第一部分是由炉膛、气固物料分离设备、固体物料再循环设备等组成的固体物料循环回路；第二部分为对流烟道，其布置与常规煤粉锅炉相近。燃料所需的一次风和二次风分别从炉膛的底部和侧墙送入，燃料的燃烧分别在底部的密相区和上部的稀相区中完成。由气流带出炉膛的固体物料在气固分离装置中被收集，并通过返料装置送回炉膛。飞灰等极细小颗粒随烟气带入尾部烟道。

循环流化床燃烧发电技术的优点如下：

(1) 燃料适应广。循环流化床锅炉炉膛中存有大量受炽热固体颗粒形成的床料，热容量相当大，而新加入的燃料所占比重仅是整个循环床料的 5%～7%，新燃料加入后会随着循环迅速地被加热到着火温度达到燃烧释放热量。煤质变化对锅炉燃烧及带负荷影响较小，有助于电网的安全运行。

(2) 循环流化床锅炉的燃烧效率一般为 95%～99%，比鼓泡流化床锅炉高，和煤粉锅炉不相上下。因具有良好的气固混合、飞灰可再循环燃烧等优势，所以循环流化床锅炉的燃烧效率高。

(3) 污染物排放量较少。由于循环流化床锅炉的燃烧温度控制在 850～900 ℃，有效提高了脱硫效率，还原气氛低温动力燃料和二次风分段送入，抑制了空气和燃料中的氮转化为 NO_x。

(4) 灰渣综合利用易实现。循环流化床锅炉在低温燃烧中，其灰渣含碳量因炉内优良的燃尽条件可低于1%。这有利于提取灰渣中的稀有金属，也有利于对灰渣实行综合利用，将其制成建筑材料或者水泥掺和料。

(5) 调节能力强。循环流化床锅炉在负荷变化时，只需要调节自身的物料循环量、给煤量和空气量，就可以稳定燃烧。一般情况下，其负荷调节速率可以达到每分钟4%，负荷调节比可达(3～4)∶1。

四、增压流化床联合循环发电技术

增压流化床联合循环(PFBC)发电技术是一种新型节能、高效、洁净燃煤发电技术。PFBC电站的燃气-蒸汽联合循环系统主要由增压流化床锅炉岛、燃气轮机岛和蒸汽机岛组成。增压流化床锅炉是PFBC的核心装置，由它产生的蒸汽驱动汽轮发电机组发电，燃烧产生的高压烟气经净化驱动燃气轮发电机组发电。

1. 增压流化床锅炉的工作原理

增压流化床锅炉主要由压力壳、燃烧室中的流化床、水冷壁及埋管受热面、烟气净化装置等组成。增压流化床锅炉的工作原理基本与常压流化床燃烧锅炉工作原理一样。经过增压的空气通过布风板进入燃烧室，从而使床层内的颗粒状燃料处于强烈扰动状态，燃料与空气在加压状态下剧烈反应，燃烧效率和脱硫效率得到进一步提高，燃烧室热负荷增大，改善了传热效率，锅炉容积紧凑。烟气经净化装置除尘后，驱动燃气轮机做功。图12-8为典型的增压流化床锅炉燃烧系统示意图。

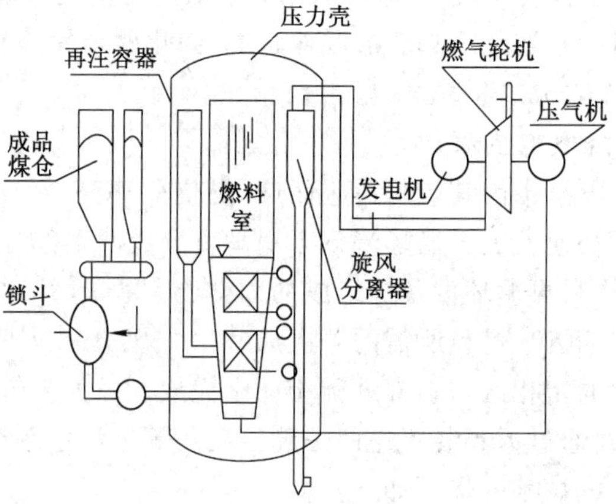

图12-8　增压流化床锅炉燃烧系统示意图

2. 增压流化床锅炉的基本结构

增压流化床锅炉主体结构由压力壳及位于压力壳内的流化床燃烧室(炉膛)、旋风分离器、回料器等组成。压力壳内增压流化床锅炉的布置与常压流化床锅炉大致相同，为减小压力壳尺寸和便于检修，将汽包和陶瓷过滤器设置在压力壳外。蒸发受热面由炉膛内的水冷壁组成，过热器和再热器布置在炉膛内，过热蒸汽采用两级喷水减温。由于不具备对再热蒸汽的其他调温手段，所以对再热蒸汽也用喷水降温。此外，还有再热蒸汽启动旁路系统。增压流化床锅炉布风板风速为 4～5 m/s，与常压流化床锅炉大致相当。

3. 增压流化床联合循环发电技术及其特点

增压流化床联合循环发电技术是以一个增压的（1.0～1.6 MPa）流化床燃烧室为主体，以蒸汽、燃气联合循环为特征的热力发电技术。增压流化床联合循环燃烧系统一般是将煤和脱硫剂制成水煤浆，用泵将其注入流化床燃烧室内（另一种方法是用压缩空气将破碎后的煤粉吹入流化床燃烧室内）；压缩空气经流化床底部压力风室，从布风板吹入炉膛，使燃料流化、燃烧，并在流化床燃烧室中部流入二次风使燃料燃尽。流化床内燃烧温度一般控制在 850～950 ℃。炉膛出口的高温高压烟气经除尘后驱动燃气轮机，使燃气轮机为压缩空气提供动力，带动发电机发电。同时，锅炉产生的过热蒸汽进入汽轮机，带动发电机发电。大型化是增压流化床联合循环发电技术的发展趋势。因此，对大型增压流化床联合循环发电的产品开发势在必行。

增压流化床联合循环发电技术的优点如下：

(1) 效率高。由于增压循环流化床锅炉不存在冷却烟气温度悬浮段，因此，它的烟气出口温度高于增压鼓泡流化床锅炉的烟气出口温度，有利于提高燃气轮机的功率和效率。

(2) 低排放。由于某种原因，增压循环流化床锅炉的分级燃烧和未燃尽炭造成的还原性气氛，使它的 NO_x 排放量更低，可以在不增加其他脱氨装置（如 SNCR）的情况下满足 NO_x 排放要求。同时，由于流化床内物料的循环，提高了脱硫剂的使用率，有利于进一步降低 SO_2 的排放。

(3) 负荷调节性能好。在增压循环流化床锅炉中，可以通过调节一、二次风配比改变炉膛传热，从而进行负荷调节，不需要改变炉膛内固体物料量。同时，增压循环流化床锅炉保温物料量和耐火防磨材料用量较少。因此，它的负荷调节速度较快，启、停时间较短。

(4) 受热面磨损小。由于增压循环流化床锅炉密相区内无沉浸受热面（增压鼓泡流化床锅炉所必需的），可以大大降低受热面的磨损。

(5) 维修方便。增压循环流化床锅炉内采用屏式受热面，检查和维修都比较方便。

(6) 占地面积小。增压循环流化床锅炉具有较高的面积热负荷，所占空间小于增压鼓泡流化床锅炉。因此，对于给定的电厂容量，增压循环流化床锅炉的压力壳直径小于增压鼓泡流化床锅炉。

(7) 系统简单。由于增压循环流化床锅炉内的风和煤粉混合更加强烈，因此可以用更少的给煤点，从而简化了给煤系统。同时，增压循环流化床锅炉内需要床料处理系统进行床温控制，从而简化了物料系统，减少了压力壳尺寸。

思　考　题

1. 简述煤着火燃烧过程。
2. 简述目前提高煤粉燃烧效率的手段与技术。
3. 绘图说明流化床燃烧工作原理并分析其优点。
4. 与常压流化床燃烧相比，增压流化床燃烧具有什么特点？
5. 查阅文献，简述超（超）临界燃煤发电技术的研究现状与发展方向。
6. 循环流化床锅炉工作原理与增压循环流化床锅炉工作原理有什么不同？

第十三章 燃煤污染控制与资源化技术

煤在燃烧过程中提供了人类所需要的热能，同时也向大气中排放了大量的烟尘、硫氧化物、氮氧化物、微量重金属元素及碳氢化合物、二噁英类等其他有机物质。这些烟气排入大气，给工农业生产及人类的生存都带来了很大的危害。在我国，燃煤产生的粉尘和二氧化硫排放量分别约占总排放量的70%和90%。煤燃烧过程中排放的污染物主要有烟尘、硫氧化物、氮氧化物、二氧化碳和微量重金属元素等。

第一节 燃煤烟气中主要物质及危害

一、烟尘

烟尘是煤炭燃烧过程中与废气同时排出的烟和尘的总称。烟尘按粒径大小分为降尘和飘尘。直径在10 μm以上，在飘浮过程中能依靠其自重以较快速度降落到地面上的微粒称为降尘；直径小于10 μm，在空气中可长时间飘浮的微粒。称为飘尘。降尘对人体的影响不大，但对室内外的环境卫生有很大影响，若积存过多会使土壤变质，造成对植物生存的影响，存在于水中对动物影响也很大。飘尘对人体危害较大。它主要是通过呼吸道进入人体内部，危害程度取决于粒径的大小及其化学成分，粒径越小，危害越大。烟尘中的炭黑、多环芳烃、苯并芘等可以致癌。

二、硫氧化物

煤炭燃烧过程中产生的硫氧化物主要有二氧化硫、三氧化硫、硫酸雾和酸性尘等。烟气中的SO_3与烟气中水结合生成H_2SO_4。当温度降低时，硫酸气体将形成硫酸雾，硫酸雾凝结于金属表面，对金属具有强烈腐蚀作用。排入大气中的二氧化硫气体在金属飘尘的触媒作用下，也会被氧化成三氧化硫，遇水形成硫酸雾，若被雨水淋落即成硫酸雨。硫酸雾凝结于微粒表面，使一些微粒相互黏结，长大成雪片状的酸性尘。另外，当锅炉低负荷运行时，烟气温度低于烟气露点时，因水蒸气凝结产生酸性腐蚀物，未保温的金属烟囱及烟道内金属因受酸蚀导致酸蚀产物硫酸盐脱落成块状或片状物质，随烟气排入大气，也成为酸性尘。

三、氮氧化物

氮氧化物(NO_x)有NO、NO_2、N_2O、N_2O_3、N_2O_4、N_2O_5等形式，但在煤燃烧过程中生成的氮氧化物主要是N_2O、NO和NO_2。氮氧化物对人体、动植物的生长及自然环境有很大的危害。NO具有一定毒性，很易和血液中血色素结合，使血液缺氧，引起中枢神经麻痹症。而大气中的NO可氧化为毒性更大的NO_2。NO_2对呼吸器官黏膜有强烈的刺激作用，引起肺气肿和肺癌，此外，在阳光作用下NO_x与挥发有机化合物反应能生成臭氧。臭氧是一种有害的、危险的刺激物。NO_2参与光化学烟雾的形成，其毒性更强。大气中NO_x对森林和农作物的损害是很大的，可引起森林和农作物枯黄，产量降低，品质变劣。NO_x还可以生成酸雨和酸雾，对农作物和森林危害很大。此外，NO_x也是一种温室气体。

四、二氧化碳

炭基燃料燃烧的主要产物就是CO_2，烟道气中达15%～20%，汽车排出废气中也有7%～13%。CO_2不是有毒气体，但它使空气中含氧量减少，因而使人感到头痛和呼吸短促。大气中CO_2的最大危害是产生温室效应。它能选择性吸收地球表面的低温辐射红外光谱，使大气层温度升高，同时发出较强的热辐射，使地球表面得到的总辐射量增加而变暖。

五、重金属元素

煤中有多种重金属元素，如汞、砷、锰、镉、铅、铜、铬等，这些元素在燃烧过程中有三种变化迁移方式：对高熔点元素，在燃烧中不挥发，所以排入大气中很少，主要集中在灰渣中；对于易挥发不易冷凝的元素，燃烧中全部以气态排入大气；对于高温下易挥发、低温易冷凝的元素，易在微粒上富集。在上述三种方式中，最有害的是痕量元素在微粒上的富集。因为这些亚微米级的微粒排入大气后，对人体健康毒害很大。例如，吸入铬尘，会引起鼻中隔溃疡和穿孔，增加肺癌发病率；吸入锰尘，会引起中毒性肺炎；吸入镉尘，会引起心肺机能不全。此外，这些重金属飘尘还会促进大气中各种化学反应，产生二次污染。如遇大雨，有些重金属以可溶盐的形式进入地面水和地下水，造成水污染，最终污染食物链和饮用水，甚至通过食物链的富集，在生物和人体中不断地积累起来，对人体的危害更大。

六、多环有机化合物

由于煤是高度复杂的有机物质，含有许多环状有机物。当煤热解和不完全燃烧时，都会在烟气中形成微量的多环有机化合物(POM)。另外在烟气冷却过程中，煤燃烧的产物参与的反应中也会形成POM。煤热解与燃烧中产生的环状结构含氮化合物，如吡啶、吡咯、喹啉和苯基氰等在一定条件下也能形成POM。还有许多POM的产生及排放机理目前还不甚清楚。虽然POM大部分属非致癌物质，但也有像苯二萘这种强致癌物，即使只有很小量，也对人类存在巨大的危害。POM的产生与煤种以及燃烧方式有关。

第二节　烟尘颗粒物脱除技术

一、除尘器概述

锅炉采用的除尘设备可分为干式除尘器和湿式除尘器。干式除尘器是指不对含尘气体或分离的尘粒进行润湿的除尘设备，湿式除尘器是指用水或其他液体，使含尘气体或分离的尘粒润湿的除尘设备。

干式除尘器按烟尘从烟气中分离出来的作用原理，可分为机械力除尘器、过滤式除尘器和静电除尘器三类。湿式除尘器可分为储水式、加压式和旋转式三类。干式旋风除尘器应用最为广泛，对于环保要求高的地方，工业锅炉也有采用湿式除尘器和静电除尘器。

事实上，大气中对人类最有害的粉尘是粒径小于3 μm的微粉，它们长期飘浮在大气中，能通过人的呼吸道进入肺部，特别是当富集有毒的重金属元素和一些致癌物质时，危害更大。因此，从保护大气环境角度来说，重点是控制3 μm以下的飘尘。除去3 μm以下微尘，只能采用洗涤式、袋式过滤和静电式除尘器，对于容量较大的工业锅炉应选用除尘效率高的湿式除尘器或静电除尘器。

二、惯性除尘器

惯性除尘器是利用粉尘和气体在运动中惯性力的差异将粉尘从含尘气体中分离出来的设备。它结构简单,阻力较小,但除尘效率较低,常用于一级除尘。

如图 13-1 所示,含尘气体以一定的进口速度冲击到挡板 1 上,惯性力较大的大颗粒 d_1 被分离捕集,小颗粒 d_2 则随着气流以 R_1 为半径绕过挡板 1,由于挡板 2 的作用,使气流方向发生转变,小颗粒 d_2 借助离心力被分离捕集。粉尘粒径越大,气流速度越大,挡板板数越多和距离越小,除尘效率就越高,但压力损失也越大。

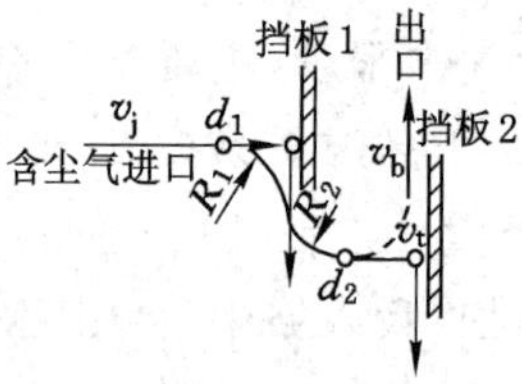

图 13-1 惯性除尘原理

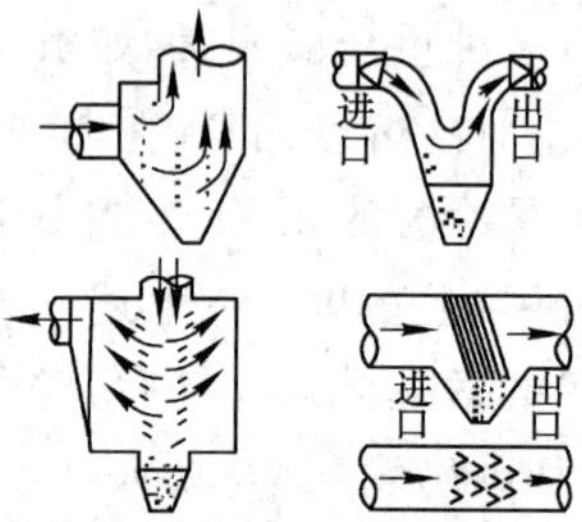

图 13-2 惯性除尘器形式

常见的惯性除尘器形式见图 13-2。这类除尘器分离临界粒径为 20～30 μm 以上,压力损失主要考虑气流动压部分,通常为 100～1 000 Pa。

三、旋风除尘器

旋风除尘器是利用烟气做旋转运动,依靠离心力作用将烟气中粉尘分离出来的设备。这种离心力要比单独靠重力获得的分离力大很多,因而除尘较有效。旋风除尘器可以分离捕集较细的尘粒,除尘效率为 85%左右,阻力一般不大于 1 000 Pa,因此被广泛用作独立的除尘装置,也可用作其他除尘装置的前处理装置,是应用最广泛的一种除尘器。旋风除尘器由进气口、筒体、锥体、排气管、集灰斗等部分组成,如图 13-3 所示。

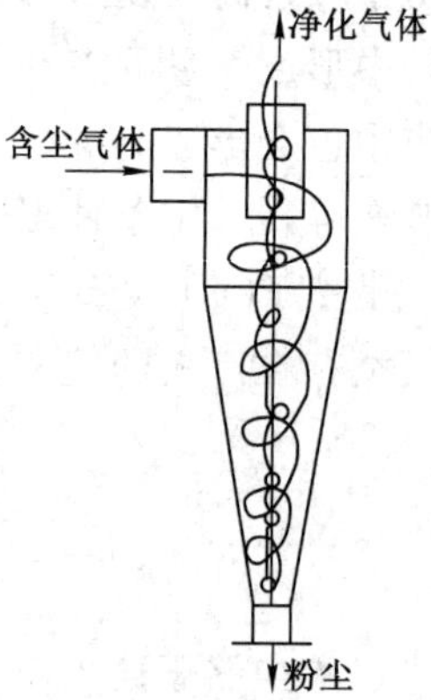

图 13-3 旋风除尘器结构示意图

旋风除尘器本身没有运动部件,结构简单,制造安装费用较少;操作、维护、管理方便;耐高温,可采用不同的材料制作,以适应粉尘管理性能的特殊要求;但这种除尘器捕集细尘的能力较差,在电厂允许的压力损失及一般的飞灰粒径条件下,除尘效率难以满足环保要求。

旋风除尘器的种类繁多,在燃煤电厂锅炉上采用的旋风除尘器主要有两种:大直径旋风除尘器和多管除尘器,后者在小型电站锅炉上使用较多,正逐步被淘汰。

四、过滤除尘器

通过滤料将烟气中的尘粒分离捕集的装置称为过滤除尘器。袋式除尘器是最常用的过滤除尘器,它以过滤滤布作为滤料,将最初形成的粉尘层作为过滤层来捕集粉尘。滤布起着形成粉尘层和支撑其骨架的作用,过滤布袋一般用涂有聚四氯乙烯塑料层的玻璃纤维织成。

含尘气体进入挂有一定数量滤袋的袋室后,首先被干净的滤袋纤维过滤。当粉尘通过和接近滤布网孔时，容易黏附在滤网丝上，尘粒越细，其黏附力越大，不容易被振落下来。这种黏附力在网孔之间形成粉尘架桥现象，很快在滤布表面上形成粉尘初始黏附层。随着阻留的粉尘不断增加，一部分粉尘嵌入滤料内部；一部分覆盖滤袋表面形成一层粉尘层（初灰层），连续捕集 1 μm 以下的微尘。其除尘机理为含尘气体通过粉尘层与滤料时产生的筛分、惯性、黏附、扩散与静电等作用。当粉尘层加厚，压力损失达到一定程度时，需要进行清灰。清灰后压力降低，但仍有一部分粉尘残留在滤袋上，在下一个过滤周期开始时，起良好的捕尘作用。

按照含尘气体进气方式可分为内滤式和外滤式（图 13-4）。内滤式系含尘气体由滤袋内向滤袋外运动，粉尘被分离在滤袋内。外滤式系含尘气体由滤袋外向滤袋内运动，粉尘被分离在滤袋外。外滤式滤袋内必须设置骨架，以防滤袋被吹瘪。

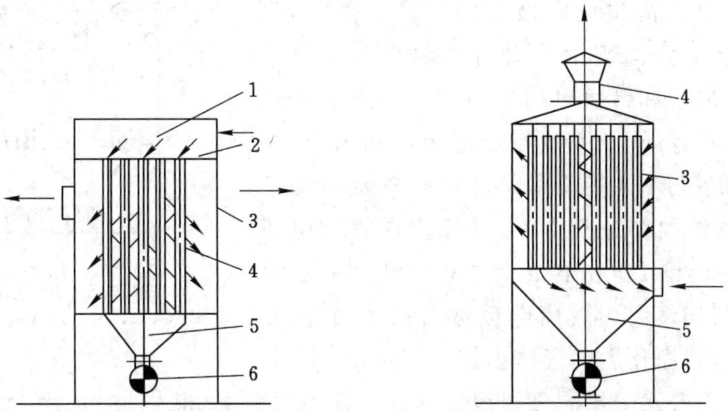

(a) 外滤逆流式袋式除尘器　　(b) 内滤顺流式袋式除尘器

1—空气分配器；2—含尘气体进口；3—筒体；

4—净化气体出口[(b)图]、滤袋[(a)图]；5—灰斗；6—螺旋输送机。

图 13-4　简易袋式除尘器

按照除尘器的清灰方法可分为简易袋式除尘器、脉冲袋式除尘器、机械振打袋式除尘器、气环反吹袋式除尘器、扁袋式除尘器、颗粒层除尘器等。

过滤除尘器除尘效率高，处理风量的范围广，结构简单，维护操作方便；但体积与占地面积较大且对滤袋质量有严格的要求，若滤袋破损率高，则运行费用将大大增加。

五、洗涤式除尘器

洗涤式除尘器是借水或其他液体形成的液网、液膜或液滴与含尘气体接触，通过惯性碰撞、扩散、拦截、沉降等作用而捕集尘粒的设备，统称湿式除尘器。气体与液体的接触方法有两种：一种是气体与水膜或已被雾化了的水滴接触，像文丘里管除尘器、水膜除尘器、喷淋式除尘器等；另一种是气体冲击水层时鼓泡，以形成细小的水滴或水膜，如冲击式除尘器、自激式除尘器等。

洗涤式除尘器的特点是：结构简单，无传动部件，造价较低，安装、维护、管理均较方便，除尘效率一般可达 90%～95%，能适应高温、高湿气体以及黏性大的粉尘，并能净化部分有害气体。缺点是：需消耗一定的水量，有处理灰水的麻烦，排烟温度低，不利于扩散，湿灰利用也比较困难，对憎水性或水硬性的粉尘不宜采用，对腐蚀性较大的气体则需有防腐措施。

六、静电除尘器

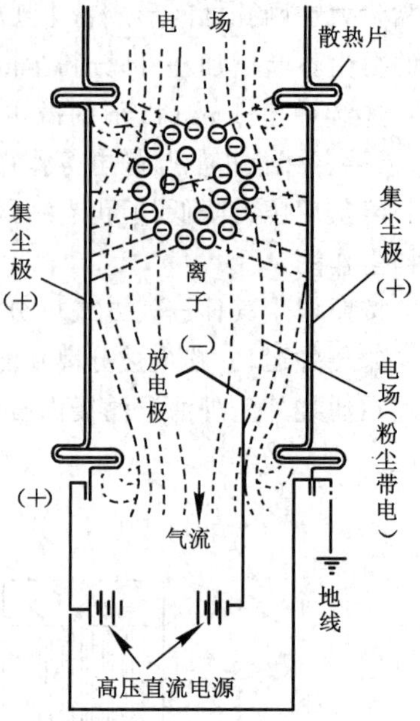

图 13-5 电除尘的原理

在处理烟气量比较大的环境中，静电除尘器是应用比较多的一种高效除尘设施。它利用强电场电晕放电使气体电离，粉尘荷电，并在电场力作用下，使粉尘从气体中分离出来。在放电极与平板状集尘极之间，加以较高的直流电压，维持一个足以使电极之间气体产生电晕放电的不均匀电场。气体电离所生成的电子、阴离子和阳离子，吸附在通过电场的粉尘上而使粉尘荷电。图 13-5 是以负极为放电极的静电除尘器电晕放电、尘粒荷电和集尘极集尘过程原理示意图。

当含尘烟气低速流过放电极与集尘极之间时，烟气中的气体分子发生电离，使原来呈中性的气体分子变为带正电荷的离子和带负电荷的电子。由于含尘烟气中大部分气体（N_2、H_2、CO_2）与正电无亲和力，故会带负电荷成为负离子，这些负离子在向正极板移动中遇到随烟气流动的大部分粉尘，会使粉尘取得负电荷而转向阳极板上。当沉积在电极上的粉尘达到一定厚度时，借助振打机构使粉尘脱离电极落入灰斗，并由卸灰器输送出除尘器，净化后的气体由排气口引出。

电极系统是静电除尘器的重要组成部分。其中放电极（电晕极）是除尘器的重要部件，它的形状、粗细及含尘气流粉尘的荷电性能直接影响除尘效率。常见的电晕极有圆形电极、星形电极、芒刺形电极、锯齿形电极、链条形电极、弹簧形电极等。星形电极和圆形电极放电均匀，临界电压低，适用于含尘浓度低的烟气除尘；而芒刺形电极和锯齿形电极放电的电晕电流高，适用于高浓度、大比电阻粉尘烟气的除尘。

集尘极（沉降极、收尘极）的形状对除尘效率和金属耗量有很大影响。集尘极的基本要求是：具有良好的电气性能、均匀的电场强度和电流密度；易于积尘，便于清灰，能防止和减少二次飞扬；极板振打加速度分布均匀且振打强度大；气流流动顺畅，阻力小，结构轻巧，不变形，易制作。常见的集尘极板形式有平板、波纹、网状、C 型、锯齿、Z 型等多种。国内广泛采用的是 C 型和 Z 型集尘极板。

静电除尘器的除尘效率主要与电场强度、集尘极板面积、烟气流量、粉尘趋进速度、粉尘的导电性有关。静电除尘器具有很高的除尘效率（最高可达 99.99%），可捕集 0.1 μm 以上的尘粒。它阻力损失小，运行费用不高，处理烟气量的能力大，运行操作方便，可完全实现自动化。即使是高比电阻的粉尘，只要采用脉冲电源带电的静电除尘器，就较容易解决除尘问题。

静电除尘器耗钢量大，占地面积大，对制造、安装、运行要求严格，对粉尘的特性较敏感，最适宜的粉尘比电阻范围为 $10^4 \sim 5\times10^{10}\ \Omega\cdot cm$，若在此范围之外，应采取一定的措施，才能取得必要的除尘效率。

静电除尘器有多种形式，分类方法较多。

(1) 按气体流向分为立式电除尘器和卧式电除尘器。

立式电除尘器气体从下往上垂直流动。它占地面积小，但高度较大，维护和检修不方便，气体分布不易均匀，对捕集粒径细的粉尘容易产生再飞扬。立式电除尘器通常规格较小，处理气量少，适宜在粉尘性质易被静电捕集的情况下使用。

卧式电除尘器气体沿水平方向流动，可按生产需要适当增加或减少电场数目。其优点是可实现分电场供电，避免各电场间相互干扰，以利于提高除尘效率；便于分别回收不同成分、不同粒径的粉尘，达到分类富集的作用；容易做到气体沿电场断面均匀分布；由于粉尘下落方向与气体运动方向垂直，粉尘二次飞扬少；设备高度较低，安装、维护方便；适宜于负压操作，对风机使用寿命和劳动条件十分有利。其缺点是占地面积较大，基建投资费用较高。

(2) 按使用温度分有低温、中温和高温 3 种形式。这 3 种形式除尘器分别适宜于气体温度低于 150 ℃、150～300 ℃和 300～500 ℃甚至更高。

(3) 按电极配置位置分有单区式和双区式。单区式尘粒荷电和积尘在同一区域进行，电晕极系统和沉尘极系统都装在这个区域内，应用较多。双区式尘粒荷电和积尘在结构不同的两个区域进行，前一区域装电晕极系统以产生带电离子，后一区域装沉尘极系统以捕集粉尘。

(4) 按沉尘极结构形式有管式和板式。

(5) 按清灰方式分有干式、湿式和电除雾器。干式电除尘器收下来的粉尘呈干燥状态，操作温度一般要求高于处理气体露点 20～30 ℃，使用温度可达 350～450 ℃，甚至更高。通常采用机械、电磁、压缩空气等振打装置清灰。常用于收集经济价值较高的粉尘。

湿式电除尘器收下来的粉尘为泥浆状，操作温度较低，对于一般含尘气体都需降温处理。设备须采取防腐蚀措施。通常采用连续供水清洗沉尘极，定期供水清洗电晕极。湿式电除尘器适用于气体净化或收集无经济价值的粉尘。另外，还由于水对处理气体有冷却作用，使气量减少，设备规格则相应减小。若气体含一氧化碳等易爆气体，采用湿式电除尘器可减少或防止爆炸危险。图 13-6 为塑料管状湿式电除尘器示意图。

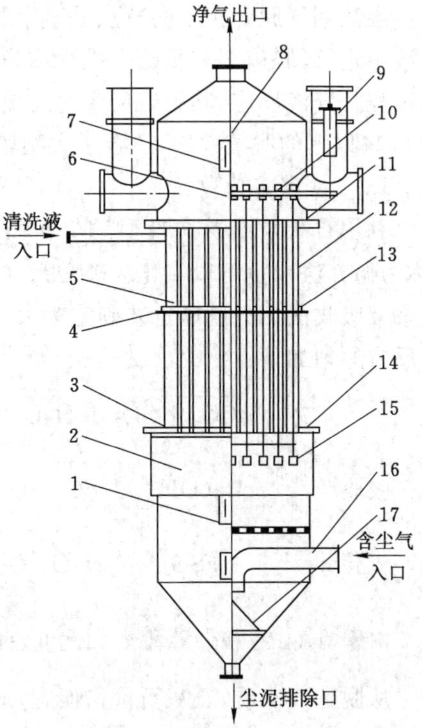

1—气体分布板；2—下集气箱；3—“S”膨胀节；4—校直花板；5—定位钢套环；6—上阴极吊架；7—人孔门；8—上集气箱；9—电气绝缘箱；10—刚性阴极夹头；11—上花盘；12—阳极管；13—阴极线；14—下花盘；15—刚性阴极；16—含尘气进口管；17—反射屏。

图 13-6　塑料管状湿式电除尘器

电除雾器用来除去气体中的酸雾、焦油液滴等。采用定期供水或蒸汽清洗沉尘极和电晕极，操作温度小于 50 ℃，电极等钢构件必须采取防腐措施。

第三节　烟气脱硫技术

国内外已开发和研究的烟气脱硫技术有近 200 种。根据脱硫产物的状态(固态或液态)可分为干法和湿法，干法脱硫方法有：喷雾干燥法、循环流化床干法烟气脱硫法等；湿法脱硫方法有：石灰石/石灰法、双碱法等。根据含硫产物是否回收可分为抛弃法和回收法两大类，前者把含硫产物作为固体废物而抛弃；后者则把含硫产物作为副产品予以回收。当烟气中 SO_2 浓度较高时，可考虑采用回收法。抛弃法中应用较多的有：石灰浆液吸收法、石灰浆喷雾干燥法、碱性浆液洗涤法、双碱法、磷铵肥法等，其中石灰浆液吸收法应用最多。回收法中应用较多的有：石膏法、亚硫酸钠循环洗涤法、氧化镁浆液洗涤法、氨溶液吸收法、碱性硫酸铝溶液洗涤法，另外还有活性炭吸收法、柠檬酸钠溶液洗涤法等。

目前世界各国现有的烟气脱硫工艺以湿法为主，还有脉冲放电等离子体脱硫、海水烟气脱硫技术等。

一、湿尘烟气脱硫

湿法烟气脱硫技术的特点是整个脱硫系统位于烟道的末端、除尘系统之后，脱硫过程在溶液中进行，脱硫剂和脱硫生成物均为湿态，其脱硫过程的反应温度低于露点。湿法烟气脱硫过程是气液反应，其脱硫反应速度快，脱硫效率高，钙利用率高，在钙硫比等于 1 时，可达到 90%以上的脱硫效率，适合于大型燃煤电站锅炉的烟气脱硫。

1. 石灰浆液吸收法

利用石灰浆液吸收烟气中的 SO_2，生成亚硫酸钙，经分离的亚硫酸钙（$CaSO_3$）可以抛弃（称为抛弃法），也可以氧化为硫酸钙（$CaSO_4$），以石膏形式回收（称为石膏法）。国家已将石灰浆液吸收法烟气脱硫工艺确定为火电厂烟气脱硫的主导工艺。石灰浆液吸收法烟气脱硫的反应原理如下：

$$CaCO_3 + SO_2 + H_2O \longrightarrow CaSO_3 \cdot \frac{1}{2}H_2O + CO_2 + \frac{1}{2}H_2O$$

吸收： $$Ca(OH)_2 + SO_2 + H_2O \longrightarrow CaSO_3 \cdot \frac{1}{2}H_2O + \frac{3}{2}H_2O$$

氧化： $$CaSO_3 \cdot \frac{1}{2}H_2O + \frac{1}{2}O_2 + \frac{3}{2}H_2O \longrightarrow CaSO_4 \cdot 2H_2O$$

由于烟气中存在少量氧气，因此也会有少量的 $CaSO_3 \cdot \frac{1}{2}H_2O$ 氧化成为 $CaSO_4 \cdot 2H_2O$(石膏)。

从脱硫剂来看，石灰石价格便宜，运输方便，使用安全，并有足够的反应活性，已成为主流脱硫剂。

典型抛弃法的脱硫系统如图 13-7 所示，石膏法脱硫工艺流程如图 13-8 所示。

抛弃法排出的固体废料还有未经反应的 $CaCO_3$ 和 $Ca(OH)_2$，其分别占 11%和 5%。

石膏法与抛弃法的不同之处在于增加了一个强制氧化过程，使脱硫反应的中间产物 $CaSO_3 \cdot \frac{1}{2}H_2O$ 强制氧化，全部转化为 $CaSO_4 \cdot 2H_2O$。此外，由于旋流分离器的分离作用，只有 $CaSO_4 \cdot 2H_2O$ 结晶粗颗粒才能排出脱硫系统，而未被氧化的 $CaSO_3 \cdot \frac{1}{2}H_2O$ 和未被反应的 $Ca(OH)_2$、$CaCO_3$ 不能随 $CaSO_4 \cdot 2H_2O$ 一起排出，只能在系统内反复循环，这样，一方面脱硫剂的钙可得到充分利用，另一方面可得到纯度很高的石膏副产品。

2. 海水烟气脱硫技术

由于雨水将陆地岩层的碱性物质带到海中，天然海水含有大量的可溶性盐，其中主要成分是氯化钠和硫酸盐及一定量的可溶性碳酸盐。海水通常呈碱性，自然碱度为 1.2～

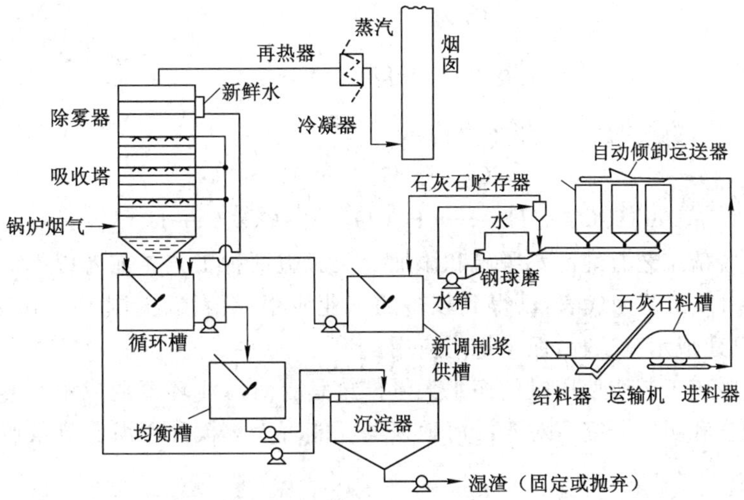

图 13-7　典型抛弃法的脱硫系统图

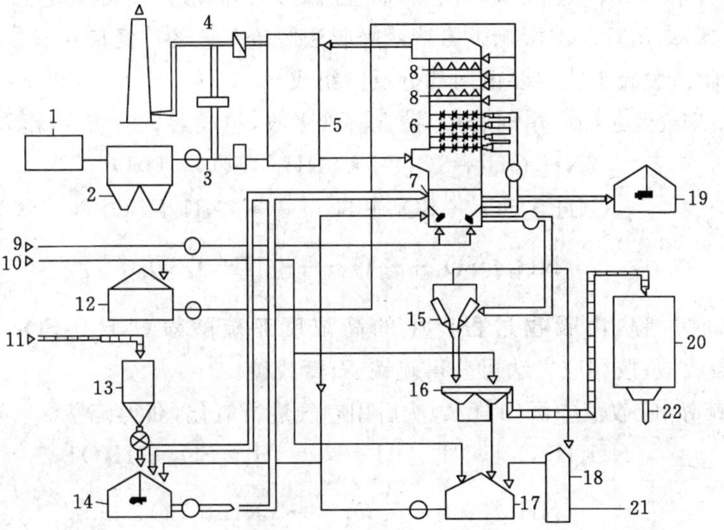

1—锅炉；2—静电除尘器；3—未净化烟气；5—气-气换热器；6—吸收塔；7—吸收液贮槽；
8—除雾器；9—空气；10—过程水；11—石灰石粉；12—过程水；13—石灰石贮罐；
14—石灰石浆罐；15—水力旋流器；16—胶带式过滤器；17—缓冲罐；18—排放罐；
19—吸收液溢流贮槽；20—石膏槽；21—液体排放；22—石膏。

图 13-8　石膏法脱硫工艺流程图

2.5 mmol/L，这使得海水具有天然的酸碱缓冲能力及吸收 SO_2 的能力。国外一些脱硫公司利用海水的这种特性，成功地开发出海水烟气脱硫工艺。即烟气中 SO_2 被海水吸收，再经处理氧化为硫酸盐而溶于海水中。用于脱硫后的海水，其硫酸盐成分只会稍微提高，当离开排放口一定距离，这种差异就会消失。

烟气中 SO_2 与海水接触发生以下主要反应：

$$SO_2 + H_2O \longrightarrow H_2SO_3 \longrightarrow H^+ + HSO_3^-$$

$$HSO_3^- \longrightarrow H^+ + SO_3^{2-}$$

$$SO_3^{2-} + \frac{1}{2}O_2 \longrightarrow SO_4^{2-}$$

H^+ 与海水中的碳酸盐发生以下反应：

$$CO_3^{2-} + H^+ \longrightarrow HCO_3^-$$

$$HCO_3^- + H^+ \longrightarrow H_2CO_3 \longrightarrow CO_2\uparrow + H_2O$$

海水烟气脱硫工艺有纯海水脱硫和添加石灰脱硫两种工艺。前者以挪威 ABB 公司开发的 Flakt-Hydro 工艺为代表，已得到较多的工业应用；后者以美国 Bechte 公司的工艺为代表，在美国已建成示范工程，但未推广应用。

海水烟气脱硫工艺所使用过的海水大量排放是否对海洋环境造成不利影响，目前尚需要进行跟踪调查和实验研究。对于沿海地区电厂能否大规模利用海水烟气脱硫技术，一直在争议之中。

3. 氨溶液吸收法

氨溶液吸收法采用氨作为吸收剂除去烟气中的 SO_2。它具有吸收剂利用率高、反应速率快、反应完全、系统简单、能耗低等优点，而且脱硫产物硫酸铵还可做化肥使用。但由于氨的价格相对较高，高运行成本影响了氨溶液吸收法脱硫工艺的广泛应用。

氨溶液吸收法脱硫工艺主要由两部分反应组成。

吸收过程：烟气经过吸收塔时，SO_2 被氨溶液吸收，生成亚硫酸铵和硫酸氢铵等。

$$2NH_4OH + SO_2 \longrightarrow (NH_4)_2SO_3 + H_2O$$

$$(NH_4)_2SO_3 + SO_2 + H_2O \longrightarrow 2NH_4HSO_3$$

$$(NH_4)_2SO_3 + \frac{1}{2}O_2 \longrightarrow (NH_4)_2SO_4$$

副产物回收过程：由吸收过程产生的高浓度亚硫酸铵 $(NH_4)_2SO_3$ 和亚硫酸氢铵 (NH_4HSO_3) 吸收液，按相应方法可获得硫铵、石膏或硫。

(1) 回收硫铵：吸收液中添加氨水，然后用空气进行氧化，获得硫铵。

$$NH_4HSO_3 + NH_4OH \longrightarrow (NH_4)_2SO_3 + H_2O$$

$$(NH_4)_2SO_3 + \frac{1}{2}O_2 \longrightarrow (NH_4)_2SO_4$$

(2) 回收 SO_2：加热分解 NH_4HSO_3，回收高浓度 SO_2 和再生 $(NH_4)_2SO_3$。

$$2NH_4HSO_3 \longrightarrow (NH_4)_2SO_3 + SO_2 + H_2O$$

(3) 回收硫：加热分解 $(NH_4)_2SO_3$，生成高浓度 SO_2 再与 H_2S 反应，得到硫。

$$(NH_4)_2SO_3 \longrightarrow SO_2 + 2NH_3 + H_2O$$

$$NH_4HSO_3 \longrightarrow SO_2 + NH_3 + H_2O$$

$$SO_2 + 2H_2S \longrightarrow 3S + 2H_2O$$

(4) 回收石膏：生成的硫酸铵进一步与 $Ca(OH)_2$ 或 $CaCO_3$ 反应，得到石膏。

$$(NH_4)_2SO_4 + Ca(OH)_2 \longrightarrow CaSO_4 \cdot 2H_2O + 2NH_3$$

$$(NH_4)_2SO_4 + CaCO_3 + H_2O \longrightarrow CaSO_4 \cdot 2H_2O + 2NH_3 + CO_2$$

典型的氨溶液吸收脱硫工艺有：Walther 氨法脱硫工艺，氨-硫铵法脱硫工艺，新氨法(NADS)脱硫工艺，氨-亚铵法脱硫工艺。

4. 双碱法烟气脱硫技术

该法用氢氧化钠-碳酸钠水溶液吸收 SO_2，又称为氢氧化钠-碳酸钠水溶液吸收法；也可使用碳酸氢钠、亚硫酸钠等水溶液作为脱硫剂。该法 SO_2 吸收速度快，因为是水溶液，所以不会发生泥浆堵塞管路的情况，也不会产生污垢。图 13-9 所示为双碱法烟气脱硫工艺流程。

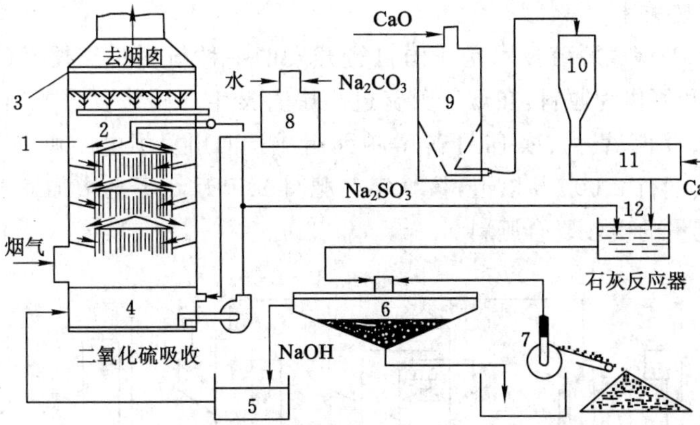

1—吸收塔；2—喷淋装置；3—除雾装置；4—瀑布幕；5—缓冲箱；6—浓缩器；
7—过滤器；8—碳酸钠吸收液；9—石灰仓；10—中间仓；11—熟化器；12—石灰反应器。

图 13-9　双碱法烟气脱硫工艺流程

脱硫剂是氢氧化钠和碳酸钠时的脱硫反应为：

$$2NaOH + SO_2 \longrightarrow Na_2SO_3 + H_2O$$

$$Na_2CO_3 + SO_2 \longrightarrow Na_2SO_3 + CO_2$$

Na_2SO_3 进一步吸收 SO_2 转变成 $NaHSO_3$：

$$Na_2SO_3 + SO_2 + H_2O \longrightarrow 2NaHSO_3$$

氢氧化钠-碳酸钠水溶液吸收 SO_2 后的脱硫产物采用以下几种方法进行回收。

(1) 硫酸钠盐直接排放

添加 NaOH 中和 $NaHSO_3$ 生成 Na_2SO_3，再通过空气氧化使之变成无害的硫酸钠盐后排放。

(2) 废液直接利用

直接将 Na_2SO_3 废液用于纸-纸浆的蒸煮等工业过程中。此类方法不希望Na_2SO_3被氧化成为 Na_2SO_4，所以有必要降低烟气中的氧含量。

(3) 钠盐回收

将吸收 SO_2 后产生的废液浓缩结晶，回收利用。

(4) SO_2 回收

通过加热分解 $NaHSO_3$，回收高浓度 SO_2，得到液化的 SO_2、硫酸、硫等副产品。

该法由于可回收液化 SO_2、硫酸、硫等有价值的物质，适用于处理大量烟气，而且再生后可在吸收塔内循环使用。

(5) 石膏回收

将脱硫后得到的 $NaHSO_3$ 溶液与石灰石、氢氧化钙反应，生成 Na_2SO_3 和 $CaSO_3$，进而

使 $CaSO_3$ 氧化转变为石膏加以回收，同时将 Na_2SO_3 溶液送回吸收塔循环使用。其优点在于 SO_2 吸收速度快，吸收装置内不产生淤浆，Na_2SO_3 重复再生利用，适合于大量烟气的脱硫净化。但缺点是处理过程较为复杂。

在这个过程中，一部分 Na_2SO_3 氧化成为 Na_2SO_4，从而妨碍了吸收过程，所以要把含有 Na_2SO_3 的溶液排出一部分，加入硫酸进行再生。

5. 磷铵肥法脱硫技术

磷铵肥法(PAFP)烟气脱硫技术是我国自行开发的一种新型脱硫技术(图 13-10)。该法利用天然磷矿石和氨作为原料，在烟气脱硫过程中直接生产磷铵复合肥料。该工艺主要由吸附、萃取、中和、吸收、氧化、浓缩、干燥等单元组成。四川豆坝电厂建有 5 000 m^3/h 的中试装置，通过连续运行 2 000 h 以上，核算年产肥料 2.7 万 t，不会增加发电成本，且有盈利，还可以生产一定量的磷铵复合肥料。

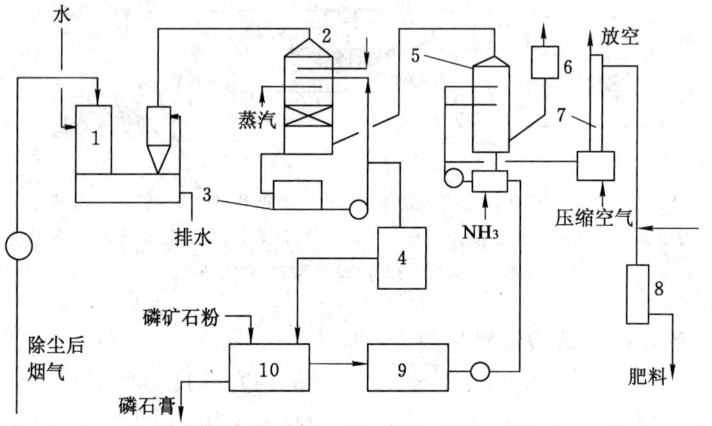

1—降温冷却组件；2—活性炭吸附塔；3—稀硫酸储槽；4—产品硫酸槽；5—吸收脱硫塔；
6—除雾器；7—氧化塔；8—浓缩干燥器；9—磷酸储存槽；10—磷酸萃取器。

图 13-10 PAFP 法烟气脱硫流程

其反应原理如下：

吸附：利用活性炭吸附，在有氧条件下，SO_2 被催化氧化成 SO_3，吸附饱和的活性炭洗涤再生得到浓度大于 30% 的稀硫酸。

$$2SO_2 + O_2 + 2H_2O \longrightarrow 2H_2SO_4$$

萃取：将稀硫酸与磷矿石反应萃取过滤获得磷酸。

$$Ca_{10}(PO_4)_6F_2 + 10H_2SO_4 + 20H_2O \longrightarrow 6H_3PO_4 + 2HF + 10CaSO_4 \cdot 2H_2O$$

中和吸收：用氨中和磷酸获得脱硫吸收液，利用磷铵中和液进一步吸收 SO_2。

$$H_3PO_4 + NH_3 \longrightarrow NH_4H_2PO_4$$

$$NH_4H_2PO_4 + NH_3 \longrightarrow (NH_4)_2HPO_4$$

$$(NH_4)_2HPO_4 + SO_2 + H_2O \longrightarrow NH_4H_2PO_4 + NH_4HSO_3$$

$$2(NH_4)_2HPO_4 + SO_2 + H_2O \longrightarrow 2NH_4H_2PO_4 + (NH_4)_2SO_3$$

$$NH_4H_2PO_4 + NH_3 \longrightarrow (NH_4)_2HPO_4$$

脱硫产物氧化及浓缩干燥：在制备固体肥料前，应对受热不稳定的亚硫酸铵进行氧化处理，氧化后脱硫液经过蒸发浓缩干燥，获得以磷酸二氢铵和硫酸铵为主要成分的复合肥。

$$(NH_4)_2SO_3+\frac{1}{2}O_2 \longrightarrow (NH_4)_2SO_4$$

二、干法烟气脱硫

干法烟气脱硫技术克服了湿法脱硫处理气体温度低、气体的扩散能力下降、装置易发生腐蚀和结垢、需要处理废水等问题。但缺点是吸收剂利用率较低，用于高硫煤时经济性差；飞灰与脱硫产物相混可能影响综合利用；对干燥过程控制要求较高。

1. 炉内喷钙脱硫技术

炉内喷钙脱硫工艺由两步固硫反应组成，首先将作为固硫剂的石灰石粉料喷入炉膛上方温度为 900～1 250 ℃的区域，$CaCO_3$ 热解生成的 CaO 随烟气流动，与其中的 SO_2 反应，生成 $CaSO_4$。然后，新生成的 $CaSO_4$ 和未反应的 CaO 随烟气进入锅炉后部的活化反应器，通过有组织的喷水增湿后，一部分未反应的 CaO 转变为具有较高反应活性的 $Ca(OH)_2$，继续与烟气中的 SO_2 反应，从而完成整个脱硫过程。

典型的炉内喷钙脱硫工艺主要有 LIFAC（图 13-11）、LIMB、LIDS 三种。其中 LIMB 脱硫工艺在脱硫方面与 LIFAC 相同，所不同的是，增加了多级燃烧器来控制氮氧化物的排放。由于采用多级送风，炉内局部温度降低，不仅减少了氮氧化物的生成，还减少了脱硫剂表面的“烧死”，增加了反应表面积，提高了脱硫效率。

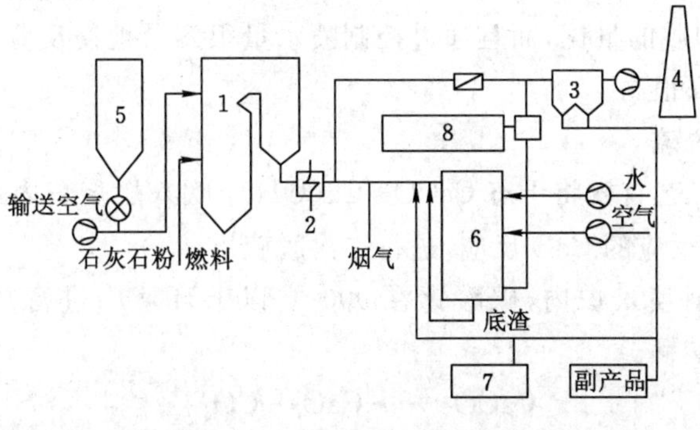

1—锅炉；2—空气预热器；3—静电除尘器；4—烟囱；5—石灰石粉计量仓；6—活化器；7—再循环灰；8—空气加热器。

图 13-11　LIFAC 工艺流程示意图

2. 循环流化床干法烟气脱硫技术

烟气中的 SO_2、SO_3、HCl、HF 等有害气体在循环流化床中与消石灰反应，生成 $CaSO_3$、$CaSO_4$、$CaCl_2$、CaF_2 等。这些干态的反应产物与未完全反应的消石灰粉一起随烟气离开反应器，进入百叶窗分离器及电除尘器。从百叶窗分离器和电除尘器收集下来的干灰，一部分送至飞灰储存场，另一部分则回送到循环流化床继续参与反应，这样，在反应器和分离器及除尘器之间构成了脱硫剂循环回路。根据烟气中初始含硫浓度及 Ca 与 S 物质的量比要求，需要向循环流化床反应器中连续补充新鲜的消石灰干粉，并使补充量与外排飞灰量达成动态平衡。

循环流化床干法烟气脱硫的工艺系统由石灰粉制备系统、脱硫反应系统和集尘引风系统组成。包括石灰储仓、灰槽、灰浆泵、水泵、反应器、旋风分离器、除尘器和引风机等设备

（图 13-12）。烟气从循环流化反应器的下部进入，消石灰干粉和循环干灰分别从反应器下部渐扩段给料口喷入。在反应器干粉喷入口的上方布置有喷水嘴。喷水量应控制在使反应器出口烟温稍高于露点温度的水平上。

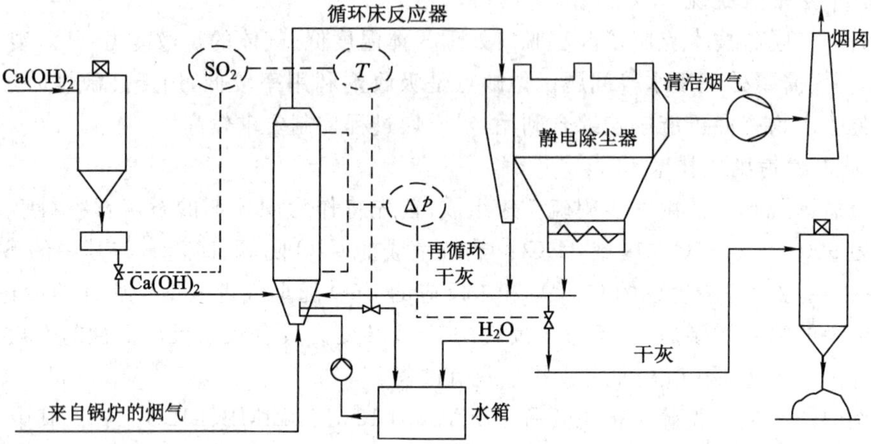

图 13-12　循环流化床干法烟气脱硫工艺流程

循环流化床干法烟气脱硫的脱硫剂多次循环，大大延长了脱硫剂的反应时间，增大了反应器内实际 Ca 与 S 物质的量比，而且通过控制喷水量很容易地使反应在最佳温度下进行，脱硫效率和钙利用率都很高。

三、半干法烟气脱硫

半干法烟气脱硫工艺首先将干态 $CaCO_3$、$Ca(OH)_2$ 吹入燃烧炉内进行一次脱硫，再向排气中喷水，使其与未反应的 CaO 反应，进行二次脱硫。

一次脱硫的脱硫剂喷入炉内，碳酸钙在 900 ℃以上环境中进行热分解，热分解产物 CaO 与硫反应生成硫酸钙。

$$CaCO_3 \longrightarrow CaO + CO_2$$

$$CaO + SO_2 + \frac{1}{2}O_2 \longrightarrow CaSO_4$$

向排气中喷入的水与 SO_2 反应生成亚硫酸，再与 CaO 反应。

$$SO_2 + H_2O \longrightarrow H_2SO_3$$

$$CaO + H_2SO_3 \longrightarrow CaSO_3 \cdot \frac{1}{2}H_2O + \frac{1}{2}H_2O$$

$$CaO + H_2O \longrightarrow Ca(OH)_2$$

$$Ca(OH)_2 + SO_2 \longrightarrow CaSO_3 \cdot \frac{1}{2}H_2O + \frac{1}{2}H_2O$$

半干法烟气脱硫效率可达 80%左右。副产品亚硫酸钙既可直接废弃，也可进一步氧化成石膏加以利用。

旋转喷雾干燥法脱硫技术是代表性的半干法烟气脱硫工艺，目前主要应用于燃用低硫煤的烟气脱硫。喷雾干燥是将干态脱硫剂制备成脱硫剂浆液，通过雾化器雾化成很细的雾滴喷入吸收器，细小的雾滴与烟气混合，发生热质交换和吸收反应，即一边蒸发干燥，一边与

烟气中 SO_2 气体进行反应，最后生成干态的脱硫反应产物。脱硫工艺流程如图 13-13 所示。

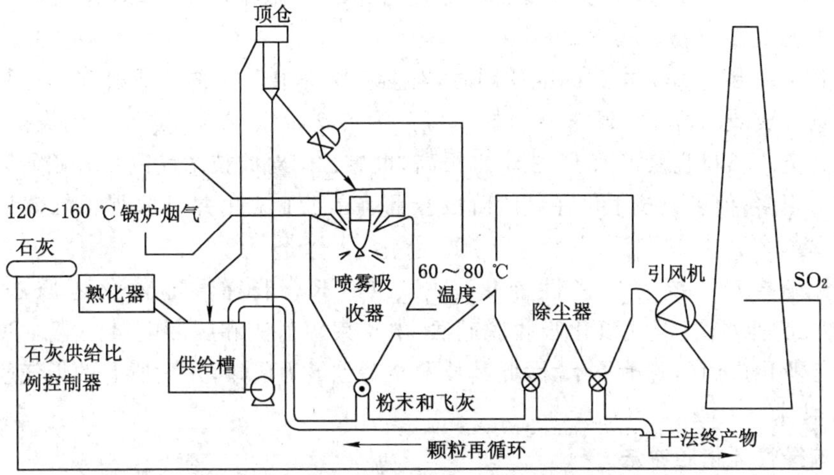

图 13-13　旋转喷雾干燥法烟气脱硫工艺流程

一方面，石灰浆喷入吸收塔，与烟气中的 SO_2 反应生成固体灰渣；另一方面，热烟气不断将吸收剂干燥，在塔内脱硫反应生成固体粉尘状态的废渣，一部分在塔内分离，另一部分随脱硫烟气进入电除尘器。工作原理如下：

生石灰制浆：$CaO + H_2O \longrightarrow Ca(OH)_2$

SO_2 被液滴吸收：$SO_2 + H_2O \longrightarrow H_2SO_3$

吸收剂吸收：$Ca(OH)_2 + H_2SO_3 \longrightarrow CaSO_3 + 2H_2O$

亚硫酸钙干燥成固体，部分亚硫酸钙在溶液中还会被氧化成硫酸钙沉淀析出。

丹麦尼鲁公司发现，在石灰中加入 10%烧碱，还可脱除 50%的氮氧化物，比用贵金属和氨做催化剂还原 NO_x 更为经济。奥地利采用电石渣[含 $Ca(OH)_2$ 92.2%]代替石灰做脱硫剂，应用于 300 MW 机组，取得很好效果。日本三菱重工业和北海道电力公司将生石灰、飞灰和脱硫渣混合在 95 ℃热水中养护，生成多孔非晶体凝胶体，提高了脱硫剂的活性。

旋转喷雾干燥法综合了炉内喷钙脱硫和湿法烟气脱硫的优点，脱硫过程简单，无排水问题；设备占地面积小，运行操作和保养容易，建设费用低，动力消耗少，经济效益好。运行中只要设计合理，保证雾滴在触及器壁时已基本干燥，就不会产生结垢、堵塞；控制好出口温度，保证略高于露点温度，对设备腐蚀也不大；干的脱硫渣也易于处理；脱硫效率也较高，可达 70%～90%。因此，此法可用于燃用含硫量小于 3%的中低硫煤的中型电站锅炉。

第四节　烟气脱硝技术

城市大气中的 NO_x 约有 90%来自燃料燃烧，其中电站锅炉排放的 NO_x 约占排放总量 50%。我国 1996 年修订的《火电厂大气污染物排放标准》(GB 13223—1996)正式将 NO_x 列入污染物排放控制标准。该标准对第三时段火电厂锅炉 NO_x 允许排放量给出限制：对于大于 1 000 t/h 的煤粉炉，液态排渣炉允许最高 NO_x 排放量为 1 000 mg/m^3，固态排渣炉允许

NO_x 排放量为 650 mg/m^3。对于小于 1 000 t/h 锅炉暂不要求。新的《火电厂大气污染排放标准》(GB 13223—2011)将根据燃煤挥发分提出 NO_x 排放最高限额,对挥发分大于 20%的煤的 NO_x 排放将更严格。

世界各国在制定 NO_x 排放标准的同时,对燃料燃烧中 NO_x 的生成机理及控制技术也进行了很多卓有成效的研究。NO_x 控制技术可分为燃料脱氮技术、低 NO_x 燃烧技术、烟气脱硝技术三大类。燃料脱氮很困难,成本也很高,世界各国对此技术尚刚刚开始研究。烟气脱硝技术方法很多,但多数技术仍在试验阶段。目前在工业应用并已取得很好效果的主要是低 NO_x 燃烧技术。

烟气脱硝技术主要有选择性催化还原法(SCR)、选择性非催化还原法(SNCR)、NOXSO 法、活性炭法、湿式氧化吸收脱硝法、电子束辐射法和脉冲电晕法等。SCR 技术是最早实现工业化应用的脱硝技术,因此其技术相对也最为成熟,几乎所有的烟气脱硝装置都采用 SCR 技术。

一、选择性催化还原法

选择性催化还原法(SCR)是向烟气中喷入液氨,在催化剂(铁、钒、铬、铜、钴或钼等碱类金属)的作用下,在温度为 200～450 ℃时将 NO_x 还原成 N_2 的方法,其工艺流程如图 13-14 所示。选择 NH_3 为还原剂是因为它有很好的选择性,只与 NO 发生反应,而不与烟气中的氧反应,这样可减少还原剂的消耗量。化学反应式如下:

$$4NH_3 + 4NO + O_2 \longrightarrow 4N_2 + 6H_2O$$

$$4NH_3 + 2NO + 2O_2 \longrightarrow 3N_2 + 6H_2O$$

$$8NH_3 + 6NO_2 \longrightarrow 7N_2 + 12H_2O$$

$$4NH_3 + 2NO_2 + O_2 \longrightarrow 3N_2 + 6H_2O$$

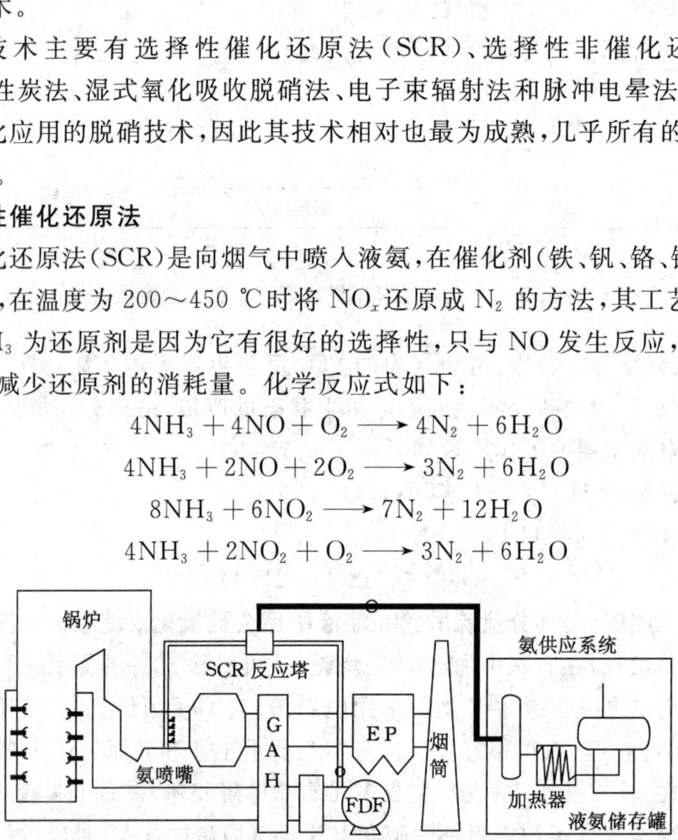

图 13-14 SCR 烟气脱硝工艺流程示意图

在 SCR 法中,对催化剂的要求是活性高、寿命长、经济性好和不产生二次污染,为此,通常采用以二氧化钛为基体的碱金属催化剂,其最佳反应温度为 300～400 ℃。采用 SCR 法,NO_x 降低率可达 80%以上,已成为国外电厂脱硝的主流技术。SCR 法的主要问题:一是硫酸盐的结垢(烟气中存在少量 SO_3 与氨反应生成硫酸铵容易在喷嘴和其他设备上结垢);二是催化剂失活(燃煤烟气中夹带少量金属氧化物黏附到催化剂上导致催化剂中毒而失去活性);三是喷入 NH_3 的流量不易控制。

二、选择性非催化还原法

选择性非催化还原法(SNCR)不使用催化剂,把 NH_3、乙二胺和尿素等含有氨基的还原剂喷入锅炉炉膛中 900～1 100 ℃的区域内。该还原剂迅速热分解成 NH_3 和其他副产物,

随后 NH_3 与烟气中的 NO_x 进行 SNCR 反应而生成 N_2。该方法以锅炉炉膛为反应器，可通过对锅炉的改造实现。典型工艺流程如图 13-15 所示。

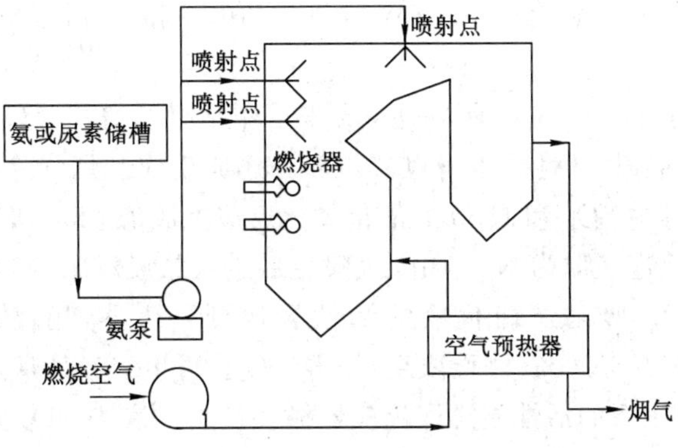

图 13-15　SNCR 烟气脱硝工艺流程示意图

当以 NH_3 作为还原剂时，脱硝最佳反应温度为 960 ℃且温度范围较窄，很难满足最佳要求，因而大大降低了脱硝效率和 NH_3 的利用率。美国、日本和德国等国通过添加乙二胺、甲胺和尿素等进行改进，取得了较好的成效。

三、NOXSO 法

NOXSO 处理法是一种干法，是利用可再生吸附剂同时吸附 SO_2 和 NO_x 的技术。烟气通过一个置于除尘器下游的流化床吸附器，其中的 SO_2 和 NO_x 被吸附剂吸收，烟气得到净化。床内吸附剂是用碳酸钠炮制过的具有大表面积的球形粒状氧化铝。吸附了 SO_2 和 NO_x 的吸附剂首先送到吸附剂加热器，在高温空气的加热下放出 NO_x，NO_x 随高温空气送入炉膛，并在那里分解。随后吸附剂再送到再生器，被吸附的硫化物在高温下与甲烷反应生成高浓度 SO_2 和 H_2S 气体，这些气体在一个装置中进一步转化为单质硫。再生的吸附剂经冷却送回流化床吸附器，循环使用。工艺流程如图 13-16 所示。

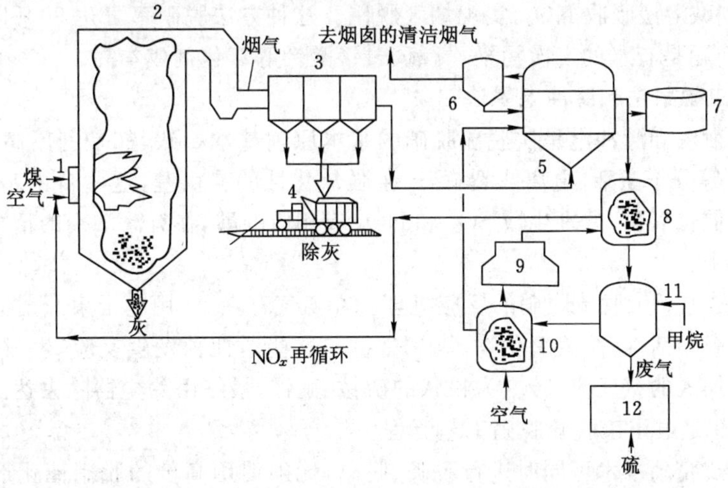

1—燃烧器；2—锅炉；3—静电除尘器；4—输灰装置；5—流化床吸附器；6—旋风分离器；7—补给吸收剂；8—吸收剂加热器；9—空气加热器；10—吸收剂冷却器；11—再生器；12—CLAUS 厂。

图 13-16　NOXSO 烟气脱硝工艺流程示意图

NOXSO 处理法可脱除 97%的 SO_2 和 70%的 NO_x，适合于燃用中高硫煤的锅炉。该法已在 Ohio Edison 公司的 Niles 电站的一台 115 MW 旋风锅炉中试验。该处理法可应用于改造老电厂和建造新电厂，适合于 75 MW 或更大的电站和工业锅炉。

四、活性炭法

活性炭法可以同时脱除 SO_2 和 NO_x，该法是用活性炭作为 SO_2 的吸附剂和 NO_x 被 NH_3 还原的催化剂，同时，活性炭本身也参与部分还原反应。烟气除尘后进入温度为 90～150 ℃的一级炭床，其中 SO_2 和 H_2O 经催化氧化反应生成硫酸，再吸附到活性炭上，烟气中少量 NO_2 与活性炭反应还原为 N_2。向烟气喷氨后进入二级炭床，NO 与氨在炭催化作用下反应生成 N_2 和 H_2O。吸附了硫化物的活性炭送到再生器，用高温烟气加热到 400～500 ℃，产生含 $SO_2$25%～30%(体积浓度)的再生气。再生气经处理加工成单质硫、硫酸或液化成液态 SO_2。再生后的活性炭送回反应器循环使用。该法 NO_x 降低率可达 90%，且无二次污染。目前已有商业性装置在欧洲 107 MW＋130 MW_e及 70 MW_e等机组上运行。

图 13-17 是日本电源开发株式会社研究的活性炭脱硫脱硝工艺流程图。该法设备是由脱硫塔、脱硝塔、分离塔以及气体洗涤塔组成。脱硫塔、脱硝塔内填充了粒状活性炭，并且能垂直下降移动。

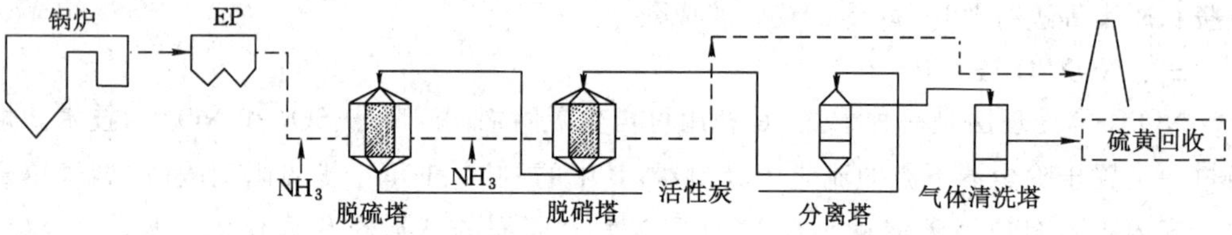

图 13-17　活性炭脱硫脱硝工艺流程

五、湿式氧化吸收脱硝法

湿式氧化吸收脱硝法的基本原理是：用强氧化剂 O_3、ClO_2 或 $KMnO_4$ 将 NO 氧化成 NO_2，再用水或碱溶液吸收 NO_2，实现烟气脱硝。这种方法脱硝率可达 90%以上，而且还可以同时脱硫，问题是有水的二次污染，臭氧、过锰酸钾等氧化剂成本高。

六、电子束辐射法和脉冲电晕法

电子束辐射法和脉冲电晕法脱硫脱硝的基本原理基本一致，都是利用高能电子使烟气中的 H_2O、O_2 等分子激活、电离或裂解，产生强氧化性的自由基，这些自由基对 SO_2 和 NO 进行等离子体催化氧化，分别生成 SO_3 和 NO_2 或相应的酸，在有添加剂的情况下，生成相应的盐而沉降下来。

图 13-18 是电子束脱硫脱硝的反应机理。在氨气存在下，用电子束照射时，排烟中产生化学反应活性高的活性种，硫氧化物、氮氧化物与这些活性种发生反应，生成硫酸、硝酸，它们又进一步与加入的氨反应，转变为粉状的硫铵、硝铵，最终由除尘器除去达到脱硫、脱硝的目的。图 13-19 是电子束脱硫脱硝工艺流程。

电子束脱硫脱硝技术可同时进行脱硫、脱硝，无须使用高价的脱硝催化剂，且副产品可作为氮肥(硫铵、硝铵)利用。

电子束辐射法和脉冲电晕法二者的差异在于高能电子的来源不同。电子束辐射法的高能电子是通过阴极电子发射和外电场加速而获得的，而脉冲电晕法的高能电子是由电晕放

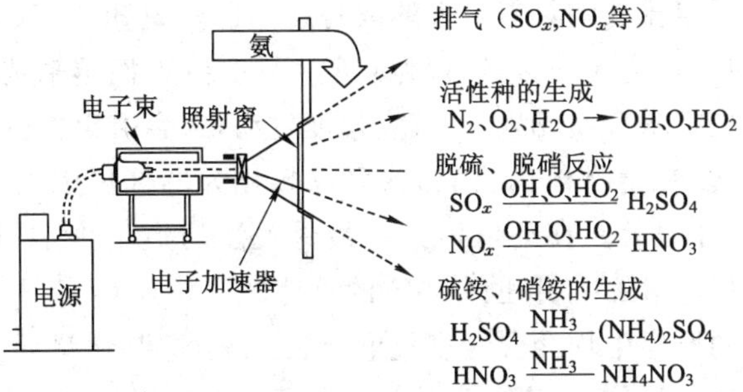

图 13-18　电子束脱硫脱硝的反应机理

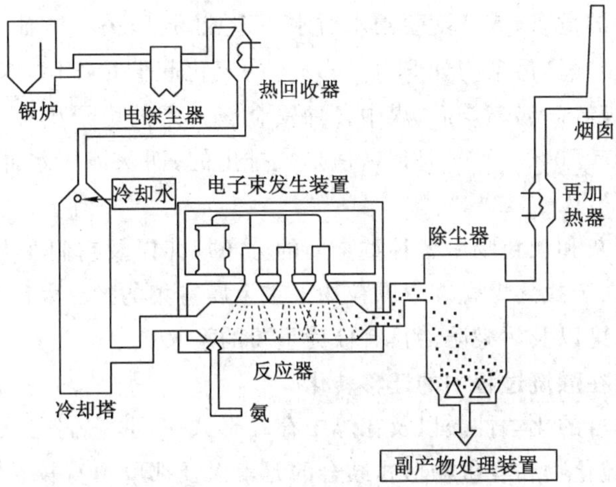

图 13-19　电子束脱硫脱硝工艺流程

电自身产生的，从而不需昂贵的电子枪，也不需辐射屏蔽，它只要对现有的静电除尘器进行改造就可实现。脉冲电晕法克服了电子束辐射法的缺点，具有很好的应用前景，很多国家都在竞相研究，特别是超窄脉冲电晕脱硫脱硝法可获得更高的能源利用率，更有前途。

第五节　燃煤重金属及其他污染元素排放控制技术

一、煤中重金属及其他污染元素的分布

根据在煤中含量的多少，煤中元素可分为三类：主要元素、次要元素和痕量元素。痕量元素含量小于 10^{-4}，大部分是重金属元素。人们对 C、O、N、H、S 等主要元素和 Si、Al、Ca、Mg、K、Na、Ti 等次要元素的研究比较多，而对于痕量元素的研究相对较少，而且受到人们的关注也比较晚。1990 年的美国《清洁空气法》修正案开始关注可能是有害空气污染物的 189 种物质。在这些物质中主要有 11 种无机元素：锑(Sb)、砷(As)、铍(Be)、镉(Cd)、铬(Cr)、钴(Co)、铅(Pb)、锰(Mn)、汞(Hg)、镍(Ni)和硒(Se)，它们都是痕量元素。

据美国环保协会报道，从燃烧炉内排放的空气污染物中最重要的是有机物危害成分(如苯并芘)、硫化物、氮氧化物以及燃烧中未完全燃烧物和重金属。其中，尤以亚微米级颗粒形

式存在的痕量重金属元素排放物具有最大的威胁性。自从20世纪50年代在日本发生重金属中毒事件后，生物体内重金属的含量、行为和危害就受到人们越来越多的关注。人体内部主要元素、微量元素（包括重金属元素）的较大幅度变动，都会引起机体的变化。但重金属不为微生物所降解，它可以在生物体内富集，并可以转化为毒性更强的金属有机化合物。因此，重金属污染的威胁性很大。在环境污染中最受关注的痕量重金属元素有Hg、Cd、Pb、Cr、As等。此外，Zn、Cu、Ni、Co、Sb也有一定的毒性。

燃煤电厂所燃用的原煤中均会含有痕量重金属元素，这些痕量元素在煤粉燃烧过程中会随着烟尘或炉渣排出。目前，燃煤电厂的除尘装置仅能截获烟尘中较大颗粒的飞灰粒子，而那些粒径在0.01～10 μm的细微粒子则排入大气，形成气溶胶。这些粒子一般不容易沉降，它们将长时间停留在大气中，不仅影响大气可见度，而且使暴露在大气中的人群及其他生物受到重金属污染的危害，或者随着雨水对水源造成污染；另一方面，这些表面富集了重金属的粒子，对大气中气体污染物如SO_2、NO_x等的氧化起催化作用，因而对大气酸雨的形成产生影响。同时，煤经高温燃烧后，煤中各种重金属元素的可浸出性一般会增加，如其中的Be、Co、Sb等元素有70%～80%是以灰渣形式排出的，而灰渣用水冲洗时会造成对地表水和地下水的污染。

对燃煤产生的飞灰和颗粒物中各种重金属的分布规律以及它们在大气与冲灰水中的迁移规律的认识，将有助于找到煤燃烧中颗粒物上重金属富集的控制及防治技术，对于全面认识煤燃烧对环境的污染以及污染防治具有极为重要的意义。

二、煤中重金属在燃烧过程中的迁移转化

由于各种元素本身的化学性质以及在煤中存在形式不同，它们在燃烧中的行为也有所不同。一般地说，以硫化物和有机物形式结合的元素以及那些本身较易挥发的元素，如As、Cd、Pb等，在燃烧过程中有较大的挥发倾向，当它们在烟道中冷却时，因凝聚作用而聚集在细微颗粒的表面，导致这些元素在细微颗粒表面的富集，而那些在燃烧温度下不易挥发的元素则倾向于留在较大颗粒中。

痕量元素的富集从燃烧器的前端就已经开始，然后在炉膛的高温辐射段继续。不同的痕量元素分散在飞灰、底灰和燃烧烟气中。在煤燃烧中相当高的温度下（如粉煤燃烧1 600 ℃），有机物质差不多完全分解成气相产物，尽管部分以碳的形式残留在焦炭或焦炭状的颗粒中。矿物质大部分分解为底灰和飞灰。痕量元素与底灰和飞灰结合，飞灰被ESP或布袋以超过99%的效率过滤。

然而，一些飞灰尤其是非常细的颗粒，被烟气携带排出烟囱。尽管痕量元素既不能被创造也不能被消灭，但燃烧环境可以导致痕量元素分布在不同的颗粒尺寸和形态中。数据表明，许多痕量元素富集在亚微米颗粒表面。这些亚微米最容易吸入并沉积在肺中，也最难被空气污染控制装置所收集。

Link和Wendt曾对有毒金属在燃烧系统中的迁移进行过较详细的研究，他们认为燃烧室的悬浮粒子包括气体中的液体和固态悬浮颗粒，其尺寸范围从纳米到10 μm。在燃烧环境下，许多金属在高温下将蒸发，随后在低于液化温度时集结或冷凝。这些金属将和由其他机械产生的粒子一起形成悬浮粒子，所有这些粒子和燃气进行对流，经过凝结、冷凝和结核从而影响到粒子的尺寸分布。

三、煤燃烧过程中重金属元素的迁移及富集规律

由于煤中各种金属元素的浓度及分布不同，且不同的元素又具有不同的物理化学性质，因而它们在燃烧时具有不同的行为。例如，在燃烧温度下，有的元素易气化，有的难气化，因而当气相冷凝时，那些易气化的元素，就容易通过均相成核或异相凝结而聚集在粒径极小的颗粒中，导致这些元素在亚微米级飞灰中的富集。

重金属元素在煤燃烧过程中的行为可以分为几种情况：第一是极不易气化的元素，它们始终存在于残渣中，或者介于残渣与细微粒子之间；第二是在燃烧与气化的过程中元素发生了气化，但在以后的过程随即凝结下来，它们存在于极细小的不易被除尘器等清洁装置捕获的粒子中，常常被释放到大气中去；第三是挥发性元素，如汞、卤族元素等，在燃烧过程中它们始终以气体形式存在。但操作运行条件（尤其是温度）的不同会对元素的行为产生较大影响。

1. 煤燃烧过程中痕量重金属的迁移

通过对不同粒径的粒子在不同燃烧温度下在沉降炉燃烧后收集到的粉煤灰中的痕量重金属元素的测定结果表明，As、Co、Be、Cu、Ni 五种元素很一致地富集于最细一级的灰粒中（含量高于较粗灰粒中的含量）。Pb、Cd 元素除在低温氧化性气氛外，在其他工况下，最细一级中的含量也较明显地高于粗粒级中的含量，因为 Pb、Cd 两元素是亲硫元素，在有机质中也部分存在，在低温氧化性气氛下，由于两元素的熔点、沸点低，它们与氧气发生反应，形成氧化物而留在粗灰粒中，在高温下则气化出来而在气相中，浓度增大就会凝结、富集在细微粒子上。Cr 在大部分工况下也富集在细微粒子中。

2. 煤燃烧过程中影响重金属迁移的因素

(1) 温度、气氛和粒径的影响

试验研究表明，燃烧温度、气氛、煤粉细度等对不同金属元素在燃烧中的行为的影响不同。高温（1 400 ℃）下 Pb、Cr 在细灰粒中的含量明显高于低温下的含量，Ni、Co 则在中间温度（1 300 ℃）下在细灰粒中含量最高。气氛对 Pb、Ni、Cr、Co、Cd、Cu 等 6 种元素在燃烧中的行为影响也很大，其中 Co 元素在氧化性气氛下气化最强，其余 5 种元素均在还原性气氛下气化最强。在绝大部分工况下，所研究的几种有毒金属元素在燃烧后的细灰粒中的含量比粗粒子的要高，只是 Pb、Cd 在低温氧化性气氛下燃烧时，在粗灰粒中的含量大多比细灰粒中的高。

另外，从 8 种重金属的总量来看，还原性燃烧气氛会促使重金属元素在燃烧中富集于细粒子上，高温也使有毒金属元素更易于富集于细粒子上。研究还发现，煤粉细度对重金属在燃烧中的行为也有较大的影响。煤粉越细，在细微粒子上富集得越厉害，从而加剧重金属对大气的污染。

(2) 燃烧方式的影响

Demir 等对不同燃烧方式下 12 种重金属元素的释放进行了研究，发现流化床中重金属的排放最低。但是，无论哪种燃烧方式，F 的排放均很高。而对于煤粉炉和旋风炉，剧毒的 Hg 和 Se 的排放量最高。因此，目前国际上很多学者致力于 Hg 和 Se 排放特性和控制的研究。

(3) 煤中含硫量及硫的存在形态的影响

元素的物理性质及其在煤中的存在形态与其在燃烧过程中的行为有密切关系。亲硫元

素比亲氧元素在细微粒子中有更大的富集性，具有相同亲和性的元素在细微粒子中的富集性随熔点的升高而下降。那些与硫化物及有机物结合的重金属元素在燃烧过程中因蒸发-凝聚作用而在细微粒子中富集，而这些细微粒子直径在 10 nm～0.1 μm 之间，很难为除尘器所捕获，它们悬浮于空气中，因而具有更大的危害性。

Cu、Cd、Co、Pb、As 等重金属元素在煤中倾向于以硫化物形式存在，而 Be 则倾向存在于有机物中，因而这几种痕量重金属元素经过燃烧过程后容易富集在细微粒子上，对大气污染危害较大。如果对煤进行化学脱硫，则在脱除硫化物的过程中可以同时有效地脱除部分痕量重金属元素，因而化学脱硫不仅对减少大气 SO_2 污染有重要作用，而且对于减少大气重金属污染也有重要的作用。

(4) 煤种的影响

通过对无烟煤、烟煤、贫煤等 3 种煤中重金属元素在燃烧中的行为比较发现，煤种的灰分、挥发分的含量对各重金属元素的蒸发气化等行为也有影响。对于 Cu、Pb、As 元素，灰分越高，在细颗粒中的含量越高；对于 Co 元素，煤中的挥发分越高，在燃烧中富集于细颗粒的倾向越大；Cr、Ni、Be 等 3 种元素在燃烧中的行为则与原煤的挥发分和灰分均有关。

3. 重金属元素在大气中的迁移

为了研究重金属在环境中的释放和迁移以及它们对生物的危害，陆晓华等采用模拟酸雨研究了青山热电厂排放的微米级灰粒和灰渣中的部分重金属在酸雨作用下的释放情况，并用 Tessier 逐级提取法研究了微米级灰粒和灰渣中的重金属形态分配，从而对煤燃烧排放颗粒物中的重金属在环境中的行为有了一定认识。结果表明，痕量重金属元素绝大部分以稳定态存在，微米级飞灰中较大活性形态的重金属高于灰渣。煤燃烧高温条件使颗粒物中活性较大的形态含量减少。随酸雨 pH 值的降低，颗粒物中金属溶出量增加。相同 pH 值条件下，浸取液中盐浓度高时，颗粒物中痕量重金属溶出量增加。这些表明表面吸附-解析、pH 值、氧化还原条件及固-液界面离子束交换等多种因素决定着颗粒物中重金属的溶出。

四、重金属污染的控制

有三种方法来减少煤燃烧中元素迁徙的数量：① 开采含有低浓度痕量元素的煤；② 在燃烧前除去这些有害重金属元素；③ 在燃烧后的排放物中除去这些元素。

目前总结有如下几种方法。

1. 洗选分离法

煤中重金属元素(痕量元素)的存在有几种形式，它们有的与煤中的有机物结合，有的与煤中的矿物质结合，有的则在有机质和矿物质中都存在。存在于矿物质中的元素，有的倾向于以硫化物形式存在，如 As、Cd、Cu、Mn、Pb、Ni 等亲硫元素；有的则倾向于以碳酸盐形式存在，如 Be、Se 等。最具毒性的 As 和 Hg 主要出现在粗颗粒的黄铁矿中，物理选煤过程可以成功地除去这些元素的大部分。

2. 控制燃烧工况法

通过控制燃烧工况来减少重金属向大气中的排放。温度、气氛、煤粉细度等都是影响亚微米级颗粒形成的因素。降低温度、适当提高煤粉细度、延长炉内停留时间以及保持氧气气氛等，都有利于控制重金属向大气中的排放。

3. 除尘净化法

利用除尘器(布袋除尘器、电除尘器等)等烟气净化装置,也能有效地除去烟尘中的重金属,从而减少大气污染。除尘器的效率高则除尘效率也相对高。除尘方式在很大程度上可以影响烟尘中有害元素的含量、排放系数及有害元素的富集因子。静电除尘器的除尘效率很高,可高达99%~99.5%,但难以除掉亚微米级灰粒。

4. 吸附法

使用固体吸附剂来捕获并固定重金属化合物,这种过程是通过物理吸附与化学反应结合的机理来实现的。一般说来,吸附剂可以通过三种途径来使用:① 它可以作为粉末来喷射(与石灰石的喷射相似),在线地除去金属化合物;② 使含有重金属的烟气通过固定的或流化的吸附剂床,这时吸附剂可以做成小球、豆状或片状;③ 将吸附剂粉末以一定的比例掺和到煤粉中去,均匀混合。

硅土、钒土、高岭土、铝土矿及石灰石等都是常用的吸附剂。作为减少焚烧或煤粉燃烧过程中的重金属化合物的吸附剂,必须具有高温稳定性、快速吸收性,并且可以将多种重金属化合物转化为稳定的、毒性小的、容易处理的物质。由于石灰石不仅对高温烟气中的气态硫有良好的消除效果,对多种重金属化合物也有好的捕获能力,因而石灰石成为一种十分吸引人的捕获剂。SiO_2 与 Al_2O_3 单独使用均有好的去除铅的效果,但它们同时存在将大大提高捕获铅的能力。为了防止捕获剂中被吸收的铅进入到地下水中,只有不溶于水的铅的化合物才是安全的和稳定的。石灰石对脱硫有效,但对除去铅不是很有效。高岭土由于吸收的铅更多的是非水溶性的,因而高岭土相比铝土矿来得更优越些。

思 考 题

1. 简述燃煤烟气中污染物种类及危害。
2. 简述除尘器分类及作用原理。
3. 简述电除尘器的除尘原理。
4. 按照石膏法、氨溶液吸收法的原理写出方程式。
5. 简述控制燃烧所产生的氮氧化物的方法。
6. 简述控制燃煤重金属污染的方法与途径。
7. 简要分析讨论燃煤烟气脱硝技术国内外发展现状与趋势。

第十四章　煤基材料及化学品制备技术

煤有机大分子相具有人工合成难以得到的特殊芳香结构单元，同时又有含量不等的含氧官能团和纳米结构孔隙。基于煤有机大分子相特殊的结构特征，开展煤非燃料利用新技术的开发研究已成为煤清洁高效转化和利用的又一新方向。煤的非燃料利用主要途径有新材料化转化和精细化学品制备。煤基新材料主要包括煤基功能超细粉体材料、煤基聚合物复合材料、新型炭材料等，煤基精细化学品主要有芳烃类化合物、含芳香类氧化合物、高分子单体、医药中间体、腐殖酸等。

第一节　煤基功能超细粉体材料

一、煤基功能超细粉体材料的制备工艺

当颗粒外观尺寸变化时，其相应的特性如化学反应活性、吸附性、电性、补强性等会发生特殊变化，表现出常规块状材料所不具备的新性质与新效应，利用这些性质可以开拓煤基功能超细粉体材料许多新颖的应用领域，通过表面改性还可以进一步赋予煤基功能超细粉体材料许多新的功能，如导电、阻燃等。

图 14-1 为煤基功能超细粉体材料的制备工艺简图。对于原煤应经过干燥和初破碎后，方可进入超细粉碎装置。如果采用原位力化学改性，则应在初破碎阶段加入改性添加剂。改性剂的选择取决于改性超细粉体材料的用途。

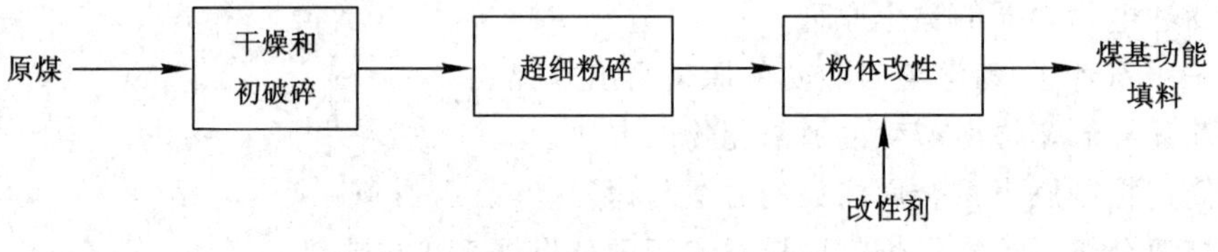

图 14-1　煤基功能超细粉体材料的制备工艺简图

煤基功能超细粉体材料的加工技术目前主要采用机械粉碎法。机械粉碎法具有生产成本低、产量高、工艺简单、伴随有机械力化学改性、可能改善物料性能、易实现大规模生产等优点。常用粉碎设备主要有气流磨、高速机械冲击磨、球磨机（包括振动球磨机、转动球磨机、行星球磨机等）、介质搅拌磨、射流粉碎机等。其中，气流磨、高速机械冲击磨为干式超细粉碎设备，球磨机、介质搅拌磨、射流粉碎机，既可用于干式超细粉碎，也是常用的湿法超细粉碎设备。

二、超细粉碎过程中的机械力化学反应

机械力化学反应是由机械力诱发的化学反应，而且指出机械力包括的范围很广，既可以是粉碎过程中施加的作用力，也可以是一般的机械压力、摩擦力，还可以是液体或气体冲击

波作用所产生的压力。超细粉碎过程中的机械力化学反应主要包括：

（1）被激活物料原子结构的重排和重结晶；表面层自发重组形成非晶质结构。

（2）外来分子（气体、蒸汽、表面活性剂等）在新生成的表面上自发地进行物理吸附和化学吸附。

（3）被粉碎物料的化学组成变化及颗粒之间的相互作用和化学变化。

（4）粉碎物料物理性能的变化。

西安科技大学对煤超细粉碎过程中的机械力化学反应采用反应活性小分子进行原位探测和分析。研究结果表明：神府煤不同煤岩显微组分在气流超细粉碎过程中可与马来酸酐进行接枝反应，除发生酚羟基氧接枝反应外，镜质组主要发生的是酰基化反应，而丝质组主要发生的是烷基化反应。煤在机械力化学反应初期主要以马来酸酐双键与煤表面的烷基化反应为主，反应时间超过 6 h 后，则主要是酸酐与煤表面的酰基化反应。神府煤超细粉体中镜质组颗粒表面吸附有大量的纳米级微粒，表面呈现精细结构、粗糙，团聚较为严重；通过偶联剂原位力化学反应可以探测煤超微粉化过程中煤粉表面反应性的差别。电子能谱分析表明：神府镜煤超细粉体的表面原子主要为氧、碳、钙，其次为硅、硫，再次为铁、铝、镁等。神府原煤超细粉体的表面原子主要为氧、碳，其次为硅、铝和硫，而铁、钙含量较低。而变质程度较高的四川华蓥山洗精煤的表面原子主要为碳、氧，其次为硅、硫和铝，再次为铁、钙等。煤表面原子的组成分布与体相原子的组成分布有着显著的差别。此外，机械力化学反应也使神府煤的表面官能团增加（图 14-2）。

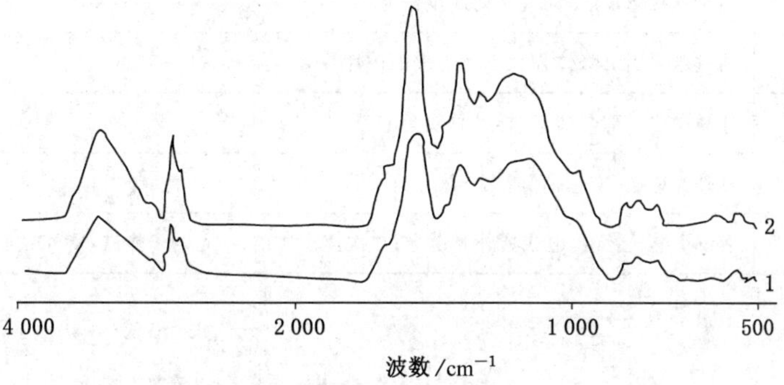

1—超细粉体（5 μm）；2—常规粉体（100 网目）。

图 14-2　神府煤超细粉体的 FTIR 光谱（气流粉碎，JGM-H400 型）

三、煤基功能超细粉体材料的分级技术

煤经超细粉碎机加工后，其粒度分布范围较宽，难以满足生产实际的要求。控制超细粉体材料粒度需将超细粉碎设备与分级装置组合，由分级装置控制粉体材料的粒度及分布。

根据被分级物料的状态或所用介质不同，粉体材料的分级方法可分为干法分级（介质为空气）、湿法分级（介质为水）和介于前两种分级方法之间的超临界分级。根据分级力场不同，分级方法可分为重力场分级、离心力场分级、惯性力场分级、电场力分级、磁力场分级、热梯度力场分级以及色谱分级等。根据分级工艺所用的设备类型不同，分级方法可分为旋流式分级、干式机械分级（叶轮式、涡流式等）、碟式分级、卧螺式分级、静电场分级、超临界分级等。干法超细粉碎与分级系统受粉磨极限的影响较大，难以制得 1 μm 以下超细粉体材料，

而湿法粉碎及分级系统易于得到 1 μm 以下的颗粒。

四、煤基功能超细粉体材料的表面改性及评价

煤基功能超细粉体材料的表面改性的方法依据改性机理不同主要可分为物理改性法、化学改性法和物理化学改性法;依据改性工艺不同,则可分为涂覆法、偶联剂法、煅烧法和水沥滤法;基于改性的性质、工艺和方法,进行综合考虑,则可分为包覆法、沉淀反应法、表面化学法、接枝法和机械力化学法等。

表面改性效果的评价主要有直接应用试验法、润湿性及仪器分析评价法等。表 14-1 归纳了常用于评价超细粉体材料表面改性效果的几种润湿性测定方法。其中吸油值测定、活化指数法测定最常用。表 14-1 同时列出了常用于超细颗粒表面结构和性能的仪器分析表征方法。通过这些仪器分析,不仅可以探明表面改性剂对超细粉体材料的改性效果,而且可以了解改性剂与超细粉体材料表面的化学或物理相互作用的强弱。

表 14-1　常用润湿性测定方法

测定方法	方　法　简　介
吸油值	试剂:邻苯二甲酸二丁酯(DBP)或蓖麻油 方法:滴定管滴入,玻璃棒碾压法 计算:X=DBP 或蓖麻油用量/样品量 测定标准:GB/T 3780.2—2017
界面接触角	压片直接测定法;润湿平衡高度法
沉降体积法	通过水聚团沉降体积大小评价表面改性效果
活化指数法	样品中漂浮部分质量/样品总质量
仪器分析法	红外光谱法;X 射线衍射法;热分析
表面分析技术	Auger 电子能谱,电或紫外光诱导;二次离子质谱;X 光电子能谱,紫外光电子能谱等

第二节　煤基聚合物复合材料

用煤作为活性填料制备煤基聚合物复合材料的研究始于 20 世纪 30 年代,E. G. Corlow 和 S. R. Zummenov 等探讨了将煤作为一种活性填料与各种聚合物进行混合制备性能较好的热塑性塑料,以及煤与酚醛树脂、环氧树脂等热固性树脂复合制得热固性塑料的工艺方法。20 世纪 90 年代,一些研究者将高分子材料学科中的共混及聚合物合金概念引入煤基复合材料制备领域,提出将煤作为一种天然大分子聚合物组分,采用溶液共混、熔融共混等方法制备煤基聚合物复合材料,开发出了系列煤基聚合物复合材料,如降解材料、纳米复合导电材料、纳米吸附材料、离子交换材料等。

一、煤/聚烯烃共混物复合材料

煤/聚烯烃共混物复合材料主要包括煤与聚丙烯(PP)、高密度聚乙烯(HDPE)、低密度聚乙烯(LDPE)和线性低密度聚乙烯(LLDPE)或其组合物制成的共混物材料。

超细神府煤/LLDPE 共混物的力学性能研究表明,未改性超细神府煤与 LLDPE 共混,使 LLDPE 的拉伸强度提高近 20%,但断裂伸长率显著下降。超细神府煤经改性剂 WD 改性后,断裂伸长率增加显著,而强度的损失不大。通过表面改性可以提高煤大分子与 LLDPE分子链的相互作用,从而提高该共混物的相容性。

通过研究煤的粒度变化对神府煤/LDPE(煤含量 30%)共混体系拉伸强度(MPa)影响表明,由于超细煤粉的团聚作用,煤的粒度减小,造成共混体系中二次粒子含量增加,从而使共混物材料强度降低。煤基共混物材料中煤含量不同,粒度对拉伸强度的影响不同。在煤含量较低时,粒度对复合材料的性能影响不显著,但煤含量较高时,粒度的影响较大。煤在体系中的分散性直接影响其界面结合强度,从而对共混物材料性能产生重要影响。

HDPE/HDPE-g-MAH/神府煤共混物材料的 FTIR 光谱分析表明,相溶剂 HDPE-g-MAH 上的活性酸酐基团与煤大分子表面的羟基发生酯化反应。在 LDPE 与神府煤的共混体系中,相溶剂 HDPE-g-MAH、HDPE/EPDM-g-MAH 与煤表面官能团发生了相同的反应,从而使体系的相容性增加。

由两种聚合物构成的两相聚合物共混物,按照相的连续性可分为三种基本类型:单相连续型结构、两相互锁或交错结构以及相互贯穿型结构。相互贯穿的两相连续型结构的典型例子是互穿网络聚合物(IPN),其特点是两个聚合物相互贯穿,形成交织网络。煤大分子是一个多组分体系,在煤大分子相内存在互相贯穿的大分子交联网络。其在宏观上表现为相互贯通的纳米孔结构。因此,可以假设煤与聚合物共混时,聚合物分子链与煤的界面相互作用不同,可形成聚合物大分子在煤大分子中穿插程度不同的半 IPN 结构。正是由于这种相互作用使煤基共混物材料具有良好的力学性能。

西安科技大学在煤基聚烯烃复合材料应用方面开展了大量研究工作。采用煤/LLDPE 共混物材料(煤含量为 30%)制成的电缆专用料,力学性能及耐环境应力开裂性能达到标准要求,测试结果见表 14-2。利用煤/PE 降解专用料母料,研制出了黑色降解薄膜,其性能完全达到白色地膜的质量要求(表 14-3),且具有生物、光降解性,降解产物是一种高效有机质复合肥。田间地膜覆盖试验结果也证明该地膜具有良好的降解特性。

表 14-2 煤/LLDPE 共混物材料(煤含量为 30%)电缆专用料力学性能

取样点	拉伸强度/MPa	断裂伸长率/%
开始	15.4	500
终端	14.3	510
标准	≥10	≥350

表 14-3 由煤基共混物材料生产地膜的力学性能

样品编号	拉伸负荷/N		断裂伸长率/%		直角撕裂负荷/N	
	纵向	横向	纵向	横向	纵向	横向
试样 1	3.34	2.16	467.0	697.5	1.34	1.59
试样 2	3.18	2.34	454.4	780.0	1.20	1.52
试样 3	4.28	4.12	558.5	805.0	1.81	1.93
标准	≥1.6		≥160		≥0.6	

二、煤/聚苯胺导电复合材料

1. 聚苯胺的结构及导电模型

聚苯胺链结构中的氧化链段和还原链段长短主要取决于氧化剂的选择、单体浓度、氧化剂与单体的物质的量比、氧化剂滴加速率、聚合温度、反应时间等。当 $Y=1$ 时，为完全还原的全苯式结构，称全还原态聚苯胺；当 $Y=0$ 时，为"苯-醌"交替结构，称全氧化态聚苯胺；当 $Y=0.5$ 时，为苯醌比为 3∶1 的半氧化半还原结构，称本征态聚苯胺。全氧化态聚苯胺和全还原态聚苯胺可分别通过氧化和还原掺杂使其电阻率进入导体范畴，而本征态聚苯胺则可通过掺杂提高其导电性。

聚集态聚苯胺的导电模型主要有定态电子跃迁-质子交换电子导电模型(PEACE)和颗粒金属岛模型(GMIM)两种。充分掺杂的三维微"金属岛"存在于未掺杂的绝缘母体中；若掺杂进一步进行，"岛"的尺寸可稍微增大，形成新的"金属岛"。这一模型得到了热电动势、电导率的电场依赖性、声频电导、微波频率电导、ESR、IR 和 NMR 研究的支持。传输性质研究表明，两个"金属岛"之间存在适当尺寸的"障碍"，这一势垒的存在妨碍了高电导率的获得。计算表明，"金属岛"内的电导率约为 250 S/cm，大于宏观所测得的电导率；"金属岛"的尺寸约 20 nm，与掺杂聚苯胺中结晶区的相关长度相吻合。"金属岛"之间的电荷传导受控于"电荷能量限制隧道"。水的存在可降低隧道障碍的有效高度和宽度，有利于提高导电性。

2. 煤/聚苯胺导电复合材料

(1) 煤基聚苯胺制备的理论基础

煤具有一定的导电性，根据其导电机理不同，可分为自由基导电和离子导电。煤的导电能力与其变质程度有关。电导率随着煤化程度的加深而增加，煤的含碳量达到 87%以后，电导率急剧增加。这是由于当含碳量高于 87%以后，煤有机大分子相中的芳香层片迅速增大，分子内 π 键彼此重叠，故电子活动范围扩大，并有可能在一定范围内转移，从而使电导率增大。不同变质程度煤的电阻率如表 14-4 所示。

表 14-4　不同煤种及其他材料的电阻率

材　料	电阻率/Ω·cm
石墨	$(0.8\sim1.0)\times10^{3}$
无烟煤	$(7\sim90)\times10^{3}$(平行)；$(17\sim34)\times10^{3}$(垂直)
烟煤	$(0.004\sim360)\times10^{8}$(平行)；$(3.1\sim530)\times10^{9}$(垂直)
褐煤	10^{4}(20%～25%水)；$10^{10}\sim10^{13}$(干燥)
铜	1.7×10^{-6}
蒸馏水	$(8.5\sim25)\times10^{6}$
神府超细煤粉(弱黏煤)	1.15×10^{11}
黄陵超细煤粉(不黏煤)	2.71×10^{9}
绿水洞超细煤粉(焦煤)	2.17×10^{8}
韩城超细煤粉(贫煤)	6.77×10^{6}
简沟山超细煤粉(无烟煤)	12.58

煤的质子酸特性是建立在煤的大分子结构基础上的。煤中含有一定量的酚羟基、硫醇

和少量的羧基等酸性基团，这些基团的存在使煤大分子具有一定酸性。另外，在氧化剂作用下，煤中甲基、亚甲基、芳环等活性基团可被氧化生成酚羟基、羧基等酸性基团，使煤酸性增加。同时，煤中酸性基团也是煤分子中分子内氢键和煤与溶剂间氢键的主要贡献者，对煤的溶胀起着重要作用。

煤的孔隙结构是煤物理结构的主要部分，主要是指其相界面间空隙及芳香层间的层间隙，其具体研究方法有密度测定法、氮气吸附测定法、小角度X射线衍射(SXRD)分析、计算机断层扫描、核磁共振成像等。煤的孔隙结构一般用孔隙体积、比表面积、孔径分布、孔隙模型来表征。

对神府3^{-1}煤的孔结构分析结果表明，其超细煤最可几孔径为0.865 nm，平均孔径3.17 nm，均在纳米尺度范围内。聚苯胺/蒙脱土层状复合物的层间距为1.482 nm，蒙脱土的层间距为0.96 nm，由这两个数据可知苯胺分子的动态半径在0.522～0.96 nm之间，这个范围大部分落在煤的微孔范围内，这也为苯胺能渗入煤的孔隙中提供了理论依据。X射线分析表明，煤的芳香层间距为0.35 nm左右，并且随着煤的变质程度的提高而变小，芳香层主要分布在2层或3层一组的芳香层组中，芳香层平行堆垛高度(层数)随着煤变质程度增高而增加。

(2) 煤/聚苯胺导电复合材料的制备及应用

图14-3概括了煤/聚苯胺导电复合材料的制备方法，该方法由西安科技大学研发成功，并称之为“溶胀-原位氧化聚合法”。其核心思想是用苯胺分子溶胀煤大分子，并假设苯胺分子与煤大分子之间形成氢键等相互作用，煤的孔隙结构为苯胺聚合提供了受限空间，煤大分子上的酸性官能团可以原位掺杂聚苯胺。

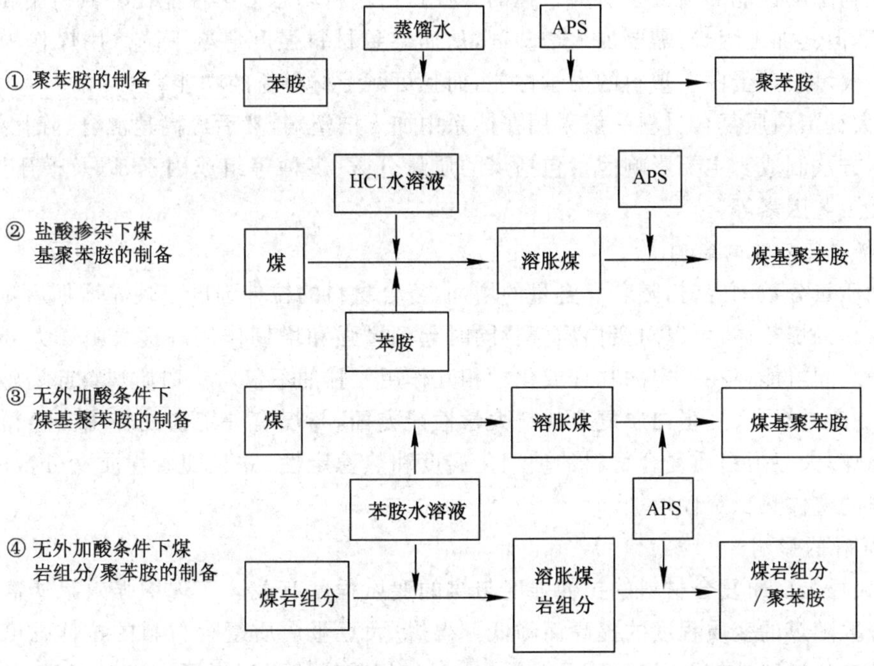

图14-3 煤/聚苯胺导电复合材料的制备方法与工艺路线

影响煤/聚苯胺导电复合材料性能的主要因素有 APS(过硫酸铵)用量、聚合温度、煤种及煤岩组分(表 14-5)等。煤超细化处理有利于提高煤/聚苯胺导电复合材料的导电性,以超细镜煤为原料制备的煤/聚苯胺导电复合材料的电阻率小于以丝炭为原料制备的煤/聚苯胺导电复合材料。

表 14-5 煤岩组分及其粒度变化对神府煤/聚苯胺导电复合材料电阻率的影响① 单位:Ω·cm

粒度(D50)	原煤	丝炭	镜煤
5 μm	767.09	1 681.61	1 448.93
30 μm	3 339.95	3 559.13	3 262.3

注:① 反应条件为聚合温度 10 ℃;苯胺质量百分比为 44.4%;APS 与 An 物质的量比为 0.8∶1。

无外加酸掺杂煤/聚苯胺导电复合材料在抗静电材料及防腐涂料中有着广阔的应用前景。神府煤/聚苯胺导电复合材料与环氧树脂共混制备的防腐蚀涂料具有良好的屏蔽性能、阳极保护作用和缓蚀效果,对碳钢表面具有明显的阳极保护作用,能使其电位提升+500 mV,并且在经过加速浸泡后对基体金属的附着情况良好,能有效阻止金属腐蚀。

三、煤/大豆蛋白质复合材料

煤在一定条件下可以被微生物降解。低阶煤和风化煤的微生物降解程度更为明显。结合煤的光降解特性与生物降解特性,以煤作为功能性组分可以研制出一类新型光—生物降解材料。

由大豆蛋白、玉米朊、角蛋白、小麦谷蛋白、鸡豆蛋白和动物明胶等蛋白质可以制备出具有良好生物降解性能的高分子材料。纯的大豆蛋白塑料动态力学性能比环氧树脂和聚碳酸酯还要高,但其加工困难,需要加入增塑剂,从而导致材料强度急剧下降。用煤作为有机刚性粒子不仅可改善蛋白质塑料的力学性能,而且可赋予材料新的功能。

煤/大豆蛋白质复合材料一般采用在体系中加入增塑剂,然后经高速混合、陈化处理,最后经模压方法制成。主要影响因素包括煤的质量分数、煤种等组成因素,以及模压温度、压力等加工工艺因素等。

1. 煤质量分数的影响

甘油质量分数固定时,随着煤含量的增加,复合材料的拉伸强度呈现先增加后减小的趋势。适量超细煤粉体,可以对蛋白质塑料同时起到增强和增韧作用。这表明煤大分子和蛋白质分子之间可能存在一定的物理或化学相互作用。甘油不仅对蛋白质塑料起增塑剂的作用,而且在改进煤/大豆蛋白质复合材料力学性能方面,与煤有一定协同作用。煤粉的添加可以提高煤/大豆蛋白质复合材料的玻璃化温度和热稳定性,并且随着煤质量分数的增加,复合材料的整体热稳定性增加。

2. 煤种的影响

煤/大豆蛋白质复合材料的拉伸强度与煤的变质程度有关。实现增强效果所需加入煤的质量分数随煤的变质程度的提高而降低。褐煤/大豆蛋白质复合材料的拉伸强度对煤质量分数的变化敏感性较弱,煤的质量分数在 45%时,其拉伸强度仍可达到 10 MPa。低变质程度的煤,具有较高的氧含量(或氮含量),有相对丰富的活性官能团,如—COOH、—C═O 及酚羟基等。因此,可以推断煤中的这些活性官能团可与蛋白质分子中的官能团发生相互作用。随着煤变质程度升高，煤中活性官能团含量显著降低，因此，高变质程度的煤大分子与蛋白质分子的界面相互作用相对减弱。

煤/大豆蛋白质复合材料的断裂伸长率基本上是随着煤的质量分数增加而急剧减小，煤的质量分数超过25%时，复合材料的断裂伸长率下降到5%左右。从工程角度讲，中变质程度的烟煤/大豆蛋白质复合材料韧性最好。断裂伸长率大于5%的材料称为塑性材料，小于5%的材料称为脆性材料。从拉伸性能考虑，煤质量分数低于20%情况下，煤/大豆蛋白质复合材料可以作为塑性材料使用。

煤的变质程度对煤/大豆蛋白质复合材料 T_g 有一定影响，煤变质程度越高，由于煤大分子与蛋白质分子的界面相互作用越小，对 T_g 影响减弱。

3. *矿物质的影响*

煤中一般含有种类繁多的无机矿物质，主要有高岭石、伊利石、碳酸盐类、石英和黄铁矿等，部分矿物质中的金属离子还可以与煤中的官能团形成络合物。其含量因煤而异，用HF-HCl脱矿物质处理以后，矿物质含量可降到1%以下。

脱矿物质煤质量分数为10%时，煤的O/C与复合材料拉伸性能的关系研究表明，复合材料的拉伸强度随O/C增大而增大，断裂伸长率仍是中变质程度的烟煤最大，但是相对于原煤/大豆蛋白质复合材料大大降低。脱矿物质煤/大豆蛋白质复合材料的冲击强度与原煤/大豆蛋白质复合材料相比明显降低，中变质程度的烟煤韧性最好。脱矿物质后，煤/大豆蛋白质复合材料的相界面相互作用增强，这可归因于随煤矿物质含量减少，煤中有机大分子的比例相对提高，煤大分子与蛋白质分子间的总相互作用力增强，从而导致该复合材料的刚性增加，韧性降低。脱矿物质低变质程度煤/大豆蛋白质复合材料的耐水性比相应的原煤/大豆蛋白质复合材料的耐水性提高，而脱矿物质高变质程度煤/大豆蛋白质复合材料的耐水性比相应原煤/大豆蛋白质复合材料的耐水性降低。

第三节　煤制活性炭技术

活性炭是一种优良的多孔性吸附材料，具有丰富的内部孔隙结构和较高的比表面积，具有吸附能力强、化学稳定性好、机械强度高、使用失效后易再生等特点。活性炭可广泛应用于化工、环保、食品加工和军事化学防护等领域。煤炭作为活性炭生产的原料，具有资源丰富、结构与组成多样、多种煤可配合使用等优点。为了提高煤基活性炭的性能，除了采用新的制备工艺及技术外，在原料煤的选择上也由过去的单一煤种发展到多种煤种配合使用，即采用配煤方法实现原料煤的优化组合。活性炭生产对原料煤的一般要求是灰分低、反应性高、水分低、热稳定性好等，针对不同品种的活性炭生产，还要求原料煤具有一些特殊的性质。

一、活性炭的结构

在自然界中，以游离状态存在的碳有三种同素异形体，即金刚石（等轴晶系结晶）、石墨（六方晶系结晶）和无定形碳。活性炭具有自己独特的微晶结构、孔隙结构和化学结构。一般说来，通过液相炭化生成的活性炭，由于在热分解过程中存在中间相，最终生成多为镶嵌型的微晶结构。假如热分解时不形成液相产物，完全是在固相状态下炭化，所生成的活性炭绝大部分是结构不规则的无定形碳，而不出现石墨结构。

1. 活性炭的微晶结构

活性炭中含有石墨微晶，具有类似于石墨的二向结构，基本微晶大约由3～4个平行的石墨状体组成，且微晶结构也是呈六角形排列，如图14-4(a)所示。活性炭的层间距大于石墨(厚度0.9～1.2 nm，3～4倍石墨层厚，宽度2～2.3 nm)，且活性炭的基本微晶平行片层间存在无序平移，平行的网平面对于它们共同的垂直轴并不是完全定向的，一层对另一层的角位移是紊乱的，各网平面是不规则地互相重叠，在层面垂直的方向上不相重合。基本微晶的大小随活化(或炭化)温度的升高而增大。一般把这种排列称为乱层结构如图14-4(b)所示。灰分对微晶也有着重要的影响，随着炭化、活化过程的加深，灰分增加。

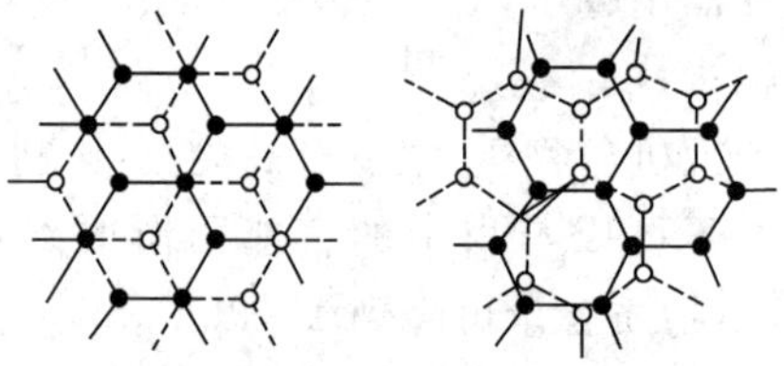

(a) 石墨结晶　　(b) 乱层结构

图 14-4

活性炭中的无定形碳是由数层平行的碳网平面组成的微晶群和其他未组成平行层的单个网平面以及无序碳等构成的。所谓无序碳是指具有脂肪族链状结构的碳、附着在芳香族结构边缘上的碳以及参与微晶相互之间架桥结构的碳等。X射线衍射研究结果表明，不同的含碳材料在加热过程中，微晶相互间的排列有两种不同的方式：一种是与微晶轴的方向总体一致，基本上整齐排布的，称之为易石墨化炭；另一种无论是微晶间的排列还是微晶与轴的方向的排列均是杂乱的，称之为难石墨化炭，其结构模型如图14-5所示。易石墨化炭制得的炭比较软，孔隙不太发达；而难石墨化炭微晶间孔隙发达，结构牢固。一般来说，活性炭兼具有两种结构，但大部分活性炭以难石墨化结构为主，尤其是以无烟煤为主要原料制成的煤基活性炭。

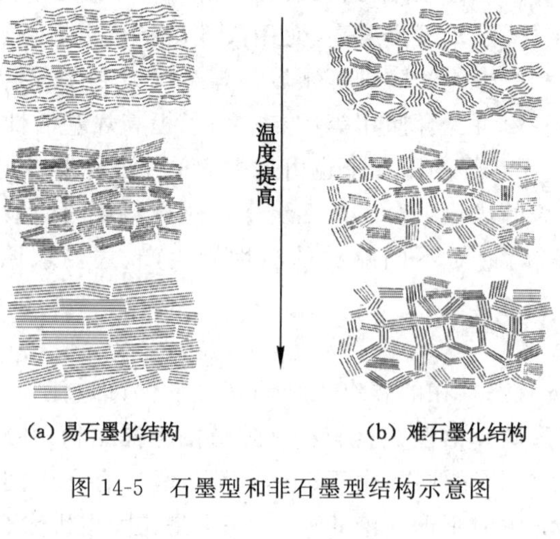

(a) 易石墨化结构　　(b) 难石墨化结构

图 14-5　石墨型和非石墨型结构示意图

2. 活性炭的孔隙结构

活性炭的孔隙绝大部分是在活化过程中形成的，活化过程使无定形碳的基本微晶之间各种含碳化合物被清除，有时也可使基本微晶的石墨层中部分炭被除去，因而产生不同孔隙。高分辨率透射电子显微镜的研究表明，活性炭内的微孔是活性炭微晶结构中弯曲和变形的芳环层或带之间的分子尺寸大小的间隙。活性炭内部孔的形状多种多样，有些孔隙具有缩小的入口，称为墨水瓶状，有一些是两端敞开的毛细管孔或一端封闭的毛细管孔，还有一些是两平面之间或多或少呈规则状的狭缝状、V形孔、锥形孔和其他形状的孔等，如图14-6所示。

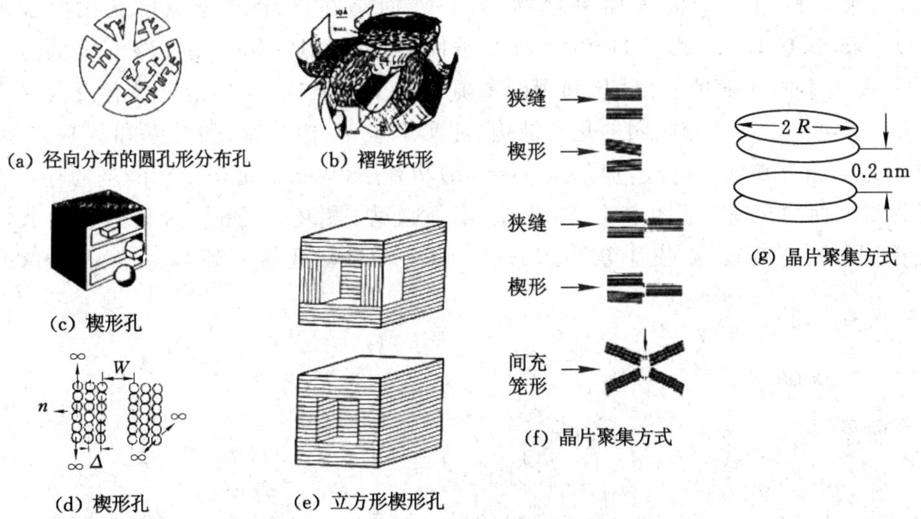

图14-6　活性炭中孔隙结构模型

根据国际纯粹与应用化学联合会(IUPAC)分类法，依据孔径(r)不同将活性炭中的孔隙分为三类，即孔径$r<2$ nm为微孔，2 nm$<r<$50 nm为中孔，$r>$50 nm为大孔。通常活性炭中大孔的孔容积为0.2～0.8 cm^3/g，比表面积为0.5～2 m^2/g。大孔主要起着输送渠道的作用，使被吸附的分子容易进入炭颗粒内部，此外，当活性炭用作催化剂载体时，较大的孔隙为催化剂沉积提供了一个理想场所。中孔的孔容积较小，为0.02～0.10 m^3/g，比表面积为20～70 m^2/g，不超过其总比表面积的5%，其作用是能够吸附蒸汽，并能为吸附物提供进入微孔的通道，又能直接吸附较大的分子。微孔的孔容积为0.20～0.60 cm^3/g，比表面积约占总比表面积的95%。活性炭孔结构模型如图14-7所示。

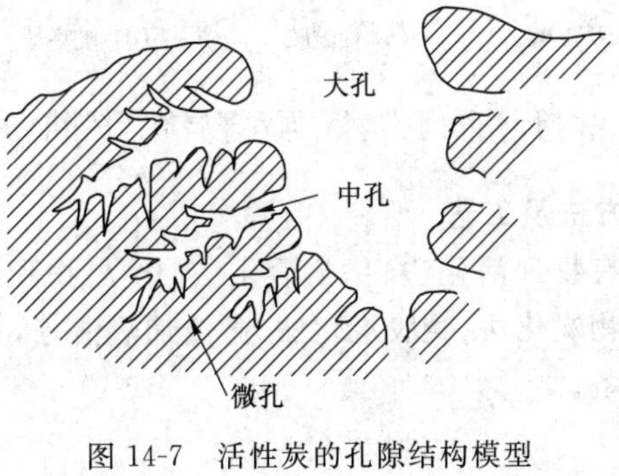

图14-7　活性炭的孔隙结构模型

活性炭的选择要考虑吸附质的分子直径及向细微孔内扩散等因素。当吸附剂微孔大小为吸附质分子临界尺寸的 1.7～3 倍时，吸附质比较容易被吸附，因为这时吸附分子能有效地接受微孔表面叠加的吸附力场，如果需要再生，则要达 3～6 倍或更高。另外，吸附质的性能，如极性、相对分子质量、分子大小等也会对吸附产生很大影响。液相吸附中，吸附速度主要与粒度及细孔分布有关。

3. 活性炭的化学组成

活性炭的化学组成主要包括表面氧化物和活性炭结构中的杂原子。活性炭的表面氧化物，一方面来自原料本身的表面氧化物，另一方面是在活化过程中被氧化生成的。在 $NaHCO_3$、Na_2CO_3、KOH 和 C_2HSONa 存在条件下，贝姆(Boehm)用逐级滴定的方法测定了活性炭表面不同酸值的官能团，利用同重氮甲烷交换反应、同甲醇的醋化反应和其他反应，成功地测定出了这些官能团的化学结构，证实了羧基、内酯基、酚羟基和羰基的存在，而且通常还是等量存在的。此外，加尔坦(Gertan)和魏斯(Weiss)证明了苯酮基的存在。归纳起来活性炭表面的含氧官能团主要包括羧基、酚基、羟基、醌基、内酯基、过氧化基等(图 14-8)，含氮官能团主要有胺基、亚胺基等(图 14-9)。有些活性炭还含有硫基、卤素及磺酸基等官能团。

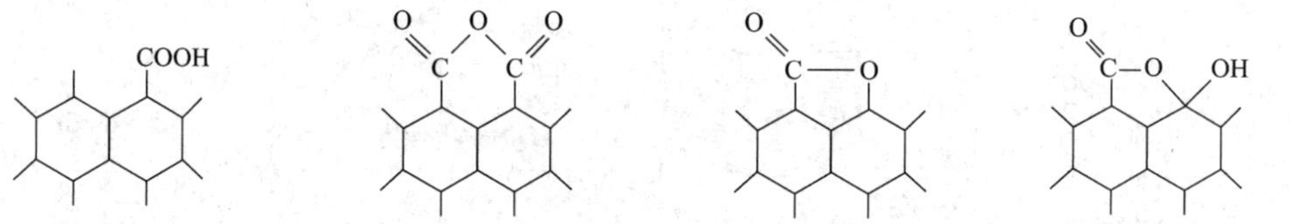

(a) Carboxyl（羧基） (b) Carboxylic anhydrides（酸酐） (c) Lactone（内酯基） (d) Lactol（乳醇基）

(e) Hydroxyl（羟基） (f) Carbonyl（羰基） (g) Quinone（醌基） (h) Ether（醚基）

图 14-8 活性炭表面含氧官能团结构

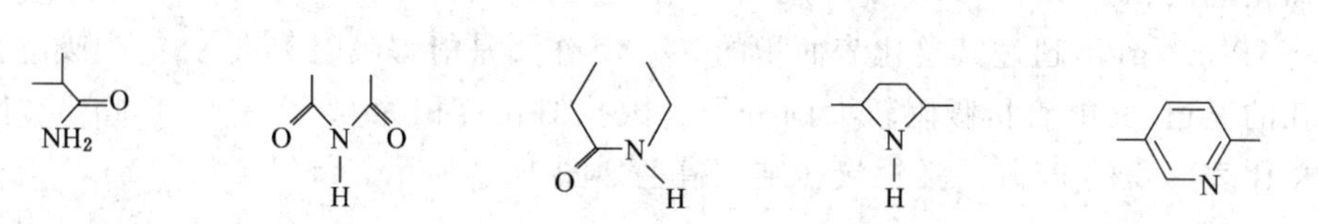

(a) 酰胺基 (b) 酰亚胺基 (c) 内酰胺 (d) 吡咯基 (e) 吡啶基

图 14-9 活性炭表面含氮官能团结构

二、煤基活性炭制备方法及工艺

活性炭制备方法主要有物理活化法、化学活化法、化学-物理活化法、催化活化法、界面活化法、模板合成法、聚合物炭化法、凝胶炭化法、微波加热法等，其中物理活化法、化学活化法常用于煤基活性炭的制备。

1. 物理活化法

(1) 物理活化法的原理

物理活化法是将原料先炭化，再利用水蒸气、二氧化碳、空气或其混合气体作为活化剂使炭化料进行部分气化或氧化反应而形成众多微孔结构的过程，也称之气体活化法。炭化温度一般为 500～650 ℃，活化温度一般在 800～1 000 ℃之间。由于 CO_2 分子的尺寸比 H_2O 大，CO_2 在颗粒中的扩散速度比水蒸气慢，所以工业上多采用水蒸气活化法。实验室研究工作中，有报道利用水蒸气和二氧化碳混合气体进行活性炭孔结构的调控研究。物理活化反应的实质是气体活化剂与含碳材料表面活性位上的碳原子反应，通过开孔、扩孔和创造新孔而形成丰富的微孔。开孔作用就是气体活化剂与堵塞在闭孔中的游离无序碳及杂原子反应使闭孔打开，增大比表面积，提高活性。扩孔作用就是由于炭表面杂质被清理后微晶结构裸露，气体活化剂与孔道碳壁上的碳原子发生反应，使孔壁氧化，孔隙加长、扩大。创造新孔作用是气体活化剂与碳微晶结构中的边角或有缺陷部分中的活性炭原子发生反应，形成众多新的微孔，使活性炭表面积进一步扩大。

(2) 物理活化法的工艺

柱状活性炭、压块活性炭或粉状活性炭等不同种类活性炭的制备关键技术工艺均包括炭化和活化工序。煤基柱状活性炭的制备工艺如图 14-10 所示。原料煤入厂后，粉碎到 −180 网目或 −200 网目，然后配入适量黏结剂(如煤焦油、纸浆废液、淀粉溶液、木质磺酸钠溶液等)混合均匀，经模具挤压成炭条，炭条经陈化、炭化、活化、后处理(主要有酸洗、碱洗或高温氧化、浸渍、涂层等)等步骤，最后经筛分、包装制成活性炭。物理活化法工艺技术成熟，目前工业上主要采用该工艺生产活性炭。

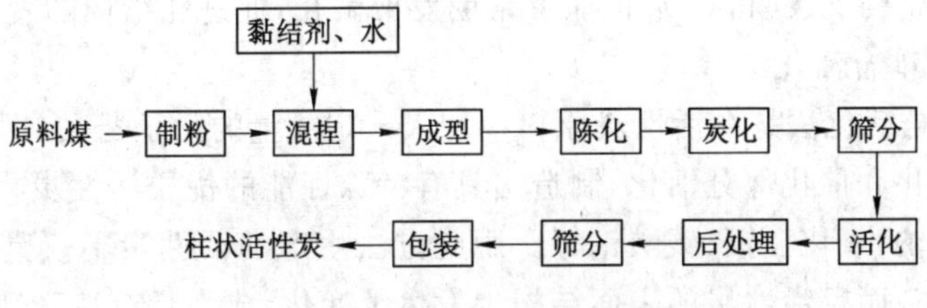

图 14-10　煤基柱状活性炭的制备工艺

2. 化学活化法

化学活化法是将原料与化学活化剂(KOH、$ZnCl_2$ 和 H_3PO_4 等)按一定比例混合浸渍一段时间后，在惰性气体保护下升高温度，使炭化和活化同时进行的一种制备方法。以 KOH 制得的超级活性炭性能最为优异。化学活化法具有活化温度低(400～600 ℃，KOH 为 700～900 ℃)、孔隙结构易调整、操作简化等特点。化学活化法使炭化活化一次完成，有利于形成尺寸较小的碳微晶，容易形成中孔结构较发达的活性炭。化学活化法的主要缺点为：① 对设备腐蚀性大；② 环境污染大；③ 活性炭产品中残留有活化剂，需进一步处理，应用受到限制。在化学活化法生产过程中，一般选择活性炭的颗粒为 74～149 μm。日本以合成树脂为原料生产出了两种规格的超细微粒活性炭，粒度分别为 10 μm 和 20 μm 以下，比表面积可达2 500 m^2/g，微孔容积为 0.4～1.2 mug，堆积密度为 0.4～0.7 g/mL。

(1) 化学活化法的机理

化学活化法的机理至今还在争论，一般认为化学试剂可以抑制原料热解时焦油的生成，从而防止或减少焦油堵塞细孔，同时也抑制了含碳挥发物的形成，提高了活性炭收率，此外氢氧化钾等活化剂对碳也有刻蚀作用等。这些作用都使活性炭孔隙更加发达和丰富，表现出优良的性能。

① $ZnCl_2$ 和 H_3PO_4 活化法

$ZnCl_2$ 和 H_3PO_4 活化法是比较成熟的制备工艺，其活化作用体现在两个方面：一是促进热解反应过程，形成基于乱层石墨结构的初始孔隙；二是填充孔隙，避免焦油形成，清洗除去活化剂后留下发达的孔结构。控制活化剂用量及升温制度，可控制活性炭的孔结构。但 $ZnCl_2$ 活化法污染严重，H_3PO_4 活化法需高温不易生产，且产品孔径偏小，因此研究热点已转向探索在传统工艺基础上与新型催化剂相结合的活化方法。

② KOH 活化法

KOH 活化法是目前全世界制备高性能活性炭或超级活性炭的主要方法。KOH 活化法机理非常复杂，普遍认为 KOH 至少有两个作用：一是碱与原料煤中的硅铝化合物（如高岭石、石英等）发生碱熔反应生成可溶性的 K_2SiO_3 或 $KAlO_2$，它们在后处理中被洗去，留下低灰分的碳骨架；二是焙烧过程中活化并刻蚀煤中的碳，形成活性炭特有的多孔结构，主要反应为：

$$4KOH + C \longrightarrow K_2CO_3 + K_2O + 2H_2\uparrow$$

同时考虑到 KOH、K_2CO_3 的高温分解及碳的还原性，推测伴有如下反应：

$$2KOH \longrightarrow K_2O + H_2O\uparrow$$

$$K_2CO_3 \longrightarrow K_2O + CO_2\uparrow$$

由上述反应可知，活化过程中，一方面通过 KOH 与碳反应生成 K_2CO_3 而发展孔隙，同时 K_2CO_3 分解产生的 K_2O 和 CO_2 也能够帮助发展微孔，促进孔结构的发展。

③ 化学-催化耦合活化法

化学-催化耦合活化法是在活性炭原料中加入一定数量的化学药品（即添加剂），然后加工成型，再经过炭化和催化部分活化，制造出具有特殊性能的优质活性炭。常用的添加剂有硫酸亚铁、氢氧化钠、氧化亚铜、碳酸钠等。用此方法生产的活性炭不仅具有各种活化方法所特有的孔径分布，而且活性炭的表面结构也发生了变化，成为具有特殊性能的活性炭。日本专利采用第Ⅷ族金属元素做催化剂，不仅减少了反应时间，而且获得比表面积达 2 000～2 500 m^2/g 的超级活性炭，有代表性的过渡金属化合物有 $Fe(NO_3)_3$、$Fe(OH)_3$、$FePO_4$、$FeBr_3$、Fe_2O_3 等。研究表明，选用合适的催化剂可以达到事半功倍的效果，但过快的反应速度可能会使微孔壁面被烧穿，破坏微孔结构。

(2) 化学活化法生产活性炭的工艺

美国石油公司最早开发出用 KOH 制备比表面积高达 2 500 m^2/g 的超级活性炭的生产工艺。日本大阪煤气公司以中间相炭微珠为原料通过 KOH 活化制得了比表面积高达 4 000 m^2/g 的超级活性炭。KOH 活化法的工艺流程如图 14-11 所示。

三、活性炭的改性及功能化

活性炭的吸附作用绝大部分是在微孔内进行的，吸附量受微孔数量的支配。对活性炭孔径调整的目的就是将活性炭的孔隙直径与吸附质分子尺寸调整到合适比例以获得最佳吸附效果。

活性炭常用的调孔方法有：活化控制法、热收缩法、致孔剂法、炭沉积法以及微波加热、

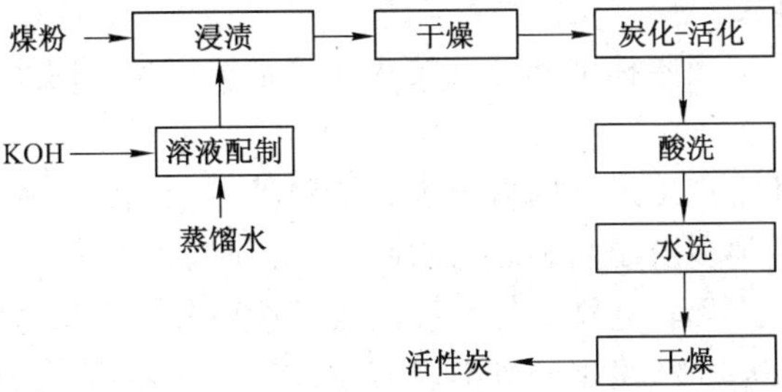

图 14-11　KOH 活化法制备煤基活性炭的工艺流程

中子流辐射、低温等离子技术等新的辅助方法。Tsair-Wang Chung 等用中子流辐射干燥的渗硼活性炭，中子流辐射而产生 α 粒子任意地轰击活性炭增加了对细微孔隙的破坏，提高了微孔区域，增加了活性炭比表面积和吸附容量。微波加热在活性炭制备和改性中也能产生较好的效果。微波改性后，许多闭塞的孔被打开，中孔孔容明显变化，促进了吸附作用的提高。微波功率和辐照时间是决定活性炭吸附性能改变的关键。活性炭经微波辐照后，表面变粗糙，呈凹凸形状，许多闭塞的孔被打开，并向里延伸，细孔周围附着物被去除，炭骨架发生收缩，不同孔径的孔都发生收缩，孔容下降，孔径分布向微孔方向偏移，这对吸附极有利。

表面氧化改性、还原改性、负载杂原子化合物等方法是活性炭表面改性的重要途径。活性炭表面氧化可使其表面含氧官能团的数量和种类增加。活性炭表面改性常用氧化剂有氧气、臭氧等气态氧化剂，硝酸、磷酸、过氧化氢等液体氧化剂等。硝酸氧化不仅可显著增加其表面含氧酸性基团的含量，而且还会引入氮原子。经氧化的活性炭在 200 ℃左右，通氨气条件下，可得到具有较强离子交换性能的碱性表面，＞800 ℃以上经氨气处理，可除去酸性基团，产生较多的碱性基团，获得较高的阴离子交换容量。

通过溶液浸渍或电镀法、蒸镀法、混炼法溅射等方法或通过溶液对原料前驱体进行浸渍，然后再炭化活化也可达到化学改性目的。

四、活性炭的再生

活性炭再生是活性炭生产和使用技术中的一个重要组成部分。活性炭使用一次后是丢弃还是经再生后循环利用已经成为反映一个国家活性炭工业水平的重要标志。采用何种方法进行活性炭再生主要取决于活性炭的类型和吸附物质的性质，同时再生操作要保证活性炭微孔容积不能损失太多。目前国内外已经成型或基本成型的活性炭再生方法主要有热再生法、萃取再生法、氧化再生法、生物再生法。此外，还有电化学再生法、超临界流体再生法、微波辐照再生技术等。

第四节　煤基炭素制品

炭和石墨材料是以碳元素为主的非金属固体材料，其中炭材料基本上是由非石墨质碳组成的材料，石墨材料则基本上是由石墨质碳组成的材料。一般将炭和石墨材料统称为炭素材料。由含碳质材料(煤、石油渣油、生物质等)或由碳质材料制备的炭材料经一次加工或二次加工而成的具有特殊用途的炭材料制品称为炭素制品。

一、炭素制品的种类

我国炭素制品的国家技术标准和部颁技术标准是按产品的用途和生产工艺的不同进行分类的。

炭素制品按原料和生产工艺不同可分为石墨制品、炭制品、炭素纤维、特种石墨制品等。按其所含灰分大小可分为多灰制品和少灰制品(含灰分低于1%)。按加工深度高低可分为炭制品、石墨制品、炭纤维和石墨纤维等。按产品用途可分为石墨电极类、炭块类、石墨阳极类、炭电极类、炭糊类、电炭类、炭素纤维类、特种石墨类、石墨热交换器等。

石墨电极类主要以石油焦、针状焦为原料,煤沥青做结合剂,经煅烧、配料、混捏、压型、焙烧、石墨化、机加工而制成,是电弧炉中以电弧形式释放电能对炉料进行加热熔化的导体。根据允许使用电流密度大小,可分为:普通功率石墨电极(允许使用电流密度低于17A/cm^2的石墨电极,主要用于炼钢、炼硅、炼黄磷等的普通功率电炉);抗氧化涂层石墨电极(表面涂覆一层抗氧化保护层的石墨电极,形成既能导电又耐高温氧化的保护层,降低炼钢时的电极消耗);高功率电极(允许使用电流密度为18～25 A/cm^2的石墨电极,主要用于高功率炼钢电弧炉);超高功率电极(允许使用电流密度大于25 A/cm^2的石墨电极,主要用于超高功率炼钢电弧炉)。

石墨阳极类主要以石油焦为原料,煤沥青做黏结剂,经煅烧、配料、混捏、压型、焙烧、浸渍、石墨化、机加工而制成。一般用于电化学工业中电解设备的导电阳极,包括各种化工用阳极板和各种阳极棒。

炭块类主要以无烟煤、冶金焦为原料,煤沥青做黏结剂,经原料制备、配料、混黏、成型、焙烧、机加工而制成。按用途可分为高炉炭块、铝槽炭块(底部炭块及侧部炭块)、电炉块等。高炉炭块作为耐高温抗腐蚀材料用于砌筑高炉内衬;底部炭块、侧部炭块、电炉块用于铝电解槽和铁合金电炉等。

特种石墨类主要以优质石油焦为原料,煤沥青或合成树脂为黏结剂,经原料制备、配料、混捏、压片、粉碎、再混捏、成型、多次焙烧、多次浸渍、纯化及石墨化、机加工而制成。一般用于航天、电子、核工业部门。包括光谱纯石墨,高纯、高强、高密以及热解石墨等。

石墨热交换器是将人造石墨加工成所需要的形状,再用树脂浸渍和固化而制成的用于热交换的不透性石墨制品。它是以人造不透性石墨为基体加工而成的换热设备,主要用于化学工业,包括:块孔式热交换器、径向式热交换器、降膜式热交换器、列管式热交换器。

炭电极类是以碳质材料如无烟煤和冶金焦(或石油焦)为原料,煤沥青为黏结剂,不经过石墨化,经压制成型而烧成的导电电极。它不适合熔炼高级合金钢的电炉。包括:多灰电极(用无烟煤、冶金焦、沥青焦生产的电极);再生电极(用人造石墨、天然石墨生产的电极);炭电阻棒(即炭素格子砖);炭阳极(用石油焦生产的预焙阳极);焙烧电极毛坯。

炭糊类是以石油焦、无烟煤、冶金焦为主要原料,煤沥青为黏结剂而制成的。包括用于各种连续自焙电炉作为导电电极使用的电极糊;用于连续自焙式铝槽作为导电阳极使用的阳极糊;用于高炉砌筑的填料和耐火泥浆的粗缝糊和细缝糊。高炉用自焙炭块虽用途不同,但和糊类制品的生产工艺相仿,暂归在糊类制品内。包括:阳极糊;电极糊(包括标准、非标准电极糊);底糊(包括多灰、少灰底糊);密闭糊(包括多灰、少灰密闭糊);其他糊(包括粗缝糊、细缝糊、自焙炭砖等)。

非标准炭、石墨制品类是指用炭、石墨制品经过进一步加工而改制成的各种异型炭、石墨制品，包括铲型阳极、制氟阳极以及各种规格的坩埚、板、棒、块等异型品。

不透性石墨类是指经树脂及各种有机物浸渍、加工而制成的各种石墨异型品，包括热交换器的基体块。

电炭产品类是指炭精棒、电刷等产品。

二、炭素制品的性能

1. 耐热性强

在标准大气压条件下，碳的升华温度高达(3 350±25)℃，在100大气压下约3 700 ℃时熔融。在高于2 000 ℃的高温条件下，其机械强度更加增高，在没有氧的气氛下，碳是耐热性最强的一种材料。并且随温度升高，其机械强度不断提高，如室温时其平均抗拉强度约为196 kPa，2 500 ℃时强度则增加到40 MPa以上。

2. 耐久性好及抗化学药品腐蚀

炭素制品在正常的使用条件下性质极其稳定，而且耐腐蚀性强。另外，除磷酸和重铬酸类氧化能力强的试剂外，在常温下可抗一般化学药品的腐蚀。

3. 良好导热、导电性

石墨在平行层面方向的热导率与铝相当，在垂直方向上的热导率与黄铜相近，其平行于层面方向的电阻率为5×10^{-5} Ω·cm，垂直于层面方向的电阻率为$1\ 000\times10^{-5}$ Ω·cm。

4. 密度小，重量轻，无毒性

5. 有减速性和反射性

石墨对中子有减速性和反射性，石墨对中子的吸收很少，减速能很大，可使快中子变为热中子，使^{235}U和^{238}U裂变，石墨的反射性是指石墨可将中子反射回反应堆活性区，可防止其泄漏。

三、炭素制品的生产原料及生产工艺

1. 生产原料

炭素制品的原料通常分为两类：一是骨架的材料，如石油焦、无烟煤、冶金焦、沥青焦、针状沥青焦、炭黑等；二是黏结剂，如煤焦油、蒽油和煤沥青等。炭素制品对骨架原料的要求如表14-6所示。

表14-6　炭素制品用骨架原料的指标

原　料	灰分/%	硫分/%	水分/%	密度/(g/cm³)	挥发分/%	其　他
石油焦	<0.3	<0.1	<3.0	2.08	0.7	煅烧后温度1 300 ℃
无烟煤	⩽10	⩽2	⩽3.0			抗磨强度>35%
冶金焦	>10					用于高灰炭素制品
沥青焦	⩽0.5	⩽0.5	⩽3.0	2.0	⩽1.0	小于25 mm颗粒
炭　黑	⩽0.5	⩽0.5	⩽3.0	2.0	⩽1.0	含量不大于4.0%
烟　煤	⩽0.5	⩽0.5	⩽3.0	2.0	⩽1.0	含量不大于4.0%

作为炭素材料原料的无烟煤应是低灰、低硫以及结构稳定的非膨胀性煤。考虑到生产成本，一般根据不同产品使用不同灰分的无烟煤。对炭电极、电极糊、炭砖(块)之类的炭素材料灰分可以略高一些，一般要求8%以下。而作为人造石墨制品原料，要求灰分在1%以

下，最高不应超过1.5%。为此，生产优质的人造石墨制品就必须选用优质易选的无烟煤以及采用有效的降灰措施。

炭素制品对黏结剂的要求是炭化后焦的产率高（煤沥青一般为40%～60%）、对骨料亲润性好、黏着力强；在加工成型温度下，软化性能适度；灰、硫含量尽可能低；来源广、价格低。要求煤沥青的软化温度为65～80 ℃，也有使用软化温度为120～150 ℃的硬沥青及软化温度为52～56 ℃的软沥青作为黏结剂的。

2. 生产工艺

炭素制品因品种和使用要求不同，其工艺有一定差异，但基本的工艺过程是一致的。这些基本工艺过程包括：原料的预处理（预碎、煅烧或烘干）；原料的破碎、筛分分级；颗粒状与粉状原料的配料；加入黏结剂并与其他配料混合均匀；混合后糊料的成型，成型后半成品的焙烧；人造石墨制品的焙烧，半成品的石墨化；为了提高产品密度和强度的浸渍作业；产品的机械加工等。炭素制品的常规法生产工艺流程如图14-12所示。

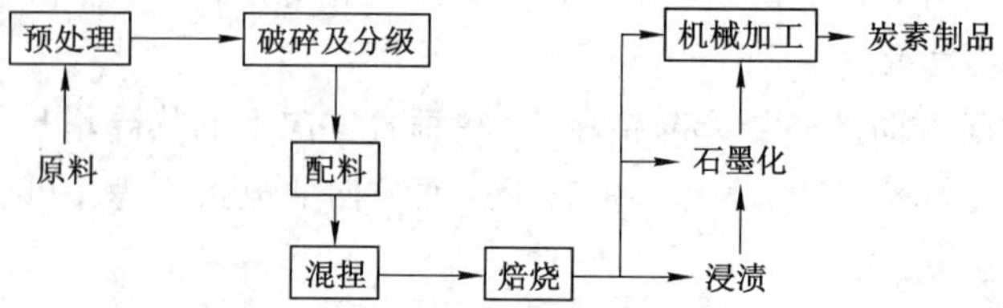

图14-12 炭素制品的生产工艺

(1) 预处理

预处理包括预碎（原料为无烟煤还要进行脱灰）、煅烧（或烘干）。预碎的目的是使块度大小不均的原料破碎到50～70 mm，从而使下一步煅烧时能够均匀受热。煅烧阶段的目的是除去原料中的水分和挥发分，提高它的密度、机械强度和导电性能。除天然石墨、炭黑和单独使用沥青焦时不必煅烧，其他骨料如石油焦和无烟煤均要求在1 100～1 400 ℃条件进行煅烧，除去挥发分，使物料体积收缩，密度增大，抗氧化性、导电性及导热性提高。煅烧温度不应低于1 100 ℃，且在700～800 ℃应迅速升温，不可停止升温或延长时间，如果脱硫则煅烧温度应在1 400 ℃以上。

(2) 破碎、筛分和配料

破碎是使大块物料变小，筛分是将破碎后的颗粒物料分成粒度范围较窄的几个级别，磨粉是将颗粒物料变为粉状物料。组成某一给定尺寸的炭素制品的原料粒度一般应合理搭配，使其容量最大，其最大粒度应满足下面经验关系：

$$d=15\times10^{-3}\times D$$

式中 d——最大颗粒直径，mm；

D——制品直径，mm。

配料包括配料方案的编制与配料操作两部分，配料对成品的质量和提高压型、焙烧、石墨化等工序的成品率都有相当大的影响。配料方案是依据所制炭素制品的使用性能要求和质量指标，定制不同种类的原料，粒度组成及分布，合适的黏结剂及配合比例，配合最佳比例只能通过试验确定。

(3) 混捏

混捏主要使配好的多组分骨料、粉料和黏结剂混合均匀。添加油酸等表面活性剂可改善黏结剂物料的润湿性，有助于黏结剂均匀包附在骨料及其他配料颗粒的表面。常用混捏机有：搅刀混捏机(适用于带黏结剂的热混捏)、螺旋连续混捏机(多用于制备阳极糊)、鼓形混合机(主要用于不带黏结剂的冷混合)等。

混合过程中一定要注意混合温度和时间对糊料均匀混合的影响，由于沥青类黏结剂对温度极为敏感，温度过高、时间过长都会使沥青黏结剂因氧化而塑性变差，因此在实际中混捏时间及温度应通过试验确定。

(4) 成型

将混捏好的混合物料在成型机上加工制成所需要的形状和尺寸，以及较高密度的半成品，以利于进一步加工。常见成型方法有膜压成型、挤压成型、振动成型及静压成型等。对于商品糊，成型的目的是压制成块，便于运输、保管和计量。

(5) 焙烧

焙烧一般在焙烧炉中进行，其方法是将毛坯装在耐火砖方槽或耐火坩埚内，毛坯周围覆盖一定要求的填充料(如河沙、焦屑或石英砂等)，然后将砖槽或坩埚装入窑室内，在隔绝空气的情况下进行热解、炭化。焙烧是将成型的半成品(毛坯)在 1 300 ℃条件下进行热处理的过程，制得具有固定几何形状和一定机械强度、耐热、耐磨蚀、导电且导热良好的成品或半成品。

焙烧的温度、升温速度与所用的黏结剂种类有关，如沥青类黏结剂在 370～420 ℃发生热解、缩合、脱挥发分等过程，因此在此温度条件下，升温速度一定要慢，减少挥发气体对制品强度的影响。对不进行石墨化处理的炭块，则其炭化终温不应低于 1 100 ℃，对需要石墨化处理的样品，炭化终温不应低于 1 000 ℃。

(6) 浸渍

浸渍是在一定的温度和压力下使浸渍剂渗透到产品的气孔中去的过程。浸渍过程依据产品性能要求选择不同的浸渍剂，制备不透性石墨材料常选用合成树脂，如醋酸树脂、环氧树脂等；制备活塞环、轴密封和滑动电接触点等制品，则选用金属如铅锡合金、巴氏合金等；制备其他各种电极制品则选用煤沥青做浸渍剂。选择浸渍剂的另一个原则就是所用浸渍剂不应降低制品的性能。半成品经焙烧后，由于黏结剂分解，逸出部分挥发物，从而在焙烧后的制品中有一定的孔隙，孔隙率越高，制品的机械强度下降程度越大，密度减小，其他性能如耐氧化性、耐腐蚀性也相应变差，因此对一些要求机械强度高、耐氧化性、腐蚀性好的制品如石墨电极接头、化工设备等不透性石墨，在石墨化处理前必须经过浸渍，浸渍可以降低制品的孔隙率，提高视密度和机械强度，同时可提高导热、导电性，并可制特殊性能的石墨化制品。

(7) 石墨化

石墨化就是将具有二维乱层碳结构的焙烧料经 2 000 ℃以上的高温处理使其碳结构转化成三维有序，即石墨结构的一种晶化过程。通过石墨化可以提高炭素材料的导电、导热性；热稳定性和化学稳定性；润滑性、抗磨性；排除杂质，提高纯度以及降低硬度，使其易进行精密机械加工等。

影响石墨化过程的因素主要有石墨化温度、恒温时间和催化剂等。无定形碳的石墨化过程的活化能随着乱层结构转化成三维有序排列的程度的增大而增大，石墨化速度在 2 000 K 以下很小，2 000 K 以上显著增加。要求制品的石墨化程度越高，则使其进一步石墨化所需要的活化能就越大。石墨化温度越高，达到极限的时间就越短，几分钟或十几分钟就可能达到稳定状态；当温度较低时，达到稳定状态所需要的时间就较长。采用适当的催化剂，在较低的温度下达到一定的石墨化程度或在不提高温度的情况下，使石墨化程度提高，对节约能源、提高产品质量和产量均具有重大的意义。催化剂一般是以极细的粉末或溶液加入，由于它们的性质不同，其催化机理和效果也不相同。

思 考 题

1. 试比较煤基功能超细粉体材料制备方法的优缺点。

2. 煤基功能超细粉体材料表面改性的方法有哪些？如何表征煤基功能超细粉体材料的表面改性的效果？

3. 以煤为原料采用化学活性法制备活性炭时，常用的活化剂有哪些？并分别讨论不同活化剂的活化机理。

4. 煤基聚合物复合材料的制备技术有哪些？如何表征该共混物材料的性能？

5. 简要分析煤基新型炭素材料的种类与制备方法。

6. 简述煤基新型炭素材料的应用领域及发展前景。

第十五章　煤系固体废弃物资源利用技术

煤系固体废弃物来自煤的开采、加工和利用过程，其中排量最大、最集中的是该过程中产生的煤矸石、粉煤灰以及各类煤化工废渣等。煤系固体废弃物利用率仍较低，占用大量土地资源，存在较大的生态环境安全隐患。《中华人民共和国国民经济和社会发展第十四个五年规划和2035年远景目标纲要》中明确指出要开展环境保护和资源节约工程，其中以尾矿和共伴生矿、煤矸石、粉煤灰、建筑垃圾等为重点，开展100个大宗固体废弃物综合利用示范基地建设和骨干企业培育。

煤系固体废弃物处理与资源化，首先强调的是资源化，即物质的循环使用。所谓煤系固体废弃物的资源化，一方面是煤系固体废弃物通过简单加工后的再利用，另一方面是通过功能的改变而得到再利用。因此，实行煤系固体废弃物的分类、分级、分质、提纯等工艺方法，是资源化的最佳路径，也是实现"碳中和"的必要手段，应该持之以恒地加以实施。目前，我国已经在煤系固体废弃物制备建材、从煤系固体废弃物中提取有用成分和高附加值产品、煤系固体废弃物用于劣质土地复垦与土壤改良等领域做出了较为突出的业绩，为煤系固体废弃物资源利用提供了科学途径。

第一节　煤系共伴生矿产综合利用

一、从煤矸石中回收煤炭

1. 煤矸石分选原理

从煤矸石中回收煤炭，其实质就是依据煤矸石中各种组分(煤、无机矿物)物理性质、物理化学性质和化学性质的不同将这些成分离的过程。煤与共伴生无机矿物质在密度、表面润湿性、磁性和导电性之间，存在着较大的差异，根据这些差异，有时人为地创造条件增大这些差异，使煤和矿物质在分选过程中表现出不同的运动方向或运动速度，而加以分离。煤矸石分选回收煤炭主要由选前预处理、分选操作及产品后处理等环节构成。

2. 选煤厂选矸再选回收煤炭工艺

从矸石中回收煤炭的分选工艺各有特点，目前常用的矸石再选工艺及设备主要有单段空气式跳汰、动筛跳汰、重介浅槽(立轮、斜轮)和重介旋流器，此外，还有一些小型的、模块组合式煤矸石煤炭回收工艺。

(1) 矸石再选工艺比较

各种工艺及设备的优缺点如下：

① 单段空气式跳汰的优点是技术成熟，工艺流程比较简单，分选精度较高，适合高密度排矸作业，排矸密度可在2.0 g/cm^{3}以上；缺点是单段空气式跳汰机分选上限较小，常用的分选上限是200 mm，另外循环水量大，煤泥水系统负荷大。

② 动筛跳汰的优点是工艺流程简单，分选精度较高，分选上限高，可以达到 300 mm；缺点是分选下限为 25 mm，不能实现全粒级入选。

③ 重介浅槽（立轮、斜轮）工艺的主要优点是分选精度高，对煤质的适应性强，单台设备处理能力大，自动化程度高，分选粒度范围 200～13 mm；缺点是有介质回收净化系统，比较复杂，建设投资和生产费用均较高，且不能实现全粒级入选。

④ 重介旋流器工艺的主要优点是分选精度高，悬浮液可自动调节，自动化水平较高，分选粒度范围可以达到 100～0 mm；主要缺点为煤在高速旋转的离心力场中分选，次生煤泥量大，设备磨损快，生产成本和建设投资相对较高，且高密度分选时经济性不好。

(2) 典型矸石再选工艺

集成式浅槽重介分选工艺流程如图 15-1 所示。主洗矸石先经过预先筛分(分级粒度为 20 mm)，筛上物进入重介浅槽分选机分选，筛下物送往电厂，并采用一个分叉溜槽，保留矸石全部输送到电厂的通道；筛上物经重介浅槽分选机分选后，轻、重产物都经弧形筛、直线振动筛脱介，轻产物入仓地销，重产物同筛下物一起输送到电厂做低热值燃料使用；弧形筛和直线振动筛合介段筛下液进入合格介质桶，由合格介质泵给入浅槽重介分选机内循环使用，直线振动筛稀介段筛下液进入到稀介质桶，由稀介质泵给入逆流筒式磁选机进行磁性介质的回收；磁选机精选出的磁性物输送到合格介质桶内循环使用，磁选尾矿直接排到厂外煤泥浓缩机内处理。并且，在合格介质桶和稀介质桶之间设有分流箱。

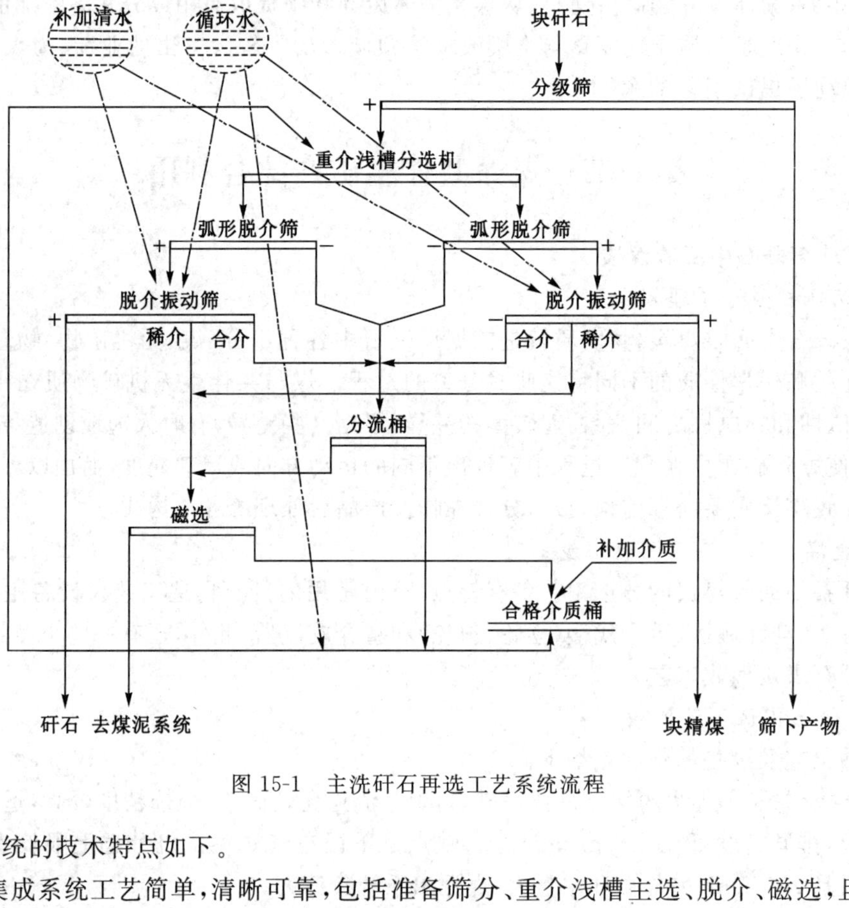

图 15-1　主洗矸石再选工艺系统流程

该系统的技术特点如下。

① 集成系统工艺简单，清晰可靠，包括准备筛分、重介浅槽主选、脱介、磁选，且实现了

重悬浮液密度、液位集成智能调节，介耗低，分选效率高。

② 空间集成设备经科学的集成改造，集中布置，所用设备少，占地空间小，投资少，布置紧凑，既充分利用了现有厂房空间，又不影响现有的生产管理。

③ 控制集成系统设集成智能总控箱，灵活调节重悬浮液密度与液位，控制产品灰分与质量，操作简单，节约人力。

3. 小型模块式矸石回收煤炭工艺

图 15-2 为智能干选机示意图。中国矿业大学、河南理工大学、天津美腾科技股份有限公司等单位在该领域做了大量研究和工程应用。

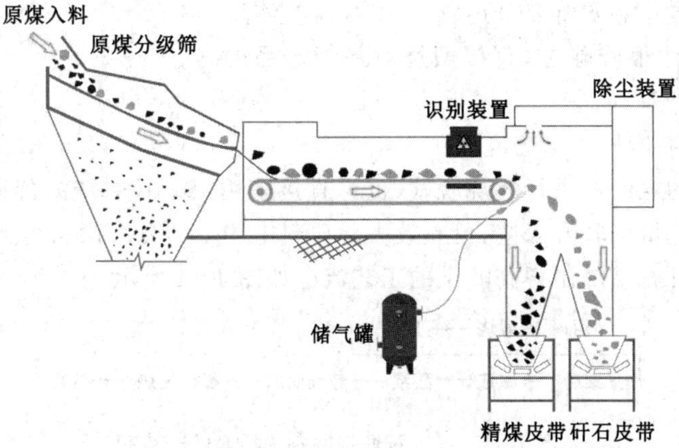

图 15-2　智能干选机示意图

二、从煤矸石中回收硫铁矿

1. 煤矸石中回收硫铁矿原理

高硫煤矸石中含有的主要有用矿物为硫铁矿和煤。纯硫铁矿相对密度高达 5，与脉石相对密度差为 2～2.3，而共生硫铁矿与脉石相对密度差为 0.5～1。因此，若使硫铁矿尽可能从共生体中解离出来，利用相对密度差即可实现。

煤矸石的原矿粒度较大，其中黄铁矿的组成形态包括结核体、粒状、块状等宏观形态，经显微镜和电镜鉴定，有些矿物之间紧密共生，呈细粒浸染状，所以在分选前必须进行破碎、磨矿，煤矸石的解离度越高，选别效果越理想。

赋存在煤中的黄铁矿，经过分选后大部分富集于洗矸中。洗矸中黄铁矿以块状、脉状、结核状及星散状 4 种形态存在。前 3 种以 2～50 mm 大小不等、形态各异的结核体最常见，矸石破碎至 3 mm 以下，黄铁矿能解离 80%左右，破碎至 1 mm 以下几乎全部解离。星散状分布的黄铁矿很少，多呈 0.02 mm 立方体单晶，嵌布于网状岩脉中很难与脉石分开。

2. 煤矸石回收硫铁矿工艺

硫铁矿回收工艺主要根据硫化铁在矸石中的嵌布特性来确定，原则上应该是从粗到细把硫化铁破碎成单体分离；先分离，先回收；分段破碎，分段回收。例如 50～13 mm 的大块，一般采用跳汰机或重介分选机回收硫精矿；13 mm、6 mm 或 3 mm 以下的中小块，可采用摇床、螺旋分选机回收；小于 0.5 mm 的细粒物料可采用电磁选或浮选回收。

硫铁矿回收流程有重介旋流器流程、全摇床流程、跳汰-摇床联合流程、跳汰-螺旋溜槽联合流程和跳汰-摇床-螺旋溜槽联合流程五种，其中跳汰-摇床联合流程（图 15-3）虽然流程复杂、投资大，但其分选效果好、综合技术经济指标合理，得到广泛应用。

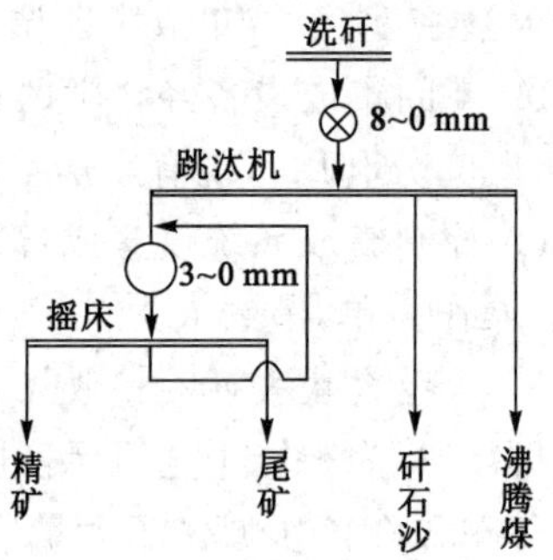

图 15-3　跳汰-摇床联合流程

三、以煤矸石生产高岭土

煤系高岭岩经提纯、超细粉碎、燃烧等工艺深加工后，可生产出物理性能和化学性能均好于普通高岭土的高岭石产品，不但可以充分利用有限的矿物资源，而且可以得到较好的经济效益和社会效益。煤矸石中一般含有较高含量微细粒嵌布的 Fe_2O_3、TiO_2，这些物质采用物理分离方法很难除去，直接煅烧对最终产品的白度影响较大。

1. 煤矸石制备高岭土工艺流程

将成分适宜的煤矸石进行燃烧脱碳（也可直接采用煤矸石炉渣），经破碎、粉磨，然后采用磁选、酸浸、氯化焙烧联合工艺，可有效去除原料中的 Fe_2O_3、TiO_2，得到白度大于 90 度的优质高岭土。煤矸石燃烧制备高岭土的工艺流程如图 15-4 所示。

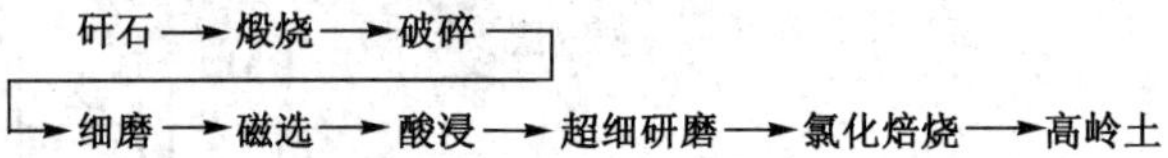

图 15-4　煤矸石煅烧制备优质高岭土流程

采用氯化焙烧工艺，即原料（强磁选的非磁性产物）与一定量的氯化剂混合，在一定的温度和气氛下进行焙烧，脱除其中的铁、钛等显色物质。氯化焙烧可采用以下方案：① 非磁性产物的直接氯化焙烧；② 非磁性产物的还原焙烧、酸浸、氯化焙烧；③ 非磁性产物的酸浸、氯化焙烧试验。

煤矸石制高岭土有两种工艺流程：其一是先烧后磨，即将粉碎成 325 网目（$<4.5\ \mu m$）的高岭土原料，先煅烧，然后超细磨至所需粒度，干燥后包装成产品；其二是先磨后烧，即将 325 网目的原料，先进行剥片粉磨，使之达到所需的粒度，然后煅烧成产品。

传统的外热式隧道窑煅烧工艺，因其高热阻的间接传热或因气固接触不充分的对流传热，难以高效快速地传热和有效地控制产品质量。而快速流态化悬浮煅烧技术就能很好地适应这一过程，由于气固直接接触，充分利用高强对流的辐射传热，加快了反应过程，可成倍提高生产能力，大幅度降低能量消耗，同时气固充分混合，消除了料层中的温差，避免“过烧”或“欠烧”，改善了产品质量，因而可全面满足生产要求。

2. 煤矸石煅烧脱碳

煅烧温度一般控制在煤矸石所含有机物基本挥发、高岭石大部分脱羟生成变高岭石和水的范围，主要发生如下反应：

$$Al_2Si_2O_5(OH)_4 \longrightarrow Al_2Si_2O_7 + 2H_2O \tag{15-1}$$

500～600 ℃恒温煅烧 3 h，可获得较理想的脱碳效果。煤矸石脱碳前破碎至 0～3 mm，对细磨至 10 μm 的原料进行的燃烧试验表明，煅烧结果未见明显变化。

煤矸石焙烧 3～4 h 后，可以获得产率 86%～87%、残炭 0.015%～0.040%的脱碳产物，碳的脱除率达到 99.70%～99.89%。但焙烧脱碳产物的白度只有 56.5～59.9 度，白度偏低。因此必须将该物料中的显色物质脱除才能提高白度。这些有害杂质粒度很细，分布均匀，脱除难度很大，提高产品白度将有很大难度。

3. 煤矸石焙烧料的脱铁、脱硅

对煤矸石脱碳物料采用湿式强磁脱铁和浮选脱硅以去除影响高岭土质量的杂质。

磁选对该煤矸石尾渣的 Fe_2O_3、TiO_2 的去除率分别为 23.60%～29.95%、8.85%～9.03%，可使得原矿中 Fe_2O_3 下降近 0.5 个百分点，TiO_2 效果不明显。另外，随磁场强度的增强，除铁率升高，但达到 1.6 T 后，增加的幅度不显著。

浮选脱硅可采用酸性条件下的胺浮选或碱性条件下的油酸浮选两种方法。

四、富镓煤矸石中镓的提取

镓为稀土元素，主要与铝和锌矿物共生，其生产主要来自氧化铝工业，其次来自炼锌厂。部分煤矸石含有少量镓、钒、锗等稀土元素。富镓煤矸石主要是指其中金属镓含量大于 30 g/t 的煤矸石，因其含镓品位达到了镓的工业品位，所以就有回收镓的可能。

镓主要用于导体工业，它的化合物有砷化镓、磷化镓、镓砷磷等。以 GaAs、GaP 等为基础的发光二极管，特别是高辉度发光二极管和彩色二极管的发展速度相当快，预计年增长率为 20%～30%。用于移动电话的金属镓每年也增长较快。目前，世界金属镓的需求每年以 5%以上的速度增长。

1. 煤矸石中镓提取的机理

对于含镓高的煤矸石，特别是镓品位达到 60 g/t 时，其综合利用应以回收镓为中心，同时兼顾煤矸石其他有用组分(主要是铝和硅)的利用。

煤矸石中镓的提取可采用两种方法，即高温煅烧浸出或低温酸性浸出，使煤矸石中的晶格镓或固相镓转入溶液，然后用汞齐法、置换法、萃取法、离子交换法、萃淋树脂法、液膜法等从浸出液中回收镓。

2. 富镓煤矸石的浸出

煤矸石的酸性浸出，是利用酸与镓、铝、硅氧化物反应，生成相应的镓、铝盐和硅渣。反应过程如下：

$$Ga_2O_3 + 6H^+ \longrightarrow 2Ga^{3+} + 3H_2O \tag{15-2}$$

$$A1_2O_3 \cdot 2SiO_2 + 6H^+ \longrightarrow 2Al^{3+} + 3H_2O + 2SiO_2 \tag{15-3}$$

浸取反应完毕后过滤，滤液用于回收镓和铝盐，滤渣含 80%～90%的活性 SiO_2。

(1) 高温煅烧浸出

煤矸石经粉碎到一定粒级后，在 500～1 000 ℃进行煅烧，然后用酸(硫酸、盐酸、硝酸和亚硫酸等)或多种酸的混合物在一定温度和压力下浸出，使铝和镓转入溶液，而硅进入滤渣。由于煤矸石含部分炭质，有时利用自身热量也能在所需温度下焙烧。

差热分析的结果表明，煤矸石在 500～1 000 ℃之间有强吸热峰，为黏土矿物(高岭石、多水高岭土、伊利石等)的吸热反应。主要是晶体结构的变形与部分化学键的断裂。经过焙烧生成大量活性 γ-$A1_2O_3$，更有利于镓、铝的浸出，镓、铝的浸出率可达 85%以上。

(2) 低温酸性浸出

煤矸石经粉碎至细粒级后，在有酸存在下，加入一些添加剂，于 80～300 ℃和一定条件下浸取几小时，使部分镓、铝转入溶液。由于所需温度较低，镓的浸出率不到 75%，并且浸取时间较长，所需酸量较大。低温酸性浸出还有许多工作要做。

3. 含镓浸出母液中镓的回收

从酸性母液中富集分离镓，主要有溶剂萃取法、萃淋树脂法和液膜法等。

(1) 溶剂萃取法

溶剂萃取法根据所用萃取剂的不同，又可分为中性萃取剂萃取法、酸性及螯合萃取剂萃取法、胺类萃取剂萃取法等。

中性萃取剂主要有醚类萃取剂、中性磷类萃取剂、酮类萃取剂以及亚砜类(二烷基亚砜)萃取剂、酰胺类(N503)萃取剂等。酮类萃取剂如 MIBK(甲基异丁酮)等在萃取镓时首先在强酸性介质中质子化，然后与镓的化合物缔合制备 $RH^+ \cdot GaCl_4^-$ 进入有机相。

胺类萃取剂从盐酸介质中萃取 Ga^{3+} 时，其萃取能力依伯胺、仲胺、叔胺、季铵顺序依次增强。为满足胺类缔合萃取机理，水相介质的酸性一般较强，以使镓转化为 $GaCl_4^-$。常见的胺类萃取剂有三辛基胺、季铵盐以及胺醇类(SAB-172、TAB-194、N2125)等。

(2) 含镓浸出母液中镓的回收新方法

萃淋树脂法、液膜法等正处于研究阶段，它们是在溶剂萃取法的基础上发展起来的。目前，研究较多的萃淋树脂有 N503 萃淋树脂、Cl-TBP 萃淋树脂等。Cl-TBP 萃淋树脂是以苯乙烯-二乙烯苯为骨架，共聚固化中性磷萃取剂 TBP 而制成的。该种树脂已用于多种元素分离，具有萃取速度快、容量大的特点。在酸性溶液中，镓能以水合离子或酸根配阴离子稳定存在。TBP 在酸性介质中加质子生成阳离子$[(C_4H_9O)_3P{=}OH^+]$，从而与镓配阴离子发生离子缔合作用。而 N503 萃淋树脂与镓的反应为：

$$2N503 + H^+ + Ga^{3+} + 4Cl^- \longrightarrow (N503)_2H^+GaCl_4^- \tag{15-4}$$

因浸出液中含大量 Al^{3+}、Fe^{3+} 等，若不能使镓与它们有效分离，会影响镓产品的质量与进一步加工。我们的研究是利用 Fe^{2+} 与某些萃取剂结合能力弱的特点，用铁粉将 Fe^{3+} 还原为 Fe^{2+}，然后在酸性介质中用萃取剂除去绝大多数 Al^{3+}、Fe^{2+}，而镓富集于萃取剂的有机相。经过调节溶液酸碱、变换萃取剂、改变水相与有机相配比、进行多级连串萃取反萃操作，可使镓富集 100 倍以上，镓的收率达 90%左右。最后的反萃液或电积或沉淀或置换得镓产品。

五、粉煤灰中回收有用元素

粉煤灰是煤在高温燃烧时，其中杂质熔融，经过骤冷而形成的玻璃态固体微粒，其中含有固定碳、活性氧化硅、活性氧化铝、空心玻璃微珠和铁等有用成分，每种成分都是单独可以利用的资源。粉煤灰的资源化利用，既避免了资源浪费又实现了其中的金属及矿物的回收，降低了灰场的容量，减轻了其对环境的危害。

1. 粉煤灰主要元素的回收

粉煤灰中的主要元素是硅、铝、铁、碳等，要对这些元素进行提取回收，关键的问题是掌握它们在粉煤灰中的存在形式，表 15-1 是粉煤灰的物相组成。通过对粉煤灰物相分析可知，要从粉煤灰中以较高的提取率获得硅、铝等元素，需对粉煤灰进行预处理，设法破坏 $SiO_2—Al_2O_3$ 键，提高其活性。下面列举粉煤灰中硅、碳、铁等主要元素的回收方法。

表 15-1 粉煤灰的物相组成 单位：%

石英	莫来石	赤铁矿＋磁铁	碳	玻璃体	玻璃体中 SiO_2	玻璃体中 Al_2O_3	玻璃体中 SiO_2/Al_2O_3
3	26.1	2.3	3.52	65.08	36.03	14.05	2.56

（1）硅的回收

粉煤灰中的氧化硅大多呈非晶态结构，活性较高，在一定反应条件下可采用一定浓度碱性溶液将其进行选择性提取。粉煤灰碱溶脱硅过程中涉及的化学反应主要包括存在于晶相中的刚玉、莫来石及玻璃相中非晶态 SiO_2 与 NaOH 的反应，其主要方程式为：

$$Al_6Si_2O_{13}(s)+10NaOH(aq)=\!=\!=6NaAlO_2(aq)+2Na_2SiO_3(aq)+5H_2O(l) \quad (15\text{-}5)$$

$$SiO_2(\text{非晶态})+2NaOH=\!=\!=Na_2SiO_3+H_2O \quad (15\text{-}6)$$

目前，从粉煤灰提取硅的方法主要有碱溶-碳酸化分解-酸溶方法、碱溶-微波消解法，另外还有酸法、碱法等提取方法。

（2）碳的回收

粉煤灰中的炭粒主要是无晶质的无机碳，具有质轻、挥发分低、硫含量低、表面积大、有一定的吸附能力和发热量等特点。其用于工业与民用燃料，可作为砖瓦厂砖坯的内燃燃料和民用型煤的添加料，降低能耗和成本；用作炭素制品的原料，利用其表面多孔特点，可作为吸附剂或活性炭原料，也可作为铸铁型砂掺和料及冶炼铁合金炭球还原剂等。粉煤灰中残余炭的回收方法主要有电选法和浮选法。

① 电选法

电选法脱炭是利用粉煤灰中的炭粒和灰粒导电性能的差异进行分选的。当粉煤灰由溜灰槽进入直流电场后，其炭粒和灰粒均带上电荷，导电性能比较好的炭粒（电阻率 10^4～10^5 Ω·cm）与金属圆筒接触，立即将所带电荷传递给圆筒，随着旋转的惯性离心力和重力的作用，炭粒离开圆筒掉入圆筒前部的炭收集槽中。导电性能较差的灰粒由于电阻率大（约 10^{20} Ω·cm），不能将所带电荷迅速给出而继续带电，在电场力的作用下克服圆筒的惯性力、离心力及重力作用而吸附在圆筒上，随着圆筒的旋转，灰粒被带入圆筒的后部，用毛刷强行刷落，掉入灰收集槽中，达到炭灰分离的目的。

② 浮选法

浮选法依靠的是煤灰中的炭粒和灰粒表面性能的差异进行分选的。炭粒表面疏水和亲油，而灰粒表面亲水，利用这些性能差别，在浮选药剂和捕收剂的作用下借助于浮选机内所产生气泡，把炭粒浮到灰水上，形成矿化泡沫层。用浮选机刮板刮出去，这就是精炭。而灰粒不与气泡黏附而留在灰浆中。目前捕收剂一般采用 0# 柴油，起泡剂一般可采用甲醇母液、松节油或煤焦油。湖南华银株洲火力发电公司采用已内酰胺生产过程中的蒸馏釜渣油（即 X 油），其炭回收率较高。图 15-5 是浮选的工艺流程。

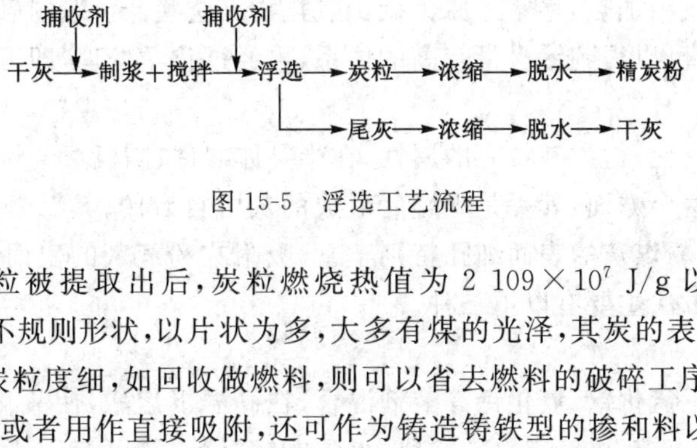

图 15-5　浮选工艺流程

粉煤灰中的炭粒被提取出后，炭粒燃烧热值为 2 109×10^7 J/g 以上，分离炭密度为 0.6～0.8 g/cm^3，呈不规则形状，以片状为多，大多有煤的光泽，其炭的表面都有微孔，呈多孔海绵状。由于分离炭粒度细，如回收做燃料，则可以省去燃料的破碎工序而节能。分离炭可作炭素制品的原料，或者用作直接吸附，还可作为铸造铸铁型的掺和料以及制造活性炭等。

(3) 铁的回收

煤炭中含有的铁矿物质虽然很多,但只有很少一部分具有磁性,大部分是非磁性的,在高温及碳和一氧化碳的还原作用下,一部分形成铁粒;另一部分非磁性矿物却被还原成为磁性铁,因而能用磁选的方法分离出来。

粉煤灰中的铁成分主要以 Fe_2O_3、Fe_3O_4 和硅酸铁的形式存在,一般含 Fe_2O_3 为 4%～20%,最高时可达 40%以上。具有分选价值的粉煤灰中 Fe_2O_3 的含量一般要>5%,且经过选铁后的尾灰对粉煤灰的某些品质有所改善(如耐火度),能为粉煤灰的其他利用途径创造一些条件。

2. 粉煤灰提取稀有金属

煤在形成过程中,其中有机物会吸附一些稀有元素(Ga、Ge、Ti、Th 和 U 等),但通常含量不会很高。煤经燃烧后有机物消失,稀有元素将在粉煤灰中得到富集,其含量有可能达到综合利用水平。而这些稀有元素往往是尖端技术中不可缺少的重要材料。下面主要介绍较为成熟、简单、可行的稀有金属锗(Ge)、镓(Ga)和钛(Ti)的提取方法。

(1) 锗的提取

锗金属是一种十分重要的稀缺战略资源。煤中锗的含量为 0.001%～0.01%,燃烧后的粉煤灰中锗含量将更高,可以成为一种新的锗资源。锗的提取方法主要有沉淀法、萃取法和氧化还原法等。

① 沉淀法

沉淀法是基于在 pH<2 的酸性溶液中,锗可以生成各种锗酸盐而分离锗的一种方法。常用的沉淀剂有单宁及其衍生物、氧化镁和硫化物等。锗经沉淀后分别生成单宁锗、锗酸镁、硫化锗和硫化锗酸盐等。将该浓缩物溶解于 HCl,随后分馏,得纯 $GeCl_4$,通过水解转化为氧化物,最后通过氢还原得到金属锗。

② 萃取法

萃取法主要是萃取剂的选择,根据萃取剂的不同可分为单烷基磷酸萃取法、胺类萃取法、8-羟基喹啉萃取法、a-羟肟(LIX-63)萃取法等。

③ 氧化还原法

氧化还原法是先将粉煤灰进行分选,尽可能除去非锗的化合物,把预处理后的粉煤灰做成小球,再将小球放入炉中,在氧化性气氛下直接加热以除去易挥发的其他元素,主要是砷和硫的化合物,并以气体的形式挥发出来,而锗仍以氧化物的形式留在粉煤灰中。而后在还原性气体的混合气氛中加热,将锗还原为低价氧化物。这些低价态的氧化物可以挥发出来,然后冷凝或吸收,就可以得到锗含量较高的体系,再经过化学处理,即可得到锗的化合物。

(2) 镓的提取

镓作为一种稀有元素,以其特有的属性,在半导体器件、阴极蒸气灯等领域被广泛应用。粉煤灰中镓来源于两个方面:其一是煤燃后形成的灰中自有的;其二是煤在燃烧过程中,一部分镓挥发后,由于粉煤灰的表面细孔特别丰富,吸附在粉煤灰的表面,从而富集了一部分镓。目前镓的提取方法主要有以下三种。

① 沉淀法

将煤灰烟尘与三氯化铝、氧化钙等溶剂混合,在高温下熔融,使氧化镓转化为水溶性的镓酸盐,用碳酸钠浸出镓,再经三次碳酸化,得到富镓沉淀,该沉淀用氢氧化钠溶解后,可用电解法制得金属镓。

② 萃取法

用酸性溶液直接从烟尘中浸出镓，再用萃取剂从浸出液中回收镓。例如用浓度118 mol/L盐酸溶液，以5∶1的液固比，在室温下浸出24 h，每克煤烟尘中可浸出镓95 g，浸出液经净化除Fe、Si后，用开口乙醚基泡沫海绵OCPUFS固体提取剂吸附分离净化液中的镓，吸附率达95%以上，然后用常温两段逆流水解吸，得到富镓溶液，经电解得金属镓。

③ 还原熔炼萃取法及碱熔化法

粉煤灰粗筛选后，焚烧，然后酸浸过滤后得到含镓滤液，此滤液通过吸附塔吸附，用碱性络合淋洗剂淋洗后电解，得镓金属。

目前国内镓的产量却远远不能满足国内市场的需求。所以，粉煤灰中镓的提取，对促进我国砷化镓、磷化镓等化合物半导体材料及其器件产业的发展具有重要意义。

(3) 钛的提取

粉煤灰中不仅氧化铝含量高，而且氧化钛和氧化铁含量也较高，是提取铝、钛和铁等化合物生产氧化铝、钛白和铁红的资源。利用各种二次资源制取钛白和铁红，不仅可以提高资源的利用率，而且有利于环境保护。

从煤灰中分离提取钛化合物的关键在于钛、铁化合物与铝类化合物等的分离。由于铁、铝的化学性质近似，因此，采用化学法分离存在工艺流程长、劳动强度大和铝损失多等缺点。溶剂萃取是湿法冶金中经常采用的金属离子富集与分离工艺，具有选择性高、回收率高、设备简单、操作方便、能耗低和污染少等优点，正被广泛用于工业废弃物中金属资源的回收。

第二节　煤矸石综合利用

一、煤矸石生产含铝化合物

煤矸石作为化工原料，主要是用于生产无机盐类化工产品。如氯化铝、聚合氯化铝和硫酸铝，并从提取氯化铝的残渣中制出氧化钛和二氧化硅。选择合适的煤矸石为原料，能制备多种化工产品。

1. 结晶氯化铝的生产工艺

结晶氯化铝呈浅黄色粉末，分子式为$AlCl_3 \cdot 6H_2O$，代号BAC。它是新型净水剂、造纸施胶沉淀剂和精密铸造型壳硬化剂。氯化铝的生产原料包括金属铝、氢氧化铝、三氧化二铝或各种含铝矿物。一些煤矸石含有较高水平的铝，也是生产结晶氯化铝的优良原料。

一般煤矸石的硅铝比小于3，常用酸法生产。煤矸石中的铝主要以高岭石的形式存在，煤矸石受热分解可形成具有活性的Al_2O_3，加酸后形成$AlCl_3$溶液，再经固液分离、浓缩、结晶，就可生产出结晶氯化铝。结晶氯化铝生产的原则流程见图15-6，生产过程主要包括矸石准备、焙烧、酸浸、分离和浓缩结晶等主要环节。

(1) 原料的选择和准备

实践证明，用煤矸石提取铝盐产品时，选择的原料一般应满足以下3个条件：① 矸石中杂质含量要低。尤其是含铁量应低于1.5%，钙、镁含量在0.5%左右。② 矸石中氧化铝含量要高。实际生产中氧化铝含量应在30%以上，以降低原料和盐酸的单耗。③ 浸出率要高。一般Al_2O_3酸浸出率应大于60%。

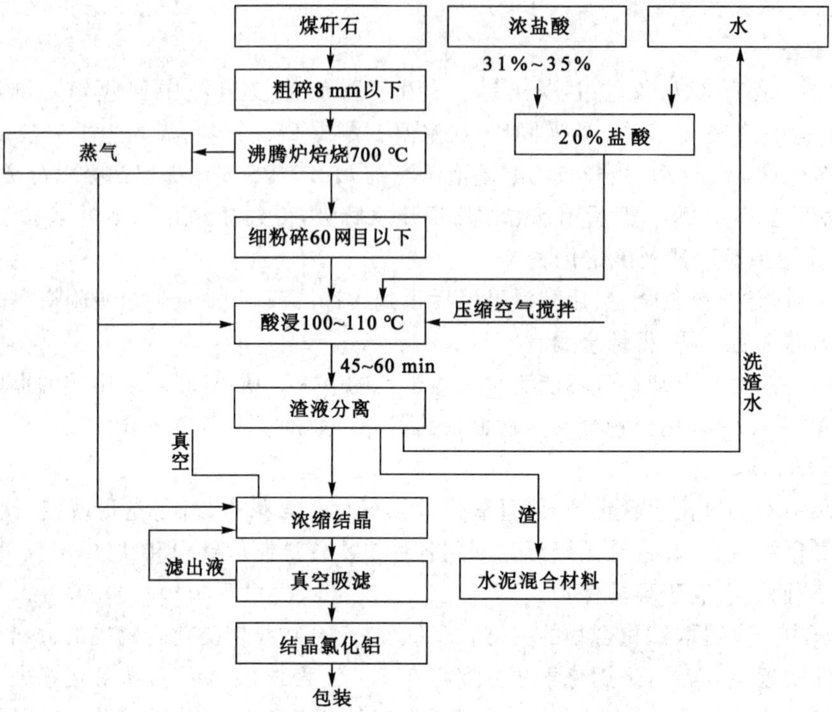

图 15-6 结晶氧化铝的生产原则流程

由于原料焙烧速度和粒度大小有关，因此要先将原料破碎至 8 mm 以下，然后加入沸腾炉中焙烧。

(2) 焙烧

焙烧的作用主要是使原料脱水、脱碳，破坏其内部分子结构，形成游离态的 Al_2O_3 和 SiO_2 无定形混合物。焙烧后的熟料失去结晶水和有机物，形成无数的微孔，具有很大的活性表面，有利于提高浸出率。

焙烧温度对氧化铝浸取率有很大的影响。焙烧温度控制在 600～700 ℃之间最佳。当温度高于 850 ℃后，铝硅二次结合，重新重结晶成新相，非晶质 Al_2O_3 和 SiO_2 不断减少，Al_2O_3 与酸的反应性急剧减弱，浸出率降低。

(3) 酸浸

① 酸浸反应

酸浸是制取结晶氯化铝工艺的主要环节。浸出过程有连续法和间歇法两种。因废渣中除含活性 Al_2O_3 外，尚含有 SiO_2、Fe_2O_3、CaO、Ga_2O_3 等，酸浸的主要反应有：

$$Al_2O_3+6HCl+3H_2O \longrightarrow 2AlCl_3 \cdot 6H_2O+168.8\ kcal \tag{15-7}$$

$$Fe_2O_3+6HCl+9H_2O \longrightarrow 2FeCl_3 \cdot 12H_2O+31.0\ kcal \tag{15-8}$$

$$CaO+2HCl \longrightarrow CaCl_2+H_2O \tag{15-9}$$

$$Ga_2O_3+6HCl \longrightarrow 2GaCl_3+3H_2O \tag{15-10}$$

② 影响酸浸反应的因素及控制

铁的金属性比铝更强，会优先转入溶液，给浓缩、结晶和分离作业带来困难，影响质量和外观色泽。CaO 和 MgO 很容易和 HCl 反应，增加了单位成品 HCl 的消耗量。因此这些杂质含量要严格控制。Ga_2O_3 富集于滤液中，可用低碳脂肪酸萃取，回收镓。

(4) 渣液分离

氧化硅不与盐酸反应，在料浆中以硅渣固相的形式存在。我国多数生产厂均采用自然沉降工艺，使三氯化铝母液与硅渣分离。一般硅渣微粒(1～5 μm)在料浆中沉降速度要受到渣粒大小、料浆密度、料浆的 pH 值和溶剂黏度的影响。为了加快沉降速度，在溶剂中可加入万分之五的聚丙烯酰胺溶液絮凝剂。

(5) 浓缩结晶

由沉降分离出来的三氯化铝液体，入浓缩器加热蒸发。为了提高浓缩效率，可采用负压蒸发。

当母液蒸发后达到过饱和状态时，出现新的固相，开始结晶过程，改变影响晶核生长速率和晶粒成长速率的因素，就可以控制晶粒的大小。

经渣液分离后的氯化铝浸出液，送入搪瓷浓缩罐中进行浓缩结晶。罐体夹套通入 120～130 ℃的蒸汽加热，蒸汽压力保持在 300～400 kPa。为加快浓缩和结晶的速率，采用负压浓缩，真空度控制在 665 kPa 以上。在加热和负压条件下，浓缩液内有大量结晶生成，当固液比达到 1∶1 时，便可停止加热，打开底阀，将浓缩好的浓缩液放入缓冲冷却罐，使浓缩液冷却到 50～60 ℃，晶粒进一步长大，以利于真空吸滤和单罐产量。

浓缩液脱水采用真空吸滤，将冷却后的浓缩液中的结晶氯化铝与饱和溶液用吸真空的方式进行分离。真空吸滤采用普通砖砌真空吸滤池，其内壁及池底衬三层玻璃钢及两层瓷板以加强防腐。池底向滤出液出口方向倾斜，池底上用小瓷砖砌成支撑柱，支撑上部的玻璃钢穿孔滤板，滤板上铺耐酸尼龙筛网。浓缩液放入池内，开启真空泵，滤出液通过尼龙筛网流入池底，筛网上剩余的黄色结晶便是结晶氯化铝的成品。

浓缩结晶后的料浆放入过滤器中，使晶体和滤液分离，得到的晶体即为结晶氯化铝成品。滤液加工成品，滤液循环，当滤液中铁含量超过控制指标时，就不再循环，而将其浓缩加工成 3# 混凝剂，供净化工业污水使用。

2. 聚合氯化铝的生产工艺

(1) 聚合氯化铝生产的基本原理

首先用含铝矿物生产出结晶氯化铝，在一定温度下加热，分解析出一定量的氯化氢和水分，变成粉末状的碱式氯化铝，称为聚合铝单体，如把单体聚合，即可得到溶于水、凝聚效果好的固体聚合氯化铝。其反应式如下：

$$AlCl_3 \cdot 3H_2O \longrightarrow Al_2(OH)_nCl_{6-n} \cdot 3H_2O + (12-n)H_2O + nHCl \xrightarrow{\text{聚合}} [Al_2(OH)_nCl_{6-n} \cdot xH_2O]_m \tag{15-11}$$

(2) 聚合氯化铝的生产工艺

固体聚合氯化铝生产工艺是将结晶氯化铝加入热解塔内，由塔底导入 400～500 ℃的热风，经密孔板进入炉内使结晶氯化铝进行热解，沸腾段的热解温度应严格控制在 170～200 ℃之间。分解出来的氯化氢和水分经冷水洗涤塔回收盐酸复用。得到的聚合铝单体再进行熟化聚合。聚合反应可在一个带搅拌的罐中进行。先把水加入罐内，再陆续加入单体，达到单体和水按质量比 1∶1.5 配合。由于单体和水发生放热反应，温度可上升到 60 ℃以上，反应约 10 min，料浆由淡黄色逐渐变成深褐色的稠状液体时，即放入冷凝池内，形成树脂状胶体产物，即固体聚合铝。再进一步烘干后便可长期保存。

3. 煤矸石生产氢氧化铝和氧化铝

(1) 氢氧化铝和氧化铝的用途

氢氧化铝[$Al(OH)_3$]，又称水合氧化铝，为白色单斜晶体，相对密度 2.42，不溶于水；氧化铝为白色晶体，熔点 2 050 ℃，沸点 980 ℃。氧化铝及氢氧化铝是冶金炼铝的重要基本原料。

氢氧化铝为含铝矿物制取氧化铝的中间产物，它本身也是一种商品。氢氧化铝加热至 260 ℃以上时脱水吸热，具有良好的消烟阻燃性能，可广泛用于环氧聚氯乙烯、制备橡胶制品的无烟阻燃剂。高纯超细 α-Al_2O_3 具有特殊优良的物理、化学性能，在精细陶瓷、微电子集成电路、轻工纺织等行业亦有很高的应用价值。我国非冶炼行业用（多用途）氢氧化铝数量占炼铝用量的 15%左右。

(2) 氢氧化铝生产的基本原理及工艺流程

① 生产氢氧化铝的工艺流程

高铝矸石生产氢氧化铝的工艺流程如图 15-7 所示。

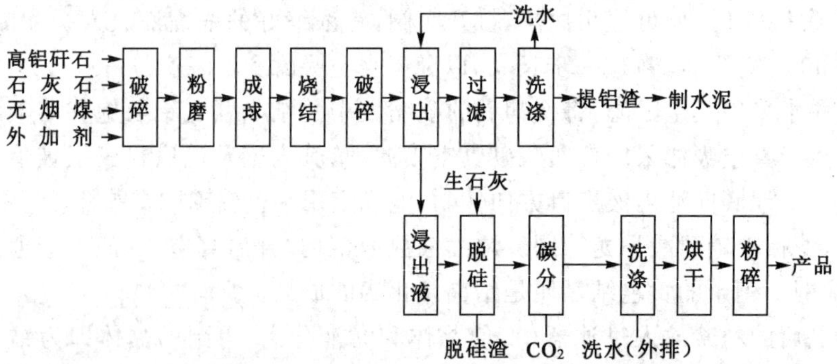

图 15-7　高铝矸石制取多用途氢氧化铝工艺流程

② 氢氧化铝的生产原理

氢氧化铝生产过程中各主要环节及发生化学反应如下。

a. 烧结：对铝矿物进行烧结的目的在于使矸石中的 Al_2O_3 成为可溶于纯碱溶液的化合物，而使铝与硅、铁等杂质分离。由于高铝矸石含铝较低而含硅高，只能采用烧结法。

b. 浸出：浸出的目的在于通过用纯碱溶液处理烧结熟料，使其中的铝化物以氯酸钠形态进入溶液而与绝大部分杂质分离。

c. 脱硅：碱浸液除含有铝、钠等元素外，还含有硅等杂质。当用此种溶液制取阻燃剂氢氧化铝时，必须加以净化才能得到合格产品。

d. 碳分：在生产过程中，可以通过控制碳分工艺条件及洗涤来实现对产物质量的控制。

(3) 氧化铝的生产

高铝煤矸石经过煅烧，所含的高岭土活化，其中的 Al_2O_3 再经酸溶、水解、碱溶、碳化及焙烧，就可以得到纯净的 Al_2O_3。

以煤矸石为原料生产氧化铝的工艺流程如图 15-8 所示。

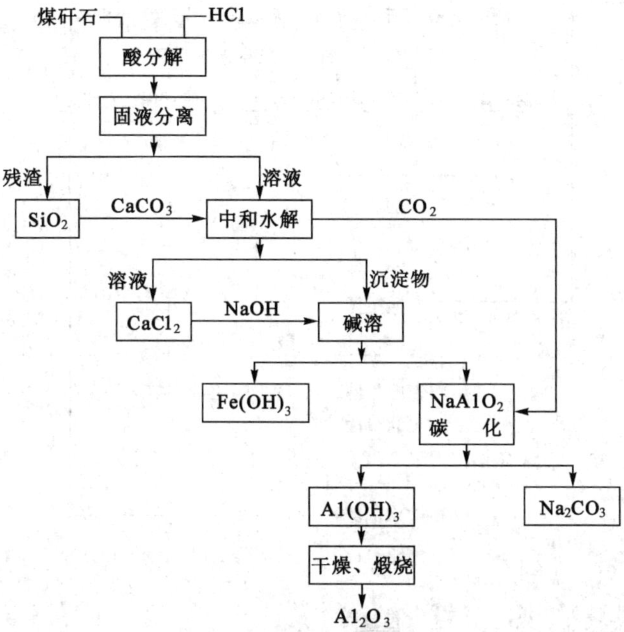

图 15-8　煤矸石生产氧化铝的工艺流程

影响氧化铝生产的主要因素包括酸浸条件、水解温度、碳酸钙用量、反应时间、固液比等。

二、煤矸石生产建筑材料

1. 煤矸石在水泥工业中的应用

煤矸石能作为原燃料生产水泥，主要根据煤矸石和黏土的化学成分相近的特点。目前我国用煤矸石作为原燃料生产水泥主要采用半干法立窑生产。

煤矸石作为原燃料生产水泥的生产工艺与生产普通水泥基本相同。将原料按一定比例配合，磨细成生料，烧至部分熔融，得到以硅酸钙为主要成分的熟料，再加入适量的石膏和混合材料，磨成细粉而制成水泥，即所谓“两磨一烧”。一般生产工艺流程如图 15-9 所示。

2. 煤矸石制砖

利用和黏土成分相近的煤矸石烧制砖瓦在技术上比较成熟，应用已很广泛，部分企业还生产了高级建筑材料如饰面砖等产品。煤矸石代替黏土生产砖瓦可以做到烧砖不用土或少用土，烧砖不用煤或少用煤，大量节省耕地，减少污染。煤矸石制砖工艺原则流程如图 15-10 所示。

制砖煤矸石中 SiO_2 含量一般控制在 50%～70%，如果 SiO_2 含量高，则石英矿物多，黏土矿物少；反之，如果 SiO_2 含量低，则石英矿物少，黏土矿物多。

3. 煤矸石制陶粒

煤矸石制陶粒的生产工艺包括原材料加工、制粒和热加工等工序，其中制粒工艺分为干法和粉磨成球法两种。

干法工艺就是将采集的原料经二级或三级破碎，筛分成所需粒级（5～10 mm 或 10～20 mm）的原料块即可。这种工艺简单，投资少，但只适合质量非常均匀的硬质原料，不能用

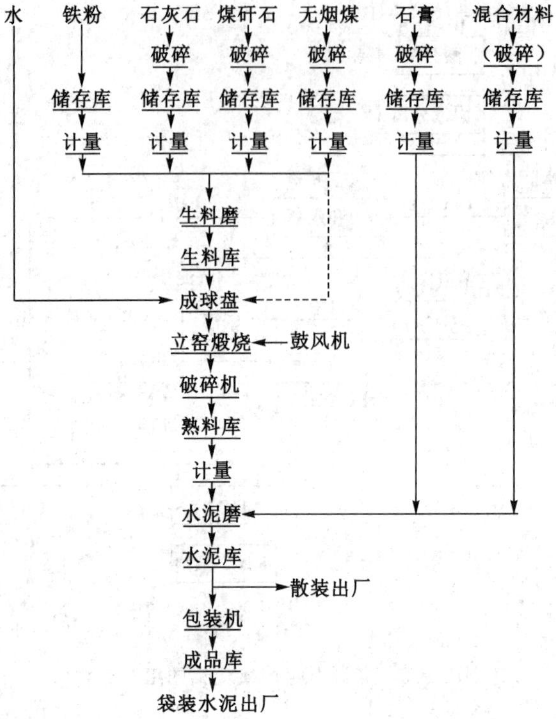

图 15-9　煤矸石生产水泥的原则流程

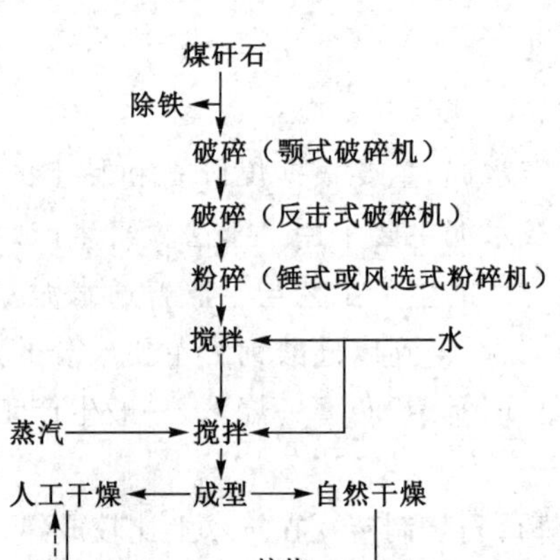

图 15-10　煤矸石制砖工艺原则流程

掺入外加剂的方法来调整原料性质。

粉磨成球法适于原材料质量不均匀、膨胀性较差的原料,其原料加工和制粒工序包括粗碎、烘干、粉磨和成球。该工艺复杂,一次投资大,但其最大优点是可以根据设计要求,掺入外加剂调节化学成分,从而制成粒型、级配优良的陶粒。

热加工工艺一般包括烘干、预热和焙烧、冷却三个工序。在 200 ℃以下应缓慢加热,防止爆裂,保证料球的完整性;生料球的膨胀性主要取决于 200～600 ℃预热段的加热速度。

加热速度越快，物料膨胀得越好；随着温度提高，物料的软化在膨胀带（温度 1 100～1 200 ℃）内完成，这时内部气体逸出，形成压力，促使料球膨胀。预热和焙烧是陶粒烧成最重要的工序，但冷却工艺对陶粒质量也有很大影响。公认的合理冷却制度是，焙烧的陶粒在温度最高的膨胀带迅速冷却至 1 000～700 ℃，而在 700～400 ℃应缓慢冷却，避免结晶和固化产生大的应力，400 ℃又可快速冷却。

三、煤矸石回填利用

1. 煤矸石回填利用对环境的影响

煤矸石含有碳、氢、氧、硫、铁、铝、硅、钙等常量元素，同时因成煤环境差异还可能含有铬、镉、砷、汞、铅、铜、锌、氟、氯等微量或痕量元素。煤矸石回填对环境的影响决于煤矸石成分及环境作用的大小。煤矸石回填后，由于风吹、日晒、雨淋或矿井水淋漓过程，矸石中的重金属元素、无机盐类和可溶性有机污染物可能会在物理、化学、生物等作用下释放出来，并进入地表水、土壤或地下水中，造成环境污染。

2. 煤矸石回填的环境安全性评估

通过对煤矸石回填的潜在环境影响进行分析，并借助淋溶试验等，可以对煤矸石回填的环境安全性进行评估。相关研究表明，煤矸石不属于危险废物，回填是可行的，但利用煤矸石进行回填时有可能造成氮、氟、锰等的污染。因此，应根据具体试验结果，采取对应控制措施。通常，采用大粒径煤矸石回填、配比一定量黏土回填等可有效抑制相应污染物的溶出，达到安全回填的目的。

需要指出，长期淋溶行为对煤矸石结构及性质的改变有重要影响。例如，我国的煤矸石山大多长期露天堆放，煤矸石中的微量元素含量及存在形态在淋溶—风化—淋溶的长期行为下会发生变化。从微量元素的存在形态上看，淋溶可首先析出一部分可交换态、碳酸盐态的微量元素。如果淋溶的雨量较大，同时又有有利的地形条件，煤矸石还会发生浸泡行为。当煤矸石不受淋溶时，煤矸石又会暴露于空气中，处于风化、氧化状态，矸石中微量元素的存在形态及存在方式依然会发生重组和转化，残余态或铁-锰胶体态的微量元素会有一部分发生转移，成为可交换态，使一部分在浸泡条件下不可能析出的微量元素在下一次淋溶时随着雨水析出。所以，煤矸石淋溶—风化—淋溶的长期行为可能析出更多的微量元素。考虑到煤矸石充填塌陷区时浸泡行为起主要作用，而露天堆存的煤矸石淋溶行为起主要作用，因此长期露天堆存的矸石山因淋溶冲刷产生的污染，可能比煤矸石充填到塌陷区浸泡产生的污染更为严重。但是，由于矸石山堆放面积相对于整个矿区面积来说较小，矸石山的有害微量元素污染可能只局限在矸石山周围，而综合回填于各处的煤矸石由于范围很大，因此回填所带来的潜在环境影响值得进一步关注。

3. 煤矸石填筑路基

煤矸石用作路基材料需要考虑其物理化学性质，其中对筑路产生影响的因素包括：煤矸石的粒度组成、煤矸石的膨胀性及崩解性、煤矸石的压密性及压密程度、煤矸石的渗透性、煤矸石的剪切强度、煤矸石的化学组成。

煤矸石作为路基材料进行利用时除需考虑煤矸石粒度级配、水稳性、压密性等外，还要考虑如下性能。

(1) 变形特性

路基的荷载-变形特性对路面结构的整体强度和刚度有很大影响。容易风化破碎的煤矸石不宜直接作为路基填料，而抗压强度高、不易风化破碎的煤矸石则适宜作为路基填料。

(2) 烧失量

煤矸石性质稳定并且活性大，煤矸石粒度级配较好，一般可直接应用，且使用效果良好；未燃矸由于级配不良，常需采取破碎措施，使用时要掺入细料，成本较高。但是，未燃矸风化较轻，本身强度稍高，从控制环境污染角度而言，在煤矸石自燃以前就加以利用更为合理。

(3) 强度指标

根据我国路基规范中对填石路基压碎值的要求，煤矸石作为高速公路路基填料时的压碎值宜<30%，承载比 CBR 值宜大于 28%，单轴抗压强度不应小于 15 MPa。路床填料应均匀、密实。

4. 煤矸石矿井充填

自 20 世纪 30 年代将充填作为煤矿减沉开采方法以来，已发展并形成了多种煤矿充填开采方法。按照充填介质及其运送时的物相状态，煤矿充填开采方法，可以分为水砂充填、膏体充填、矸石充填、高水材料充填；按照运送充填材料动力的不同，可以分为自重充填、风力充填、机械充填、水力充填；按照充填位置，可以分为采空区充填、垮落区充填、离层区充填；按照充填量和充填范围占采出煤层的比例，可以分为全部充填、部分充填。

煤矸石充填是将煤矸石充入采空区，占据煤炭资源因开采而形成的空间，利用矸石充填体对围岩的支撑作用，限制煤层顶底板的相对运动，达到控制岩层移动的目的。显然，在煤矸石充填开采的岩层移动控制过程中，煤矸石充填体的压缩特性对岩层移动控制效果有着显著影响。煤矸石的压缩性能与颗粒大小、组成性状、粒度级配、密实度、含水量等都有一定的关系。对于某一具体矿区而言，矸石材料的物理、力学性质和水理性质相对固定，较易改变的是其颗粒粒径大小和粒度级配。

不同充填工艺应用的充填材料组分不同，比例也不同。常用的充填材料可分为三类：一是充填骨料，在充填过程中和充填体内材料的物理和化学性质基本上不发生变化；二是胶凝材料，在充填条件下材料本身的物化性质发生变化，使充填骨料凝结成具有一定强度的整体；三是改性材料，用以改变充填料的质量指标，如提高流动性和强度，加速或延缓凝固时间等。常用的充填材料见表 15-2。目前，我国大部分煤矿充填开采所用骨料均为煤矸石。

表 15-2 常用充填材料

类别	充填骨料	胶凝材料	改性材料
名称	煤矸石、碎石、河沙、炉渣、黏土、卵石等	水泥、粉煤灰、生石灰、石膏、高炉矿渣等	水、絮凝剂、速凝剂、缓凝剂、减水剂、早强剂等

根据充填时采用的动力方式的不同，煤矸石矿井充填可分为人工充填、水力充填、自重充填、风力充填和机械充填。充填材料通常由煤矸石、沙子、碎石及粉煤灰等组成，但成分以煤矸石为主，一般不需要加入胶凝材料或其他添加剂。

四、煤矸石复垦利用

1. 煤矸石复垦的适宜性评价

利用煤矸石对塌陷区进行充填复垦，既能处理矸石废物，减少矸石占地，又能恢复开采沉陷区土地的利用价值，是综合治理和改善矿区生态环境的有效途径。

煤矸石是否适宜作为充填复垦材料，目前主要考察的因素是矸石充填对环境的潜在危害性，此外根据具体复垦利用规划，还应考虑基质配比、植物种类选择等问题。

(1) 煤矸石复垦对环境的影响

煤矸石充填复垦时通常会采取堆填、压实、整形、覆土等措施，这就杜绝了因矸石自燃、挥发、扬尘等对空气的污染。但在充填塌陷区的整个过程中，煤矸石会因受水浸泡而淋溶出一些重金属元素，这些重金属元素的排放和迁移会直接或间接污染周边环境。

为减小和避免煤矸石充填复垦对周边环境造成的不利影响，提高复垦土地的质量，可以考虑采用无污染充填复垦技术，即通过增加隔离层、覆盖层、场地防渗材料等方法，来防止煤矸石中的毒物渗透到周边水体或土壤中。此外，胡振琪等还提出了新的充填复垦技术，其核心思想是对充填复垦材料进行严格筛选，从源头上保证了充填材料的低毒性或无毒性。整个技术程序分为三个阶段：材料筛选；技术设计与实施；复垦后土壤质量评价。

(2) 煤矸石基质配比

矿区废弃地与一般土壤环境不同，由于土壤结构被扰动，缺少熟化土壤，其微生物活性微乎其微，微生物群减少的同时也破坏了土壤菌丝桥，致使土壤贫瘠。目前，我国大部分矿山土地复垦仅停留在工程复垦水平上，多数充填复垦以煤矸石、粉煤灰为主，充填材料自身持水性差、肥力低等特点使植物很难生长。如何提高复垦土地质量已成为亟待解决的问题。

针对这一问题，可考虑在煤矸石复垦时加入有机填充剂进行基质配比，以满足复垦区生物生长的需要。有机填充剂主要包括畜禽粪便、污泥、锯屑或木材残渣、石灰石泥浆副产物等。

(3) 植物种类的选择

植物种类的选择是煤矸石复垦区绿化的关键，通过选择适宜的植物种类可以充分发挥植被防护功能，对改善复垦区生态环境、提高复垦效果具有重要意义。

煤矸石复垦时，要充分考虑植物的生物学特性、复垦区特殊立地条件和具体的复垦利用规划。煤矸石复垦区适宜的先锋植物种类应满足以下基本要求：① 较高的逆境胁迫忍耐性与抵抗性，主要是抗旱、耐贫瘠、pH 值的极度适应、耐盐碱、抗冻害等；② 生长迅速，具有较强的基质改良功能；③ 具有较强的水土保持、抗污染、绿化美化和经济功能。

2. 煤矸石塌陷地复垦

(1) 塌陷地挖深垫浅复垦技术

挖深垫浅技术是将造地与挖塘相结合，即用挖掘机械(如挖掘机、推土机、水力挖塘机等)将沉陷深的区域继续挖深(“挖深区”)形成水塘，取出的土方充填至沉陷浅的区域形成陆地(“垫浅区”)，达到水陆并举的利用目标。水塘除可用来进行水产养殖外，也可根据当地实际情况改造成水库、蓄水池、湿地公园等，陆地则可用于农业种植或建筑用地等。

根据复垦设备的不同，可将挖深垫浅复垦技术分为泥浆泵复垦技术、拖式铲运机复垦技术、挖掘机复垦技术、推土机复垦技术等。挖深垫浅复垦技术主要适用于沉陷较深，有积水的高、中潜水位塌陷区，一般要求挖深区挖出的土方量满足垫浅区充填所需土方量，以使复垦后的土地达到期望的高程。该技术具有操作简单、适用面广、经济效益好、生态效益显著等优点，但它对土壤的扰动较大，处理不好会导致复垦土壤立地条件差。

(2) 塌陷地充填复垦技术

充填复垦技术一般是利用土壤和容易得到的矿区固体废弃物(如煤矸石、坑口和电厂的粉煤灰、露天矿排放的剥离物等)及垃圾、泥沙和江河污泥等来充填沉陷区,恢复到设计地面高程来复垦土地(图15-11)。

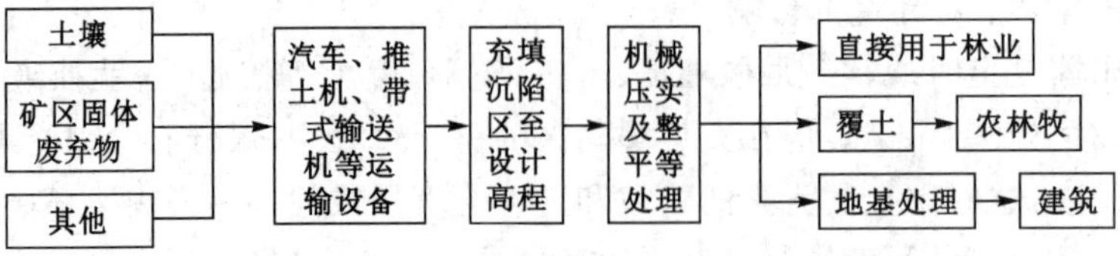

图15-11　沉陷区充填复垦工艺流程

充填复垦技术的应用条件是有足够的充填材料且充填材料无污染或可采取经济有效的污染防治措施。该技术既可使采煤破坏的土地得到恢复,又处理了固体废弃物,综合效益显著,但复垦后土壤生产力一般不是很高,并可能造成二次污染,需要引起重视。

3. 煤矸石山复垦

(1) 煤矸石山复垦绿化技术

初始堆放的煤矸石山由于无土、缺水、干热、有毒、强酸,缺少植物种子和残根,可称为原生裸地,植被自然恢复非常困难。人为营造植被,通过改造环境,创造植物生长、繁育的条件,缩短植被演化进程。因此,煤矸石山复垦的目标就是尽快建立稳定、高效的煤矸石山人工植被生态系统。

(2) 复垦绿化技术模式

煤矸石山作为矿山废弃地的主要类型之一,其植被恢复和生态重建的研究与实践在我国已有十多年的历史,目前在一些矿区已取得较好的效果和经验。煤矸石山植被恢复与生态重建技术模式包含六项具体的植被恢复工程技术,且各项技术措施相辅相成、缺一不可。

① 立地条件分析与评价技术:通过对各种立地因子的测定与分析,寻找植被恢复的限制因子,确定主导因子,为选择植物种类、改良立地条件提供依据。

② 适宜植物种类的选择:通过生物学特性分析,以乡土植物种类为主要对象,筛选适宜植物种类,达到"适地适植物"或"适地适树"的目标。

③ 整地与立地改良技术:通过合理整地、科学的基质改良,达到"蓄水保墒、增加肥力"的目标,为植被恢复创造良好的环境。

④ 综合抗旱栽植技术:通过合理造林方法和抗旱栽植技术,达到提高成活率,进而促进恢复植被的成林和生长稳定的目标。

⑤ 合理的群落组成与密度配置技术:通过合理确定栽植密度和植物组成类型,使恢复的植物群落具有合理、稳定的结构。

⑥ 植物群落经营管理技术:通过土壤、植被管理措施,达到植物生态系统"结构合理、功能稳定、高产高效"的目标。

(3) 复垦绿化程序

煤矸石山的立地条件极为恶劣,植被恢复时遇到的生态学问题具有叠加性,如一些煤矸石山既有酸性,又缺乏有机质和氮磷等营养元素,同时还有重金属等毒害物质。因此,煤矸石山植被恢复与生态重建工程除常规技术措施外,还必须配以完善的工程技术措施及实施程序，以保证煤矸石山复垦绿化工程的成功。胡振琪等提出了煤矸石山复垦绿化“3段9步”的工程程序，程序中加强了各阶段的监测和评价，在工程中遇到问题时及时反馈到上一阶段工程中，改进技术工艺，以提高复垦绿化工程的质量，成功建立起一个稳定的、自我维持的植物生态系统。

(4) 煤矸石山立地改良技术

煤矸石山复垦绿化工作面临的关键问题是煤矸石山立地条件极其恶劣，地表组成物质的物理结构和化学性质对绿化施工和植物生长的不良影响。因此，对煤矸石山的整形整地和基质改良技术直接关系到煤矸石山复垦绿化工作的成败。

煤矸石山基质改良材料和改良措施很多。改良材料极其广泛，表土、有机废物、化学肥料、绿肥、固氮植物等都被用于基质改良。不同的改良材料有其独特的作用，如碳酸氢盐和石灰等常用于改善煤矸石山的酸性条件；氮、磷、钾等化肥的施用能迅速有效地弥补煤矸石山地表养分的不足；固氮植物、绿肥作物、固氮微生物、菌根真菌等可明显改善煤矸石山地表组成物质的理化性质；等等。对煤矸石山每一种不良的理化性质，都有短期和长期的改良措施，理想的改良措施既能服从生态恢复的既定目标，又是经济、长效的。煤矸石山的基质改良措施可分为生物改良法、客土法和灌溉施肥法，生产实践中应首先选用一些短期、快速的改良措施，保证重建一个良好的煤矸石山植被生态系统，达到煤矸石山的长期立地改良。

4. 煤矸石改良土壤

煤矸石中含有一定量的有机质和多种植物生长所需的B、Zn、Cu、Mn等微量元素，可以提高土壤中微生物群落对有机物和氮、磷等化合物的活性。同时，研究表明煤矸石与过磷酸钙或氯化钾等混合作为肥料，可使作物收成提高5%～15%，在施用于特殊土质(如腐殖土、砂土等)时特别有效。

与其他肥料相比，煤矸石微生物肥料具有以下特点：① 生产工艺简单，能耗低(相当于同等规模化肥厂的5%～10%)，投资省(约为同等规模化肥厂的10%)，整个生产过程不排渣，是变废为宝的清洁工艺；② 是一种广谱性的微生物肥料，各地区、各种植物和作物施用后都有较好的效用；③ 优质、高效、营养全面、肥效持久、对环境无污染，在保护环境、防治化肥对土壤、环境带来的危害方面具有重要意义。

将碳质含量较高的煤矸石粉碎成粉末状或细小的颗粒，然后配入适量的有机肥料(如粪便、草木灰等)，施于中低产农田中进行翻耕，以此作为土壤的肥料和改良剂，可取得明显的效果。研究发现，应用于农业生产可使一些主要农作物和蔬菜增产，如小麦增产20%～40%、地瓜增产30%～50%、大豆增产20%～30%、大葱增产20%～35%。

第三节　粉煤灰综合利用

一、粉煤灰提取氧化铝

1. 粉煤灰提取氧化铝的意义

根据国家发展和改革委员会《关于进一步加强高铝粉煤灰资源开发利用的指导意见》，我国高铝煤炭远景资源量约1 000亿t，其中氧化铝含量大约10%，所有高铝煤炭资源中含有大约100亿t的氧化铝，即使考虑开采率与氧化铝的回收率，按我国每年4 000万t的氧化铝需求量计，也可供我国铝工业使用100年以上。

因此，开发利用高铝粉煤，可部分替代铝土矿资源，有利于缓解国内铝土矿资源短缺的矛盾，对于增加矿产资源有效供给、保障产业安全、增强氧化铝工业可持续发展能力具有重要意义。

2. 粉煤灰酸法提取氧化铝技术

根据酸溶介质不同粉煤灰酸法提取氧化铝技术分为盐酸法、硫酸法及硫酸铝铵法。

(1) 盐酸法提取氧化铝

盐酸法提取氧化铝的工艺过程是将粉煤灰活化或不经活化直接添加盐酸，使粉煤灰中的氧化铝以氯化铝的形式进入溶液中，同时一起进入到溶液的还有氯化铁，采用树脂吸附或萃取方式将氯化铁除去，得到的纯净氯化铝溶液经过浓缩、煅烧后得到氢氧化铝，氢氧化铝再经焙烧后得到氧化铝。由氯化铝煅烧得到的氢氧化铝粒度较细，不符合冶金级氧化铝要求，如用于电解铝，则需进行低温碱溶后，制得偏铝酸钠溶液，然后经晶种分解后得到氢氧化铝，再经过焙烧得到冶金级氧化铝。

中国神华能源股份有限公司提出以循环流化床粉煤灰为原料，粉煤灰经盐酸酸浸和湿法磁选除铁后，得到的酸浸液经过树脂吸附并洗脱后，可得到氯化铁和氯化铝的洗脱液，然后用碱溶除铁，得到纯净的铝酸钠溶液，加入分散剂后进行碳分，得到超细氢氧化铝，超细氢氧化铝在不同温度下煅烧得到 y-Al_2O_3或 α-Al_2O_3。

(2) 硫酸法提取氧化铝

硫酸法提取氧化铝的工艺过程是以粉煤灰和硫酸为原料，将粉煤灰经磨细后焙烧活化，然后用硫酸浸出，将浸取液浓缩后得到硫酸铝结晶，硫酸铝结晶经过煅烧、碱溶后得到铝酸钠溶液，同时也会产生含铁的物质，再经过一些除铁工序得到氢氧化铝后再焙烧，就可以得到氧化铝。其反应式如下：

$$3H_2SO_4+Al_2O_3 = Al_2(SO_4)_3+3H_2O \quad (15\text{-}12)$$

该法在实际操作中除铁是不容易的，而且用该法浸出率较低。有人提出用氟化物(如氟化铵)做助溶剂来破坏铝硅玻璃体和莫来石。化学反应式如下：

$$3H_2SO_4+6NH_4F+SiO_2 = H_2SiF_6+3(NH_4)_2SO_4+2H_2O \quad (15\text{-}13)$$

$$3H_2SO_4+Al_2O_3 = Al_2(SO_4)_3+3H_2O \quad (15\text{-}14)$$

在使用此法时操作人员需特别小心，因为硫酸为强酸，具有腐蚀性。如果反应温度较高会导致酸挥发，不仅污染环境，而且对操作人员健康伤害也大。

(3) 硫酸铝铵法提取氧化铝

由于硫酸铝铵在水中的溶解度小、易于结晶，而且经过适当的处理可以转化为氧化铝，所以常会被作为含铝非铝土矿资源制备氧化铝的中间产物。以它作为中间产物制备氧化铝的优势是:可以通过反复溶解-沉淀过程提高硫酸铝铵的纯度，从而获得较纯的氧化铝产品。

该法主要工艺过程为:先将磨细活化的粉煤灰与硫酸铵混合后高温煅烧，然后用硫酸浸出，过滤所得滤液用氨水调节到 pH 值为 2.00 左右，此时会有硫酸铝铵结晶出来，然后再用硫酸在 60 ℃下重新溶解，冷却至室温时会有晶体析出，如此重复多次，得到相对比较纯净的中间产物硫酸铝铵，再按照一定的流程加热将硫酸铝铵分解，最终得到纯度较高的氧化铝。

3. 粉煤灰碱法提取氧化铝技术

和酸法相比，粉煤灰碱法提取氧化铝技术研究相对较为深入和全面，具有代表性的方法是石灰石烧结法和碱石灰烧结法。石灰石烧结法是世界上最早工业化应用粉煤灰生产氧化铝的技术。

粉煤灰碱法提取氧化铝的基础建立在粉煤灰、苏打和石灰石的适当配制(碱性炉料)或者仅仅粉煤灰与石灰石的适当配制(无碱炉料)之上,在一定的温度制度下,生成难溶的含硅化合物(二钙硅酸盐 $2CaO \cdot SiO_2$)和溶解性能好的或在水溶液中能够分解(偏铝酸钠 $NaAlO_2$,偏铁酸钠 $NaFeO_2$)或在苏打溶液中能够分解(铝酸钙 $12CaO \cdot 7Al_2O_3$、$CaO \cdot Al_2O_3$)的化合物。

在熟料溶出阶段,将有用组分 Na_2O、Al_2O_3(进入溶液)和有害杂质 SiO_2、Fe_2O_3(残留在泥渣中)分离。

由于少量的二钙硅酸盐与铝酸钠溶液相互作用,在熟料溶出阶段少量 SiO_2 会进入溶液。为避免从溶液中析出的 Al(OH)被污染,溶出液预先做一段或二段脱硅,使 SiO_2 成为难溶的化合物 $Na_2O \cdot Al_2O_3 \cdot 1.7SiO_2 \cdot 2HO$(第一阶段)、$3CaO \cdot Al_2O_3 0.15SiO_2 \cdot 5.7H_2O$(第二阶段)除去。

在烧结法中从脱硅后的溶液析出氢氧化铝可以用不同的方法,用碳酸化的方法从铝酸钠溶液中析出 $Al(OH)_3$ 最为常见。它与晶种分解相比是更有效的方法。所得的苏打溶液经蒸发后返回生料制备车间,而氢氧化铝则送去煅烧。

二、粉煤灰在建筑材料方面的应用

1. 粉煤灰在建材工业中的应用

(1) 粉煤灰水泥

粉煤灰除作为水泥工业的原料代替黏土和作为混合材料生产粉煤灰硅酸盐水泥外,根据其物理化学特性和加入不同的外加剂,采用不同的工艺方法,还可生产出具有特殊性能的水泥(简称粉煤灰特种水泥)。用粉煤灰生产特种水泥,生产工艺简单,产品成本低,性能可靠,综合效益较好。

① 粉煤灰早强型水泥

生产粉煤灰早强型水泥可使用石膏、萤石作为复合矿化剂,用粉煤灰代替黏土烧制成熟料或用脱炭后的粉煤灰作为混合材料,产品的各项性能均达到或超过国家 425R 型水泥标准。这种水泥的主要矿物是 C_3S 和 C_4A_3S 及 $C_{11}A_7 \cdot CaF_2$,并有部分 C_2S,而 C_3A 则大量消失甚至一点没有。由于 CS 的含量高达 60%,并且晶体发育良好,所以产品的早期强度较高,后期强度稳定,是一种性能优良的水泥。

② 硅硫酸盐粉煤灰水泥

硅硫酸盐粉煤灰水泥的生产工艺是:将粉煤灰、石灰石、石膏及萤石等原料按一定比例配合,压制成砖,用烧制普通黏土砖的轮窑生产线进行烧制,出窑冷却后粉磨成水泥。这种水泥的粉煤灰掺量可达到 40%,主要矿物是 C_3S、C_2S、C_4A_3S 等,因而具有早强特点。生产硅硫酸盐粉煤灰水泥要掌握好烧成温度,避免还原气氛,并尽可能加快熟料的冷却速度,防止 γ-C_2S 的生成,避免物料粉化。

③ 粉煤灰砌筑水泥

目前我国水泥标准中虽规定了 275 号低标号水泥,但很少有厂家生产,一般水泥厂大都生产 325 号以上水泥。实际工程中的砌筑砂浆多为 25 号和 50 号,有时用 75 号和 100 号,因而建筑工程中普遍存在用高标号水泥配制低标号砂浆的现象。为了达到砂浆标号,就要加大砂率而少用水泥,因而经常出现砂浆和易性不良等问题,所以发展粉煤灰砌筑水泥非常必要。

④ 低温合成粉煤灰水泥

低温合成粉煤灰水泥所用的原料是粉煤灰和生石灰(要求生石灰有效氧化钙含量在70%以上)。这种水泥粉煤灰利用率可达70%,而且干灰、湿灰都能利用。石灰用量为25%～30%,并加入部分外加剂,如石膏、晶种等(晶种可采用蒸养粉煤灰硅酸盐碎砖或低温合成水泥生产中的蒸养料)。将石灰与少量外加剂混合粉磨后与一定比例的粉煤灰混合均匀压制成型,先经蒸汽养护再低温烧(烧成温度700～850 ℃),冷却后磨制成水泥。低温合成粉煤灰水泥标号可达325号,具有早期强度较好、水化热低等特点。

⑤ 粉煤灰彩色水泥

粉煤灰彩色水泥是以低温合成粉煤灰水泥为基料(由于采用了特定的制作工艺,低温合成粉煤灰水泥具有一定的白度),经掺入颜料而制成的。这种方法生产的水泥颜色美观,是一种物美价廉的中、低档墙面装饰材料。

⑥ 粉煤灰喷射水泥

粉煤灰喷射水泥主要用于各种坑道、隧道、地下防空工程、水利水电地下工程等锚喷支护方面。粉煤灰喷射水泥是以低温合成粉煤灰水泥为主要成分,外掺约30%的硅酸盐水泥熟料,或掺入40%的普通硅酸盐水泥和适量的烧石膏共同粉磨制成的。

(2) 粉煤灰砖

粉煤灰砖以粉煤灰为主要原材料,以矿渣等硅质材料及石灰、水泥等胶质材料为辅助原材料,按所需配比经原料处理、混合、轮碾、压制成型、养护等工序而制成,其在我国已有近半个世纪的生产应用历史。根据生产工艺不同,目前利用粉煤灰生产的砖分为:粉煤灰烧结普通砖、粉煤灰烧结多孔砖、粉煤灰蒸压砖及蒸养砖。根据国家近年来关于取消实心黏土砖生产的方针,用粉煤灰砖取代黏土砖是较为合理有效的办法,也是切实可行的方法。作为一种新型的利废环保节能墙体材料,粉煤灰砖的优良特性显得尤为突出。

(3) 粉煤灰砌块

粉煤灰砌块是以粉煤灰、水泥、各种轻重集料、水为主要组分(也可以加入外加剂等)拌和制成的小型空心砌块,其中粉煤灰用量不应低于原材料质量的20%,水泥用量不应低于原材料质量的10%。

此外,粉煤灰还可以用于制备粉煤灰陶粒、粉煤灰轻质板材等建筑材料,为粉煤灰用于生产建筑材料提供了更多技术方法和应用实践。

2. 粉煤灰在建筑工程中的应用

(1) 粉煤灰砂浆

粉煤灰可在建筑工程中用于生产低标号建筑砂浆,一般为25号、50号、75号、100号等,应用量很大。在砂浆中掺用粉煤灰能取代部分水泥、石灰膏和砂,低标号砂浆性能明显改善,后期强度比普通砂浆有较大的提高。在普通砌筑砂浆中掺加15%～20%的粉煤灰,可节约10%～12%水泥、30%的砂,即可节省水泥35～50 kg/m^3、砂100～180 kg/m^3,此种砂浆和易性好、裂缝少,便于施工操作,进而提高工作效率,而且可大大节省人力和施工现场用地,无须设置淋灰池等。粉煤灰抹面砂浆可分为白灰抹面砂浆和水泥抹面砂浆。建筑砂浆的粉煤灰效应有3种。

① 形态效应:指各种应用于混凝土和砂浆中的矿物质粉料,由其颗粒的外观形貌、内部

结构、表面性质、粒度级配等物理性状所产生的效应。

② 活性效应：粉煤灰火山灰活性是指其所含的硅铝质玻璃体在常温和有水条件下与 $Ca(OH)_2$ 发生活性反应并生成具有胶凝性水化物的能力。其活性效应就是指的这种粉煤灰活性成分所产生的效应。

③ 微集料效应：指粉煤灰颗粒均匀分布于水泥浆体的基相之中，就像微细的集料一样。对粉煤灰颗粒和水泥净浆间及水泥紧密处的显微研究证明，随着水化反应的进展，粉煤灰和水泥浆体和界面接触趋紧密。在界面上形成的粉煤灰水化凝胶的显微硬度大于水泥凝胶。粉煤灰微粒在水泥浆体中分散状态良好，有助于新拌砂浆的硬化和均匀性改善，也有助于砂浆中孔隙和毛细孔的充填和细化。

(2) 粉煤灰混凝土

粉煤灰是一种火山灰质材料，本身并无胶凝性能，在常温下有水存在时，粉煤灰可以与混凝土进行二次反应，生成难溶的水化硅酸钙凝胶，不仅降低了溶出的可能，也填充了混凝土内部的孔隙，对混凝土强度和抗渗性都有提高作用。粉煤灰的这种作用称为火山灰效应。

粉煤灰因其火山灰活性、球状颗粒形态及需水量少而具有很大优势。粉煤灰用作混凝土混合材料时，具有胶结活性大、材料的渗透率和水化热低、表面光洁度和可加工性较高、化学惰性较大、不易形成硫酸盐和氯化物等特点。粉煤灰既可单独加入混凝土中，也可作为波特兰粉煤灰水泥的一种组分随水泥一同加入混凝土中。

(3) 粉煤灰拒水粉

粉煤灰拒水粉是一种建筑用防水、防泄漏材料，它既耐水、耐酸、耐碱、耐盐，又耐高低温和老化。它的拒水能力来源于在制备过程中，粉煤灰颗粒上生成的一层与表面结合的有机硅高聚物多维超薄膜，这层薄膜使颗粒本身有很强的憎水性。由于粉煤灰拒水粉使用时以颗粒形式存在，因此不会发生其他防水材料随附着体变形引起自身开裂或破坏，而丧失抗渗防漏能力的现象。该产品可用在屋面及平顶楼房的防水、地面防潮以及地下铁道工程、水库、沿海堤防工程、铁路路基翻浆冒泥治理等方面。

三、粉煤灰回填及复垦利用

粉煤灰作为填筑材料，可以回填低洼地、沟谷、塌陷区、矿井采空区、砖厂取土坑或围海造田、填筑路基等。粉煤灰回填时，通常对粉煤灰的质量要求不高，是一种大量利用粉煤灰的有效途径。

粉煤灰施用于土壤时，可以改善土壤结构、增加孔隙率、降低容重、提高地温、缩小膨胀率，特别是对改善黏质土壤的物理性质具有很好的效果。同时，粉煤灰还有利于增强土壤中微生物活性、促进养分转化，使水、气、肥、热趋向协调，为作物生长创造良好的土壤环境。实践表明，粉煤灰用于土壤改良具有投资少、用量大、需求平稳、潜力大等特点，是适合我国国情的重要综合利用途径。

粉煤灰也可以用于覆土造田与纯灰种植。用粉煤灰填充的涝洼地、塌陷地、坑洼地都可以进行覆土造田，发展农牧林业。在纯灰种植方面，我国燃煤电厂粉煤灰纯灰种植技术已占电厂储灰场可种植面积的 1/3。对 9 个电厂在 2 500 亩纯灰上种植的粮食、水果、蔬菜、油料、牧草、中草药等 20 多种植物及 500 多个样品的试验、测试结果表明，在纯灰场上种植的作物均有较好的收成，且灰田结出的可食部分有害物质含量均未超出国家食品卫生标准。纯灰种植与覆土造田相比，不需要动用土方或土方量很少，成本较低。

思 考 题

1. 煤系固体废弃物的主要来源有哪些？对环境会产生哪些影响？
2. 分别阐述从煤矸石中回收煤炭的意义和原理。
3. 煤矸石生产高岭土对原料有什么要求？
4. 从富镓煤矸石提取镓主要采用什么工艺方法？
5. 粉煤灰中的主要有用元素有哪些？
6. 简述煤矸石生产结晶氯化铝的工艺方法。
7. 煤矸石可以用于生产哪些建筑材料？不同建筑材料对煤矸石原料有什么要求？
8. 煤矸石回填会对环境产生哪些影响？
9. 煤矸石进行矿井充填有哪几种方法？
10. 列举几种粉煤灰在建材中的应用实例。

第十六章　煤层气及 CO_2 富集利用技术

煤层气是一种在煤化作用过程中形成的、并赋存在煤层和邻近岩层中、以甲烷为主的混合气体，在煤矿俗称瓦斯。

煤层气的开发利用主要有以下三方面的意义：① 煤层气是一种新型洁净能源，其开发利用可弥补常规能源的不足。② 减灾意义。长期以来煤层气一直是影响煤矿安全生产的主要灾害，瓦斯爆炸与突出一直是煤矿最为严重的安全威胁。煤层气的井下抽放和地面开发可以预抽出赋存在煤层中的煤层气，有效地降低或杜绝煤矿生产过程中的煤层气灾害。③ 环境意义。煤层气的主要成分甲烷是大气中主要的温室气体之一，对红外线的吸收能力极强，其温室效应是 CO_2 的 25～30 倍。据估算，大气中甲烷浓度每增加 1%，可导致地球表面温度增加 2 ℃。而煤矿开采过程中甲烷的排放量就占从所有化石燃料中排放出的甲烷量的一半。可见煤层气的井下抽放或地面开发利用有着极大的环境意义。

我国是煤层气资源大国，煤层气资源量达 25 万亿～50 万亿 m^3。其中含量大于 4 m^3/t，埋深 2 000 m 以浅的资源量有 11.34 万亿 m^3，居世界第二位，为煤层气的开发利用奠定了雄厚的资源基础。

全球气候变化问题已经成为影响世界经济秩序、政治格局和国际关系的一个重要因素，以及决定世界能源前景的关键。全球气候变化与能源密切相关，在导致气候变化的各种温室气体中，CO_2 的贡献率占 50%以上，而人类活动排放的 CO_2 有 70%来自化石燃料的燃烧。近年来，CO_2 减排已经成为国际最热门的一个话题。除了开发新能源和实行节能技术来实现 CO_2 减排外，对已经生成的 CO_2 进行分离富集，通过有效合理的渠道进行封存处理或者加以利用也是一条重要途径。

第一节　煤层气的生成与赋存

一、煤层气的生成

煤层气是一种有机成因的天然气，是在长期的成煤过程中，由成煤物质（陆生植物）因生物作用和热作用发生一系列的微生物降解和物理化学变化而生成的以 CH_4 为主的煤系伴生气体。现今保留在煤层中的气体是经过运移和聚集的各种成因类别气体混合的产物，其成分和同位素组成既不同于常规油气，也不同于煤成气。煤层气按成因可分为生物成因气和热成因气两大类。

1. 生物成因气

生物成因气的形成过程包括一系列复杂的生物化学作用，这个过程的实质是通过微生物的作用，使复杂的不溶有机质在酶的作用下发酵变为可溶有机质，可溶有机质在产酸菌和产氢菌的作用下变为挥发性有机酸、H_2 和 CO_2，H_2 和 CO_2 在甲烷菌作用下最终生成 CH_4。

因此生物成因气实质上是微生物生成气，所以又称细菌气。

煤化作用早期阶段，即泥炭-褐煤阶段(R^{o}<0.5%)，是原生生物气的形成阶段。由于埋藏浅(<400 m)、温度低，热力作用尚不足以使有机质结构变化产生气体，因此，在此阶段，有机质成分与结构的变化主要通过各类微生物参与下的生物化学反应来实现。

在成煤早期阶段，有机质处在中位或高位沼泽，泥炭沼泽表层为氧化条件，喜氧细菌作用占优势，在其分解作用下，有机质开始腐烂，分解为水分和二氧化碳等物质。在这种环境中，即使有机质十分丰富，也难以保存，也就不可能形成具有工业意义的煤层。当有机质被上覆更多的植物碎屑沉积物不断埋深后，厌氧细菌作用占优势，形成还原或强还原环境，大量有机质被保存下来，形成泥炭层。此时，由于生物化学作用，也能生成一定量的 CH_4 气体，但由于上覆覆盖层较薄，不能够起到很好的封闭作用，CH_4 气体大部分逸出，难以聚集。国内目前尚没有发现在泥炭层中具有较高甲烷含量的实例。

到了褐煤的成煤阶段，煤层已经具备了适当的覆盖厚度和温度，煤中有机质在厌氧细菌的作用下分解成 CO_2 和脂肪酸(丁酸和乙酸)。甲烷菌通过辅酶(HS-COM)作用活化 CO_2 生成甲基，甲基加氢还原生成 CH_4。事实上，煤层气包含 CH_4、H_2O 和 CO_2 等，但以 CH_4 为主，重烃类物质很少。另外，醋酸甲醇和甲胺等发酵也可以生成 CH_4。

在现代泥炭沼泽环境中，通过 CO_2 还原或甲基发酵都可形成生物气，但根据气体化学成分和同位素组成分析，大部分古代的生物气是通过 CO_2 还原产生的。虽然近地表处新鲜沉积物可通过上述两条途径形成气体，但可能散失到大气中而难以保存，而深处的沉积物则主要通过 CO_2 还原形成生物气，其保存条件优于前者。

由上述可知，生物气的形成应满足两个条件：一是要有丰富的有机质提供产气的物质基础，二是要具备有利于甲烷菌繁殖的环境条件。研究表明，在厌氧环境、低温(通常在 50 ℃以下)、高 pH 值、丰富的有机质、适宜的孔隙空间和快速沉积等条件下，生物气会大量形成。但是，由于褐煤中具有吸附能力的孔隙多被水分子所占据，故煤层对甲烷的吸附性差。只有在煤层顶底板有厚层泥岩或致密的岩层(如油页岩)存在，并对煤层气起良好的封闭作用时，煤层中才有可能保存并储存一定数量的煤层气。加上由于煤化作用早期阶段埋藏浅，原生生物气在煤层中保存甚少，褐煤不是煤层气的主要勘探对象。

在成煤过程后期，地壳运动使煤层抬升。处于浅部煤层的温度等环境条件适宜微生物生存。这些微生物主要通过位于补给区的煤层露头由大气降水带入，在相对低温条件下(56 ℃)代谢湿气、正烷烃和其他有机化合物，生成 CH_4 和 CO_2。此阶段产生的生物气称为次生(后期)生物成因气。次生生物成因气在大量的赋煤盆地被揭示，可出现在次烟煤、低挥发分烟煤和较高煤级的煤层中，对煤层气勘探和生产具有重要意义。

2. 热成因气

成煤过程伴随着漫长的热化学反应过程，热化学反应的主要产物之一就是低分子烃类气体。从烃源岩的角度来看，可以将煤级演化阶段分为低成熟阶段(泥炭-褐煤，R^{o}<0.5%)、成熟阶段(长焰煤-瘦煤，0.5%<R^{o}<1.9%)和高成熟阶段(贫煤-无烟煤，R^{o}>1.9%)。在低成熟阶段，由于热力作用不强，主要形成生物成因气，而真正的热成因气形成于长焰煤-无烟煤阶段。

在煤的成熟阶段，煤有机质受热力作用，各种官能团和侧链分别按活化能的大小依次发生分解，转化为具有不同分子结构的烃类。这一阶段发生的化学反应，主要是官能团和侧链的裂解及其产生的大分子烃类(油、湿气)的裂解与聚合。由于成熟阶段煤有机质多经过热催化降解反应生成气体产物,有人称其为热解气。

在煤的高成熟阶段,由于有机质芳香结构上的大部分烷烃支链在成熟阶段已消耗,化学反应由以裂解为主转为芳香核之间的缩合为主,并由此产生大量 CH_4 气体。

据上所述,在整个煤的热演化过程中,各阶段都能形成 CH_4。虽然在长焰煤-肥煤阶段产生一定的液态烃,但后来随演化程度的增高,又裂解为以 CH_4 为主的气态烃。因此 CH_4 是煤化过程中最主要的烃类产物。

研究表明,所有类型的煤,在演化过程中均表现为 C 含量增加,而 H、O 含量减少。低煤级以 O 含量的减少为主,而高煤级 H 含量迅速降低。煤化过程中 C 含量增加的过程也就是富 H、O 物质的形成与排出过程。形成和排出的产物就是以 CH_4 为主的混合气体。这些混合气体以各种方式赋存于煤层和邻近岩层中,就成为煤层气。

煤的生烃能力是影响煤层气资源量的重要因素,CH_4 和其他烃类气体的生成能力可以用物质平衡法进行理论计算或者通过热(压)模拟试验获得。

虽然煤层气的成分都是以 CH_4 为主,但在不同成煤时期、不同煤层、不同埋深,甚至不同煤层气井之间,煤层气组分往往出现较大差异。煤层气成分组成的主要决定因素有:煤的显微组分,特别是富氢组分的丰度;储层压力,它直接影响煤体对气体的吸附能力;煤阶,表征煤的热成熟度;水文地质条件,通过输送细菌生成生物成因气而影响煤层气成分。我国不同煤田煤层气的组成见表 16-1。

表 16-1　中国主要产气层煤层气组分

气样种类	气样地点	层位	深度/m	气体成分/%				煤阶
				CH_4	$C_{2\sim5}$	CO_2	N_2	
抽放煤层气	辽宁铁法大隆	J3-K1	330	93.02		1.14	5.74	气煤
	黑龙江鹤岗南山	J3-K1	281	66.55		0.1	33.41	气煤
	内蒙古包头河滩沟	J1-2	261	79.45	4.75	0.1	15.63	焦煤
抽放煤层气	江苏苏州渡村	P2	514	97.65	0.34	1.4	0.75	气煤
	贵州水城王家寨	P2	150	95.66	0.45	8.89		配煤
	重庆天府	P1	780	89.12	8.75	0.64	1.5	焦煤
	河北开滦赵各庄	C3	965	92.45		5.64	1.9	无烟煤
	山西阳泉五矿	C2	482	82.06	0.01	0.79	17.05	无烟煤
	湖南资江矿	C1		82.08	0.2	1.08	16.84	无烟煤
解吸煤层气	辽宁阜新	J3-K1	650	91.52		1.6	5.88	长焰煤
	安徽淮南 CQ-2	P1	654	93.44	0.21	0.93	5.41	气煤
	陕西韩城	P1	861	90.86	—	6.96	2.18	无烟煤 3 号
	四川南阳	P12	863	90.47	3.06	1.53	4.49	焦煤
	河南焦作	P12	668	97.11	—	1.6	1.3	无烟煤
	山西晋城潘庄	C3		95.85	—	0.41	2.73	无烟煤 2 号

二、煤层气的地球化学特征

如前所述，煤化作用过程中生成的气体包括 CH_4、CO_2、湿气($C_2H_6C_3H_8$等)、N_2、H_2 和 H_2S 等，这些都是煤层气的组分。煤层气的成分及同位素组成变化很大，CH_4 一般是主要成分，其次为 CO_2 和其他烃类气体。烃类气体含量可用气体湿度表示，其变化范围可从 0 到 70.5%。

煤层气的湿度随着煤级或埋藏深度等的变化呈现出一定规律性。首先，其共同点是在低煤级和高煤级气体较干，而在中煤级气体较湿。从各国各时代煤层气的成分来看，浅部生产矿井的煤层气全为干气，而中深部矿井煤层气及热解试验气在中煤级变湿。

煤层气的地球化学特征首先受煤阶的影响，低阶煤阶段以生物成因气为主，主要成分为 CH_4。高阶煤阶段以热成因气为主，普遍含有重烃。煤的组成不仅影响煤层气的湿度，还影响煤层气的同位素特征。富氧干酪根(镜质组为主)生成的芳香结构经热解后生成的 CH_4 比富氢干酪根(壳质组和富氢镜质组)热解生成的 CH_4 同位素要重。在较浅的埋藏深度，晚期生物成因气的 CH_4 能够与前期形成的热成因气体混合或充填脱气煤层，需氧细菌活动可导致 CH_4 的氧化和消耗，厌氧细菌优先破坏大多数湿气组分等。这些因素都可以影响煤层气的成分，使煤层气变干变轻。煤层后期抬升为煤层气的强烈解吸与扩散创造了极为有利的条件。结构简单、分子小、质量轻的 CH_4 比结构较复杂、分子大且重的重烃气解吸容易、速度快。煤层发生强烈解吸-扩散而致贫或无重烃气的地带称为解吸带，其下的原生带中的轻同位素 CH_4 容易解吸并向解吸带移动，导致原生带煤气变干变轻。

三、煤层气的储层特性

如前所述，煤层是煤层气的源岩，煤在演化过程中生成了大量的气体。多数情况下，这些气体的一部分仍保存在煤层中。煤层中的孔隙和裂隙为煤层气的赋存提供了空间，也为其运移提供了通道，因此，煤层又是煤层气的储集层，有些情况下部分顶底板也可作为储集层的一部分。因此，煤层气是一种自生自储的非常规天然气。煤层作为煤层气的储层，其对煤层气的储存能力和煤层气在其间的运移性能是煤层气气藏形成和是否能够开发利用的重要影响因素。由于煤层和常规天然气的储层性质不同，煤层气和常规天然气的赋存状态也明显不同。

油气地质学把具有孔隙而能储存和渗滤流体的岩石称为储积岩，把由储积岩构成的地层称为储积层。一般来说，天然气储层需要具备孔隙性、渗透性、饱和性和毛细管性等属性。煤层是一种有机质高度富集的可燃有机岩，虽然它也是一种多孔介质，但其孔隙类型和发育状况与作为常规天然气储层的砂岩层有着明显的特征区别，这也决定了煤层气的储存和流动状态不同于常规天然气。因此，系统研究和认识煤中的孔隙和裂隙，对煤层气的勘探开发至关重要。

煤是一种双孔隙岩层，由基质孔隙和裂隙组成。煤中自然形成的天然裂缝称为裂隙，又叫割理，是煤化作用和构造应力影响的结果。裂隙往往成组出现，发育为大致相互垂直的两组。延伸较长的一组(平行于煤层层理面)称为面裂隙。连接面裂隙，大致与面裂隙直交的裂隙称为端割理。裂隙是煤中流体(水和气体)渗透的主要通道。裂隙将煤体分割为一系列形态各异的基质单元，称为基质块。基质块中存在的微小孔隙称为基质孔隙，是煤层气储存的主要场所。煤层气储积层几何模型如图 16-1 所示。

煤层中气体储存有三种可能状态：① 吸附在煤中孔隙内表面上；② 以游离状态分布在

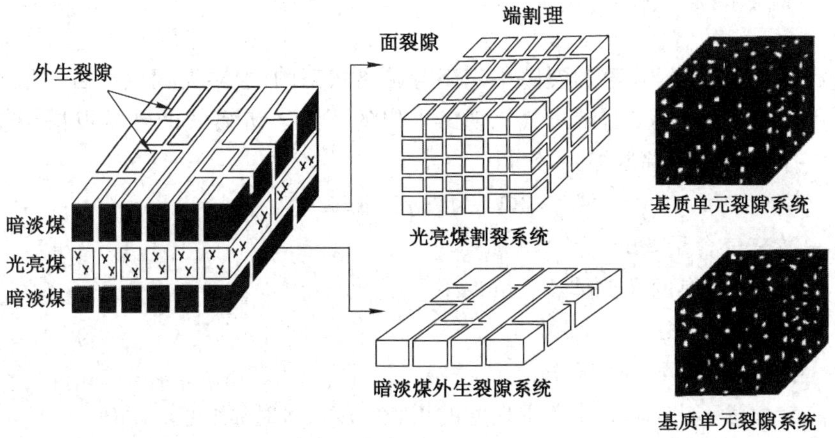

图 16-1　煤层气储积层几何模型

煤的孔隙,特别是煤的裂隙中;③ 溶解于穿过煤层而流动的地下水中。一般情况下,煤化作用过程中生成的气体首先满足吸附,然后才是溶解和游离析出。在一定条件下,这三种状态处于统一的动态平衡体系中。

1. 吸附

煤中气体 90%以上是以吸附状态赋存的。煤对气体的吸附属于物理吸附,即气体分子在接近煤中孔隙内表面时,受到煤分子的范德瓦耳斯力吸力而停留在孔隙内表面上,同时放出吸附热。当被吸附的气体分子吸收热量使得热运动动能足以克服吸附引力场的作用时,便可以解吸回到游离相。吸附和解析是一个可逆过程。

煤对气体的吸附能力受到压力、温度、煤的变质程度、煤岩组分、气体成分和煤中水分等因素影响。

压力:煤对甲烷的等温吸附符合朗缪尔方程。低压阶段吸附量随压力的升高而迅速增加,其后增加速度放慢,到一定压力后,吸附量几乎不再随压力的增加而变化。

温度:煤的吸附能力随温度升高而明显下降。研究表明,在 1 MPa 下,温度从 25 ℃上升到 50 ℃,吸附能力则降低 44%左右。因此,在研究煤储集能力时,应以地下储层的温度为前提进行等温吸附特性分析。

煤的变质程度:煤对甲烷的吸附能力随着煤阶的变化而呈规律性变动。褐煤到长焰煤阶段吸附量上升,长焰煤到焦煤阶段吸附量下降,焦煤到年轻无烟煤阶段又上升,其后则急剧下降直至零。

煤岩组分:煤岩组分对煤的吸附能力也有较大影响,研究表明,在低变质阶段(长焰煤—瘦煤),吸附能力大小排序为胞腔未被充填的结构丝质体＞镜质组＞无结构丝质体或胞腔被充填的结构丝质体＞树皮体。贫煤以高煤阶的镜质组吸附能力大于丝质组。

气体成分:煤对不同气体的吸附能力不同,对甲烷的吸附能力大于 N_2 而小于 CO_2。因此,在评价煤层储集能力时,必须考虑气体成分。

水分:煤的储气能力随水分的增加而降低,直到达到其临界水分含量。目前还没有理想的水分校正关系,在评价煤层的储气能力时,一定要在储层实际含水条件下进行等温吸附试验。

2. 游离气

在气饱和情况下，煤的孔隙和裂隙中充满着游离状态的气体，游离气符合一般气体状态方程。由于甲烷分子的热运动，游离气显现出一定的压力。游离气的含量取决于煤的孔隙体积、温度、气体压力和甲烷压缩系数等。

$$Q_y = \Phi \cdot p \cdot K$$

式中 Q_y——游离气含量，cm^3/g；

Φ——单位质量煤的孔隙体积，cm^3/g；

p——气体压力，MPa；

K——甲烷压缩系数，MPa^{-1}。

煤中游离气含量不大，对中等变质程度的煤，在5%～12%之间。

3. 溶解甲烷

尽管甲烷在水中的溶解度较低，但由于煤层常常作为含水层出现，当储层压力低到足以使甲烷从煤的孔隙表面解吸出来时，就会有大量甲烷随地下水的流动而从煤层迁移出去。

四、煤层气的运移

在自然原始状态下，煤层中的气体以承压状态存在，处于动态平衡，可看作静止非流动。当这种动态平衡受到人为活动(如采动、钻井、排水、钻孔抽放)而破坏时，就会引起气体运移。煤层中气体的运移由解吸、扩散和流动三个相互联系的过程组成(图16-2)。

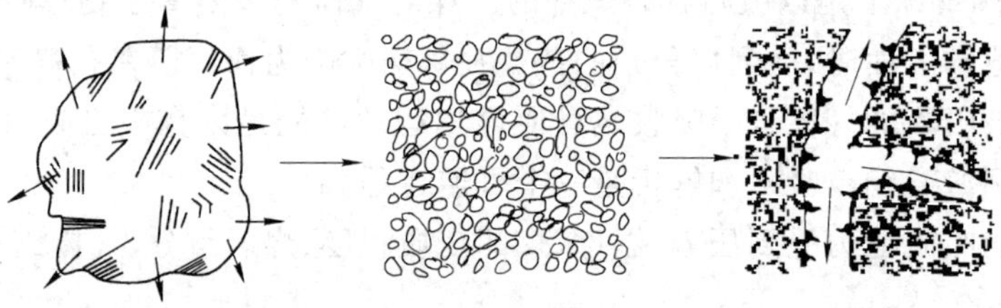

图16-2 煤中气体运移机制模型

1. 解吸

当储层中气体压力降到低于气体临界解吸压力以下时，气体分子开始从煤的基质孔隙内表面解吸并遵循等温吸附过程。解吸过程用吸附时间(总吸附量的62.3%释放出来所需的时间)来评价。

2. 扩散

气体在煤基质孔隙中的扩散有三种方式，即体积扩散(气体分子间相互作用)、克努森扩散(气体分子与孔壁之间的相互作用)和表面扩散(吸附的类液体状甲烷薄膜沿孔壁的移动)。当孔隙直径大于气体分子平均自由运动行程时，以体积扩散为主；当孔隙直径相对于气体分子平均自由运动行程较小时，以克努森扩散为主；表面扩散受气体分子与孔壁表面的特殊碰撞作用控制，影响不大。

3. 流动

气体在煤储层中的流动主要是指在中孔(100 nm以上)孔隙和裂隙中的渗透，有层流和紊流两种形式。由于煤层内孔隙和裂隙形态非常复杂，具有明显的不均匀性。为了简化分析和计算，一般认为属于层流渗透并且符合达西(Darcy)定律。

$$V=\frac{K}{\mu}\cdot\frac{\partial p}{\partial L}$$

式中　K——煤层渗透率，m^2；

μ——流体绝对黏度，甲烷 $\mu=1.08\times10^{-3}$ Pa・s；

p/L——流体的压力梯度，Pa/m。

五、煤层气藏的形成

煤层气含量只有达到一定程度时才可以称为气藏。既然煤层气是一种自生自储的非常规天然气，煤的生气能力和储气性能都直接影响到气藏的形成。影响最大的有煤层厚度、变质程度、埋藏深度、地质构造。

1. 煤层厚度

煤层厚度是煤层气生成和储存的基础条件。很明显，煤层越厚，越有利于气藏的形成。谈论煤层厚度对气藏的影响，关键是给定形成气藏的最小煤层厚度。但是由于煤种、煤质、孔隙结构和构造等多种复杂因素影响，很难给出一个统一的煤层厚度下限，只能根据不同煤田情况具体对待。

2. 变质程度

变质程度低的褐煤，只生成少量的生物成因气，热成因气刚刚开始出现，因此，气体含量本来就不高。加上由于围岩固结程度差，透气性好，气体大部分逸出，很难形成气藏。变质程度过高的烟煤，孔隙率很低，而且基本上丧失了对甲烷的吸附能力，也难以形成气藏。因此，一般来讲，只有烟煤和低变质程度的无烟煤才有可能形成有价值的气藏。

3. 埋藏深度

煤层中的原生气体通过渗透和扩散的方式由地下向地表运移，而地表和土壤中的空气以及生物化学作用生成的气体通过渗透、扩散和地下水运载等方式向地下运移并和向上运移的煤气进行交换。两种气体运移的结果形成煤层中气体组分由浅到深的规律性变化，即煤层气的垂向分带，如图 16-3 所示。另外，煤层孔隙的绝对渗透率随有效应力的增加而减小。有效应力是指垂直应力和储层孔隙压力之差。垂直应力来自上覆岩层的重力，而孔隙压力等于净水柱压力。可见，埋深越大，有效应力值越大，裂隙系统的绝对渗透率就越小，影响气井的产量。

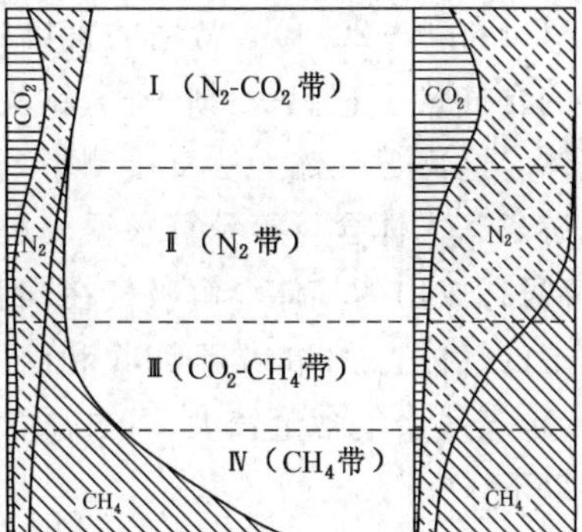

图 16-3　煤层气组分的垂向分带

煤层气在煤层中的赋存以吸附为主，气藏压力较低，因此，不像以游离状态赋存的常规天然气那样对盖层有苛刻的要求。但是，煤层顶底板岩层的封闭性对气藏的形成也有重要作用。我国煤田主要上覆岩层有油页岩、泥岩、沙泥岩互层、石灰岩和砂岩等。油页岩和泥岩往往具有良好的封闭性，不易造成煤层气逸散。沙泥岩互层由多韵律的砂岩和泥岩互层组成，常出现于陆相冲积平原和稳定的湖沼相沉积，封闭能力不如油页岩和泥岩。石灰岩本身孔隙率和渗透率都较低，具有较好的封闭性能。但是受构造影响的石灰岩，其裂隙和岩溶发育，封闭能力大大降低。一般来讲，砂岩的封闭能力很差，往往与煤层一起构成含气层。

4. 地质构造

地质构造对气藏的形成和保持也有明显的影响。主要影响因素有地壳抬升和剥蚀、褶皱和断层。

地壳抬升幅度的大小和风化剥蚀程度的高低直接影响气藏的形成。如江西丰城煤田B4煤层，沉积后地壳一直保持沉降，达到焦-瘦煤阶段。但是由于后来的燕山运动，受到强烈抬升剥蚀，形成曲江向斜。进入喜山期，地壳又复下沉，形成第三纪内陆盆地。由于燕山期的抬升剥蚀和向斜两翼出露地表，形成古、今煤层气风化带。只有在古煤层气风化带以下的深部才形成气藏。

当聚煤盆地或矿区为一向斜构造时，在同一水平上，煤层气含量在褶皱转折处减少。同时，向斜轴部埋深最大处的含气量会低于埋深较浅的翼部。这是因为轴部应力集中，岩层变形最大，生成较多的张力裂隙和轴面节理，为煤层气逸散提供了良好通道。

断层对煤层气藏的形成也有较大影响。断层的影响有两个方面：一是促进煤层气沿断裂面向地表运移，强化脱气过程，能够降低附近煤层含气性，成为排气断层。二是致密底层组织的断层阻碍煤中气体的运移，提高煤层及附近地层的含气性，成为遮挡断层。一般来讲，规模较大的张性断层多属于排气断层，积压形成的逆断层多为遮挡断层。

六、煤层气资源评价

1. 煤的含气量

测定煤的含气量是计算煤层气资源量的基础，目前为止还没有公认的测定标准。多数国家采用美国矿业局的方法。我国目前采用的是《煤层气含量测定方法》(GB/T 19559—2021)。常用的直接测试法将煤中气体含量分为3部分，分别测量后加和即得煤的含气量。它们是：损失气，钻头遇煤层到煤样装入样品罐密封好为止煤中解吸释放出的气体。这部分气体无法直接测得，可根据煤的物理特性、煤样暴露时间、钻液特性、水饱和度和游离态气体含量等计算求得。解吸气，在正常大气压和储层温度下，将煤样放入样品罐后，解吸释放出的气体。解吸气在实验室直接测得。残余气，煤样经充分解吸后仍然留在微孔隙中的气体，是不能得到回收利用的。残余气可以将煤样充分破碎后解析测得。一般来讲，低阶煤残余气含量较大，可占总含气量的40%～50%。中高阶煤残余气量较少，一般在10%以下。

2. 吸附时间

吸附时间是表征气体从煤基质中解吸快慢的定量指标，可近似地作为表征煤层气从煤层中扩散快慢的指标。吸附时间对气井早期的产量影响较大。吸附时间定义为煤中总吸附气量(包括残余气)的63.2%被解吸出来需要的时间。

吸附时间的测定和用解吸法测定煤层气含量的步骤和装置完全一样。即用解吸法测得总含气量后乘以63.2%和煤样总质量后得到总气量63.2%的体积。然后根据采样记录和煤样解吸记录用图解法或计算法得到吸附时间。

3. 渗透率

煤中的裂隙在一定压差下允许流体通过的性质称为渗透性。渗透性的大小用渗透率来表示。渗透率定义为一定黏度的流体，在单位压差下，通过单位面积和长度的裂隙体时的流量。可以用达西公式表示：

$$K=\frac{Q \cdot \mu \cdot L}{A \cdot (p_2 - p_1)}$$

即黏度为 1 mPa·s 的流体，在一个大气压差下通过截面积为 1 cm^2、长为 1 cm 的岩芯时，如果流量为 1 cm^3/s 时，岩芯的渗透率为 1 达西(D)。常用的渗透率单位为 10^{-3} μm^2 或毫达西(mD)，1 mD=0.987×10^{-3} μm^2。

对非裂隙性岩石，通过岩芯的实验室测定即可获得其渗透率。但是对于双孔隙结构的煤层，裂隙是渗透系统的主要组成，无法通过实验室测定，只有通过试井来确定。试井技术是指记录井下和地面的压力随流量和时间的变化，将使测得的压力-流量响应和储层数学模型的计算响应拟合比较，得到准确的实际储层渗透性参数。

除渗透率外，煤层气抽放最常用的指标是煤层透气性系数 λ。煤层透气性系数越大，煤层气在煤层中流动越容易。我国采用的煤层透气性系数的单位是 $m^2/(MPa \cdot d)$，其物理含义是在 1 m 长的煤体上，压力平方差为 1 MPa 时，通过 1 m^2 的煤层断面，每日流过的煤层气体积，1 $m^2/(MPa \cdot d)$=0.025 mD。

煤层透气性系数可以直接测定，我国常用的直接测定法有中国矿业大学法和克氏法。

4. 煤储层压力和煤层气压力

煤储层压力是指作用在煤岩孔隙-裂隙空间的内流体(包括气体和水)上的压力。煤储层压力与煤层含气性密切相关，它与吸附性之间的相互关系直接影响采气过程中排水降压的难易程度。煤储层压力一般通过试井分析测得，即利用外推方法求得原始地层条件下相对平衡状态的初始压力。煤储层压力受到上覆岩层压力、静水柱压力和构造应力的作用。

煤层气压力是指煤层孔隙中所含游离气体呈现的压力，即气体作用于孔隙壁的压力。煤层气压力是决定煤层气体含量的一个主要因素，不论是煤中的游离气体量，还是吸附气体量，皆与煤层气压力密切相关。当煤的孔隙率相同时，游离煤层气量与煤层气压力成正比，当煤的吸附能力相同时，煤层气压力越高，煤的吸附气体量越大。用间接法预测煤层气体含量时，必须知道煤层气压力。在煤与煤层气突出发生、发展过程中，煤层气压力起着重大的作用，是突出预测的主要指标之一。煤层气运移的总趋势是气体由地层深部向地表逸散，这一规律决定了煤层气压力和含量随深度增加而增大。同一深度不同矿区和煤层的煤层气压力有很大的差别。根据各煤矿煤层气压力随深度变化的实测数据，煤层气压力梯度为 0.007～0.012 MPa/m，而瓦斯风化带深度则在几十米至数百米之间变化。

测定煤层气压力时，通常是从围岩巷道(石门或围岩钻场)向煤层打孔径为 50～75 mm 的钻孔，孔中放测压管，将钻孔密封后，用压力表直接测定。为了测到原始煤层气压力，测压地点的煤层应为未受采动影响的原始煤体，打孔地点岩石应较致密且岩柱长度不小于 5 m。

第二节　煤层气的利用

一、煤层气作为民用和工业燃料

煤层气以甲烷为主要可燃成分，是良好的民用燃料。浓度为 40%的煤层气的低热值达到 14.65 MJ/m^3。井下抽放煤层气(30%～50%)作为矿区和附近地区居民日用燃料，不需要加压输送和提纯浓缩，是一个重要且具有巨大市场容量的利用途径。地面抽采煤层气浓度 95%以上，完全可以与天然气混输。

工业用煤层气作为燃料主要是烧锅炉。煤层气还可以代替煤炭天然气和重油作为工业窑炉燃料。

二、煤层气作为化工原料

1. 生产炭黑

炭黑是煤层气在高温下燃烧和热分解反应的产物。它是橡胶、涂料等的添加剂。煤层气浓度为 40%～90%时均可用于生产炭黑，且煤层气的浓度越高，炭黑的产率越高、质量也就越好。经验证明，1 m^3纯煤层气能生产炭黑 0.12～0.15 kg。我国曾用炉法、槽法和混气法生产炭黑，其中炉法最为普遍。

2. 生产化工产品

甲醛广泛用于合成树脂、纤维以及医药等部门。用煤层气（CH_4）制取甲醛有一步法和二步法两种。前者是将煤层气直接氧化成甲醛，后者是先将煤层气制成甲醇，然后再氧化成甲醛。甲醛是甲烷氧化过程的中间产物，很不稳定，若超过反应时间（0.15 s）就会生成 CO 和 CO_2。因此，控制反应条件极为重要。

3. 煤层气制氢

氢气是重要的工业气体，广泛应用于石油化工、冶金、电子、食品、机械、轻工、能源等行业。石油化工中的加氢、煤直接液化制油、氢燃料电池等都大量应用氢气。制氢的主要原料有天然气、煤、轻油以及各种含氢混合气，也可由水电解制得。由于煤层气中的甲烷是一种优良的制氢原料，可将煤层气转化为氢气产品，即利用煤层气中的氧与甲烷的燃烧反应热，使甲烷与水蒸气发生转化反应，得到含氢、一氧化碳、二氧化碳和氮（煤层气中原有的）的混合气，然后通过变压吸附法一次除去所有杂质而得到纯氢。

三、煤层气发电

煤层气发电是一项多效益型煤层气利用项目。它能有效地将矿区采出的煤层气变为电能，并方便地输送到各地。不同型号的煤层气发电设备可以利用不同浓度的煤层气。井下抽放的煤层气，无须提纯或浓缩就可直接作为发电厂的燃料。这对降低发电成本、就地利用矿井煤层气是非常重要的。尤其是利用 6%～25%之间的低浓度井下抽采煤层气发电的关键技术——低浓度煤层气安全输送技术和低浓度煤层气发电机组技术近年来获得突破后，煤层气坑口发电得到了快速发展。

煤层气发电可以使用直接燃用煤层气的往复式发动机、燃气轮机，也可用煤层气作为锅炉燃料，利用蒸汽透平发电。新的发展趋势是建立联合循环系统，有效地利用发电余热。

四、煤层气作为发动机燃料

1. CNG 技术

通过变压吸附技术，将井下抽放煤层气高度浓缩后，经加压后制成压缩煤层气（CNG）作为汽车燃料在 20 世纪 50 年代就已经提出。近年来，晋城大力发展 CNG 技术，不仅在本市大力推广，还将 CNG 输送到郑州、安阳、焦作、石家庄、太原、长治、洛阳等十多个城市用作出租车燃料，已经形成了初具规模的 CNG 生产、供应和利用系统。

2. 中等浓度煤层气代汽油技术

四川芙蓉集团实业有限责任公司研究了用中等浓度（35%～40%）煤层气做汽车燃料的可行性，认为其压力、功率都与使用汽油相同，并对进入气缸燃烧的煤层气浓度与汽油机功率的关系进行了实验研究，发现即使用高浓度煤层气，在其进入气缸前也必须稀释到 9%左右，才能获得最佳的功率、压力和温度，才能达到完全燃烧，获得最大出力。据此，他们改造了汽油机的化油器，直接将 35%～40%的煤层气送入化油器，与空气混合后进入汽缸内燃烧。该公司对公共汽车实施煤层气代汽油的改造，年利用煤层气 549 万 m^3，可节约燃料费近 15 万元。

3. 煤层气液化技术(LNG)

从运输、储存和使用角度考虑，将煤层气变为液态燃料无疑是极具诱惑力的。低温液化后的煤层气体积缩小 625 倍，且经简单的气化装置就可重新变成气态使用。一台 35 m^3 的标准液化气槽车可运输 21 000 m^3 煤层气，相当于 8 个标准气井的全部日产量。

煤层气液化克服了长途铺设管线耗资大、覆盖地区有限且不具备储存和调峰能力的缺点，液化生产过程中释放出的冷量可回收利用。例如可将煤层气气化时产生的冷量用作冷藏、冷冻、低温粉碎等。

第三节　二氧化碳的分离与富集

一、温室气体和 CO_2

1. 温室效应与气候变化

地球在接受太阳的短波辐射而升温的同时也时时刻刻向外辐射电磁波而冷却。按照地球获得的太阳热量和它向宇宙放出的热量相等来计算，地表平均温度应在－18 ℃。但是，由于地球周围存在大气层，大气层对太阳的短波辐射几乎完全不吸收而吸收地球向外的大部分长波辐射。当大气层吸收地球的长波辐射后，其中的一部分以更长的波长向上和向下辐射。其中向下的辐射被称为逆辐射。地球因接受大气的逆辐射而升温，这使地表平均温度在目前约为 15 ℃。大气中具有前述温室作用的气体主要有 CO_2、CH_4、臭氧、N_2O、氟利昂和水汽等，它们被称为温室气体。其中，CO_2 对温室效应的贡献最大，约占 60%。

对 CO_2 造成的地球温暖化的影响还不完全清楚，存在各种不同看法，但其不良影响近年来已显端倪。如果等问题发展到我们人类可以明显感知的水平，形势往往就难以扭转。因此，人类从现在起就应该引起高度重视，采取对策，保护好我们赖以生存的环境。

为了保护人类共同的家园——地球，1992 年里约热内卢世界环境与发展大会上，各国领导人共同签订了《联合国气候变化框架公约》，要求发达国家到 2000 年将 CO_2 排放量降低到 1990 年的水平，并向发展中国家提供技术和资金以帮助他们减少 CO_2 排放量。但是由于 CO_2 减排直接影响发达国家的经济利益，《联合国气候变化框架公约》提出的要求根本难以实现。在 1997 年 12 月联合国气候变化框架公约缔结方第 3 次大会上，经过激烈的谈判和斗争，最终就温室气体减排达成一致，通过了《京都议定书》。《京都议定书》规定所有发达国家应在 2010 年把 6 种温室气体(CO_2、N_2O、CH_4 和 3 种氯氟烃)的排放量比 1990 年的水平减少 5.2%。考虑到温室效应的全球性，鼓励发展中国家积极参与温室气体的减排和使发达国家的减排目标易于实现，《京都议定书》还规定了温室气体减排权的贸易原则，即发达国家可以通过技术和资金支援帮助没有减排义务的发展中国家减少温室气体的排放，减排量可以计入发达国家支援方的减排任务。

2015 年 12 月 12 日，《联合国气候变化框架公约》近 178 个缔约方在巴黎气候变化大会上达成《巴黎协定》。这是继《京都议定书》后第二份有法律约束力的气候协议，为2020年后全球应对气候变化行动做出了安排。《巴黎协定》的长期目标是将全球平均气温较前工业化时期上升幅度控制在2摄氏度以内，并努力将温度上升幅度限制在1.5摄氏度以内。欧美等发达国家继续率先减排并开展绝对量化减排，为发展中国家提供资金支持；中印等发展中国家应该根据自身情况提高减排目标，逐步实现绝对减排或者限排目标；最不发达国家和小岛屿发展中国家可编制和通报反映他们特殊情况的关于温室气体排放发展的战略、计划和行动。中国将提高国家自主贡献力度，采取更加有力的政策和措施，二氧化碳排放力争于2030年前达到峰值，努力争取2060年前实现碳中和。第二大排放国美国已重新加入《巴黎协定》，并承诺到2030年将温室气体排放总量降至2005年水平的50%～52%，同时目标是到2035年实现100%无碳电力，到2050年实现全经济净零排放。

2. CO_2的性质和排放

大气中CO_2来源主要是含碳物质的燃烧和动物的新陈代谢，其中化石燃料燃烧产生的CO_2约占人类活动排放CO_2的75%。自1751年以来，世界已经排放了超过1.5万亿t的CO_2，据全球碳排放量组织发布称，2020年全人类向大气层中排放了375亿t左右的二氧化碳。

人类活动产生的CO_2约有13.5%被生物圈和其他过程吸收，30%左右被海洋吸收，56.5%左右存留于大气。20世纪以来森林过度砍伐，特别是热带雨林的急剧减少，生物圈对CO_2的固留能力不断降低，海洋对CO_2的吸收能力也有可能逐渐趋于饱和。今后产生的CO_2将更多地存留于大气之中，加剧了地球温暖化的进程。

3. 地球温暖化的对策

应对地球变暖的策略主要有以下三个方面。

(1) 削减CO_2的排放量

CO_2最重要的人为排放源是碳质燃料的燃烧。减少碳质燃料燃烧排放CO_2可以从多方面入手，如改善能源结构，寻找碳质燃料的替代能源，大力发展太阳能、水能、风能、核能和氢能等洁净能源；采用先进的燃烧技术，提高碳质燃料燃烧效率，减少单位能量生产的CO_2排出量；大力开展节能技术的研究和推广，降低能耗，间接降低CO_2排放量。但以上方案的推广不仅受到技术发展水平的限制，还受到经济发展等社会因素的限制，因此在未来相当长的一个历史时期内，依靠技术水平提高能源效率还有很长的一段路要走。而除核能之外，其他能源在未来几十年内尚无法大量替代化石燃料。

(2) 减少大气中的CO_2

对已经产生的CO_2，采取一定的措施，使之尽可能不在大气中存留。最有效的途径是停止对森林的乱砍滥伐，广泛植树造林，加强绿化，利用陆地生态系统吸收CO_2，即增加碳汇。但是这种途径也有一定的限制，据预测表明，陆地生态系统吸收CO_2能力将在21世纪接近于它的上限，即达到饱和状态。

将人类活动产生的CO_2分离收集后存储（地层存储、海洋存储和海底存储等）或者加以利用是今后的发展方向。

(3) 适应

这是无论如何必须考虑的问题，因为不管我们采取什么方法，都很难彻底快速地解决CO_2排放的问题，今后地球变暖将是一个不可扭转的趋势。人类必须对此有足够的准备，有计划地改变我们的生活方式和生产方式，及时准确预测气候变化的特征，采取适当的措施适应全球气候的逐渐变暖以及它所带来的各种影响。

采用各种洁净煤技术是削减化石燃料燃烧排放CO_2的重要措施，其内容已在本书其他章节做了详尽的介绍和论述。本章主要介绍如何使已经产生的CO_2减少在大气中的滞留，即CO_2的存储和利用。

二、CO_2的分离和富集

化石燃料燃烧的CO_2排放源主要有以大型火力发电厂和各种工业窑炉及锅炉为代表的集中排放源和以车辆、船只等为代表的分散排放源。从目前来看，对集中排放源的CO_2进行回收、利用和存储在技术经济上较为可行。由于燃烧技术和工艺的原因，CO_2都是作为各种工业窑炉和锅炉废气的一部分排出。不论是CO_2的利用还是存储，都要求首先从燃烧废气中将CO_2分离和富集出来。

CO_2的分离技术一般分为从工业气体中分离处理和从大气中分离固定两方面。近年来从工业气体中分离尤其是从化工和化石燃料的燃烧排放气中脱除CO_2的研究受到关注并得到较快的发展。CO_2的分离方法的分类尚不统一，有各种各样的分类方法。从分离机理分有吸收法、吸附法、气体分离法和生物法。在实际应用中通常将各种分离方法联合使用，实践证明这会收到更好的分离效果。

1. 吸收法

(1) 物理吸收法

物理吸收法是基于混合气体中各组分分子与吸附剂表面上的活性点之间的引力差异来实现的。由于CO_2本身的分子空间结构、分子极性等固有性质，某些吸附剂对混合气体中CO_2组分的吸收能力均比其他组分强。利用这种吸收剂对CO_2具有选择性吸附的性质采用物理吸收法对CO_2进行分离，吸收后的CO_2还需要从溶剂解吸出来并富集，同时吸收剂再生循环使用。常用的吸收剂有水、甲醇和聚酯类等。目前工业应用的主要有以下几种工艺。

Fluor 法：该法以碳酸丙烯酯(PC)为吸收溶剂，适合吸收天然气、合成氨工艺气和粗氢气中的CO_2和H_2S。碳酸丙烯酯稳定性好，长期使用对吸收率影响不大，吸收CO_2和H_2S后不具腐蚀性，可以使用普通碳钢设备。另外，该溶剂生产容易，价格低廉且对人体无害，比较安全。但该工艺要求CO_2分压在3.5 atm以上，且分离程度不高。

Purisol 法：以*N*-甲基-2 吡咯烷酮(NMP)为吸收溶剂。由于NMP沸点高，对CO_2和H_2S吸收能力强。可使处理后气体的CO_2含量降至0.1%以下，H_2S含量降至百万分之几以下。

Rectisol 法：以甲醇为吸收溶剂，在$-26\sim60$ ℃低温和21.06×10^5 Pa压力下吸收CO_2和H_2S，主要用于合成气的净化。以甲醇为吸收溶剂比以水为吸收溶剂的能耗低得多。但由于甲醇即使在低温下也有较高的蒸汽压，因此溶剂损失大，CO_2去除率较低。

Selexol 法：以聚乙烯乙二醇二甲酯(DEPG)为吸收剂，沸点高，蒸汽压低，性质稳定。溶剂再生可用真空闪蒸、惰性气体洗提和加热等方法。工艺流程如图16-4所示。

Sepasolv 法：使用聚乙二醇和二烃基醚的混合物为吸收溶剂，和Selexol法一样，具有高沸点、低蒸汽压的特点。

此外可以作为CO_2吸收剂的还有混合型的吗啉衍生物和磷酸三丁酯等。

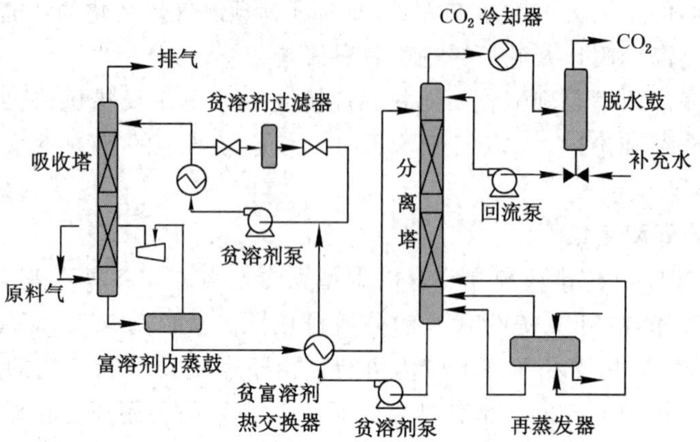

图 16-4 Selexol 法工艺流程示意图

物理吸收法在低温高压条件下进行，吸收能力大，吸收剂用量小且再生时不需要加热。溶剂不起泡，对设备没有腐蚀性。但物理吸收法只适合于 CO_2 分压较高的场合，且分离程度不高。

（2）化学吸收法

化学吸收法是通过 CO_2 与吸收溶剂发生化学反应来分离 CO_2 的并借助其逆反应实现溶剂的再生。化学吸收法适合 CO_2 分压低的场合，分离程度高，是最有效的 CO_2 分离法。该法的缺点是溶剂再生能耗高，吸收过程中发生化学反应对设备和管道易造成腐蚀。由于 CO_2 是酸性气体，所以一般使用碱性吸收剂。

碳酸钾法：将混合气通过碳酸钾水溶液时，CO_2 和碳酸钾发生以下反应：

$$CO_2+K_2CO_3+H_2O \longrightarrow 2KHCO_3$$

将吸收了 CO_2 的 K_2CO_3 水溶液加热到 $KHCO_3$ 分解温度，即可发生上述反应的逆反应，放出 CO_2，K_2CO_3 再生。碳酸钾法反应速率较慢，后来发展为通过升高温度和加压提高反应速度，在同一温度下降压再生的工艺。此后，为了解决高温下腐蚀加剧和反应速度仍然较慢等问题，发展了添加活性剂的活化热碳酸钾法。常用的活化剂有无机（砷酸盐、硼酸盐和磷酸盐）和有机（有机胺和醛、酮类化合物）两种。碳酸钾法适合从合成氨工艺气、天然气和粗氢气中分离回收 CO_2，在我国广泛采用活化碳酸钾法分离和回收工业窑炉废气中的 CO_2。热碳酸钾法回收 CO_2 工艺流程如图 16-5 所示。

Solfinol 法：该法由荷兰皇家壳牌石油公司首创，使用环丁砜（C_4H_9SO）和乙二醇（DEA）或二乙丙醇胺（DIPA）的混合水溶液为吸收溶剂，广泛用于天然气、炼油厂气和各种合成气的处理。严格来讲，Solfinol 法不是单纯的化学吸收法，而应该是物理-化学吸收法。因为低压条件下以 CO_2 和有机胺的化学反应为主，而随着压力升高，CO_2 在溶液中的溶解度增加，加大溶液吸收能力。Solfinol 法适合处理高压气体和酸性组分含量高的气体，解吸时蒸汽消耗量小。该法的问题是吸收过程中溶剂会发生降解而损失，另外，由于制造环丁砜需用丁二烯为原料，溶剂价格较贵。

醇胺法：醇胺用于天然气脱硫已经有几十年的历史。近年来以醇胺为 CO_2 吸收溶剂的研究受到关注并进展很快，有望成为从化石燃料电厂烟道气分离回收 CO_2 的有效方法。

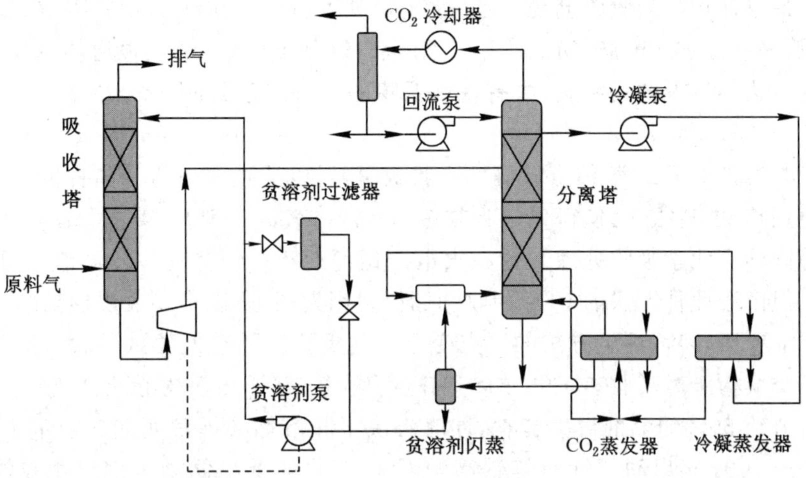

图 16-5　热碳酸钾法回收 CO_2 工艺流程

醇胺与 CO_2 在溶液中的反应极其复杂，至今尚未弄清。有人提出 MEA 与 CO_2 可发生以下反应：

$$2RNH_2+CO_2+H_2O \longrightarrow (RNH_3)_2CO_3$$

$$(RNH_3)_2CO_3+CO_2+H_2O \longrightarrow 2RNH_3HCO_3$$

$$2RNH_2+CO_2 \longrightarrow RNHCOONH_3R$$

一般认为，醇胺含有的羟基可使其化合物的蒸汽压降低和水溶性增加，而胺基的存在则使其在水溶液中显示碱性，可与酸性气体反应。醇胺与 CO_2 反应的能力取决于其碱性，而其碱性主要受与胺基结合的取代基的空间位阻作用。工业上常用的几种醇胺的碱性强弱规律如下：MEA＞DEA＞DIPA＞MDEA＞TEA。MEA 法工艺流程如图 16-6 所示。

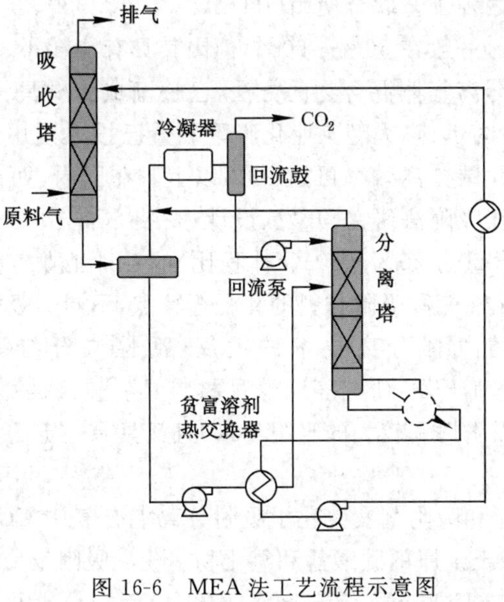

图 16-6　MEA 法工艺流程示意图

工业上最早使用的吸收溶剂是三乙醇胺(TEA),但由于其对 CO_2 的吸收效率较低和稳定性较差,后来逐渐被乙醇胺(MEA)和二乙醇胺(DEA)代替。新近报道的吸收溶剂还有以缩硫醇作为氧化控制剂的烷醇胺、含有烷基哌嗪的甲基二乙醇胺、聚乙二醇二甲醚、正丙醇胺等。

化学吸收溶剂对 CO_2 气体有较好的吸收效果,可以达到很高的分离程度。但由于溶剂再生时需要加热,能耗很大,使得化学吸收法运行成本较高。现在,美国、日本、印度、巴西和澳大利亚等国均有化学吸收处理装置在火电厂做商业运行而且均以乙醇胺(MEA)水溶液为吸收剂。但由于此种方法的 CO_2 回收和储存费用太高,所以难以大规模推广。

由于以上原因,溶剂再生方法的研究变得日益重要。如有人尝试用含有氨基官能团的弱碱性离子交换树脂对吸收有 CO_2 的溶剂进行再生,离子交换树脂再用 50 ℃热水再生。这种方法可节约 50%的溶剂再生能耗,同时解决了胺溶剂易挥发而造成溶剂损失的问题。日本 RITE 于 2004 年启动了针对炼铁高炉 CO_2 回收的低温低热溶剂再生技术的开发工作,计划用 5 年时间开发出能够利用低品位工业废热进行再生的吸收溶剂,其目标是将现有容积吸收法的分离成本降低 50%左右。

2. 吸附法

(1) 物理吸附法

物理吸附法是利用各种吸附剂对混合气体中的 CO_2 进行选择性吸附的方法。利用吸附量随压力/温度的变化而变化的特征进行吸附剂再生。常用的吸附剂有沸石、活性炭和碳分子筛等。

按照吸附和脱吸附操作所依赖的参数,物理吸附法有变压吸附(PSA)和变温吸附(TSA)。变压吸附法是加压吸附过程和减压脱附过程,变温吸附法是低温吸附过程和高温脱附过程。日本新日铁公司采用变压吸附法处理 CO_2 浓度为 28%~34%的钢厂转炉气,处理量 16 000~20 000 m^3/h,产气量 3 000~3 900 m^3/h,产品气 CO_2 浓度达 99.99%。此外,根据具体情况,也可以将两种工艺联合使用(PTSA)。

变压吸附法回收率低,一般在 50%~60%,但因其具有能耗小、无腐蚀、操作简单、易自动化等特点,是一种高效分离气体混合物的方法,已逐渐成为颇具竞争力的 CO_2 分离回收技术。变压吸附法发展较为迅速,大型工业化吸附装置已投入使用,在化肥、石化等工业中的应用极其广泛,其二氧化碳分离效率可达 99%以上。在国内,西南化工研究设计院有限公司技术力量雄厚,在变压吸附法研究、开发、设计、安装方面,处于领先地位。物理吸附法较适用的气源应为 CO_2 含量为 20%~80%(体积比)的各种工业气体,如石灰窑气、甲醇裂解气等。由于 CO_2 的物化性能和吸附材料的孔径等特点,不同的吸附材料对 CO_2 的吸附效果也不同。近年来,随着气体分离技术的发展,活性炭纤维基复合碳分子筛材料(ACFCMS)也得到了研究和开发,研究表明这种材料具有较高的微孔容积,对混合气体中的 CO_2 具有一定的选择吸附性和较大的吸附容量,且又具有一定的导电能力。

(2) 化学吸附法

化学吸附法利用 CO_2 和吸附剂发生化学吸附分离混合气中 CO_2 的方法。目前常见的吸附剂主要是碱金属和碱土金属的碳酸盐和氧化物。化学吸附反应如下:

$$X_2CO_3 + CO_2 + H_2O \longrightarrow 2XHCO_3 (X=Li, Na, K, etc)$$

$$XO + CO_2 \longrightarrow XCO_3 (X=Mg, Ca, etc)$$

3. 气体分离法

(1) 低温分离法

CO_2 在常温常压下以气态形式存在，其临界压力为 7.43 MPa，临界温度为 31.1 ℃。因此，只要将其压力增加到 7.43 MPa，温度低于 31.1 ℃，就可使 CO_2 变为液态，从而得到有效的分离。对于 CO_2 含量较高的混合气体采用此法较为经济合理，可直接采用压缩、冷凝、提纯的工艺而获得液体 CO_2 产品。对 CO_2 含量较低的混合气须经多次压缩和冷却后，以引起 CO_2 的相变，达到使 CO_2 浓缩并从烟气等混合气体中分离出去的目的。

低温分离包括直接蒸馏、双塔蒸馏、加添加剂和控制冻结等。用直接蒸馏有在蒸馏塔内形成 CO_2 固体的缺点。低温蒸馏法主要用于分离回收油田伴生气中的二氧化碳，比较典型的工艺是美国 KochProcess(KPS)公司的 Ryan Holmes 三床和四床工艺。美国 DavyMckee 公司设计了 N_2/CO_2 低温蒸馏分离方法，结合物理吸收可使 90%以上的 CO_2 被回收，其纯度达 97%。此法虽工艺较为合理，具有较好的分离效果，但设备投资大、成本高、工艺复杂，限制了其用于化石燃料燃烧排放气中 CO_2 的分离回收，目前此项工艺还是较适用于其他工艺的后期处理，以制备高纯度的 CO_2。

(2) 膜分离法

膜分离是目前发展迅猛的相分离技术。气体膜分离过程是一种以压力为驱动力的分离过程。在膜两侧混合气体各组分压差的驱动下出现气体渗透。由于各组分渗透的速率不同，从而实现混合气体各组分之间的分离。用于 CO_2 气体分离的膜主要有有机膜和无机膜。以往使用的 CO_2 气体分离膜多为有机膜，如乙酸纤维素膜、聚砜膜、聚醚砜膜、聚酰胺(PI)膜等。有机膜适用于从天然气和石油开采中去除 CO_2。但膜本身或膜组件的其他材料耐热性能差，使用温度低，操作温度上限 150 ℃。另外，有机膜虽然分离系数高，但气体透过量低。无机膜具有耐热、耐酸、耐烃类腐蚀的性能，气体渗透率比有机膜大，但分离系数小。气体分离效果的好坏应由膜的选择性、渗透速率和寿命综合评价。CO_2 膜分离法在石油化工、天然气、沼气以及循环利用有限生活空间内的空气等方面都有一定程度的应用，在烟气的处理中也显示了其发展的潜能。

总之，膜分离法与其他分离方法相比，具有无相变、能耗低、一次性投资较少、设备紧凑、占地面积小、操作简单、易于操作、维修保养容易而且元件结构简单、无二次污染、便于扩充气体处理容量等优点。如果能解决好成本问题和长期运行可靠性问题，膜分离法是应用前景良好的 CO_2 气体分离方法。

(3) O_2/CO_2 混合燃烧法

常规燃烧方式的送风大都是空气，烟气中主要成分是 N_2，CO_2 含量一般为 14%～16%，这使得 CO_2 的分离难度增大。从送风环节入手，提高排气中 CO_2 的浓度、减小尾气处理量是分离和回收 CO_2 的有效途径。O_2/CO_2 混合燃烧法的过程是预先进行空气分离，获得的氧气和一部分锅炉排气构成的混合气与化石燃料一起燃烧，提高排气中 CO_2 的浓度，再将少部分烟气与氧气按一定的比例循环送入炉膛燃烧，这样更容易回收 CO_2，还减少了烟气量，简化了烟气处理系统，CO_2 的回收率可达 100%。对于以煤为燃料的排放气体，采用 O_2/CO_2 混合燃烧法后，排气中 CO_2 含量大于 70%，经干燥脱水后可得浓度 95%CO_2。此法对以 CO_2 为主的烟气进行液化处理时，SO_2 同时也被液化回收，可省去烟气脱硫设备，NO_x 的生成也会减少，有可能不用或少用脱氮设备。O_2/CO_2 混合燃烧法的缺点是需要建设空气分离厂并增加动力消耗，但和醇胺回收工艺相比，费用可降低20%而效率可增加约3%。

4. 生物法

用CO_2进行微生物养殖等生物技术不失为一种生态环保的方法。目前虽然能够固定转化CO_2的微生物种类极多，但固定机理比较复杂，其中有望实现工业化规模的主要有微藻和氢细菌。通常，适宜微藻生长的CO_2浓度为1%～5%(体积比)，当CO_2浓度大于5%时，微藻生长受到抑制。而一般的烟气中，CO_2浓度为15%左右。因此，如能寻找到一种高效的适合烟道气中CO_2气体分离固定的生物方法，具有极大的意义。目前虽然有人分离筛选到一些可以实现CO_2转化的藻类和菌类，但普遍问题是CO_2的利用率太低。

5. 膜-溶剂吸收耦合分离技术

膜-溶剂吸收耦合分离技术是用膜将气体和吸收剂两相分开，在稳定的气-液界面进行传质。与传统的塔式吸收器相比，膜吸收器具有装填密度高、气-液界面稳定、无泡沫、无液泛等优点。对于处理量小、浓度低的情况，膜-溶剂吸收耦合分离技术具有较大优势。

6. 电化学分离技术

电化学分离技术的原理是利用熔融性碳酸盐通过电化学的理论将二氧化碳捕集分离。现如今电化学分离技术作为一个全新的二氧化碳捕集方向也成为许多国内外研究者关注的焦点。电化学分离技术具有应用技术基础广泛、CO_2的传输效率和扩散效率随温度升高而提高、费用较低等优点，但是目前还存在部分问题，如高温下腐蚀性强，操作困难，SO_2容易导致电池中毒而且电解质和电极容易老化。

7. 其他

日本产业技术综合研究所(AIST)提出用生成水合物来分离温室气体的方法。所谓气体水合物是指水分子和疏水性气体分子结合而成的结晶性化合物。水分子之间靠氢键结合形成笼状结构，气体分子在一定条件下可以被封闭在水分子的笼状结构中从而形成水合物。通过控制工艺条件，可以选择性地使混合气体中某些气体进入水分子的笼状结构而形成固态水合物，达到分离效果。然后再将水合物分解回收目标气体。CO_2、CH_4、NO和HFC等温室气体在一定温度压力下，通过和水充分接触都可以生成水合物。该技术由燃烧废气和水充分接触技术、水合物生成条件控制技术和水合物分解回收CO_2技术3部分组成，已经取得美国专利。

三、CO_2的捕集策略

1. 燃烧前捕集技术

燃烧前捕集技术是指在炭基燃料燃烧前，首先将其化学能从碳中转移出来，然后将碳与携带能量的其他物质进行分离，从而实现碳燃烧利用前捕集的技术。整体煤气化联合循环技术(IGCC)是最典型的可进行燃烧前碳捕集的系统。IGCC是将煤气化技术和高效的联合循环相结合的发电系统，化石燃料气化转化为合成气(主要成分为CO和H_2)，然后利用水煤气变换反应提高CO_2的浓度，CO_2捕集后得到的富氢燃气可用于燃烧发电，分离得到的CO_2压缩纯化后可进行后续利用或封存。由于气体压力和二氧化碳浓度高，很容易对二氧化碳进行捕集。剩下的氢气则可以被当作燃料使用。该技术的捕集系统小，能耗低，在效率以及对污染物的控制方面有很大的潜力。然而，IGCC仍面临着投资成本太高、可靠性还有待提高等问题。

2. 富氧燃烧捕集技术

富氧燃烧捕集技术采用的是传统燃煤电站的技术流程，但通过制氧技术，将空气中大比例的氮气脱除，直接采用高浓度的氧气与抽回的部分烟气的混合气体来替代空气，这样得到的烟气中有高浓度的二氧化碳气体，从而达到捕集 CO_2 的目的。欧洲已有在小型电厂进行改造的富氧燃烧项目。该技术路线面临的最大难题是制氧技术的投资和能耗太高，还没找到一种廉价低耗的制氧技术。

3. 燃烧后捕集技术

燃烧后捕集技术是指在燃烧排放的烟气中捕集二氧化碳的技术。如今常用的二氧化碳分离技术主要有化学吸收法(利用酸碱性吸收)和物理吸收法(变温或变压吸附)，此外还有膜分离法，其中化学吸收法应用最为广泛。化学吸收法是利用 CO_2 的酸性特征，通常采用碱性溶液吸收 CO_2，然后借助逆反应实现吸收剂的再生。该方法的吸收效果和经济性与化学吸收剂有很大关系。从理论上说，燃烧后捕集技术适用于任何一种火力发电厂。然而，普通烟气的压力小，体积大，CO_2 浓度低，而且含有大量的 N_2，因此捕集系统庞大，会耗费大量能源。

4. 直接空气捕集技术

直接空气捕集技术是将空气中 CO_2 通过吸附剂进行捕集的技术。完成捕集后的吸附剂通过改变热量、压力或温度进行再生，再生后的吸附剂再次用于 CO_2 捕集，而纯 CO_2 则被储存起来。自 Lackner 于 1999 年为了缓解气候变化提出直接空气捕集技术以来，直接空气捕集技术是否可行一直广受争议。但随着科技日益发展和工艺逐渐完善，国外公司基于碱性溶液和胺类吸附剂对直接空气捕集技术规模化应用的初步探索以及国内学者基于湿法再生吸附技术进行的试验研究都表明直接空气捕集技术在助力碳减排和实现碳中和方面具有巨大的应用潜力。直接空气捕集技术的一个关键在于高效低成本吸收/吸附材料的开发设计，另一个关键是高效低成本设备的开发。

5. 生物质能-碳捕集与封存技术

生物质能-碳捕集与封存(BECCS)技术是一项结合生物质能和二氧化碳捕集与封存来实现温室气体负排放的技术。BECCS 技术利用植物的光合作用，将大气中的二氧化碳转化为有机物，并以植物生物质的形式积累存储下来，这部分生物质可以直接用于燃烧产生热量和能量，也可以利用化学反应合成天然气或氢气等其他高价值清洁能源。燃烧过程产生的 CO_2 利用碳捕集与封存技术捕获，经过进一步压缩和冷却处理后，用船舶或管道输送，最后被注入合适的地质构造中永久储存。BECCS 技术建立了从大气到地下的 CO_2 流动，潜在地实现了整体负碳平衡。

第四节 二氧化碳的储存处理与利用

人类活动产生大量的 CO_2，其中一部分被植物和大海吸收，称为 CO_2 的自然储存。提高 CO_2 自然储存能力的有效方法就是减少对森林的破坏和植树造林。正是由于 CO_2 的生产量超过了其自然储存能力，大气中的 CO_2 浓度才逐年上升，造成地球温暖化。在 CO_2 生产量难以很快得到控制的预期下，将人类活动产生的一部分 CO_2 分离富集后储存起来是目前唯一的可行措施，称为 CO_2 人工储存。本节主要介绍 CO_2 的人工储存技术。

CO_2 的人工储存大致可分为地质储存(也有称为地下储存)、海洋储存、生物储存和矿物储存四类。

一、地质储存

地质储存是指将所捕集的 CO_2 储存到地下深处与大气隔绝的一种储存方式。它作为一种主要的存储方式,有存储容量大、时间长、可利用成熟技术等优点。自然界中 CO_2 气藏的存在已证实了 CO_2 可在地下存储数万年至数千万年。适合于 CO_2 地质存储的介质有:油气田、煤田、含水地层、其他地质介质(多孔玄武岩、油页岩、盐层、废矿坑等)。目前研究较多的,一是将 CO_2 储存到地下含水层或者采过的天然气田,二是通过注入 CO_2 提高石油和煤层气开采率。另外,将 CO_2 封存于开采过的矿坑也是一个可行的方法。

有希望成为 CO_2 储存的场所都位于沉积盆地的深处,据粗略估算,世界范围内可用于贮存 CO_2 的陆地沉积盆地面积约 7 000 万 km^2。按平均可用厚度为 200 m,含水层平均孔隙率 10%估算,可容纳 CO_2 达 56 000 Gt(1 Gt=10^9 t)。若以 20%平均孔隙率计算,全球陆基深部含水层容纳 CO_2 可达 100 000 Gt 至 200 000 Gt。这样大的贮存空间可以存放人类几百年至几千年的 CO_2 的排放量。初步估算,中国 CO_2 地下贮存总容量为 14 548 亿 t,其中:24 个主要沉积盆地深部咸水层可处置 CO_2 约 14 350 亿 t,46 个含油气盆地可处置 CO_2 约 78 亿 t,68 个主要煤层区可处置 CO_2 约 120 亿 t。

CO_2 地质储存技术的基本思路是:把从集中排放源(发电厂、钢铁厂等)分离得到的 CO_2 注入地下深处具有适当封闭条件的地层中隔离起来。主要包括如下几个环节:首先是对大规模集中排放源(发电厂、钢铁厂等)的废气进行分离、压缩,得到液体 CO_2;再通过输送管道送到隔离场地;最后,调整压力后,注入地下深处。目前较为成熟的 CO_2 地下贮存场所主要包括沉积盆地内的深部咸水层;已废弃或无商业开采价值的油气田;开采中的油气田(提高石油的采收率);无商业开采价值的深部煤层[加强煤层中天然气(CH_4)的回收]。按照储存 CO_2 的场地不同,其贮存机制有所不同。

1. 沉积盆地深部咸水层储存 CO_2

深部咸水层储存 CO_2 有三种机制:一是将 CO_2 以气体或者超临界流体的形态存储在低渗透性的岩石盖层下,把 CO_2 装进"密封罐"里,这种方式通常称为液体填埋,是处置 CO_2 的最重要的方式。二是把 CO_2 直接溶解在地下水中,也称作溶解填埋。由于溶解了 CO_2 的地下水呈弱酸性,这种方式可能增加地下水的酸度和母岩中矿物质的溶解度。三是地层中 CO_2 直接或者间接与地层中的矿物发生化学反应而生产次生碳酸矿物,并产生矿物沉淀,这种方式叫作矿物填埋。由于这种方式将 CO_2 变成固体物质的一部分,能够很长时间内固化 CO_2,因此它具有很好的发展前景。

这种 CO_2 储存方式应具备一定地质、温压条件。首先是深度上的要求,为了防止 CO_2 在填埋过程中分化为气态,需要在超临界压力下将 CO_2 注入地层。由于 CO_2 的临界点是 31 ℃和 7.4 MPa,只有在地表以下 800 m 深处才会有这样的压力,再从增加安全性考虑,储存 CO_2 的地层深度至少在地下 1 000 m,理想的深度应该在 1 200 m 到 1 500 m 之间。其次是对岩层的要求。储存 CO_2 的地层一般需要有足够的孔隙,并具有较好的渗透性,有利于超临界 CO_2 入渗和流通。再次要有低渗透性的岩石盖层覆盖,咸水岩层必须与饮用水源隔离,并覆盖有页岩或其他形态的岩石,在如此条件下,以避免 CO_2 突然泄漏,CO_2 注入后才能长久保存。最后,储存 CO_2 的岩层地区不能有明显的会导致流体流动泄漏的断层。CO_2

深部含水层处理工艺如图 16-7 所示。

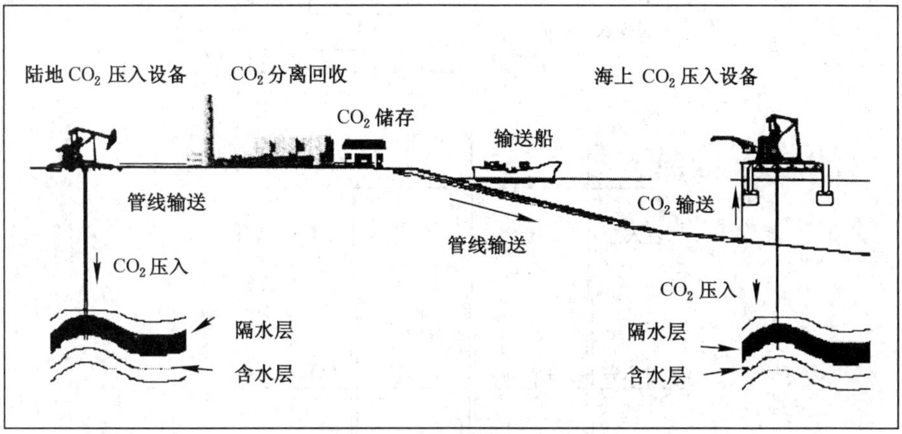

图 16-7　CO_2 深部含水层处理工艺

2. 油气田中储存 CO_2

采用油气田储存 CO_2 的情况有两种：其一是利用废弃油气田储存 CO_2，它的原理是采用“酸气”封存技术。这种方法早在许多年前已有应用，目的是处理油气开采和提炼过程中的“酸气”——CO_2、H_2S 和其他副产品的混合物，其中 CO_2 占总量的 90%。“酸气”封存的实践表明，将 CO_2 直接注入废弃油气田的原始储油(气)层中，能够可靠地封存 CO_2。另一种是在开采的油气田中注入 CO_2 的驱油开采技术，即 CO_2-EOR 技术。CO_2-EOR 技术是把超临界状态 CO_2 直接注入已开采过的储油层中，在高压条件下，CO_2 驱动原油向生产井流动，从而提高石油的采出率。其中部分 CO_2 溶解于未能被开采的原油中或贮存于地层孔隙中；部分 CO_2 随原油、水和天然气从生产井排出，这部分 CO_2 可以通过分离和压缩由注气井循环注入储油层。这些油层往往在地下 1 000 m 以下，上覆泥质盖层致密而无法渗透 CO_2，并且具有多套盖层封堵 CO_2，确保其安全封存于地下。CO_2-EOR 技术作为一种成熟技术，可为地下贮存 CO_2 提供一种更加经济实用的方法，不仅可以减少大气中 CO_2 含量，缓解环境压力，又可以进行地下驱油驱气，提高石油天然气的采收率，是一种环境保护和经济开发双赢的温室气体减排方法，可实现石油和天然气增产，提高采收率 5%～8%。工艺流程示意如图 16-8 所示。

3. 不可开采煤层贮存 CO_2(CO_2-ECBMR)

在煤系地层中，普遍存在着因技术原因或经济原因而弃采的煤层，例如不可采的薄煤层、埋藏超过终采线的深部煤层和构造破坏严重的煤层等，这些无法开采的煤层是封存 CO_2 的另一个潜在的地质构造。当 CO_2 注入这样的煤层后，类似于利用活性炭过滤空气和水中杂质的过程，它们在煤层的孔隙中扩散，并最终被煤体所吸附。有实验表明，煤体表面对 CO_2 的吸附能力大约是对甲烷吸附能力的 2 倍。而且根据这一特性，当 CO_2 被注入煤层时，以在封存 CO_2 的同时，可有效地替换甲烷，使吸附状态的甲烷转变成游离状态，可以大大增强煤层气的产出率，提高煤层气的产量。CO_2-ECBMR 工艺流程如图 16-9 所示。

CO_2 地质储存是一个崭新的课题，是涉及自然科学和社会科学多方面学科交叉的课题。目前研究和应用都还处在初级水平，今后需要做大量的工作。今后 CO_2 地质储存研究

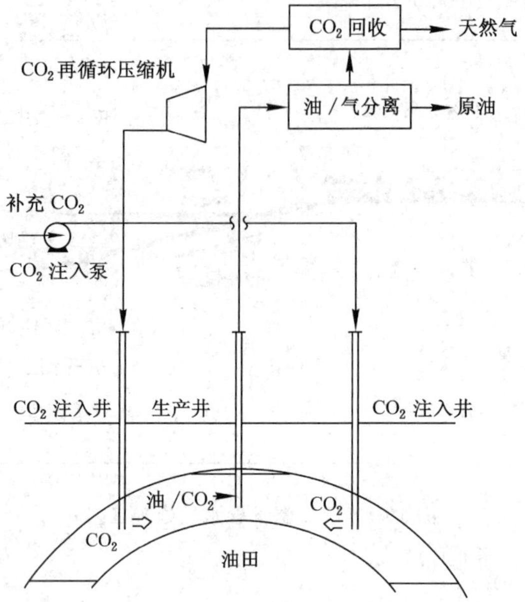

图 16-8　CO_2-EOR 技术工艺流程示意图

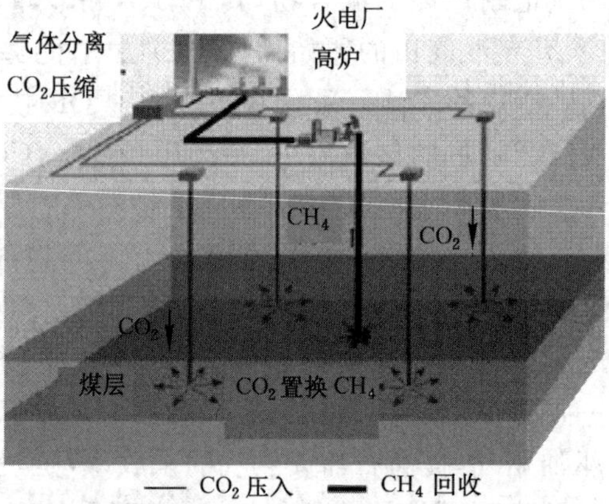

图 16-9　CO_2-ECBMR 工艺流程

的主要内容是：

(1) 区域分析。确定适合作为 CO_2 储层的地层参数，进行区域资料的编辑整理和建库，做出大规模储存 CO_2 的能力分布图和 CO_2 来源分布图，分析源/汇匹配状况。

(2) 建立 CO_2 充注的地质模型和流体模型。

(3) 开展 CO_2-水/卤水-岩石系统的实验研究，建立系统的化学模型。

(4) 岩石物性研究(波速、渗透率、毛细压力等)，储层和盖层的模拟。

(5) CO_2 充注的化学-动力学耦合模型。

(6) CO_2 充注的监测技术(声速特性、含 CO_2 地层弹性波传播模型、相关的地震探测技术和钻井监测技术)。

(7) 风险分析(污染和环境影响的数学模型)和经济分析。

二、海洋储存

海洋存储是指把 CO_2 溶解到海水中,扩散和参加自然界的碳循环或者将 CO_2 注入海洋深处而与大气隔绝的一种储存方式。海洋可以吸收并溶解大量的 CO_2 是众所周知的。但是,海洋表层对大气中 CO_2 的自然吸收显得非常缓慢且容量有限,难以对大气中日益增多的 CO_2 进行有效的调节。能否用人为的方法快速、有效地进行 CO_2 的海水处理,一直为人们所期盼。1977 年,Marchetti 提出将从集中排放源分离富集的 CO_2 直接注入海洋的处理意见后,受到普遍关注。三十多年来,人们在该领域进行了大量的研究工作,在理论研究和实验室研究上取得了初步的成果,目前已经开始进入工业试验阶段。

CO_2 在海水中的存在是一个复杂的平衡体系,其存在形态和平衡状态受 CO_2 形态、温度、压力、海底地形和海水径流特征等影响。根据 CO_2 在海水中的存在形态,其储存方法有浅海储存和深海储存两种。

1. CO_2 浅海储存

CO_2 浅海储存有三种途径,一是将 CO_2 注入浅海后,随海水沉降流进入深海区域;二是排入浅海的 CO_2 在海水中上升,上升到表层海水前被海水完全溶解;三是液态 CO_2 排入浅海后,CO_2 液滴和海水形成重于海水的固态水合物(笼形包合物)沉到海底储存。

富集 CO_2 的海水的沉降:沿大陆坡底的低温高密度海流符合稳态湍流三维卷流模型。如果 CO_2 注入地点在微斜度的海底,沿微斜海底的低温高密度海水重力流能将富集了 CO_2 的海水送到深海。这里需要注意的是要保证 CO_2 注入点的初始卷流动量小、避开海水上升流区和低于卷流形成深度的强环境密度成层区。

CO_2 在海水中的溶解:表层溶解是目前海水吸收大气中 CO_2 的主要方式。但是这种自然行为非常缓慢。如果人为地向海洋中注入 CO_2,则可大大加快这个过程。CO_2 在海水中的溶解主要与温度和气-水界面压力相关。在实际操作中则反映在释放深度和 CO_2 气泡的初始大小。根据修正过的 Henry 定律和传质方程模拟的 CO_2 在海水中扩散溶解结果如表 16-2 所示。由此可见,只要选择合适的释放深度,控制 CO_2 气泡的初始大小,就能使 CO_2 在一定的上升范围内溶解于海水中。溶解于海水中的 CO_2 会逐渐随着向水面移动并最终向大气中释放。模拟研究预测 500 m 深处处理的 CO_2,在海水中滞留时间约为 50 年,而1 000 m深处处理的 CO_2,滞留时间则可达 200～300 年。

表 16-2 CO_2 在海水中扩散溶解能力

释放深度/m	CO_2 气泡初始半径/cm	气泡上升距离/m
300	1	30
200	2	70～100
300	3	150～200

笼形包合物海底储存:在高压和低温条件下,CO_2 液滴和水能生成固态水合物,称为笼形包合物。笼形包合物的密度比海水大,会自动沉入海底并永久保存。笼形包合物形成的速度和大小取决于 CO_2 液滴和海水界面处的微观动力学过程。

2. CO_2 深海储存

由于浅海储存有诸多的限制条件，控制不当，会造成液态和气态 CO_2 随上升水流升至海水表面并重返大气层。因此，需要考虑 CO_2 的深海储存。Wilson 用海洋-大气盒子模型对各种储存方式进行比较，认为向海洋深度大于 3 000 m 的深海处排放 CO_2，可以获得最有效的隔离效果。因为该深度下的低温和高压使得液态 CO_2 密度大于海水且易于形成笼形包合物。但深海储存在技术上和经济性上都有较大难度，离实用阶段尚差较大距离。

大量的气态 CO_2 在海水中溶解或液态 CO_2 注入海洋将会导致海水的酸性增强，从而影响海洋生态系统。为此，Golomb 等提出了 CO_2 深海乳化技术，他们模拟了超细碳酸钙与超临界 CO_2 在高压条件下生成 $CaCO_2$-CO_2 乳化物的反应。实验结果证明，该乳化物能够迅速溶于海水，而且乳化物表面的 Ca-CO_2 层能够防止 CO_2 与海水反应。此外，俄罗斯科学家还提出了将液态 CO_2 注入海底的天然气水合物储层，将甲烷置换出来，开采资源蕴藏量丰富的天然气水合物的同时存储 CO_2。

虽然海洋储存 CO_2 的潜力巨大，但由于海洋生态系统的复杂性和测试方法的局限性，人们无法准确估测大规模的 CO_2 注入对海洋生态系统的影响，在一些关键性问题上科学家们还没有取得一致的看法。目前，二氧化碳海洋储存技术的研究仍然停留在实验阶段，尚需大量的研究和尝试。

CO_2 储存方式如图 16-10 所示。

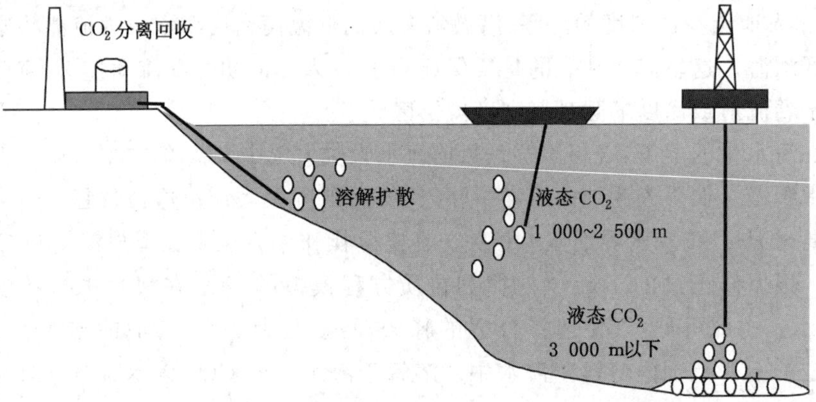

图 16-10　CO_2 海洋储存方式示意图

三、生物储存

CO_2 的生物储存主要指陆地和海洋生态环境中的植物、自养微生物等通过光合或化能作用来吸收和固定大气中游离的 CO_2，并在一定条件下实现向有机碳的转化，从而达到储存 CO_2 的目的。研究发现，微藻类的光合作用效率高于其他植物，固定 CO_2 的能力达 30 t/(a · hm^2)。将 CO_2 强制性吹进海水或人工池中，在阳光作用下使绿藻类微生物增殖，在储存 CO_2 的同时，还可获得许多高营养、高附加值的产品。尽管对 CO_2 的微生物固定进行了众多的研究，但目前还没有达到大规模利用的阶段，尤其是在微生物储存 CO_2 激励方面还需做大量工作。

四、矿物储存

矿物储存主要是指利用各种天然存在的矿石与 CO_2 进行碳酸化反应得到稳定的碳酸

盐的方法来储存 CO_2 的技术。由于碳酸盐的自由能比 CO_2 要低，因此，矿物碳酸化反应从理论上来讲是可行的。但在常温常压下，矿物与 CO_2 的反应速率相当缓慢，因此，提高碳酸化反应速率成为矿物储存技术的关键。为提高矿物储存 CO_2 的反应速率，可采用湿法碳酸化技术，其反应速率和能耗明显优于干法碳酸化技术；另外对矿物颗粒进行精磨不仅能够增大矿物颗粒的表面积，而且能够增加颗粒活性，从而提高碳酸化反应速率。

矿物储存技术的尝试都有一些优势和局限，但到目前为止，都尚处于基础研究阶段，要实现工业化应用，还有大量技术问题需要解决。

五、CO_2 的利用

除了储存处理外，对 CO_2 进行直接利用也是减缓温室气体排放的有效途径。根据 CO_2 的性质，可以在很多方面得到应用。CO_2 的直接应用可分为物理应用和化学应用。

1. CO_2 的物理应用

CO_2 的物理应用是指在利用过程中不改变 CO_2 的化学性质，仅仅作为一种工作介质。常见的用途有制冷剂、食品保鲜和储存剂、灭火剂、气保焊、低温热源发电工作介质、超临界萃取用介质、饮料添加剂和烟丝膨松剂、发泡剂、油田助采剂等。

2. CO_2 的化学应用

CO_2 的化学应用是指 CO_2 以其原来形态或还原形态参加化学反应，生成新的化合物。虽然根据生成的化合物的寿命不同，它们会逐步降解生成 CO_2 再释放到大气中，但这个过程相当缓慢，因此可以说化学应用在某种程度上也可以起到减缓 CO_2 排放的作用。CO_2 的化学应用主要表现在以下几个方面：① 生产无机化学品，如结晶 $CaCO_3$、合成尿素等；② 通过热化学、光化学以及光电化学等方法制备有机化工产品，例如甲烷、甲醇、乙醇、碳酸丙烯酯等；③ 合成有机高分子化合物，例如，聚碳酸酯、聚酮醚酯、液晶聚合物、聚醚碳酸酯等。

此外，东京工业大学制备了一种缺氧磁铁矿作为催化剂可以在 300 ℃下将 CO_2 分解成 C，C 和水蒸气在 400 ℃左右生成 H_2。生成 H_2 的 1/4 可以满足对缺氧磁铁矿的活化再生，其余 3/4 的 H_2 和 C 在 300 ℃左右可以生成 CH_4。

思　考　题

1. 什么是煤层气？简述煤层气的成因。
2. 煤储层和常规天然气储层有哪些特征区别？
3. 煤层气有哪几种赋存状态？其中最主要的赋存状态是什么？
4. 简述物理法和化学法吸附 CO_2 的主要技术及原理。
5. 查阅文献，简述 CO_2 利用及转化技术发展现状与发展趋势。
6. 有机膜和无机膜用于 CO_2 分离各有什么特点？
7. 简述 CO_2 捕集技术。CO_2 地质储存的基本思路是什么？CO_2 浅海储存有哪几条途径？

第十七章　煤炭变革性利用新技术

煤炭是我国的主体能源和重要工业原料，基于洁净煤技术创新推动煤炭清洁高效利用，将是保障我国能源安全与能源行业可持续发展的重要举措。今后10～15年是我国洁净煤技术发展的关键时期，积极发展先进的、变革性的煤炭转化与利用技术，对提高我国煤炭清洁高效利用水平具有重要意义。

近年来煤炭微生物转化利用技术、燃料电池、燃煤磁流体发电技术具有明显的多学科交叉特征，是最有可能实现变革性突破的洁净煤技术领域。

第一节　煤炭生物加工

煤炭微生物转化利用技术是指利用真菌、细菌和放线菌等微生物实现煤的溶解、降解、液化或气化，以获取清洁燃料和其他化学品的技术。转化物可直接作为产品使用，或从中提取有特殊价值的化学品，或制备清洁燃料、工业添加剂及植物生长促进剂等。因此，煤炭微生物转化是煤炭加工利用的新途径，具有广泛应用价值和发展前景。

一、煤炭微生物转化的影响因素

1. 微生物的定义及特性

(1) 微生物的定义

微生物是个体难以用肉眼观察的一切微小生物，是直径小于0.1 mm的单细胞、没有细胞结构的微小生物，以及在构造上较简单的多细胞的总称。微生物包括细菌、真菌、放线菌、病毒及少数藻类等。

(2) 微生物的主要特征

① 体积小，表面积大。微生物体积很小，而表面积却很大。微生物体积小是因为大部分微生物的直径都在10^3 mm以下，表面积大是因为1 cm^3的固体球菌表面积加在一起可达到6 m^2。因此，如果将微生物吸附在某种矿物表面上，将会使矿物的表面积扩大很多倍，这些物质表面就会具有微生物的性质。利用微生物的这个特点可对矿物表面进行改性。

② 繁殖速度快、生长旺盛、吸收多、转化速度快。微生物的生长特点为其产生大量的代谢产物和快速生长提供了充分的物质基础。在适当的环境中，微生物繁殖一代快的仅需几分钟，慢的也仅需几个小时，这为微生物在工业上的应用提供了利用条件。

③ 分布广、种类繁多。有生命的地方就有微生物的存在，在沙漠、海底、酸性地带等环境恶劣的地方都有微生物的踪迹。这也为寻找效果更好的煤炭转化微生物提供了有利条件。

④ 适应能力强，易变异。人为地采用物理、化学法使微生物发生变异，有可能得到转化煤更强的微生物菌株。

(3) 微生物的生长

微生物生长主要包括四个时期：迟缓期、对数期、稳定期、衰亡期。红城红球菌的生长曲线如图 17-1 所示。

① 迟缓期：生长速率常数为零，菌体粗大，RNA 含量增加，代谢活力强，对不良环境的抵抗能力下降。这是因为微生物刚接种到培养基上时，其代谢系统需适应新的环境，同时要合成酶、辅酶及其他代谢中间产物等，所以处于迟缓期的细胞数目没有增加。

② 对数期：生长速率最快，代谢旺盛，酶系活跃，活细菌数和总细菌数大致接近，细胞的化学组成及形态基本一致。经过迟缓期的准备，为处于对数期的微生物生长提供了足够的物质基础，同时外界环境也是最佳状态。

③ 稳定期：活细菌数保持相对稳定，总细菌数达到最高水平，细胞代谢产物积累达到最高峰，是生产的收获期。

④ 衰亡期：细菌死亡速度大于新生成的速度，整个群体出现负增长，细胞开始畸形，细胞死亡出现自溶现象。主要是因为外界环境对继续生长越来越不利、细胞的分解代谢大于合成代谢，继而导致大量细菌死亡。

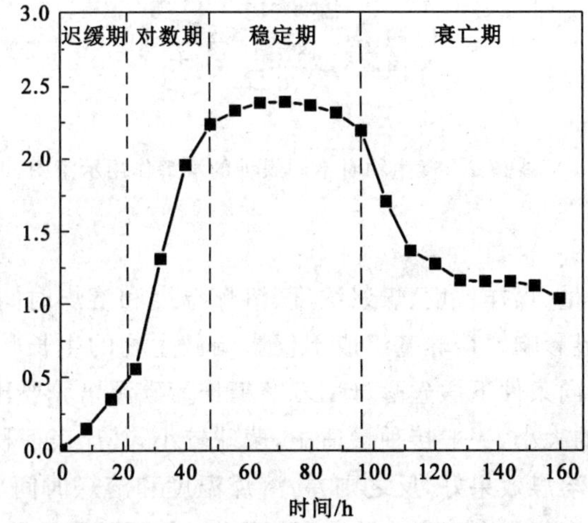

1—迟缓期；2—对数期；3—稳定期；4—衰亡期。

图 17-1　红城红球菌的生长曲线

微生物的生长曲线对探究煤炭的微生物转化具有重要的指导意义。根据微生物的生长曲线可确定微生物的对数生长期，该阶段的微生物繁殖速度快，菌体活性高，采用处于对数期的微生物更有助于煤炭转化。

2. 影响煤炭微生物转化的因素

(1) 煤种

褐煤的煤化程度较低，其结构中存在较多的类木质素结构，分子中侧链及桥键较多，活性基团较多，容易被微生物溶解，所以在微生物溶煤过程中研究较多。

天然风化褐煤，很容易被一些真菌所溶(降)解，溶解率可达 70%～90%。对于作用强的真菌种类，煤被溶解的程度与煤种的关系较大，而与微生物种类关系次之。风化褐煤中植物残骸明显可见，含氧率达 28%～29%，容易被生物溶解；含氧率为 40%的褐煤也极易被真菌降解，而大多数未经预处理的褐煤及年轻烟煤却不能被所试验的真菌溶解。微生物对不同煤种的溶解作用如图 17-2 所示。

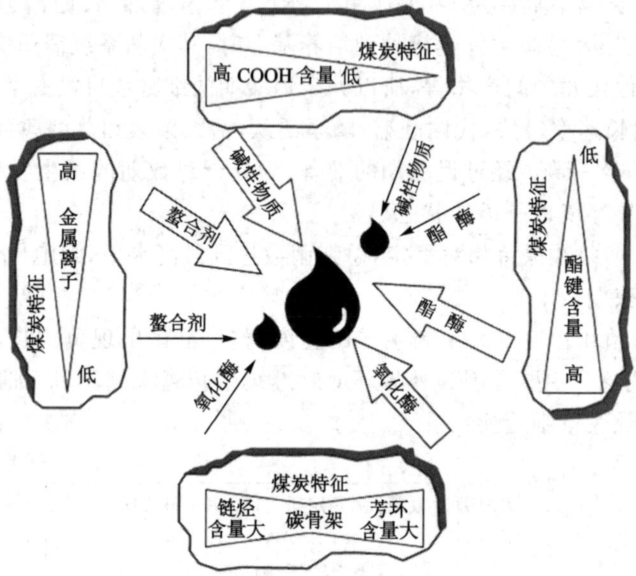

图 17-2 微生物对不同煤种的溶解作用示意图

(2) 反应条件

培养基组成、接种量、煤样粒度、煤浆浓度、溶煤温度和溶煤时间、通氧量等因素对煤炭微生物转化作用有明显影响。培养基组成不仅影响微生物的生长状态，而且对微生物的溶煤能力也有影响，在相同条件下假丝酵母用麦芽糖作为碳源培养要比用蔗糖的溶煤效果好；接种量直接影响菌球的大小，一般接种量适中，菌球较小，其比表面积较大，单位体积菌球产生的溶煤活性物较多，溶煤效果好，反之则差；溶煤温度和溶煤时间也是影响微生物溶煤作用的重要因素，合适的温度有利于微生物生长，溶煤时间延长意味着煤与微生物的作用时间增加，都有利于提高溶煤效果；增加通氧量可加速微生物氧化降解过程，有助于提高煤的溶解速率和溶解程度。

(3) 预处理方法

为了提高煤的降解效果，缩短实验周期，很多研究者采用多种氧化方法预处理煤样。研究表明，煤的氧化程度决定了煤的微生物转化程度。煤的氧化程度越高，受到微生物的降解作用就越大。光氧化法、化学氧化法以及超声波氧化法都可以提高煤的氧化程度，达到松弛煤大分子间作用力的效果，从而提高煤炭的微生物降解率。

① 光氧化法

光催化氧化法是一种将光能和氧化剂（一般是空气）结合起来进行煤光催化预处理的方法。在煤的光催化氧化预处理过程中，煤中光敏活性的结构单元，如多环芳烃和具有光催化活性的金属元素等或外加光催化剂，在可见光或紫外线光作用下，产生电子-空穴对和自由基等高能物质，进而催化氧化煤大分子，产生含氧官能团。

② 化学氧化法

a. 化学试剂氧化法：化学试剂氧化法主要是指用过氧化氢或硝酸等化学试剂对煤进行氧化预处理的一种方法。通过化学试剂氧化处理，可使煤中脂肪结构和芳烃结构单元被氧化形成酚羟基或羧基等官能团，从而提高煤的亲水性，以达到提高煤的生物降解性能的目的。菌种对不同浓度硝酸氧化煤的溶煤率如表 17-1 所示。

表 17-1　菌种对不同浓度硝酸氧化煤的溶煤率

菌种	溶煤率/%		
	硝酸浓度＝6 mol/L	硝酸浓度＝8 mol/L	硝酸浓度＝10 mol/L
产碱假单胞菌	14.05	20.63	34.40
施氏假单胞菌	15.45	26.80	32.40
铜绿假单胞菌	41.97	40.53	52.65
粗毛栓菌	2.89	5.29	6.81

b. 热氧化法：热氧化法是指在空气或氧气中，于一定温度（通常在室温～100 ℃或室温～180 ℃）下，对煤进行一定时间氧化处理的一种方法。热氧化处理可以有效提高煤的氧含量，增加含氧官能团，使其更有利于菌种产生酶类物质以及螯合剂断开煤炭中的化学键。

③ 超声波氧化法

超声波氧化法是利用超声波的物理效应，促进煤的氧化反应，从而实现煤的预处理或降解的一种方法。超声波的作用是产生涡流和剪切力，从而增加煤与氧化剂的接触面积和反应速率。此外，超声波也可以在煤中产生气泡或空穴，当这些气泡或空穴闭合炸裂时，会产生高压、高温和光电等物理效应，从而加速煤的氧化反应。

二、煤炭微生物转化菌种的选择与改良

1. 菌种选择

煤炭微生物转化菌种的选择依据如下：

(1) 煤与木质素结构类似，所以可以选用能降解木质素的微生物来进行降解煤炭的研究。例如，低阶煤中含有大量的类木质素结构，所以可选用能降解木质素的微生物如黄孢原毛平革菌来进行微生物转化研究，并已取得一定效果。

(2) 煤中有芳环结构，故可选用能降解芳环的微生物来进行降解煤炭的研究。如选用能降解芳环的细菌如假单胞菌属来进行溶煤研究。

(3) 从生长在暴露于自然界中的煤上的微生物中分离出菌种用于煤炭降解。已经报道的煤炭液化菌种主要来自朽木、植物残体、森林火灾区土壤、选煤厂土壤、矿区土壤或受污染的土壤等。

不同的微生物与不同煤样的作用有一定的匹配关系，用于溶（降）解煤试验的微生物有很多，分别有细菌、真菌、放线菌等。目前，已证明有一定溶煤效果的主要菌种如表 17-2 所示。

表 17-2　降解煤的主要菌株

类别	主要菌株名称
真菌	黄色镰孢菌(*Fusarium culmorum*)、曲霉菌属(*Aspergillus sp.*)、木耳菌属(*Auricularia sp.*)、平菇(*Lentinula edodes*)、青霉菌属(*Penicillium sp.*)、变色栓菌(*Trametes versicola*)、木霉菌属(*Trichoderma sp.*)、黄孢原毛平革菌(*Phanerochaete chrysosporium*)和斜卧青霉(*Penicillium decumbens P6*)等
细菌	红城红球菌(*Rhodococcus erythropolis*)、铜绿假单胞菌(*Pseudomonas aeruginosa*)、施氏假单胞菌(*Pseudomonas stutzeri*)、多黏类芽孢杆菌(*Paenibacillus polymyxa*)、土壤水微菌(*Aquamicrobium terrae*)、金黄色葡萄球菌(*Staphylococcus aureus*)、大肠杆菌(*Escherichia coli*)、节杆菌属(*Arthrobacter sp.*)、蜡样芽孢杆菌(*Bacillus cereus*)、短小芽孢杆菌(*Bacillus pumilus*)、枯草芽孢杆菌(*Bacillus subtilis*)、恶臭假单胞菌(*Pseudomonas putida*)、葡萄球菌属(*Staphylococcus JH-2*)、格尔木马赛菌、(*Massilia golmudensis*)、冷湖游动微菌(*Planomicrobium lenghuensis*)和多噬香鞘氨醇单孢菌(*Sphingomonas polyaromaticivorans*)等
放线菌	栗褐链霉菌(*Streptomyces badius*)、茫崖诺卡氏菌(*Nocardia mangyaensis*)、西唐氏链霉菌(*Streptomyces setonii*)、诺卡氏菌属(*Nocardia sp.*)、绿孢链霉菌(*Streptomyces viridosporous*)、白色链霉菌(*Streptomyces albus*)和食石油类诺卡氏菌(*Nocardioides oleivorans*)等

2. 培养基的类型及菌体特性

(1) 培养基的类型

由于各种微生物所需的营养不同,故培养基的种类很多。培养基可根据所含成分、物理状态、微生物种类及不同的使用目的等分为以下类型。

① 按照培养基的成分可分为合成培养基、天然培养基和半合成培养基三类。

a. 合成培养基。合成培养基的各种成分完全是已知的各种化学物质。这类培养基的化学成分清楚,组成成分精确,重复性强,但价格较贵,而且微生物在这类培养基中生长较慢。如高氏1号合成培养基、察氏培养基等。

b. 天然培养基。由天然物质制成,如蒸熟的马铃薯和普通牛肉汤。这类培养基的化学成分很不稳定,也难以确定,但配制方便,营养丰富,所以常被采用。

c. 半合成培养基。在天然有机物的基础上适当加入已知成分的无机盐类,或在合成培养基的基础上添加某些天然成分,如培养霉菌用的马铃薯葡萄糖琼脂培养基。这类培养基能更有效地满足微生物对营养物质的需要。

② 按照培养基的物理状态可分为固体培养基、液体培养基和半固体培养基三类。

a. 固体培养基。在培养基中加入凝固剂,如琼脂、明胶、硅胶等。这种培养基常用于微生物分离、鉴定、计数和菌种保存等方面。

b. 液体培养基。液体培养基中不加任何凝固剂。这种培养基的成分均匀,微生物能充分接触和利用培养基中的养料,适于做生理等研究。

c. 半固体培养基。在液体培养基中加入少量凝固剂而呈半固体状态。这种培养基可用于观察细菌的运动、鉴定菌种和测定噬菌体的效价等方面。

③ 按照微生物的种类可分为细菌培养基、放线菌培养基、酵母菌培养基和霉菌培养基四类。

④ 按照培养基用途可分为加富培养基、选择性培养基和鉴别培养基。

(2) 菌体特性

① 细菌的生物学特性

细菌是一种具有细胞壁的单细胞微生物，在适宜条件下，能进行无性二分裂繁殖，其形态和结构相对稳定。细菌体积微小，一般要用光学显微镜放大几百倍到一千倍左右才能观察到，通常以微米(μm)为其大小的测量单位。细菌种类不同，大小差异很大，同一种细菌在不同生长环境中，或在同一生长环境的不同生长繁殖阶段，其大小也有差别。细菌的基本形态有球状、杆状及螺旋状，根据形态特征将细菌分为球菌、杆菌和螺旋菌三大类。

② 真菌的生物学特征

真菌是一种真核生物。真菌通常又分为三类，即酵母菌、霉菌和蕈菌(大型真菌)。真菌营养生长阶段的结构称为营养体。绝大多数真菌的营养体都是可分枝的丝状体，单根丝状体称为菌丝，许多菌丝在一起统称菌丝体，菌丝体在基质上生长的形态称为菌落。菌丝在显微镜下观察时呈管状，具有细胞壁和细胞质，无色或有色菌丝可无限生长，但直径是有限的，一般为 2～30 μm，最大的可达 100 μm。

③ 放线菌的生物学特征

放线菌是一类介于细菌与丝状真菌之间，在形态上具有分枝状菌丝、菌落形态与霉菌相似，以孢子进行繁殖的单细胞原核微生物。

3. 菌种改良

微生物菌种选育历经自然选育、诱变育种、杂交育种、代谢控制育种和基因工程育种五个阶段。育种技术的发展和应用促进了煤炭微生物转化的发展。

(1) 自然选育

自然选育是指微生物细胞群体不经过人工处理而直接进行筛选，以基因自发突变为基础选育优良性状菌株的菌种改良方法。由于微生物体内存在光复活、切补修复、重组修复等修复机制及聚合酶的校正作用，自发突变概率(为 10^{-6}～10^{-10})极低，较低的突变率使自然选育耗时较长，工作量大，从而影响育种的工作效率，因此，出现了诱变育种技术。

(2) 诱变育种

诱变育种是指用物理、化学等诱变剂诱导生物体的遗传特性发生变异，通过筛选突变体，寻找正向突变菌株的一种菌种改良方法。诱变剂包括物理诱变剂：紫外线、X 射线、快中子等；化学诱变剂：烷化剂(如甲基磺酸乙酯、亚硝基胍及乙烯亚胺等)、天然碱基类似物、脱氨剂(如亚硝酸)、金属盐类(如氯化锂及硫酸锰)等；生物诱变剂：噬菌体等。物理诱变剂因其价格经济，操作方便，应用最为广泛。如用紫外线等物化方法诱变产碱性蛋白酶的地衣芽孢杆菌，使其从原来的以玉米粉为碳源转变为以大米为碳源进行发酵产酶；将离子束诱变用于右旋糖酐产生菌，得到产量能提高的突变株；用红外射线诱变果胶酶产生菌；等等。

(3) 杂交育种

杂交育种是将两个或多个菌株的优良性状通过集中在重组体中，再经过选择和培育，获得新品种的一种菌种改良方法。杂交可以使双亲的基因重新组合，形成各种不同的类型，为选择提供丰富的材料，并克服长期使用诱变剂出现的“疲劳效应”。杂交育种选用已知性状的供体菌和受体菌为亲本，具有方向性和自觉性。

(4) 代谢控制育种

微生物代谢控制育种是指以生物化学、遗传学和诱变育种为基础，研究代谢产物的生物合成途径和代谢调节机制，选择巧妙的技术路线，通过遗传育种技术获得解除或绕过了微生物正常代谢途径的突变株，从而人为地使用有用产物选择性地大量合成积累的一种菌种改良方法。

(5) 基因工程育种

基因工程是在分子水平上对基因进行操作的复杂技术,是将外源基因通过体外重组后导入受体细胞内,使这个基因能在受体细胞内复制、转录、翻译表达的操作。基因工程育种包括原生质体融合技术和现代基因工程技术。

三、煤炭微生物转化的工艺

1. 常规微生物降解方法

煤炭微生物降解方法主要有两种:固体降解和液体降解。固体降解为固体培养基表面降解,液体降解分为胞外液降解和细胞液降解。这两种降解方法各有优缺点,总的来说固体降解方法更适用于实验室的菌种纯化筛选,而液体降解方法更有工业化前景。

(1) 固体培养基表面降解

该法是把营养物和琼脂组成的培养基经灭菌后倒在平板或者倒在斜面上,然后在其表面划线接种,在适宜温度、湿度等环境条件下培养,待固体培养基表面的菌丝长到一定程度,把预先灭过菌的煤粉均匀撒在菌丝上,菌落就会以煤为碳源生长。固体降解方法的缺点是不利于实现放大,降解产物分散于培养基中,不好收集。该法多用于试验初期的菌-煤筛选实验研究,如用腐烂木材中分离的真菌对褐煤颗粒进行降解,煤被溶解成液体液滴,并浸润到固体培养基中,使培养基呈现出黑褐色。

(2) 液体降解

液体降解主要有胞外液降解和细胞液降解。

① 胞外液降解

该法是用液体培养基深层培养菌种,待菌丝生长一定时间后,通过真空过滤等方法得到无菌胞外液,然后在其中加入灭过菌的煤,进行静置或摇瓶降解煤。该方法由于产物中没有菌丝体,煤降解产物容易收集,更利于探索降解煤的条件和工艺。

② 细胞液降解煤

该法是将煤样直接加入培养液中,使菌体、煤样、培养液直接接触。煤样可以在接种菌株时加入,也可以在菌株生长一段时间(一般是菌株进入对数生长期时)以后加入,待煤样降解后再分离液体与固体菌丝和未降解的煤。该方法操作简单,易于扩大,更适用于实际工业应用。

液体降解煤可采用液体静置培养和液体动态培养两种方法。液体静置培养是在已灭菌的器皿中倒入少量液体培养基,将降解煤微生物接种到培养基中,在生化培养箱中静置培养;而液体动态培养则是在恒温动态的环境中进行培养,实验室常放置于恒温振荡培养箱中。液体动态培养方法的优点是可使微生物与煤样充分接触,有利于煤微生物降解的进行;液体静置培养方法通常不能达到这种效果。

2. 分级降解方法

煤的微生物分级降解方法属于液体动态降解法,该法易于工业化。煤在风化降解过程中不同时期微生物类群存在明显的演替现象,即放线菌为褐煤风化降解初期的主要作用菌,随之是细菌,真菌则在褐煤风化降解的后期起主要作用。受此规律启迪,西安科技大学依据微生物类群的演替特点,提出低阶煤的分级降解模型,即放线菌、细菌和真菌逐级降解煤。煤的分级降解理论认为,煤结构十分复杂,针对煤中不同的结构单元,具有不同的降解机理,而不同的降解机理源自不同菌种产生的不同降解活性物质,这正是低阶煤分级降解技术的基础所在。低阶煤的分级降解技术,实现了多种微生物降解煤机理的联用,达到对煤高效降解的目的。

3. 协同降解方法

煤的微生物降解是一个复杂的系统工程，单一作用往往对煤的降解效果有限。煤的微生物降解 ABCDE 机理（图 17-3）认为微生物降解煤的过程是酶、碱、螯合剂及表面活性剂等多种物质共同作用的结果，因而多种降解煤的活性物质联合作用，可能会产生更好的降解效果，基于此提出了协同降解方法。真菌混合液体培养对煤炭降解效果最好，优于单一菌种的降解效果。在酸性糖蜜发酵条件下的褐煤生物降解，发现细菌发酵糖蜜和细菌降解褐煤之间存在相互刺激和协同关系。微生物聚生体的形成和细菌之间的协同作用增强了煤中木质纤维素的降解，并且更为复杂的底物也导致了更强的协同相互作用。

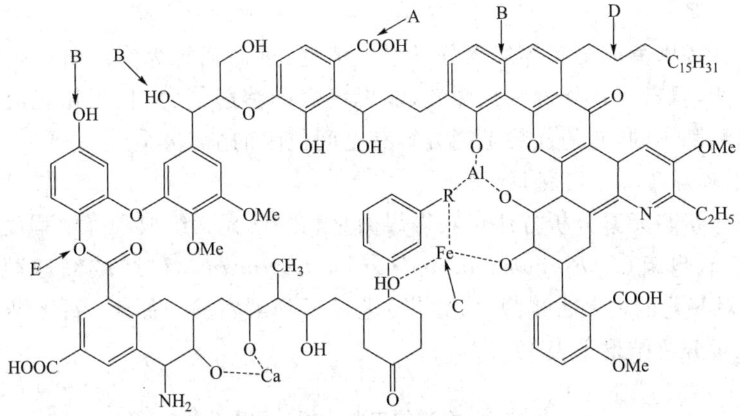

A—碱；B—生物氧化酶；C—螯合剂；D—表面活性剂；E—酯酶。

图 17-3　褐煤降解的 ABCDE 机理

四、煤炭微生物降解机理与降解产物的组成和结构

1. 煤炭微生物降解机理

（1）碱机理

碱机理认为某些真菌和细菌在生长过程中能够产生碱性物质，这种物质可以催化煤溶解和降解。其中放线菌在生长过程中能产生一种胞外物质，这种物质具有热稳定性且对蛋白酶有抵抗性，能够催化液化煤成为黑色液体；芽孢杆菌属对褐煤降解率是随胞外液 pH 值的增高而增强的，分析发现胞外液中的碱性物质是降解过程的关键因素。但不同微生物分泌碱性物质的种类和多寡各异，故而溶煤能力也各有不同。

（2）生物氧化酶机理

迄今为止，所证实的具有降解效果的生物氧化酶主要有锰过氧化物酶（MP）、木质素过氧化物酶（LP）、漆酶（Lac）和其他过氧化物酶。其中对锰过氧化物酶（MP）和木质素过氧化物酶（LP）的研究最多。锰过氧化物酶（MP）和木质素过氧化物酶（LP）可以形成一种阳离子基，能够产生足够的能量破坏煤结构中的共价键。漆酶（Lac）属于铜蓝氧化酶，是一种能够结合铜离子的蛋白质，主要存在于菇类、菌类和植物中。漆酶（Lac）由肽链、糖配基和 Cu^{2+} 三部分组成，真菌中的漆酶同时含有许多同工酶，并以二聚体或单体的形式存在。木质素过氧化物酶（LP）和漆酶（Lac）共同作用可以催化碳碳双键与碳氧双键的断裂。

（3）螯合剂机理

此机理认为微生物在生长过程中会生成螯合剂，螯合剂与煤中的金属离子结合，金属离子被去除，导致煤大分子结构的瓦解，从而实现煤大分子结构的降解，生成水溶性小分子物质。研究表明多价金属离子，如 Ca^{2+}、Fe^{3+} 和 Al^{3+} 在褐煤大分子结构中起到架桥的作用。草酸对微生物降解煤的程度具有一定的影响，是因为草酸可以螯合多价金属离子，特别是 Ca^{2+}、Fe^{3+} 和 Mg^{2+}，从而导致煤大分子的瓦解。

(4) 表面活性剂机理

表面活性剂机理认为表面活性剂通过改变煤表面的电位和亲水性，促进生物酶在煤表面的吸附作用，从而提高煤的降解率。可见，表面活性剂并不是直接作用于煤表面，而是促进生物酶作用于煤表面。

(5) 酯酶机理

酯酶机理认为酯酶能降解煤炭大分子中的酯键，进而瓦解煤炭。研究表明云芝能够分泌一种生物酯酶，具有可诱导性和热敏性，能提高煤的溶解能力，且产物能溶于水。这种生物酯酶与普通酯酶不同，它的优势是能分解有空间位阻的酯键。

2. 微生物降解产物的组成和结构

通过工业分析与元素分析方法可获得煤微生物降解元素组成和降解程度的变化，例如，利用少动鞘脂单胞菌(*Sphingomonas polyaromaticivorans*)和红城红球菌(*Rhodococcus erythropolis*)对氧化的内蒙古褐煤(氧化煤)进行了降解实验。原煤、氧化煤及降解产物的工业分析和元素分析结果见表 17-3。

表 17-3　煤样的工业分析与元素分析

煤样	工业分析/%				元素分析/%				
	M_{ad}	A_d	V_{daf}	FC_{daf}	C_{ad}	H_{ad}	O_{ad}	N_{ad}	$S_{t,ad}$
褐煤	11.56	5.26	50.90	49.10	65.77	4.28	26.35	2.57	0.49
氧化煤	9.78	2.08	57.24	42.76	58.33	3.85	31.53	6.29	0
残煤(*Sphingomonas polyaromaticivorans*)	6.28	5.47	40.52	59.48	57.64	3.61	33.44	5.22	0.09
残煤(*Rhodococcus erythropolis*)	5.92	5.12	42.56	57.44	57.57	3.69	32.69	5.98	0.07

从表 17-3 中可以看出氧化煤的含氧量和含氮量均有所增加，说明硝酸氧化过程中引入了含氧和硝基的官能团。微生物降解的固相产物(残煤)与氧化煤相比，含碳量、含氢量和含氮量均有所下降，含氧量均增加，说明降解过程中氧化煤被降解成小分子进入液相产物，并伴随着氧化作用。残煤的挥发分明显降低，固定碳含量增加，说明氧化煤发生明显降解，煤大分子降解后形成的大量小分子物质进入液相，使固相残渣挥发分降低，另外，从灰分的变化也可以看出，残渣中灰分相对富集。

煤炭微生物转化的液相产物是酸可沉淀，其沉淀又是碱可溶。研究表明，液相产物的浓度越大，越容易被无机酸沉淀。一般当 pH 值小于 2 时，绝大部分降解产物都能被沉淀下来。但是，义马褐煤和淮南次烟煤用真菌降解时，其液相产物是碱可沉淀的，其沉淀是酸可溶。另外，煤炭微生物转化的液相产物极易溶于水，较难溶于甲醇，在有机酸中的溶解度一般随有机溶剂极性的升高而增大。

褐煤及其经 *B. mycoides NS*1020 和 *G. alkanivorans S*7 两种微生物降解后的固相和液

相降解产物的红外光谱分析结果表明，两种微生物降解的固相产物结构相似，在 3 600～2 500 cm^{-1}的波数范围内，透射率降低表明醇羟基、酚羟基和羧酸中所含羟基的数量减少；*G. alkanivorans S7* 处理的固体产物煤样在 1 100 cm^{-1}处出现吸收峰，归属为醚键；微生物降解的液相产物的红外特征峰显示其为典型的腐殖质；此外，3 600～3 200 cm^{-1}波数内的特征峰归属为醇羟基、酚羟基和 N—H 键。这些均说明细菌降解导致褐煤中发生某些共价键断裂以及新键生成。

有机化合物对紫外可见光吸收带的产生原因归于电子跃迁伴随振动能级和转动能级的跃迁，主要跃迁类型有：$\sigma-\sigma^*$、$n-\sigma^*$、$\pi-\pi^*$、$n-\pi^*$ 四种。$\sigma-\sigma^*$ 跃迁需要能量较高，谱带位置在<200 nm 处，对应物质为饱和烃；$n-\sigma^*$ 跃迁所需能量较高，发生在含有未共用电子对(非键电子)原子的饱和有机化合物中，谱带位置在 150～250 nm 的远紫外光区和近紫外光区；$\pi-\pi^*$ 跃迁为强吸收带，多为具有共轭效应的化合物，吸收带位于 200～300 nm 的近紫外光区或可见光区；$n-\pi^*$ 跃迁发生在孤对电子向反键轨道跃迁，简单的生色团中的孤对电子向反键轨道跃迁，谱带位置在 200～400 nm 近紫外光区，主要为含有杂原子的不饱和基团。

用产碱假单胞菌、施氏假单胞菌、铜绿假单胞菌和粗毛栓菌这 4 株菌溶解煤后，对其液相产物进行紫外光谱分析。结果表明，这 4 种溶煤产物的光谱图类似，均在 200 nm 附近有明显的吸收峰，该吸收峰可归属于溶煤产物分子中共轭双键的 $\pi-\pi$ 共轭跃迁，由此可推测液体溶煤产物中存在较多不饱和结构，如醛、酮、酸类物质。此外，该吸收峰也符合芳香化合物的特征吸收峰，说明煤产物中的大相对分子质量芳香类物质被溶解为其他不饱和小相对分子质量物质。

采用核磁共振也可进一步研究微生物降解产物的官能团结构和结构参数。用^{1}HNMR 分析煤微生物转化产物结构时，一般需要将煤进行有机溶剂抽提，然后用^{1}HNMR 探索煤中各类小分子的结构。^{13}C 核磁共振谱(^{13}CNMR)则可用于固相和液相产物的分析，解析煤的碳结构骨架。云芝培养液降解硝酸氧化扎责诺尔褐煤的液相产物中各类质子相对含量为：$H_{芳}$：16.8%，$H_{活}$：54.6%，$H_{脂}$：14.3%，其中芳香氢中还包括醌、苯酚、含氧或含氮杂环化合物甲酸盐及其他具有空间位阻的芳香氢的贡献。活泼氢主要是—OH、—COOH、>NH 和—NH_2基团及溶剂中微量水的贡献，即溶煤产物中主要含有—OH、—COOH、>NH 和—NH_2等基团。

通过 X 射线衍射对原煤、氧化煤和微生物作用后的固相产物进行表征，可获得煤的微晶结构以及芳香族结构大小、原子分布和键长等信息。生物溶煤的液相产物、固相产物(残煤)、氧化煤和原煤的 XRD 分析结果如表 17-4 所示。

表 17-4　各煤样的 XRD 结构参数

煤样	$2\theta_{002}$/(°)	d_{002}/nm	L_c/nm	L_a/nm	N_{ave}/layer
原煤	24.024 3	0.370 41	0.902 75	1.846 92	3.437 16
氧化煤	22.995 9	0.386 74	0.719 54	1.317 66	2.860 55
固相产物(残煤)	21.700 5	0.409 52	0.618 56	1.180 85	2.510 46
液相产物	21.120 3	0.420 64	0.594 85	1.056 65	2.414 16

注：d_{002}—芳香层片间距离；L_c—芳香层片平均堆砌厚度；L_a—芳香层片的平均直径；N_{ave}—芳香层片堆砌层数。

硝酸预处理和微生物溶煤使得煤样的各芳香层片间的距离 d_{002} 逐渐增大，芳香层片堆砌厚度 L_c 逐渐降低，芳香层片的平均直径 L_a 逐渐减小，芳香层片堆砌层数 N_{ave} 相应减少。说明煤的微晶结构不断发生着规律性的变化，芳香层片的堆砌高度降低，芳香层片排列的有序程度降低，煤芳环缩聚程度降低，煤晶核不断减小，煤结构中芳构化程度降低，煤大分子结构发生了降解。

绿孢链霉菌降解光氧化内蒙古胜利褐煤的降解产物为黑色油状液体，经 0.22 μm 微孔滤膜过滤后得到红棕色清亮液体。

由正己烷萃取降解液体产物的 GC-MS 分析表明，降解液中主要为酯、烷烃等化合物，其相对丰度较高的烷烃类化合物主要有：二十一烷、3，3-二甲基己烷等；酯类化合物有：二十二烷酸-1-甲基丁酯、邻苯二甲酸双(2-甲基丙基)酯、十六烷酸甲酯、邻苯二甲酸丁基辛基酯等；杂环化合物有：9-氧代-9，10-二氢吖啶-4-基乙酸、6，8-二氯-2-三氟甲基-4-喹啉等。

五、煤炭微生物降解产物的应用

煤炭的降解产物是一种水溶性的液态产物，该产物含有多种官能团，在工业、农业、牧业和医学等方面均具有较大的应用潜力。被木腐真菌降解的产物可以用于抗氧剂、表面活性剂、树脂、黏合剂、吸附剂和土壤调节剂等。目前煤炭微生物转化技术在选矿、低相对分子质量有机物的转化以及制取新的液体燃料等方面的应用已成为可能。

煤炭的降解产物中含有多酚类物质，该物质可以作为土壤调节剂，改善植物根部的吸收作用，吸附有害化学物质。褐煤的微生物降解产物施用于农作物时，同一菌种的降解液对不同作物的作用不同，不同菌种的降解液对同一种作物的作用也不同。褐煤的微生物降解产物能增加土壤的肥力和活性，对玉米、小麦等农作物的生长有明显的促进作用。

六、煤的微生物气化

煤的微生物气化也是煤微生物转化的重要途径。煤的微生物气化的主要菌种有水解和发酵细菌、产酸细菌和产甲烷古菌。与传统的煤气化技术相比，该技术能耗低、绿色、环保，具有探索的价值。煤制备生物甲烷主要有三个阶段：用化学或物理方法对煤进行预处理，如用酸性催化剂对煤进行粉碎和氧化，生成小分子的煤，并以此作为 ABCDE 机理的底物；解聚煤炭大分子的转化过程，如通过各种微生物将煤的长链烷烃、多环芳烃和复杂芳香族化合物转化为脂肪酸；产甲烷菌发酵脂肪酸，生产生物甲烷。

在微生物转化的初始阶段，煤中复杂的有机化合物被水解细菌分解为简单的分子，如多环芳烃、单环芳香羧酸、酮、单环芳烃、长链烷烃和长链脂肪酸。然后，这些分子通过发酵性厌氧菌转化为短链挥发性脂肪酸、CO_2、H_2 和 HS^-。另外，产醋酸菌，如梭菌属的产醋酸菌，可以通过两种途径产醋酸：挥发性脂肪酸产氢和以氢为电子供体的二氧化碳还原。对参与煤微生物转化的微生物群落的分析，得到属于以下门的厌氧菌：螺旋杆菌、拟杆菌、硬杆菌、变形杆菌、β 变形杆菌和 γ 变形杆菌。这些发酵菌具有强的降解聚合物的能力。产甲烷古菌或产甲烷菌发生作用形成最终产物甲烷。

目前，煤炭微生物气化效率较低，为提高微生物气化的转化率，研究多集中在菌群筛选、煤样预处理以及实验条件的优化。对于同一煤矿区的泥样和煤样，添加外源菌系的煤样比未添加的产甲烷量高且外源菌系的选择对微生物产甲烷有较大影响。用本源菌和外源菌对 5 种煤样进行微生物气化，发现本源菌和外源菌具有相似的成气过程，且 2 种菌源产甲烷的效率相近，但外源菌与煤作用的产氢量明显优于本源菌，说明本源菌中的产氢微生物群落较少。研究发现山西沁水煤田赵庄矿区的本源产甲烷微生物菌群可以对煤进行有效降解，产生甲烷。最优条件为：pH 值为 7.0、温度 30 ℃，煤层气井水与培养基比例为 4∶1，微量元素添加量为 10 mL/L，底物煤粒度 120 网目。Noritaka Aramaki 等人则提出了一种新的地下培养气化(SCG)技术，可以在地下环境中生产甲烷。该方法使用过氧化氢快速分解褐煤作为产甲烷菌的可用基质，褐煤的氧化分解可产生大量的低相对分子质量有机酸，产甲烷菌可将含有有机酸的过氧化氢反应液转化为甲烷。

第二节　燃料电池

一、概述

1. 燃料电池的发电原理

燃料电池是一种电化学装置，其组成与一般电池相同。其单体电池是由阴极（即氧化极）、阳极（即燃料极）以及电解质组成。不同的是一般电池的活性物质贮存在电池内部，因此限制了电池容量；而燃料电池的阴阳极本身不包含活性物质，只是个催化转换元件。因此，燃料电池是把化学能转换为电能的能量转换机器。电池工作时，燃料和氧化剂由外部供给，进行反应。原则上，只要反应物不断输入，产物不断排除，燃料电池就能连续地发电。燃料电池的基本工作原理如图 17-4 所示。

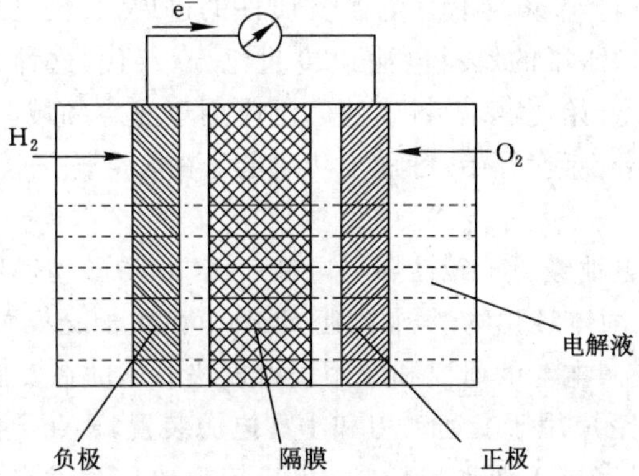

图 17-4　燃料电池的工作原理

这个反应是电解水的逆过程。电极反应为：

阳极：$H_2 = 2H^+ + 2e^-$

阴极：$2H^+ + 1/2O_2 + 2e^- = H_2O$

电池反应：$H_2 + 1/2O_2 = H_2O$

另外，只有燃料电池本体还不能工作，必须有一套相应的辅助系统，包括反应剂供给系统、排热系统、排水系统、电性能控制系统及安全装置等。

在阳极中，供给的燃料气体中的 H_2 分解成 H^+ 和 e^-，H^+ 移动到电解质中与正极中的 O_2 发生反应。e^- 经由外部的负荷回路，再返回到正极，参与阴极的反应。一系列的反应促成了 e^- 不断地经由外部回路，因而就构成了发电。并且从上式可以看出，由 H_2 和 O_2 生成水，除此以外没有其他的反应，H_2 所具有的化学能转变成了电能。但实际上，伴随着电极的反应存在一定的电阻，会引起部分热能产生，由此减少了转换成电能的比例。

2. 燃料电池的特点

由于燃料电池能将燃料中的化学能直接转化为电能，其发电过程不经过卡诺循环，因此可以避免中间能量转换的损失，达到很高的发电效率。目前正在使用的燃料电池的电能转换效率均在 40%～60%之间，若热电合并则效率可达 80%。同时还有以下一些特点：

(1) 不管是满负荷还是部分负荷均能保持高发电效率；

(2) 具有很强的过负载能力；

(3) 发电量由电池堆的大小和组数决定，机组容量的自由度大；

(4) 电池本体的负荷响应性好，用于电网调峰优于其他发电方式；

(5) 无污染：发电过程中没有燃烧，几乎不会产生 NO_x 及 SO_x，同时由于电池结构简单，无转动组件，噪声很低；

(6) 通过与燃料供给装置组合，可以适用的燃料广泛。

因此燃料电池发电系统对电力工业具有极大的吸引力。

3. 燃料电池的历史与发展

1839 年英国的 Grove 发明了燃料电池，并用这种以铂黑为电极催化剂的简单氢氧燃料电池点亮了伦敦讲演厅的照明灯。1889 年 Mood 和 Langer 首先采用了燃料电池这一名称，并获得 200 mA/dm^2 的电流密度。由于发电机和电极反应过程动力学的研究未能跟上，燃料电池的研究直到 20 世纪 50 年代才有了实质性的进展，英国剑桥大学的 Bacon 用高压氢氧制成了具有实用功率水平的燃料电池。20 世纪 60 年代，这种电池成功地应用于阿波罗登月飞船。从 60 年代开始，氢氧燃料电池广泛应用于航空领域。同时，兆瓦级的磷酸燃料电池也研制成功。从 80 年代开始，各种小功率电池在航空、军事、交通等各个领域中得到应用。

近 20 多年来，燃料电池经历了碱性燃料电池(AFC)、磷酸型燃料电池(PAFC)、熔融碳酸盐燃料电池(MCFC)、固体氧化物燃料电池(SOFC)和质子交换膜燃料电池(PEMFC)等几种类型的发展阶段，燃料电池的研究和应用正以极快的速度在发展。AFC 已在航空领域广泛应用，PEMFC 已广泛应用于交通动力和小型电源装置，PAFC 作为中型电源应用进入商业化阶段，MCFC 也已完成工业试验阶段，起步较晚的作为发电最有应用前景的 SOFC 已有几十千瓦的装置完成数千小时的工作考核，相信随着研究的深入还会有新的燃料电池出现。

4. 燃料电池发电的经济性

燃料电池发电与常规的火电投资比较不能单考虑电源投资，还应将长距离输电、配电投资与工厂用电、输电能耗和两种能源转换装置的效率考虑在内。按目前国内天然气最低市价计算，当发电时间超过 70 000 h 以后，用燃料电池发电将比用传统的热机发电更经济。在实际发电工程中还应考虑传统的热机发电占地面积大、环境污染严重的问题。随着燃料电池发电技术的不断完善，造价将不断地降低，特别是在规模化生产后，其造价将大幅度地下降，有理由相信，不久的将来这种发电方式会对传统热机发电构成挑战。

以天然气和净化煤气为燃料的 MCFC 和 SOFC 发电效率高达 55%～65%，而且还可提供优质余热用于联合循环发电，是一种优良的区域性供电电站。热电联供时，燃料利用率高达 80%以上。专家们认为它与各种大型中心电站的关系，颇类似于个人电脑与大型中心计算机的关系，二者互为补充。21 世纪，这种区域性、环境友好的、高效的发电技术有可能发展成为一种主要的供电方式。随着其生产成本的降低，燃料电池也将在我国获得快速的发展，它将对传统的热机发电构成有力的挑战。

二、燃料电池的种类

燃料电池的分类有多种方法，如按照电解质的不同、电池工作温度的高低、燃料的种类和电池的工作方式等来进行分类。目前普遍接受的是按照电解质的不同分为五类：碱性燃料电池、磷酸型燃料电池、质子交换膜燃料电池、固体氧化物燃料电池和熔融碳酸盐燃料电池。

下面分别对以上几种燃料电池的工作原理和发展状况进行简单介绍。

1. 碱性燃料电池

碱性燃料电池是最早得到实际应用的一种燃料电池，早在 19 世纪 60 年代，美国航空航天局(NASA)就成功地将培根型碱性燃料电池用于阿波罗宇宙飞船上，不但为飞船提供电力，也为宇航员提供饮用水。碱性燃料电池采用 35%～50%的 KOH 作为电解液，浸在多孔石棉膜中或装载在双孔电极碱腔中，两侧分别压上多孔的阴极和阳极构成电池。电池的工作温度一般在 60～220 ℃，可在常压或加压条件下工作。

碱性燃料电池的电解质中电流载体是氢氧根离子(OH^-)，从阴极迁移到阳极与氢气反应生成水，水再反扩散回阴极生成氢氧根离子，电极反应如下：

阳极反应：$2H_2+4OH^- \longrightarrow 4H_2O+4e^-$

阴极反应：$O_2+2H_2O+4e^- \longrightarrow 4OH^-$

总反应：$2H_2+O_2 \longrightarrow 2H_2O$

和其他类型的燃料电池相比，碱性燃料电池有一些显著的优点：

(1) 在电解液中，氢气的氧化反应和氧气的还原反应交换电流密度比在酸性电解液中要高，反应更容易进行，因此不像在酸性燃料电池中必须采用铂作为电催化剂，而可以采用非贵金属催化剂，也有足够高的活性。阳极通常采用多孔镍作为电极材料和催化剂，阴极可采用银作为催化剂。这样可以降低燃料电池的成本。

(2) 镍在碱性条件下是稳定的，可以用来做电池的双极板材料，这样可以使电池的成本更低。事实上就电堆而言，碱性燃料电池的制作成本是所有燃料电池中最低的。

(3) 碱性燃料电池的工作电压较高，一般选定在 0.8～0.95 V，电池的效率可以高达 60%～70%，如果不考虑热电联供，碱性燃料电池的电效率是几种燃料电池中最高的。

与其优点相比，碱性燃料电池的缺点同样也非常显著。电池中的碱性电解液非常容易和 CO_2 发生化学反应：

$$CO_2+2OH^- \longrightarrow CO_3^{2-}+H_2O$$

生成的碳酸盐会堵塞电极的孔隙和电解质的通道，使电池的寿命受到影响。所以，电池的燃料和氧化剂必须经过净化处理，将 CO_2 含量降低到每立方米毫克数量级，这使得电池不能直接采用空气作为氧化剂，也不能使用重整气体作为燃料，这极大地限制了碱性燃料电池在地面上的应用，例如作为电动汽车的电源。

在短期看来，碱性燃料电池的应用基本局限在空间、AIP 系统以及固定发电系统等方面，而且面临其他类型燃料电池的竞争，碱性燃料电池的应用前景不容乐观。

2. 磷酸型燃料电池

磷酸型燃料电池采用100%的磷酸(H_3PO_4)做电解质,室温时是固态,相变温度为42 ℃,这样方便电极的制备和电堆的组装。磷酸是包含在类似聚四氟乙烯(PTFE)黏结成的SiC粉末的基质中作为电解质的,基质的厚度一般为100~200 μm。电解质基质两侧分别是附有催化剂的多孔石墨阴极和阳极,各单体之间再采用致密的石墨分隔板把相邻的两片阴极板和阳极板隔开,以防止阳极和阴极气体相互渗透混合。电池的工作温度一般在200 ℃左右,在这样的温度下,需要采用铂作为电催化剂,通常采用具有高比表面积的炭黑作为催化剂载体。单电池的工作电压在0.8 V以下,发电效率为40%~50%,大容量电站效率较高些。如果采用热电联供,总效率可高达80%。

磷酸型燃料电池的电极反应为:

阳极反应:$H_2 + 2H_2O \longrightarrow 2H_3O^+ + 2e^-$

阴极反应:$O_2 + 4H_3O^+ + 4e^- \longrightarrow 6H_2O$

总反应:$2H_2 + O_2 \longrightarrow 2H_2O$

其反应模式如图17-5所示。

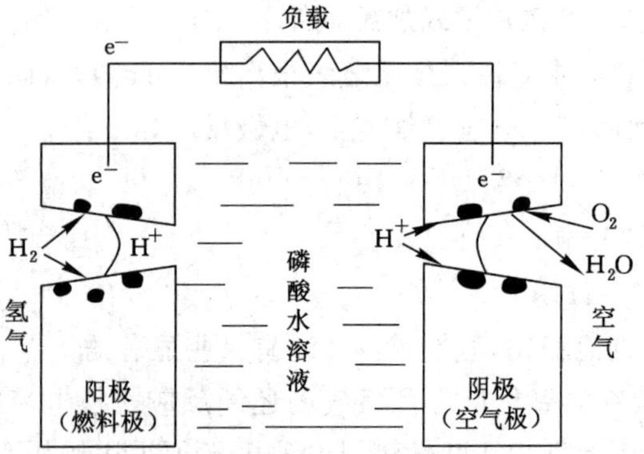

图17-5 磷酸型燃料电池反应模式图

与其他燃料电池相比,磷酸型燃料电池的特点有:

(1) 制作成本低,是目前发展最成熟的燃料电池,已经实现商品化,目前国际上大功率的实用燃料电池电站均是这种燃料电池。

(2) 故障率低,随着技术不断改进,磷酸型燃料电池电站,特别是50 kW和200 kW电站,无故障连续运行时间在不断加长。

(3) 燃料来源丰富,磷酸型燃料电池电站可以使用各种气态或液态燃料,主要是使用天然气或液化天然气,也可以使用液化石油气、甲醇、煤油、沼气等。

(4) 装置紧凑,检修空间小,维修困难。

3. 质子交换膜燃料电池

质子交换膜燃料电池是发展较晚的一种新型燃料电池,但其发展前景极其看好。这种电池的电解质是一种全氟磺酸型固体聚合物,在增湿情况下可传导质子。它一般采用Pt/C或Pt-Ru/C作为电催化剂,H_2或净化重整气为燃料,空气或纯氧为氧化剂,带有气体流动通道的石墨或表面改性的金属板为双极板,工作环境温度一般为60~80 ℃,属低温燃料电池。其主体结构如图17-6所示。

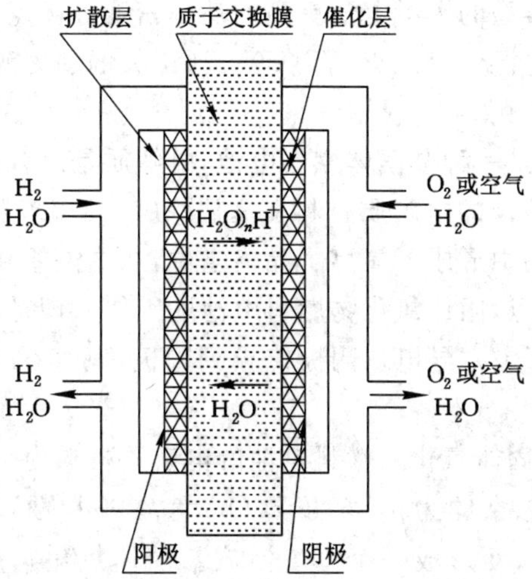

图 17-6　质子交换膜燃料电池主体结构

质子交换膜燃料电池中的电极反应类同于其他酸性电解质燃料电池。阳极催化层中的氢气在催化剂作用下发生反应分解为氢离子和电子，电子经外部电路到达阴极，氢离子则经电解质膜到达阴极。氧气与氢离子及电子在阴极发生反应生成水。其电极反应为：

阳极反应：$H_2 \longrightarrow 2H^+ + 2e^-$

阴极反应：$1/2O_2 + 2H^+ + 2e^- \longrightarrow H_2O$

总反应：$H_2 + 1/2O_2 \longrightarrow H_2O$

生成的水不稀释电解质，而是通过电极随反应尾气排出。多个电池单体根据需要串联或并联，组成不同功率的电池组。同时，电子在外电路的连接下形成电流，通过适当连接向负载输出电能。

质子交换膜燃料电池的主要优点有：

(1) 使用固体电解质膜，可以避免电解质腐蚀。

(2) 工作电流大，比功率高，比能量大。

(3) 可靠性高，维护方便。质子交换膜燃料电池内部构造简单，无机械运动部件，工作时仅有气体和水的流动。电池模块呈现自然的“积木化”结构，使得电池组的组装和维护都非常方便，也很容易实现“免维护”设计。

(4) 发电效率受负荷变化影响很小，非常适合于分散型发电装置。

(5) 冷启动时间短，可在数秒内实现冷启动。

(6) 设计简单，制造方便，体积小，重量轻，便于携带。

(7) 燃料的来源极其广泛，可通过天然气和甲醇等进行重整制氢，也可通过电解水制氢、光解水制氢、生物制氢等方法获取氢气。

质子交换膜燃料电池的主要缺点是：

(1) 膜的价格高，生产所需技术高，能生产的厂家少。

(2) 对 CO 敏感，需要尽可能降低燃料中 CO 的浓度，以避免催化剂中毒。

(3) 催化剂成本较高。由于以贵金属铂作为催化剂，因此催化剂成本较高。

总的来说，质子交换膜燃料电池因其高效、低污染、可连续工作、工作温度低、适宜于频繁启动场合、具有比其他类型的燃料电池更高的功率密度等优点，得到了迅猛发展。其主要用于便携电源、小型移动电源以及汽车、船舶等交通工具的动力源。

4. 固体氧化物燃料电池

固体氧化物燃料电池是一种全固体燃料电池，电解质是复合氧化物，最常用的是氧化钇或氧化钙掺杂的氧化锆，这样的电解质材料在高温(800～1 000 ℃)条件下具有氧离子导电性，因为掺杂的复合氧化物中形成了氧离子晶格空位，在电位差和浓度差的驱动下氧离子可以在陶瓷材料中迁移。所以，固体氧化物燃料电池的工作原理是：氧气在阴极被还原成氧离子，在电解质中通过氧离子空穴导电从阴极传导到阳极，氢气在阳极被氧化，结合氧离子生成水。

目前广泛使用的高温固体氧化物燃料电池的电解质材料为 Y_2O_3稳定化的 ZrO_2。ZrO_2本身不具有离子导电性，掺杂约为 10％的 Y_2O_3后，晶格中的部分 Zr^{4+} 被 Y^{3+} 取代，形成 O^{2-}空穴。每加入两个 Y^{3+} 便形成一个 O^{2-} 空穴。固体氧化物燃料电池的阳极为多孔的 Ni-YSH，阴极材料广泛采用的是掺锶的锰酸镧。阳极和阴极都制作成多孔电极，电解质为致密层以防止气体导通。制备过程中通常将阴极、电解质和阳极三层烧结在一起构成三合一电池组件。其工作原理如图 17-7 所示。

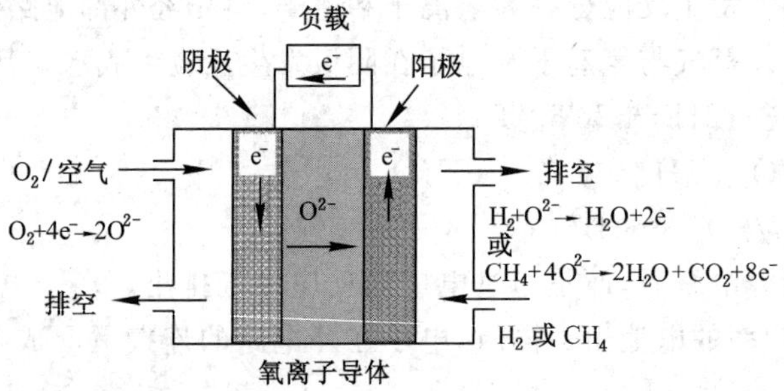

图 17-7　固体氧化物燃料电池工作原理示意图

电池的电极反应为：

阳极反应：$2O^{2-}+2H_2 \longrightarrow 2H_2O+4e^-$

阴极反应：$O_2+4e^- \longrightarrow 2O^{2-}$

总反应：$2H_2+O_2 \longrightarrow 2H_2O$

当前固体氧化物燃料电池的结构设计有：管式、平板式、整体式和分段式，其区别主要在于电池内部功耗损失程度、燃料通道与氧化剂通道之间的密封形式、电池组中单电池之间的电路连接方式。在以上 4 种结构设计中，以管式最为成熟。

固体氧化物燃料电池的特点有：

(1) 燃料转换率高，附产有工业价值的高温废气，可以实现热电联产，不考虑余热回收时燃料转换效率可达 60％以上，若考虑余热的回收利用，整个系统的效率可高达 80％以上。

(2) 较高的电流密度和功率密度，可以达到 1 MW/m^3，对块状设计有可能达到3 MW/m^3。

(3) 燃料选择性强，可直接使用氢气、天然气、煤气、生物气及甲醇等作为燃料，且不必使用铂等贵金属作为催化剂。

(4) 阳、阴极的极化可以忽略,极化损失集中在电解质阻力降。

(5) 全固态元件,无腐蚀漏液。

美国对固体氧化物燃料电池的研究处于世界领先地位。目前美国国内进行该项目的单位主要有西屋电气公司、霍尼韦尔国际公司等。作为日本"月光计划"的一部分,日本国内的三菱重工业股份有限公司在这一方面发展迅速,计划将固体氧化物燃料电池推入实用化水平。我国国内固体氧化物燃料电池的主要研制单位有中国科学院大连化学物理研究所、中国科学院上海硅酸盐研究所、吉林大学、中国科学技术大学等单位,目前已具备了研制数千瓦级固体氧化物燃料电池发电系统的能力。

5. 熔融碳酸盐燃料电池

熔融碳酸盐燃料电池是20世纪50年代后发展起来的一种中高温燃料电池,工作温度在600~650 ℃。与低温燃料电池相比,高温燃料电池具有明显的优势。

(1) 可以使用化石燃料,燃料重整温度高,可以与温度较高的电池实现热量耦合,甚至可以直接在电池内部进行燃料的重整,使系统得到简化。

(2) 温度较高的电池产生的废热具有更高的利用价值,可以实现热电联供,使电池的总效率提升至80%。

(3) 低温下CO容易使催化剂中毒,而在高温下,CO却是一种燃料,故可直接用净化煤气或天然气做燃料。

(4) 以熔融碳酸盐为电解质,不需用铂等贵重金属作为催化剂。

(5) 电池反应中载流子不需要水作为介质,避免了低温电池复杂的水管理系统。

熔融碳酸盐燃料电池采用碳酸盐作为电解质,其中的载流子是碳酸根离子。在阴极氧气和二氧化碳一起在催化剂作用下被氧化成碳酸根离子,在电解液中迁移到阳极,与氢气作用生成二氧化碳和水。其电极反应和总反应如下:

阳极反应:$H_2+CO_3^{2-} \longrightarrow H_2O+CO_2+2e^-$

阴极反应:$\frac{1}{2}O_2+CO_2+2e^- \longrightarrow CO_3^{2-}$

总反应:$H_2+\frac{1}{2}O_2+CO_{2,c} \longrightarrow H_2O+CO_{2,a}$

总反应式中CO_2的下角标c和a分别表示阴极和阳极。可以看出,整个电池反应中,阴极消耗CO_2而阳极生成CO_2,为了维持系统中CO_2的平衡,需要在阴极反应中加入CO_2。可以采用阳极的尾气与阴极反应气混合后进气或者外加CO_2气源。电池的工作原理如图17-8所示。

上述反应中,CO不是直接在电极上被氧化,而是通过水汽置换反应生成氢气参与电池反应的,这一反应在电池工作温度下是一个快速反应:

$$CO+H_2O \longrightarrow CO_2+H_2$$

熔融碳酸盐燃料电池的电解质为Li_2CO_3-Na_2CO_3或者Li_2CO_3-K_2CO_3的混合物熔盐,浸在用$LiAlO_2$制成的多孔隔膜中制成。阳极催化剂通常采用Ni-Cr、Ni-Al合金,阴极催化剂则普遍采用NiO。将电极催化剂和增塑剂、黏结剂等混合制成多孔扩散电极,加上双极板构成燃料电池。熔融碳酸盐燃料电池的双极板通常采用不锈钢或镍基合金钢制成。

三、燃料电池系统

图17-9所示是燃料电池发电系统框图。燃料电池的工作过程与内燃机相似,也是必须

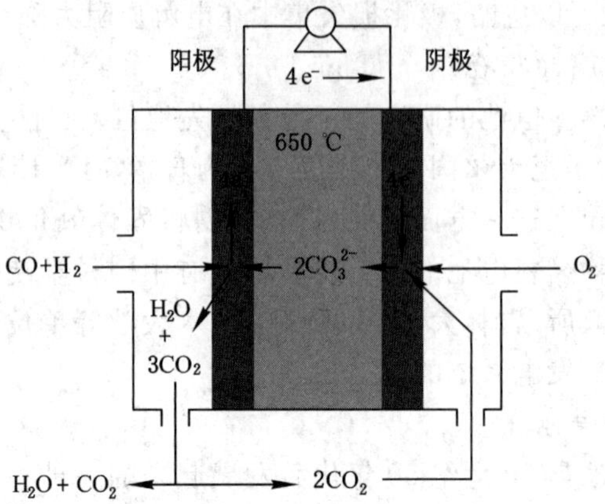

图 17-8　熔融碳酸盐燃料电池的工作原理示意图

不断地向内部送入燃料气体与氧化剂，才能够确保连续稳定运行，同时，燃料电池还必须能够排出反应产物，如氢氧燃料电池中所产生的水和热。

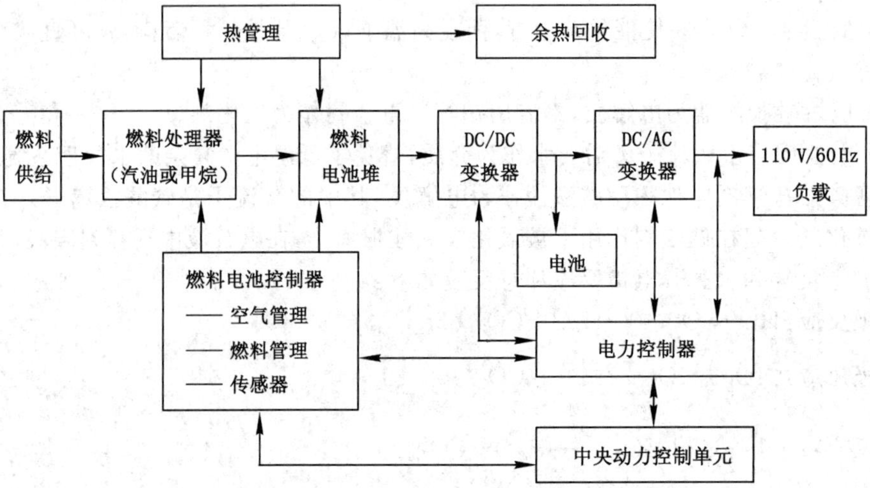

图 17-9　燃料电池发电系统框图

燃料电池输出为直流电，当燃料电池的内电阻高的时候具有较好的抗短路性能，然而，当负载变化幅度加大时，其输出电压变化幅度也加大。因此，对于要求在负载变化时能够输出稳定电压的直流电用户，必须加装直流/直流(DC/DC)变换器，而对于交流电用户或需要与电网并联的燃料电池发电站，则必须将直流电转换成交流电，需要加装直流/交流(DC/AC)变换器。此外，目前燃料电池的电能转换效率在 40%～60%之间，因此有接近一半的化学能需要以热的形式表现，而为了保证电池工作温度的稳定，必须将这些废热排放出去或回收加以再利用。一般而言，中低温燃料电池大都以热回收系统将废热变成可利用的蒸汽，而高温燃料电池则与其他发电装置，如涡轮机发电系统，组成联合发电系统，以提高发电效率与燃料利用率。

以燃料电池堆为核心所构成的燃料电池发电系统除了必须具备上述子系统之外，最重要的还必须具有燃料电池控制器，如此才能够进行气、热、水、电的管理和控制。

四、燃料电池的应用

在军事上，燃料电池以其高效、多面性、使用时间长以及宁静工作的特点而特别适合于军事工作对电力的需要。现在已有多种燃料电池开始以各种形态为绝大多数军事装置供电。

在运输方面，大多数车辆生产商视质子交换膜燃料电池为内燃机的后继者，通用、福特、戴姆勒-克莱斯勒、丰田、本田以及其他许多公司都已生产出使用该技术的原型。其中加拿大 Ballard 公司、美国福特公司和德国戴姆勒-克莱斯勒公司组成联盟，福特推出的 P2000HFC 和德国戴姆勒-克莱斯勒公司推出的 NECAR4 比较著名，二者均由两台 Ballard 公司的 35 kW 质子交换膜燃料电池组提供动力。

在移动装置上，微型燃料电池因其使用寿命长、质量轻和充电方便等优点，比常规电池具有得天独厚的优势。目前，美国正在实验以直接甲醇燃料电池为动力的移动电话；德国则在实验以这种能源为动力的笔记本电脑；日本的东芝、卡西欧公司生产的燃料电池样品使手提式电脑重量大大减轻并且延长了连续使用时间，而且其使用费用非常低。

在固定电源的应用上，截至目前，燃料电池生产商的注意力均集中于非居民的应用。在不久的将来，诸如熔融碳酸盐燃料电池和固态氧化物燃料电池等高温燃料电池将用于大型的工业设施和兆瓦级的发电厂。当工作温度上升到 600～1 100 ℃时，这种高温燃料电池可以耐受氢污染源，因此可以使用未加重整的天然气、柴油或汽油。此外，它们所产生的热能还可用来驱动蒸汽机再进行发电。国际能源界预测，燃料电池是 21 世纪最有吸引力的发电方法之一。

第三节 燃煤磁流体发电技术

一、概述

磁流体发电是一门综合性十分强的技术，它必须应用其他尖端科学技术领域的最新成果，才能体现出本身的优越性。譬如不采用超导体，就谈不上磁流体发电的高效率；没有性能优异的高温材料，也不太可能有长的寿命；没有高效率的种子回收装置和其他相应措施，根本谈不上减少环境污染；等等。磁流体发电的发展前景取决于磁流体动力学、高温技术、低温超导技术、等离子物理和热物理等科学技术所能取得的突破与进展，也有赖于国际的广泛合作。

目前世界上大部分国家是以火力发电为主，煤、重油、天然气是电力生产的主要原料。这种发电方式，热电转换效率很低，一般不超过 40%，且给环境带来严重的污染，特别是燃煤电站。我国电力生产比较落后，仍以煤电为主，所以效率更低，平均效率只有 30%，且几乎都不配备脱硫装置，污染更为严重。而磁流体发电恰好具有效率高和污染少的特点。

二、磁流体发电原理

磁流体发电的原理是把超导磁铁的磁场附加于流路，使高温导电流体高速通过磁场并切割磁力线，于是出现电磁感应现象而使得导体中出现感应电动势。当在闭合回路中接有负载时，就会有电流输出。磁流体发电不像传统的火力发电那样，要先将热能转换成机械能，然后再将机械能转换成电能，而是直接将热能转换为电能。

磁流体发电机由燃料室、通道、磁体三个基本部件组成(图 17-10)。其工作过程大致如下:燃料和氧化剂通过喷油嘴注入燃烧室,产生 3 000 K 左右的高温燃气(等离子体),经过喷管加速到 1 000 m/s,然后进入垂直磁场中的通道,洛伦兹力引起离子、电子分别趋向两电极,从而使两个电极间产生电势差,然后就能从电极引出电流。如果不断地提供等离子体,就能在两电极上连续地输出电能。不是任何高速高温气流流过发电通道都能发电,必须是具有一定电导率的高速电离气体,即通常所说的等离子体,才能在磁场作用下产生热电转换。

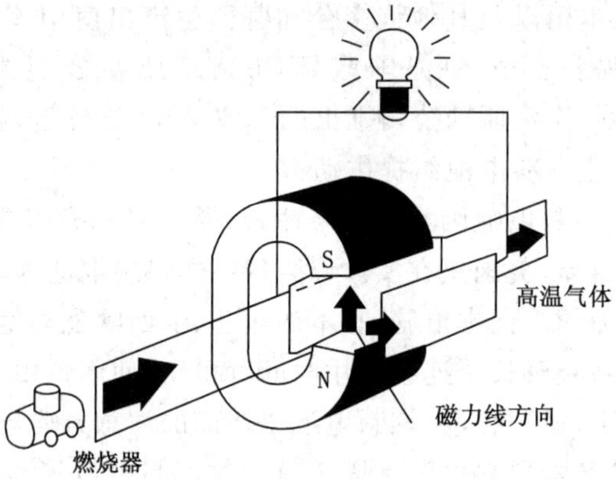

图 17-10　磁流体发电机示意图

普通气体大约需要加温到 6 000 ℃以上才能产生微弱的电离,总的来说,这样高的温度是一般碳氢燃料燃烧方式所不可能达到的。要使气体具有磁流体发电机所要求的电导率,一方面采用可能达到更高温度的燃烧方式,如纯氧燃烧、富氧燃烧或将助燃气体预热至 1 700 K 以上;另一方面,则在高温燃气中添加一定质量比的容易电离的低电离能物质,如钾盐、铯盐等,将这些低电离能的物质称作种子。在自然界中,铯的电离能低,为 3.9 eV,其次是钾,其电离能为 4.3 eV。由于铯的价格贵,因此,铯只用在封闭式循环磁流体发电机中,对开放式循环燃烧磁流体发电机,一般采用钾盐做种子。

假定气流的速度为 u(m/s),磁感应强度为 B(T),电极间的距离为 h(m),则两极间的感应电势为:

$$\varepsilon = uBh \tag{17-1}$$

如果气流的电导率为 σ(S/m),则由电磁感应产生的电流密度为:

$$J = \sigma(uB - E) \tag{17-2}$$

式中　E——外负荷的电场。

发电机的输出功率为:

$$P = k(1-k)\sigma u^2 B^2 V \tag{17-3}$$

式中　σ——导电流体的电导率,S/m;

u——导电流体的速度,m/s;

B——磁感应强度,T;

V——发电机体积,m^3;

k——负荷系数,定义为外负荷电压降和感应电势之比(即等于负载电阻与负载电阻和发电机内阻之和之比),一般在 0.6～0.8 之间。

在理想情况下，磁流体发电机的输出功率与速度、磁感应强度的平方成正比，并且具有一般发电机的输出特性。即当磁流体发电机的电阻等于外负荷电阻时，发电机的输出功率最大。但实际的磁流体发电机，其关系要复杂得多，这里不做详细介绍。

三、磁流体装置简介

1. 磁流体发电装置的种类

磁流体发电装置按作用流体可分为三类。

(1) 开式循环磁流体发电装置

开式循环磁流体发电装置以煤或天然气等为燃料，可获得 2 700 ℃的高温气体。由于燃烧气体电导率低，需向燃烧气体中添加电离电压低的低碱性金属化合物，以促进电离，增强导电性。被点火引燃的气体导入磁流体发电机进行发电，然后，导入换热设备为燃烧用空气预热，或为锅炉加热，产生蒸汽，驱动蒸汽轮机发电。

(2) 闭式循环磁流体发电装置

闭式循环磁流体发电装置的热源可以是煤、高温气体炉，也可以是核聚变炉。当前主要还是利用天然气进行燃烧，加热热交换器内的蓄热体，然后将氢或氦等稀有气体通入热交换器内，加热到 1 800～2 000 ℃，再添加数十至数百 ppm(百万分之一)的钾或铯等碱性金属，一起导入磁流体发电机。尽管闭式循环磁流体发电装置的气体温度比开式循环低，但通过非平衡电离的作用，却大大提高了电导率。

(3) 液体金属磁流体发电装置

液体金属具有高电导率和高导热率，这种发电装置适用于宇宙空间和特殊的环境条件。

2. 磁流体发电机的主要部件

(1) 燃烧室

燃料在燃烧室中充分燃烧，钾盐电离种子在燃烧室中得到电离，生成燃烧产物等离子体，因此磁流体发电用燃烧室实质上是低温等离子发生器。这也是它与通常民用燃烧室最大不同之处。为了使燃气具有一定的电导率，此类燃烧室燃烧温度很高，一般在 3 000 K 左右。为了尽可能减少燃烧室的热损失，在保证较高的燃烧效率的前提下，燃烧室结构非常紧凑，体积较小，因此它的热强度要比通常民用燃烧室高 1～2 个数量级。为了减少在高温情况下氧化氮物的形成，燃烧室中余氧系数略低于 1。燃烧室一般采用液态排渣，而且要保证排渣过程与种子电离过程分开。除此之外，在磁流体发电与蒸汽发电组成联合循环时，燃烧室还处于对地高电位情况下运行。燃烧室的这些特点使它比常用燃烧室技术难度大得多。

(2) 发电通道

发电通道是磁流体发电系统的核心部件，热能直接转换成电能就在发电通道内进行。发电通道的结构有其自己的特点，很难在其他技术领域找到类似的结构。从外形来分，发电通道可分为直线型通道和盘式通道两种结构；从负载连接方式来分，发电通道可分为分段法拉第型通道、斜联型通道和霍耳型通道。以直线型发电通道研究得最多，它的外形好似一个长方形盒子。高温电离气体从其一端进入，而从另一端排出。它的四个壁，相对的两个为电极壁，另外相对的两个为绝缘壁。在电极壁上装置数百对电极组件，它们相互要用绝缘壁隔开，在绝缘壁上装置数百对绝缘组件。电极与绝缘组件均要用水冷却，并封闭于对地绝缘的外壳内，外壳一般用玻璃钢制成。高速(1 000 m/s 左右)、高温(2 000～3 000 K 左右)气体在通道中通过，并将其感应电流在电极上引出，因此它的技术难度很大，结构也比较复杂。

特别是燃煤发电通道，煤渣会对电极产生电化学侵蚀，这是磁流体发电研究的一个难点。燃烧室通过加速喷管与发电通道连接。

(3) 超导磁体

超导磁体为磁流体发电通道提供磁场。从式(17-3)中可知，发电功率与磁感应强度的平方成正比。因此，在磁流体发电装置中，磁感应强度高达 4～6 T。而常规发电机中，气隙中磁感应强度一般在 1～1.2 T。如此高的磁感应强度只能用超导磁体来提供。在目前技术发展情况下，这种超导磁体只能是低温，即液氦温度下超导磁体。超导磁体按线圈绕制形式来分，可分为圆形(螺管形)、跑道形和圆鞍形三种。盘式发电通道可以采用圆形线圈超导磁体，这种磁体结构比较简单，线圈各点所受的电磁力比较均匀。但是直线型发电通道，必须采用跑道形或圆鞍形线圈超导磁体，而且为了取得比较均匀的磁场分布，最好采用圆鞍形线圈超导磁体，这种线圈绕制工序较难，结构复杂。目前，要绕制大型圆鞍形线圈，技术上还有一定困难，需要克服。随着超导技术的发展，将来磁流体发电用的超导磁体也可能采用高温(液氮温度)下超导磁体，那么投资及运行费用将大大降低。前面所提到的发电通道位于超导磁体的室温空间内，两者组成磁流体发电机。

要得到有用的功率，磁流体发电机必须具有较高电导率的电导流体、较高的流体速度和较高的磁感应强度。一般磁流体发电机以气体作为介质。

3. 磁流体发电系统的几个主要特点

磁流体发电是一种新型直接发电方式，与传统的火力发电相比，具有以下主要特点。

(1) 效率高

磁流体发电机与普通火力发电机从整个热循环效率角度来比较，磁流体发电机的效率高。磁流体发电机由于没有转动部件，其工质的运行温度可以大大提高。如果将磁流体发电机作为一般蒸汽电站的前置，让高温气体首先在磁流体发电机中发电，然后将其 1 800 ℃左右的尾气通入蒸汽电站系统，利用热能产生的蒸汽再一次发电，即两次发电，就能达到较高的热电转换效率，这种联合循环的效率可用下式表示：

$$\eta = \eta_{\mathrm{MHD}} + \eta_{蒸}(1 - \eta_{\mathrm{MHD}}) \tag{17-4}$$

式中，η_{MHD}为磁流体发电循环效率，一般在 20%左右；$\eta_{蒸}$ 为普通蒸汽循环效率，约为 40%，则总的循环效率 $\eta=52\%$。这就大大高于目前电站的循环效率。

(2) 环境污染小

随着工业生产规模的扩大，减少环境污染已成为公众日益关注并迫在眉睫的重大问题。普通火力发电厂造成环境污染，大体上可归结为以下两个方面：① 排烟中的氧化硫和氧化氮造成大气污染；② 大量的冷却水排出，使得河水或海水的温度上升，破坏自然生态平衡，造成热污染。这些已经在某些国家成为严重问题，不得不花费大量的资金，附加净化或脱硫装置，减少对环境的污染。磁流体发电由于技术本身要求燃气中加进一定质量百分比的钾盐做种子，钾与硫具有很强的化学亲和力。因此，燃气在经过通道发电进入下一级蒸汽锅炉时，随着温度的降低，燃气中的种子逐渐形成硫酸钾，最后被种子回收装置所收集。这样，就对原来燃料中的硫成分起到了自动脱硫的作用，大大减少了对大气的污染。此外，由于磁流体发电的总循环效率比较高，这样热污染就自然要比普通火力发电厂少 1/3 左右，而比普通原子能电厂要减少 1/2 以上。

(3) 发电设备结构紧凑，启停迅速

因为磁流体发电以导电流体(等离子体)代替了一般发电设备中的转子,以磁体代替了定子,省去了机械旋转部件,又不需高压蒸汽去推动汽轮机,从而达到了提高热效率和简化设备的目的。磁流体发电站的造价约为常规同容量火力电站的 1/4,这一优点是十分吸引人的。磁流体发电的另一优点在于启停极为迅速,从点火到满负荷运转,只需几十秒时间,这是一般发电系统无法与之比拟的。磁流体发电系统的这一优点赋予它具有适应某些特殊应用的能力,如特别适用于军事设备和科研装置的一些需要短时间大功率电源或尖峰负荷电源。

思 考 题

1. 请列举可被微生物降解的煤种,讨论一下煤炭预处理的必要性。
2. 请比较各类微生物的特点,谈谈降解煤炭时选取微生物的原则。
3. 分析书中煤炭微生物转化方法的优缺点。
4. 比较煤炭微生物降解产物的分离和分析方法。
5. 预测煤炭微生物转化产物的应用前景。

参考文献

[1] ADAM C RADY, SARBJIT GIDDEY, ANIRUDDHA KULKARNI, et al. Direct carbon fuel cell operation on brown coal[J]. Applied Energy,2014,120:56-64.

[2] AKIMBEKOV N,DIGEL I,QIAO X,et al. Lignite biosolubilization by bacillus sp. RKB 2 and characterization of its products[J]. Geomicrobiology Journal,2020,37:255-261.

[3] ARAMAKI N,TAMAMURA S,UENO A,et al. Experimental investigation on the feasibility of industrial methane production in the subsurface environment via microbial activities in northern Hokkaido, Japan-A process involving subsurface cultivation and gasification [J]. Energy Conversion and Management, 2017, 153: 566-575.

[4] ATESOK G. The effect of coal properties on the viscosity of coal-water slurries[J]. Fuel,2002 (81):1855-1858.

[5] COHEN M S,GABRIELE P D. Degradation of coal by the fungi polyporus versicolor and poria monticola[J]. Human Molecular Genetics,1982,44(1):23-27.

[6] FAKOUSSA R M, HOFRICHTER M. Biotechnology and microbiology of coal degradation[J]. Applied Microbiology and Biotechnology,1999,52(1):25-40.

[7] FANG JING LIU, XIAN YONG WEI, MAO HONG FAN, et al. Separation and structural characterization of the value-added chemicals from mild degradation of lignites:a review[J]. Applied Energy,2016,170:415-436.

[8] FENG X, SUN J H, XIE Y H. Degradation of Shanxi lignite by trichoderma citrinoviride[J]. Fuel,2021,291:120204.

[9] GARIMA MITTAL, VIVEK DHAND, KYONG YOP RHEE, et al. A review on carbon nanotubes and graphene as fillers in reinforced polymer nanocomposites[J]. Journal of Industrial and Engineering Chemistry,2015,21:11-25.

[10] GHANI M J, AKHTAR K, KHALIQ S, et al. Characterization of humic acids produced from fungal liquefaction of low-grade Thar coal[J]. Process Biochemistry, 2021,107:1-12.

[11] GUO H Y, ZHAO S F, XIA D P, et al. Efficient utilization of coal slime using anaerobic fermentation technology[J]. Bioresource Technology,2021,332:125072.

[12] KANG H L,LIU X R,ZHANG Y W,et al. Bacteria solubilization of Shenmu lignite: influence of surfactants and characterization of the biosolubilization products[J]. Energy Sources, Part A: Recovery, Utilization, and Environmental Effects, 2021, 43

(10):1162-1180.

[13] KWIATOS N, JEDRZEJCZAK-KRZEPKOWSKA M, STRZELECKI B, et al. Improvement of efficiency of brown coal biosolubilization by novel recombinant Fusarium oxysporum laccase[J]. AMB Express,2018,8(1):133.

[14] LI Z,FU Y,ZHOU A,et al. Air impact pulverization-precise classification process to support ultraclean coal production[J]. Powder Technology,2017,318:231-241.

[15] NIKOLAOS NIKOLOPOULOS, IOANNIS VIOLIDAKIS, EMMANOUIL KARAMPINIS,et al. Report on comparison among current industrial scale lignite drying technologies (A critical review of current technologies)[J]. Fuel,2015,155:86-114.

[16] SHI K Y,GUI X H,TAO X X,et al. Macromolecular structural unit construction of Fushun nitric-acid-oxidized coal[J]. Energy & Fuels,2015,29(6):3566-3572.

[17] SHI K Y, LIU Y, CHEN P, et al. Contribution of lignin peroxidase, manganese peroxidase,and laccase in lignite degradation by mixed white-rot fungi[J]. Waste and Biomass Valorization,2021,12(7):3753-3763.

[18] SHI K Y, TAO X X, YIN S D, et al. Bio-liquefaction of Fushun lignite: characterization of newly isolated lignite liquefying fungus and liquefaction products [J]. Procedia Earth and Planetary Science,2009,1(1):627-633.

[19] YANG Y, YANG J S, LI B Z, et al. An esterase from penicillium decumbens P6 involved in lignite depolymerization[J]. Fuel,2018,214:416-422.

[20] YAO J H, XIAO L, YAN C W, et al. Bioliquefaction of the extracts from shengli lignite[J]. Fuel,2018,219:340-343.

[21] ZHANG D, HE H, REN Y, et al. A mini review on biotransformation of coal to methane by enhancement of chemical pretreatment[J]. Fuel,2022,308:121961.

[22] ZHAO W, YANG F, YANG Z, et al. Interface structure between vitrinite and inertinite from shenmu coal during pyrolysis[J]. 2017(1):179-186.

[23] 常丽萍.煤液化技术研究现状及其发展趋势[J].现代化工,2005,25(10):17-20.

[24] 陈昌国,鲜学福.煤结构的研究及其发展[J].煤炭转化,1998,21(2):7-13.

[25] 陈欣.天津港生态型煤码头的建设与对策研究[D].大连:大连海事大学,2014.

[26] 程君,周安宁,李建伟.煤结构研究进展[J].煤炭转化,2001,24(4):1-6.

[27] 邓加耀,张会强,吴坚,等.粒度、压力和水分对型煤冷态强度的影响[J].工程热物理学报,2004,25(S1):182-184.

[28] 董文多.基于成本最小化的电煤运输路径优化研究[D].北京:华北电力大学,2018:59-60.

[29] 段振豪,孙枢,张驰,等.减少温室气体向大气层的排放:CO_2地下储藏研究[J].地质论评,2004,50(5):514-519.

[30] 方雪平,赵坚宇,孙利美,等.K-燃料褐煤提质工艺技术[J].煤炭加工与综合利用,2011(2):52-54.

[31] 高晋生,张德祥.煤液化技术[M].北京:化学工业出版社,2005.

[32] 葛岭梅.洁净煤技术概论[M].北京:煤炭工业出版社,1997.
[33] 顾念组.燃煤电厂脱硫的现状分析和防治对策[J].热能动力工程,2000,15(2):91-92.
[34] 郭雅妹,于洋,张馨予,等.褐煤脱水提质技术的研究进展[J].煤炭加工与综合利用,2016(9):70-72.
[35] 韩才元,徐明厚,周怀春,等.煤粉燃烧[M].北京:科学出版社,2001.
[36] 汉锋,张思雨,吴宾,等.煤码头煤尘职业健康影响风险评估[J].卫生研究,2017,46(2):282-286.
[37] 郝春雁,赵亚芝,吴仪.秦皇岛港煤炭运输环境的分析[J].无线互联科技,2013(1):195.
[38] 郝临山.洁净煤技术[M].北京:化学工业出版社,2005.
[39] 贺永德.现代煤化工技术手册[M].北京:化学工业出版社,2003.
[40] 黄镇江,刘凤君.燃料电池及其应用[M].北京:电子工业出版社,2005.
[41] 姬海刚,刘欢,张继发,等.浅谈洁净煤发电技术[J].机电信息,2016(9):77.
[42] 嵇顺.生物质混煤协同优化燃烧机制研究[D].扬州:扬州大学,2019.
[43] 金国森.除尘设备[M].北京:化学工业出版社,2002.
[44] 李红艳,贾林祥.煤层气液化技术[J].中国煤层气,2006,3(3):32-33.
[45] 李华,林器.碱金属、碱土金属和过渡金属对煤的催化氧化作用[J].大连理工大学学报,1989(3):289-294.
[46] 李建涛,刘向荣,皮淑颖,等.煤的微生物转化研究进展[J].西安科技大学学报,2017,37(1):106-120.
[47] 李克健,史士东,李文博,等.德国 IGOR 煤液化工艺及云南先锋褐煤液化[J].煤炭转化,2001,24(2):13-16.
[48] 梁晓平,苏成德.粉煤灰综合利用现状及发展趋势[J].河北理工学院学报,2005,27(3):148-150.
[49] 梁兴,詹隆,王国房,等.水煤浆制备工艺的应用与发展[J].煤炭加工与综合利用,2006(5):51-55.
[50] 廖洪强,李文.煤热解机理研究新进展[J].煤炭转化,1996,19(3):1-8.
[51] 刘炯天,王永田,曹亦俊,等.浮选柱技术的研究现状及发展趋势[J].选煤技术,2006(5):25-29.
[52] 刘生玉,李雪辉,郭建英,等.控制煤尘污染固化剂的研制[J].中国煤炭,2010,36(4):112-114.
[53] 刘文华.洁净煤技术与洁净煤燃烧发电[J].能源与环境,2011(4):49-51.
[54] 罗道成,刘俊峰,易平贵,等.煤系硫铁矿综合利用发展现状与建议[J].无机盐工业,2002,34(2):20-22.
[55] 毛健雄.煤的清洁燃烧[M].北京:科学出版社,1998.
[56] 毛健雄.燃煤耦合生物质发电[J].分布式能源,2017,2(5):47-54.
[57] 欧阳中华.煤燃烧中重金属对环境污染的研究[D].武汉:华中理工大学,1995.
[58] 彭政康.半焦/烟煤混燃特性试验研究[D].哈尔滨:哈尔滨工业大学,2020.
[59] 芩可法,姚强,骆仲泱,等.燃烧理论与污染控制[M].北京:机械工业出版社,2004.

[60] 丘继存.选矿学[M].北京:冶金工业出版社,1987.
[61] 石晨,刘向荣,胡雪华.友好戈登氏菌降解内蒙古白音华褐煤的工艺条件探究[J].应用化工,2021,50(8):2113-2119.
[62] 苏现波,陈江峰,孙俊民.煤层气地质学与勘探开发[M].北京:科学技术出版社,2001.
[63] 孙丽梅,单忠健.国外选煤工业现状与煤炭发展趋势[J].选煤技术,2005(2):49-52.
[64] 孙孝仁.型煤粘结剂及其发展趋向[J].科技情报开发与经济,1999(1):11-13.
[65] 陶鹏万,古共伟.煤矿区煤层气制氢技术的探讨[J].中国煤层气,2006,3(4):24-27.
[66] 田贵全.德国固体废物热解技术现状与原理[J].环境科学动态,2005(1):31-33.
[67] 佟威,孙玉梅,韩威,等.关于微生物溶煤作用几个影响因素的研究[J].煤炭转化,1996(3):63-68.
[68] 汪群慧.固体废物处理及资源化[M].北京:化学工业出版社,2004.
[69] 汪晓芹,廖晓兰,周安宁,等.聚苯胺及其复合材料研究现状[J].应用化工,2001,30(1):4-6.
[70] 王敦曾.选煤新技术的研究与应用[M].北京:煤炭工业出版社,2005.
[71] 王红岩.煤层气富集成藏规律[M].北京:石油工业出版社,2005.
[72] 王绍文,梁富智,王纪曾.固体废弃物资源化技术及应用[M].北京:冶金工业出版社,2003.
[73] 王威.褐煤大分子结构模型及静态微观参数特征[J].2015,34(6):260-262.
[74] 王小洋,李先国.能源革命背景下我国煤炭运输通道的发展趋势及对策[J].中国流通经济,2019,33(10):67-75.
[75] 吴春来,舒歌平.中国煤的直接液化研究[J].煤炭科学技术,1996(4):12-16.
[76] 项光明,姚强,何苏浩,等.烟气脱硫技术的研发进展[J].中国煤炭,2002,28(2):39-42.
[77] 谢青龙.煤炭铁路沿线粉尘污染监测系统设计[J].中国高新科技,2021(13):73-74.
[78] 邢哲.循环流化床燃烧技术介绍[J].品牌与标准化,2017(4):82-84.
[79] 徐谷衡.煤催化燃烧机理及应用研究[D].上海:同济大学,1992.
[80] 徐志强,杨獍,任阳光,等.微波提质褐煤复吸特性的试验研究[J].煤炭学报,2015,40(S2):486-490.
[81] 许渊源,孙涛.循环流化床燃烧技术在大型火电厂中的应用[J].科技信息,2011(8):471.
[82] 薛建宏,卢威,陆遒.循环流化床锅炉技术的现状及发展前景[J].山东工业技术,2016(13):82.
[83] 杨晓杰.中国煤系高岭岩资源特点和加工利用技术现状[J].选煤技术,2004(4):11-14.
[84] 杨亚利,王志超,杨忠灿,等.褐煤等温干燥过程及动力学研究[J].洁净煤技术,2017,23(1):20-23.
[85] 姚强.洁净煤技术[M].北京:化学工业出版社,2005.
[86] 衣宝廉.燃料电池——原理·技术·应用[M].北京:化学工业出版社,2003.
[87] 尹苏东,陶秀祥.微生物溶煤研究进展[J].洁净煤技术,2005,11(4):34-38.

[88] 于利红,李滕,李彩艳,等.整体煤气化联合循环发电系统发展现状[J].山东化工,2020,49(22):109.
[89] 于新胜,陈益滨.管道输煤技术应用现状及展望[J].煤炭工程,2020,52(5):1-4.
[90] 曾凡,胡永平,杨毅,等.矿物加工颗粒学[M].徐州:中国矿业大学出版社,2001.
[91] 曾汉才.燃烧与污染[M].武汉:华中理工大学出版社,1992.
[92] 张阿玲,方栋.温室气体 CO_2 的控制和回收利用[M].北京:中国环境科学出版社,1996.
[93] 张磊,叶飞.超(超)临界火力发电技术[M].北京:中国水利水电出版社,2009.
[94] 张睿.煤炭企业储煤场扬尘污染机理及影响因素研究[J].内蒙古煤炭经济,2020(10):44,46.
[95] 张晓,赵叶.洁净煤发电技术研究进展[J].煤炭与化工,2013,36(11):42-43.
[96] 张新民.中国煤层气地质与资源评价[M].北京:科学出版社,2002.
[97] 张振勇,李文华,徐振刚,等.煤的配合加工与利用[M].徐州:中国矿业大学出版社,2000.
[98] 张政,马永川,李秦川,等.疏水性型煤粘结剂的制备及应用[J].化工环保,1998,18(4):232-236.
[99] 章永化,龚克.聚合物/层状无机物纳米复合材料的研究进展[J].材料导报,1998(2):61.
[100] 赵利安,许振良.洁净煤技术概论[M].沈阳:东北大学出版社,2011.
[101] 赵世永.神府煤选择性破碎机理及其煤岩组分分离富集研究[D].西安:西安科技大学.
[102] 赵玉兰,常鸿雁,吉登高,等.粉煤成型机理研究进展[J].煤炭转化,2001,24(3):12-15.
[103] 赵正保,李安民.煤基高分子工程材料的研究进展[J].新型炭材料,1997(4):18-20.
[104] 周蒂. CO_2 的地质存储——地质学的新课题[J].自然科学进展,2005,15(7):782-787.
[105] 周家杰.基于多式联运的煤炭运输径路优化研究[D].北京:北京交通大学,2019.
[106] 周明松,邱学青,王卫星.水煤浆分散剂研究进展[J].煤炭转化,2004,27(3):12-16.
[107] 周适,沙次文.燃煤磁流体发电通道的关键问题及其进展[J].电工电能新技术,1994(3):19-24.
[108] 朱宝忠,谢承卫.煤矸石综合利用的研究进展[J].贵州大学学报:自然科学版,2007,24(5):520-524.
[109] 庄允朋,厉建栋.燃气-蒸汽联合循环发电技术的应用[J].煤气与热力,2003(9):559-561.